Fundamentals of Diffraction from Matter and Its Imaging

物質からの回折と結像

―透過電子顕微鏡法の基礎―

今野 豊彦 著

共立出版

序文

　最近では電子顕微鏡（電顕）はごく一般的な解析装置となり、大学でも企業でも必ずしも電顕を専門としない方々が手軽にこの装置を使えるようになってきている。しかし、専門家により光学系がきちんとセットされていれば、後はマニュアルに従って試料をのせてデータが出るのを待つというＸ線回折法とは異なって、電顕を用いてデータを出すためには、観察中に電顕の光学系と試料の状況を判断し、その場で的確に操作するという能力が必要とされる。この意味では、電顕というのはプラモデルを作るのに似ている。操作する人自身が光学系としての電顕と材料の中身を熟知していなければ良いデータは出ない。こういった観点からすると電顕はハードルの高い装置ではないだろうか。本書はこのような背景から、これから透過電子顕微鏡を用いる学生や若い研究者のみなさんに、是非知っておいてほしいと著者が思っていた内容を共立出版（株）のご支援を得てまとめ上げたものである。

　少し長くなるが、本書の構成とも関連があるので、著者が本書をまとめるに到った経緯を述べたい。本書の原型はスタンフォード大学材料工学科で 1993 年の春学期に著者が担当した電子顕微鏡の実習コースにおいて作成した資料にある。このコースは原則として結晶学や回折学そして電顕の光学系に関する講義を受けた学生を対象とするものであったが、例外は万国共通のようで研究上の必要性からそういった基礎なしにいきなり実習に臨むことを希望する学生も数名いた。そこで幾何光学、波動光学、電顕の光学系、運動学的理論、動力学的理論、高分解能電顕などに関する講義を行いながらコース実習を進めた。このとき作成した handout （いわゆるプリント）が本書の原型である。

　その後、著者は東北大学金属材料研究所でアモルファスの構造解析などを主体とする研究グループに移った。回折を起こす散乱体は結晶である必要はない。何らかの相関が物質内に存在すれば、それは散乱強度に現れる。ともすると電顕屋にとって結晶学と回折学が似た内容となってしまうことが多いなかで、非晶質等を扱う研究者集団の中で暮らせたことは私にとって幸いだった。このグループにおいて半年以上にわたり電顕に関するセミナーを行ったが、このとき作成した 150 ページほどのテキストにおいて回折現象を散乱体の相関による波の干渉という一般的な立場から出発し、その特殊な（しかし応用上は重要な）場合として結晶からの回折を扱うというアプローチが確立した。

　4 年前、再び著者は電顕による構造解析を主体とする研究室に移り、そこで再び大学院博士課程前期 1 年生を対象に電顕のセミナーを開始した。受講生は高分解能観察を主な実験手法とする研究室と、動力学的効果による結晶中の欠陥の観察を必要とする研究室という異なったグループの学生から構成されていたので、この二つの方法をバランスよく説明しなければならなかった。さらにこうしている中、学部 2 年生を対象にした初等的Ｘ線回折の講義の担当が回ってきた。同時に、自分が関わっている研究においても、電顕を主に使っている学生であってもＸ線回折に関して最小限知っていてほしい概念がいくつかあると認識した。たとえば、擬集光配置、試料と散乱ベクトルの関係、あるいは積分強度などに関する基本的な知識である。また回折現象自体はＸ線であろうと電子線であろうと基本的

i

序文

なことは変わらないので、電子顕微鏡を主体としながらも両者を効率的に組み込むことはできないだろうかという欲張りな考えがこの頃から芽生えてきた。以上のようないくつかの異なった背景から誕生したのが本書である。

　本書は入門書であることを念頭に書いているが、同時に現象の背後にある物理をブラックボックスとし、結果だけを与えることはできるだけ避けたかった。そこで多少数式は続くが、余裕があればいずれかの機会に読んでいただきたい項目には * 印をつけ、他の基本となる項目と区別できるようにした。学部や企業等で初めて電顕やX線回折を学ぶ際には、そのような項目は飛ばしていただいた方がよいと思う。また演習問題は前半の章に特に多く設けた。本書の後半、特に第Ⅲ部では実験そのものが演習と考えたからである。その代わり、実習プランの例を付録に加えた。

　また本書の内容に関する一切の責任は私にある。不適切な表現等については、適宜、改めていく所存であるので、ご指導いただければ幸いである。さらに本書は、出版コスト削減のため DTP により私が作成した原稿を流用したものであることを付記したい。このため、多少お見苦しい点があるかもしれないが、ご容赦いただきたい。また、X線および電子線回折の発展には長い歴史があり、ここで述べた事柄はすべて先人の偉業によるものだ。そして世界の中で日本が果たした役割も極めて大きい。紙面の都合で本書ではそれら一つひとつについて触れることができなかったが、これに関しては巻末の文献（たとえば『日本の結晶学』（日本結晶学会））などを参考にしてほしい。

　本書をまとめるにあたって、共立出版（株）の小山透氏には、数多くの貴重なアドバイスをいただいた。ここに感謝したい。また、スタンフォード大学、東北大学、そして大阪府立大学において、つたない私の講義についてきてくれた学生のみなさんにお礼申し上げたい。さらに、多くの恩師のご指導なしには現在の自分は到底ありえない。私がこれまで所属したグループを指導されてこられた平林真先生, Professor Robert Sinclair、鈴木謙爾先生、平賀賢二先生を始めとして一緒に過ごさせていただいた各グループのスタッフ・研究仲間のみなさまに心から感謝したい。一方、本書で用いた図面や写真の多くが作成されてからすでに 10 年近くの年月が経過した。そのときからずっと、家庭においてコンピュータに向かうことを許してくれた妻の順子、そして最後まで声援を送ってくれた峻馬と愛にお礼申し上げる。最後になるが、本書は私のスタンフォード大学における 5 年間の滞在なしには存在しえない。留学に際し、公私にわたりご支援をいただいた高橋延幸博士ご夫妻にこの場をお借りして謝意を表することをお許し願いたい。

2003 年 11 月　研究室にて

今野豊彦

目次

第 0 章　はじめに
    0.1　波の干渉 1
    0.2　結像 2
    0.3　本書の概要 2
    0.4　表記法について 4

第 I 部　光学の基礎と電子線・X線の発生

第 1 章　幾何光学の復習
    1.1　薄レンズの公式と後焦点面 8
    1.2　球面レンズと収差 13
    1.3　ザイデルの 5 収差 20

第 2 章　電子線の幾何光学
    2.1　磁界レンズ 24
    2.2　電界レンズと補正コイル 32
    2.3　照射系 34
    2.4　電界放射型電子銃と照射系 38
    2.5　波としての電子 40

第 3 章　X線の発生と集光円
    3.1　X線の発生 42
    3.2　X線の吸収 45
    3.3　X線の検出 47
    3.4　集光円と基本的な光学系 48

第 4 章　波動光学の基礎
    4.1　フラウンホーファー回折 51
    4.2　フレネル回折 59

4.3	波の干渉性	65
4.4	ホログラフィー	66

第II部　物質からの散乱と回折の基礎

第5章　原子からの散乱
- 5.1　散乱ベクトル　70
- 5.2　自由な電子からのX線の散乱　71
- 5.3　単原子からのX線の散乱　73
- 5.4　非干渉性散乱　77
- 5.5　原子の電子状態の変化を伴った散乱　78
- 5.6　電子線の散乱　80

第6章　原子の集まりからの回折
- 6.1　2原子分子からの回折　86
- 6.2　3原子分子からの回折　89
- 6.3　多原子分子からの回折：デバイの式　90
- 6.4　アモルファスからの回折　93

第7章　結晶の記述
- 7.1　結晶における原子配列　98
- 7.2　結晶構造　104
- 7.3　方向と面　109
- 7.4　ステレオ投影　113
- 7.5　逆格子　117

第8章　結晶からの回折
- 8.1　回折の幾何学　124
- 8.2　有限サイズの結晶からの散乱　130
- 8.3　複数の原子により基本構造が構成されることによる帰結　134
- 8.4　温度の効果　140

第Ⅲ部　回折と結像の実際

第9章　X線回折法の実際
- 9.1　X線回折の配置と散乱ベクトル　……… 144
- 9.2　回折線に及ぼす因子　……… 146
- 9.3　積分強度　……… 150

第10章　電子線の回折と結像の基礎
- 10.1　X線回折と電子線回折の類似点と相違点　……… 157
- 10.2　電子線回折の幾何学：その1　……… 159
- 10.3　電子顕微鏡における結像の基本　……… 161
- 10.4　実際の観察例　……… 166
- 10.5　電子線回折の幾何学：その2　……… 174

第11章　動力学的理論入門
- 11.1　運動学的理論から動力学的理論へ：その現象論的構築　……… 182
- 11.2　等厚縞とベンドコントゥアー　……… 191
- 11.3　欠陥のある結晶からの回折と結像　……… 195
- 11.4　ブロッホ波と分散面　……… 210

第12章　位相コントラスト
- 12.1　位相コントラスト入門　……… 221
- 12.2　位相コントラスト伝達関数　……… 228
- 12.3　包絡関数　……… 232
- 12.4　構造を持たない物体からのコントラストとその利用　……… 235
- 12.5　結晶からの位相コントラスト　……… 238

第13章　その他のトピックス
- 13.1　小角散乱　……… 249
- 13.2　長範囲規則構造　……… 256
- 13.3　準結晶　……… 262
- 13.4　特性X線による組成分析　……… 270
- 13.5　ウィークビーム法　……… 276
- 13.6　HAADF-STEM法　……… 278
- 13.7　電子線ホログラフィー　……… 282
- 13.8　その場観察法　……… 285

| **問題解答** | 289 |

付録A：	ウルフネット	294
付録B：	実習プラン	295
付録C：	結晶構造の記述	300
付録D：	フーリエ変換とその周辺	304
付録E：	面間隔と面間角度	309
付録F：	いくつかの回折パターン	310

参考文献 … 316

索引 … 319

ギリシャ文字の読み方 … 326

第0章 はじめに

To be precise, if we draw a line from each oscillator to a distant point and the difference Δ in the two distances is λ/2, half an oscillation, then they will be out of phase.
　　　　　R.P. Feynman, R.B. Leighton, M.Sands　"The Feynman Lectures on Physics"

0.1 波の干渉

高校で学んだスリットを通過する波の干渉が我々の出発点だ。図 0.1(a)を見てみよう。距離 d の間隔で設置してある二つのスリットを通過する波がスクリーン上に強弱のパターンを作っている。スクリーン上の明るい場所（波が強めあうところ）の位置を D で表すと、それはスリットからスクリーンまでの距離 L に比例して大きくなるが、角度 α で表せば L にかかわりなく一定の散乱角 α の位置に強度のピークを持つことがわかる。

また間隔 d が小さくなれば強めあう方向への散乱角 α は大きくなる（図 0.1(b)）。これはスクリーンの中心から一つ目のピーク位置に到達する二つの波はちょうど1波長分ずれなくてはならず、d が小さいとこの角度 α が大きくなくてはそれだけの波長のずれをもたらすことができないからだ。要するにスリットの間隔 d と強めあう「干渉」が起こる方向 α とは逆比例の関係にある。

問題 0.1 それでは、波が強めあう方向 α は波の波長 λ が変わるとどのように変化するだろうか？

このように波長 λ が小さくなると角度 α は小さくなる。波長が短ければ1波長分のずれも、それだけ少なくてよいからだ。こう考えると干渉した波の進む角度 α は波長に比例するといえる。

以上をまとめると、大ざっぱにいって次の関係が成り立つ。

$$D \propto \alpha \propto \frac{\lambda}{d} L \tag{0.1}$$

このように干渉パターンの周期 D はスクリーン上に表れた周期そのものより散乱波の方向 α で簡潔に表すことができ、その方向は散乱体（スリット）の空間的な相関（スリット間の距離）に依存する。逆に考えると、散

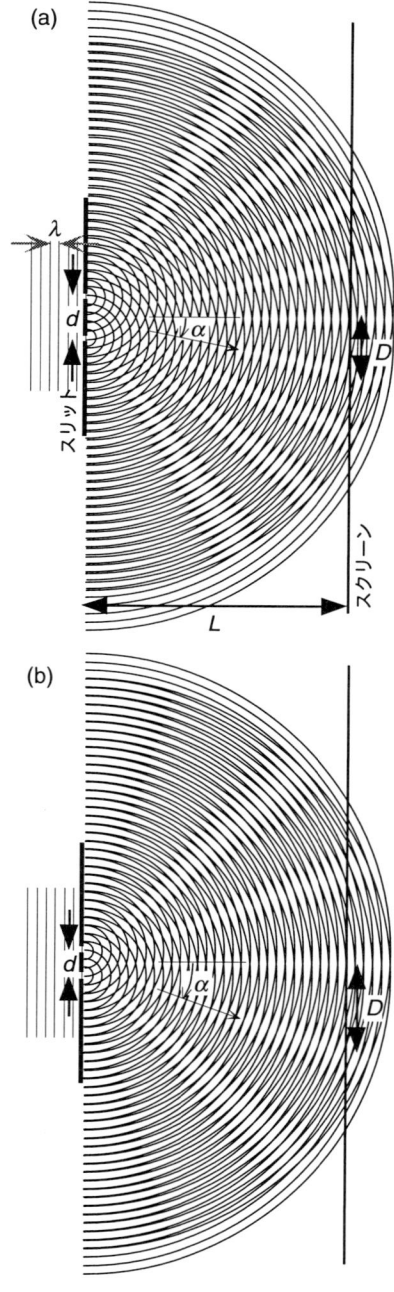

図 0.1 スリットを通過する波による干渉

1

乱波の強度分布を記録し解析することにより、散乱体の空間的な配置を知ることができそうだ。

0.2 結像

図 0.2(a) にピンホールカメラの原理を示した。カメラの外の世界の情報は、種も仕掛けもない小さな穴を通る光によりフィルム上に逆さまに映される。我々の網膜に映される像も逆さだ。そこで次に一つのレンズからなる光学系における結像を考えよう（図 0.2(b)）。虫眼鏡のレンズ作用からもわかるように光軸に平行に進む波はレンズで曲げられ焦点を通過する。これはレンズの表面がある曲率を持っているからだ。ただ、レンズの真ん中だけは中心を通る軸

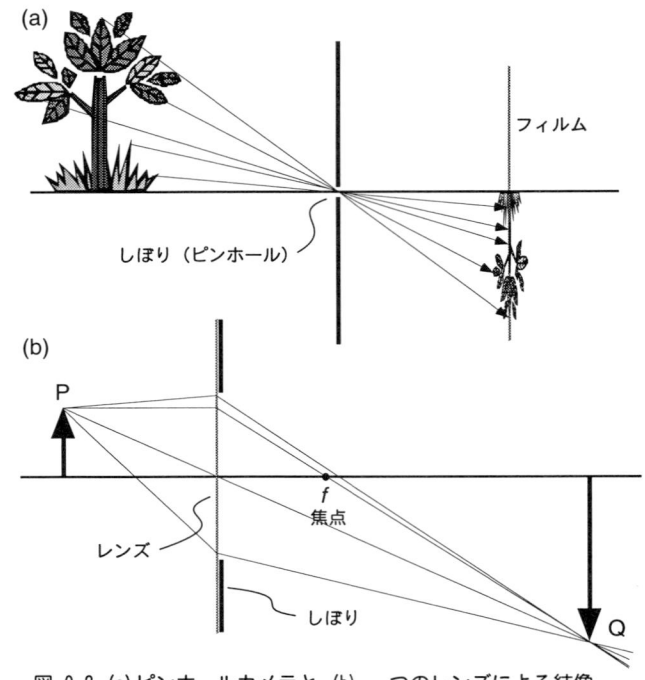

図 0.2 (a) ピンホールカメラと (b) 一つのレンズによる結像

に対して垂直で平らと考えることができるから、レンズの中心を通る光だけはまっすぐ進むと考える。このように考えると物体 P からさまざまな方向にむけて発せられた波はレンズを通り、Q において再び交差する。そこに鮮明な像ができる。これが「結像」だ。

0.3 本書の概要

前節で述べた波の干渉と結像が本書のテーマだ。以下、これらの概念をどのように用いて我々は電子顕微鏡やX線回折装置を扱い、物質の中の原子配置を知る手掛かりをつかむのか、簡単に見てみよう。

第Ⅰ部では装置構成の理解や結像の原理、あるいは原子の集合体からの散乱プロセスの理解に必要な光学的な理論をまとめた。第1章では幾何光学の基本を述べる。電子線とX線もしくは中性子線との最大の相違は前者に対するレンズ作用の存在であり、この章は電子顕微鏡操作の基礎となる。フェルマの原理から*近軸理論*（paraxial theory）に基づいて薄レンズの公式を導き、さらにその近似を上げることにより球面収差が必然的に生じることを理解する。また、平行な光線がレンズの後方に焦点を結ぶ面を*後焦点面*（back focal plane）と呼ぶ。この場所はX線回折における集光円と同じ役割を果たすだけでなく、電子顕微鏡における様々な回折現象や結像法を理解するうえで、中心的な役割を果たす。

続いて電子線の幾何光学に関する内容を第2章にまとめた。運動する荷電粒子は磁場や電場で曲げることができる。電子顕微鏡では主に磁界レンズが用いられるが、このレンズの動作原理を理解したあと、電子顕微鏡における照射系や結像系が単純な2レンズ系の組合せで理解できることを学ぶ。この2レンズ系の動作を頭に入れることが電顕を扱う第一歩だ。

第 3 章では、X 線回折法を用いるにあたって最低限必要な幾何光学的な知識をまとめた。X 線に対してレンズ作用をもたらすことはできないが、X 線源–サンプル–検出器の配置を同一円周上に設定することによって擬集光（あるいは擬焦点、para-focusing）と呼ばれる集光作用をもたらすことができる。この円を集光円（focusing circle）と呼び、本書で扱う X 線回折の装置構成の基本となる。また、X 線の発生や吸収、そして検出法に関する初等的な知識もこの章でまとめた。

　ここまでは X 線も電子線もまっすぐ進むものとして幾何光学の立場から光線図（ray diagram）を利用し、装置構成の特徴を述べている。一方、波の干渉は波動光学によって記述されねばならない。そこで第 4 章で波動光学の基礎を復習しよう。まず散乱体から観測点までの距離が十分遠いときの取扱いであるフラウンホーファー回折を学び、物質からの回折現象を理解するための基礎としたい。一方、散乱体直後に観測点がある場合はフレネル回折が適用される。数学的には近似を上げただけとみなせるかもしれないが、フレネルゾーンを媒介とする波の伝搬という物理が背後にある。

　第 II 部で波と物質との相互作用を学ぶ。第 5 章では単原子からの散乱を見てみたい。一つの電子による X 線の散乱をトムソン散乱という古典的な取扱いで見た後、原子内に電子の分布がある結果、原子内の異なった場所にある電子から散乱された X 線間で干渉が起こりスクリーンに到達する散乱波の振幅に分布がもたらされる。これが原子散乱因子だ。これは原子内の電子分布によるフラウンホーファー回折の結果と見なすことができる。一方、電子線の原子による散乱は第 1 ボルン近似の範囲内でポテンシャルのフラウンホーファー回折として扱うことができる。

　第 6 章で複数の原子による波の散乱を考える。気体分子などを構成する個々の散乱体間に存在する空間的な相関が、分子がランダムに動いていても散乱強度に現れることを理解しよう。デバイによる平均構造の取扱いがその基本となる。それをアモルファスに応用し、この章を終える。

　第 7 章で結晶という並進対称性を有する原子配列を考える。いきなり散乱を扱うのは大変なので、この章で結晶を記述するためのいくつもの道具を紹介する。格子と基本構造、面間隔、逆格子などがキーワードだ。

　第 8 章で結晶からの波の散乱を考えよう。散乱ベクトル（scattering vector）と逆格子ベクトル（reciprocal lattice vector）が一致したとき、強めあう干渉が起こるということが最も重要で、ブラッグの法則やラウエの式、そしてエバルドの作図がここから導かれる。続いて結晶が有限サイズを持っている場合、結晶全体のフラウンホーファー回折として形状因子が現れ、また基本構造の存在は逆格子点における散乱強度に変化を及ぼすことを学ぶ。

　第 III 部で、これらの回折現象に関する知識が現実の装置においてどのように実現されているかを見てみたい。第 9 章では X 線回折装置と回折パターンを理解するのに最小限必要な事柄をまとめる。ブラッグ–ブレンターノ擬集光配置に限定し、通常の θ-2θ スキャンでは散乱ベクトルが試料面に対して常に垂直であることを確認する。次にピークの広がりや誤差に関する基本的な事項を述べた後、X 線回折では試料と検出器を動かし回折強度を記録するので、逆格子点を中心として広がる散乱強度の積分強度を記録していることを説明する。結果的にはローレンツ因子の導出に過ぎないが、ここでの取扱いは我々は何を記録しているかを考える基本となると思う。

　第 10 章で電子顕微鏡における回折現象に特徴的なことを述べる。まず電子線の波長が X 線に比べ短いためエバルド球の半径が大きくなるが、それにより試料の回転やビームの傾斜が回折パターンに与える変化を理解することから始めよう。そしてそれらの変化は後焦点面上に現れ、中間レンズで後焦点面上の像をスクリーン上に再度、結像することにより我々は回折パターンを記録する。さらに後焦点面上にしぼりを挿入し、1 次像面をスクリーン上に結像すれば実像を映し出すことができる。暗視

野像の取り方など、いくつかの実例を紹介したあと、菊池回折と収束電子線回折の基礎を学ぶ。

電子線は物質との相互作用が大きく、一度回折された電子線が再び回折されるということが顕著に起こる。そのため動力学的な取扱いが必要で、第 11 章において我々はまず 2 波近似に基づく透過波と回折波の相互作用を連立微分方程式として記述することから始める。そこに出てくるカップリングタームの性質を決定づけるのが、考えている逆格子点のエバルド球からの外れを表す励起誤差と、結晶内の歪みなど実空間における理想結晶からのずれに関する情報だ。転位や面欠陥の周囲ではこの相互作用が完全な結晶と異なるため、これらの欠陥の結像が可能となる。

一方、ここまでの結像法では後焦点面に対物しぼりを入れ、透過波もしくは一つの回折波の空間的な振幅分布を（強度として）そのまま映し出していた。それを振幅コントラストという。それに対して第 12 章では複数の散乱波を同時に結像に寄与させ、これらの波の干渉パターンを蛍光板上に映し出す。これが位相コントラストだ。磁界レンズには球面収差が存在するため、レンズの外側を通る波と内側を通る波とでは光路差が異なり、いくつかの波を足しあわせるにしても、光軸からあまり離れた波を足しあわせると互いに打ち消しあってしまい、干渉パターンが得られない。そこで通常は、わざと焦点距離を長くして球面収差の効果を少しキャンセルし、最適な焦点距離で結像させる。これをシェルツァーディフォーカスという。この章では干渉性を表す位相コントラスト伝達関数を述べ、いくつかの実例に触れ終える。

第 13 章では、これまでの章では述べられなかったいくつかのトピックスについて触れる。散乱体全体の情報などを提供してくれる小角散乱、原子の配列という観点からは長範囲規則構造と準結晶、分析という観点から最も一般的な特性 X 線による組成分析、ウィークビーム法、プローブの形成と HAADF-STEM、波の干渉性と電子線ホログラフィー、そしてその場観察法の基礎的なことに触れる。

0.4* 表記法について

少し勉強を進めると、教科書によって用いる記号の定義や符号が異なることで混乱させられることが多い。回折学の分野でも例外ではない。特に問題となるのは逆空間におけるベクトル（波数ベクトルと逆格子ベクトル）の単位と波数ベクトルの符号だ。

0.4.1 波数の大きさ

図 0.3 に x 軸に沿って、速度 c で進行する一般的な波を示した。このように波は一般に次の形で記述できる。

$$f(x \mp ct) \tag{0.1}$$

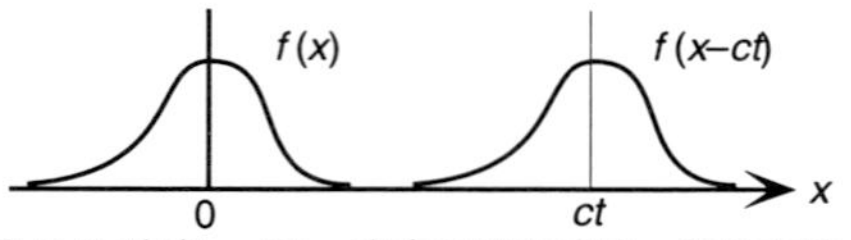

図 0.3 速度 c で x 方向に進行する一般的な波

ここで $-$ サインは正の方向に、$+$ サインは負の方向に進む波を表している。

本書で扱う波は図 0.3 のような一般的な波ではなく、harmonic wave（調和波）と呼ばれる、いわゆる正弦波だ。そして波の干渉を考えるとき、大切な役割をするのが波の持つ空間的な周期、すなわち波長という概念だ。たとえば、今そこにあるラジオでは電波は時間的な周期 T の逆数の振動数 ν で表されているように、我々は結晶の中に存在する周期や電磁波の波長を、空間的な周期 λ の逆数の波数 (wave number) k で表現する。さらに波はある方向に進むので進行方向も表さなければならない。そこで、大きさが $1/\lambda$ で進行方向を向いたベクトルを波数ベクトルと呼ぶ。これは実際の電磁波のような波にはもちろんだが、原子配列を一種の定在波と考えて結晶の中の周期性も、広い意味での波数ベクトルで表すことが行われる。

さて問題は波数ベクトル、および結晶の中の周期性を表す逆格子ベクトルの単位をどうするかだ。両者を同一の単位系で記述することはもちろんだが、その方法にも二つのやり方がある。電磁波や結晶を問わず、空間的な周期を λ で表すと、波数はその逆数だから

$$k = \frac{1}{\lambda} \qquad \text{(重要)} \quad (0.2)$$

と表すことができる。この場合、x 方向に進む波は次のように表すことができる。

$$\psi(x,t) = \cos(2\pi(kx - vt)) \quad \text{あるいは同等に} \quad \psi(x,t) = \exp(2\pi i(kx - vt)) \quad (0.3)$$

ここで $v=(1/T)$ は振動数だ。そして波の速度 c は $c=v/k=v\lambda$ と表される。

一方、これらの式に現れる 2π を最初から組み込み、波数を

$$k = \frac{2\pi}{\lambda} \quad (0.4)$$

と定義することもできる。後者のように表すと波は次のように表せる。

$$\psi(x,t) = \cos((kx - \omega t)) \quad \text{あるいは同等に} \quad \psi(x,t) = \exp(i(kx - \omega t)) \quad (0.5)$$

ここで $\omega(=2\pi v)$ は角振動数だ。量子力学では運動量は

$$p = \frac{h}{\lambda} = \hbar k \quad (0.6)$$

と表されるが（h: プランク定数、$\hbar = h/2\pi$）、このときの波数は (0.4) により定義されている。このように書くことによりシュレディンガー方程式が少し簡潔になる。また、結晶に存在する並進対称性を群論の立場から見ると、波数はただの波というより結晶中に存在する様々な固有状態と一対一の関係にあるキャラクター（指標）という量と同じ意味を持つ。これらの理由から物理系の教科書では波数を (0.4) によって定義する場合が多い。

一方、波数を (0.4) のように表すことの最大のデメリットは現実の空間的な長さを波数から求めるために、いちいち波数の値を 2π で割ってやらなくてはならないということである。気体分子やアモルファスのようなランダムな構造からの散乱を取り扱っているうちはまだよいが、様々な周期性が混在する結晶を考えると、波数の逆数が即、我々が実空間で扱う長さに対応しないということは不便で、取扱いも煩雑となる。このような理由から回折を扱う教科書でも、特に結晶学に関する教科書では波数の大きさは (0.2) で定義されている（一方、アモルファスの解析では式が簡便となる (0.4) を用いる場合が多い）。

本書は入門書でもあり、現象の直観的な理解を主眼としているので、そこに置いてあるラジオのチューナーの単位が $1/T$ であり $2\pi/T$ でないことをお手本にして、波数の定義を (0.2) に置いた。

0.4.2 波数の符号

x 軸の方向に進む波を (0.3) で表す方法は、シュレディンガー方程式

$$i\hbar \frac{\partial}{\partial t} \psi(\vec{r},t) = \left\{ -\frac{\hbar^2 \nabla^2}{2m} + V(\vec{r},t) \right\} \psi(\vec{r},t) \quad (0.7)$$

の解ともなっている。一方、結晶回折学の分野では

$$\psi(x,t) = \cos(2\pi(vt - kx)) \quad \text{あるいは同等に} \quad \psi(x,t) = \exp(2\pi i(vt - kx)) \quad (0.8)$$

と表す方法が歴史的に採用されてきた。このやり方だと、フーリエ変換の核、そして後で出てくる構造因子という量を表す指数の肩が正となる。しかし結晶中の電子の伝搬は量子力学的な記述と一致する必要があり、本書ではすべての波を (0.3) に従って表すこととした。

さらに入射波の波数ベクトル $\vec{k}_0$ を散乱波の波数ベクトル $\vec{k}$ の方向へ向ける散乱ベクトルという量を第 5 章で導入するが、本書ではこのベクトルは一貫して $\vec{q}$ で表した。

$$\vec{q} = \vec{k} - \vec{k}_0 \qquad \text{(重要)} \quad (0.9)$$

一方、同じく逆空間に存在し、結晶の周期を表す逆格子ベクトルは $\vec{g}$ で表している。

以上の結果、実空間における関数 $f(\vec{r})$ のフーリエ変換は
$$F(\vec{q}) = \int f(\vec{r}) e^{-2\pi i \vec{q}\cdot\vec{r}} d\vec{r} \tag{0.9}$$
となり、また構造因子は
$$F_{hkl} = F(\vec{g}_{hkl}) = \sum_j f_j e^{-2\pi i \vec{g}_{hkl}\cdot\vec{r}_j} \tag{0.10}$$
と表される（いずれも指数の肩の符号は負となる）。

図 0.4 に本書の道しるべを簡単にまとめた。

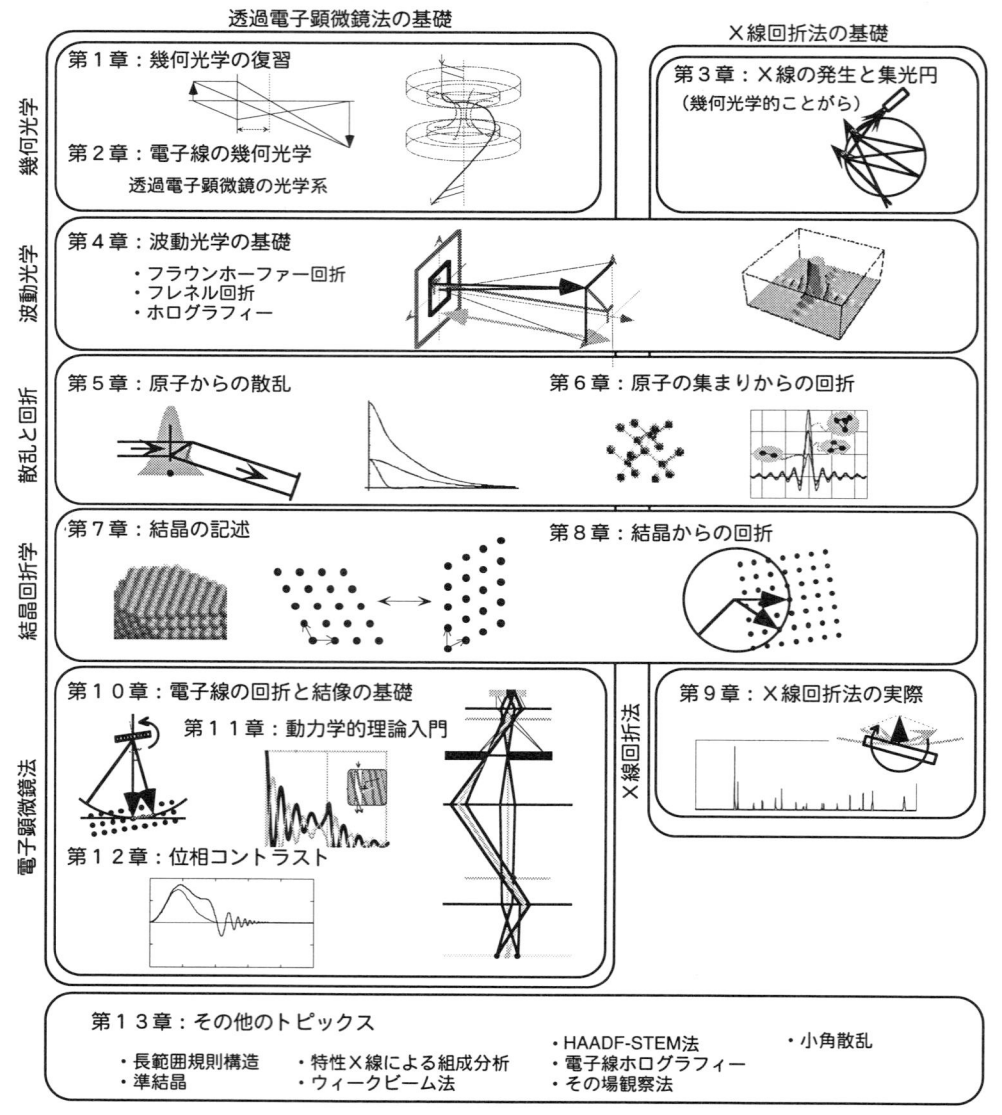

図 0.4 物質からの回折と結像の基礎：地図および各章の関係

第Ⅰ部　光学の基礎と電子線・X線の発生

あなたは今、試料を電子顕微鏡に挿入し、これから観察を始めようとしている。その時、まず必要なのは材料そのものの知識よりも、電子顕微鏡がどのような状態にあるか、個々のレンズの強さや絞りの位置・大きさなどの電子光学系をどのようにセットすれば、対象としている試料の見たい性質がスクリーン上に結像されるかを的確に判断できる能力だ。この点に関しては幾何光学の知識が大いに役立つ。そこで、我々もまず幾何光学の立場からレンズ作用や収差を復習することから始めよう。

一方、物質の構造を調べるために、電磁波や電子・中性子などのプローブを照射し、散乱された波の分布を解析する手段がある。たとえば物質内部の電子など、個々の散乱体からの散乱波は互いに干渉することによって散乱体間の位置関係を反映した強度分布を我々に与えてくれる。これが回折現象だ。そこで最初に、プローブとして最も一般的なX線の発生と測定系の幾何学的配置を見てみたい。X線に対する物質の屈折率は1よりやや小さく、残念ながらX線に対してレンズ作用を与えるわけにはいかないが、現在用いられている多くの装置では集光円を巧みに用いることにより、観察に必要な強度を得ている。

そして最後に、波の干渉についての基礎となる波動光学を復習し、物質と波との相互作用を考える準備とする。

第 1 章　幾何光学の復習

There are many situations in which the great simplicity arising from the approximation of geometrical optics more than compensates for its inaccuracies.

E. Hecht　"Optics"

この章では光の持つ波としての性質を無視し、幾何光学の立場からレンズ作用を復習したい。最初に、よく知られている薄レンズの公式を認め、光線図を用いることにより後焦点面と 1 次像がどの場所にできるかを理解しよう。電子顕微鏡では対物レンズの後焦点面と 1 次像の場所が、それぞれ対物しぼりと制限視野しぼりの位置に対応する。続いて二つの薄レンズを組み合わせれば、スクリーン上に自由に実像あるいは回折像を結ぶことができることを学ぶ。

次に、フェルマの原理から出発し、スネルの法則を導き、さらに多少数式が長くなるが、このフェルマの原理を球面レンズに適用し、その 0 次の近似解として薄レンズの公式が導かれること、そして近似を高めることにより、必然的に球面収差が現れることを理解しよう。

1.1　薄レンズの公式と後焦点面

1.1.1　薄レンズの公式

薄レンズの公式を直観的に導くには次のレンズ (lens) 作用を仮定するだけで十分である。

- 光軸に平行に入射した光はレンズの焦点 (focal point) F を通過するように一点で折れ曲がる。
- レンズの中心を通る光はその進路を変えない。

これだけの仮定から次の光線図 (ray diagram, あるいは光路図) が描かれる（図 1.1）。

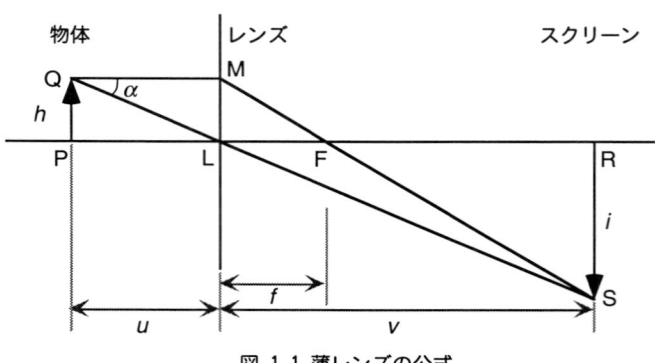

図 1.1　薄レンズの公式

そして、この図に現れる二組の三角形の相似により*薄レンズの公式* (thin lens formula) が求まる。

$$h : i = u : v \quad (\because \ \triangle LPQ \propto \triangle LRS)$$
$$h : i = f : (v - f) \quad (\because \ \triangle FLM \propto \triangle FRS)$$
$$\therefore \ vf = u(v - f)$$
$$\rightarrow \ \frac{1}{f} = \frac{1}{u} + \frac{1}{v} \tag{1.1}$$

この図ではレンズの厚さが無視されているが、このようなレンズを薄レンズ（thin lens）という。そして直線 PR を光軸（optical axis）、物体（あるいは試料）が置かれている面を物体面（object plane）、物体の像が最初に現れる面を 1 次像面（first image plane）と呼ぶ。また、図中に示された長さ f が焦点距離（focal length）だ。さらに、F はレンズの後ろにあるから、F を通り光軸に垂直な平面を後焦点面（back focal plane, BFP）と呼び、同様にレンズの前にある焦点面を前焦点面（front focal plane）と呼ぶ。

この図では本来は波と扱われるべき光を ray、すなわち光線で近似しているが、このように考えることにより結像の意味が直観的に把握できる。すなわち、試料の Q の位置から分かれて出た 2 本の光線は S で再び一点に交わり「結像」する。また物体面 PQ と 1 次像面 RS はレンズをはさんで対をなしているわけだが、これを共役（conjugate）な関係とか共役な像と呼ぶ。

1.1.2 後焦点面

この図を用いて、後焦点面の意味を考えてみよう。図 1.1 では光軸に平行に左側から入射し試料上の一点 Q において異なった方向に散乱されて出ていく二つの光線が描かれている。すなわち、光軸に平行な光線 QM と α の角度を持つ光線 QL だ。一方、試料が均一であれば点 P においても同一の散乱メカニズムでこの二つの方向に光線が散乱されるはずだ。そこで、これらの光線を PL と PN としよう（図 1.2）。さらに PN はレンズを通過し R において再び PLR と交わるだろう（R で結像する）。したがって光路 PNR が得られる。ここで、この PNR がやはり試料から α の角度でもって出ていった光線 QLS と交わる点を G としよう。

図 1.2 からわかるように、点 F と G は後焦点面上に存在し、しかもこれらの点においてそれぞれ、光線 QMS と PLR および QLS と PNR が交わっている、すなわち「結像」している。言い換えると、点 F は試料を透過してきた光によって、点 G は試料から α の角度で出てきた散乱光によって結像されている。このように後焦点面上に結像された像は試料の位置に関する情報はまったく含まないが、角度に関する情報を正しく含んでいる。

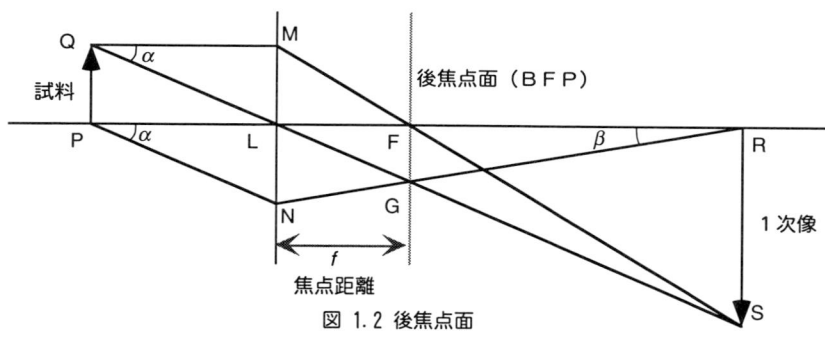

図 1.2 後焦点面

今、後焦点面上に小さな孔を持つ衝立を置けば、F を通る光線と G を通る光線とを分けることができる。このような役目をする孔のことをしぼり（aperture, もしくは開口）と呼ぶ。電子顕微鏡では通常、F を通過する波を透過波、G を通過する波を回折波と呼ぶが、しぼりの位置を選ぶことによりこれらの波を自由に選ぶことができる。こういった目的で実際の試料を最初に映し出すレンズである対物レンズ（objective lens）の後焦点面に置かれるしぼりを対物しぼり（objective aperture）と呼ぶ。一方、1 次像面上には制限視野回折しぼり（selected area diffraction aperture, SAD しぼり）が存在する（10.3 節）。また、これらの像は電子顕微鏡の倍率や後述するカメラ長を変えても変化しない。言い換えると、電子顕微鏡における実像と回折像の切替え、倍率やカメラ長の調節などはすべて、対物レンズより後段に存在する中間レンズと投映レンズの強さを変えることによって実現される。

第1章 幾何光学の復習

1.1.3 倍率

ここで倍率の表式を確認しておこう（図 1.3、この図では、後焦点面上にしぼりも示してある）。この図からレンズの倍率は次のように求まる。

$$M = \frac{i}{h} = \frac{v}{u} \approx \frac{v}{f} \quad (1.2)$$

したがって焦点距離が短いレンズほど高い倍率を有する。電顕にお

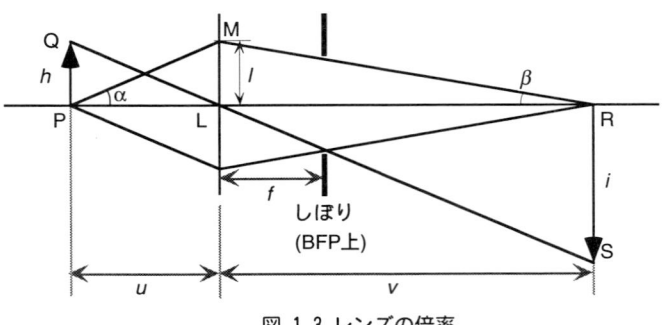

図 1.3 レンズの倍率

いて、通常、最も重要な対物レンズの焦点距離は数 mm であり、その倍率は高々数十倍だ。したがって制限視野回折絞りの位置はレンズの中心から［焦点距離］×［倍率］の分（10 cm 程度）だけ下にあることになる。

また、倍率を角度で表すと便利な場合が多い。

$$M = \frac{i}{h} = \frac{v}{u} = \frac{l/u}{l/v} = \frac{\tan\alpha}{\tan\beta} \approx \frac{\alpha}{\beta} \quad (1.3)$$

ここで、α は発散角（divergence angle）、β は収束角（convergence angle）などと呼ばれるが、これらの角度はしぼりの存在によっても制限されることに注意しよう。我々が扱うレンズでは α の大きさは通常、数十 mrad であり、上記の近似が成り立つ。また、式の変形にすぎないが、後で焦点深度の表記に用いるので、次の形式も記しておく。

$$\frac{1}{v} = \frac{1}{f} - \frac{1}{u} = \frac{u-f}{fu} \quad \rightarrow \quad M = \frac{v}{u} = \frac{f}{u-f} \quad (1.4)$$

問題 1.1 図 1.4 のように光軸、レンズ、物体、そして後焦点面が与えられている。レンズを理想的な薄レンズと仮定して、1 次像面がどこに現れるか作図により求めよ。また v, u, f を実測し、薄レンズの公式を確認せよ。さらに物体から角度 θ の方向に出る光線を回折波と考え、BFP 上に回折像ができることを確認せよ。

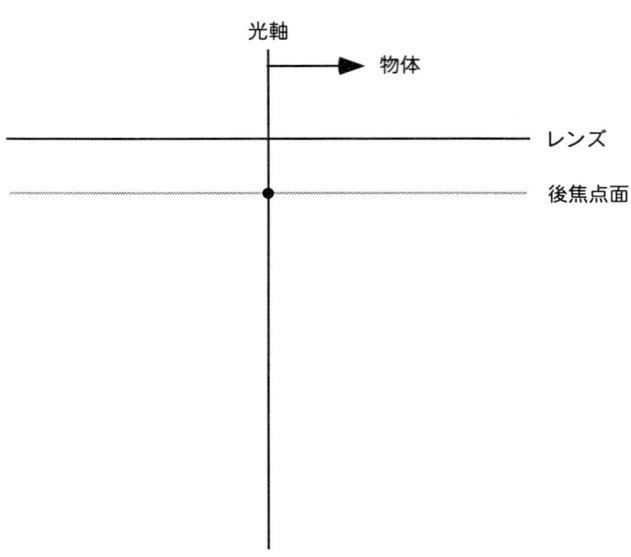

図 1.4 作図により後焦点面と 1 次像面の位置を求める（問題1.1）

1.1.4 焦点深度

電子顕微鏡においてきちんと結像しているかどうか（言い換えると、与えられた u と v に対して、焦点距離 f が適切かどうか）は通常、スクリーン上の像を見て決める。しかし、写真を撮るときフィルムはスクリーンより数 cm 下に、場合によっては 10 cm 以上も下の場所に位置している。また、最近よく用いられている TV カメラや CCD カメラなどは通常、フィルムよりもさらに下の場所に設置されている場合が多い。こんなに異なった場所の像を用いて焦点距離 f を決めたり（通常は焦点を合わせるとかフォーカスを合わせると言う）、記録媒体に記録しても大丈夫なのだろうか？

答えは OK である。その理由は電子顕微鏡の高い倍率にある。前節の倍率の表式で倍率が高くなればなるほど、実像側の光線の収束角 β が小さくなっていることを思いだそう。問題を解く鍵はここにある。

一般に試料が光軸に平行にずれたとき、許容される像面の位置ずれのことを**焦点深度** (depth of focus) という。たとえば、電顕において実際の試料の厚さはゼロではないから、この試料位置の広がり Δu の範囲で 1 次像面にもある程度の広がり Δv が許されるはずだ（少なくともこの厚さ分は初めからジャストフォーカスの位置が厳密にはずれている）。逆に考えるとこの広がり、すなわち焦点深度、が上記したスクリーンの位置やフィルムあるいはカメラの位置をカバーできるほど十分大きければ、その深度内のどこで像を記録しても事実上、同様の画質が得られるはずである。

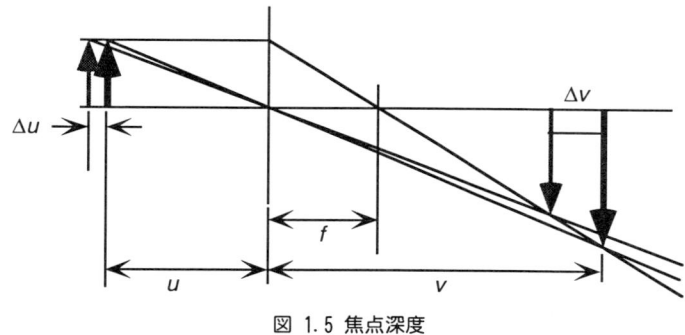

図 1.5 焦点深度

図 1.5 にこの状況を示した。Δu が与えられたとき、Δv はどれくらいかを見積もるには u と v の微少変化がどのように関係づけられているかを調べればよい。（たとえば、薄レンズの公式において v を u で微分すればよい。）その結果、焦点深度を与える次の表式を得る。

$$\frac{1}{u}+\frac{1}{v}=\frac{1}{f} \quad \rightarrow \quad v=\frac{fu}{u-f}$$

$$\therefore \quad \frac{dv}{du}=\frac{-f^2}{(u-f)^2}=-M^2$$

$$\therefore \quad \underline{\Delta v = -M^2 \, \Delta u} \tag{1.5}$$

問題 1.2 我々の試料の厚さが 30 nm だと仮定し、現在 50000 倍の倍率で写真を撮ろうとしているとすると、焦点深度はいくらか？

1.1.5 2レンズ系（重要）

薄レンズの公式を導いたときに用いた仮定のみを用いて 2 レンズ系の光線図を描いてみよう（図 1.6）。第 2 レンズの焦点距離を調節することによって第 2 レンズの物体面を第 1 レンズの 1 次像面、もしくは後焦点面にもってくることができる。前者の条件が電顕におけるイメージモード、後者が回折モードに相当する。このようにイメージモード⇔回折モードの切替えは第 2 レンズの強さを変えることのみで実現される（第 1 レンズ（対物レンズ）の強さは変わらない）。

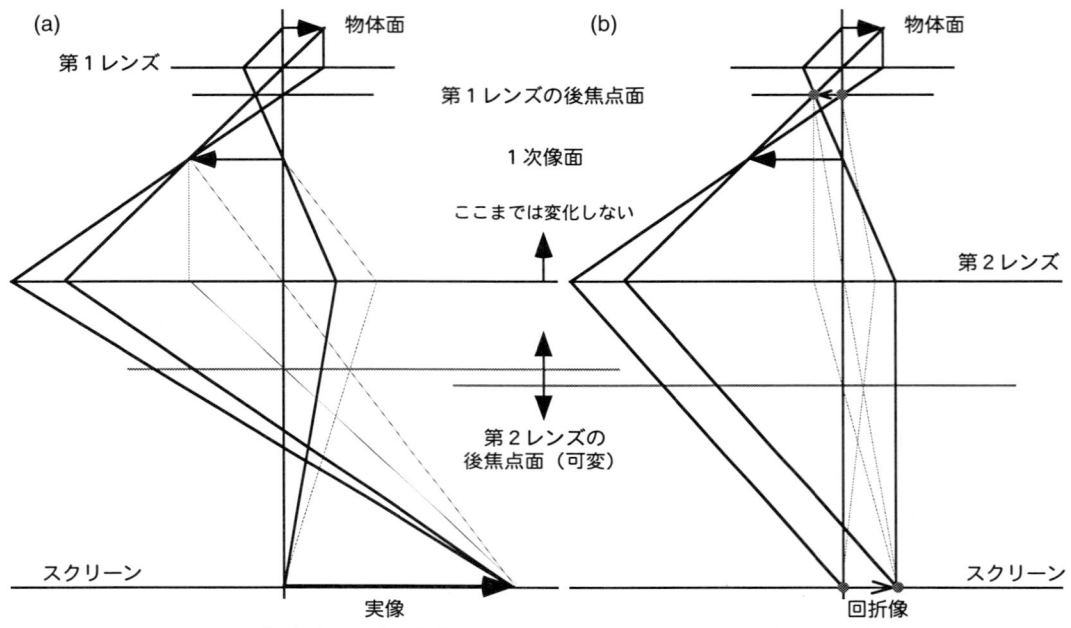

図 1.6 二つのレンズの組合せによる結像：(a) 1 次像面の結像、(b) 後焦点面の像（回折像）の結像（細線は光線図を描くときの補助線と考えてもよい）

このように、たった二つのレンズの組合せで自由度は大きくなる。実際の電子顕微鏡においては照射系や結像系などは多数のレンズから構成されているが、電子顕微鏡の操作という観点からはどちらの系も二つのレンズの組合せと考えることができる。

問題 1.3 図 1.6 にならって、2 レンズ系の光線図を作成せよ。また第 2 レンズの後焦点面の位置を示せ。（図 1.6 中に描いたように第 2 レンズの物体面を第 1 レンズの 1 次像面および後焦点面にとり、それからの補助線を図 1.6 のように第 2 レンズの中心を通ってスクリーンに達するように引くと簡単。）

問題 1.4 1 次像面を結像するときと、後焦点面の像を結像するときでは第 2 レンズの強さはどちらが大きいか？（レンズの強さが強いほど、焦点距離は短くなる。）

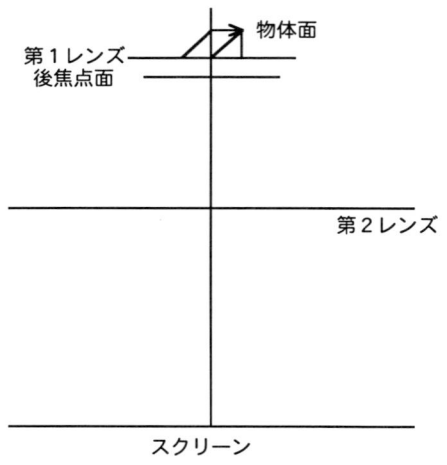

図 1.7 二つのレンズの組合せによる結像（問題1.3）

1.2 球面レンズと収差

ここまで我々が考えてきたレンズは理想的なもので、光線が試料にどのような角度で入射しようと、光軸からどれだけ離れた位置でレンズを通過しようと、光線はレンズで曲げられ1次像面上の一点で交わり「結像」するものと考えてきた。しかし、実際には光軸から離れれば離れるほど、また、結像に寄与する光線の入射角度が大きくなればなるほど、ピントはボケ、像は歪んでしまう。このように焦点距離が様々な要因で薄レンズの公式で与えられる値からずれることを*収差*（aberration）と言う。

この節では、フェルマの原理を*球面レンズ*（spherical lens）に適用し、その0次の近似解として薄レンズの公式を改めて導きたい。ここで用いる近似により、この公式の限界がおのずと明らかになる。さらに近似を高めた結果、必然的に球面収差が現れることを理解したい。だいぶ数式が続くので最初はとりあえず球面収差の定性的な意味と近似を高めた焦点距離の表式（1.30）を認めるだけで十分だ。

1.2.1 球面レンズ

最近はメガネにも非球面レンズなるものが登場してきたが、少なくとも一昔前までは手に入る通常のレンズの形状は球面であった。球面は面の曲率が一定だからレンズを磨くのに都合がよかったからだ。しかしながらレンズ作用という点から考えるとレンズの面が球面の一部であるということは初めから大きな矛盾を含んでいる。すなわち、平行な光線が一点に集中するためにはその面は放物面などでなければならず、球面にはそもそも焦点というものが存在しないのだ。

図1.8に我々が衛星放送などで親しんでいるパラボラアンテナの概念図を示した。このように*放物面*（parabola）であれば、平行に入射した電磁波は反射され一点に集中する。ところがこれが球面だったらどうだろう。図のように焦点は存在しない。

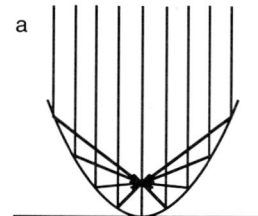
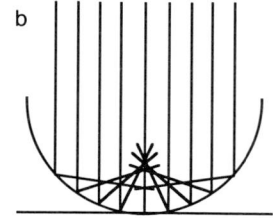

図1.8 (a)パラボラ（放物面）アンテナ、(b)「スフェリカル（球面）」アンテナ

一方、パラボラアンテナに焦点が存在するのは反射前と反射後の空間の電磁波に対する屈折率が同一だからであり、レンズの場合、電磁波が通過する空間の屈折率の関係で双曲面、もしくは楕円となった場合、電磁波は一点に集中する(図1.9)。詳細は光学の教科書に譲ることとして、我々はレンズの公式や球面収差を得るための基本的な考え方を以下で追ってみることにしよう。

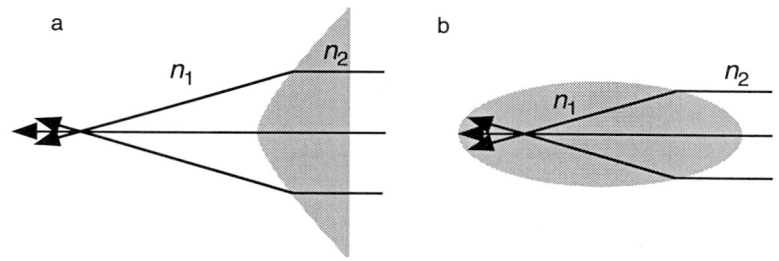

図1.9 レンズ作用をもたらすレンズ形状と屈折率： (a)双曲面 $n_1 < n_2$、(b)楕円面 $n_1 > n_2$

1.2.3 フェルマの原理

まず最初に、我々の出発点となるフェルマ原理（Fermat's principle）を述べる：
「光がある一点から別の一点に到達するとき、光は時間が最小となる光路をとる。」

問題 1.5 夏の暑い日にドライブすると道路が鏡のようになり、遠方の状況を逆さに映し出すことがある（逃げ水として知られている）。空気の密度が小さいほど光は速く伝搬することを用いて、この現象を説明する光路図を作成せよ。

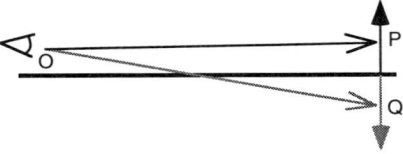

図 1.10 逃げ水はなぜ起こるか（問題 1.5）

1.2.4 光路長

このフェルマの原理を認めれば、レンズの公式は近似解として解析的に導かれ、球面収差もその公式の近似を高めた結果として自然な形で導入される。

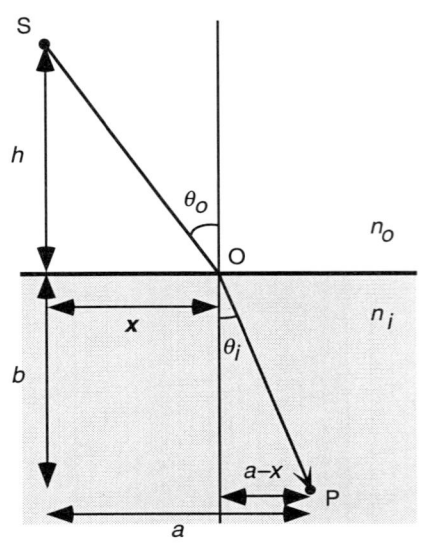

図 1.11 フェルマの原理からスネルの法則の導出

幾何光学の手法に慣れる目的で、ここではまず、屈折率の異なる媒体中の点 S から P に光が到達するとき、どのような経路をたどるのか考えて見よう（図 1.11）。それぞれの媒体中では光は直線的に進むことは自明であるが、ここではこの直観がフェルマの原理と矛盾していないことに注意したい。また光が異なる媒体を進むとき、その光路と界面との交点 O の場所を決めればたどる道は以下のように一義に定まる。

- step 1　c を真空中での光の速さ、v_o と v_i とを界面を挟んで外と内にある媒体中での光の速さ、n_o と n_i とをそれぞれの媒体の屈折率とすると、定義により $v_o = c/n_o$, $v_i = c/n_i$ である。光が S から P に達するまでの時間を t とすると、S を基準とした O の座標 x に依存する形で t をあらわに書き下せる：

$$t = \frac{\text{SO}}{v_o} + \frac{\text{OP}}{v_i} = \frac{\sqrt{h^2+x^2}}{v_o} + \frac{\sqrt{b^2+(a-x)^2}}{v_i} \quad (1.6)$$

- step 2　次にフェルマの原理に従い、この t を最小にする O の座標 x を求める。すなわち、dt/dx がゼロとなる x の値を求める。しかし実際に問題となるのは便宜的に定めた x ではなくて界面をどれくらいの角度で通過したかということだから、それを界面の法線に対する角度で表す。こうして次式を得る。

$$\frac{dt}{dx} = \frac{1}{v_o}\frac{x}{\sqrt{h^2+x^2}} - \frac{1}{v_i}\frac{a-x}{\sqrt{b^2+(a-x)^2}} = 0$$

$$\rightarrow \quad \frac{\sin\theta_o}{v_o} - \frac{\sin\theta_i}{v_i} = 0 \quad \rightarrow \quad \frac{\sin\theta_o}{v_o} = \frac{\sin\theta_i}{v_i}$$

$$\therefore \quad n_o \sin\theta_o = n_i \sin\theta_i \quad (1.7)$$

これがスネルの法則（Snell's law）だ。要はフェルマの原理を適用するということは、場所や角度などの光路を特徴づけるパラメータに依存する光の所要時間の表式を、それらのパラメータで

微分し最小となる条件を求めるということだ。言い換えると、光路は場所や角度などの変分に対して停留置をとるように定まる、と言ってもよい。

　光の速度は $v=c/n$ と書けるので通常は所要時間を微分するのではなくて、次に示すように光路長 (optical path length: L_{OPL}) を定義し（図 1.12）、この光路長が最小になる条件を求める。これはフェルマの原理と同等である。

$$\begin{aligned}
t &= \frac{l_1}{v_1} + \frac{l_2}{v_2} + \frac{l_3}{v_3} + \cdots \\
&= \sum_{i=1}^{m} \frac{l_i}{v_i} \\
&= \frac{1}{c} \sum_{i=1}^{m} n_i l_i \\
&= \frac{1}{c} \times (L_{OPL})
\end{aligned} \qquad (1.8)$$

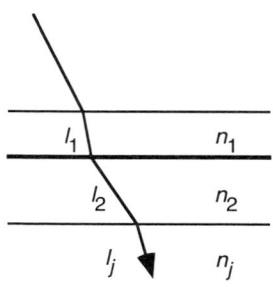

図 1.12 屈折率の異なった媒体と光路長（L_{OPL}）

1.2.5* 近軸理論と焦点距離の導出

1.2.5.1 光路長の表現

- **step 1** このフェルマの原理を球面レンズに適応するには、まず、光路長 L_{OPL} を屈折率の異なった球面内外の光路により表すことから始める（図 1.13）。

$$L_{OPL} = \mathrm{SA} + \mathrm{AP} = n_o l_o + n_i l_i \qquad (1.9)$$

- **step 2** この光路長を球の半径 R と球面上の点 A を指定する角度 φ で表すことを試みよう。すると余弦定理から、次のように L_{OPL} が求まる。

$$l_o = \left[R^2 + (s_o + R)^2 - 2R(s_o + R)\cos\varphi \right]^{1/2} \qquad (1.10a)$$

$$l_i = \left[R^2 + (s_i - R)^2 + 2R(s_i - R)\cos\varphi \right]^{1/2} \qquad (1.10b)$$

$$\therefore \; L_{OPL} = n_o \left[R^2 + (s_o + R)^2 - 2R(s_o + R)\cos\varphi \right]^{1/2} + n_i \left[R^2 + (s_i - R)^2 + 2R(s_i - R)\cos\varphi \right]^{1/2} \qquad (1.11)$$

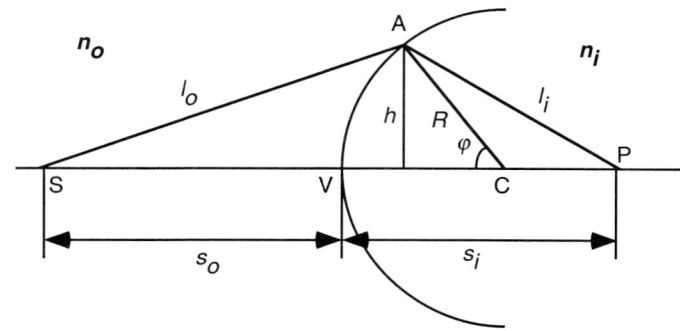

図 1.13 球面を介して屈折率の異なる媒体を通過する光の光路長を求める

- step 3　ここで L_{OPL} が最小値をとることを要求しよう。

$$\frac{dL_{OPL}}{d\varphi} = 0 \tag{1.12}$$

すると次の表式が得られる。

$$\frac{n_o}{l_o} + \frac{n_i}{l_i} = \frac{1}{R}\left(\frac{n_i s_i}{l_i} - \frac{n_o s_o}{l_o}\right) \tag{1.13}$$

問題 1.6　(1.12) をあらわに実行して、上の結果を導け。

1.2.5.2　近軸理論

(1.13) はフェルマの原理に則った厳密な式であるが、一方で光路長をあらわに示す l（あるいは同等に角度に由来する $\cos\varphi$）が入っていてあまり役にたたない。そこで、φ が小さいとして次の近似を用いてみよう。

$$\cos\varphi \approx 1 - \frac{\varphi^2}{2!} \tag{1.14}$$

要するに<u>レンズに入る光が光軸に極めて近い</u>という近似であり、*近軸理論* (paraxial theory) と呼ばれる。この近似を用いることにより、たとえば (1.13) 中の l_o は次のように変形される。

$$\begin{aligned}
l_o &= \left[R^2 + (s_o+R)^2 - 2R(s_o+R)\cos\varphi\right]^{1/2} \\
&\approx \left[R^2 + (s_o+R)^2 - 2R(s_o+R)(1-\frac{\varphi^2}{2!})\right]^{1/2} \\
&= s_o\left[1 + \frac{R}{s_o}(1+\frac{R}{s_o})\varphi^2\right]^{1/2}
\end{aligned} \tag{1.15}$$

これで cos 関数がなくなったが、さらに近軸理論における 0 次の近似として、

$$l_o \approx s_o, \quad l_i \approx s_i \tag{1.16}$$

と置いてしまおう。すると次の結果を得る。

$$\frac{n_o}{s_o} + \frac{n_i}{s_i} = \frac{n_i - n_o}{R} \tag{1.17}$$

1.2.5.3　焦点距離の導出

(1.17) から焦点距離を求めるには<u>光線が左あるいは右の無限大の彼方から来ているとすればよい</u>（図 1.14）。

$$\frac{n_o}{f} + \frac{n_i}{\infty} = \frac{n_i - n_o}{R} \longrightarrow f = \frac{n_o R}{n_i - n_o} \quad \text{(外で)} \tag{1.18a}$$

$$\frac{n_o}{\infty} + \frac{n_i}{f} = \frac{n_i - n_o}{R} \longrightarrow f = \frac{n_i R}{n_i - n_o} \quad \text{(内で)} \tag{1.18b}$$

これでやっと 0 次の近似としてのレンズの両側における焦点距離が求まった！

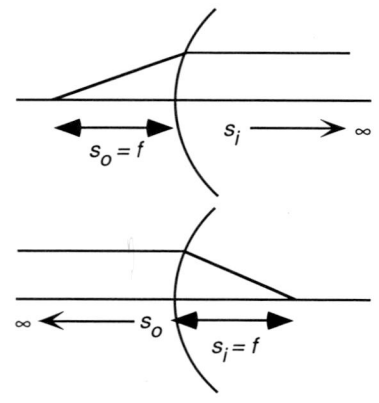

図 1.14　レンズ面の両側の焦点距離を求める

1.2.6* 薄レンズの近似と薄レンズの公式

次に二つの曲面を組み合わせて前節で紹介した操作をレンズの両側で行おう（図 1.15）。

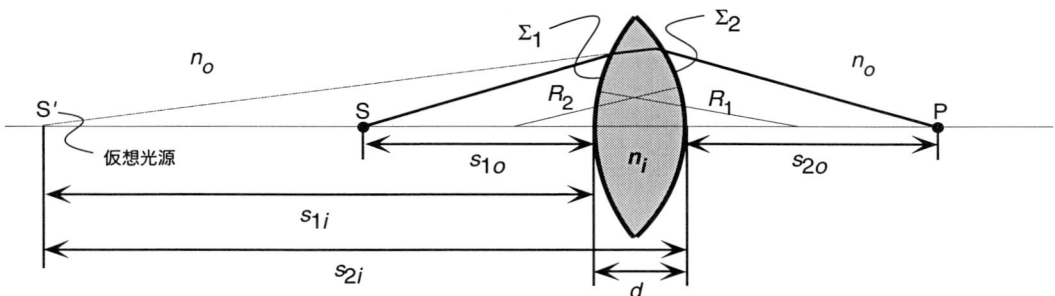

図 1.15 二つの曲面を組み合せてレンズの公式を得る

光は S を出発し、レンズを構成する二つの面、Σ_1 と Σ_2 を通過し、P に到達する。まず、Σ_1 について (1.17) の関係は次のように表される。ここで光は Σ_1 の右側では光軸と交わらず（左側の）S′ で交わると考えることができる。したがって s_{1i} の符号を負としよう。

$$\Sigma_1 \text{について}: \quad \frac{n_o}{s_{1o}} + \frac{n_i}{s_{1i}} = \frac{n_i - n_o}{R_1} \qquad (s_{1i} < 0) \tag{1.19a}$$

同様のことを Σ_2 について行う。ここでは P にとっての光源が S′（仮想光源）であること、また、曲率が負であることに注意する。

$$\Sigma_2 \text{について}: \quad \frac{n_o}{s_{2o}} + \frac{n_i}{s_{2i}} = \frac{n_o - n_i}{R_2} \qquad (R_2 < 0) \tag{1.19b}$$

また、レンズの厚さを d とすると S′ から Σ_1 および Σ_2 までの距離を考えて次の関係を得る。

$$s_{2i} = -s_{1i} + d \tag{1.20}$$

以上を組み合わせて、次の表式を得る。

$$\begin{aligned}
\frac{n_o}{s_{1o}} + \frac{n_o}{s_{2o}} &= -\frac{n_i}{s_{1i}} - \frac{n_i}{-s_{1i}+d} + (n_i - n_o)\left[\frac{1}{R_1} - \frac{1}{R_2}\right] \\
&= (n_i - n_o)\left[\frac{1}{R_1} - \frac{1}{R_2}\right] + \frac{n_i d}{(d - s_{1i})s_{1i}}
\end{aligned} \tag{1.21}$$

次に、$d \to 0$ という近似を行う。これを薄レンズの近似 (thin lens approximation) という。

$$\frac{n_o}{s_{1o}} + \frac{n_o}{s_{2o}} = (n_i - n_o)\left[\frac{1}{R_1} - \frac{1}{R_2}\right] \tag{1.22}$$

結局、レンズの外側のパラメータ s_{1o} と s_{2o} のみの表式となった。いずれかを無限大と置けば、焦点距離が求まり、最後に薄レンズの公式（Gaussian lens formula とも呼ばれる）を得る。

$$\frac{1}{f} = \frac{(n_i - n_o)}{n_o}\left[\frac{1}{R_1} - \frac{1}{R_2}\right] \tag{1.23}$$

$$\frac{1}{s_{1o}} + \frac{1}{s_{2o}} = \frac{1}{f} \tag{1.24}$$

1.2.7* 近似を高めた薄レンズの公式

次に球面レンズの焦点距離に対する近似をよくしてみよう。前節では光路長の計算で大胆にも $l=s$ と置いたが、ここでは φ に関する 2 乗の項をキープして議論を進める。すなわち l_o を次のように近似する。（以下、簡単のためレンズの片側の面のみを考える。）

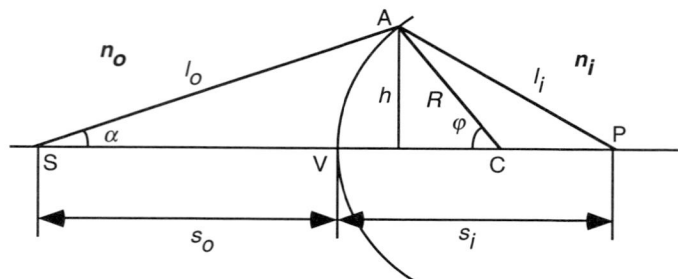

図 1.16 光路長を φ の 2 次の関数として求める

まず、(1.15) から

$$\frac{1}{l_o} \approx \frac{1}{s_o}\left[1 + \frac{R}{s_o}\left(1+\frac{R}{s_o}\right)\varphi^2\right]^{-1/2} \approx \frac{1}{s_o}\left[1 - \frac{1}{2}\frac{R}{s_o}\left(1+\frac{R}{s_o}\right)\varphi^2\right] \tag{1.25}$$

となるが、このような近似を l_i についても行い、厳密な式 (1.13) に代入すると次式を得る。

$$n_o \frac{1}{s_o}\left[1 - \frac{1}{2}\frac{R}{s_o}\left(1+\frac{R}{s_o}\right)\varphi^2\right] + n_i \frac{1}{s_i}\left[1 + \frac{1}{2}\frac{R}{s_i}\left(1-\frac{R}{s_i}\right)\varphi^2\right]$$
$$= \frac{1}{R}\left(n_i s_i \frac{1}{s_i}\left[1 + \frac{1}{2}\frac{R}{s_i}\left(1-\frac{R}{s_i}\right)\varphi^2\right] - n_o s_o \frac{1}{s_o}\left[1 - \frac{1}{2}\frac{R}{s_o}\left(1+\frac{R}{s_o}\right)\varphi^2\right]\right) \tag{1.26}$$

この式を次のように整理する。

$$\frac{n_o}{s_o} + \frac{n_i}{s_i} = \frac{n_i - n_o}{R} + (R\varphi)^2\left(\frac{n_o}{2s_o}\left(\frac{1}{R}+\frac{1}{s_o}\right)^2 + \frac{n_i}{2s_i}\left(\frac{1}{R}-\frac{1}{s_i}\right)^2\right)$$
$$= \frac{n_i - n_o}{R} + \frac{h^2}{2}\left(\frac{n_o}{s_o}\left(\frac{1}{R}+\frac{1}{s_o}\right)^2 + \frac{n_i}{s_i}\left(\frac{1}{R}-\frac{1}{s_i}\right)^2\right)$$
$$\approx \frac{n_i - n_o}{R} + \frac{(s_o\alpha)^2}{2}\left(\frac{n_o}{s_o}\left(\frac{1}{R}+\frac{1}{s_o}\right)^2 + \frac{n_i}{s_i}\left(\frac{1}{R}-\frac{1}{s_i}\right)^2\right) \tag{1.27}$$

ここで最後に、点 S から出てくる光の発散角 α に対して $h \approx s_o \alpha$ であることを用いた（図 1.16）。

(1.27) を (1.22) と比較すると、薄レンズの公式に対する補正項が α^2 に比例することがわかる。これは元をただせば cos 関数の近似で φ について 2 次までの項をキープしたことによる。

1.2.8 球面収差

さらに焦点距離を求めるために、次のように置く。

$$s_i \to \infty,\ s_o \to f$$

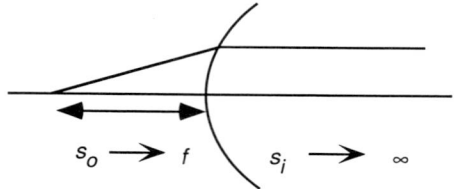

図 1.17 焦点距離を求める

すると近似を高めた焦点距離として、次の表式を得る。
$$\frac{1}{f} = \frac{n_i - n_o}{n_o R} + \frac{(\alpha f)^2}{2} \frac{1}{f} \left(\frac{1}{R} + \frac{1}{f} \right)^2 \tag{1.28}$$

ここで、通常の薄レンズの公式にでてきた焦点距離が
$$\frac{1}{f_0} = \frac{n_i - n_o}{n_o R} \tag{1.29}$$

であることに注意すると (1.18(a))、結局 f は f_0 を用いて次の形に表せる。
$$f = f_0 \frac{1}{(1 + \alpha^2 \kappa)} \approx f_0 (1 - \alpha^2 \kappa) = \underline{f_0 - C_s \alpha^2} \qquad \text{(重要)} \tag{1.30}$$

ここで κ は 1 のオーダーの数となる。また C_s は球面収差係数 (spherical aberration coefficient) と呼ばれ、通常は焦点距離と同程度のオーダー、数 mm、である。上の結果は、光軸から発散する角度 α が大きければ大きいほど（言い換えるとレンズの外側を通る光線ほど）、焦点距離は短くなるということを物語っている。これが球面収差 (spherical aberration) だ。一方、この収差を考えない薄レンズの公式に基づく光学系をガウス光学 (Gaussian optics, paraxial optics) と呼び、その条件下での結像をガウスフォーカス (Gaussian focus) の下での結像などと言う。

1.2.9 錯乱円

前節の結果を、光軸上の（数学的な）ある一点 S から角度 α で発せられる光が P の位置に像を結ぶ場合にあてはめて考えてみよう。1.1.4 節での焦点深度の議論で、我々は像面における誤差 Δv が倍率 M の 2 乗と Δu に比例して生じることを学んだが (1.5)、ここで実際には u と f とは近い値をとることを考慮すると次式が得られる。
$$\Delta v \approx -M^2 \Delta f \tag{1.31}$$

ここでもし、Δf が球面収差によるのであれば (1.30) から次のように書けることになる。
$$\Delta v = C_s M^2 \alpha^2 \tag{1.32}$$

この結果、点 S から α の角度でもって発せられた光はガウスフォーカスが与える点 P ではなく、P′ の位置で結ばれることになり、その結果、P では半径 δ のディスクが観察される：
$$\delta = \Delta v \, \beta = C_s M^2 \alpha^2 \cdot \frac{\alpha}{M} = \underline{C_s M \alpha^3} \tag{1.33}$$

このディスクを錯乱円 (disc of confusion) と呼ぶ。一方、図 1.18 からわかるようにガウス光学下の焦点 P よりレンズ側に、錯乱円の大きさが最小となる位置がある。これを最小錯乱円 (disc of least confusion) と呼ぶ。

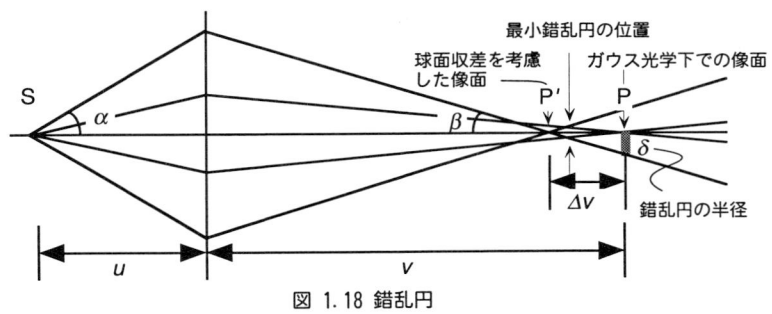

図 1.18 錯乱円

1.2.10 火面

球面収差の存在は、本来、一様に収束するはずの光線を外側により多く置いてしまう（図 1.19）。つまり、光線束の外側の方が相対的にエネルギー密度が高くなってしまう。このような面を*火面*（caustic）と呼ぶ。このため、電子顕微鏡では、試料のダメージ、コンタミネーションなどの問題が、実際に観察している場所よりもその外側に発生する場合が多い。さらに、次節で述べる非点収差も火面の原因となる。

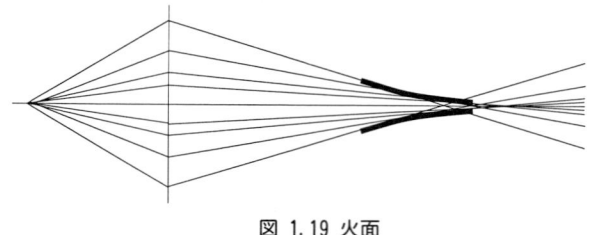

図 1.19 火面

1.2.11* 厚いレンズ

ここまでの取扱いにおいて我々はレンズの厚さを無視してきた。しかし現実にはレンズは厚さを持っている。その場合、レンズ内の二つの面において光線が曲ると考えると、幾何光学的に記述しやすい。図 1.20 にその状況を示したが、ここで現れた二つの面 Π_1, Π_2 を*主面*（principal plane）と呼び、主面が光軸と交わる点 H_1, H_2 を*主点*（principal point）と呼ぶ。

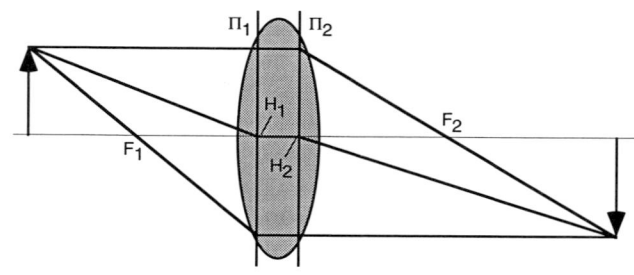

図 1.20 厚いレンズを主面および主点で記述する

1.3 ザイデルの 5 収差

前節で見てきた球面収差は物体が光軸上にあっても、レンズがピンホールカメラのように無限に小さくない限り存在するものであった。しかし実際には物体は光軸上のみにあるわけではない。したがって、物体が光軸から離れて存在することによる収差がさらにある。

1.3.1 メリジオナル面とサジッタル面

光軸上から離れた点から発せられる光の経路を考えよう。図 1.21 において矢印で示した物体上の点 O から発せられた光線が P に結ばれている状況を描いた。このとき、<u>物体と光軸を含む面を通って結像に寄与した光線と、その面と垂直な面を通って結像に寄与した光線とではレンズや光軸に対する位置関係が異なっている</u>。そこで物体と光軸を含む面を*メリジオナル面*（子午面、meridional plane）と呼び、その面と垂直で光軸とある角度で交わる面を*サジッタル面*（ギリシャ語で矢の意、sagittal plane）と呼ぶ。

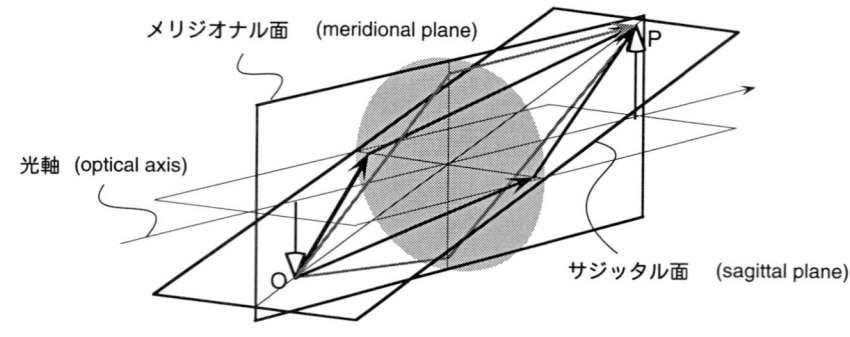

図 1.21 光軸から離れた物体の結像

球面収差を導くとき、(1.14) において φ が十分小さいという仮定を用いたが、正しく結像過程を計算しようとすると、角度のみならず物体から光軸までの距離も重要な因子となることが図 1.21 から推測される。このように考えると、球面収差を含んだ五つの収差が現れる。これをザイデルの 5 収差（Seidel aberrations）という。詳細は光学の教科書にまかせることとして、我々は以下、球面収差を除いた残りの四つを定性的に見てみよう。

1.3.2 コマ収差

光軸上から離れた一点が彗星（comet）のしっぽのように結像されることからコマ収差（coma）呼ばれる。これはレンズの中心と外側を通る光線にとって実効的な焦点距離、すなわち倍率が異なることによって生ずる。この場合、メリジオナル面ではたとえば図 1.22 に示したように点 O が一点に結像されない。この例ではレンズの外側を通る光線の倍率がレンズの中心を通るものより大きいが、これを正のコマ収差（positive coma）と呼ぶ。

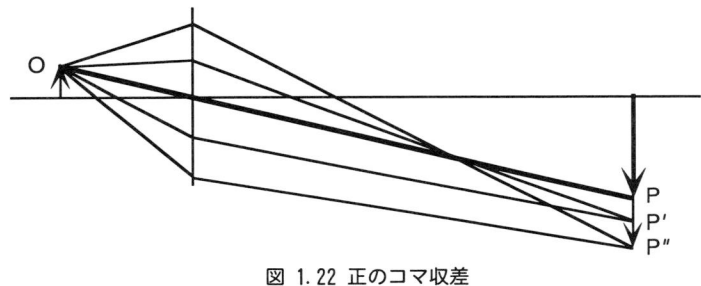

図 1.22 正のコマ収差

上の図で OP はサジッタル面の断面でもあるから、結局、サジッタル面を通る光線により結像された点がメリジオナル面を通る光線より小さな倍率を持つことになる。

さらに、サジッタル面を通る光線でもメリジオナル面を通る光線でも、レンズの内側を通過する光が光軸に近く結像される。そして、レンズを通過する光の密度はレンズのどの位置でもほとんど同じなので、結局図 1.23(b) の右側に示した点 O に近い領域に多くの光線のエネルギーが集中する。

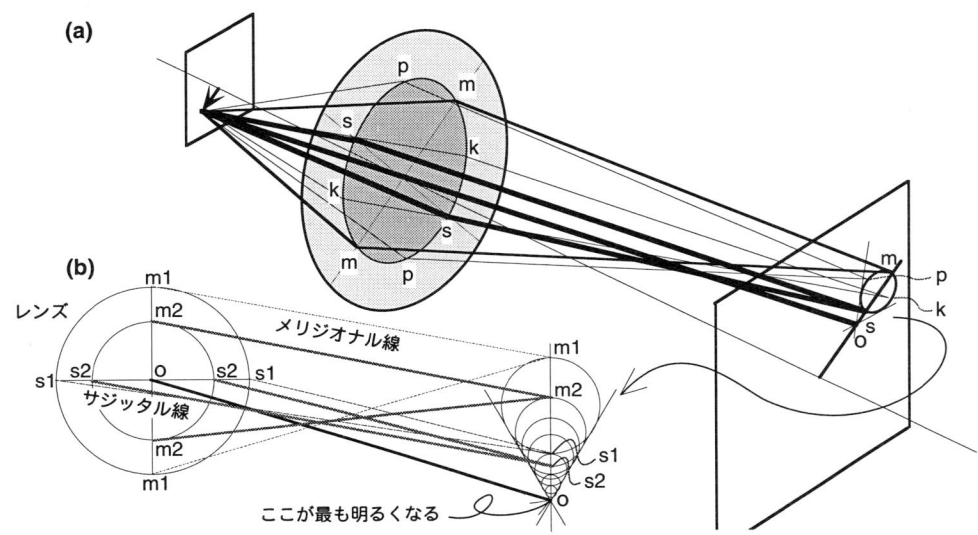

図 1.23 コマ収差：(a) 3次元の光線図、(b) レンズを通過する光線と像との模式図

1.3.3 非点収差

コマ収差ではサジッタル面を通る光線もメリジオナル面を通る光線も同一のスクリーン上に結ばれた。一方、サジッタル面ではレンズの中心を挟んだ二つの光路は対称であるのに対し、メリジオナル面では非対称だ。したがってレンズ自体は歪んでなくとも、光路の相違により二つの面を通る光線が結ぶ焦点の位置が異なってしまう場合もある。図 1.24 にこの状況を示した。この収差を*非点収差*（astigmatism）と呼ぶ。それぞれの光線が焦点を結ぶ位置に物体上の点は線として結像され（これを第 1 像（primary image）、第 2 像（secondary image）と呼ぶ）、二つの焦線の間に小さな円ができるが、これも最小錯乱円と呼ばれる。

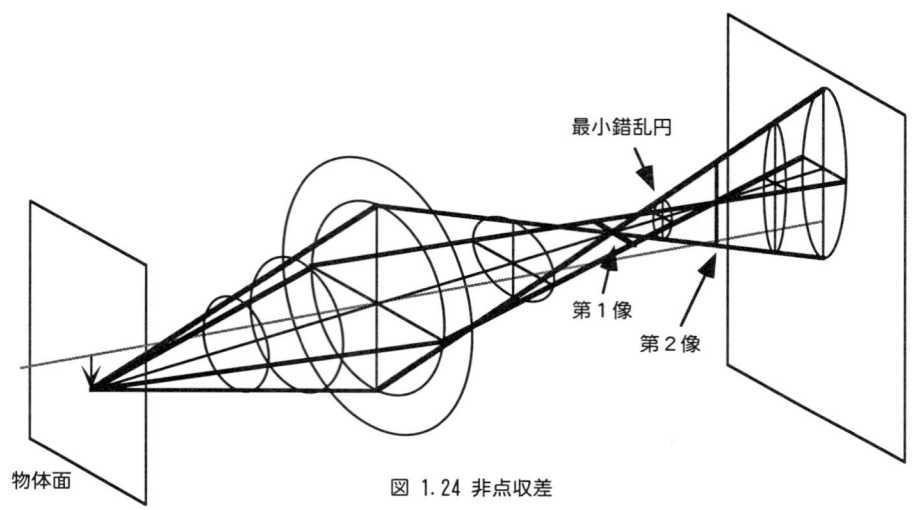

図 1.24 非点収差

この場合、光軸上にある物体に対しては二つの焦線は一致し、非点収差は生じない。しかし現実問題として、電子顕微鏡に用いられる磁界レンズ（第 2 章）ではレンズの不完全性や試料の持つ磁場などにより、軸上でも非点収差が存在する。

1.3.4* 像面の曲り

これまでは物体面と像面は光軸と垂直と考えてきたが、光軸から離れるにつれてレンズを挟んだ共役な二点の軌跡は曲った曲面となる。図 1.25 でいうと σ_o と σ_i が本来の物体面と像面だ。ところが、実際には物体は Σ_o に存在するので、像面は Σ_i に移る。この像面のことを Petzval 面と呼び、このことによる収差を*像面の曲り*（field curvature）と呼ぶ。また光軸から離れるにつれて、ジャストフォーカスを与える点も近軸理論に基づいた像面 Σ_G から Δx だけ移動する。このようにピントのボケと倍率の誤差は光軸から離れるにつれて大きくなる。

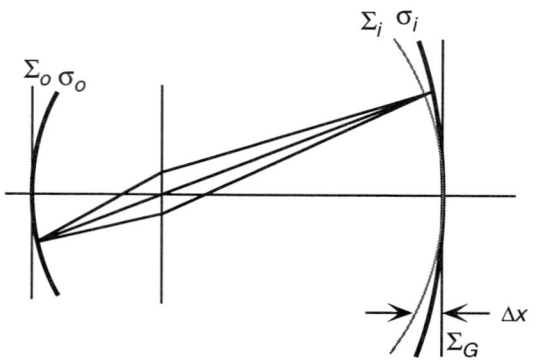

図 1.25 像面の曲りによる焦点の移動

1.3.5* 歪み

実際にはレンズ自体の倍率がレンズ内の各位置で異なり、像面においてすら光軸から離れるに従って、像がひずんでしまう。これを歪み（distortion）と呼ぶ。（これに対して、前節で述べた誤差はレンズの倍率がレンズ内の各位置で同じでも起こる。）歪みは厚いレンズで大きく、また、電子顕微鏡で用いられる磁界レンズにおいても無視できない。さらに薄いレンズであってもしぼりの位置によって、見掛け上、同様の効果が起こる（図 1.27）。

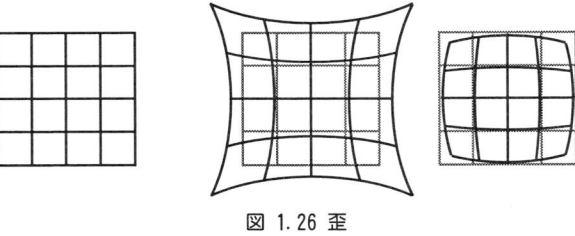

図 1.26 歪

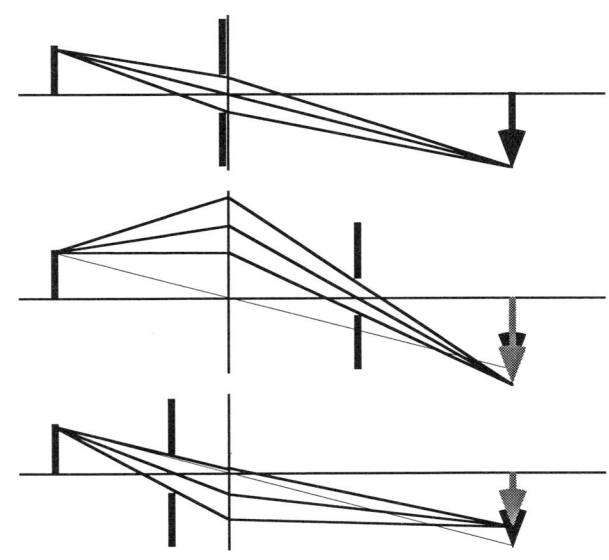

図 1.27 歪に及ぼすしぼり位置の影響

この章のまとめ

- 薄レンズの公式とその限界（特に球面収差の存在）、焦点深度と錯乱円
- 後焦点面（back focal plane）、レンズを挟んだ共役な像の関係
- 2レンズ系による結像の自由度
- フェルマの原理
- 近軸理論（paraxial theory）と薄レンズの近似（thin lens approximation）
- ザイデルの5収差：球面収差、コマ収差、非点収差、像面の曲り、歪み

第 2 章　電子線の幾何光学

An electron entering a magnetic field with velocity v undergoes an acceleration which is everywhere normal to the local velocity vector.

　　　　　　　　　　　　　　　　L.Reimer　*"Transmission Electron Microscopy"*

電子顕微鏡では光の代わりに電子線を用いて結像する。電子が持つ電場や磁場との相互作用を利用してレンズ作用をもたらすことができるからだ。ここでは電子顕微鏡のレンズとして重要な磁界レンズが機能する原理の理解に主眼を置き、次に電界レンズやその他の補正のためのレンズに簡単に触れたい。そして前章で述べた 2 レンズ系の応用もかねて、電子顕微鏡における照射系の役割と構成を学ぶこととしよう。

2.1　磁界レンズ
2.1.1　磁界レンズの構成

最初に電子顕微鏡で使われている*磁界レンズ*（magnetic lens）の構成をその進歩とともに見てみよう（図 2.1）。(a) 1926 年、H. Busch が実験的にソレノイド中の磁場により電子線が曲がることを示した。(b) 1931 年、E. Ruska と M. Knoll はモリブデンの 10 倍の像をソレノイドと陰極線により得、さらに彼らは鉄でできたヨークにより磁場の広がりを抑えられることを示した。(c) 引き続き、彼らは二つの円筒形の鉄（*ポールピース*（pole piece）と呼ばれる）を挿入し、強力な磁場を得た。この時点で電子顕微鏡が必要とする磁界レンズが基本的に得られた（1934）。

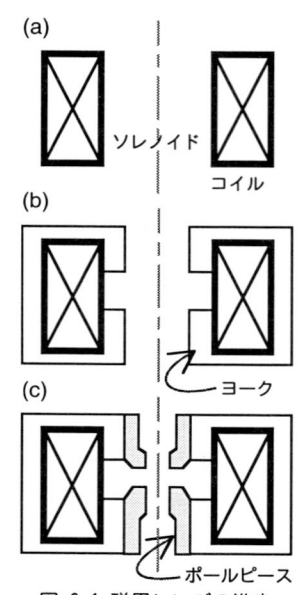

図 2.1 磁界レンズの進歩

通常、数アンペアの電流がコイルには流れている。電子顕微鏡にはこのようなコイルがいくつも存在し、その上に電子線源と加速部がある。また、もっとも重要な対物レンズを構成するポールピース間のギャップはわずか数 mm のオーダーだ。そして、いくつものレンズが原理的には同一の光軸を持つように置かれている。この長い煙突のような領域はいくつもの真空ポンプで引かれ、高速電子はこの中を走っている。

2.1.2　磁界レンズの動作原理

このポールピースを数百 kV のエネルギーで突き抜ける電子はどのような力を受けるのだろう？　古典的に考えれば電子の軌道はニュートンの方程式によって記述されるはずだ。

$$m\ddot{r} = F \tag{2.1}$$

ここで太字はベクトルを表す。一方、力を与えるのは次のローレンツ力だ。

$$F = -e(E + v \times B) \tag{2.2}$$

一口でいうと、電子の軌跡を求めるということはこの二つの式を与えられた初期条件の下で解くことに他ならない。数学的に電子の軌道を求めることは次節で行うこととして、ここではポールピースのレンズ作用の物理的なイメージをつかむこととしよう。

図 2.2 にポールピース間の磁束密度（B、この図では上から下に向かっている）および光軸と平行にポールピースに対して速度 v で入射する電子線を示した。この電子にはどのようなローレンツ力が働くのだろうか？　まず、磁束密度ベクトル B を光軸方向（z 方向）と半径方向（r 方向）の成分 B_z と B_r に分解することから始めよう。

- step 1　初め電子は z 方向の成分 v_z しか持っていないから、この電子は B_z と相互作用を持つことはない。よって電子はポールピースに入った段階で半径方向の成分 B_r のみを感じ、まず円周方向（ϕ 方向）の成分 v_ϕ を持つ。

- step 2　次にこの v_ϕ と B_z との間に働くローレンツ力を考えると、それは r 方向でしかも光軸に向かう成分 F_r を持つ。

    第 1 章で学んだことからすると、光軸に平行に入射した電子線が光軸と垂直な速度成分を持つということは、レンズ作用の発生を意味する。結局、電子はポールピース内でらせん状に軌道を描きながら光軸に向かって進行する。

- step 3　上下のポールピースの中間まで到達した段階で B_r の符号が変わる。電子の光軸方向の速度 v_z は一定だから、今度は ϕ に関して最初と反対の方向にローレンツ力を受け、しだいに v_ϕ は減少する。結局、ポールピースから完全に脱け出すまでに、この ϕ 方向の速度成分はゼロとなり、最終的に r 方向の成分のみがポールピースから出てきた時点で電子に与えられる。

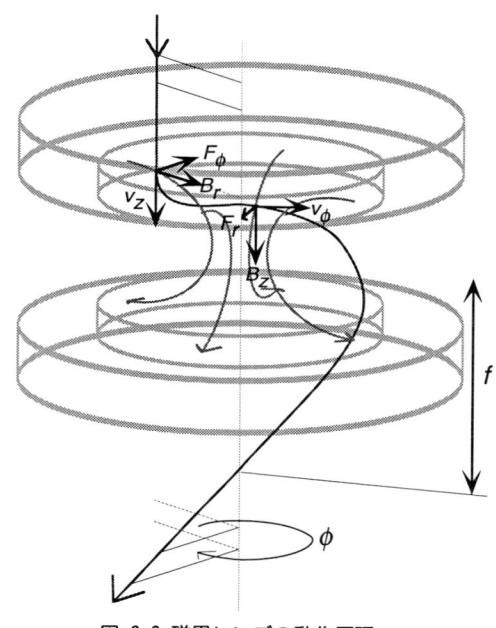

図 2.2 磁界レンズの動作原理

以上が磁界レンズの作動原理だ。要するに電子がポールピースを出る段階で r 方向の速度成分を持っていることがレンズ作用そのものを意味している。この場合、薄レンズの近似はもはや成立しないが主面を考え、また電子の軌道が光軸を横切る点をこのレンズの焦点と考えることができる（焦点距離については後述）。すなわち、磁界レンズも光学レンズで考えた焦点距離を定義することができる。しかし一方で、ポールピースを出た段階で v_ϕ はゼロとなるが、ϕ の変化そのものはゼロではない。つまり、磁界レンズでは試料面に対して結像面が回転している。上の議論からすると、その回転の程度もレンズの強さに依存するだろう。結局、電子顕微鏡ではレンズの倍率を変えるたびに原理的には像が回転することになる。

問題 2.1　上の例では磁束が上のポールピースから下のポールピースに向かった場合を考えた。この逆の場合では電子はどちら側に回転するか？

2.1.3* 電子の軌道

次にニュートンの運動方程式とローレンツ力から磁場中を運動する電子の軌跡を求めてみよう。この場合、系の対称性から力や加速度を円筒座標系であらわに表すことから始める。（この節は軽く読み流す程度でもよい。）

$$m\ddot{\boldsymbol{r}} = \boldsymbol{F} \xrightarrow{\;?\;} m\begin{pmatrix} a_r \\ a_\varphi \\ a_z \end{pmatrix} = \begin{pmatrix} F_r \\ F_\varphi \\ F_z \end{pmatrix}$$

- step 1　円筒座標系におけるニュートンの運動方程式

一般に、直交座標系の成分 (x, y, z) は円筒座標系の成分 (r, φ, z) との次の関係にある（図2.3）：

$$x = r\cos\varphi; \quad y = r\sin\varphi; \quad z = z \tag{2.3}$$

z に関する時間微分は x-y 系のそれと同じだから、以下の議論を r-φ 系に限定して行う。この系において物質の場所を表すベクトル $\boldsymbol{r}$ とその時間微分は単位ベクトルを用いて次のように書ける。

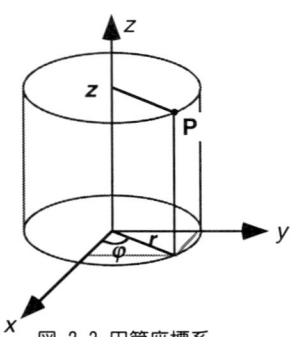

図 2.3 円筒座標系

$$\boldsymbol{r} = r\boldsymbol{e_r} \longrightarrow \boldsymbol{v} = \frac{d\boldsymbol{r}}{dt} = \dot{r}\boldsymbol{e_r} + r\dot{\boldsymbol{e}}_r \tag{2.4}$$

ここで単位ベクトルの時間変化がでてきた。これは r-φ 系では図2.4からもわかるように、単位ベクトルの方向も時々刻々変化するからで、それを次のように求める（$\boldsymbol{e}_x$ と $\boldsymbol{e}_y$ は時間に対して変化しないことに注意する）。

$$\begin{cases} \boldsymbol{e_r} = \cos\varphi \cdot \boldsymbol{e_x} + \sin\varphi \cdot \boldsymbol{e_y} \\ \boldsymbol{e_\varphi} = -\sin\varphi \cdot \boldsymbol{e_x} + \cos\varphi \cdot \boldsymbol{e_y} \end{cases} \tag{2.5a}$$

$$\begin{cases} \dot{\boldsymbol{e}}_r = \dot{\varphi}(-\sin\varphi \cdot \boldsymbol{e_x} + \cos\varphi \cdot \boldsymbol{e_y}) = \dot{\varphi}\boldsymbol{e_\varphi} \\ \dot{\boldsymbol{e}}_\varphi = -\dot{\varphi}(\cos\varphi \cdot \boldsymbol{e_x} + \sin\varphi \cdot \boldsymbol{e_y}) = -\dot{\varphi}\boldsymbol{e_r} \end{cases} \tag{2.5b}$$

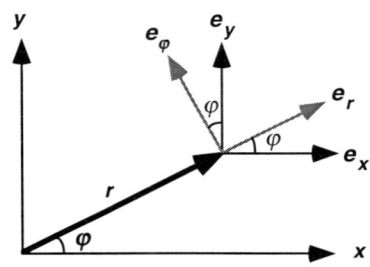

図 2.4 円筒座標系と直行座標系における単位ベクトルの関係

$$\therefore \; \underline{\boldsymbol{v} = \dot{r}\boldsymbol{e_r} + r\dot{\varphi}\boldsymbol{e_\varphi}} \tag{2.6}$$

さらにこの作業を加速度についても行い、次の結果を得る。

$$\boldsymbol{a} = \frac{d\boldsymbol{v}}{dt} = (\ddot{r} - r\dot{\varphi}^2)\boldsymbol{e_r} + (2\dot{r}\dot{\varphi} + r\ddot{\varphi})\boldsymbol{e_\varphi} \tag{2.7}$$

最後に

$$2\dot{r}\dot{\varphi} + r\ddot{\varphi} = \frac{1}{r}\frac{d}{dt}(r^2\dot{\varphi})$$

であることに注意すると、円筒座標系のそれぞれの成分について次式を得る。

$$\begin{cases} m\ddot{r} = F_r + mr\dot{\varphi}^2 \\ \dfrac{d}{dt}(mr^2\dot{\varphi}) = rF_\varphi \\ m\ddot{z} = F_z \end{cases} \tag{2.8}$$

問題 2.2　(2.7)式を確認せよ。

- **step 2　ガウスの定理**

ここで上式の F にローレンツ力を入れるわけだが、その前にベクトル解析でいうところのガウスの定理を応用することにより、あるベクトル場の r 方向と z 方向の成分とには簡単な関係が存在することを導く。

ベクトル場を V と置くと、考えている領域の中に湧き出し（source）も 吸収源（sink）もなければ $\mathrm{div}\,V = 0$ だ。これを回転対称の場に適用すると次のようになる。

$$\mathrm{div}\,V = \pi r^2 V_z(z) - [\pi r^2 V_z(z+dz) + 2\pi r V_r dz] = 0 \tag{2.9}$$

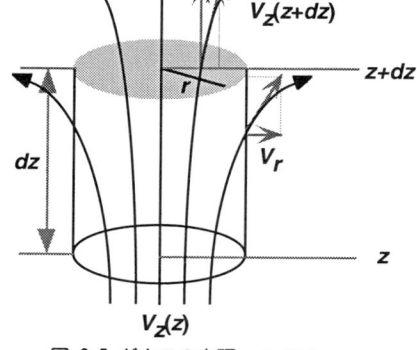

図 2.5 ガウスの定理：$\mathrm{div}\,V=0$

ここで V_z をテイラー展開すると

$$V_z(z+dz) = V_z(z) + \frac{\partial V_z}{\partial z}dz + \cdots \tag{2.10}$$

となるが、これをガウスの定理に代入すると

$$\mathrm{div}\,V = \pi r^2 V_z(z) - \left\{\pi r^2\left[V_z(z) + \frac{\partial V_z}{\partial z}dz + \cdots\right] + 2\pi r V_r dz\right\} = 0 \tag{2.11}$$

すなわち次式が成立していることがわかる：

$$V_r = -\frac{r}{2}\frac{\partial V_z}{\partial z} \tag{2.12}$$

要するに、わき出しのないベクトル場（我々の場合、ポールピース内に分布する磁束密度と考えてもよい）の z 方向の成分の変化は、r 方向の成分により補償されていることを意味している。

- **step 3　ローレンツ力**

これでやっとローレンツ力について考える準備ができた。v は (2.4) 式で求めており、また、B は円周方向（φ 方向）の成分を持たないから、これらの量は次のように表される。

$$v = \begin{pmatrix} \dot{r} \\ r\dot{\varphi} \\ \dot{z} \end{pmatrix};\quad B = \begin{pmatrix} B_r \\ 0 \\ B_z \end{pmatrix} \tag{2.13}$$

これをローレンツ力を表す (2.2) 式に代入すると、

$$F = \begin{pmatrix} F_r \\ F_\varphi \\ F_z \end{pmatrix} = -e\,v \times B = -e\begin{vmatrix} e_r & e_\varphi & e_z \\ \dot{r} & r\dot{\varphi} & \dot{z} \\ B_r & 0 & B_z \end{vmatrix} = -e\begin{pmatrix} r\dot{\varphi}B_z \\ \dot{z}B_r - \dot{r}B_z \\ -r\dot{\varphi}B_r \end{pmatrix} \tag{2.14}$$

となる。これをニュートンの方程式 (2.8) に代入すると、我々は次の結果を得る。

$$m\ddot{r} = -er\dot{\varphi}B_z + mr\dot{\varphi}^2 \tag{2.15a}$$

$$\frac{d}{dt}(mr^2\dot{\varphi}) = -er(\dot{z}B_r - \dot{r}B_z) = -er\left(\dot{z}\left(-\frac{r}{2}\frac{\partial B_z}{\partial z}\right) - \dot{r}B_z\right) = \frac{d}{dt}\left(\frac{e}{2}r^2 B_z\right) \tag{2.15b}$$

$$m\ddot{z} = er\dot{\varphi}B_r \tag{2.15c}$$

第2章 電子線の幾何光学

ここで φ 方向の展開において先程のガウスの法則から導かれる結果を用いた。

この式をみると我々が先に定性的に考えた事柄がきちんと含まれている。すなわち、最初電子は z 方向の成分のみしか持たないので、ニュートンの方程式のうち、r 方向の成分に関する式（2.15a）の右辺はゼロである。ところが、φ 方向の式（2.15b）の右辺に z 方向の速度が入っており、これが電子の速度に φ 方向の成分を与えることになる。いったん電子が φ 方向の成分を持つと、今度は磁場の z 方向成分と相互作用をもつことができ、最終的に r 方向の加速度が得られる。

- step 4　レンズ作用

我々がレンズ作用という観点から最終的に求めたいのは電子の r 座標の z 依存性だ。r 座標に関しては（2.15a）式で表されているが、これは φ の関数であるので、まず（2.15b）を積分することから始めよう（C は定数）。

$$mr^2\dot{\varphi} = \frac{e}{2} r^2 B_z + C \longrightarrow \therefore \; \dot{\varphi} = \frac{e}{2m} B_z \equiv \omega_L \tag{2.16}$$

つまり、電子は φ 方向に周波数 ω_L で回転していることがわかる。これをラーマー周波数（Larmor frequency）という。$\dot{\varphi}$ が求まったので、これを（2.15a）に代入する。

$$m\ddot{r} = -er\left(\frac{eB_z}{2m}\right)B_z + mr\left(\frac{eB_z}{2m}\right)^2 = -\frac{e^2}{4m}B_z^2 r \tag{2.17}$$

ここで時間微分を z に関する微分で置き換える。つまり

$$\frac{d}{dt} = \frac{dz}{dt}\frac{d}{dz} = v_z \frac{d}{dz} \tag{2.18}$$

となるが、ここで近軸理論における仮定、すなわち電子は光軸のごく近辺を通っているので、z 方向の電子の速度の変化はゼロという近似を行う。言い換えると v_z を定数とみなす（これ以降、単に v と置く）。結局、上の二つの式を組み合わせると r と z の次の関係を得る。

$$\frac{d^2 r}{dz^2} = -\frac{e^2}{4m^2 v^2} B_z^2(z) r \tag{2.19}$$

ここで、加速電圧 V を得てやってきた電子の運動エネルギーを古典的に表した、

$$\frac{1}{2}mv^2 = eV \tag{2.20}$$

を代入すると、次の軌道方程式が得られる。

$$\frac{d^2 r}{dz^2} = -\frac{e}{8mV} B_z^2(z) r \tag{2.21}$$

- step 5　焦点距離

焦点距離を求めるためには r と z の関係さえわかっていればよい。z 軸上の $-a$ から b まで（2.21）を積分しよう（図 2.6）。

$$\left.\frac{dr}{dz}\right|_{z=b} - \left.\frac{dr}{dz}\right|_{z=-a} = -\frac{e}{8mV} \int_{z=-a}^{b} B_z^2(z) r \, dz \tag{2.22}$$

ここで近軸理論にのっとり、r が十分小さいと仮定し、$r=r_t$ と置くと r_t は積分の外にくくりだされて

$$\left.\frac{1}{r_t}\frac{dr}{dz}\right|_{z=b} - \left.\frac{1}{r_t}\frac{dr}{dz}\right|_{z=-a} = -\frac{e}{8mV}\int_{z=-a}^{b} B_z^2(z)\,dz \quad (2.23)$$

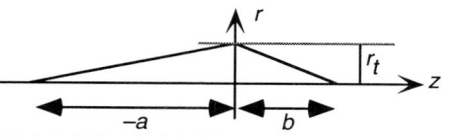

図 2.6 軌道方程式を積分し、焦点距離を求める

を得る。ところが、図から明らかなように

$$\left.\frac{dr}{dz}\right|_{z=b} = -\frac{r_t}{b}\,;\quad \left.\frac{dr}{dz}\right|_{z=-a} = \frac{r_t}{a} \quad (2.24)$$

なので、我々は結局、薄レンズの公式によく似た次式を得る。

$$\frac{1}{b}+\frac{1}{a} = \frac{e}{8mV}\int_{z=-a}^{b} B_z^2(z)\,dz \quad (2.25)$$

さらに幾何光学のところでも学んだように（図 1.14）、焦点距離は $a\to\infty$ としたときの b の値に他ならないから、焦点距離 f の表式として次の式を得る。

$$\frac{1}{f} = \frac{e}{8mV}\int_{\text{lens}} B_z^2(z)\,dz \quad (2.26)$$

2.1.4* 実際の磁界レンズ

以上、磁場中の電子の軌跡を計算することによって、磁界レンズのレンズ作用を導くことができた。このように磁界レンズを光学レンズと同様に扱うことができそうだが、実際は相違点も多い。たとえば磁界レンズの強さは原理的にはいくらでも強くでき、電子がレンズから飛び出す前に、光軸を何回も通過させることも可能だ。現実のレンズ系はこの磁界レンズであるがゆえの特徴を巧みに生かして設計されている。本書でそのすべてを記述することなど到底できないが、この節において実際に電顕を扱う際に知っておくと便利な磁界レンズの特徴とその取扱いの基礎を簡単にまとめる。

- step 1　まず、レンズの磁界を次のようにローレンツ関数で近似する（図 2.7）。これをベル型磁界という。

$$B_z(z) = \frac{B_0}{1+\left(\frac{z}{a}\right)^2} \quad (2.27)$$

- step 2　さっそく、この磁界の形を我々の軌道方程式 (2.21) に代入してみよう。

$$\frac{d^2 r}{dz^2} + \frac{eB_0^2}{8mV}\frac{r}{1+\left(\frac{z}{a}\right)^2} = 0 \quad (2.28)$$

- step 3　このようなローレンツ型の関数を含む方程式の場合、三角関数をうまく用いて座標変換する。すなわち、(z, r) を a で規格化した後、cot 関数を用いる。

$$x = z/a = -\cot\phi\,;\quad y = r/a \quad (2.29)$$

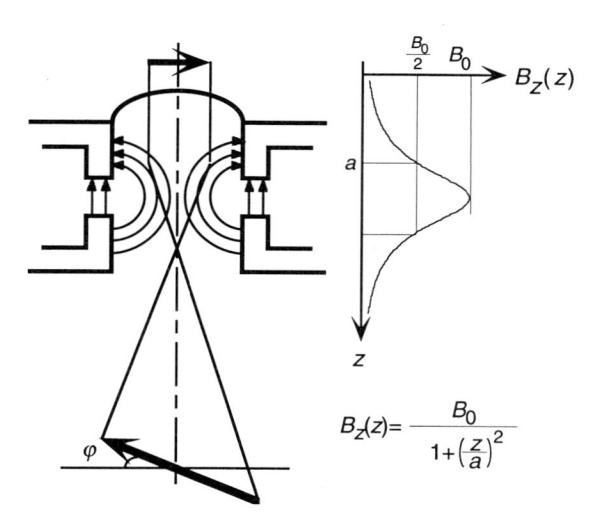

図 2.7 ベル型の磁界分布（ローレンツ型関数で近似する）

これらの座標変換の意味を図 2.8 に示した。

（多くの教科書では $x=\cot\phi$ と置かれているが、(2.29) のように $z=-\infty$ で $\phi=0$ となるように設定した方が極限を取ったときの混乱が少ない。）

第2章 電子線の幾何光学

- **step 4** y と ϕ とを用いて我々の軌道関数は次のように書き換えられる。（ ′ と ″ は ϕ に関する微分）

$$y'' + 2\cot\phi\, y' + \frac{eB_0^2 a^2}{8mV} y^2 = 0 \tag{2.30}$$

- **step 5** ここででてきた定数を k^2 と置き、レンズ定数 (lens parameter) と呼ぶ。これは無次元の量だ。

$$k^2 = \frac{eB_0^2 a^2}{8mV} \tag{2.31}$$

- **step 6** さて肝心の微分方程式だが、次の形の解を持つ（代入して確かめれば十分）。

$$y = C_1 \frac{\sin\omega\phi}{\sin\phi} + C_2 \frac{\cos\omega\phi}{\sin\phi} \tag{2.32}$$

ここで ω はレンズ定数と次の関係にある。

$$\omega^2 = 1 + k^2 \tag{2.33}$$

- **step 7** 初期条件として $z=-\infty$ ($\phi=0$) から電子線が入射したとして y が有限の値を持つことを要求すると $C_2=0$ となる。さらに光軸から r_0 の距離を光軸に平行な電子線が入射すると考えると、次の表式を得る。（平行入射ではない一般の場合については参考書 (Reimer, (1993)) を参照のこと。）

$$y = \frac{r_0}{a\omega} \frac{\sin\omega\phi}{\sin\phi} \tag{2.34}$$

- **step 8** 解の性質を調べるための準備として、この表式の微分をとっておこう。

$$\frac{dy}{d\phi} = \frac{r_0}{a\omega} \frac{\omega\cos\omega\phi \cdot \sin\phi - \sin\omega\phi \cdot \cos\phi}{\sin^2\phi} \tag{2.35}$$

$\phi \to 0$ もしくは π（すなわち $z=-\infty$ および ∞）の挙動を調べるために、この表式にロピタルの定理を2回適用すると、うまい具合に次の形となる。

$$\frac{dy}{d\phi} \xrightarrow{\phi \to 0, \pi} \frac{r_0}{a\omega}(1-\omega^2)\frac{\omega\cos\omega\phi \cdot \sin\phi + \sin\omega\phi \cdot \cos\phi}{2\cos 2\phi}\bigg|_{\phi=0,\pi} \tag{2.36}$$

図 2.8 (2.29) の変換の意味

この形を見ると $\phi \to 0$ のときは恒等的にゼロとなるが、これは光軸に沿って電子線が入射している状況を表している。次に $\phi \to \pi$ の場合の (2.36) の挙動を見てみよう。分子に注意すると $\sin\omega\phi$ がゼロのとき、要するに ω が 1, 2, 3, … といった整数のとき（同等に (2.33) から k^2 が 0, 3, 8, … のとき）ゼロとなることがわかる。これはレンズを通過したにもかかわらず、電子線は光軸と再び平行になってレンズから射出することを意味する。

図 2.9 に以上の考察から得られた光軸と平行にレンズに入射した電子線の軌跡をレンズ定数の大きさに分けて示した。磁場がゼロ ($k^2=0$) の場合、電子線は直進する

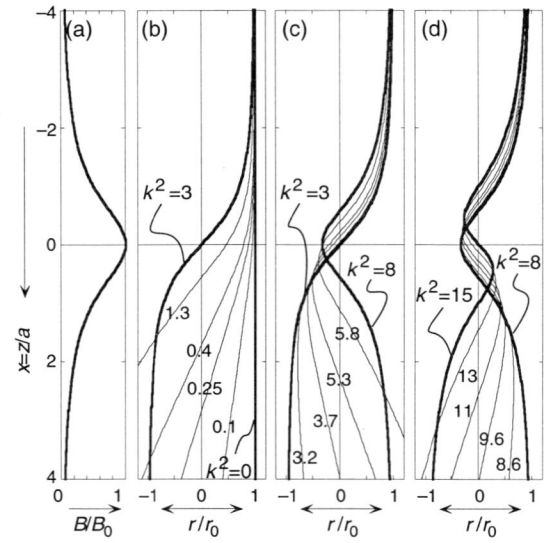

図 2.9 磁界レンズの強さと電子線の軌跡：(a) 磁場の分布、(b) $k^2=0\sim3$、(c) $k^2=3\sim8$、(d) $k^2=8\sim15$

が k^2 の値が大きくなるにつれ、電子線は光軸と交わりレンズ作用を受ける。そして $k^2=3$ となると電子線は再び光軸と平行に進むが、この条件はレンズの中心に対して対称であり、この特徴的な動作条件をテレフォーカス条件（telefocus condition）と呼ぶ。電顕に用いられる通常のレンズは $k^2<3$ の条件下で用いられる場合が多い。

ここで $k^2<3$ で、かつ磁場の大きさが極端に小さくない場合を少し詳しく見てみよう（図 2.10）。幾何光学との大きな違いは実際の電子線の軌跡が直線ではないことだ。たとえば図において電子線が光軸と交わるのは S においてであるが、実際には電子線はその後も磁界により曲げられる。細かいことを抜きにしてレンズを薄レンズと考えるためには、まず入射電子線とレンズから射出した電子線に漸近する 2 本の直線を考え、それらをレンズ内まで内挿する。するとレンズに平行に入射した電子線が Q で屈折され光軸と P で交わることがわかる。これはこの系を薄レンズと考えると QR にレンズの主面があり、P を通る面が後焦点面とみなせることを意味する（図中の f_p が焦点距離を与える）。電子顕微鏡に用いられるレンズのうち、対物レンズ以外のレンズはこのように考えることで倍率などを評価できる。一方、対物レンズでは試料が磁界中に置かれる場合が多く、この場合、電子線が光軸と交わる点 S の接線と入射電子線の外挿線の交点 T との距離が焦点距離を与える。（さらに磁界レンズは厚レンズとして扱われるので二つの主面を考慮しなければならない。詳細は巻末の参考書を勉強していただきたい。）

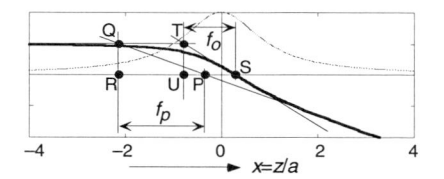

図 2.10 $k^2<3$ の場合の電子線の軌跡と焦点距離

次に $k^2=3$ の場合、すなわちテレフォーカス条件下における電子線の軌跡を考えてみる。図 2.9(b) あるいは (c) にこの状況が示されているが、これを見るとレンズに平行に入射した電子線は、レンズの中心で光軸と交わっている。ここまでは通常のレンズ作用だが、さらにレンズの中心を通過した電子線が再び曲げられ、光軸と平行電子線となってレンズの外に出ていくことがわかる。すなわち、テレフォーカス条件においては焦点距離が同じ二つのレンズが存在すると考えることができる。（これまでどおり、レンズの前の焦点面を前焦点面（FFP）、レンズの後の焦点面を後焦点面（BFP）と呼ぶ。）

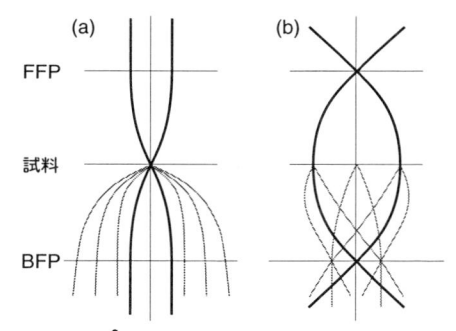

図 2.11 $k^2=3$ の場合の電子線の軌跡の模式図
(a) 前方磁界により試料上にビームが収束された場合
(b) FFP上にビームが収束された場合

ここで、このレンズの中心に試料を置いた状況を考える。まず、図 2.11(a) のように光軸と平行な電子線が FFP を通過すると電子線は試料上に収束される。そして FFP と共役の関係にある BFP において再び平行ビームとなりレンズを出る。一方、図 2.11(b) のように何らかの方法で FFP にビームが収束されると試料上には電子線が平行に入射することになり、BFP に再度、収束される。（これらの図中には試料から特定の方向に散乱された電子線の軌跡も合わせて示した。）電顕では通常のレンズは $k^2<3$ の範囲で、対物レンズは $k^2=2\sim3$ の比較的レンズ定数の大きな範囲で用いられる。2.3 節で電顕における照射系の構成については改めて述べるが、ここに述べた理由から $k^2=3$ の下で用いられる対物レンズは特にコンデンサー対物レンズ（condenser-objective lens）と呼ぶ（球面収差係数もこの条件で小さくなることが知られている）。

2.2 電界レンズと補正コイル

2.2.1 アラインメントコイル

電子顕微鏡にはいくつもの磁界レンズが存在するが、個々のレンズの光軸を合わせるなど様々な目的で、電子線を平行移動させたり、光軸に対して傾けたりしなくてはならない場合が生じる。そのような場合、図 2.12 のように、四つのコイルの組合せで、比較的均一な磁界を電子の進行方向と垂直な方向に形成し、紙面に向かう電子に作用するローレンツ力により電子の進路を変える。これをアラインメントコイル (alignment coil) という。そして、このようなコイルを二つ組み合わせることにより、ビームを平行移動 (translation) したり、傾斜 (tilt) したりすることができる (図 2.13)。

図 2.12 アラインメントコイル

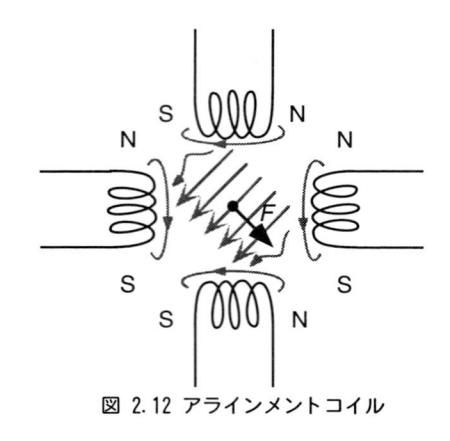

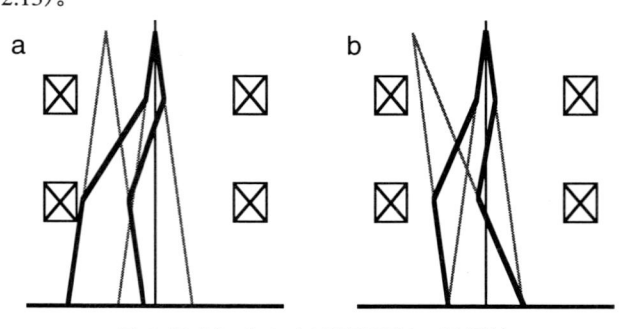

図 2.13 ビームの (a) 平行移動と (b) 傾斜

2.2.2 非点補正コイル

電顕では磁界コイルの不完全性から軸上でも非点収差が存在する (1.3.3 節参照)。それを補正するのが非点補正コイルだ。図 2.14 にその動作原理を示す。今、紙面に向かって電子が走っているとすると、図に示した磁界により、電子は矢印に示したローレンツ力を受け、この場合、焦点距離は x 方向で短く、y 方向で長くなる。

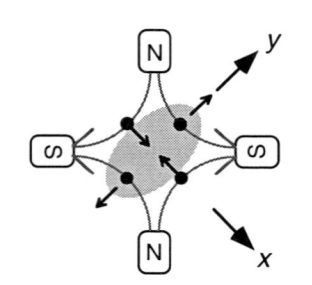

図 2.14 非点補正コイルの原理

2.2.3* 電界レンズ

電子は磁場とばかりでなく、静電ポテンシャルとも相互作用を持つ。ここでは簡単に電界レンズ (electric lens) のしくみを学ぼう。ウェーネルトと呼ばれる電子銃直下の部分 (後述) や、電界放射型電子顕微鏡など、電界レンズの知識があると便利なことも多い。ここでは $\dot{\varphi}=0$、すなわち電子線は回転しないものとして話を進めよう。この場合、ローレンツ力 (2.2) は単に電場だけの関数となる。静電ポテンシャルを Φ で表せば、

$$F = -eE = -e(-\mathrm{grad}\,\Phi) = e\,\mathrm{grad}\,\Phi \tag{2.37}$$

と書ける。今、注目しているのは r 方向の成分であるから、この成分は

$$F_r = e\frac{\partial \Phi}{\partial r} \tag{2.38}$$

となる。また、ニュートンの法則もこれから直ちに次のように書ける。

$$\ddot{r} = \frac{e}{m}\frac{\partial \Phi}{\partial r} \tag{2.39}$$

今、求めたいのは電子の軌跡、すなわち、r を z の関数として表すことだ。そこで (2.39) の左辺に現れた r の時間微分を z 方向の速度 v_z を用いて置き換えてしまう。

$$\ddot{r} = \frac{d}{dt}\frac{dr}{dt} = \frac{dz}{dt}\frac{d}{dz}\left(\frac{dz}{dt}\frac{dr}{dz}\right) = v_z\frac{d}{dz}\left(v_z\frac{dr}{dz}\right) \tag{2.40}$$

さらにポテンシャルエネルギーを考えることにより、上式に出てくる v_z は次のように表せる。

$$\frac{1}{2}mv_z^2 = e\Phi(z) \rightarrow v_z = \sqrt{\frac{2e\Phi}{m}} \tag{2.41}$$

一方、(2.39) の右辺に関しては円筒座標系におけるガウスの定理を適用し、r 方向のポテンシャルを z 方向のポテンシャルの変化で置き換えてしまう((2.12))。すなわち、$\text{div}\,\boldsymbol{E} = 0$ なので

$$E_r = -\frac{r}{2}\frac{\partial E_z}{\partial z} \tag{2.42}$$

が成り立っており、$E_r = -\dfrac{\partial \Phi}{\partial r}$ および $E_z = -\dfrac{\partial \Phi}{\partial z}$ から

$$\frac{\partial \Phi}{\partial r} = -\frac{r}{2}\frac{\partial \Phi}{\partial z} \tag{2.43}$$

を得る。以上の結果をニュートンの法則 (2.39) に代入することにより、静電場における電子の軌道方程式として次式を得る。

$$\sqrt{\Phi}\frac{d}{dz}\left(\sqrt{\Phi}\frac{dr}{dz}\right) = -\frac{r}{4}\frac{\partial^2 \Phi}{\partial z^2} \tag{2.44}$$

磁界レンズでやったように、この式を積分することにより焦点距離は求まるが、ここでは直観的に静電レンズの機能を把握していれば十分だと思う。図 2.15 に二つの円筒の隙間に生じた電場分布によるレンズ作用の模式図を示す。

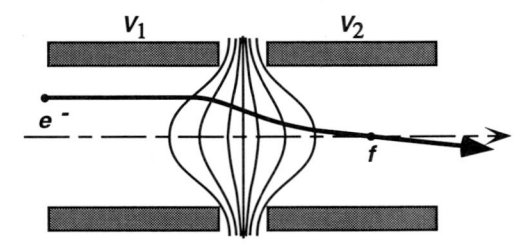

図 2.15 円筒状電界レンズ（$V_2 > V_1$）

問題 2.3 図 2.16 に電子がフィラメントから発生している状況を模式的に示した。今、図のようにフィラメントに対して負の電位にある円筒に開けられた穴を電子が通過しようとしている。この図中に等電位線と電子の軌跡をスケッチせよ。

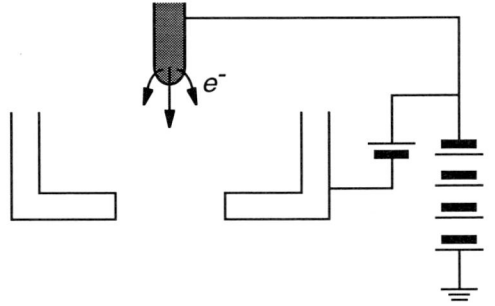

図 2.16 電子銃から発せられた電子の軌跡（問題 2.3）

2.3 照射系

電子顕微鏡は前節で述べた電子線に対するレンズがいくつも組み合わさって構成されている（図2.17）。そして電顕試料には太陽光のように電子線があたるのではなく、電顕を操作する人はビームを絞ったり、傾けたり、必要に応じて様々なことをする。そういった目的を担うのが*照射系*（illumination system）だ。

たとえば 100 kV で加速された電子でスクリーン上の蛍光板を照らし出すには 10^{-10}A/cm^2 程度の電子密度が必要だ。今、仮に 100000 倍の倍率で観察しているとすると、試料上ではおおよそ 10^{-1}A/cm^2 以上の電子が必要ということになる。また蛍光板が約 10 cm の直径の円とすると、10000 倍では 10 μmϕ 程度の領域、100000 倍では 1 μmϕ 程度の領域を均一に照射することになる。

この節では電子の発生源である電子銃と熱電子型フィラメントを用いる場合に通常用いられる二つのコンデンサレンズの役割を調べ、続いて輝度の概念を学ぶことにしよう。そして最後に電界放射型フィラメントを用いた照射系について簡単に触れる。

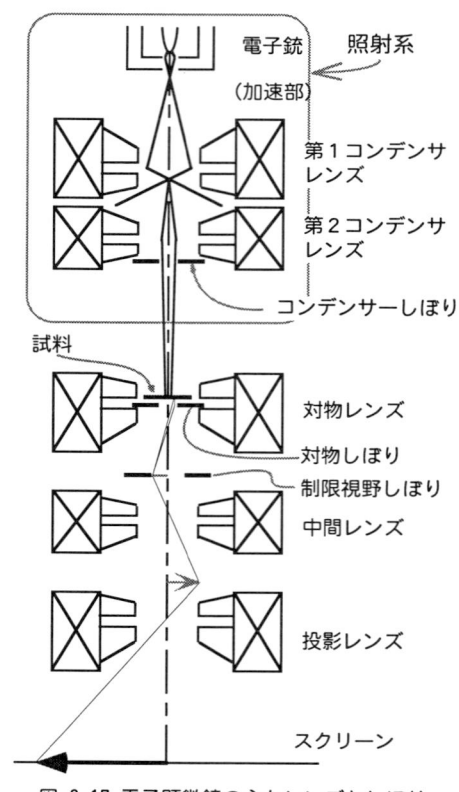

図 2.17 電子顕微鏡の主なレンズとしぼり

2.3.1 電子銃

熱電子型電子銃（thermionic gun）はタングステンや LaB$_6$ というフィラメント、ウェーネルトカップ（Wehnelt cup）、アノード（anode，陽極）から構成されている（図2.18）。LaB$_6$ は電気抵抗が高いので間接的に加熱される。また、ウェーネルトカップはフィラメントに対して $-600 \sim -1200$V ほどのバイアス電位が与えられ、電子を収束させる役割を担っている。このウェーネルトカップとアノードが前節で述べた電界レンズを形成し、図のように電子線は電子銃を出る前にいったん交差する。これを*クロスオーバー*（cross-over）という。この大きさはだいたい数十μm 程度で、これより下の照射系にとって、このクロスオーバーを光源（電子線源）とみなせる。

LaB$_6$ がフィラメント材として用いられる大きな理由は電子を固体の中から出すのに必要な仕事関数（図2.19）が小さいからだ。固体の中では電子は3次元的に様々な運動をしているが（近似的にはマックスウェルの速度分布則に従う）、そのうち表面方向に向かう電子は温度 T を上げる

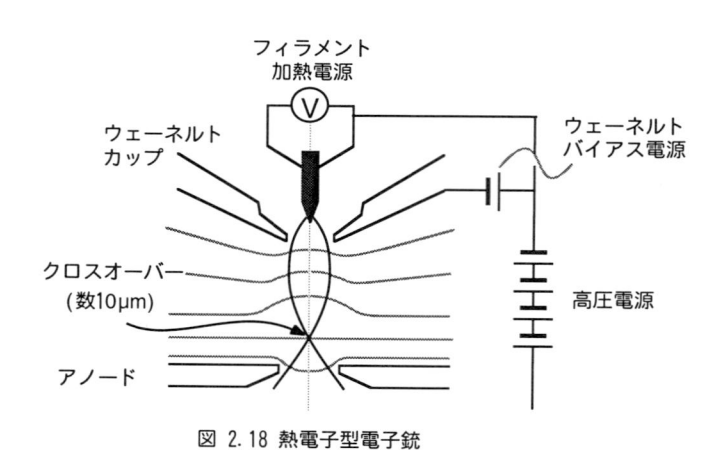

図 2.18 熱電子型電子銃

2.3 照射系

ことにより、ある確率を持って固体の外に出てくる。このときの電流密度 j は次式で与えられる。これを *Richardson-Dushman* の式という。

$$j = env = \frac{em(kT)^2}{2\pi\hbar^3}\exp\left(-\frac{W}{kT}\right) \quad (2.45)$$

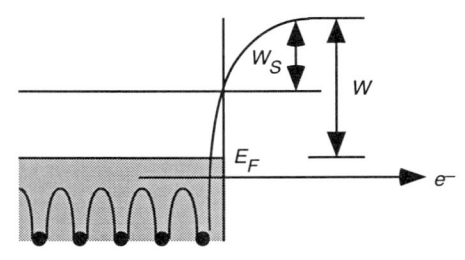

図 2.19 仕事関数と熱電子

こうしてクロスオーバーを形成し電子銃を出てきた電子に対して我々は、ガンアラインメントコイル (gun alignment coil) と呼ばれるアラインメントコイル（図 2.12）により、(i) 最大の明るさが得られるように（光学的に）傾斜し、(ii) これより下のレンズ系の光軸上にクロスオーバーが正しく位置するように調整（平行移動）する。

2.3.2 コンデンサレンズ

電子銃は数百 kV の電位に置かれており、加速管を出た段階で電子は高い運動エネルギーを持つ。その電子線を試料に対し自由に照射するという任務を持ったレンズがコンデンサレンズ (condenser lens、収束レンズ) だ。以下、スクリーン上で観察する試料の明るさ（つまり試料にあたる電子の量）やスポットサイズ、そして試料に入射する電子線の角度がどのように制御されるかを見てみよう。

クロスオーバーを一つの物体と考え、レンズでもってその像を試料面上に映し出すことを考えよう（図 2.20）。クロスオーバーの大きさ d_0 は数十μm であったから、先にも述べたように我々はこのクロスオーバーを試料面において縮小するのが普通だ。最小にしたときの大きさをスポットサイズ (spot size) という。コンデンサレンズが一つしかないとき、この大きさ d_1 は次式で表される（図 2.20(b)、1.1.3 節参照）。

$$d_1 = \frac{v}{u}d_0 = \frac{\alpha}{\beta}d_0 = \frac{1}{M}d_0 \quad (2.46)$$

一方、図の (a) あるいは (c) からわかるように、通常の観察においては「ボケた」クロスオーバー像によって試料を照らし出していることになる。こうすることによって試料面上の広い領

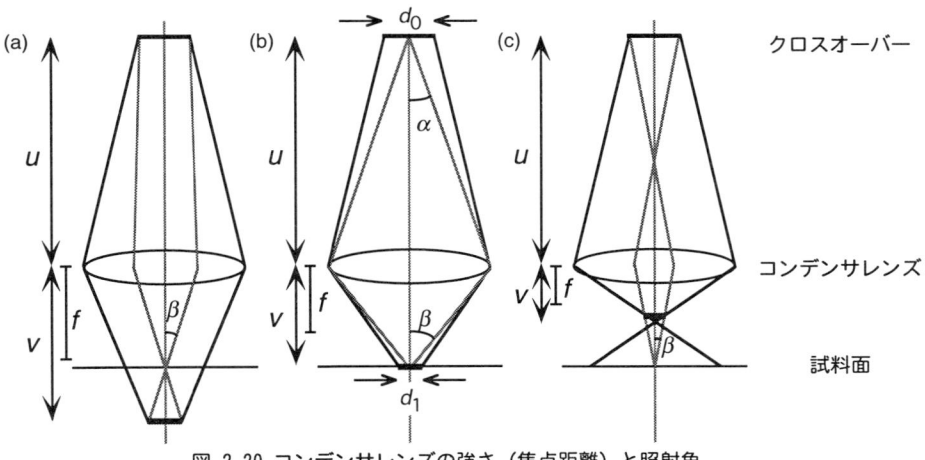

図 2.20 コンデンサレンズの強さ（焦点距離）と照射角
(a) アンダーフォーカス、(b) ジャストフォーカス、(c) オーバーフォーカス

第2章 電子線の幾何光学

域が明るくなる。しかし、クロスオーバーから出てくる電子の量は一定だから、広い領域を照らし出すことによって試料面上に到達する単位面積あたりの電子の数はジャストフォーカスの場合を最大 (b) として、コンデンサレンズの強さが弱くても、強くても、少なくなる、すなわち暗くなるはずだ（図 2.21）。

次に反対に、試料上の一点からクロスオーバーを眺めてみよう。すると図に示した光線図からクロスオーバーを見込む角度 β（これを*照射角*（illumination angle）という）はジャストフォーカスのときが最大で、その前後において小さくなる（すなわち平行に近くなる）ことがわかる。

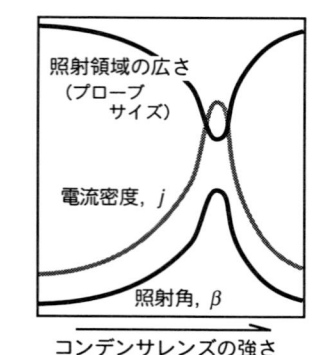

図 2.21 試料面上の明るさや照射角とコンデンサレンズの強さとの関係

2.3.3* 輝度

前項で見たように、試料上のある一点の電流密度 j（いわゆる明るさ）とそこに流れ込む電子線の角度（照射角 β）との比には関係がありそうだが、実際、今からみるように電顕では光軸に沿って j/β^2 に比例する量が保存される。

- step 1 立体角

まず立体角 Ω の定義を思い出そう（図 2.22）。

$$\Omega = \frac{\Delta S}{r^2} = \pi\beta^2 \quad (\text{sr.}(\text{ステラジアン})) \qquad (2.47)$$

図 2.22 立体角 Ω

- step 2 電子銃の輝度の定義

今、光軸と垂直な ΔS の領域に Δi だけの電流が流れているとしよう。$\Delta S \to 0$ の極限での単位立体角あたりの電流密度を*輝度*（brigntness）B_r と呼ぶ（単位は $A\cdot cm^{-2}\cdot sr^{-1}$）。

$$B_r \equiv \lim_{\Delta S, \Delta\Omega \to 0} \frac{\Delta i}{\Delta S \Delta\Omega \cos\theta} = \frac{di}{dS\, d\Omega \cos\theta} \qquad (2.48)$$

実際には図 2.20 で見たように光軸に沿っての輝度に話を限定する場合が多いので（$\theta=0$）、これを軸上平均輝度 $\overline{B_r}$ と呼ぶ（以下、我々はこの量を単に輝度と呼ぶ）。

$$\overline{B_r} \equiv \frac{\Delta i}{\Delta S \Delta\Omega} = \frac{\Delta j}{\Delta\Omega} = \frac{\Delta j}{\pi\beta^2} \qquad (2.49)$$

- step 3 輝度の不変性

さて、この量がレンズをはさんだ両側で不変であることを示したい。まず、倍率 M が $M=\alpha/\beta$ で与えられることを思い出すと、A 面と B 面における電流密度 j と j' には次の関係がある。

$$j' = \frac{j}{M^2} \qquad (2.50)$$

一方、立体角の定義から

$$\frac{\Omega}{\Omega'} = \frac{\pi\alpha^2}{\pi\beta^2} = M^2 \qquad (2.51)$$

図 2.23 輝度

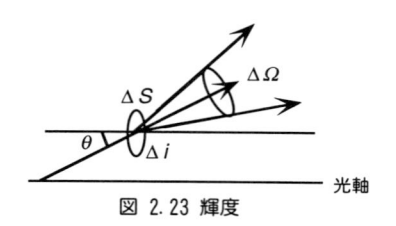

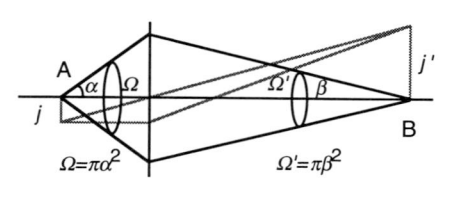

図 2.24 輝度の不変性

であるので、次式が成り立つ。

$$\frac{j}{\Omega} = \frac{j'}{\Omega'} \tag{2.52}$$

これは輝度は不変（invariant）であることを意味している。

問題 2.4 図 2.24 において、A 面と B 面のそれぞれの照射領域を通過する全電子の量は一定であることを示せ。つまり、A 面と B 面における照射領域をそれぞれ ΔS_A と ΔS_B としたとき、$j\Delta S_A = j'\Delta S_B$ であることを示せ。

要するに輝度が不変であるということは、レンズを挟んで流れる電子の量が一定であり、当たり前だが広い領域全体を照らし出せばローカルにはそれだけ暗くなるということを意味している。そしてこのとき、照射角も小さくなる。すなわち、より平行ビームに近くなる（図 2.21）。

2.3.4 二つのレンズを用いた照射系

次にスポットサイズをもっと小さくするためにはどうしたらよいか考えよう。図 2.20(b) からもわかるように、スポットサイズの大きさはクロスオーバーを試料面上にジャストフォーカスしたときの像の大きさにほかならない。言い換えるとコンデンサーレンズでクロスオーバーを縮小することにより小さなスポットを得ている。このため一つのレンズではレンズや試料面の位置が決まってしまうと、それ以上どうにもならない (2.46)。そこで二つのレンズを組み合わせることにより、さらに小さなスポット d_2 を得る。この状況を表したのが図 2.25 だ。

これから、それぞれのコンデンサーレンズ（これを C1、C2 と呼ぼう）の縮小率に対して、最終的なスポットサイズは次式で得られることがわかる。

$$d_2 = \frac{\alpha_2}{\beta_2} d_1 = \frac{\alpha_2}{\beta_2} \frac{\alpha_1}{\beta_1} d_0 \tag{2.53}$$

すなわち我々は C1 レンズの励磁を大きくすることにより、試料面上で小さなスポットを得る。（C1 レンズの励磁電流が「スポットサイズ」スイッチで制御される理由がここにある。）また図からわかるように、この結果、多くの電子線が C2 レンズの外に行ってしまう。言い換えると $\approx (\alpha_2/\beta_1)^2$ だけ電子の量が低下し、試料面においてビームを同じ面積だけ広げたとき、より暗くなってしまう。しかし、同時に光軸とより平行に近いビームのみを選ぶことになり、干渉性は高まる。このように試料を明るく照らすということ、小さなスポットあるいは平行度の高いビームを得るということは（輝度を上げない限り）相反することだ。

また図から C2 絞りの大きさにより明るさと照射角 β_2 は変わるが C2 レンズの倍率 (α_2/β_2) は変わらないので、スポットサイズに変化はないことに注意しよう。

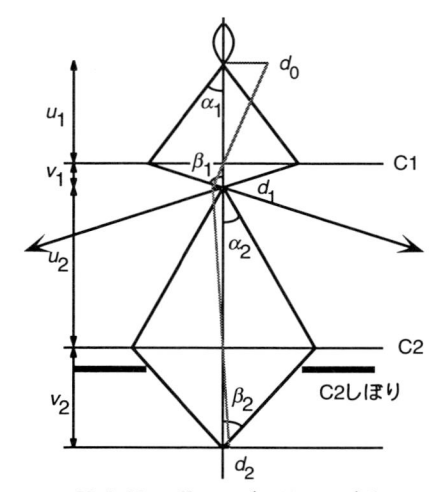

図 2.25 2 段コンデンサレンズ系
（光源を縮小している状況を $d_0 \to d_1 \to d_2$ と誇張して示した）

2.3.5 コンデンサ絞り

図 2.25 から C2 レンズを通過する電子の量は C1 レンズの励磁の大きさと同時に、C2 レンズの下の C2 しぼりによって制限されていることがわかる。同時に、試料面に対する照射角 $\beta(=\beta_2)$ もこの絞りによって決まる。この C2 レンズの下に位置する絞りは通常、コンデンサしぼり（condenser aperture，あるいは C2 しぼり）と呼ばれる。

また試料面に照射角 β で入射するビームはもはや平行ビームではないので、後焦点面では点としてではなくディスクとして現れる（後焦点面には角度に関する情報が反映されるのであった（1.1.2 節））。図 2.26 に示したように、C2 絞りの存在によりビームの平行度が高まると同時に、後焦点面において観察されるディスクも小さくなる（10.5.3 節）。

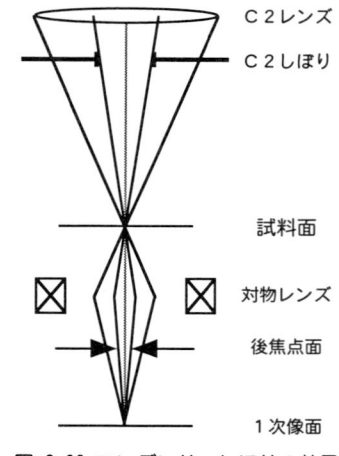

図 2.26 コンデンサーしぼりの効果

問題 2.5（重要） C2 しぼりの中心を光軸に合わせるためには、「C2 レンズの励磁を変化させ、試料面上の照射領域が同心円状に変化するようにしぼり位置を合わせよ」と多くのマニュアルには記載されている。このとき、しぼりを通過した光の光線図を描き、試料面上の照射領域がどのように変わるかを示せ。
((a) アンダー、(b) ジャスト、(c) オーバーフォーカス）

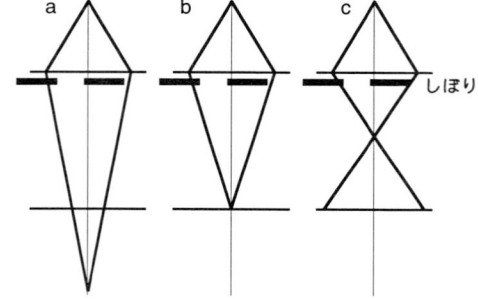

図 2.27 レンズの強さとしぼりの像の関係（問題2.5）

2.4* 電界放射型電子銃と照射系

前節で述べたことの一つの帰結は輝度は不変で、ビームの平行度を失わずに試料面を明るく照らしたり、明るさを失わずにスポットサイズを小さくすることはできないということだ。すなわち、電子銃そのものの輝度を上げなくてはこれらのことは同時に実現できない。そこで、本節では電界放射型電子銃を備えた照射系を簡単に紹介する。

2.4.1 電界放出

熱電子銃では仕事関数という障壁を温度でもって越えた電子を電子源とした（図 2.19）。今、このようなフィラメントを強い電場の中に置いてみよう。このとき、障壁は放出電子の鏡像による力をポテンシャルとして表したもの（$-e^2/4z$）と電界が与えるポテンシャルとの和で表される（図 2.28）。要するに実効的な障壁が低くなり、熱的にバリアを越える電子が多くなる。これをショットキー効果（Schottky effect）という。さらに電界を強くすると $V(z)$ の幅が小さくなり、トンネル現象によって電子が外部に出てくる。このときの電子流密度は次の *Fowler-Nordheim* の式で与えられる。

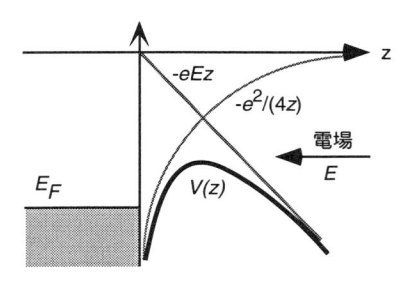

図 2.28 外部電場が存在するときの電子放出に対するバリア$V(z)$

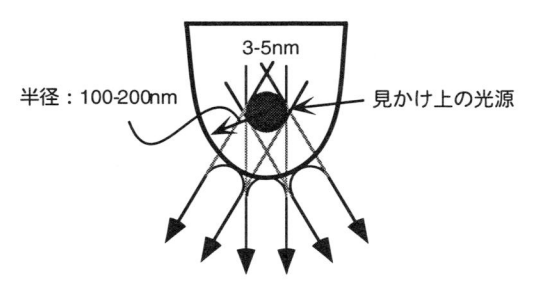

図 2.29 電界放射型電子銃の陰極

$$j = aE^2 \exp\left(\frac{-bW^{3/2}}{E}\right) \tag{2.54}$$

フィラメントの温度が室温程度で電界により電子を得る場合を*電界放出* (field emission) あるいは冷陰極放出、フィラメントをある程度（≈1600〜1800℃）加熱し、温度と電界により電子を得る場合を*熱電界放出*（temperature and field emission）という。電界放出における見かけ上の光源（電子源）の大きさは、図 2.29 からもわかるようにチップの形状などにも依存するが、数 nm にまで小さくなる。また、通常の熱電子銃 (LaB_6) の 100 倍程度の輝度を得ることが可能だ。

2.4.2 電子銃と照射系

図 2.30 に電界放射型電子銃を用いた電子銃と照射系を簡単にまとめた。熱電子源と異なり、フィラメント直下には正の電位を持つアノードが存在する。フィラメントに対する引きだし電位を与える第 1 アノードは数 kV、第 2 アノードは 20 kV 程度の電位を持つ。この二つのアノードは図 2.15 で見たのと同じ理由で電界レンズを形成する。また、前項で述べたように実質的な光源の

(a) 通常の観察　　(b) 小さなスポットを必要とする場合

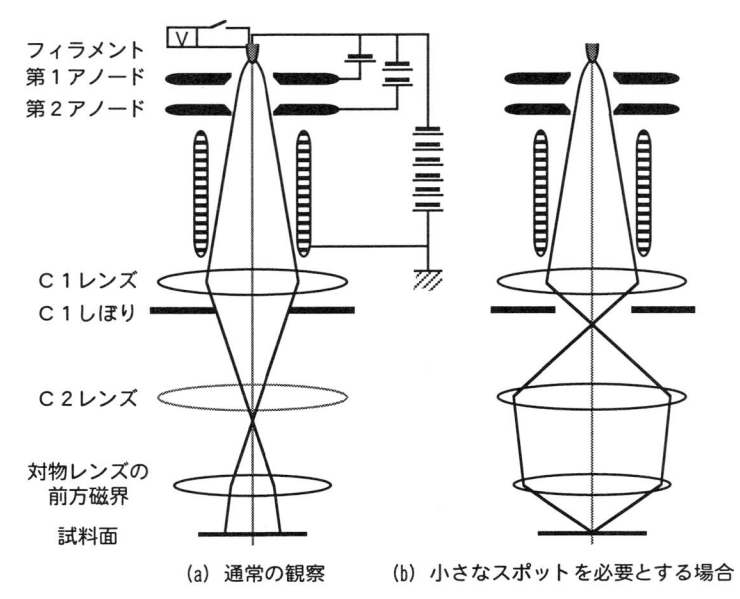

図 2.30 電界放射型電子銃と照射系

大きさが小さいので必ずしもクロスオーバーを形成する必要はなく、メーカーによってデザインは異なる。電界レンズの存在でこの照射系には 3 次の非点と呼ばれる高次の非点収差を有し、熱電子型とは異なった非点補正コイルが必要とされる。

また、熱電子型電子銃を持った照射系の場合、C1 レンズでプローブサイズを縮小したが、電界放出型においては光源が小さいのでこの必要はなく、通常のイメージングの場合、C1 レンズと対物レンズの前方磁界（2.1.4 節）のみで照射系を構成する。したがって、これまで C2 しぼりと呼んでいた照射系のしぼりも C1 レンズの下にある。一方、C2 レンズはさらに小さなスポットを必要とするときなどに用いられる。

このように電界放出型電子銃の照射系は多くの特徴を有する。一方、電界放出型電子銃は高真空が必要であり、イオンポンプなどが用いられる。さらに冷陰極型電子銃では高輝度であるほかにフィラメント自体が室温なので、電子のエネルギーの熱ゆらぎが少なく、干渉性に富んだ電子線が得られるという特長がある。しかし一方で、ガスの吸着により放出電子密度が時間とともに減少するという実用上の難点もある。

最後に、これまで述べた電子銃を簡単に比較した。

表 2.1 電子銃の簡単な比較

	熱電子型電子銃		電界放射型電子銃
	W	LaB$_6$	W
仕事関数	4.5 eV	2.7 eV	4.5 eV
リチャードソン定数	75〜120 A/cm^2 K^2	30 A/cm^2 K^2	
エミッション電流密度	1〜3 A/cm^2	25 A/cm^2	10^4〜10^6 A/cm^2
総エミッション電流	10〜100 μA	50 μA	1〜10 μA
電子銃の輝度	1〜5×10^5 A/cm^2 sr	5×10^6 A/cm^2 sr	2×10^8〜10^9 A/cm^2 sr
クロスオーバーの直径	20〜50 μm (hairpin)	10〜20 μm	5〜10 nm
エネルギー幅（ΔE）	1〜2 eV	0.5〜2 eV	0.2〜0.5 eV
必要な真空度	10^{-2}〜10^{-3} Pa	10^{-3}〜10^{-5} Pa	10^{-7}〜10^{-8} Pa

(Reimer, *Transmission Electron Microscopy*, 3rd ed. p.88 より引用)

2.5 波としての電子

本章の目的は電子に対するレンズ作用と主に照射系の仕組みを幾何光学の立場から理解することであるが、一方で電子は波の性質も有する。この章を終える前に簡単に波としての電子を見てみよう。

1924 年、de Broglie（ドゥブロイ）は運動量の大きさが p である物質は次式で与えられる波長 λ を持つことを提唱した（h はプランク定数, 6.626×10^{-34} J·sec）。

$$\lambda = \frac{h}{p} \tag{2.55}$$

これがドゥブロイの関係（de Broglie relation）だ。今、200 kV の電圧で加速された電子の波長を見積もってみよう。とりあえず、次の関係から古典論で電子の速度を見積もると、

$$eV = \frac{1}{2}mv^2 \quad \longrightarrow \quad v = \sqrt{\frac{2eV}{m}} \tag{2.56}$$

2.5 波としての電子

$v \approx 2.65 \times 10^8$ m/sec という結果を得る。これは光速の約 88%であるから、相対論的に取り扱う必要がある。そこで、

$$E = eV = mc^2 - m_0 c^2 \tag{2.57}$$

$$m = \frac{m_0}{\sqrt{1-(v/c)^2}} \tag{2.58}$$

の関係を用いると、ドゥブロイ波長の表式として次式が求まる。

$$\lambda = \frac{h}{\sqrt{2m_0 e\left(V + \frac{eV^2}{2m_0 c^2}\right)}}$$

$$= \frac{1.226}{\sqrt{V + 0.9784 \times 10^{-6} V^2}} \quad (\text{nm}) \tag{2.59}$$

この式を用いると、200 kV の電圧で加速された電子の波長として $\lambda = 0.00251$ nm $= 2.51$ pm を得る。

表 2.2 電子の波長

加速電圧 (kV)	波長 (pm)
100	3.70
200	2.51
300	1.97
400	1.64
1000	0.872

表 2.3 電子に関する物理量およびいくつかの基礎定数

静止質量	$m_0 =$	9.109×10^{-31} kg
電荷	$e =$	-1.602×10^{-19} C
電子の静止エネルギー	$E_0 = m_0 c^2 =$	511 keV
古典電子半径	$r_e =$	2.818×10^{-15} m
電子のコンプトン波長	$\lambda_c =$	2.426×10^{-12} m
ボーア半径	$a_0 =$	5.292×10^{-11} m
プランク定数	$h =$	6.626×10^{-34} J sec
光の速さ	$c =$	2.998×10^8 m/sec
真空の誘電率	$\varepsilon_0 =$	8.854×10^{-12} F/m
ボルツマン定数	$k_B =$	1.381×10^{-23} J/K
アボガドロ数	$N_{avo} =$	6.022×10^{23}

この章のまとめ

- 磁界レンズの動作原理：ローレンツ力と像の回転（ $v_z \xrightarrow{B_r} v_\phi \xrightarrow{B_z} v_r$ ）
- 光学レンズとの相違（テレフォーカス条件など）
- 電界レンズ、アラインメントコイル、非点補正コイル
- 輝度の不変性、2 レンズを用いた照射系によるプローブの形成と照射角
- 熱電子銃と電界放射型銃

第3章　X線の発生と集光円

It was quite clear to Röntgen that the fluorescence was not caused by cathode rays, which would have been easily absorbed by the glass envelope of the tube, the cardboard box surrounding it, and the air in the room.

L.V. Azároff　　"Elements of X-ray Crystallography"

1895年11月初旬、陰極線の研究をしていたレントゲン（Wilhelm Conrad Röntgen）は光を通さないように配置された放電管から発せられる何かが蛍光板を明るく照らしだしているのを発見した。それは通常の光のように直進するが、反射も屈折もしないこと、また磁場によっても曲げられないことなどを確認し、その強い透過作用を利用してドアの釘や手の骨の写真をとった。翌年1月、新聞はこの発見を大々的に報じ、瞬く間に世界中の研究者によってこの実験は再現された。現在、最も頻繁に用いられる構造解析の手法はX線回折、それもθ-2θスキャンと呼ばれる方法だろう。本章ではX線の発生に関する基礎的事項とX線源、試料、サンプルの幾何学的配置を簡単にまとめる。

3.1　X線の発生
3.1.1　X線管球

図3.1に現在最も一般的に用いられているX線管球の模式図を示した。管球の中は高真空に保たれ、フィラメント（通常はタングステン）から発生した熱電子は20〜60 kVの電圧で加速され、Cuなどの金属ターゲットに衝突する。2.2.3節で述べたように、電子線は電場によってその進路を変えることができるので、ターゲット上に収束させることができる。このための電界レンズを形成している部分をウェーネルトと呼ぶ。ターゲット上の焦点の大きさはデザインにもよるが、だいたい 1×10 mm² 程度だ。

ターゲットに照射された電子線の運動エネルギーはほとんどが熱となり、冷却水として取り去られるが、一部がX線に変換される。そしてX線の発生効率 ε は電子線の加速電圧 V (volt) とターゲットの原子番号 Z に比例する。

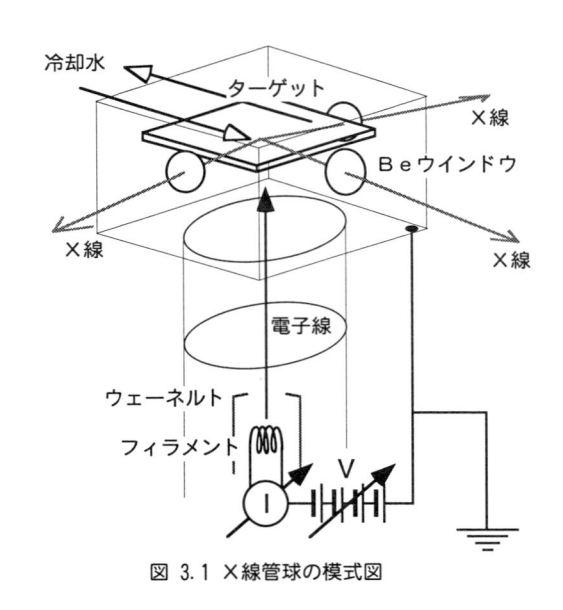

図3.1 X線管球の模式図

$$\varepsilon \approx 1.1 \times 10^{-9} VZ \tag{3.1}$$

つまり通常の使用条件下でX線に変換されるエネルギーはわずか 0.1%ほどだ。発生したX線はあらゆる方向に向かい、Beウインドウを通過し、外部に取り出される。

X線に対してレンズ作用をもたらすことはできないので、熱電子の当たる面積と形状、そして取出し角（take-off angle）がその後の基本的なビームサイズを与える。図3.2にこの状況を示した。先に述べたように通常、電子線は 1×10 mm² 程度の長方形となるが、その長方形を見込む方向により、線状、お

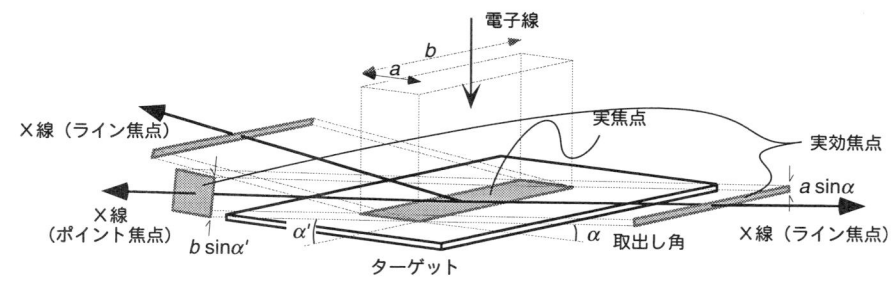

図 3.2 X線の取出し角とライン焦点およびポイント焦点

よび点状のX線ビームを得ることが可能だ。それぞれをライン焦点、ポイント焦点などと呼ぶ。たとえば取出し角を6°とするとラインビームの大きさは $0.1 \times 10 \text{ mm}^2$、ポイントビームの大きさは $1 \times 1 \text{ mm}^2$ となる。

3.1.2 連続X線

荷電粒子が加速や減速するとき電磁波が発生するが、この場合も例外ではなく、減速を受けた電子線のエネルギーが電磁波のエネルギーに変換される。この現象を*制動輻射*（Bremsstrahlung, braking radiation）と呼ぶ。このとき、電磁波(X線)の最大エネルギー E_{max} は加速電圧を V として次式で与えられる。

$$E_{max} = Ve = h\frac{c}{\lambda_{min}} \tag{3.2}$$

問題 3.1 (3.2)において e は電子の電荷、h はプランク定数、c は光速だ。これらの値を用いて λ_{min} を V の関数として簡潔に表せ。

発生する連続X線の強度 I はターゲットに加えられたエネルギーとX線の発生効率 ε に比例し、次式で与えられる（強度については4.1.3節で触れる）。

$$I \propto iV^2Z \tag{3.3}$$

ターゲットに向う電子線の電流 i は通常 20〜40 mA 程度であり、また、この電流の増減によって制動輻射によって発生するX線の最大エネルギーは変化せず、X線の強度のみが変わる。こうして得られたX線のスペクトルを模式的に図 3.3 に示した。エネルギーの低いX線は空気により

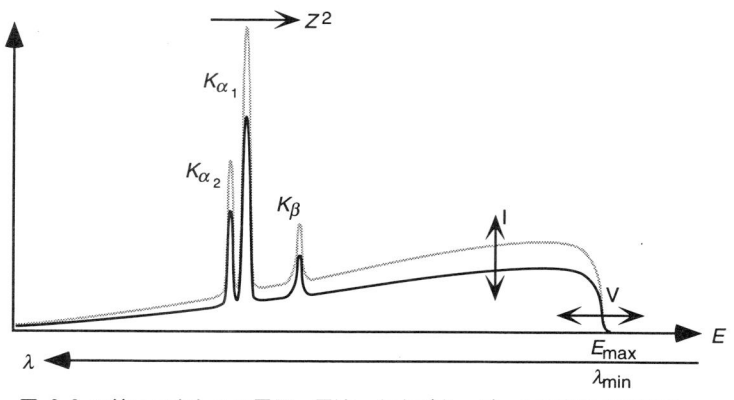

図 3.3 X線スペクトルの電圧、電流、およびターゲット依存性の模式図

吸収・散乱され、試料に到達するX線には実質的にエネルギーの下限が存在する。また、ここでするどいピークが描かれているが、これが特性X線だ。

3.1.3 特性X線

特性X線のエネルギーは離散化した値を持つが、これは原子の中の電子の状態が量子化されていることに起因する。細かい話は量子力学の教科書に任せるとして、我々は原子の中の電子が $1s$, $2s$, $2p$, ... などの固有状態（軌道）を占有していることを認めよう。原子核をまわる電子状態に代表される球対称場における固有状態は主量子数 n ($n = 1, 2, ...$)、軌道量子数 l ($l = 0, 1, ..., n-2, n-1$)、方位量子数 m_l ($m_l = -l, -l+1, ..., l-1, l$)で特徴づけられている。そして、どのような原子でも電子が 1 個しか存在しないという一電子近似のもとでは、主量子数 n の状態にある電子の束縛エネルギー（電子を外に出すのに必要なエネルギー）は

$$E_n \cong -\frac{m_e}{2\hbar^2}\left(\frac{e^2}{4\pi\varepsilon_0}\right)^2 \frac{Z^2}{n^2} = -13.6\frac{Z^2}{n^2} \quad \text{(eV)} \tag{3.4}$$

で与えられる（マイナス符号は、原子番号 Z の原子にクローン力によって束縛されている電子のポテンシャルエネルギーが自由な電子を基準にして、より低い状態にあることを示す）。また、この状態間の遷移は次のときに許されるというのが*選択則*（selection rule）だ。

$$\Delta l = \pm 1; \quad \Delta m_l = \pm 1, 0 \tag{3.5}$$

さて、ターゲットに衝突した電子によって最も内郭の電子 ($n=n_1=1$) がはじき飛ばされた状態を考えよう。図 3.4 に模式的に内郭の電子が抜けた状態を ○ で示した。この空いた軌道をうめるため、選択則で許された高い固有状態 ($n = n_2$) にある電子が遷移する。このときのエネルギー差 ΔE はおおよそ次式で与えられる。

$$\Delta E = \frac{Z^2 m_e e^4}{2\hbar^2 \cdot (4\pi\varepsilon_0)^2}\left(\frac{1}{n_1^2} - \frac{1}{n_2^2}\right) \tag{3.6}$$

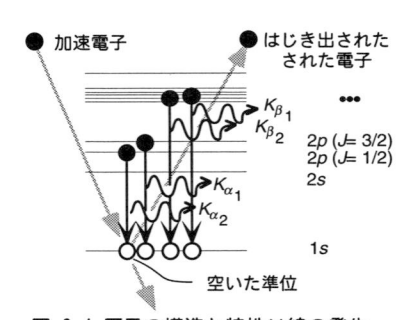

図 3.4 原子の構造と特性X線の発生

この ΔE はさらに別の電子をはじき出すのに使われたり、あるいは電磁波の形で放出されるが、このうち後者が特性X線で、Z に依存することから元素の同定などに利用することができる。また、$n = 1$ の固有状態を K 殻（K shell）、$n = 2$、$n = 3$ の固有状態を L 殻、M 殻と呼ぶ。

> このようにアルファベットの真ん中から呼ばれるのは、スペクトル線が最初に発見されたとき、これを $A, B, C, ...$ などと呼んでしまうと、後にそれよりももっとエネルギーの高い状態が発見されたとき困るだろうと考慮してのことであったと言われる。また、実際には多数の電子で原子は構成されているので、各固有状態は n 以外の量子数にも依存し、特性X線のスペクトルは原子の電子構造を反映した細かな構造を有する。
>
> $n = 2$（L 殻）の状態は角運動量を考えることにより $2s$, $2p$ というレベルに別れる。このうち $1s$ に遷移可能なのは選択則から $2p$ 軌道からの電子だけだ。さらに軌道角運動量とスピン角運動量との間には磁気的な相互作用があり、$2p$ 軌道が占有された状態は二つのエネルギーレベルに分かれる（固有エネ

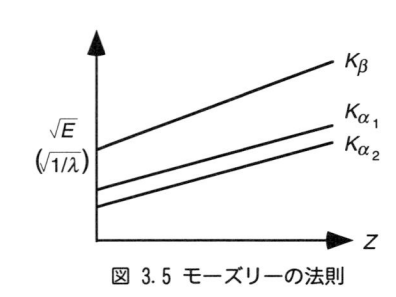

図 3.5 モーズリーの法則

ギーは総角運動量 J に依存する）。結局、波長のわずかに異なった二種のX線が発生するが、それぞれを $K_{\alpha 1}$, $K_{\alpha 2}$ 線と呼び、その強度比は状態の縮退度から 2:1 となる。また、$n = 3$ (M 殻) から $n = 1$ (K 殻) の遷移による特性X線を K_β 線という。（図 13.34(b) も参照。）

これらの特性X線のエネルギーの平方根 $\sqrt{E} \propto \sqrt{1/\lambda}$ は（3.6）から Z に比例することが予測されるが、多くの原子についてこのことを検証したのが Moseley であり、この比例則をモーズリーの法則（Moseley's law）と呼ぶ。これはボーア（N.Bohr）の提唱した原子モデルを支持するものとなった。

問題 3.2 銅ターゲットで内郭の原子をはじき出すためにはだいたい何 kV に電子を加速すればよいか？

また、特性X線の強度 I_c は電子線の加速電圧 V と特性X線のエネルギーを得るために必要なエネルギー V_c との差の n 乗に比例することが実験的に知られている：

$$I_c \propto i(V - V_c)^n \tag{3.7}$$

表 3.1 いくつかの特性X線とK吸収端の波長（Å）

ターゲット	$K_{\alpha 2}$	$K_{\alpha 1}$	K_β	K 吸収端
Co ($Z=27$)	1.7929	1.7890	1.6208	1.6082
Cu ($Z=29$)	1.5444	1.5406	1.3922	1.3806
Mo ($Z=42$)	0.7135	0.7093	0.6323	0.6198

（C.Barrett & T.B. Massalski, *Structure of Metals*, Pergamon Press, 1980, p.623 より引用。Mo の K_β 線は $K_{\beta 1}$ の値）

3.2 X線の吸収

電子線がターゲットにあたり、そのエネルギーが熱やX線のエネルギーに変換されたと同様に、X線が物質にあたれば、そのエネルギーは元素を励起状態に遷移させたり、電子線やX線を発生させるの使われる。入射したX線の観点からするとX線強度は減衰するが、これを*吸収*（absorption）と呼ぶ。

3.2.1 線吸収係数

今、強度 I のX線が微小距離 dz だけ試料中を進行したときの強度変化を dI と置けば、dI は I と dz に比例するから

$$dI = -\mu I dz \tag{3.8}$$

と書ける。このときの比例係数 μ を*線吸収係数*（linear absorption coefficient）と呼ぶ。この μ を用いれば、強度 I_0 で入射し、ある物質に z の深さだけ進行したX線の強度 $I(z)$ は次のように書ける。

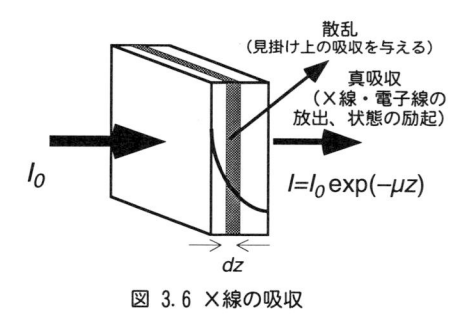

$$I(z) = I_0 \exp(-\mu z) \tag{3.9}$$

図 3.6 X線の吸収

ここでの吸収という言葉はX線が物質との相互作用を起こした結果の減衰を意味し、実際にはX線のエネルギーは原子を励起したり、X線や電子線を放出させたりさせるのに使われる。これらの相互作用によるX線の減衰を真吸収という（μ_t と置こう）。また同時に、X線は第5章に述べるメカニズムなどで散乱される（μ_s と置こう）。したがって、観察される吸収係数はこの和で次のように書ける。

$$\mu = \mu_t + \mu_s \tag{3.10}$$

一般に重い元素ほど、また小さなエネルギーのX線ほど真吸収の割合が大きくなる。

3.2.2 質量吸収係数

X線強度の減衰に寄与する物質の相互作用の多くは内殻電子によるもので、吸収係数は元素の化学状態にはあまり依存しない。したがって化合物であろうと混合物であろうと、考えている物質を構成する元素の重量比さえわかれば吸収係数を求めることができる。そこで線吸収係数 μ を物質の密度 ρ で割り、(3.9) を次のように書く。

$$I(z) = I_0 \exp(-(\mu/\rho)\rho z) \tag{3.11}$$

このように表すと (μ/ρ) は固体、液体、気体という物質の状態にかかわらず一定の値をとる。これを **質量吸収係数**(mass absorption ciefficient)と呼ぶ。化合物や混合物では元素の重量比を $x_A, x_B, ...$ などで表すと次のように書ける。

$$\mu/\rho = x_A(\mu/\rho)_A + x_B(\mu/\rho)_B + \cdots \tag{3.12}$$

先に述べたように原子内の電子の状態は量子化されており、状態間の遷移を伴う相互作用が起こると吸収係数は不連続的に変化する。この位置を **吸収端**(absorption edge)と呼ぶ。図 3.7 にX線のエネルギー対する質量吸収係数の変化を模式的に示した。また吸収端から離れた位置では、質量吸収係数はX線の波長や原子番号のほぼ 3 乗に依存することが知られている。

$$\mu/\rho \propto \lambda^3 Z^3 \tag{3.13}$$

要するに吸収端のエネルギーは量子化された各軌道にある電子を原子から飛び出させるのに必要なエネルギーに相当する。$n = 1, 2, ...$ の状態にある電子が原子の外に放出されたことによる吸収端をそれぞれ K 吸収端、L 吸収端、... などと呼ぶ。$n = 2$ の状態はさらに角運動量によって三つの状態にエネルギー的には分けられるので L_I, L_{II}, L_{III} という吸収端が存在する(図 3.7)。

一方、原子内のエネルギーの高い軌道からその抜けた軌道に電子が落ちる(遷移する)ときに発せられるX線が特性X線であるから、特性X線のエネルギーは吸収端のエネルギーより少し低い。言い換えると、特性X線の波長は対応する吸収端より少し長いところに位置する(図 3.7)。このことをうまく利用して、次節で述べるフィルターを作ることができる。

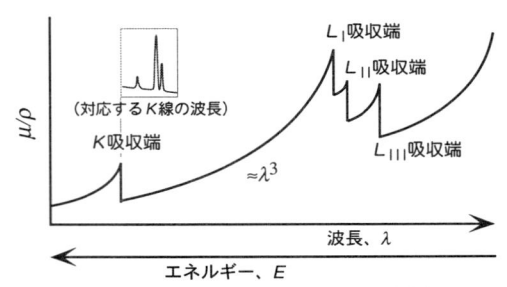

図 3.7 吸収係数の波長依存性の模式図
(挿入図は特性X線(K線)の定性的な位置)

3.2.3 フィルター

X線回折ではある特定の波長のX線を用いることが多い。これを **単色X線**(monochromatic X-ray)と呼ぶ。ふつう単色X線にはターゲット元素の K_α 線が用いられるが、一方、その波長の近傍では K_β 線が強い強度を持ち、またバックグランドとなる連続X線も短波長側で強い。そこで、単色X線を簡便に得る方法として K_β フィルターと呼ばれる、ターゲットより原子番号が一つだけ少ない金属がよく使用される。

K 吸収端の位置は要するに $1s$ 軌道に存在する電子を原子の外に出すために必要なエネルギーに相当するから、原子番号 Z の 2 乗に比例して大きくなる（3.4）。この結果、原子番号 Z の一つ少ない金属の K 吸収端はうまい具合にターゲット元素の K_β 線と K_α 線のちょうど間に存在する場合が多い（図 3.8）。そこでたとえば Cu ターゲットから発生したX線を適当な厚さの Ni 箔をフィルターとして透過させると K_β 線が吸収され、図 3.8(b) に示したようなスペクトルが得られる。さらに検出器からの信号を*波高分析器*（pulse height analyzer）によって分析し、エネルギーの高い連続X線を除去することにより K 吸収端より短い波長のX線は効率よく取り除かれる。

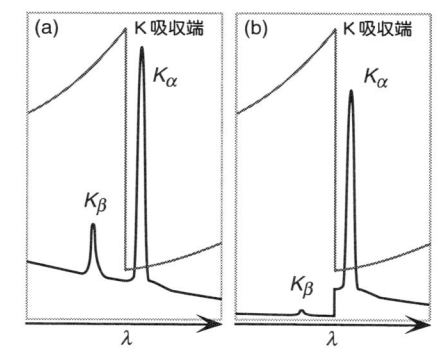

図 3.8 (a) 原子番号 Z の K_α、K_β 線と原子番号 $Z-1$ の K 吸収端、(b) フィルターを通した後のスペクトル

最近はグラファイトなどの単結晶による回折を利用したモノクロメータにより単色X線を得ることが一般的となってきた。回折については第 8 章で、モノクロメータを用いた光学系は 3.4 節で述べる。

3.3 X線の検出

X線を記録するには大きくわけて二つの方法がある。一つはフィルム等を用いる方法で、X線が記録媒体を照射した時間に比例した積分強度が記録される。もう一つは計数管を用いる方法で単位時間あたりのX線のエネルギーが記録される。ここでは後者について簡単に述べる。（また、エネルギー分散型分析法に用いる半導体検出器については 13.4 節で触れる。）

3.3.1 比例計数管

比例計数管も、次節に述べるシンチレーションカウンターも、X線により発生した微弱な信号をいかに増幅するかがポイントとなる。図 3.9 に比例計数管の模式図を示し、以下、その動作原理を簡単に説明する。

マイカや Be などの窓を通過してきたX線は管の中に封入されたアルゴンなどの不活性ガスを電離し、電子とイオンを発生させる。これら電子とイオンはそれぞれ陽極（タングステン線）と陰極（金属円筒）に向かうが、印加電圧が小さいと（～数十ボルト）、陽極と陰極に到達する前に再結合してしまう（再結合領域）。印加電圧が 100～200 ボルトとなるとほとんどの電子とイオンは電極に到達し、その傾向は印加電圧に依存しないようになる（飽和領域）。印加電圧をさらに高くすると電離して発生した電子は不活性ガス原子と衝突し、2 次的電離作用を起こすようになる。これが連鎖するのがアバランシュ（electron avalanche, 電子なだれ）という現象だ。このときの増殖率が小さい範囲におさまるように印加電圧が制御されると、入射X線によって最初に作られたイオン-電子対の数に比例して出力電流が流れる。これが比例領域で、比例計数管はここで用いられる。さらに印加電圧を増すと電離電流が印加電圧や入射放射線のエネルギーと無関係となるガイガー領域に到達する。

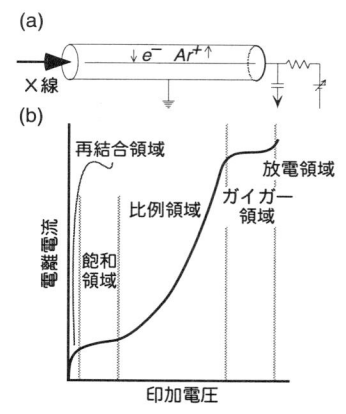

図 3.9 (a) 比例計数管および (b) 電離電流と印加電圧の概念図

3.3.2 シンチレーションカウンター

比例計数管ではX線によって発生した電子-イオン対をそのまま増幅したが、シンチレーションカウンターでは、X線による発光現象→光電効果→増幅というメカニズムによって、X線のエネルギーに比例した電気的信号（パルス）を得る。

図 3.10 シンチレーションカウンターの動作原理

3.4 集光円と基本的な光学系

回折実験ではターゲットにおいて発生したX線は、そのまま白色X線として用いられる場合もあるが（ラウエカメラなど）、多くの場合、試料の前あるいは後にフィルターや分光結晶を置き、試料と単色X線との相互作用のみを抽出する。また、散乱X線をそのままフィルムに記録する場合もあるが（デバイ・シェラーカメラなど）、今日では集光円を用いて巧みに必要な強度を得る光学系が一般的だ。

3.4.1 集光円

円周上の一点に対し、一つの弧によって張られる角度は等しい。今、図 3.11 においてX線源が S の位置に、サンプルが円弧 AB 上に、X線検出器が D→D′→D″ の位置に動くとしよう。この配置で次のことが結論される。

1. サンプルから線源 S を見込む角度と検出器 D を見込む角度は等しい。
2. ∠SAD = ∠SBD であることから、サンプルが完全に円弧 AB 上にあれば、検出器 D に入ってくるX線はサンプル上のすべての点から同じ角度で散乱されたものである。

このように線源 S を発したX線は、再び円周上の点 D に集光され、かつそれらは円弧 AB から同じ角度で散乱されたものだ。これは光に対するふつうのレンズ効果とは異なるので擬集光または擬焦点（para-focusing）と呼ばれる。また、この円を集光円（focusing circle, あるいは焦点円、集中円）と呼ぶ。

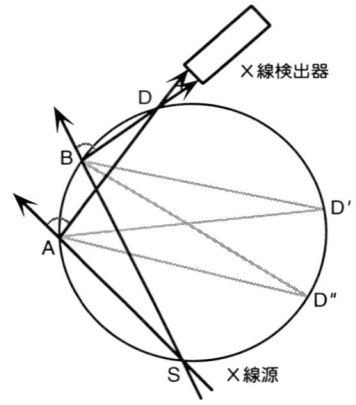

図 3.11 集光円（focusing circle）

3.4.2 ジーマン-ボーリン擬集光配置

固定した集光円上に検出器を移動させる配置をジーマン-ボーリン擬集光配置（Seeman-Bohlin para-focusing geometry）と呼ぶ（図 3.12）。簡単な配置のように思えるが、実際は検出器の位置 r を刻々と変化させなくてはならず複雑な装置となる。しかし、サンプルにあたるX線が一定であり、特に次に述べる通常の θ-2θ スキャンに比べ、薄膜などからの散乱X線の強度を確保でき

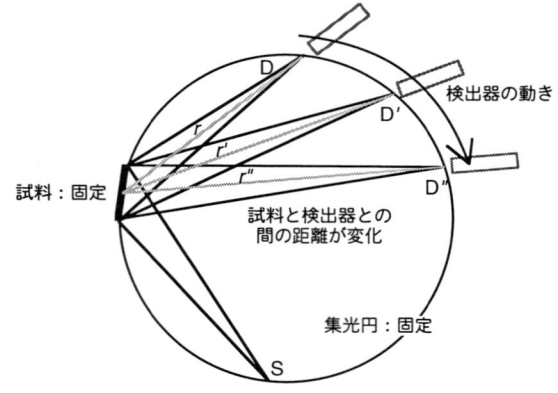

図 3.12 ジーマン-ボーリン（Seeman-Bohlin）配置

るという点で有利である。また、第5章で定義する散乱ベクトルが集光円に対して常に変化するのもこの配置の特徴だ。

3.4.3 ブラッグ–ブレンターノ擬集光配置

試料を中心とした半径 r の円上に検出器を移動させる配置をブラッグ–ブレンターノ擬集光配置（Bragg-Brentano para-focusing geometry）と呼ぶ。図 3.13 からわかるように、試料–検出器間の距離は一定であるが、集光円が刻々と変化するので検出器方向の位置を 2θ とすれば、サンプルを θ だけ回転することにより試料は集光円上に常に位置することになる。この場合は特に θ-2θ スキャンとも呼ばれる。また、散乱ベクトルは常に集光円の中心を向いている（9.1.1 節参照）。

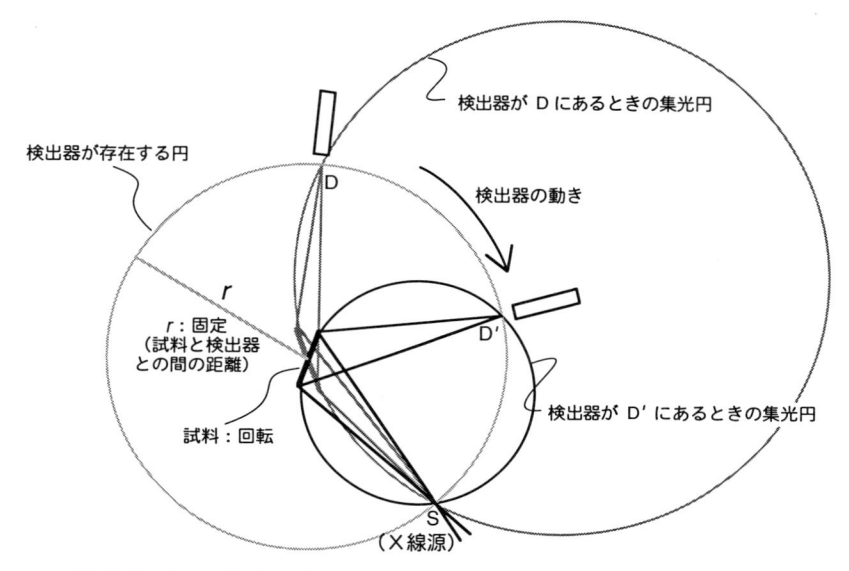

図 3.13 ブラッグ–ブレンターノ（Bragg-Brentano）配置（θ-2θ スキャン）

3.4.4 ブラッグ–ブレンターノ配置に基づくゴニオメータ

集光円上にライン焦点が一致するように置かれたターゲットからX線は 6°程度の小さな取出し角で試料に向かう。まず、垂直方向の発散を押さえるため図 3.14 のようなソーラースリット（solar slit, SS）を通過し、次に発散スリット（divergence slit, DS）によって平面内の発散角が制限される。ブラッグ–ブレンターノ配置ではX線源からサンプルまでの距離とサンプルからX線検出器（あ

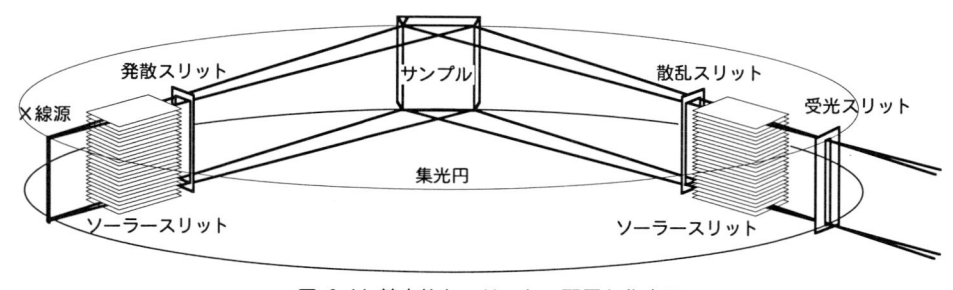

図 3.14 基本的なスリットの配置と集光円

るいは次に述べる受光スリット）までの距離は固定されており（通常 185mm である場合が多い）、また受光側には*散乱スリット*（scattering slit, SS）と呼ばれるスリットが存在し、空気などからの散乱波が入るのを制限する。これは発散スリットと同じ見込み角のものが用いられる。そのあとのソーラースリットで再び垂直方向の回折波を制限する。現在では単色X線を得る方法としてモノクロメータの使用が一般的となり、集光円上には受光スリット（receiving slit, RS）が置かれる。そして、受光スリットとモノクロメータが第 2 集光円を定義し、図 3.15 のようにX線検出器が置かれる。よって通常の θ-2θ スキャンでは試料が θ だけ回転すると、モノクロメータとX線検出器を含む第 2 集光円全体が 2θ 回転する。

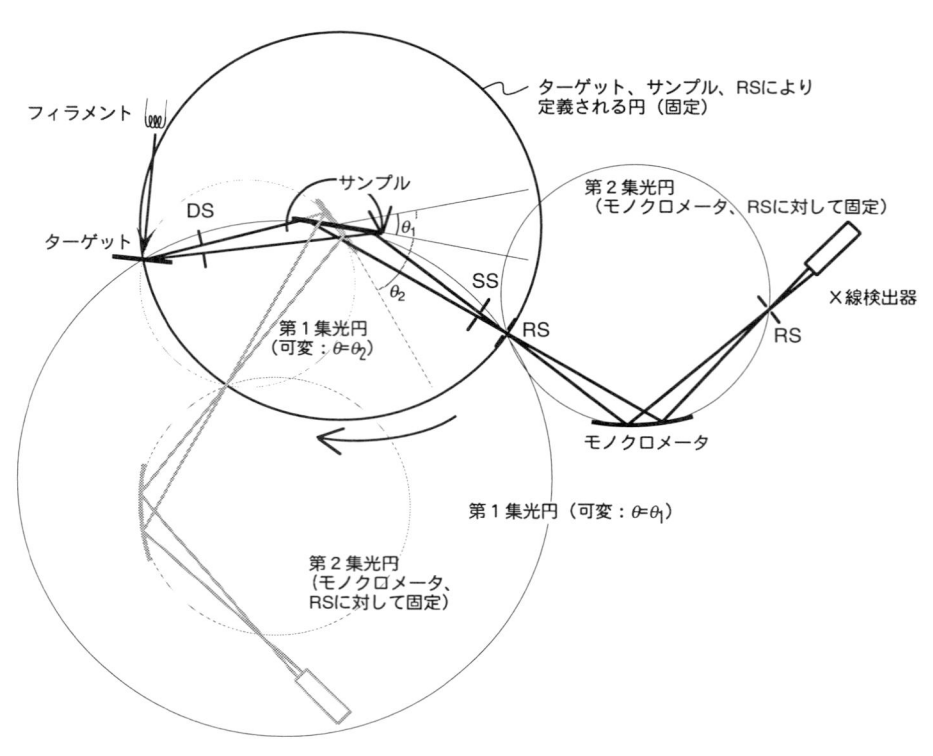

図 3.15 モノクロメータをX線検出器の前につけたブラッグ-ブレンターノ配置

この章のまとめ

- X線の発生の原理とX線管球の基本的な構造
- 連続X線と特性X線、吸収端、線吸収係数と質量吸収係数
- X線検出器の原理：比例計数管とシンチレーションカウンター
- 集光円
- ジーマン-ボーリン擬集光配置とブラッグ-ブレンターノ擬集光配置

第4章 波動光学の基礎

Briefly then, optical interference may be termed an interaction of two or more lightwaves yielding a resultant irradiance that deviates from the sum of the component irradiances.

E. Hecht "Optics"

これまでの取扱いでは電子線であれX線であれ、それらを直進する光線（ray）とみなすことによりレンズ作用を理解してきた。一方、光やX線、そして電子の有するもう一つの重要な性質は、波であることに起因する効果、すなわち干渉である。本章では光を単純な波と考えて、(i) 散乱体と観察点が十分離れている場合のフラウンホーファー回折、(ii) 逆に接近している場合のフレネル回折を見てみよう。そして、波の干渉性について考え、最後に位相の情報を再現する手段としてホログラフィーの原理を簡単に見ることにする。

4.1 フラウンホーファー回折

4.1.1 ホイヘンスの原理

光や電子ビームが小さな穴（あるいはアパチャー（しぼり））を通過するとき、ある程度離れた場所に置かれた観察面（スクリーン）では何が起こるだろう？（図 4.1）最初にこういった問題を扱うとき基本となる**ホイヘンスの原理**（Huygens-Fresnel principle）を確認しよう。

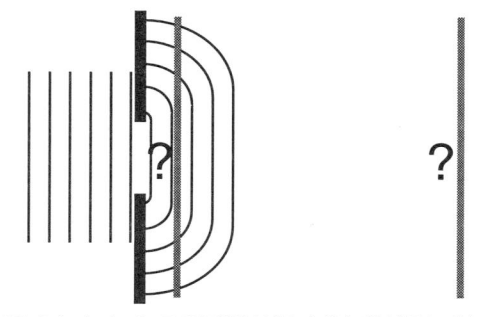

図 4.1 ホイヘンスの原理はどのような像がそれぞれの観察面（スクリーン）に生じると予測するだろうか？

ホイヘンスの原理　　波が伝搬しているどの瞬間においても、波面上の任意の一点はその点を中心として発生する2次球面波の源として機能しており、その点より先において、波は常にこれら2次的球面波の重畳として表すことができる。

この原理にのっとれば、アパチャーを通過する波はその中のすべての点から発生する球面波の和と考えられる。また、波動光学では位相がどれだけずれたかをおさえておくことが重要で、光路長を物理的状況に即した近似のもとで、きちんと計算し、それが波長の何倍かを見積もることがポイントとなる。そして散乱体から観察点までが十分遠いときにフラウンホーファー回折（Fraunhofer diffraction; far-field diffraction）が起こり、近いときにフレネル回折（Fresnel diffraction; near-field diffraction）が起こる。数学的には後者は前者の近似を上げただけの形をしているが、両者が出現するときの物理的条件に関しては 4.2.2 節で述べる。

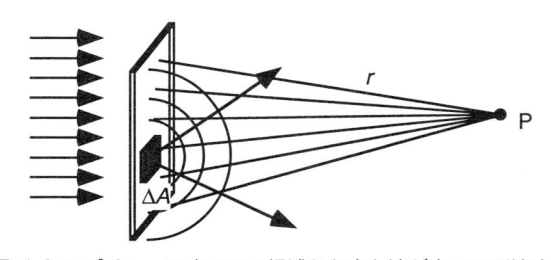

図 4.2 アパチャーのすべての領域から出た波が点Pに到達する

4.1.2 微少領域からの波の足しあわせ

さっそく波の足しあわせを行ってみよう。まず、アパチャーの内部を小さな領域にわけることから始める。そして N 個の微小領域からの和を積分に移行し、ホイヘンスの原理を再現することにする。

球面波では光源から遠ざかるにしたがって、波の振幅はだんだん小さくなる。この場合、[波の振幅]×[長さ]の次元を持つ*光源の振幅*（source strength）と呼ばれる量 B を定義すると便利だ。すると、距離 r の点における振動数 ν、波長 λ の波は振幅が r に反比例することから、

$$\Psi(r,t) = \left(\frac{B}{r}\right)\cos\left(2\pi\left(\frac{r}{\lambda} - \nu t\right)\right) \tag{4.1}$$

と書ける。我々は微小領域 $\Delta A = \Delta x \Delta y$ からの波を考えているので、単位面積あたりの光源の振幅 b を定義すると、微小領域 ΔA からの波 $\Delta \Psi$ は次式で与えられる。

$$\Delta \Psi = \left(\frac{b}{r}\right)\cos\left(2\pi\left(\frac{r}{\lambda} - \nu t\right)\right)\Delta A \tag{4.2}$$

ここで、cos 関数を指数関数に書き改め（必要であれば実部をとる）、アパチャー内のすべての領域からの和をとれば、ホイヘンスの原理から点 Q における波 Ψ_Q は次のように表される。

$$\Psi_Q = \sum_{j=1}^{N}\frac{b}{r_j}e^{2\pi i(kr_j - \nu t)}\Delta A_j \quad \rightarrow \quad \Psi_Q = \iint_{\text{aperture}}\frac{b}{r}e^{2\pi i(kr - \nu t)}dA \tag{4.3}$$

ここで k は波長 λ の逆数で空間振動数を意味する*波数*（wave number）と呼ばれている量だ。（単位長さあたりにいくつ波があるかを表していると考えてもよい。）

$$k = \frac{1}{\lambda} \qquad \text{（重要）} \tag{4.4}$$

図 4.3 に光路長を模式的に示すが、実際にはアパチャーの大きさはスクリーンとの距離に比べて非常に小さい（$Z \gg d_x, d_y$）。ここで、X, Y はスクリーン上の座標、x, y はアパチャー内の座標だ。光路長を問題としているのだから、PQ を正しい近似を用いて評価する必要がある。今、アパチャーの中心からスクリーン上の一点 (X, Y) までの距離を参照距離と呼び、R と置く。我々の近似では $R \gg x, y$ と置け、アパチャー内の任意の一点 P(x, y) からスクリーン上の任意の一点 Q(X, Y) までの光路長 r は次のように近似できる（2 乗の項を無視してテーラー展開し、さらに 2 乗の項を無視する）。

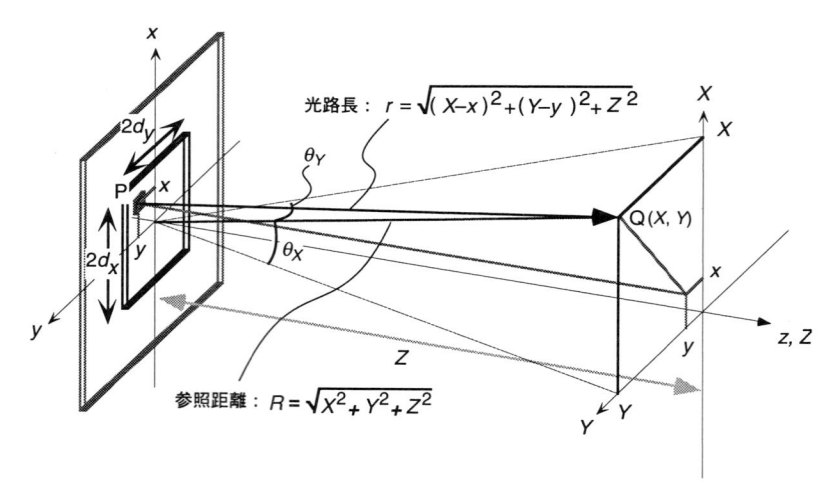

図 4.3 アパチャー内の一点 P からスクリーン上の一点 Q までの光路長の計算

$$r = \sqrt{(X^2 - 2xX + x^2) + (Y^2 - 2yY + y^2) + Z^2}$$
$$= \sqrt{(X^2 + Y^2 + Z^2) - (2xX + 2yY) + (x^2 + y^2)}$$
$$= R\sqrt{1 - 2\frac{(xX+yY)}{R^2} + \frac{(x^2+y^2)}{R^2}} \approx R\left(1 - \frac{(xX+yY)}{R^2}\right) \tag{4.5}$$

次にスクリーン上の各点に到達する光の振幅を見積もるには $Q(X, Y)$ に到達するすべての光を足し合わせる（(x, y) に関しての積分を実行すればよい）。(4.5) を (4.3) に代入すると次式を得る。

$$\Psi(X,Y) \approx \frac{b}{R} e^{2\pi i(kR - \nu t)} \iint_{\text{aperture}} e^{-2\pi i k \frac{xX+yY}{R}} dA = \frac{b}{R} e^{2\pi i(kR-\nu t)} \cdot G(X,Y) \tag{4.6}$$

$$G(X,Y) = \iint_{\text{aperture}} e^{-2\pi i k \frac{xX+yY}{R}} dA \tag{4.7}$$

ここで球面波の分母となる r が R となり、積分の外にくくりだされてしまったのはなぜだろうか？それは、波の振幅を考える限りアパチャー内の一点から点 Q までの距離はほとんど同じと見なせるからだ。一方、位相はアパチャー内の座標に大きく依存する。また上の表現からわかるように、スクリーン上に到達する波の振幅の分布は $G(X, Y)$ と置いた積分によって表され、その他は共通の位相項と見なせる。以後、本書ではこの $G(X, Y)$ を散乱波の振幅の分布 (amplitude distribution of scattered waves) と呼ぶ。この量は散乱問題を扱う上で重要な量で、以後、様々な形で登場する。

4.1.3 振幅と強度

光を含めて、電磁波とは電場と磁場が次々に伝搬することにより空間を走り抜ける波だ。ところが我々が通常、観測できるのは単位面積を単位時間に通過するエネルギーすなわち**強度** I（intensity、光学では irradiance）と呼ばれている量にすぎない。詳細は電磁気学の教科書に譲るが、電磁波の伝搬はエネルギーの輸送を伴い、真空中を進む平面波を電場 $E = E_0 \sin 2\pi(kx - \nu t)$ で代表すると強度 I は

$$I = \varepsilon_0 c \langle E^2 \rangle = \frac{\varepsilon_0 c}{2} E_0 \tag{4.8}$$

と書ける。ここで ε_0 は真空の透磁率、c は光の速度だ。また $\langle \ \rangle$ は時間平均を表す。

4.1.4 矩形アパチャーの場合

次に (4.7) の積分を具体的に実行しよう。つまりスクリーン上の一般的な点 (X, Y) に向かう波を足しあわせればよい。アパチャーが矩形の場合、1 次元の問題に帰着する。また、X や Y を R で規格化すると、スクリーンがどこにあっても全体のパターンがアパチャーからの角度で表現される。

(X, Y) を R で規格化するということは、干渉する方向 (θ_X, θ_Y) に注目するということだ（図 4.3）。さらに波長 λ で規格化するため、$\sin\theta_X$ などに k もかけてしまった値を q_X などと置こう。

$$q_X = k\sin\theta_X = k \cdot X/R, \quad q_Y = k\sin\theta_Y = k \cdot Y/R \tag{4.9}$$

これを (4.7) に代入し、積分を実行するとスクリーン上の任意の位置における振幅の分布を得る。

$$G(q_X, q_Y) = \int_{-d_X}^{d_X} e^{-2\pi i q_X x} dx \int_{-d_Y}^{d_Y} e^{-2\pi i q_Y y} dy$$
$$= 4 d_X d_Y \cdot \frac{\sin(2\pi q_X d_X)}{2\pi q_X d_X} \frac{\sin(2\pi q_Y d_Y)}{2\pi q_Y d_Y} \tag{4.10}$$

問題 4.1 上の積分を実行し、(4.10) 式を確認せよ。

第4章 波動光学の基礎

ここで出てきた $\dfrac{\sin x}{x}$ という関数は sinc 関数（sinc function）とも呼ばれ、次の形を持つ（図 4.4）。

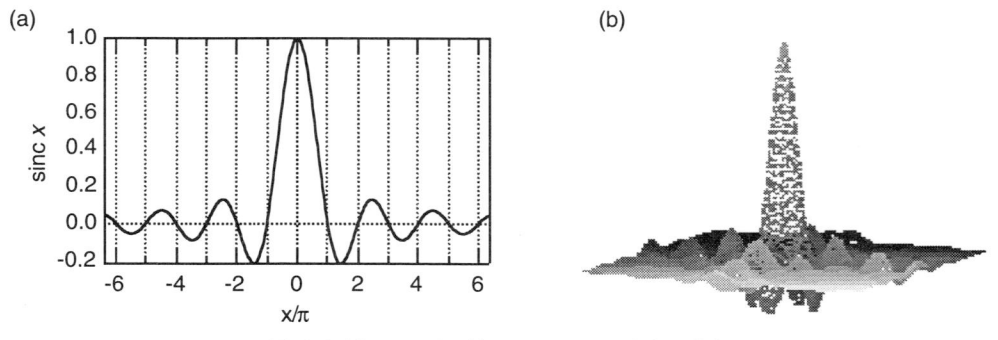

図 4.4 (a) sinc x と (b) スクリーン上の振幅の分布

一方、前節で述べたように我々が観察できるのは強度であり、かつ時間平均だ。

$$I(q_X, q_Y) \propto \left\langle |G(q_X, q_Y)|^2 \right\rangle = \frac{(4d_X d_Y)^2}{2} \left|\frac{\sin(2\pi q_X d_X)}{2\pi q_X d_X}\right|^2 \left|\frac{\sin(2\pi q_Y d_Y)}{2\pi q_Y d_Y}\right|^2 \tag{4.11}$$

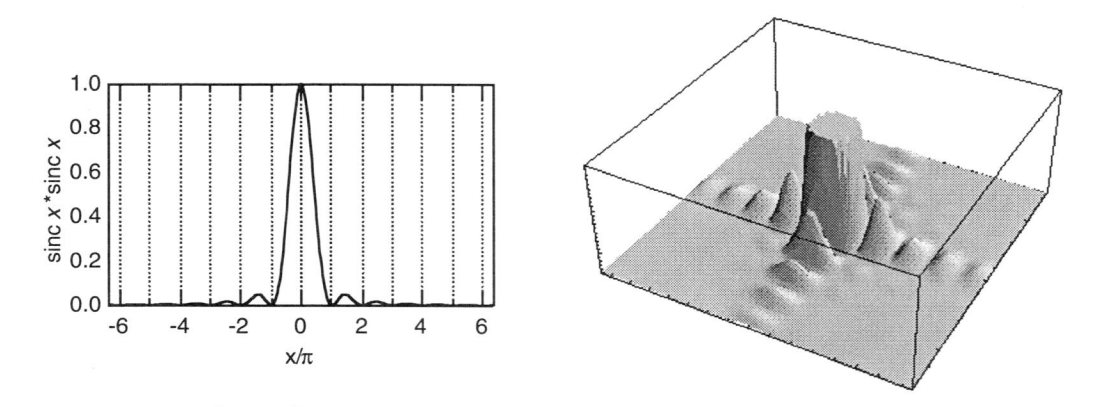

図 4.5 矩形アパチャーからのフラウンホーファー回折によって生じたスクリーン上の強度分布

このように、たった 1 個のアパチャーであっても波は干渉を起こし、スクリーン上には濃淡が発生する。ここで、その物理的な理由を簡単に考えよう。まず、(4.11) の分子がゼロとなるのは

$$2\pi d_x q_x = n\pi \quad \longrightarrow \quad \frac{X}{R} = \frac{n\lambda}{2d_x} \tag{4.12a}$$

のときであり、アパチャーからの波は全体で波長の整数倍だけずれ、ちょうど打ち消しあってしまう（図 4.6）。一方、小さなピークが現れるときを考えると、

$$2\pi d_x q_x \approx (n+\tfrac{1}{2})\pi \quad \longrightarrow \quad \frac{X}{R} \approx \frac{(n+\tfrac{1}{2})\lambda}{2d_x} \tag{4.12b}$$

となる。このとき、わずかに消しあわずに生き残る波があり、これが弱いピークをスクリーン上に与える。

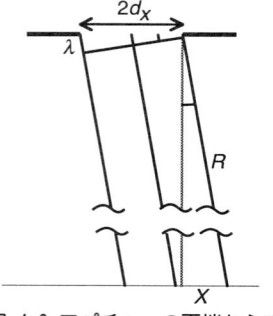

図 4.6 アパチャーの両端からでてきた波の位相が 2π だけずれた場合

4.1.5* 円形アパチャーの場合

この場合、円筒座標系を用いるのが妥当だろう。図 4.7 を見ながら、次のような座標変換を行おう。

$$\begin{cases} x = \rho\cos\phi \\ y = \rho\sin\phi \end{cases} \qquad \begin{cases} X = W\cos\Phi \\ Y = W\sin\Phi \end{cases} \tag{4.13}$$

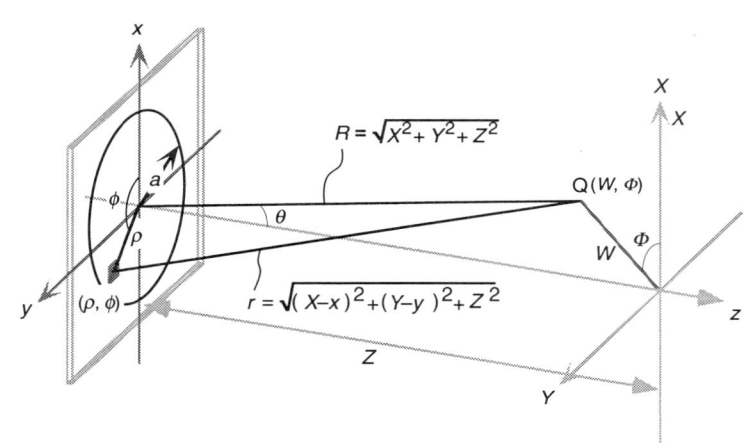

図 4.7 円形アパチャー内の一点からスクリーン上の一点までの光路長の計算

微小領域 dA、および光路長 r の計算 (4.5) において現れた $xX+yY$ は次のように与えられる。

$$\begin{aligned} dA &= \rho\,d\rho\,d\phi, \\ xX + yY &= \rho\cos\phi\cdot W\cos\Phi + \rho\sin\phi\cdot W\sin\Phi \\ &= \rho W\cos(\phi-\Phi) \end{aligned} \tag{4.14}$$

さらに前節でもそうだったように大切なのは $Q(W, \Phi)$ というたまたまスクリーン上に位置する座標ではなく、R および λ で規格化した値なので、次のように q を定める。

$$q = \frac{kW}{R} \tag{4.15}$$

すると、Q に到達する波 $\Psi(q, \Phi)$ は次式で与えられる。

$$\Psi(q,\Phi) = \frac{b}{R}e^{2\pi i(kR-\nu t)}\int_{\rho=0}^{a}\int_{\phi=0}^{2\pi}e^{-2\pi i q\rho\cos(\phi-\Phi)}d\phi\,\rho\,d\rho \tag{4.16}$$

ここで現れた積分が散乱波の振幅の分布 $G(q, \Phi)$ を表している。あいにく指数関数の肩に三角関数が入っていて積分できないが、このような関数はベッセル関数（Bessel function）と呼ばれ、定積分の値が数値で与えられている。

一般にベッセル関数は次のように定義され、図 4.8 で示す形を有している。

$$\begin{gathered} J_0(u) = \frac{1}{2\pi}\int_0^{2\pi}e^{iu\cos v}dv, \qquad J_m(u) = \frac{i^{-m}}{2\pi}\int_0^{2\pi}e^{i(mv+u\cos v)}dv \\ \frac{d}{du}[u^m J_m(u)] = u^m J_{m-1}(u) \quad \xrightarrow{m=1} \quad uJ_1(u) = \int_0^u v J_0(v)dv \end{gathered} \tag{4.17}$$

第4章 波動光学の基礎

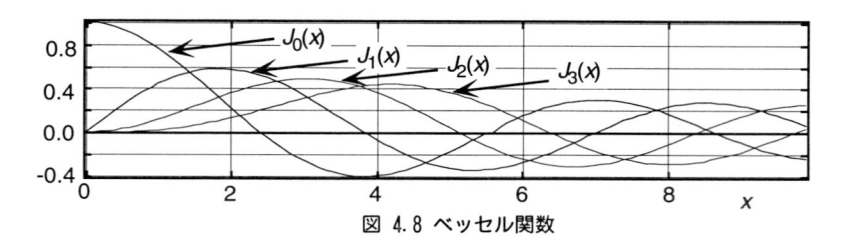

図 4.8 ベッセル関数

要するに、できない積分をベッセル関数で置き換えてしまうだけなのだが、結果はこうなる。

$$G(q,\Phi) = 2\pi \int_{\rho=0}^{a} J_0(-2\pi q\rho)\rho\, d\rho$$
$$= 2\pi a^2 \frac{J_1(2\pi qa)}{2\pi qa} \tag{4.18}$$

このように sinc 関数とよく似た形がでてきた。

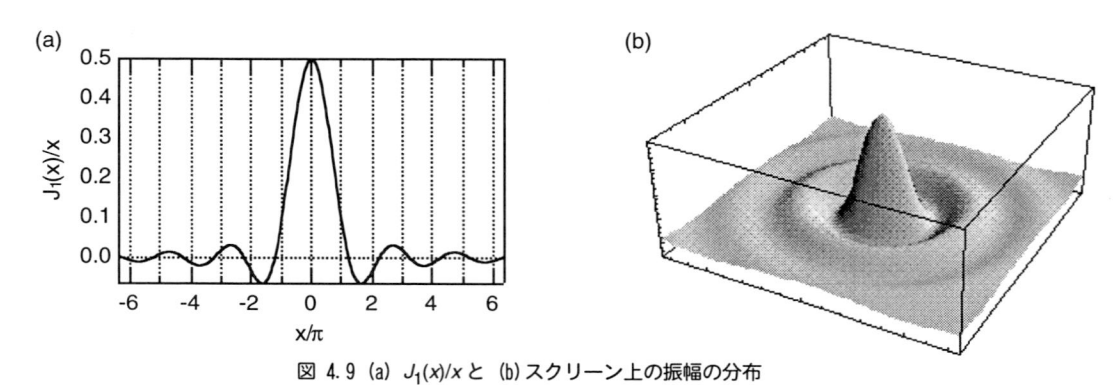

図 4.9 (a) $J_1(x)/x$ と (b) スクリーン上の振幅の分布

そしてスクリーン上には次のような強度が観察される。

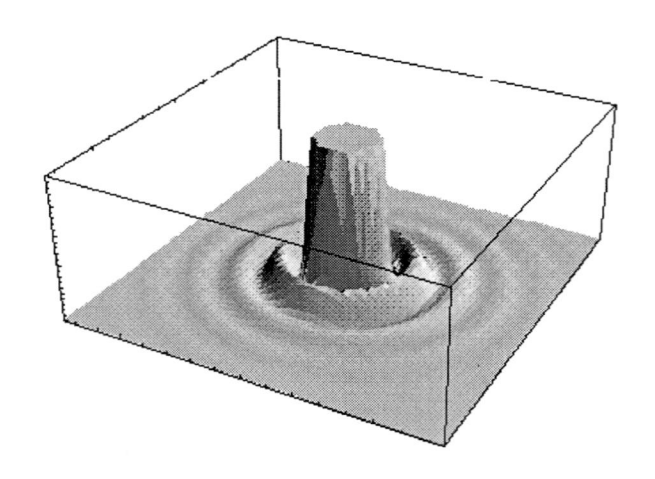

図 4.10 円形アパチャーからのフラウンホーファー回折パターン

4.1.6 エアリーディスク

円形のアパチャーに関する上記の式はイギリスの天文学者 Sir George Biddell Airy（1801-1892）により導出されたので、中央のコントラストの強い部分はエアリーディスク（Airy disc）と呼ばれる。W_1 を中央のディスクの半径とすると W_1 は $J_1(u)=0$ $(u=3.83)$ から次のように求まる。

$$W_1 = \frac{3.83}{\pi}\frac{R\lambda}{2a} = 1.22\frac{R\lambda}{2a} \tag{4.19}$$

4.1.7 分解能に関するレイリーの条件と顕微鏡の分解能

二点を分解（resolve）するというのは主観的な側面もあるので、通常は Rayleigh により与えられた次のレイリー条件（Rayleigh's criterion）が用いられる。

レイリー条件　　一つの Airy Disc の中心がもう一つのエアリーディスクの最小の強度の点にある時、その二点はぎりぎりに分解（just resolved）されている。

この状況を図 4.11 に示した。

ここで上記のレイリーの条件と球面収差のみを考慮した場合の顕微鏡の分解能を考えよう。まず、試料面に存在する一点がスクリーン上に作るエアリーディスクの半径を W_1 とすると、それに対応する試料面での最小分解距離 δ_d は（倍率を M として）次のようになる（図 4.12 参照）。

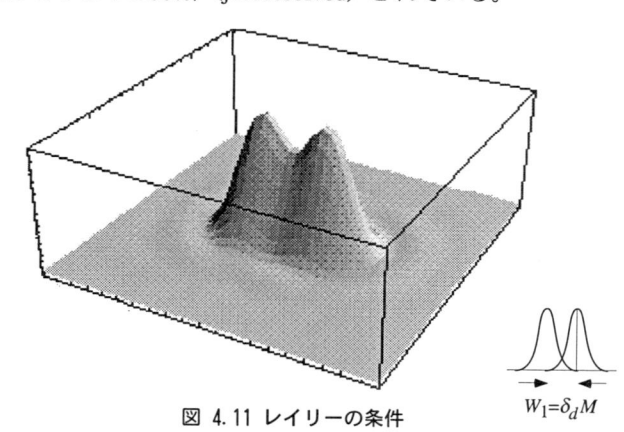

図 4.11 レイリーの条件

$$\delta_d = W_1 \frac{1}{M} = 1.22\frac{R\lambda}{2a}\cdot\frac{\beta}{\alpha} = 0.61\frac{\lambda}{\alpha} \quad (\because \beta = \frac{a}{R}) \tag{4.20}$$

一方、球面収差による試料面での分解能 δ_s は（1.33）から次式で与えられる。

$$\delta_s = C_S \alpha^3 \tag{4.21}$$

したがって、最終的な分解能 $\Delta r_{\min}$ は $\Delta r_{\min}^2 = \delta_d^2 + \delta_s^2$ を最小にする条件（α で微分）で得られる。

$$\Delta r_{\min} \approx \lambda^{3/4} C_S^{1/4} \tag{4.22}$$

すなわちこの式は、球面収差の影響を避けるために小さなアパチャーを使おうとすると、回折による不確定性が大きくなり、分解能に上限が存在することを示している。（これはアパチャー端からの回折による誤差と見ることもできるので、回折収差と呼ばれることもある）。

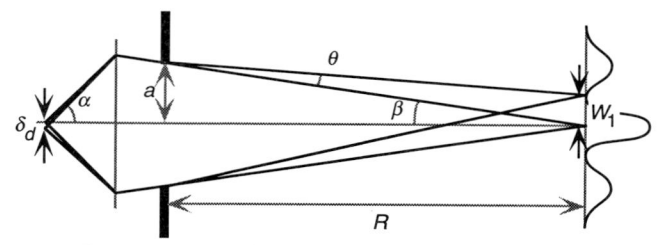

図 4.12 エアリーディスクの存在による試料面上での分解能

第4章 波動光学の基礎

4.1.8* フーリエ変換

ここまでやったことを要約すると、それぞれの波の光路長を計算する際に散乱体（ここまでの場合は単にアパチャー）内の座標の 1 次の項までを考えて、(4.7) に従って波の足しあわせを行い、スクリーン上に映し出される干渉図形を求めたということに尽きる。そして光路長を評価するのに用いた近似 (4.5) が許される範囲内での波の干渉をフラウンホーファー回折と呼ぶわけだ。ここではさらに、この近似の下での波の足しあわせが、フーリエ変換という数学理論で簡潔に表されることを示したい。（この節は初めは軽く読み流すだけでよい。また、フーリエ変換については付録 D を参照のこと。）

我々は、関数 $f(x)$ のフーリエ変換 (Fourier transform) を次のように定義しよう。

$$F(q) \equiv \int_{-\infty}^{\infty} f(x) e^{-2\pi i q x} dx = \tilde{F}\{f(x)\} \tag{4.23}$$

今、$f(x)$ として次の関数を考える。

$$f(x) = \begin{cases} 1 & -d_x \leq x \leq d_x \\ 0 & x < -d_x, d_x < x \end{cases} \tag{4.24}$$

この関数のフーリエ変換は我々の定義より次のように書ける。

$$F(q) \equiv \int_{-\infty}^{\infty} f(x) e^{-2\pi i q x} dx = \int_{-d_x}^{d_x} e^{-2\pi i q x} dx \tag{4.25}$$

これは矩形アパチャーからの散乱振幅の分布を表す $G(q_x, q_y)$ とまったく同じ形をしている (4.10)。すなわち、我々が考えている範疇ではスクリーン上の振幅の分布（強度分布ではない）は、関数 $f(x)$ に従って分布する散乱体のフーリエ変換だ。言い換えると、散乱体 $f(x)$ のフーリエ変換を求めるには、その物体から発せられた散乱波を足しあわせて（波全体の持つ共通項（$e^{2\pi i (kr - \nu t)}$ など）をくくりだした後）、スクリーン上の散乱振幅の分布を q に対して求めればよいことになる。

矩形や円形アパチャーのフーリエ変換はすでに図 4.4 や図 4.9 で見たから、ここでは $-a/2$ と $a/2$ の位置にスリットがある場合を考えよう。この場合、関数 $f(x)$ は次のように書ける。

$$f(x) = \delta(x - \tfrac{a}{2}) + \delta(x + \tfrac{a}{2}) \tag{4.26}$$

ここで $\delta(x - X)$ は次の性質を持つデルタ関数だ（付録 D）。

$$\int_{-\infty}^{\infty} g(x) \delta(x - a) dx = g(a) \tag{4.27}$$

よって、$f(x)$ のフーリエ変換は

$$F(q) = \int_{-\infty}^{\infty} e^{-2\pi i q x} \left(\delta(x - \tfrac{a}{2}) + \delta(x + \tfrac{a}{2}) \right) dx = e^{\pi i q a} + e^{-\pi i q a} = 2\cos \pi q a \tag{4.28}$$

となる。これは高校で習ったスリットからの干渉パターンを q の関数として与える。スクリーン上の座標に直すには (4.9) で与えられた関係を用いればよい（強度を得るには (4.28) を 2 乗することに注意）。

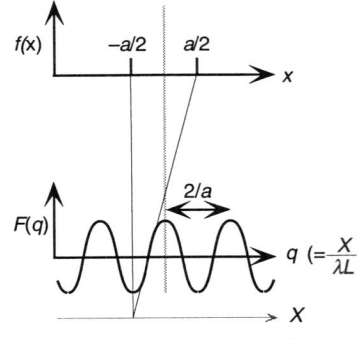

図 4.13 スリットのフーリエ変換
（q は散乱方向を示すベクトル、X はスクリーンの座標）

4.2 フレネル回折

ここまでの取扱いではスクリーンはアパチャーから十分離れて存在した。では観測点が散乱体に近いとき、何が起こるのだろうか。たとえば電子顕微鏡における試料直下の像がこの場合に相当する。また高分解能像の計算に使われるマルチスライスと呼ばれる手法も、ここで述べる物理光学的方法を利用することになる。

4.2.1 球面波の伝搬に関するフレネルの方法

フラウンホーファー回折において、波は（遠くにあるスクリーンまで）無条件でまっすぐ伝わると考えたが、この節では波がごく近くの観察点までどのように伝わるかをホイヘンスの原理に従って考察しよう。

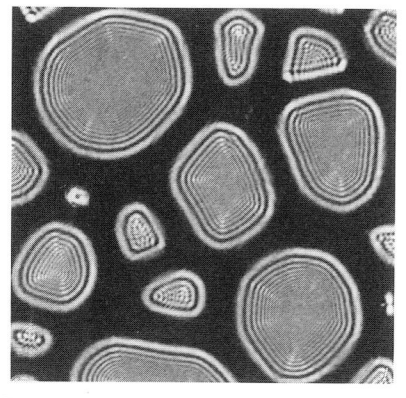

図 4.14 カーボン膜の穴に生じたフレネル縞

- step 1 **方向依存因子** ホイヘンスの原理によれば、進行している波面の一点が新たな波の源となる。このことを厳密に再現しようと思うと、波は来た方向にも戻らなくてはならない。ところが、このようなことは現実には観察されず、発生する2次波の振幅はその進行方向で最大となる。このことを考慮して次の方向依存因子（obliquity factor）K を導入する。

$$K(\theta) = \frac{1}{2}(1+\cos\theta) \quad (4.29)$$

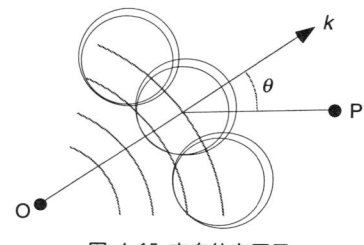

図 4.15 方向依存因子

この因子は波の伝搬に関するキルヒホッフの定式化から導かれることが知られているが、詳細は巻末の参考書を読んでいただくこととして、我々はここでは上記に述べた考えを定性的に表す数学的手法としてこの因子を理解するにとどめよう。

- step 2 **フレネルゾーン** 今、点 O から点 P まで波が伝搬する状況を考察する。ホイヘンスの原理に則れば、点 O から光源の振幅 B でもって発せられた波は直線的に点 P に達するばかりではなく、たとえば、点 S_1 や S_2 などを経由して P に到達する波だってあるはずだ。S_1 や S_2 などの点は

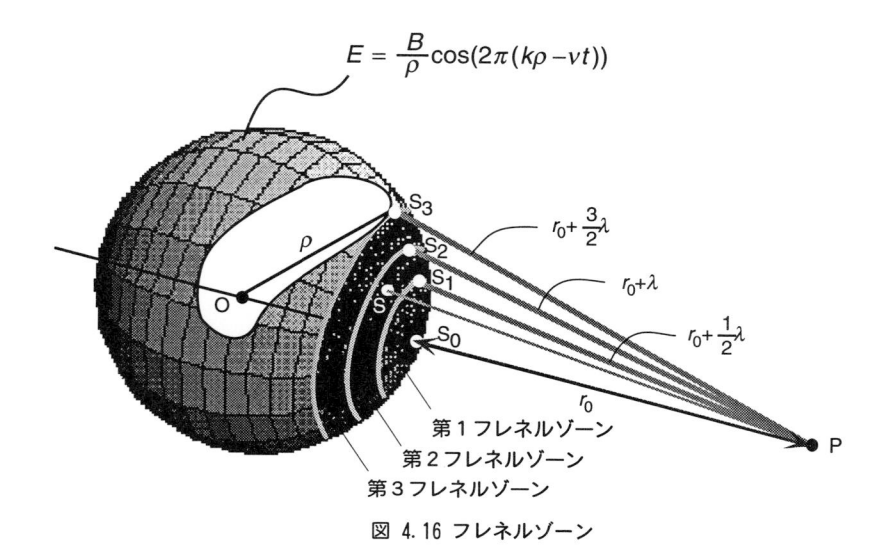

$$E = \frac{B}{\rho}\cos(2\pi(k\rho - vt))$$

図 4.16 フレネルゾーン

第4章 波動光学の基礎

半径 ρ の球面上にあるから、ここまでの光路長はみな同じだ。ところがこれらの球面上の各点から 2 次波として P に到着する各波の光路長が $\lambda/2$ ずつ異なっている場合、これらの波はお互いに打ち消しあうように足しあわされるだろう。そこで、図のように SP の距離が $r_0+(m-1)\lambda/2$ から $r_0+m\lambda/2$ までに存在する球面上の領域を第 m フレネルゾーン（Fresnel zone）と呼ぶ。

- step 3　波の足しあわせ　次に m 番目のフレネルゾーンを通過する波の振幅 E_m を計算し、それらを足しあわせることで、観測点 P における波の振幅を求めよう（図 4.17）。

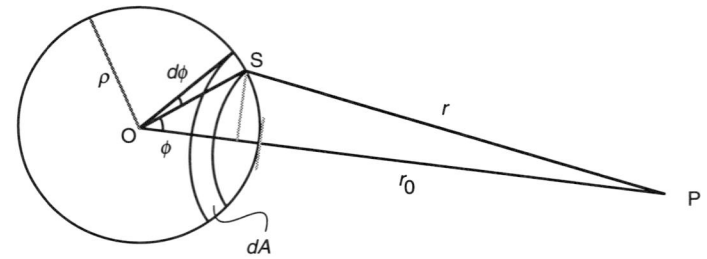

図 4.17　フレネルゾーンからの波の足しあわせ

上図で微小領域 dA を表すことから始める。

$$dA = 2\pi\rho^2 \sin\phi \, d\phi \tag{4.30}$$

ここで $r^2 = \rho^2 + (\rho+r_0)^2 - 2\rho(\rho+r_0)\cos\phi$ を微分して $2r\,dr = 2\rho(\rho+r_0)\sin\phi \, d\phi$ が得られることに注意すると

$$dA = 2\pi \frac{\rho}{(\rho+r_0)} r\, dr \tag{4.31}$$

を得る。したがって m 番目のフレネルゾーンからの寄与は次のようになる。

$$\begin{aligned}
E_m &= \int_{m\text{-th zone}} K \frac{b}{r} \cos 2\pi(k(\rho+r) - \nu t) 2\pi \frac{\rho}{\rho+r_0} r\, dr \\
&= K_m 2\pi \frac{b\rho}{\rho+r_0} \int_{r_{m-1}}^{r_m} \cos 2\pi(k(\rho+r) - \nu t)\, dr \\
&= \frac{K_m b\rho}{\rho+r_0} \cdot \frac{1}{k} \sin 2\pi(k(\rho+r) - \nu t) \Big|_{r_{m-1} = r_0+(m-1)\lambda/2}^{r_m = r_0+m\lambda/2} \\
&= (-1)^m \frac{2 K_m b\rho\lambda}{\rho+r_0} \sin 2\pi(k(\rho+r_0) - \nu t)
\end{aligned} \tag{4.32}$$

このように E_m の符号がプラスとマイナスとに交互に変わる。これはそれぞれのゾーンに対して光路長が $\lambda/2$ ずつずれることからも予測される。また、方向依存因子 K_m の値も m の増加とともに減少する。これらのことに注意すると点 P における強度を次のように書くことができる。

$$\begin{aligned}
E &= E_1 + E_2 + E_3 + E_4 + \cdots + E_m \\
&= |E_1| - |E_2| + |E_3| - |E_4| + \cdots \pm |E_m| \\
&= \frac{|E_1|}{2} + \left(\frac{|E_1|}{2} - |E_2| + \frac{|E_3|}{2}\right) + \left(\frac{|E_3|}{2} - |E_4| + \frac{|E_5|}{2}\right) + \cdots + \left(\frac{|E_{m-2}|}{2} - |E_{m-1}| + \frac{|E_m|}{2}\right) + \frac{|E_m|}{2}
\end{aligned} \tag{4.33}$$

ここで（　）の中は互いに打ち消しあって、ほぼゼロとなるから強度は近似的に次のように書ける。

$$E \approx \frac{|E_1|}{2} + \frac{|E_m|}{2} \quad (m \text{ が偶数のとき}) \tag{4.34a}$$

$$E \approx \frac{|E_1|}{2} - \frac{|E_m|}{2} \quad (m \text{ が奇数のとき}) \tag{4.34b}$$

で、結局、ϕ が π に近づく極限を考えると、結局、次の表現を得る。

$$E \approx \frac{|E_1|}{2} \quad \text{(重要)} \tag{4.35}$$

これは驚くべき結果だ。点 P に到達する波の振幅は第1フレネルゾーンのみの振幅の約半分ということを言っている。そして、その原因は各フレネルゾーンからくる波が干渉してその強度を相殺してしまうことにある。

4.2.2 円形アパチャーを置いた場合

図 4.18(a) のようにアパチャーの中心が球面波の伝搬する方向のあるとして、その大きさを変化させた場合何が起こるかを考えよう。観測点は最初 P にあるものとする。この場合、何番目のフレネルゾーンまでの波をアパチャーが通すかによってアパチャーを通過する波の振幅は大きく異なる。すなわち、m が偶数の場合、

$$E = (|E_1| - |E_2|) + (|E_3| - |E_4|) + \cdots + (|E_{m-1}| - |E_m|) \approx 0 \tag{4.36a}$$

となり強度はゼロとなる。一方、m が奇数の場合は

$$E = |E_1| + (|E_2| - |E_3|) + (|E_4| - |E_5|) + \cdots + (|E_{m-1}| - |E_m|) \approx |E_1| \tag{4.36b}$$

となり、第1フレネルゾーンからのみの波の振幅にほぼ等しいことがわかる。これを (4.35) と比較すると、この結果が我々の直観に反することに気がつく。すなわち、フレネル回折が適用されるような（波の発生源と観察する場所が近い）場合、適当なアパチャーが存在すると、それを通過した波の強度はアパチャーがまったくなかった場合の約2倍となってしまう。

一方、P から横に離れるとどうなるだろう（図 4.18(b)）。P→P′→P″ と移動するに従って、観測点からアパチャーを通して見えるフレネルゾーンのうち、プラスに寄与する分とマイナスに寄与する分の面積が交互に変化し、スクリーン上にはフリンジが生ずるだろう。

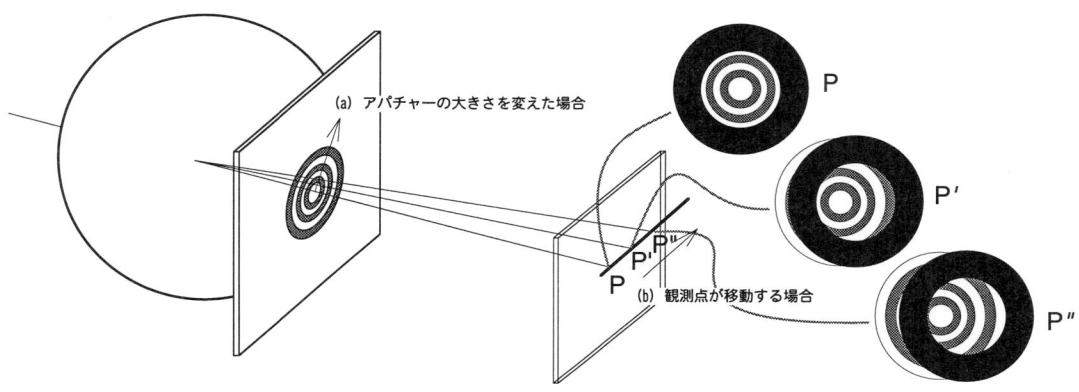

図 4.18 円形アパチャーを通過する波に対する各フレネルゾーンの寄与

第4章 波動光学の基礎

また、先に触れたフラウンホーファー回折が適用されるのはアパチャーとスクリーンが非常に離れており、スクリーンから見えるフレネルゾーンが1個以下の場合だ。

4.2.3* Cornu のらせん

次に、フレネル回折をフラウンホーファー回折の場合と同様に、波の足しあわせを計算することにより理解してみよう。やり方はフラウンホーファー回折の場合とまったく同じだが、アパチャーとスクリーンの距離が近いので光路長を計算する際の近似の精度を上げなくてはならない。（この節は最初は軽く読み流すだけでよい。）

光路長 r を適切に評価するためは、フラウンホーファー回折では1次の項のみしか考慮しなかった平方根の展開を、2次の項まで考慮して行う。すなわち、光路長は

$$r = \sqrt{(X-x)^2 + (Y-y)^2 + Z^2}$$
$$= Z\sqrt{1 + \frac{(X-x)^2}{Z^2} + \frac{(Y-y)^2}{Z^2}}$$
$$\approx Z\left(1 + \frac{(X-x)^2}{2Z^2} + \frac{(Y-y)^2}{2Z^2}\right) \quad (4.37)$$

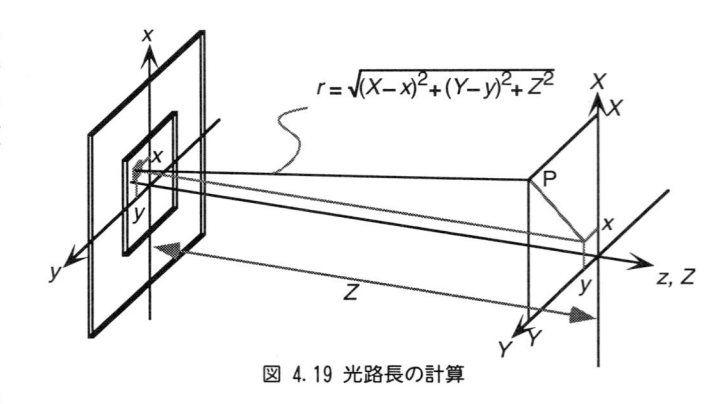

図 4.19 光路長の計算

と近似され、このような波がアパチャー全体から来ることになる。kZ を積分からくくりだすと、

$$\Psi(X,Y) \approx \frac{b}{R} e^{2\pi i(kZ-\nu t)} \iint_{\text{aperture}} \exp\left\{2\pi i k \left(\frac{(X-x)^2}{2Z} + \frac{(Y-y)^2}{2Z}\right)\right\} dA \quad (4.38)$$

となる。結局、我々は次の積分を評価しなくてはならない。

$$J(X) = \int_{x_1}^{x_2} \exp\left\{i\frac{2\pi}{\lambda} \frac{(X-x)^2}{2Z}\right\} dx \quad (4.39)$$

このため次の置換を行う。

$$\frac{2(x-X)^2}{\lambda Z} = v^2 \quad \rightarrow \quad v = (x-X)\sqrt{\frac{2}{\lambda Z}} \quad \rightarrow \quad dv = dx\sqrt{\frac{2}{\lambda Z}}$$

$$x: \quad x_1 \quad \rightarrow \quad x_2 \quad (4.40)$$

$$v: \quad \eta_1 = (x_1 - X)\sqrt{\frac{2}{\lambda Z}} \quad \rightarrow \quad \eta_2 = (x_2 - X)\sqrt{\frac{2}{\lambda Z}}$$

すると我々が評価すべき積分は次のようになる。

$$J(X) = \left(\frac{\lambda Z}{2}\right)^{1/2} \int_{\eta_1}^{\eta_2} \exp\left\{i\frac{\pi}{2}v^2\right\} dv$$
$$= \left(\frac{\lambda Z}{2}\right)^{1/2} \left\{\int_{\eta_1}^{\eta_2} \cos\frac{\pi v^2}{2} dv + i\int_{\eta_1}^{\eta_2} \sin\frac{\pi v^2}{2} dv\right\} \quad (4.41)$$

ここで三角関数の被関数として2乗を含む積分が出てきた。そこで、次のフレネル積分（Fresnel integral）を定義する。

$$C(\eta) = \int_0^\eta \cos\frac{\pi v^2}{2} dv \tag{4.42a}$$

$$S(\eta) = \int_0^\eta \sin\frac{\pi v^2}{2} dv \tag{4.42b}$$

この積分の被関数は図 4.20 のように振動し、積分値（曲線に囲まれた面積）は一定値に収束する。

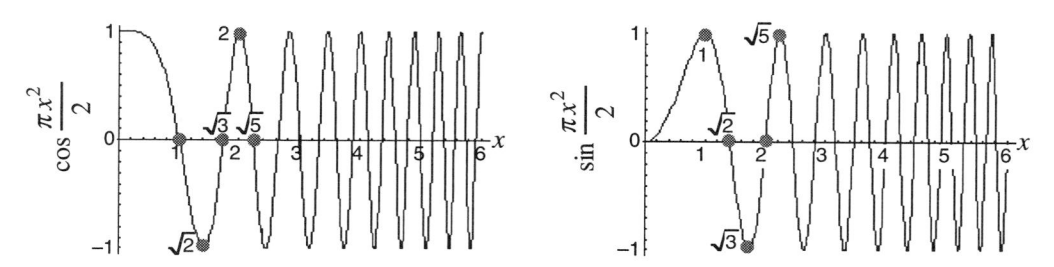

図 4.20 フレネル積分の被積分関数
（フレネル積分の値はこれらの曲線に囲まれた面積で振動しながら一定値に近づく）

このフレネル積分を用いると (4.41) は次のように書き換えられる。

$$J(X) = \left(\frac{\lambda z}{2}\right)^{1/2} \left\{ (C(\eta_2) - C(\eta_1)) + i(S(\eta_2) - S(\eta_1)) \right\} \tag{4.43}$$

そして我々が観察する強度は次のように表される。

$$I(X) \propto \frac{\lambda z}{2} \left\{ (C(\eta_2) - C(\eta_1))^2 + (S(\eta_2) - S(\eta_1))^2 \right\} \tag{4.44}$$

(4.44) を評価するために Marie Alfred Cornu（1841-1902）が考案したエレガントな方法がある。彼女は η をパラメータとして、複素平面に関数 $B(\eta) = C(\eta) + i S(\eta)$ をプロットしたのだ（図 4.21）。この作図によれば $\eta \to \pm\infty$ の極限に向かう二つのらせんが描かれる。そして (4.44) の値はこのらせん上の二点を結んだ直線の長さの 2 乗に等しい。

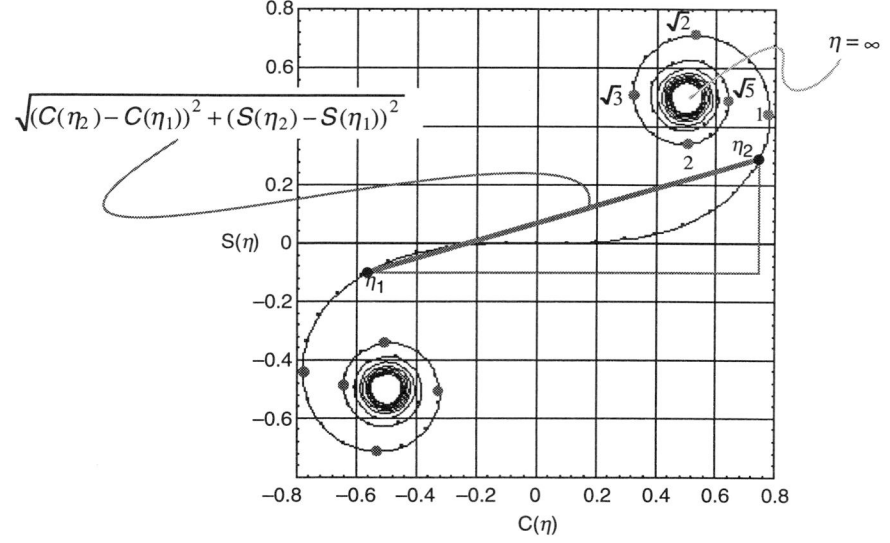

図 4.21 Cornu のらせんとフレネル積分の値の評価

第4章 波動光学の基礎

一例としてここではナイフエッジによる回折、つまり平面波が z 方向に進行し、$x<0$ の領域ではまったく光を通さない状況を考えよう（図 4.22）。平面波なのだからシャープな影が出現しそうな気がするが、スクリーンが適度に離れていると直観からは予想もつかないことが起こる。

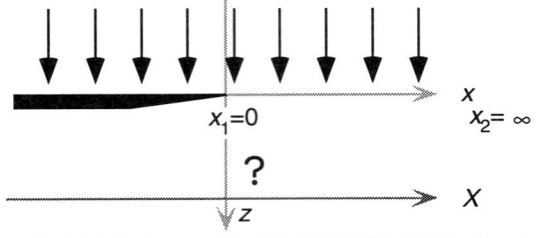

図 4.22 ナイフエッジにむかう波はどのような干渉模様を与えるか？

最初にコーニュのらせんを利用して、スクリーン上の強度分布を見積もることから始めよう。スクリーン上の各点に到達する波は $x_1 = 0 \to x_2 = \infty$ という領域から来ているから、これをフレネル積分の変数に変換すると((4.40))スクリーン上の座標 X に対して、η_1 と η_2 は次の関係にあることになる：

$$\begin{cases} \eta_1 = -X\sqrt{\frac{2}{\lambda z}} \\ \eta_2 = \infty \end{cases} \quad (4.44)$$

要するに、パラメータ η_1 がスクリーン上の位置 X に対応しており（符号は反対）、コーニュのらせん上の $\eta_2 = \infty$ から η_1 までの直線距離の2乗がその位置 X における強度を示す（図 4.23）。ここで、遠方である $X \to \infty$ すなわち $\eta_1 \to -\infty$ における強度を1とするとスクリーン上の相対強度は次式で与えられる。

$$I(X) \propto \frac{1}{4}\left\{\left(\frac{1}{2} - C(\eta_1)\right)^2 + \left(\frac{1}{2} - S(\eta_1)\right)^2\right\} \quad (4.45)$$

この結果を図 4.24 に定性的にプロットした。

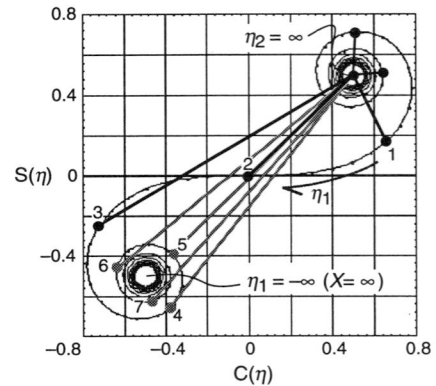

図 4.23 ナイフエッジからのフレネル干渉縞を作図により求める

この図からナイフエッジの下面にも有限の強度が分布することがわかる。ホイヘンスの原理によれば波の伝搬は球面波の集まりとも考えられ、ナイフエッジの下面にもある程度、光が回り込むからだ。さらに驚くべきことに、ナイフエッジで覆っていない側（$X>0$）において、ナイフエッジが存在しない場合よりも強度の大きな領域が周期的に現れる。これはフレネルゾーンのうち、波を打ち消しあうゾーンの一部がナイフエッジにより遮断された結果と解釈できる。

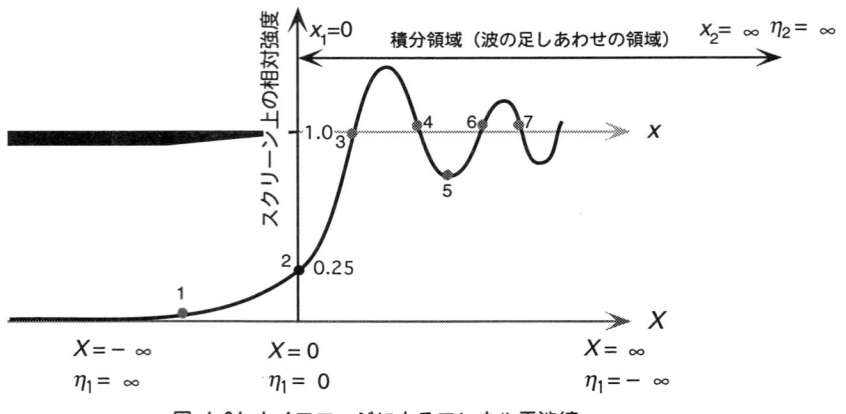

図 4.24 ナイフエッジによるフレネル干渉縞

4.3* 波の干渉性

現実の波は無限に広がっているのではなく、次のような理由から空間的に限定された領域にのみ広がっている。これを*波束*（wave packet）という。

たとえば、電子顕微鏡のフィラメントから発生する熱電子は有限の温度から生じるのでエネルギーにばらつきがある。すなわち*単色*（monochromatic）ではない。このような波が重なると互いに干渉し、波束を生じる。この状況を図 4.25 に示した。

二つの波の波長がわずかに異なるとうなりが生じる。波が打ち消しあう点から次の点まで 1 波長分ずれるわけだから、

$$\frac{\Delta z}{\lambda} \cong \frac{\lambda}{\Delta \lambda} \rightarrow \Delta z \cdot \Delta k \cong 1 \quad (4.46)$$

という関係がある。

仮に光源が完全で、単色の波が発生するとしても、波が有限の領域（時間）でしか存在しないならば（図 4.26）不確定性原理により、振動数は次の*自然幅*（natural line breadth）を有する。

$$\Delta \nu \cong \frac{1}{\Delta t} \quad (4.47)$$

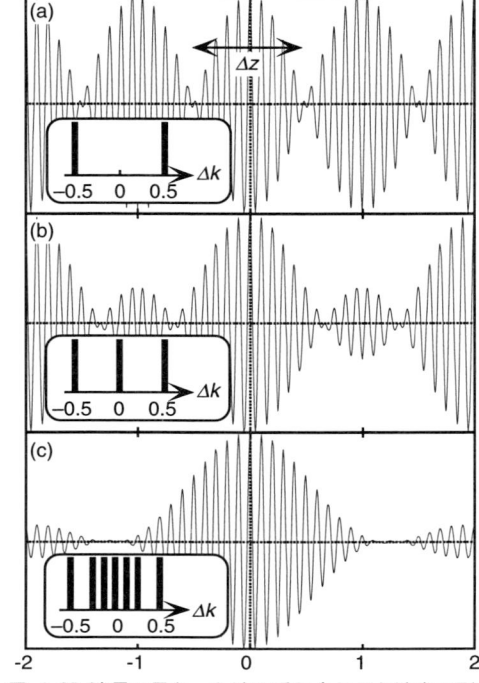

たとえば双極子遷移によって発生する電磁波は遷移確率が波数 k の 3 乗に比例することが知られている。K 殻励起の X 線発光では遷移時間が $10^{-14} \sim 10^{-18}$ 秒であり、波束もこの時間に対応する領域に広がっている。

図 4.25 波長の異なった波の重ね合わせと波束の形成（波数 $k = k_0 + \Delta k$ ($k_0 = 10$ ($\lambda = 0.1$)) の波（挿入図）の和）

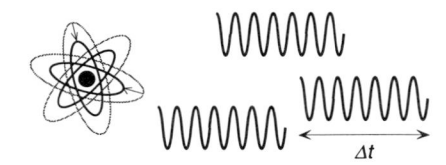

図 4.26 双極子遷移による光の発生

フラウンホーファー回折にしても、フレネル回折にしても、異なった経路を通過する波はその光路長の差によって干渉を起こすのであったが、光路長の差が波束の長さ以上であれば、干渉は期待できない。したがって、大ざっぱにいって波束の広がりが干渉可能な距離を決める。これを縦方向の可干渉距離と呼ぶ。

たとえば遷移時間 $\approx 10^{-14}$ sec の X 線の可干渉距離 Δz は光速 c を用いて次のように求められる。

$$\Delta z = c\Delta t \approx 3 \times 10^{-6} \mathrm{m}$$

電子線の場合、フィラメントの温度等によるエネルギーの幅が $\Delta E \approx 1 \mathrm{eV}$ のとき、不確定性原理

$$\Delta E \Delta t \approx h$$

から波束の広がりは時間 Δt に換算して、約 4×10^{-15} sec と見積もれる。一方、200 kV で加速された電子の速度 v は約 2.1×10^8 m/sec であり、結局、可干渉距離は次の程度と見積もれる。

$$\Delta z = v\Delta t \approx 8.3 \times 10^{-7} \mathrm{m}$$

4.4* ホログラフィー

フラウンホーファー回折やフレネル回折で我々が実際に観察するのは波の振幅ではなく、あくまでもスクリーン上に映し出された強度の分布だ。振幅を抽出する手段はないのだろうか？ この節ではホログラフィー（holography, holos: 全体（whole）を意味するギリシャ語）の基本を学びたい。

まずフレネルサイドバンド ホログラムと呼ばれるホログラフィーの概念図を見ながらホログラフィーの原理を考えよう（図 4.27）。

- **step 1 ホログラムの記録** 最初に鏡と物体に位相のそろった波を照射する（図 4.27(a)）。そして鏡から反射された波を参照波 E_R と呼び、この波と物体からの散乱波 E_S を干渉させ、写真に記録する。これをホログラムと呼ぶ。今、ホログラム上の座標を (x, y) で表そう。参照波と散乱波の位相の写真乾板上での分布を $\phi(x,y)$ および $\phi_S(x,y)$ とする。前者はそろっているが、後者は物体の形状等を反映している。

$$E_R(x,y) = E_{0R}\cos[\phi(x,y) - 2\pi \nu t] \tag{4.48a}$$

$$E_S(x,y) = E_{0S}(x,y)\cos[\phi_S(x,y) - 2\pi \nu t] \tag{4.48b}$$

ここで、参照波の強度は一様であるが、散乱波のそれは場所によって異なるので、$E_{0S}(x, y)$とした。写真乾板上に記録される像であるホログラムはこれらの波の足しあわせとして次のように表せる。

$$\begin{aligned}
I(x,y) &= \langle (E_R + E_S)^2 \rangle \\
&= \langle \{E_{0R}\cos[\phi(x,y) - 2\pi\nu t] + E_{0S}(x,y)\cos[\phi_S(x,y) - 2\pi\nu t]\}^2 \rangle \\
&= \frac{E_{0R}^2}{2} + \frac{E_{0S}(x,y)^2}{2} + E_{0R}\cdot E_{0S}(x,y)\cdot\cos[\phi(x,y) - \phi_S(x,y)]
\end{aligned} \tag{4.49}$$

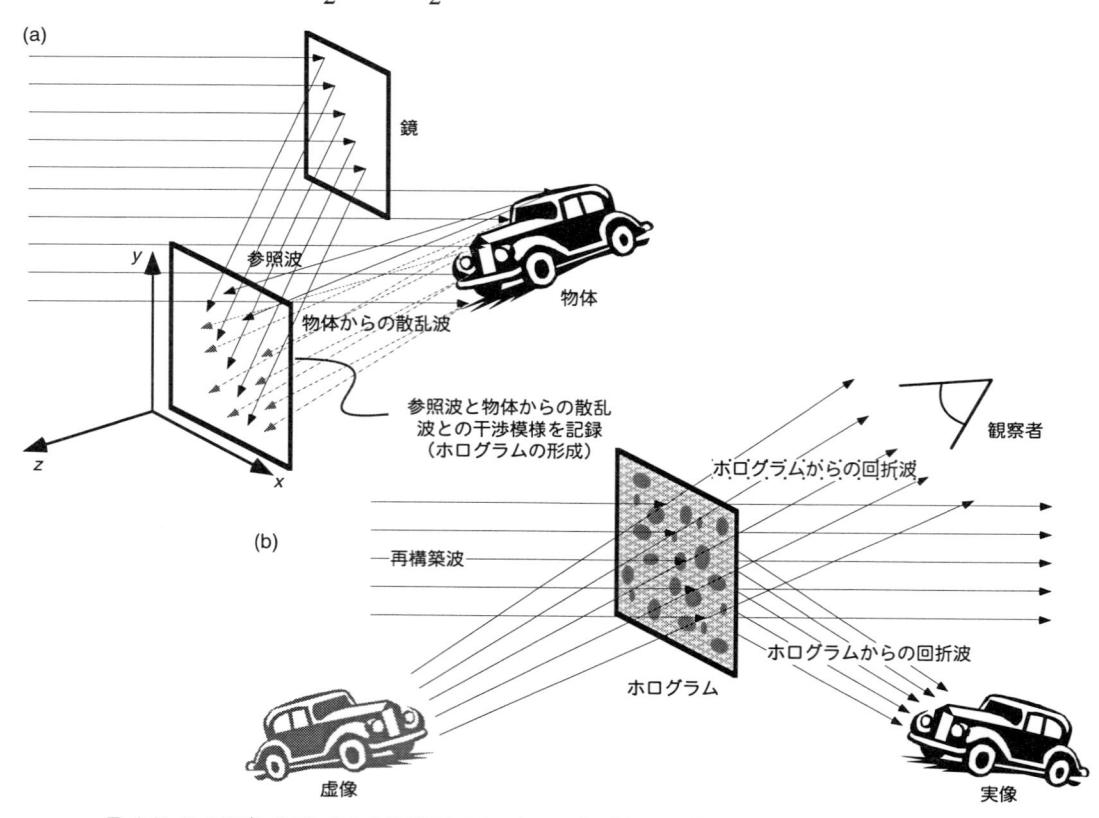

図 4.27 サイドバンドフレネルホログラムのセットアップ：(a) ホログラムの記録、(b) 再構築

- step 2 **再構築** 次にこのホログラムに一様な再構築波 $E_{R'}$ をあてる（この波の波長は前項の参照波のものと異なっても構わないが、ここでは簡単のため、同じものとする）。

$$E_{R'}(x,y) = E_{0R'}\cos[\phi(x,y) - 2\pi\nu t] \tag{4.50}$$

ホログラムは（4.49）で与えられる強度分布を持っているので、ホログラムから発生する波 E_F は次のように書ける。

$$E_F(x,y) = E_{R'}(x,y) \cdot I(x,y) \tag{4.51}$$

ここでもう少し定量的に考察するため、物体として簡単なスリットを考えよう（図 4.28(a)）。このスリットからの散乱はフラウンホーファー回折で記述され、強い回折波 D_1 と D_2 が入射波 T の方向の周囲に生じる。これらの波と参照波 R が干渉すると、各波が参照波となす角度が異なるため、写真乾板上にはそれぞれの波が乾板に入射した方向 α_1, α_2, α_3 が干渉縞の周期として記録される。これがホログラム（4.49）だ。

次にこのホログラムに再構築波 C をあてると、再度、フラウンホーファー回折が起こる（図 4.28(b)）。このとき現れる回折波の方向 α はホログラム上の周期に依存するから、結局、この回

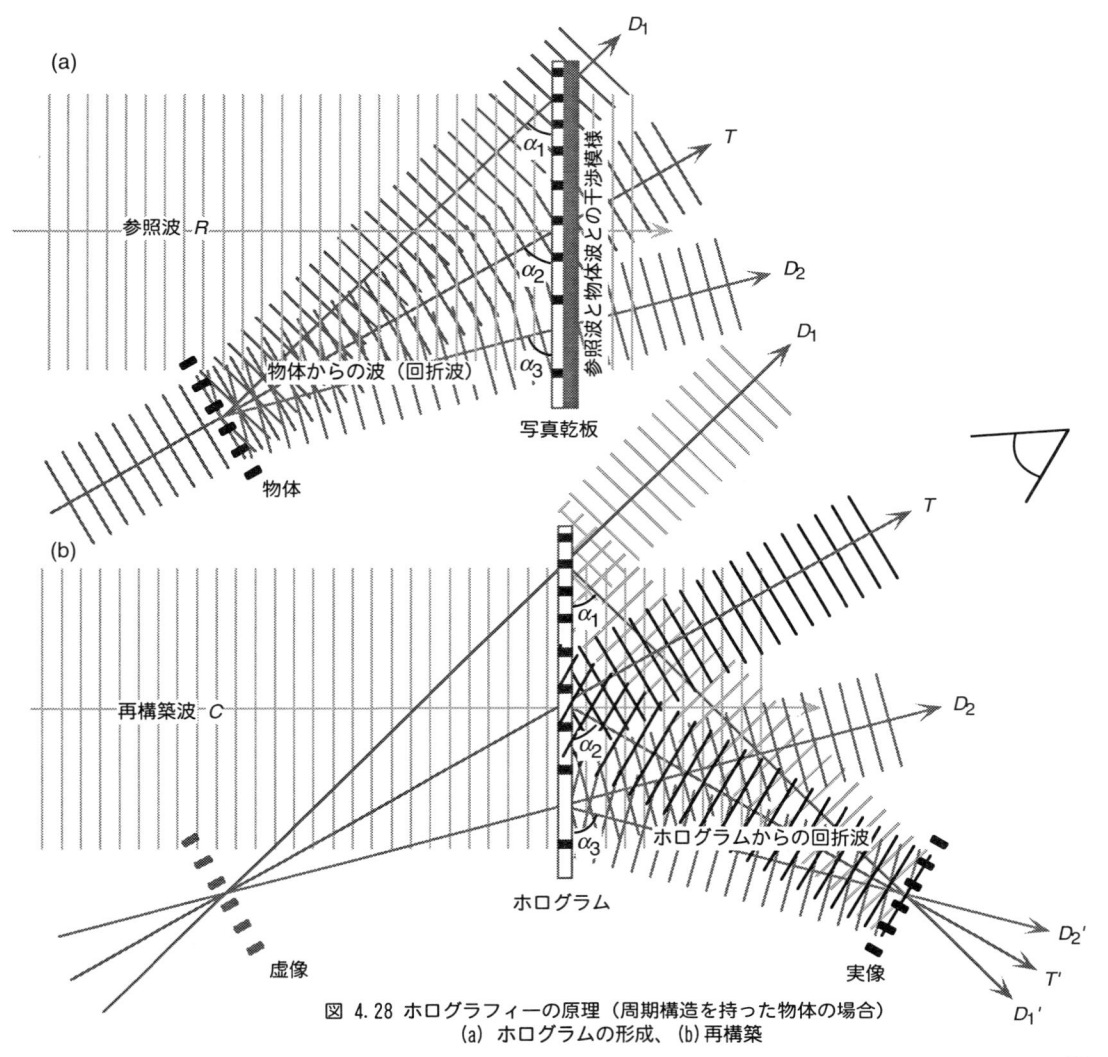

図 4.28 ホログラフィーの原理（周期構造を持った物体の場合）
(a) ホログラムの形成、(b) 再構築

折波は最初に物体から発生した散乱波と同様の方向 D_1, T, D_2 に（強めあって）向かうことになる。これをホログラムの後方からホログラムをのぞきこむように観察すると最初とまったく同様に物体（スリット）が観察される。これは虚像であるが、一方、図からわかるように別の方向 D_1', T', D_2' に向かう回折波はさらに干渉しあって、実像を結ぶ。この状況を (4.51) を展開することによって理解してみよう。

$$\begin{aligned}
E_F(x,y) &= E_{0R'}\cos[\phi(x,y)-2\pi vt]\cdot\left[\frac{E_{0R}{}^2}{2}+\frac{E_{0S}(x,y)^2}{2}+E_{0R}\cdot E_{0S}(x,y)\cdot\cos[\phi(x,y)-\phi_S(x,y)]\right]\\
&= \tfrac{1}{2}\left(E_{0R}{}^2+E_{0S}(x,y)^2\right)E_{0R'}\\
&\quad + \tfrac{1}{2}E_{0R'}E_{0R}E_{0S}(x,y)\cos[\phi_S(x,y)-2\pi vt]\\
&\quad + \tfrac{1}{2}E_{0R'}E_{0R}E_{0S}(x,y)\cos[2\phi(x,y)-\phi_S(x,y)-2\pi vt]
\end{aligned} \quad (4.52)$$

ここで第 1 項はホログラムを透過する波だが、第 2 項を見るとこれは最初の散乱波を表す波 (4.48b) と振幅を除いて同じであることがわかる。これがホログラムの反対側にもとの物体とまったく同じ像が虚像として観察される理由だ。一方、第 3 項は図 4.28(b) で下側に回折される波であり、これは実像が結ばれることを意味する。

13.7 節で紹介する電子線ホログラフィーでは、ホログラムをフーリエ変換し、ホログラムに存在する周期を直接抽出する。この周期は再構築波の中心の両側に現れ（サイドバンドと呼ばれる（図 13.52(b))、図 4.28 では実像と虚像を与える波に対応する。

この章のまとめ

- 回折 = 波の干渉
- フラウンホーファー回折 (far-field diffraction)
    アパチャーや散乱体から観察面までの距離が十分遠い場合（第 1 フレネルゾーンしか考えなくてよい場合）
- スクリーンに到達する波は一般に $\Psi(r,t)\propto e^{2\pi i(kr-vt)}\cdot G(\vec{q})$（$\vec{q}=(q_X,q_Y)$ など）と表され、このうち $G(\vec{q})$ がスクリーンに到達した散乱波の振幅の分布を表す
- フーリエ変換：散乱波の振幅の分布 $G(\vec{q})$ は散乱体の分布 $f(\vec{r})$ のフーリエ変換としても表される
- フレネル回折 (near-field diffraction)
    散乱体から観察面までの距離が近く、いくつものフレネルゾーンからの波の足しあわせを行う場合
    Cornu のらせんによる図式的解法
- 波束と可干渉距離
- ホログラフィーの原理

第 II 部　物質からの散乱と回折の基礎

物質は原子から構成されており、原子は原子核と電子からなっている。我々が電磁波などの波を物質にあてると物質を構成している原子は応答し、外界に向けて 2 次的な波、つまり散乱波を発生する。散乱波のうちエネルギーの損失のない弾性散乱を受けたものは位相がそろっているので互いに干渉しあい、ある方向には強めあったり、ある方向には弱めあったりする。これが回折と呼ばれる現象だ。このような回折波は、個々の散乱体がどのように並んでいるかなど、物質の内部の構造に関する多くの情報を含んでいる。そこで、我々も一つの原子からの散乱と回折を始めとして、原子の集合体からの回折をどのように扱うのか、その基礎をこれから学ぶこととしよう。

第5章　原子からの散乱

The spatial distribution of energy in the scattered beam depends on the type of scattering process which is taking place, but there are many general features common to all types of scattering.

M.M.Woolfson　"X-ray Crystallography"

X線は原子を構成する電子により散乱される。その散乱のされ方は (i)自由な電子による古典的な散乱、(ii) 電子の反跳を伴う散乱、とに大きく分けられる。前者は干渉性散乱であり、後者は非干渉性散乱だ。そして原子内の個々の電子から前者の散乱を受けた散乱波は互いに干渉し、原子散乱因子として知られている散乱波の振幅の分布を与える。一方、電子は量子力学的により、原子のポテンシャルによる散乱と扱うことができる。

5.1 散乱ベクトル

回折とは個々の散乱体からの散乱波が特定の方向に強めあったり、弱めあったりする現象であるから、大切なのは位相差の原因となる波の進行方向の変化とその波長 λ だ。まず、波長 λ の波が二つの散乱体 A および B で散乱

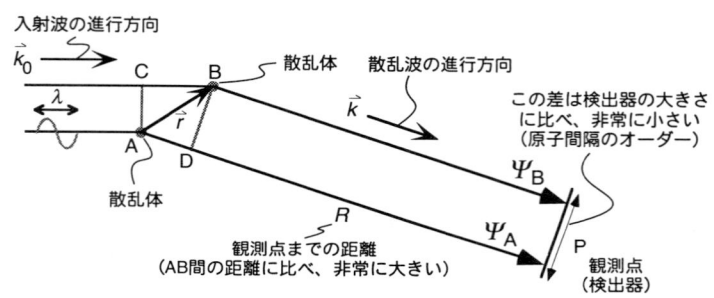

図 5.1 二点 A, B から散乱される波の光路差を求める

され、我々は P の位置でこれらの波を観測している状況を考えよう（図 5.1）。最初に波の進行方向と波長を表すために、*波数ベクトル* (wave vector) $\vec{k}_0$ と $\vec{k}$ を定義する。ここで大きさは

$$|\vec{k}_0| = |\vec{k}| = \frac{1}{\lambda} \tag{重要 5.1}$$

であり、その方向はそれぞれ電子線が入射し、散乱される方向だ。

さて、この二点から散乱される波の干渉を考えよう。散乱波がどの方向を向いたとき強めあうか（あるいは弱めあうか）を予測するには、別々の経路（ADP と CBP）を通る波の光路差、Δl が波長の何倍かということさえ知れば十分だ。言い換えると、知りたいことは $\Delta l / \lambda \, (= k \cdot \Delta l)$ の値だから、この量を Δ と置く。幸いなことに、すでに我々は波数ベクトルの大きさを $1/\lambda$ としていたから、この Δ はベクトルの内積を用いて簡単に求まる。

$$\Delta = \frac{\overline{CB} - \overline{AD}}{\lambda} = \vec{k}_0 \cdot \vec{r} - \vec{k} \cdot \vec{r} = -\vec{r} \cdot (\vec{k} - \vec{k}_0) = -\vec{r} \cdot \vec{q} \tag{5.2}$$

ここで次のように置いたが（図 5.2）、

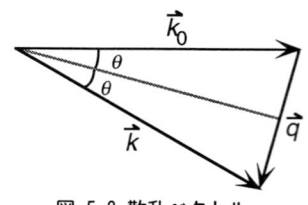

図 5.2 散乱ベクトル

$$\vec{q} = \vec{k} - \vec{k}_0 \quad \left(|\vec{q}| = q = \frac{2\sin\theta}{\lambda}\right) \tag{重要 5.3}$$

このベクトル $\vec{q}$ を*散乱ベクトル* (scattering vector) と呼ぶ。

要するに散乱ベクトルとは入射波を散乱方向に向けてやるのに必要なベクトルだ（$\vec{k} = \vec{k}_0 + \vec{q}$）。さらに二つの散乱体の相対的な位置関係 $\vec{r}$ がわかっていれば、点 P で観測する散乱波は（二つの波の重ね合わせであるから）求めた Δ を使って次のように書ける。

$$\Psi = \Psi_A + \Psi_B = \cos 2\pi(kR - vt) + \cos 2\pi\big((kR + \Delta) - vt\big) \tag{5.4a}$$

ここで少しエレガントに指数関数を用いてみよう。

$$\Psi = \exp^{2\pi i(kR-vt)} + \exp^{2\pi i((kR+\Delta)-vt)} = e^{2\pi i(kR-vt)} \cdot \big[1 + \exp(-2\pi i\vec{q}\cdot\vec{r})\big] = e^{2\pi i(kR-vt)} \cdot G(\vec{q}) \tag{5.4b}$$

$$G(\vec{q}) = \big[1 + \exp(-2\pi i\vec{q}\cdot\vec{r})\big] \qquad \text{（散乱体が二つしかない場合）} \tag{5.5}$$

くくりだされた指数項 $e^{2\pi i(kR-vt)}$ は検出器に向かう波の有する共通の位相項を、残りの $G(\vec{q})$ と置かれた $[\cdots]$ 内の各項が個々の散乱体からの位相による効果を表し、$G(\vec{q})$ 全体で我々が検出する散乱波の振幅の分布を表している。（つまり、我々が着目しているのは波そのものではなく、検出器（あるいはスクリーン）に到着した波の振幅の分布であり、共通項である前者を位相因子と見なしてしまう。）言い換えると、散乱ベクトル $\vec{q}$ は θ に依存する（図 5.2）ことからもわかるように我々の検出器の移動方向に対応しており、散乱波の振幅の分布 $G(\vec{q})$ こそが我々の測定結果に対応している。

もっとたくさんの散乱体が存在するときは、それらすべての座標 $\vec{r}_n$ について同様の和をとればよい。また、同一の入射波に対してそれぞれの散乱体からの散乱波の振幅が何らかの原因で異なる場合もあるだろう。その場合、個々の散乱体について重みをつければよい。このようにして、多数の散乱体が存在する場合に関して次の一般式を得る。

$$\Psi = \sum_n \Psi_n = e^{2\pi i(kR-vt)} \cdot \sum_n f_n \exp(-2\pi i\vec{q}\cdot\vec{r}_n) = e^{2\pi i(kR-vt)} \cdot G(\vec{q}) \tag{5.6}$$

ここで f_n は n 番目の散乱体の持つ（入射波を）散乱させる力を表すから、ここでは*散乱能*（scattering power）と呼ぼう。結局、散乱波の振幅の分布は次のように表せる。

$$G(\vec{q}) = \sum_n f_n \exp(-2\pi i\vec{q}\cdot\vec{r}_n) \qquad \text{（散乱能の異なった散乱体が n 個ある場合）} \tag{5.7}$$

この式をフラウンホーファー回折のときに出てきた式、たとえば矩形のアパチャーから出てくる波を記述する (4.7) あるいは (4.10) 式と比べると、形式がよく似ていることに気がつく。(4.10) 式では散乱波の振幅の分布がアパチャーの全領域にわたる積分に置き換わっており、また、散乱ベクトルの方向が q_X と q_Y とで表されている。要するに、スクリーンの原点から (X, Y) で指定された方向が散乱ベクトルの方向と考えることができる（図 4.3）。

5.2 自由な電子からのX線の散乱 – Thomson scattering

先に進む前に、X線（電磁波）の具体的な散乱メカニズムを考えたい。電磁波は横波であり進行方向と垂直に振動する。今、図 5.3 のように電磁波の入射方向および散乱方向を含む平面内の成分を $E_{//}$、それと垂直な成分を $E_\perp$ と置こう。最初に我々は、点 A に存在する質量 m、電荷 q の物体が、やってきた電磁波に対してどのような応答をするかを古典的な立場から考察する。ここで述べる散乱を*トムソン散乱*（Thomson scattering）という。

第5章 原子からの散乱

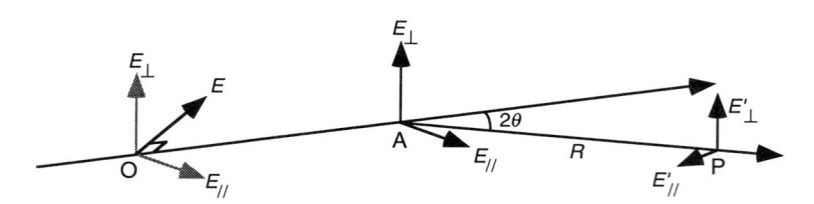

図 5.3 偏光した X 線の散乱波を OAP で張られる面およびそれと垂直な面の振幅に分ける

- step 1 振動数 ν の電磁波は点 A に存在する物体に対し、振動数 ν で変化する電場 E を与える。

$$E = E_0 \sin 2\pi \nu t \tag{5.8}$$

- step 2 この物体は電荷 e を持つから、電場により強制振動を起こす。そのときの力は次式で与えられる。

$$F = eE = eE_0 \sin 2\pi \nu t \tag{5.9}$$

その結果（ニュートンの法則により）、物体の加速度 a は次式で与えられる。

$$a = \frac{F}{m} = \frac{eE_0}{m} \sin 2\pi \nu t \tag{5.10}$$

- step 3 ところが、加速運動、特に振動をする電荷を持つ物体は、電磁波を発生するというのが電磁気学の教えるところだ（送信アンテナが機能する仕組み）。

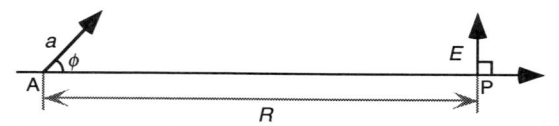

図 5.4 点 A において振動する電荷による点 P における電場の計算

したがって、点 A から距離 R にある点 P において次の電場が観測されるはずだ（ここで ϕ は点 A における加速度の方向が線分 AP となす角度、図 5.4）。

$$E_P = \frac{e a \sin \phi}{4 \pi \varepsilon_0 c^2 R} \tag{5.11}$$

- step 4 以上から、点 P における電場のうち、垂直成分 $E_{P\perp}$ は次式で与えられる。

$$E_{P\perp} = \frac{e}{4\pi\varepsilon_0 c^2 R} \frac{eE_{0\perp}}{m} \sin 2\pi\nu t = \frac{e^2}{4\pi\varepsilon_0 m c^2} \frac{E_{0\perp}}{R} \sin 2\pi\nu t \tag{5.12a}$$

一方、平行成分 $E_{P/\!/}$ は、散乱波が 2θ $(=\pi/2-\phi)$ の方向に向かうことを考慮して次式で与えられる。

$$E_{P/\!/} = \frac{e}{4\pi\varepsilon_0 c^2 R} \frac{eE_{0/\!/}}{m} \cos 2\theta \sin 2\pi\nu t = \frac{e^2 \cos 2\theta}{4\pi\varepsilon_0 m c^2} \frac{E_{0/\!/}}{R} \sin 2\pi\nu t \tag{5.12b}$$

- step 5 結局、両者をまとめると次の関係が成り立つはずだ。

$$\begin{aligned} E_P^2 &= E_{P\perp}^2 + E_{P/\!/}^2 \\ &= \left[\frac{e^2}{4\pi\varepsilon_0 m c^2} \frac{E_{0\perp}}{R}\right]^2 + \left[\frac{e^2 \cos 2\theta}{4\pi\varepsilon_0 m c^2} \frac{E_{0/\!/}}{R}\right]^2 \\ &= \left[\frac{e^2}{4\pi\varepsilon_0 m c^2} \frac{1}{R}\right]^2 \left(E_{0\perp}^2 + E_{0/\!/}^2 \cos^2 2\theta\right) \end{aligned} \tag{5.13}$$

- **step 6** ここで入射波が偏光していない（波の振幅が一様に分布している）場合を考えると、強度の時間平均（⟨ ⟩で表す）をとれば、

$$\langle E_\perp^2 \rangle + \langle E_{//}^2 \rangle = \langle E^2 \rangle \tag{5.14a}$$

が成り立ち、⊥成分も // 成分も同等だから、結局、次式が成立している。

$$\langle E_\perp^2 \rangle = \langle E_{//}^2 \rangle = \tfrac{1}{2}\langle E^2 \rangle \tag{5.14b}$$

- **step 7** この結果を用いて、(5.13) を書き直すと次の結果を得る。

$$\langle E_P^2 \rangle = \langle E_0^2 \rangle \left[\frac{e^2}{4\pi\varepsilon_0 mc^2}\frac{1}{R}\right]^2 \left(\frac{1+\cos^2 2\theta}{2}\right) \tag{5.15}$$

ここで最後の項 $(1+\cos^2 2\theta)/2$ は*偏光因子*（polarization factor）と呼ばれる。

- **step 8** 強度は $\langle E^2 \rangle$ に比例するから（4.1.3節参照）、我々は点Pにおける強度として次の結果を得る。

$$I_P = I_0 \left[\frac{e^2}{4\pi\varepsilon_0 mc^2}\frac{1}{R}\right]^2 \left(\frac{1+\cos^2 2\theta}{2}\right) \tag{5.16}$$

これが、自由電子による電磁波の散乱強度の古典的な一般式だ。

ところで、(5.16) に現れた比例係数に実際の物理定数を代入すると次のようになる。

$$\frac{e^2}{4\pi\varepsilon_0 mc^2}\left(=\frac{(1.60\times 10^{-19})^2}{4\pi(8.85\times 10^{-12})(9.91\times 10^{-31})(3.00\times 10^8)^2}\right) \tag{5.17}$$

この値は 2.82×10^{-15} m で、古典電磁理論において*電子半径*（classical electron radius）と呼ばれる。

次に、この電子半径を用いて散乱体からある距離、たとえば $R=0.1$ m のところにおけるX線（一般には電磁波）の強度をおおざっぱに（偏光因子を無視して）計算してみよう。

$$I_P = I_0 \left[\frac{e^2}{4\pi\varepsilon_0 mc^2}\frac{1}{R}\right]^2 \left(\frac{1+\cos^2 2\theta}{2}\right) \approx I_0 \left[2.82\times 10^{-15}\frac{1}{0.1}\right]^2 \approx 8\times 10^{-28} I_0 \tag{5.18}$$

このように、たった 1 個の電子から散乱されるX線の強度はとるにたらないほどだ。ところが、たとえば 1mg の物質には、おおよそ $10^{20}\sim 10^{21}$ のオーダーの電子が含まれ、これらの電子から発せられるX線が干渉すれば、観測に十分な散乱振幅と強度を与える。

5.3 単原子からのX線の散乱

1 個の電子からの散乱振幅がわかったところで、原子を構成する電子からの散乱を考えよう。原子は原子核と電子からなるが、(5.10) からもわかるように重い原子核からの寄与は電子からの寄与の 1/1000 以下であり、無視できる。つまりX線にとって、原子からの散乱は、原子に存在する電子の集合体からの散乱と考えてよい。個々の電子の散乱メカニズムは同一で散乱プロセスそのものに起因する位相のずれも同一である。すなわち、これらの電子によって散乱されたX線は、位置のずれによるファクターを除いて同位相であり互いに干渉する。

言い換えると、我々は5.1節で得た散乱ベクトル $\vec{q}$ 方向への波の干渉に関する一般的結論 (5.7) を、原子内の各電子により散乱されたX線の干渉という問題に適用できる。最初に、原子の内部位置 A と B に存在する電子からの散乱波の位相差 Δ を再度、確認しておこう。

第 5 章　原子からの散乱

図 5.5　原子の中の個々の電子からの散乱波の光路

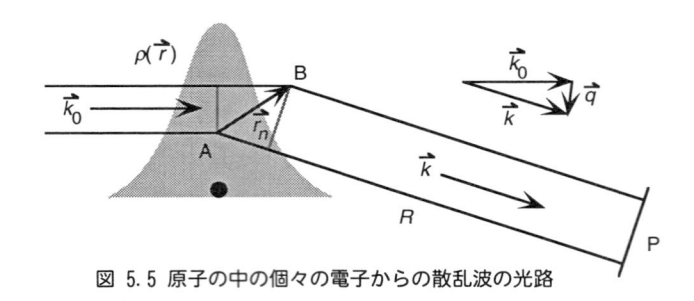

$$\Delta = \vec{r}_n \cdot \vec{k}_0 - \vec{r}_n \cdot \vec{k} = \vec{r}_n \cdot (\vec{k}_0 - \vec{k}) = -\vec{r}_n \cdot \vec{q} \tag{5.19}$$

一方、個々の電子による散乱過程に関してはトムソン散乱の結果 (5.12a,b) を適用でき、さらに偏光因子は同じ原子内のすべての電子について同じであるから、強度を評価する段階で実験条件に応じて適用すればよく、この段階では無視しよう。図 5.5 においてたまたま A と B に位置する電子からの散乱波を原子から十分離れた点 P で観測したとすると、散乱波の振幅 E_P は次のように書ける。

$$E_P = \frac{E_0 e^2}{4\pi\varepsilon_0 mc^2} \frac{1}{R} e^{2\pi i(kR-\nu t)} + \frac{E_0 e^2}{4\pi\varepsilon_0 mc^2} \frac{1}{R} e^{2\pi i(kR-\vec{r}_n\cdot\vec{q}-\nu t)}$$

$$= \frac{E_0 e^2}{4\pi\varepsilon_0 mc^2} \frac{1}{R} e^{2\pi i(kR-\nu t)} \left(1 + e^{-2\pi i \vec{r}_n\cdot\vec{q}}\right) \tag{5.20}$$

そして、いくつもの電子がある場合はすべての電子に対する和となるはずだ。

$$E_P = \frac{E_0 e^2}{4\pi\varepsilon_0 mc^2} \frac{1}{R} e^{2\pi i(kR-\nu t)} \sum_n e^{-2\pi i \vec{r}_n\cdot\vec{q}} \tag{5.21}$$

さて量子力学によれば、電子は波動関数 $\Psi(\vec{r})$ に従って分布している。そして単位体積あたりの電子の数を表す電子分布関数 $\rho(\vec{r})$ は波動関数の 2 乗で与えられる。

$$\rho(\vec{r}) = |\Psi(\vec{r})|^2 \tag{5.22}$$

このように電子は連続的に分布しているので (5.21) の和を積分で置き換えよう。

$$E_P = \frac{E_0 e^2}{4\pi\varepsilon_0 mc^2} \frac{1}{R} e^{2\pi i(kR-\nu t)} \int_{\text{atom}} e^{-2\pi i \vec{r}\cdot\vec{q}} \rho(\vec{r}) dV \tag{5.23}$$

この積分で表された量は原子内の電子による散乱波の振幅の分布 $G(\vec{q})$ にほかならないが、この量を特に（X 線の）*原子散乱因子*（atomic scattering factor）と呼ぶ。

$$f_X(\vec{q}) = \int_{\text{atom}} e^{-2\pi i \vec{r}\cdot\vec{q}} \rho(\vec{r}) dV \quad \text{(重要)} \tag{5.24}$$

この定積分は $q \to 0$ の極限でその原子の中の電子の数、すなわち原子番号に一致するただの数となる。一方、波動光学のところで出てきた光源の振幅と同様に、長さの次元を持つ*散乱振幅*（scattering amplitude）$f_{X,\text{amp.}}(\vec{q})$ を次のように表す。

$$f_{X,\text{amp.}}(\vec{q}) = \frac{e^2}{4\pi\varepsilon_0 mc^2} \int_{\text{atom}} e^{-2\pi i \vec{r}\cdot\vec{q}} \rho(\vec{r}) dV = 2.82 \times 10^{-15} \cdot f_X(\vec{q}) \quad \text{(m)} \tag{5.25}$$

原子散乱因子をフラウンホーファー回折で用いた (4.7) 式と比べると、厳密でない表現だが、電子の分布は 3 次元的に広がっている「アパチャー」と見なすこともできる。すなわち、<u>単原子からの散乱</u>

5.3 単原子からのX線の散乱

とは 3 次元的に分布する散乱体からのフラウンホーファー回折である。さらに別の言い方をすれば、$\vec{q}$ 方向への散乱波の振幅の分布は、電子分布のフーリエ変換であるとも表現できる。このようなことから原子散乱因子は*原子フォームファクター*（atomic form factor）とも呼ばれる。

もう一つ重要なことは (5.23) は電子の存在確率に対して積分が実行されるということである。すなわち、水素原子のように電子がたった 1 個しか存在しなくても、それが確率的に分布することにより干渉が起こる。また、これまでの議論ではX線はたった 1 回しか散乱されていない、すなわち原子内での多重散乱は起こっていないことを前提としている。

物理的な状況が把握できれば、あとは計算するのみだ。ここでは電子がたった 1 個しかなく、かつ、その分布が原子核からの距離 r のみに依存する場合（すなわち s 軌道）を考えよう。

- step 1　まず、1 個だから次式が成立している。

$$1 = \int_{\text{volume}} \rho(\vec{r}) dV \tag{5.26}$$

- step 2　積分を実行する際、あらわに評価しなくてはならない量は $\vec{q}\cdot\vec{r}$ だ。この場合、球座標系で考えるのが順当なやり方だろう。$\vec{q}$ と $\vec{r}$ のうちのどちらを基準となる z 軸と置いてもよいが、ここでは $\vec{q}$ をそのように置く。

- step 3　このように置くと、1 個の電子による散乱因子 f_e は次のように計算される。

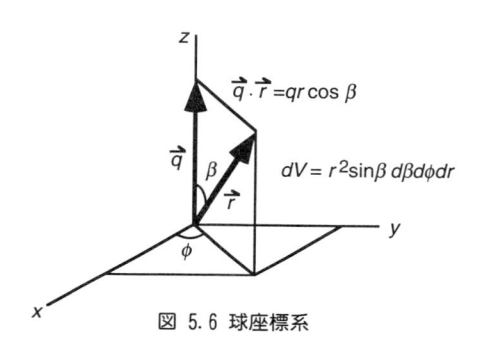

図 5.6　球座標系

$$\begin{aligned}
f_e &= \int_{r=0}^{\infty} \int_{\beta=0}^{\pi} \int_{\phi=0}^{2\pi} e^{-2\pi i q r \cos\beta} \rho(r) r^2 \sin\beta \, d\phi d\beta \, dr \\
&= 2\pi \int_{r=0}^{\infty} \rho(r) r^2 \int_{t=-1}^{1} e^{-2\pi i q r t} dt dr \quad (t=\cos\beta) \\
&= 4\pi \int_{r=0}^{\infty} \rho(r) r^2 \frac{\sin 2\pi q r}{2\pi q r} dr
\end{aligned} \tag{5.27}$$

- step 4　電子が多数あるときも、それらの分布が r のみに依存する場合はこのやり方が適用できる。

$$\begin{aligned}
f_X &= \sum_n^Z f_{e,n} \\
&= 4\pi \int_{r=0}^{\infty} \left[\sum_n^Z \rho_n(r)\right] r^2 \frac{\sin 2\pi q r}{2\pi q r} dr \\
&= \sum_n^Z 4\pi \int_{r=0}^{\infty} \rho_n(r) r^2 \frac{\sin 2\pi q r}{2\pi q r} dr
\end{aligned} \tag{5.28}$$

ここで原子番号 Z の原子に対して、次の関係が成立し、

$$\sum_n^Z 4\pi \int_{r=0}^{\infty} \rho_n(r) r^2 dr = Z \tag{5.29}$$

また q がゼロの極限で

$$\frac{\sin 2\pi q r}{2\pi q r} \to 1 \quad (q \to 0) \tag{5.30}$$

となるから、結局、f_X は Z に収束する。

$$f_X \to Z \quad (q \to 0) \tag{5.31}$$

第5章 原子からの散乱

例 Li 原子

Li 原子の基底状態における電子配置は $1s^2 2s$ だ。$1s$ も $2s$ も r のみの関数であることには違いないが、前者では r が大きくなるにつれて指数関数に従って波動関数が減少するのに対して、後者は 2 重の殻のような構造をしている。具体的にはこれらの軌道は次の波動関数で表される（ここで、Z=3）。

$$1s(r) = \frac{1}{\sqrt{\pi}}\left(\frac{Z}{a_0}\right)^{3/2} e^{-Zr/a_0}$$

$$2s(r) = \frac{1}{4\sqrt{2\pi}}\left(\frac{Z}{a_0}\right)^{3/2}\left(2 - \frac{Zr}{a_0}\right) e^{-Zr/2a_0} \tag{5.32}$$

ここで指数関数の肩にある減少を特徴づける量はボーア半径（Bohr radius）と呼ばれる基本的な量だ。

$$a_0 = \frac{4\pi\varepsilon_0 \hbar^2}{m_e e^2} = 0.529 \text{Å} \tag{5.33}$$

また、これらの波動関数は規格化されている。

$$\int_0^\infty 4\pi r^2 |\Psi(r)|^2 dr = 1 \tag{5.34}$$

r 方向の存在確率 $r^2|\Psi(r)|^2$ を図 5.7 に示した。

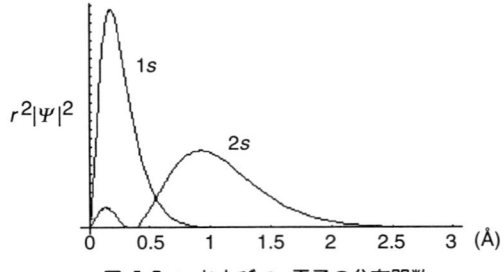

図 5.7 $1s$ および $2s$ 電子の分布関数

要するに Li 原子における電子は r の関数として次のように書ける。

$$\rho_{\text{Li}}(r) = |\Psi(r)|^2 = 2\rho_{1s}(r) + \rho_{2s}(r)$$
$$= 2|1s(r)|^2 + |2s(r)|^2 \tag{5.35}$$

したがって、Li 原子の散乱因子 f_{Li} は（積分を力づくで実行して）次のように表される（付録 D 参照）。

$$f_{\text{Li}}(q) = \int_0^\infty 4\pi r^2 \left(2|1s(r)|^2 + |2s(r)|^2\right) \frac{\sin 2\pi q r}{2\pi q r} dr = 2\frac{K^4}{\left(K^2 + \pi^2 q^2\right)^2} + \frac{K^4\left(2(2\pi q)^2 - K^2\right)\left((2\pi q)^2 - K^2\right)}{\left(K^2 + (2\pi q)^2\right)^4} \tag{5.36}$$

ここで $K = Z/a_0$ と置いた。こうして得られたそれぞれの軌道に存在する電子からの散乱因子を図 5.8(a) に示した。

Li 原子全体の散乱因子 f_{Li} はこれらの和であり、結局次の形を持つ。

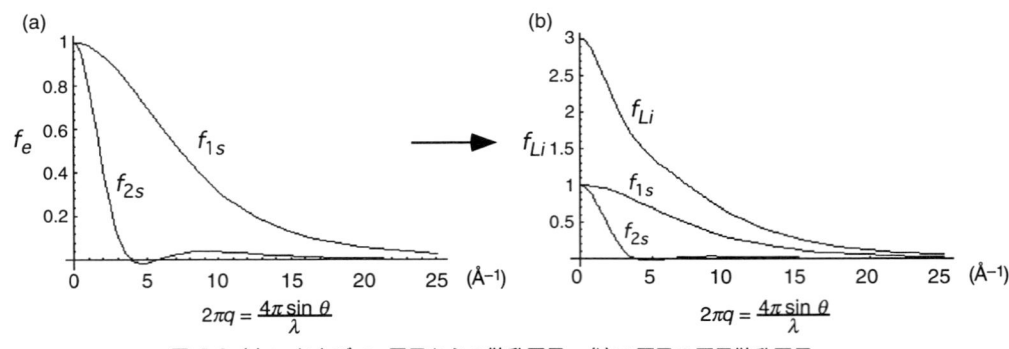

図 5.8 (a) $1s$ および $2s$ 電子からの散乱因子、(b) Li 原子の原子散乱因子

入射X線に偏光がない場合、散乱強度はこの 2 乗であり、結局、図 5.9 に示した形を持つ。また、この図には次節で述べる*非干渉性散乱*（incoherent scattering）による強度も示した。

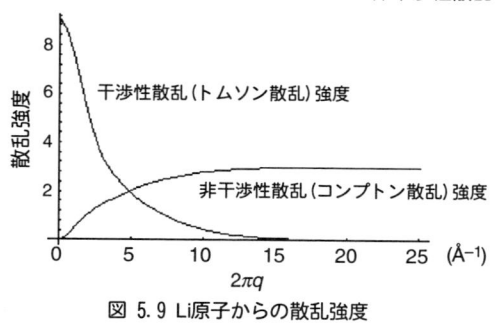

5.4 非干渉性散乱

図 5.9 Li原子からの散乱強度

前節で述べたことは要するに、原子内にある確率で分布する電子によってトムソン散乱されたX線間の干渉を、フラウンホーファー回折の枠組みの中で計算したまでのことだ。その結果得られた散乱ベクトル $\vec{q}$ 方向への散乱波の振幅の分布を表す量が原子散乱因子というわけだ。散乱の素過程が干渉性散乱だったからこのような結果が導かれたわけだが、ここでは非干渉性の散乱を考える。

X線はトムソン散乱以外のメカニズムでもっても散乱される。原子の有する電子状態を励起する可能性のあることももちろんだが、そのような状態の変化を伴わなくとも、X線を波ではなく粒子と考えることによって電子を反跳させ、その結果、X線はエネルギーを失う。これを*コンプトン散乱* (Compton scattering) と呼ぶ。

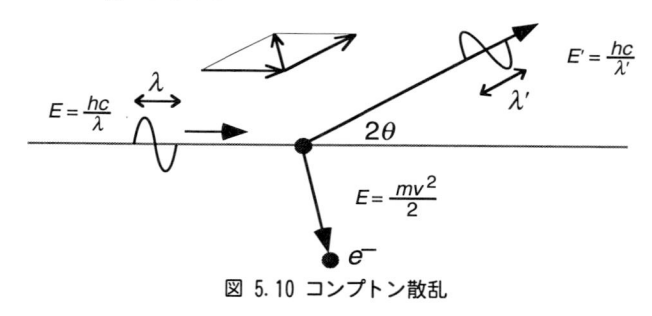

図 5.10 コンプトン散乱

詳細は省くが（問題 5.1）、このプロセスによって散乱された波のエネルギーの変化は散乱角 2θ にのみ依存し、波長に換算して次式で表される。ここで h/mc は電子のコンプトン波長（Electron Compoton wave length）と呼ばれている量だ。

$$d\lambda = \frac{h}{mc}(1-\cos 2\theta) = 0.024(1-\cos 2\theta) \quad (\text{Å}) \tag{5.37}$$

このようにして散乱された波は位相に関する情報が失われ、したがって非干渉である。また、古典的なトムソン散乱も含めて、量子力学に基づいて散乱過程を計算すると、トムソン散乱による散乱振幅とコンプトン散乱による散乱振幅の和は一定であることが知られている。これらのことから、トムソン散乱とコンプトン散乱によるX線の散乱強度 I_Thomson および I_Compton は次のように定性的に表される。

$$I_\text{Thomson} \propto \left\{\sum_{n=1}^{Z} f_{e,n}\right\}^2 \tag{5.38a}$$

$$I_\text{Compton} \propto \sum_{n=1}^{Z} \left\{1 - f_{e,n}^2\right\} \tag{5.38b}$$

問題 5.1 図 5.10 においてエネルギーと運動量が保存されることを考慮にいれ、(5.37) の結果を確認せよ。

5.5* 原子の電子状態の変化を伴った散乱

トムソン散乱という古典的な取扱いでは電子は何の束縛も受けずに外部からの電磁波に揺さぶられているという状況を考えた。しかし、現実の電子は量子力学的な固有状態にあり、十分なエネルギーを得ることによって、状態間の遷移を起こす。このとき、電磁波は吸収されるが、そのエネルギーの近傍で散乱因子も大きく変化する。

ここでは電磁波と電子の相互作用という物理には深入りせず、現象論的ではあるが、このような問題を扱うときの定石である減衰項を持った調和振動子の解法に従ってこの問題を考えよう（少し数学的なので結論 (5.53) を受け入れるだけで構わない）。

- step 1 トムソン散乱では電子に対する力は電場だけだったが、ここではバネ定数 β でもって変位 x に比例した力と、同じく比例定数 γ でもって変位速度 $\dot{x}$ に比例した力を受けると考える（図 5.11）。

$$F = eE_0 e^{i\omega t} - \beta x - \gamma \dot{x} \tag{5.39}$$

ここで $\omega = 2\pi \nu$ と置いた。結局、次の運動方程式を得る。

$$m\ddot{x} + \gamma \dot{x} + \beta x = eE_0 e^{i\omega t} \tag{5.40}$$

- step 2 この方程式は次の形の解を持つ。

$$x = Ae^{i\omega t} \tag{5.41}$$

この表現を (5.40) に代入することにより定数 A は次のように求まる。

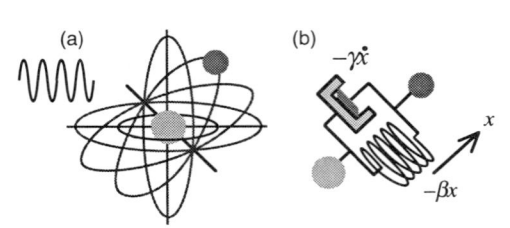

図 5.11 原子内の電子と電磁波の相互作用
(a) 量子化された状態を占有する電子、(b) 力学モデル

$$A = \frac{eE_0}{(\beta - m\omega^2) + i\gamma\omega} = \frac{eE_0}{(\beta - m\omega^2)^2 + \gamma^2\omega^2}\{(\beta - m\omega^2) - i\gamma\omega\} \tag{5.42}$$

方程式を解くことはこれでおしまいだ。次にこの意味を考えてみよう。

- case 1 $\beta = 0, \gamma = 0$ の場合（要するにトムソン散乱）: (5.42) から直ちに、定数 A が次のように求まる。
（ここで 1 個の電子がトムソン散乱を起こすときの振幅の大きさを p_0 と置いてしまおう。）

$$A = -\frac{eE_0}{m\omega^2} \equiv -p_0 \tag{5.43}$$

振幅が負の符号を持つが、これは位相が π だけずれることを意味している。

$$x = -p_0 e^{i\omega t} \quad \left(= p_0 e^{i(\omega t + \pi)}\right) \tag{5.44}$$

- case 2 $\beta \neq 0$ の場合: 電磁波の振動数 ω に対して A が最大値を持つときの ω の値を ω_0 と置こう。

$$\omega_0^2 = \frac{\beta}{m} \tag{5.45}$$

この共鳴振動数 ω_0 を用いると、電子の振幅を表す A は次のように書き換えられる。

$$A = \frac{eE_0}{(\omega_0^2 - \omega^2)^2 m^2 + \gamma^2 \omega^2}\{(\omega_0^2 - \omega^2)m - i\gamma\omega\} \tag{5.46}$$

A は ω が ω_0 に近いかどうかに大きく依存するので、さらに場合わけをしよう。

(a) $\omega \approx \omega_0$ の場合、振幅 A は非常に大きくなり、古典的には減衰項（虚数項）の存在でエネルギーの吸収が大きくなることが予測される。しかし、この節の冒頭で述べたように電子は離散化された固有状態にあり、電磁波の振動数が $\omega \approx \omega_0$ になると、電子を原子の外に放出することでエネルギーは吸収される。このとき振動数に対する吸収スペクトルが急に変化するが、これを吸収端 (absorption edge) という（図 5.12）。このときの波長 λ_0 は次のように表せる。

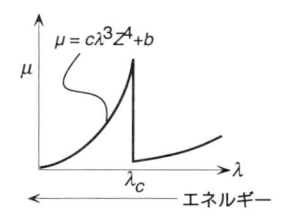

$$\omega_0 = 2\pi \nu_0 = 2\pi \frac{c}{\lambda_0} \quad \longrightarrow \quad \lambda_0 = \frac{2\pi c}{\omega_0} \tag{5.47}$$

図 5.12 X 線の吸収係数 μ の入射 X 線の波長依存性

また、図に示したように、吸収端から離れた波長領域においては、X 線の吸収係数 μ は波長の 3 乗、および吸収体の原子番号の 4 乗に依存することが知られている。

(b) $\omega \gg \omega_0$ の場合、A の実部を計算すると

$$\mathrm{Re}[A] = \frac{eE_0(\omega_0^2/\omega^2 - 1)m\omega^2}{((\omega_0^2/\omega^2 - 1)\omega^2)^2 m^2 + \gamma^2 \omega^2} \approx -\frac{eE_0}{m\omega^2} \tag{5.48}$$

となり、トムソン散乱 (5.43) に近づく。言い換えると、トムソン散乱は電磁波の波長が吸収端から遠いときに成り立つ。

ここまで考えると、電子の振動の振幅 A をトムソン散乱の場合の振幅 p_0 で規格化してしまうのがよさそうだ。そこで、A の実部および虚部との比を θ_R と θ_I と置こう。すなわち、

$$\theta_R = \frac{eE_0(\omega_0^2 - \omega^2)m}{(\omega_0^2 - \omega^2)^2 m^2 + \gamma^2 \omega^2} \Big/ p_0 = \frac{-(\omega_0^2 - \omega^2)m^2 \omega^2}{(\omega_0^2 - \omega^2)^2 m^2 + \gamma^2 \omega^2} \tag{5.49a}$$

$$\theta_I = \frac{eE_0 \cdot -\gamma \omega}{(\omega_0^2 - \omega^2)^2 m^2 + \gamma^2 \omega^2} \Big/ p_0 = \frac{\gamma m \omega^3}{(\omega_0^2 - \omega^2)^2 m^2 + \gamma^2 \omega^2} \tag{5.49b}$$

ちょっと複雑なように見えるが、要するに (5.42) を次のように書き換えただけだ。

$$A = p_0(\theta_R + i\theta_I) \tag{5.50}$$

ここで、ω に対して連続的に変化する項を分離するため、さらに次のように置く。

$$\begin{cases} p' = p_0(\theta_R - 1) \\ p'' = p_0 \theta_I \end{cases} \tag{5.51}$$

こうすると、振幅 A はトムソン散乱によるものとそうでないものにきれいに分けられる。

$$A = p_0 + p' + ip'' \tag{5.52}$$

そして原子散乱因子 f は A に比例するので、次のように書くことができる。

$$f = f_0 + f' + if'' \tag{5.53}$$

ここで f' と f'' は異常分散 (anomalous dispersion) 項の実部と虚部と呼ばれる。図 5.13 に Fe の吸収端近傍での f' および f'' の値をプロットした。

実際に原子核に最も近く、ここで述べた状況がよく当てはまる電子は $1s$ 電子（K 殻）だ。フラウンホーファー回折の結果からもわかるように、散乱体の空間的広がりが小さければ散乱強度は逆に広い範囲に分布するので、f' や f'' は f_0 のような強い散乱ベクトル依存性を示さず、通常、前方散乱（すなわち $\vec{q} = 0$）の値が用いられる。

第5章 原子からの散乱

また、'anomalous' という言葉の意味からすれば、異常ではなく変則的な分散といった方が適切かもしれない。たとえば、最近の *International Table Vol.C* には次のように記載されている。"The term 'anomalous dispersion' is often used in the literature. It has been dropped here because there is nothing 'anomalous' about these corrections. In fact the scattering is totally predictable." (*International Tables for Crystallography, Vol.C*, The International Union of crystallography, p.206 (1992)) 分光学や原子核反応の分野では、このような散乱は通常、共鳴散乱と呼ばれる。

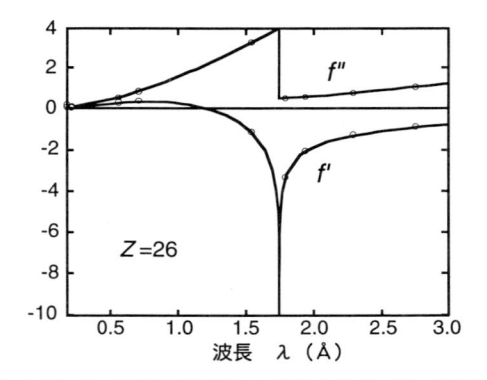

図 5.13 Fe の吸収端近傍における分散項 f' と f'' の変化
○：実験値（*International Tables for Crystallography, vol.C*(1992) より引用）
―：計算値（東北大学多元物質研究所ホームページのデータベース（SCM-AXS）に公開されている値）

5.6 電子線の散乱

前節までで我々はX線がどのように原子から散乱されるかを学んだ。大切なことは原子内の個々の電子から散乱されたX線が干渉し、散乱ベクトルの大きさとともに散乱波の振幅がなだらかに小さくなるということだ。言い換えるとX線の原子散乱因子 f_X は原子内の電子分布によるフラウンホーファー回折の結果（フーリエ変換）だと解釈できる。

この節では、電子の散乱を量子論に従って記述することを試みよう。少し数学的なので難しい式は飛ばし、電子の散乱振幅 $f_{E,\mathrm{amp}}$ を与える (5.80) と、そこに至るまでのいくつかの仮定さえフォローできれば十分だ。結果を一口で表すと $f_{E,\mathrm{amp}}$ は原子内のポテンシャルのフーリエ変換といえる。

5.6.1* 散乱過程の量子論入門

ここまでは波数を波長の逆数と定義してきたが、それはそうすることによって、波の干渉が波長の整数倍で起こると直観的に考えやすいことと、逆格子を定義するとき、実空間の面間隔と簡単な関係を維持できるだ。ところが、物理的にはむしろ波数を $2\pi/\lambda$ と定義した方が自然な場合が多い。そうすると平面波を $e^{i\kappa r}$ と置けるのでハミルトニアンなどの演算子を作用させたときに煩雑にならないだけでなく、波数と実空間の座標との対称性がはっきりする。そこで本書では混乱をさけるため、量子力学を扱うこの節に限って波数 κ を次のように定義する。

$$\kappa = 2\pi \cdot k = \frac{2\pi}{\lambda} \tag{5.54}$$

要するに波数空間におけるスケールを 2π で変換しただけと考えればよい。あとで、我々は得られた結果をこれまでのスケールに変換し直す。

散乱過程といっても我々は定常状態を考えているから、次の時間に依存しないシュレディンガー方程式から出発する。

$$H\Psi(\vec{r}) = E\Psi(\vec{r}) \tag{5.55}$$

ここで H は系のハミルトニアン (Hamiltonian) だ。

$$H = -\frac{\hbar^2}{2m}\nabla^2 + V(\vec{r}) \tag{5.56}$$

以下、順を追って散乱問題を考えよう。

5.6 電子線の散乱

- **step 1** 最初に原子から離れている場合の電子の波動関数 $\psi_0(\vec{r})$ を考える。そのような電子はポテンシャルを感じていないから、$V \approx 0$ と置いてよい。つまり、

$$-\frac{\hbar^2}{2m}\nabla^2 \psi_0(\vec{r}) = E\psi_0(\vec{r}) \tag{5.57}$$

この解は定数項を省いて

$$\psi_0(\vec{r}) = e^{i\vec{\kappa}_0 \cdot \vec{r}} \tag{5.58}$$

という平面波であり、固有エネルギーは

$$E = \frac{\hbar^2 \kappa^2}{2m} \tag{5.59}$$

と書ける。ここで、上の結果から $\psi_0(\vec{r})$ は次の方程式を満たしていることがわかる。

$$(\nabla^2 + \kappa^2)\psi_0(\vec{r}) = 0 \tag{5.60}$$

- **step 2** 我々は弾性散乱しか考えない。つまり、散乱によってエネルギーの授受はないので、我々が求める波動関数 $\psi(\vec{r})$ は次式を満たすはずだ。

$$\left(-\frac{\hbar^2}{2m}\nabla^2 + V(\vec{r})\right)\psi(\vec{r}) = \frac{\hbar^2 \kappa^2}{2m}\psi(\vec{r}) \tag{5.61}$$

これを次のように変形しておこう。

$$(\nabla^2 + \kappa^2)\psi(\vec{r}) = U(\vec{r})\psi(\vec{r}) \tag{5.62}$$

ここで $U(\vec{r})$ は $V(\vec{r})$ と次の関係にある。

$$U(\vec{r}) = \frac{2m}{\hbar^2}V(\vec{r}) \tag{5.63}$$

- **step 3** 要するに (5.62) を解けばよいだけなのだが、これが大変だ。詳細を考える前に、散乱波が原子からずっと離れたところでどのような形をしているかを考えておこう。原子からの距離 r が大きなところで、散乱波の波動関数は次の形をしているはずだ（図 5.14）。

$$\psi(\vec{r}) \xrightarrow{r \to \infty} e^{i\vec{\kappa}_0 \cdot \vec{r}} + f_{E,\text{amp.}}(\vec{q})\frac{e^{i\vec{\kappa} \cdot \vec{r}}}{r} \tag{5.64}$$

この $f_{E,\text{amp.}}(\vec{q})$ が考えている原子の電子に対する散乱振幅だ。（光源の振幅のように長さの次元を持つ量なので $f_{\text{amp.}}$ と表した。）

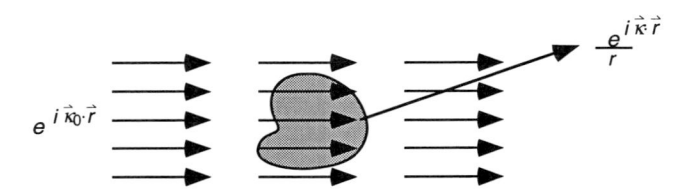

図 5.14 ポテンシャルから遠いところにおける散乱波の一般的な形

- **step 4** これから見るように、(5.62) に現れるオペレータ $\nabla^2 + \kappa^2$ に対し、次の関係にある関数 $G(\vec{r})$ を見つけられると都合がいい。

$$(\nabla^2 + \kappa^2)G(\vec{r}) = \delta(\vec{r}) \tag{5.65}$$

ここで、$\delta(\vec{r})$ はデルタ関数 (delta function) であり、次の関係を満たしている（付録 D 参照）。

$$f(\vec{r}_0) = \int f(\vec{r})\delta(\vec{r} - \vec{r}_0)d\vec{r} \tag{5.66}$$

第5章 原子からの散乱

このような $G(\vec{r})$ をオペレータ $(\nabla^2+\kappa^2)$ に対するグリーン関数（Green function）という。

- step 5 さて、$\psi_0(\vec{r})$ が (5.60) を満たしているならば、次の $\psi(\vec{r})$ は、我々の微分方程式 (5.62) の解である。

$$\psi(\vec{r}) = \psi_0(\vec{r}) + \int d\vec{r}' G(\vec{r}-\vec{r}') U(\vec{r}') \psi(\vec{r}') \tag{5.67}$$

これを証明するには単にオペレータ $(\nabla^2+\kappa^2)$ を $\psi(\vec{r})$ に作用させてみればよい。

$$\begin{cases}(\nabla^2+\kappa^2)\psi(\vec{r}) = (\nabla^2+\kappa^2)\psi_o(\vec{r}) + (\nabla^2+\kappa^2)\int d\vec{r}' G(\vec{r}-\vec{r}')U(\vec{r}')\psi(\vec{r}') \\ \quad = 0 + \int d\vec{r}' (\nabla^2+\kappa^2) G(\vec{r}-\vec{r}') U(\vec{r}') \psi(\vec{r}') \\ \quad = \int d\vec{r}' \delta(\vec{r}-\vec{r}') U(\vec{r}') \psi(\vec{r}') \\ \quad = U(\vec{r})\psi(\vec{r})\end{cases}$$

- step 6 どうやら $\psi(\vec{r})$ が (5.67) で与えられそうなことがわかったので、されば問題のグリーン関数の形を (5.65) から求めてみよう。この場合、ちょっと横道にそれるが、電磁気学で出てくるポアッソンの関係式を思い出すと直観的に理解できる。

$$\vec{\nabla}\cdot\vec{E} = \frac{q}{\varepsilon_0} \tag{5.68}$$

点電荷 q しかないとすれば、電荷密度と電場は次のように表せる。

$$\rho(\vec{r}) = q\delta(\vec{r}) \tag{5.69}$$

$$\vec{E} = -\vec{\nabla}\phi(\vec{r}) = -\vec{\nabla}\frac{q}{4\pi\varepsilon_0}\frac{1}{r} \tag{5.70}$$

したがって、次の関係があることが直ちに判明する。

$$\nabla^2 \frac{q}{4\pi\varepsilon_0}\frac{1}{r} = -\frac{q}{\varepsilon_0}\delta(\vec{r}) \longrightarrow \nabla^2 \frac{1}{r} = -4\pi\delta(\vec{r}) \tag{5.71}$$

この関係を用いれば、次の等式が成立することを示せる（やってみること）。

$$(\nabla^2+\kappa^2)\frac{e^{i\vec{\kappa}\cdot\vec{r}}}{r} = -4\pi\delta(\vec{r}) \tag{5.72}$$

少々長くなったが、これで我々のグリーン関数は次式で与えられることがわかった！

$$G(\vec{r}) = -\frac{1}{4\pi}\frac{e^{i\vec{\kappa}\cdot\vec{r}}}{r} \tag{5.73}$$

- step 7 さっそくこのグリーン関数の威力を用いることにしよう。要するに我々の解 $\psi(\vec{r})$ を表す (5.67) に上の (5.73) を代入するだけだ。

$$\psi(\vec{r}) = e^{i\vec{\kappa}_0\cdot\vec{r}} + \int \left\{-\frac{1}{4\pi}\frac{e^{i\vec{\kappa}\cdot(\vec{r}-\vec{r}')}}{|\vec{r}-\vec{r}'|}\right\} U(\vec{r}')\psi(\vec{r}')d\vec{r}'$$

$$\cong e^{i\vec{\kappa}_0\cdot\vec{r}} - \frac{1}{4\pi}\frac{e^{i\vec{\kappa}\cdot\vec{r}}}{r}\int e^{-i\vec{\kappa}\cdot\vec{r}'} U(\vec{r}')\psi(\vec{r}')d\vec{r}' \tag{5.74}$$

ここで、図 5.15 に示したように、我々の観察点 P は原子より遠く、$|\vec{r}-\vec{r}'| \ll r$ であり、積分の外におけることを利用している。一方、原子内のポテンシャルの分布による位相差を表す指数項は積分の中で

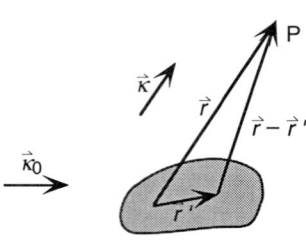

図 5.15 積分の領域と観測点 P

5.6 電子線の散乱

評価する必要がある。また、この表式はフラウンホーファー回折のときにでてきたものとよく似ている。いずれにしても、こうして得られた (5.74) が解かなくてはならない積分方程式である。

- **step 8** さて、(5.74) を見ると、答えであるべき $\psi(\vec{r})$ が $\psi(\vec{r}')$ として積分の中に入っている（だから積分方程式だ）。とりあえず、 $\psi(\vec{r})$ の形はわからないが、 $\psi(\vec{r})$ 自体は (5.74) で与えられているわけだから、次のようにこの $\psi(\vec{r})$ を $\psi(\vec{r}')$ として積分の中に組み込んでしまおう。

$$\begin{aligned}
\psi(\vec{r}) &= e^{i\vec{\kappa}_0 \cdot \vec{r}} - \frac{1}{4\pi} \frac{e^{i\kappa \cdot r}}{r} \int d\vec{r}' \, e^{-i\vec{\kappa} \cdot \vec{r}'} U(\vec{r}') \underline{\psi(\vec{r}')} \\
&= e^{i\vec{\kappa}_0 \cdot \vec{r}} - \frac{1}{4\pi} \frac{e^{i\kappa \cdot r}}{r} \int d\vec{r}' \, e^{-i\vec{\kappa} \cdot \vec{r}'} U(\vec{r}') \left\{ e^{i\vec{\kappa}_o \cdot \vec{r}'} - \frac{1}{4\pi} \frac{e^{i\kappa \cdot r'}}{r'} \int d\vec{r}'' e^{-i\vec{\kappa} \cdot \vec{r}''} U(\vec{r}'') \psi(\vec{r}'') \right\} \\
&= e^{i\vec{\kappa}_0 \cdot \vec{r}} - \frac{1}{4\pi} \frac{e^{i\kappa \cdot r}}{r} \int d\vec{r}' \, e^{-i\vec{\kappa} \cdot \vec{r}'} U(\vec{r}') e^{i\vec{\kappa}_o \cdot \vec{r}'} \\
&\quad - \frac{1}{4\pi} \frac{e^{i\kappa \cdot r}}{r} \int d\vec{r}' \, e^{-i\vec{\kappa} \cdot \vec{r}'} U(\vec{r}') \left\{ -\frac{1}{4\pi} \frac{e^{i\kappa \cdot r'}}{r'} \int d\vec{r}'' e^{-i\vec{\kappa} \cdot \vec{r}''} U(\vec{r}'') \underline{\underline{\psi(\vec{r}'')}} \right\} \\
&= \cdots
\end{aligned} \tag{5.75}$$

このようにすると $\psi(\vec{r}')$ が $\psi(\vec{r}'')$ として次の積分に繰り込まれ、さらにそれが次の積分に繰り込まれ、ということが永遠に続く。これをボルン展開 (Born expansion) という。展開を n 回繰り返して生まれる n 番目の積分の中にはポテンシャル U が n 回掛けられて入っているので、U が小さければ新しい項は前の項よりもどんどん小さくなっていくだろう。

- **step 9** そこで思い切って、(5.74) の一番上の行に現れる $\psi(\vec{r}')$ を $\psi_0(\vec{r}')$ で置き換えてしまおう。

$$\begin{aligned}
\psi(\vec{r}) &= e^{i\vec{\kappa}_0 \cdot \vec{r}} - \frac{1}{4\pi} \frac{e^{i\kappa \cdot r}}{r} \int d\vec{r}' \, e^{-i\vec{\kappa} \cdot \vec{r}'} U(\vec{r}') e^{i\vec{\kappa}_0 \cdot \vec{r}'} \\
&= e^{i\vec{\kappa}_0 \cdot \vec{r}} - \frac{1}{4\pi} \frac{e^{i\kappa \cdot r}}{r} \int d\vec{r}' \, U(\vec{r}') e^{-i(\vec{\kappa} - \vec{\kappa}_0) \cdot \vec{r}'} \\
&= e^{2\pi i \vec{k}_0 \cdot \vec{r}} - \frac{1}{4\pi} \frac{e^{2\pi i k \cdot r}}{r} \int d\vec{r}' \, U(\vec{r}') e^{-2\pi i \vec{q} \cdot \vec{r}'}
\end{aligned} \tag{5.76}$$

結局、入射波が積分の中に繰り込まれただけだ。これを第 1 ボルン近似 (the first order Born approximation) という。また、上の最後の行で κ を我々がこれまで用いた波数 k に戻した（(5.54)）。

この第 1 ボルン近似は、本来、散乱を受けた全体としての波を考えて積分を評価しなくてはならないのに、その波が求まらないので、とりあえず入射波で代替してしまったことに相当する（図 5.16(a)）。このように考えると、ボルン展開に現れた 2 次の項はポテンシャルの中で 2 回散乱が起こった項と見なせる（図 5.16(b)）。上述の手続きにおいて、我々はこの項を省略したわけだ。つまり、我々の行った近似は原子の中で散乱が 1 回しか起こらないのならば的をはずれたものでないが、一方、多重散乱が問題となるとき、ここでの取扱いは正しいものとは言えない。

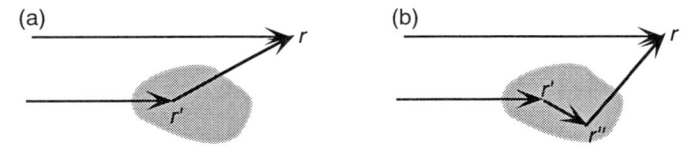

図 5.16 ボルン展開における (a) 1 次の項、(b) 2 次の項

5.6.2 電子線に対する散乱振幅

さて、(5.76) を我々が最初に定性的に考えた (5.64) と比べると、散乱振幅が直ちに求まる：

$$f_{E,\text{amp.}}(\vec{q}) = -\frac{1}{4\pi}\int d\vec{r}\, U(\vec{r}) e^{-2\pi i \vec{q}\cdot\vec{r}} \quad (5.77)$$

要するに第1ボルン近似の範囲内で、電子線に対する散乱振幅はポテンシャルのフーリエ変換となる。このような事情から (5.77) で表された量は原子フォームファクターとも呼ばれる。

次のステップは、電子が感じるこのポテンシャルをあらわに表すことだ。このため (5.63) に戻ろう。$V(\vec{r})$ は普通のクーロンポテンシャルだから次のようになる。

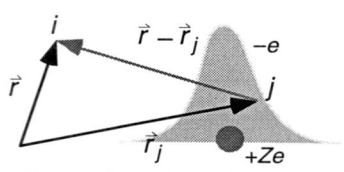

図 5.17 点 i における点 j からのポテンシャルの寄与

$$\begin{aligned}
U(\vec{r}) &= \frac{2m}{\hbar^2} V(\vec{r}) \\
&= \frac{2m}{\hbar^2}\cdot\left[-\frac{e^2}{4\pi\varepsilon_0}\int \frac{\rho(\vec{r}_j)}{|\vec{r}-\vec{r}_j|}d\vec{r}_j\right] \\
&= -\frac{2m}{\hbar^2}\frac{e^2}{4\pi\varepsilon_0}\int \frac{Z\delta(\vec{r}_j)-\rho_e(\vec{r}_j)}{|\vec{r}-\vec{r}_j|}d\vec{r}_j
\end{aligned} \quad (5.78)$$

ここで $Z\delta(\vec{r}_j)$ は原子核の電荷を、$\rho_e(\vec{r}_j)$ は電子の電荷分布を表している（図5.17）。この $U(\vec{r})$ を散乱振幅を表す (5.77) に代入し、積分できるところはしてしまおう。

$$\begin{aligned}
f_{E,\text{amp.}}(\vec{q}) &= -\frac{1}{4\pi}\int\left[-\frac{2m}{\hbar^2}\frac{e^2}{4\pi\varepsilon_0}\int\frac{Z\delta(\vec{r}_j)-\rho_e(\vec{r}_j)}{|\vec{r}-\vec{r}_j|}d\vec{r}_j\right]e^{-2\pi i\vec{q}\cdot\vec{r}}\,d\vec{r} \\
&= \frac{1}{4\pi}\frac{2m}{\hbar^2}\frac{e^2}{4\pi\varepsilon_0}\left[\int\{Z\delta(\vec{r}_j)-\rho_e(\vec{r}_j)\}e^{-2\pi i\vec{q}\cdot\vec{r}_j}d\vec{r}_j\right]\int\frac{e^{-2\pi i\vec{q}\cdot(\vec{r}-\vec{r}_j)}}{|\vec{r}-\vec{r}_j|}d\vec{r} \\
&= \frac{1}{4\pi}\frac{2m}{\hbar^2}\frac{e^2}{4\pi\varepsilon_0}\left[Z-\int\rho_e(\vec{r}_j)e^{-2\pi i\vec{q}\cdot\vec{r}_j}d\vec{r}_j\right]\frac{4\pi}{(2\pi q)^2}
\end{aligned} \quad (5.79)$$

ここで最後の行の第2項で出てきた積分は電子分布のフーリエ変換だからX線の原子散乱因子 (5.24) にほかならない。したがって、原子の電子線に対する散乱振幅は次のように書き表せる！

$$\underline{f_{E,\text{amp.}}(\vec{q}) = \frac{2m}{\hbar^2}\frac{e^2}{4\pi\varepsilon_0}\frac{1}{(2\pi q)^2}[Z-f_X(\vec{q})]} \quad \text{(重要)} \quad (5.80)$$

このように、電子線に対する散乱振幅ではX線の原子散乱因子と異なり $1/q^2$ の散乱ベクトル依存性があることが大きな特徴だ（なぜ $q=0$ で発散しないのか？）。

次に、実際にどの程度の大きさかを見積もってみよう。

$$\frac{2m}{\hbar^2}\frac{e^2}{4\pi\varepsilon_0}\frac{1}{(2\pi q)^2} = \frac{2\cdot 9.91\times 10^{-31}\cdot(1.60\times 10^{-19})^2}{(1.05\times 10^{-34})^2\cdot 4\pi\cdot 8.85\times 10^{-12}}\frac{1}{(2\pi q)^2} = 3.78\times 10^{10}(\text{m}^{-1})\cdot\frac{1}{(2\pi q)^2} \quad (5.81)$$

我々が通常用いる散乱ベクトルの大きさは $0\sim 10$ nm^{-1} 程度なので、結局、

$$\frac{2m}{\hbar^2}\frac{e^2}{4\pi\varepsilon_0}\frac{1}{(2\pi q)^2}\approx 3\times 10^{-11}(\text{m}) \longrightarrow \underline{f_{E,\text{amp.}}(\vec{q})\approx 3\times 10^{-11}[Z-f_X(\vec{q})]} \quad (\text{m}) \quad (5.82)$$

の程度となる。この値をX線に対する散乱振幅と比べてみよう。

$$f_{X,\mathrm{amp.}}(\vec{q}) = \frac{e^2}{4\pi\varepsilon_0 mc^2} f_X(\vec{q}) = 2.82 \times 10^{-15} \cdot f_X(\vec{q}) \quad (\mathrm{m}) \tag{5.83}$$

このように両者の比は 10^4 程度と非常に大きい。したがって、電子顕微鏡の試料はX線の試料より、かなり薄くなくては電子線は透過しない。この比はもう少し具体的に計算できる。

$$\frac{f_{E,\mathrm{amp.}}(\vec{q})}{f_{X,\mathrm{amp.}}(\vec{q})} = \frac{\frac{2m}{h^2}\frac{e^2}{4\pi\varepsilon_0}\frac{1}{(2\pi q)^2}[Z - f_X]}{\frac{e^2}{4\pi\varepsilon_0}\frac{1}{mc^2}f_X} = \frac{2(mc)^2}{\left(\frac{h}{2\pi}\right)^2 \left(2\frac{2\pi\sin\theta_e}{\lambda_e}\right)^2}\frac{[Z - f_X]}{f_X} = \frac{1}{2}\left(\frac{\lambda_e}{\lambda_c}\right)^2 \frac{1}{\sin^2\theta_e}\frac{[Z - f_X]}{f_X} \tag{5.84}$$

ここで、$\lambda_c = h/mc = 2.426$ pm は電子のコンプトン波長（electron Compton wavelength）と呼ばれている量である（5.4節参照）。

最後に Li 原子を例にとって散乱振幅をX線の場合と電子線の場合とで比較してみよう（図5.18）。後者に存在する $1/q^2$ 項の効果が現れているのがわかる。

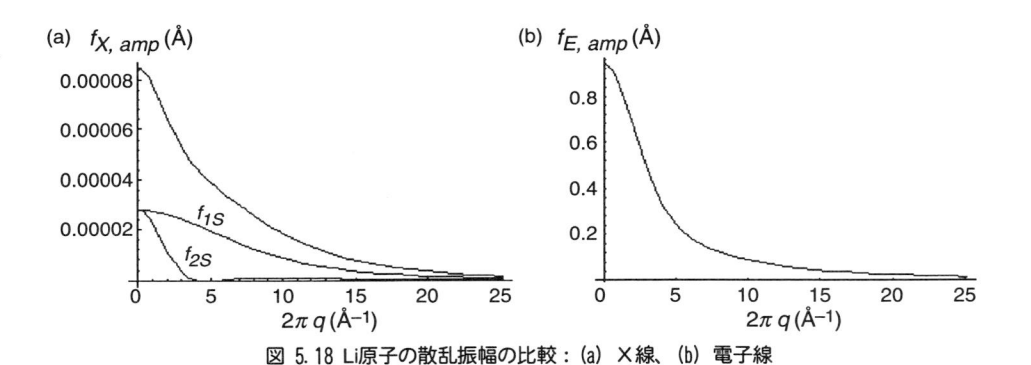

図 5.18 Li原子の散乱振幅の比較：(a) X線、(b) 電子線

この章のまとめ

- 散乱ベクトル： $\vec{q} = \vec{k} - \vec{k}_0$ 　　　（重要）
- 自由な電子によるX線の散乱：トムソン散乱（干渉性）とコンプトン散乱（非干渉）
- X線の原子散乱因子 f_X：原子内の電子からのフラウンホーファー回折による散乱波の振幅の分布（電子分布のフーリエ変換）
- 吸収端近傍における挙動：異常散乱（共鳴散乱）
- 電子線に対する散乱振幅： $f_{E,\mathrm{amp.}} \propto 1/q^2 \, (Z - f_X)$：（第1ボルン近似の範囲で）ポテンシャルのフーリエ変換。原子の電子線に対する散乱振幅はX線に対する散乱振幅の約 10^4 倍

第6章　原子の集まりからの回折

At large angles the intensity diffracted by the diatomic gas is the same as if the molecules were completely dissociated, but at small angles it is twice as large.
　　　　A. Guinier　"X-ray Diffraction in Crystals, Imperfect Crystals and Amorphous Bodies"

たった一つの原子からでも内部の電子間の相関やポテンシャルにより、X線や電子線の散乱波の振幅は散乱ベクトルの大きさとともになだらかに減少することを前章では学んだ。では、そのような原子が多数集まった場合、観察される強度分布にはどのような変化が起こるのであろうか？　ここでは二つの原子からなる気体分子から出発し、原子間の空間的相関が回折パターンに与える影響を学ぼう。本章では散乱波の持つ共通項 $e^{2\pi i(kr-vt)}$ をくくりだした後の、スクリーン上の散乱波の振幅の分布のみを考える。また、簡単のため、強度は種々の定数項を省略した散乱振幅の2乗として与える。

6.1　2原子分子からの回折
6.1.1　単原子分子からなる気体の場合

最初に1個の原子からなる気体分子を考える。この分子は目まぐるしく動いており（図6.1）、これらの間には位置的な*相関*（correlation）はまったくない。したがって、それぞれの原子から散乱された波は干渉せず、得られる強度は個々の原子の散乱強度の和と考えてよい（図6.2）。

$$I(\vec{q}) = \sum_1^N |f(\vec{q})|^2 = N|f(\vec{q})|^2 \tag{6.1}$$

図 6.1　単原子分子気体からの散乱

この議論は実は $q = 0$ では当てはまらない（ここの説明は6.3節まで読み通してから目を通すとよい）。今、n 番目の分子の座標を $\vec{r}_n$ とすれば、散乱強度は次のように書き下せる。

$$I(\vec{q}) = \sum_m \sum_n |f(\vec{q})|^2 e^{-2\pi i \vec{q}\cdot\vec{r}_{nm}} = N|f(\vec{q})|^2 (1 + \sum_{m\neq n} e^{-2\pi i \vec{q}\cdot\vec{r}_{nm}}) \tag{6.2}$$

図 6.2　単原子気体からの散乱強度

分子間に相関がなければ、指数項の和はゼロとなり (6.1) が得られる。しかし $q \to 0$ のとき和は $N-1$ となるから、$I(q) \to N^2 f^2$ となるはずだ。このような $q=0$ 近傍での散乱は*小角散乱*（small angle scattering）と呼ばれ、散乱体の形状などに関する情報を与える（13.1 節）。ただ、単原子分子からなる気体の場合、$q=0$ 近傍のピーク幅は散乱体全体の体積の逆数のオーダーで、ここでは無視できる。

6.1.2　空間に固定された二つの原子からの回折

次に二つの同種の原子が存在するときの場合を考える。2 原子分子からなる気体の場合は次節で考えるとして、ここではまず、二つの原子が空間に固定されたという架空の状態にX線が入射した場合を考えよう（図6.3）。分子全体の電子分布を $\rho_{\text{molecule}}(\vec{r})$ とすれば、散乱ベクトル方向へ到着する散乱波の振幅の分布 $G(\vec{q})$ は（フラウンホー

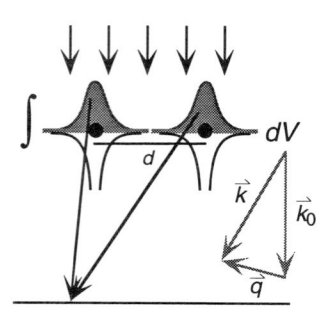

図 6.3　固定した二つの原子からの散乱

ファー回折の枠組みの中で）定数項を省略して次のように書かれる。

$$G(\vec{q}) = \int \rho_{\text{molecule}}(\vec{r}) e^{-2\pi i \vec{q} \cdot \vec{r}} dV \tag{6.3}$$

内殻の電子は分子結合にほとんど寄与しないので、今、分子の電子分布を単に原子の電子分布 $\rho_{\text{atom}}(\vec{r})$ の和と考えれば $\rho_{\text{molecule}}(\vec{r})$ は $\rho_{\text{atom}}(\vec{r})$ を平行移動したものの和であるから、次のように書ける。

$$\rho_{\text{molecule}}(\vec{r}) = \rho_{\text{atom}}(\vec{r} - (\vec{R} + \frac{\vec{d}}{2})) + \rho_{\text{atom}}(\vec{r} - (\vec{R} - \frac{\vec{d}}{2})) \tag{6.4}$$

図 6.4 2原子分子の電子分布

ここで $\vec{R}$ は分子の中心に向かうベクトル、$\vec{d}$ は一方の原子からもう一つの原子に向かう（相互の位置関係を表す）ベクトルだ（図6.4）。よって散乱波の振幅の $\vec{q}$ 方向への分布は

$$\begin{aligned}
G(\vec{q}) &= \int \{\rho_{\text{atom}}(\vec{r} - (\vec{R} + \frac{\vec{d}}{2})) + \rho_{\text{atom}}(\vec{r} - (\vec{R} - \frac{\vec{d}}{2}))\} e^{-2\pi i \vec{q} \cdot \vec{r}} dV \\
&= \int \rho_{\text{atom}}(\vec{r}') e^{-2\pi i \vec{q} \cdot (\vec{r}' + (\vec{R} + \frac{\vec{d}}{2}))} dV + \int \rho_{\text{atom}}(\vec{r}'') e^{-2\pi i \vec{q} \cdot (\vec{r}'' + (\vec{R} - \frac{\vec{d}}{2}))} dV \\
&= e^{-2\pi i \vec{q} \cdot \vec{R}} \int \rho_{\text{atom}}(\vec{r}') e^{-2\pi i \vec{q} \cdot \vec{r}'} dV \{e^{-2\pi i \vec{q} \cdot \frac{\vec{d}}{2}} + e^{2\pi i \vec{q} \cdot \frac{\vec{d}}{2}}\} \\
&= e^{-2\pi i \vec{q} \cdot \vec{R}} f(\vec{q}) \cdot 2\cos(\pi \vec{q} \cdot \vec{d}) \tag{6.5}
\end{aligned}$$

ここで $f(\vec{q})$ は原子の散乱振幅だ。また第1項は位相項とみなせる。この結果を分子の向きを表すベクトル $\vec{d}$ と散乱ベクトル $\vec{q}$ との関連において調べてみよう。

- case 1　$\vec{q} // \vec{d}$ の場合
  $G(\vec{q})$ は単なる位相因子である指数項を除いて次のように書ける。

$$G(\vec{q}) = f(\vec{q}) \cdot 2\cos(\pi q d) \tag{6.6}$$

これは要するに原子の散乱振幅が cos 関数で変調された形をしている。図6.5に $d = 2$Å の場合を示した。二つの原子をデルタ関数、すなわち単なるスリットと考えれば、それがフラウンホーファー回折により cos 関数を与え、さらに全体の散乱振幅が $f(\vec{q})$ という関数で包み込まれていると解釈できる。

- case 2　$\vec{q} \perp \vec{d}$ の場合
  $G(\vec{q})$ は散乱ベクトルにかかわらず、$f(\vec{q})$ の 2 倍、すなわち、二つの原子から出た波は単純に強めあう。

$$G(\vec{q}) = 2f(\vec{q}) \tag{6.7}$$

問題 6.1　$\vec{q} \perp \vec{d}$ とは具体的にどのような状況か？　分子の配置と散乱ベクトルを図示し、分子を構成する二つの原子からの散乱波の光路差がまったくないことを示せ。

問題 6.2　$\vec{q}$ と $\vec{d}$ とが 60° の場合はどうか？

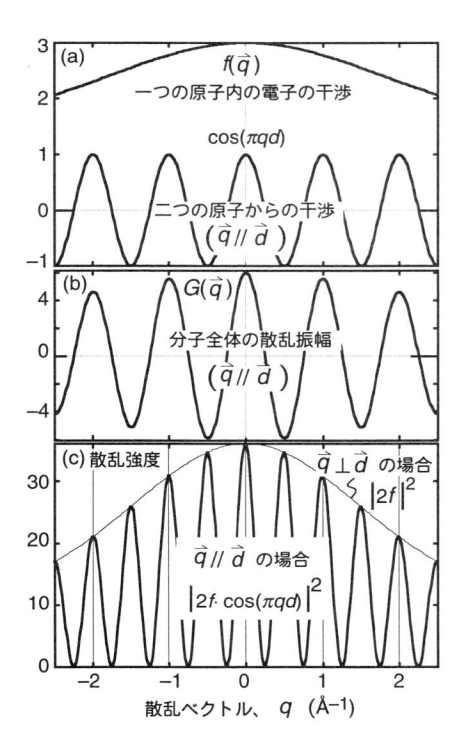

図 6.5 特定の方向を向いた2原子分子からの散乱

6.1.3 2原子分子からなる気体からの回折

では実際の気体ではどうだろうか？（図 6.6）。分子はすさまじいスピードで動いていると同時に回転もしている。当然、前節で用いた $\vec{q}$ と $\vec{d}$ との関係はばらばらだ。このような分子の集合体からの散乱波はどのような強度分布を呈するのだろう？

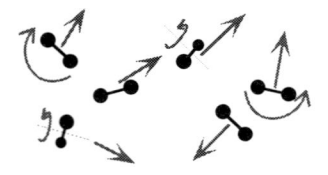

図 6.6 2原子分子からなる気体

最初にこの問題において前提となる次の三点に触れる。

(a) 入射波と原子内部の電子との相互作用の時間は回転や並進運動などの分子の運動と比べ短い。
(b) 多数の分子の並進運動はランダムである。
(c) 我々が観察する時間は分子の運動と比べ、非常に長い。

(a) はランダムな方向を向いた静止した分子からの散乱を考えればよいことを意味している。また、(b) から異なった分子間には位置的な相関がまったくないので、これらの分子から散乱される波の間に干渉はなく、(c) は我々が観察する強度はある散乱ベクトルの方向に向けて散乱された波の時間平均であることを意味している。以下、簡単のため同種の原子からなる多原子分子を考える。

分子間に位置的な相関はないのだから、散乱強度に反映される相関は分子内の原子間の相関のみだ。そして、1個の分子からの散乱振幅と強度をそれぞれ $G(\vec{q})$ および $I(\vec{q})$ で表せば、瞬間瞬間において様々な $\vec{d}$ の関数である $G(\vec{q})$ の絶対値の2乗の時間平均が $I(\vec{q})$ ということになる。よって (6.5) から出発して、次式を得る。

$$I(\vec{q}) = \langle |G(\vec{q})|^2 \rangle$$
$$= |f(\vec{q})|^2 \cdot 4 \langle \cos^2(\pi \vec{q} \cdot \vec{d}) \rangle \qquad (6.8)$$

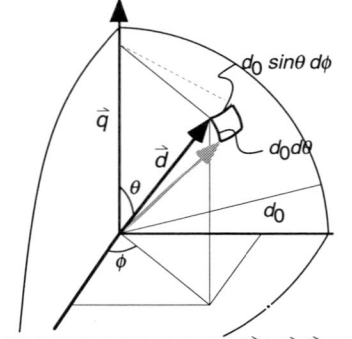

図 6.7 等方的に分布する $\vec{d}$ と $\vec{q}\cdot\vec{d}$ の計算

ここで $\langle \cdots \rangle$ が時間平均を表している。我々の観測時間はある一つの散乱ベクトル $\vec{q}$ においてさえも（そこに我々のディテクターが静止していると考えればよい）、分子の運動に比べ非常に長いから、その間に分子は様々な方向を向くはずだ。どの方向を向くかは完全にランダムであり、どの方向も今考えている散乱ベクトルに対して同じ確率を持って分布すると考えてよいだろう。言い換えると、二つの原子の関係を表すベクトル $\vec{d}$ の終点は半径 d_0 の球面に同じ確率で存在する（図 6.7）。よって、(6.8) の時間平均は次のように評価できる。

$$\langle \cos^2(\pi \vec{q} \cdot \vec{d}) \rangle = \frac{1}{4\pi d_0^2} \int_0^{2\pi} d_0 \, d\phi \int_0^\pi \cos^2(\pi \vec{q} \cdot \vec{d}) d_0 \sin\theta d\theta \qquad (6.9)$$

この積分は簡単に求められ、次の結果を得る。

$$I(\vec{q}) = |f(\vec{q})|^2 \cdot 4 \cdot \frac{1}{2} \left\{ 1 + \frac{\sin(2\pi q d)}{2\pi q d} \right\} = |f(\vec{q})|^2 \cdot 2 \left\{ 1 + \frac{\sin(2\pi q d)}{2\pi q d} \right\} \qquad (6.10)$$

この結果を q がゼロおよび非常に大きいという二つの極限で考えると、q がゼロの場合 $I(\vec{q}) \to 4f^2 = (2f)^2$ となるから、波が強めあう干渉を起こしたのと同じ結果を得る。一方、q が非常に大きい場合、$I(\vec{q}) \to 2f^2$ となり、単に二つの原子からの散乱波の強度（振幅ではなく）を足したものと同じ結果が得られる。さらに、中間の q では sinc 関数の存在のため強度が波打つが、特に $q=n/(2d)$ (n: 整数) のところで $I(\vec{q}) = 2f^2$ となる。図 6.8 に $d=2\text{Å}$ の場合を示した。ここで図 6.8(a) は

変調を与える {…} で表された関数だ。分子が完全に固定した場合（図 6.5）と比べると、両者の相違がよくわかる。ランダムに運動する分子の場合、強度が完全にゼロとなることはなく、また q が大きくなると強めあう干渉も弱めあう干渉もまったくない振舞いに近づく。

このように時間平均をとればランダムな気体分子の運動であっても、分子を構成する二つの原子の位置的な相関が回折パターンに現れる。特に一種類の 2 原子気体（窒素など）であれば、回折パターンから原子間距離を直接求めることができる。

問題 6.3 （6.9）式に現れた積分を実行せよ。

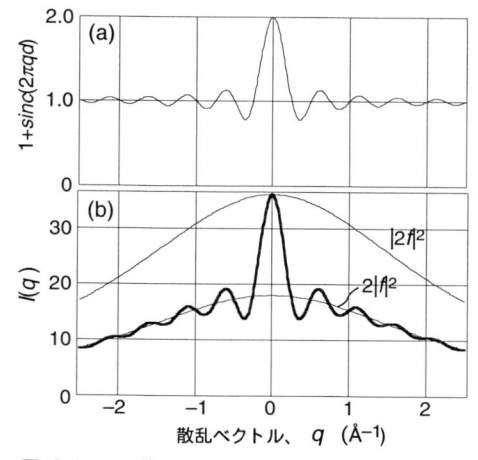

図 6.8 ランダムに動く2原子分子からの散乱強度

6.2　3原子分子からの回折

6.2.1　静止した3原子分子

この議論をさらに進めて三つの原子が正三角形をなした静止した分子にX線が入射するという架空の場合を考えよう（図 6.9）。この場合も前節で（6.5）を導いたのと同じ議論で（位相因子にすぎない指数項を除いて）散乱波の振幅の分布を次のように書くことができる。

$$G(\vec{q}) = f(\vec{q})\{e^{-2\pi i \vec{q}\cdot\vec{r}_1} + e^{-2\pi i \vec{q}\cdot\vec{r}_2} + e^{-2\pi i \vec{q}\cdot\vec{r}_3}\} \tag{6.11}$$

散乱強度を求めるには2乗すればよいから、次式が求まる。

$$\begin{aligned}
I(\vec{q}) &= |G(\vec{q})|^2 \\
&= |f(\vec{q})|^2 \{e^{2\pi i \vec{q}\cdot\vec{r}_1} + e^{2\pi i \vec{q}\cdot\vec{r}_2} + e^{2\pi i \vec{q}\cdot\vec{r}_3}\}\{e^{-2\pi i \vec{q}\cdot\vec{r}_1} + e^{-2\pi i \vec{q}\cdot\vec{r}_2} + e^{-2\pi i \vec{q}\cdot\vec{r}_3}\} \\
&= |f(\vec{q})|^2 [\,\{1 + e^{2\pi i \vec{q}\cdot(\vec{r}_1-\vec{r}_2)} + e^{2\pi i \vec{q}\cdot(\vec{r}_2-\vec{r}_1)}\} + \{1 + e^{2\pi i \vec{q}\cdot(\vec{r}_2-\vec{r}_3)} + e^{2\pi i \vec{q}\cdot(\vec{r}_3-\vec{r}_2)}\} \\
&\qquad\qquad\qquad + \{1 + e^{2\pi i \vec{q}\cdot(\vec{r}_3-\vec{r}_1)} + e^{2\pi i \vec{q}\cdot(\vec{r}_1-\vec{r}_3)}\}\,] \\
&= |f(\vec{q})|^2 \left[3 + 2\cos(2\pi\vec{q}\cdot\vec{d}_{12}) + 2\cos(2\pi\vec{q}\cdot\vec{d}_{23}) + 2\cos(2\pi\vec{q}\cdot\vec{d}_{31})\right] \quad (6.12)
\end{aligned}$$

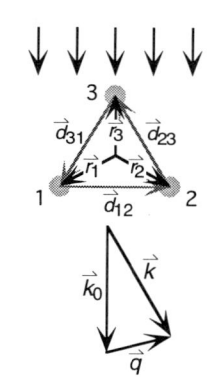

図 6.9　静止した3原子分子からの散乱

ここで特別な場合として、入射ビームを少し傾けて、散乱ベクトル $\vec{q}$ と一つの $\vec{d}$ が平行となる状態を保持させながら、散乱ベクトルの大きさを変化させた場合を考えると、観察される強度は次式のように簡単に表せる。これを図 6.10 に太線でプロットした。

$$I(\vec{q}) = |f(\vec{q})|^2 \cdot \{3 + 2\cos(2\pi qd) + 4\cos(\pi qd)\} \tag{6.13}$$

これを静止した 2 原子分子の場合（図 6.5）と比べると、観察されたパターンに新たな相関が反映されていることがわかる。

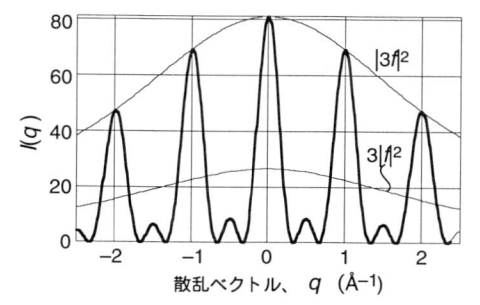

図 6.10　静止した3原子分子からの散乱強度の例（ $\vec{q}$ と一つの $\vec{d}$ が平行な場合）

6.2.2 ランダムに運動する3原子分子

それでは 3 原子分子が空間的、時間的にまったく相関をもたずに回転や並進などの運動をしている場合はどうだろうか？（図 6.11）

この場合、6.1.3 節からの議論から $G(\vec{q})$ の 2 乗の時間平均をとればよい。$G(\vec{q})$ 自体はすでに (6.12) で求めているから簡単だ。

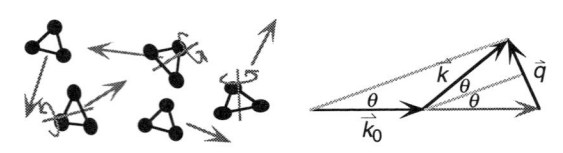

図 6.11 ランダムに運動する3原子分子からの散乱

$$I(\vec{q}) = \langle |G(\vec{q})|^2 \rangle$$
$$= |f(\vec{q})|^2 \langle [3 + 2\cos(2\pi\vec{q}\cdot\vec{d}_{12}) + 2\cos(2\pi\vec{q}\cdot\vec{d}_{23}) + 2\cos(2\pi\vec{q}\cdot\vec{d}_{31})] \rangle \quad (6.14)$$

問題 6.4 $\langle \cos(2\pi\vec{q}\cdot\vec{d}) \rangle$ を計算せよ。

これから次の散乱強度を得る（$d = d_{12} = d_{23} = d_{31}$）。

$$I(\vec{q}) = |f(\vec{q})|^2 \cdot 3\left\{1 + 2\frac{\sin(2\pi qd)}{2\pi qd}\right\} \quad (6.15)$$

このように、もともとは $\vec{d}_{12}, \vec{d}_{23}, \vec{d}_{31}$ とあったはずの相関が強度にすべて現れるわけではなく、時間平均をとる過程で散乱強度は単に距離というスカラー量のみの関数となり、(6.12) とはまったく異なった結果が得られた。

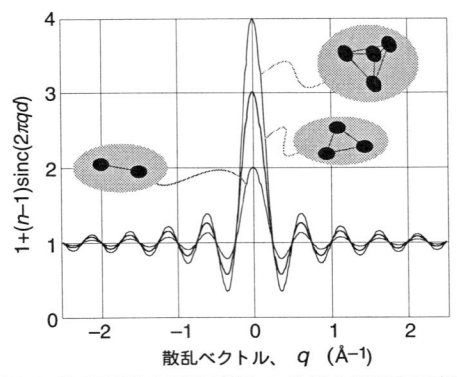

図 6.12 原子間の距離が等しい分子の相関を示す関数

さらに、ここで得られた散乱強度を 2 原子分子の場合 (6.10) と比べると、原子の個数による相違を除けば、両者の違いは sinc 関数にかかる定数のみであることもわかる。これは、この二つの分子はまったく異なった形に見えても、原子間の相関は 1 種類しかないからだ。図 6.12 に {…} 中の関数をプロットした（図には 4 原子からなる正四面体構造をなす仮想分子の場合（次節参照）も示した）。このように構造自体は一見大きく異なるのに、相関を示す関数は同じ形を持ち、また、この関数が 1 をよぎる値も直線状分子、正三角形分子、正四面体分子で同じだ。

6.3 多原子分子からの回折：デバイの式

前節でわかったように、ランダムに運動する気体分子からの回折パターンに反映されるのは散乱体間の相関距離に関する情報だ。ここでは、ここまでの結果を一般化してみよう。

いくつもの散乱体(原子)の集まりの散乱強度は (6.12) などでも見てきたように、それぞれの散乱体からの散乱振幅の和の 2 乗である。今、n 番目の原子の位置を $\vec{r}_n$、散乱振幅を $f_n(\vec{q})$ と表せば、散乱強度は次のように書ける。

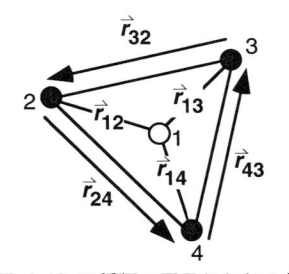

図 6.13 2種類の原子からなる分子

6.3 多原子分子からの回折：デバイの式

$$\begin{aligned}I(\vec{q}) &= G(\vec{q})^* G(\vec{q}) \\ &= \sum_m e^{2\pi i \vec{q}\cdot\vec{r}_m} f_m^*(\vec{q}) \sum_n e^{-2\pi i \vec{q}\cdot\vec{r}_n} f_n(\vec{q}) \\ &= \sum_m \sum_n f_m^*(\vec{q}) f_n(\vec{q}) e^{-2\pi i \vec{q}\cdot(\vec{r}_n-\vec{r}_m)} \\ &= \sum_m \sum_n f_m^* f_n e^{-2\pi i \vec{q}\cdot\vec{r}_{nm}} \end{aligned} \quad (6.16)$$

ここで二つの原子間の相関を表すベクトルは次のように与えられている。

$$\vec{r}_{nm} = \vec{r}_n - \vec{r}_m \quad (6.17)$$

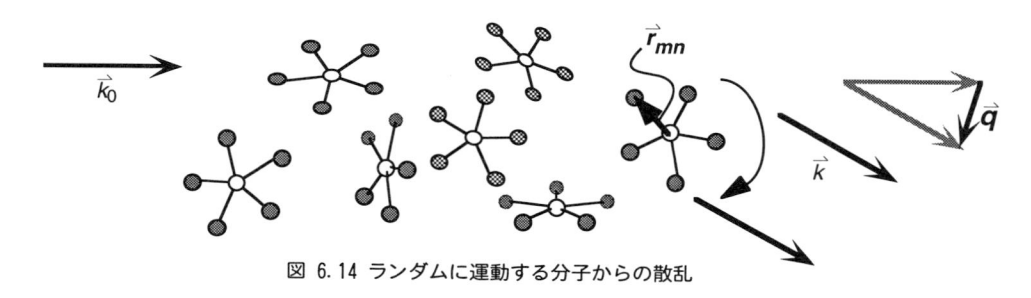

図 6.14 ランダムに運動する分子からの散乱

我々は (6.16) に現れた指数項の時間平均をとらなくてはならない。これは (6.9) を評価したときと同様にできる（図 6.7 参照）。すなわち、

$$\begin{aligned}\langle e^{i\vec{q}\cdot\vec{r}_{nm}} \rangle &= \frac{1}{4\pi}\int_0^{2\pi} d\phi \int_0^{\pi} e^{-2\pi i q r_{nm}\cos\theta}\sin\theta d\theta \\ &= \frac{\sin 2\pi q r_{nm}}{2\pi q r_{nm}} \end{aligned} \quad (6.18)$$

よって散乱強度は $m \times n = N^2$ の項の和で与えられる（$f = f(\vec{q})$ と略した）。

$$I(\vec{q}) = \sum_m \sum_n f_m f_n \langle e^{-2\pi i \vec{q}\cdot\vec{r}_{nm}} \rangle = \sum_m \sum_n f_m f_n \frac{\sin 2\pi q r_{nm}}{2\pi q r_{nm}} \quad (6.19)$$

これをデバイの式（Debye formula）という。

ここで (6.19) から自分自身への相関を取り除いてみよう。

$$I(\vec{q}) = \sum_m \left(f_m^{\,2} + \sum_{n\neq m} f_m f_n \frac{\sin 2\pi q r_{mn}}{2\pi q r_{mn}} \right) \quad (6.20)$$

上式で括弧内を分子の干渉関数（interference function）と呼ぶ。さらに、N 個の同種原子しか存在しないときは次のように書ける。

$$I(\vec{q}) = f^{\,2}\cdot N\left(1 + \sum_{n\neq m} \frac{\sin 2\pi q r_{mn}}{2\pi q r_{mn}} \right) \quad (6.21)$$

また、たった 1 種類の相関距離 d しか存在しない場合、分子の干渉関数は (6.10) や (6.15) で見たような簡単な形となる。

$$I(\vec{q}) = f^{\,2}\cdot N\left(1 + (N-1)\frac{\sin 2\pi q d}{2\pi q d} \right) \quad (6.22)$$

第6章 原子の集まりからの回折

例1　CCl_4

　最初に2種類の相関距離しかないCCl_4を考えよう（図6.15）。この場合、5個の原子、そして自分自身に対する相関も入れると全部で25の項がある。そのうち、四つのCl元素間の相関は(6.22)で記述でき、それにC-Cl間の相関を加えたものが求める強度だ。

$$I(q) = f_C^2 + 4f_{Cl}^2 + 12f_{Cl}^2 \frac{\sin 2\pi q r_{Cl\text{-}Cl}}{2\pi q r_{Cl\text{-}Cl}} + 8f_C f_{Cl} \frac{\sin 2\pi q r_{C\text{-}Cl}}{2\pi q r_{C\text{-}Cl}} \quad (6.23)$$

図6.15　CCl_4分子

　最初の項がCの自己相関（C原子内の電子間の相関があるから原子散乱因子（の2乗）となる）、次の2項がCl間（自分自身を含めて）の相関、そして最後の項がC-Cl間の相関の散乱強度への寄与を示している。

　C-Cl間の距離は1.82Å、Cl-Cl間の距離は図6.15よりその$\sqrt{8/3}$であることがわかる。図6.16にこの結果をスケッチした（ここでは原子散乱因子はガウス関数で近似した）。

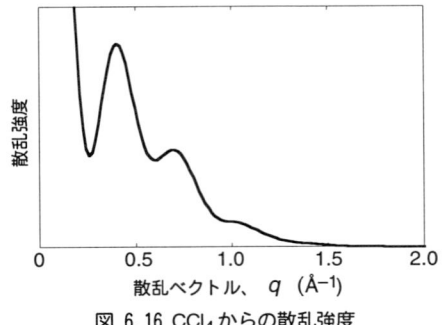

図6.16　CCl_4からの散乱強度

例2　14原子からなるクラスター

　次に図6.17に示したように、原子がサイコロの頂点と各面の中心に位置した全部で14個の原子からなるクラスターからの散乱を考えよう。

　問題 6.5　このクラスター中に存在する最近接原子間距離をaとして各原子間の距離とそのような相関がいくつ存在するか示せ。

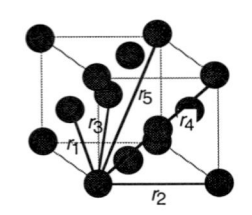

図6.17　14個の原子からなるクラスター

この結果、散乱強度は次のように書ける。

$$I(q) = f^2 \left(14 + 72\frac{\sin 2\pi qa}{2\pi qa} + 30\frac{\sin 2\pi q\sqrt{2}a}{2\pi q\sqrt{2}a} + 48\frac{\sin 2\pi q\sqrt{3}a}{2\pi q\sqrt{3}a} \right.$$
$$\left. + 24\frac{\sin 2\pi q2a}{2\pi q2a} + 8\frac{2\pi q\sqrt{6}a}{2\pi q\sqrt{6}a} \right) \quad (6.24)$$

　図6.18に(6.24)の干渉関数を表す項を原子数で規格化した$I(q)/14f^2$をプロットした（a=2.55Å）。このように大きな散乱ベクトルまで14個の原子による相関が強度の変化として検出できる。また、図中にはこのクラスターの構造が無限に続く構造（面心立方構造（7.1.1節））から得られる回折線の位置を示した（バーの高さは多重度因子（8.3.1節）を示す）。このように、わずか14個の原子であるが、その回折パターンはクラスターの構造を反映するとともに、対応する結晶構造から得られるパターンと大ざっぱであるが関係したものとなっている。

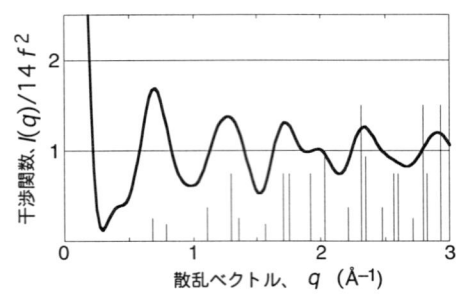

図6.18　14個の原子クラスターからの干渉

例3 四面体配置を基本とするクラスター

最後にダイヤモンドやシリコンなどの構造単位である四面体配置が組み合わさってできたクラスターを考えよう。図 6.19 に 17 個の原子からなるクラスターを示した。要するに CCl_4 分子で見たのと同じ構造単位が五つながったものと考えればよい。この構造から期待される散乱強度は次のようになる（ここで a は最近接原子間の距離と置いた）。

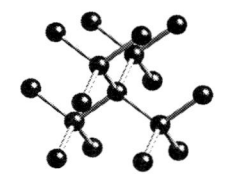

図 6.19 四面体配置を基本とするクラスター

$$I(q) = f^2 \left(17 + 16 \frac{\sin 2\pi qa}{2\pi qa} + 42 \frac{\sin 2\pi q(\frac{2\sqrt{2}}{\sqrt{3}}a)}{2\pi q(\frac{2\sqrt{2}}{\sqrt{3}}a)} + 24 \frac{\sin 2\pi q(\frac{11}{\sqrt{3}}a)}{2\pi q(\frac{11}{\sqrt{3}}a)} + 12 \frac{\sin 2\pi q(\frac{4}{\sqrt{3}}a)}{2\pi q(\frac{4}{\sqrt{3}}a)} \right.$$

$$\left. + 12 \frac{\sin 2\pi q(\frac{\sqrt{19}}{\sqrt{3}}a)}{2\pi q(\frac{\sqrt{19}}{\sqrt{3}}a)} + 24 \frac{\sin 2\pi q(\frac{2\sqrt{6}}{\sqrt{3}}a)}{2\pi q(\frac{2\sqrt{6}}{\sqrt{3}}a)} + 6 \frac{\sin 2\pi q(\frac{4\sqrt{2}}{\sqrt{3}}a)}{2\pi q(\frac{4\sqrt{2}}{\sqrt{3}}a)} \right) \quad (6.25)$$

一例としてこの最近接原子間の距離がゲルマニウム半導体（やはり四面体配置を基本とする構造をとる）から期待される値（$a \approx 2.5$Å）の場合に得られる散乱強度を図 6.20 に示した。原子散乱因子(X線)もゲルマニウム原子の数値を用いている。このように原子間の相関が多くなるにつれ、細かな構造が回折パターンに現れてくる。

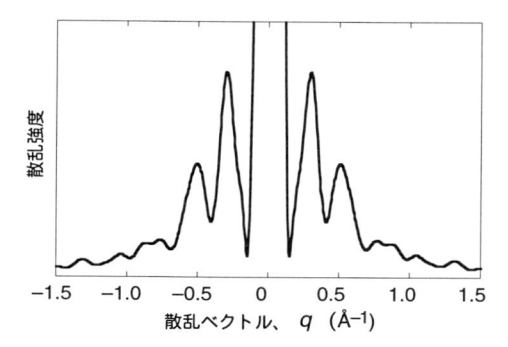

図 6.20 四面体配置を基本とするゲルマニウム原子17個からなるクラスターの散乱強度の計算（X線の原子散乱因子を用いて計算）

6.4* アモルファスからの回折

この章の最後に、周期的な構造は持っていないが近接原子間の距離が一定の範囲内にあるアモルファスと呼ばれる構造体からの散乱に触れる。このテーマもそれ自身で大きな研究分野を形成しているので、詳しい議論は巻末の文献を見てもらうとして、ここでは基礎的な事項をまとめるにとどめたい。

アモルファス半導体のように 1 種類の原子から構成される場合を考えよう。このような場合でも我々は多原子からの波の干渉を計算すればよいのだから、基本となる(6.16)に帰って、散乱強度は次のように書ける。

$$I(\vec{q}) = G(\vec{q})^* G(\vec{q}) = \sum_m \sum_n f^2 e^{-2\pi i \vec{q} \cdot \vec{r}_{nm}} \quad (6.26)$$

ここですべての原子にわたって和をとるのだから、どの原子を中心と考えてもよく、結局、アモルファス中の二つの原子間の位置的な相関を表すベクトル $\vec{r}_{mn}$ はすべての方向に同じ確率で存在すると考えてよいだろう（図6.21）。要するに前節でランダムに運動する気体分子中

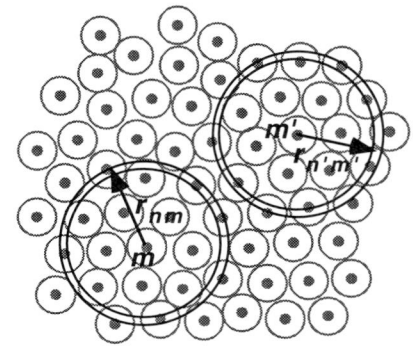

図 6.21 r_{nm} に存在する単位体積あたりの原子数=$\rho(r_{nm})$

の原子間の位置ベクトルの時間平均をとったのと同じ操作で (6.26) を評価できる。したがって、我々が観察する散乱強度は q の大きさのみの関数となり、次のデバイの式で与えられる。

$$I(\vec{q}) = \sum_m \sum_n f^2 \langle e^{-2\pi i \vec{q}\cdot\vec{r}_{nm}} \rangle = \sum_m \sum_n f^2 \frac{\sin 2\pi q r_{mn}}{2\pi q r_{mn}} \tag{6.27}$$

ここで前節で行ったのと同様に自分自身への相関をくくりだすと、次式を得る。

$$I(\vec{q}) = \sum_m \left(f^2 + \sum_{n \neq m} f^2 \frac{\sin 2\pi q r_{mn}}{2\pi q r_{mn}} \right) \tag{6.28}$$

最後の項の和は、自分自身を除く、すべての原子にわたっての和であるが、アモルファスのような等方的な物質の場合、原子の存在確率はベクトル $\vec{r}_{mn}$ の方向には依存せず、距離 r のみの関数で与えられると考えることができそうだ。そこで、一つの原子に着目し、その原子から r の距離に単位体積あたりに存在する原子数を密度関数 (density function) $\eta(r)$ で表そう。そうすると (6.27) の和は次のように積分で置き換えられる。

$$I(q) = \sum_m \left(f^2 + f^2 \int \eta(r) \frac{\sin 2\pi q r}{2\pi q r} dV \right) \tag{6.29}$$

ある原子に近接できる原子の数や距離には限度があるので、この密度関数 $\eta(r)$ は r が適当に小さければ、極大や極小を持つ関数となるだろうが、r が大きくなるにつれ、平均化され、最終的にはこの物質の平均密度 η_0 に近づくはずだ。そこで、この平均値を差し引いた項で (6.29) を評価してみよう。すなわち、この式を次のように変形する。

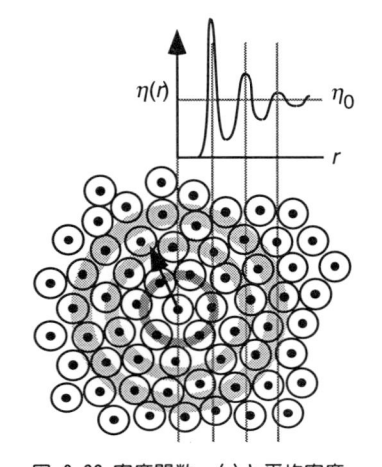

図 6.22 密度関数 $\eta(r)$ と平均密度 η_0

$$I(q) = \sum_m \left(f^2 + f^2 \int (\eta(r) - \eta_0) \frac{\sin 2\pi q r}{2\pi q r} dV + f^2 \int \eta_0 \frac{\sin 2\pi q r}{2\pi q r} dV \right) \tag{6.30}$$

ここで最後の項は、もし体積が無限であればデルタ関数となり、有限であっても $q=0$ に鋭いピークを持つ積分だ。たとえばこのアモルファスを半径 R の球と仮定すると、$R=10Å$ という場合であっても図 6.23 に示したするどいピークを持つ ($q=1/(2R)$ で積分の値が最初にゼロとなる)。我々が興味をもっている散乱ベクトルの大きさはおおよそ原子間距離の逆数、すなわち、$0.1 \sim 10 Å^{-1}$ であるから、R が数μm のオーダーの大きさであれば、このピークは完全に無視できる。要するにこの最後の項は物質の内部構造ではなく、物質全体の大きさや形を反映した小角散乱を表す項であり、ここでの議論からははずして差し支えない。また、平均密度 η_0 を差し引くもう一つのメリットは $\eta(r)$ は r が大きくなると η_0 に収束することにより、積分の範囲を無限大まで取れることにある。(小角散乱については 13.1 節で触れる。)

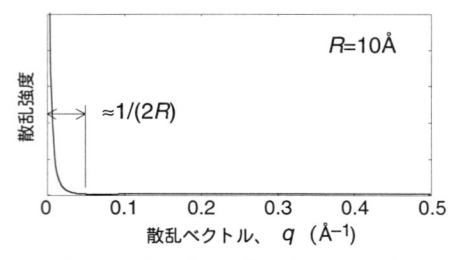

図 6.23 (6.30) の最後の積分：小角散乱

以上のことより、N 個の原子があるとすれば、散乱強度は次のように表せる。

$$I(q) = Nf^2 \left\langle 1 + \int_0^\infty (\eta(r) - \eta_0) \frac{\sin 2\pi q r}{2\pi q r} 4\pi r^2 dr \right\rangle \tag{6.31}$$

ここで 〈〉 内はアモルファスの干渉関数と見ることが出来るから、これを $S(q)$ と置こう。

$$S(q) = 1 + \int_0^\infty (\eta(r) - \eta_0) \frac{\sin 2\pi q r}{2\pi q r} 4\pi r^2 dr \tag{6.32}$$

この $S(q)$ は（アモルファスの）**構造因子**（structure factor）とも呼ばれる。一方、我々が最終的に求めたいのは $\eta(r)$ なので、上の式を次のように書き直してみよう。

$$\tfrac{1}{2} q(S(q) - 1) = \int_0^\infty r(\eta(r) - \eta_0) \sin(2\pi q r) dr \tag{6.33}$$

こうすると被積分関数のうち、サイン関数を除いた部分は r に関する奇関数であり、フーリエ正弦変換（Fourier sine transforms）の形になっていることがわかる。この変換は $\sin(2\pi qr)$ を変換の核とするときは、一般に次の形に書ける（付録 D 参照）。

$$\begin{cases} \phi(q) = \int_0^\infty f(x) \sin 2\pi q x\, dx \\ f(x) = 4 \int_0^\infty \phi(q) \sin 2\pi q x\, dq \end{cases} \tag{6.34}$$

そこで、この関係を直接用い、我々は次の結果を得る。

$$r(\eta(r) - \eta_0) = 4 \int_0^\infty \tfrac{1}{2}(S(q) - 1) q \sin(2\pi q r) dq \tag{6.35}$$

結局、実験的に得られる構造因子 $S(q)$ と密度分布関数 $\eta(r)$ を関係づける次の表式が得られた。

$$\eta(r) = \eta_0 + \frac{2}{r} \int_0^\infty (S(q) - 1) q \sin(2\pi q r) dq \tag{6.36}$$

一方、この式全体を平均密度 η_0 で割って得られた関数 $g(r)$：

$$g(r) = \frac{\eta(r)}{\eta_0} = 1 + \frac{2}{\eta_0 r} \int_0^\infty (S(q) - 1) q \sin(2\pi q r) dq \tag{6.37}$$

は任意の原子から距離 r だけ離れた位置に他の原子を見いだす確率を表している。

さらに、中心の原子から半径 r の球を考え、$r+dr$ 間の原子密度を**動径分布関数**（radial distribution function）と呼ぶ。この動径分布関数は (6.36) に $4\pi r^2$ をかけて次のように与えられる。

$$4\pi r^2 \eta(r) = 4\pi r^2 \eta_0 + 8\pi r \int_0^\infty (S(q) - 1) q \sin(2\pi q r) dq \tag{6.38}$$

以上が、単一元素からなるアモルファスの散乱強度から、原子の平均的な分布を調べるのに必要な基本式だ。

例1　水銀

(6.38) 式は 1927 年、F.Zernike と J.A.Prins によってに導かれ、P.Debye と H.Menke により溶融水銀からのX線回折の結果を解釈するために用いられた [6-1]。図 6.24(a) に彼らが得た干渉関数 $S(q)$、同図 (b) にそれから得られた分布関数 $g(r)$ を示す。これから水銀では近接する原子間の平均距離が 3Å であることがわかる。

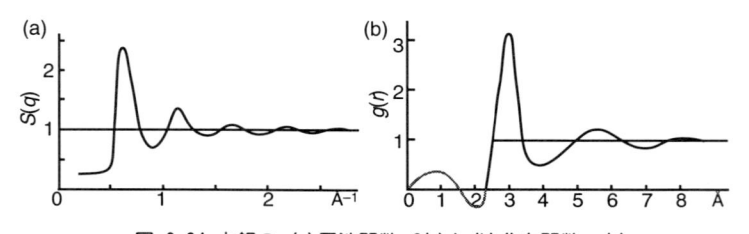

図 6.24 水銀の (a) 干渉関数 $S(q)$ と (b) 分布関数 $g(r)$
(P.Debye and H.Menke: *Physik. Zeitschr.* vol.31, 797(1930))

例2　アモルファスゲルマニウム

電子線回折パターンにもアモルファスの構造は反映される。図 6.25 にスパッタリング法により作成した薄膜状のアモルファスゲルマニウムからの電子線回折パターンを示す。このパターンはゲルマニウム結晶内の構造単位である正四面構造基本とするクラスターからの散乱強度（図 6.20）と定性的によい一致を示してあり、アモルファスにおいても四面体が構造単位であることを示唆している。

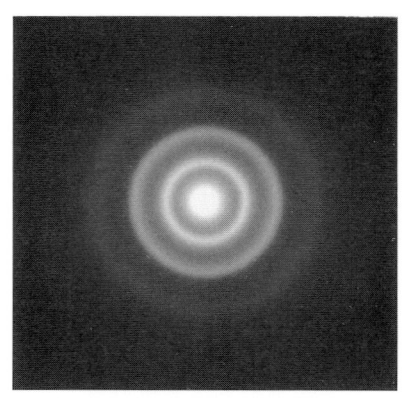

図 6.25 アモルファスゲルマニウムからの電子線回折像

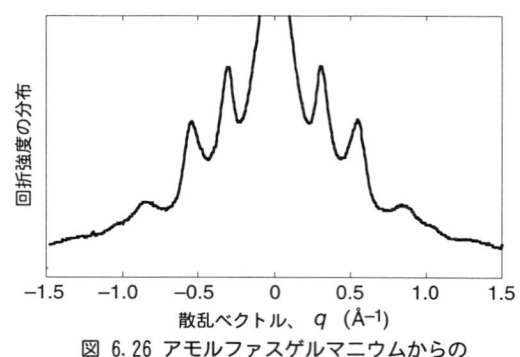

図 6.26 アモルファスゲルマニウムからの電子線回折パターン（図6.25）の強度分布

例3　Pd-Si アモルファス合金

(6.37) あるいは (6.38) 式からわかるように、密度関数や動径分布関数を求めるためには大きな散乱ベクトルまで干渉関数を精度よく求めることが望まれる。しかし、X線や電子線の散乱振幅はそれぞれ、電子分布や原子内のクーロンポテンシャルのフラウンホーファー回折と考えることができたから、散乱ベクトルが大きくなるにつれ、高角側の散乱強度は急に減少してしまう（第5章）。一方、中性子散乱は原子核からの散乱で、現実的な範囲で原子散乱因子が散乱ベクトルとともに減少することはない。また、原子散乱因子が原子番号に単調に依存することもない。このような中性子線の特徴はアモルファスの構造を精度よ

6.4 アモルファスからの回折

く求めるとき、あるいは軽元素を含む結晶の構造を決定するとき大きなメリットとなる。

一例として、図 6.27(a) にアモルファス固体および液相の $Pd_{0.8}Si_{0.2}$ 合金の構造因子（干渉関数）、(b) に得られた動径分布関数を示す（鈴木ら [6-2, 3]）。固相の動径分布関数の第 1 ピークの分裂などに見られるように、固相と液相では $Pd_{0.8}Si_{0.2}$ 合金は異なった構造を有していることがわかる。さらに、(b) は合金全体の平均的な動径分布関数であるが、他の方法、たとえばX線の結果（早稲田、増本 [6-4]）と比べることにより、アモルファス合金を構成する元素間の相関（部分動径分布関数と呼ばれる）を求めることもできる（巻末の文献を参照）。

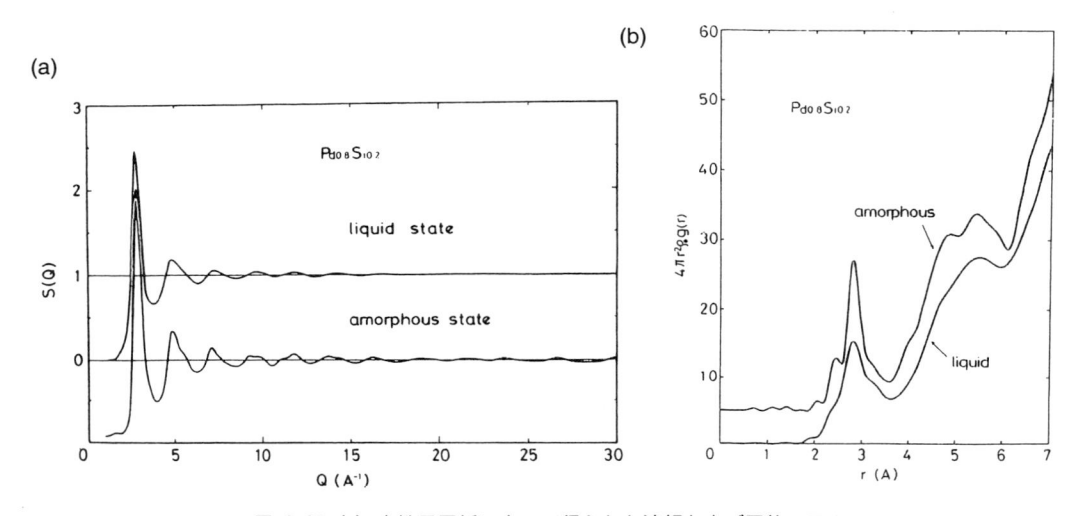

図 6.27 (a) 中性子回折によって得られた液相および固体アモルファス $Pd_{0.8}Si_{0.2}$ の構造因子 $S(Q)$ ($Q=2\pi q$) と (b) 動径分布関数
(K.Suzuki, T.Fukunaga, M.Misawa and T.Masumoto: *Mater.Sci.Eng.* vol.23, 215(1976))
（著者および出版社の許可を得て転載）

この章のまとめ

- 原子間位置の相関
- ランダムに動く分子からの散乱強度の時間平均：デバイの式
- 分子からの散乱強度：分子の干渉関数と原子からの散乱強度との積で表現
- アモルファスからの散乱：平均構造の定量化→密度関数でアモルファスの干渉関数を表現
- $S(q)$：アモルファスの構造因子（干渉関数）

第7章　結晶の記述

A lattice is a set of points in space such that the surroundings of one point are identical with those of all the others.
　　　　　A. Kelly, G.W. Groves and P. Kidd　*"Crystallography and Crystal Defects"*

周期的に配置された原子からなる固体を結晶という。もう少し厳密にいうと原子の配列が並進対称性により特徴づけられている固体が結晶だ。前章で回折パターンには散乱体間の相関が反映されることを学んだが、原子が並進対称性をもって配列すると、結晶からの回折パターンはその規則性を強く反映するようになる。我々は次章でその取扱い方を学ぶが、ここではその準備として結晶の構造を記述するための基礎を学ぶことにしよう。

7.1　結晶における原子配列

まずは論より証拠、実際の結晶を見てみよう。そこにあるアルミニウムフォイルの中で Al 原子が並んでいる姿を模式的に示したのが図 7.1 だ。原子は規則正しく並んでいる。よく観察すると、どの原子も同じ環境にあることがわかる。すなわち、原子をいくつかずらしても元とまったく同じ姿が再現される。このような対称性を*並進対称性*（translational symmetry）と呼ぶ。並進対称性は結晶と呼ばれる物質群の持つ基本的な性質だ。

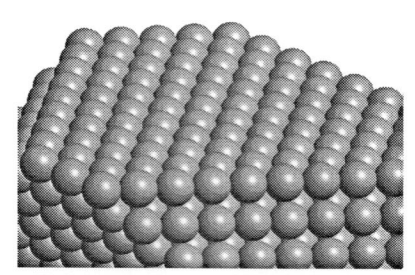

図 7.1 アルミニウム金属の結晶の模型

すべての結晶で同じように原子が並んでいるわけではない。金属 Al が酸化してサファイアになれば異なった並び方をするし、同じ金属でも鉄（Fe）は違った並び方をする。一方、銅（Cu）は原子間の間隔が異なるだけで、Al と同じ構造を有する。どうやら我々は結晶中の原子配置により、物質を分類することができそうだ。そこで、原子の並び方という観点からの物質の構造を*結晶構造*（crystal structure）という。

　現実には原子は決して剛体球では表せない。Na のようなアルカリ金属では伝導電子の海が全体積の 80%以上を占め、その中に、原子（原子核と内郭電子）が浮かんでいるが、一方、NaCl では Na^+ イオンと Cl^- が静電エネルギーを最小にするようにお互い効率よく接していると考えたようがよい。他方、Si に代表される共有結合性結晶では結合に寄与する電子が強い方向性をもって、原子間に存在している。さらに分子性結晶を作り上げる力はもっと弱いファンデルワールス力である。このように結晶に限っても、物質の構造を決めるのは最終的には電子の波動関数である。本書ではそのような詳細には一切触れず、我々は剛体球、あるいは球とその間の棒（英語ではよく stick and ball model と呼ばれる）で原子や原子間の結合を表していく。

7.1.1　面心立方格子に基づくいくつかの結晶構造の例

金属 Al の結晶構造を示すのに、図 7.1 のように多くの原子を示すのは非効率的だ。そこで通常は Al 結晶の構造は図 7.2(a)で示した立方体で表される。この図では、立方体の頂点と各面の中心

7.1 結晶における原子配列

に原子があると考える（図では立方体であることをはっきりさせるため、原子を小さくしたものと互いに接しているものとの両方を重ねて描いた）。立方体をなす面の中心を面心という。要するに Al 原子の配置は立方体の頂点と面心で表すことができる。

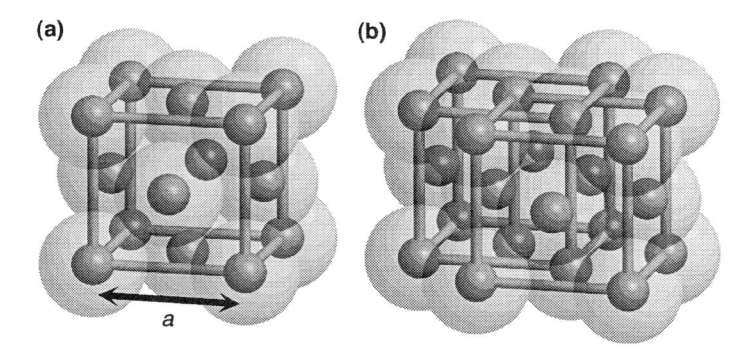

図 7.2 面心立方構造を持つ結晶の単位胞：(a) 通常の単位胞、(b) 頂点と面心に位置する原子の等価性

さて、立方体の頂点にある Al 原子と面心にある Al 原子は違った性質を持っているのだろうか？言い換えると、頂点にある Al 原子は何か特別な性質があって図では頂点に置かれているのだろうか？答えはノーである。なぜならば、図 7.2(b) のように今度は面心の位置にあった原子を基準にして新しい立方体を描いてみると、最初の立方体とまったく同じ立方体が得られるからだ。すなわち、立方体の頂点に描かれた Al 原子と、面心に描かれた Al 原子は図 7.2(a) ではたまたまそのように置かれているが、両者はまったく同じ環境にあるといえる。

このように結晶の中で周囲の環境が同一である点を格子点（lattice point）という。そして、格子点が繰り返されて集まったものが格子（lattice）だ。先の Al の例ではこの格子点が立方体の頂点と面心にあるから、これを*面心立方格子*（face-centered cubic lattice, *fcc* 格子）という。そして、金属 Al のように一つの格子点について一つの原子しかない構造を*面心立方構造*（face-centered cubic structure, *fcc* 構造）と呼ぶ。（格子と構造は異なった概念であることに注意（7.2 節））。

問題 7.1 fcc 格子では図 7.2(a) に示した立方体の中に格子点が平均していくつあるか？

通常は、図 7.2(a) に示された立方体をアルミニウム金属の構造ユニットと考える。この構造ユニットのことを単位胞（unit cell）と呼ぶ。また、この単位胞の各辺の長さを単位胞定数（unit cell parameter）と呼び a, b, c で表す。（格子定数（lattice parameter, lattice constant）とも呼ばれる。）しかし、これまでの議論から明らかなように、この長さは格子点間の距離ではなく単位胞の取り方に依存し、たとえばここでの場合、最近接格子点間の距離の $\sqrt{2}$ 倍となる。）

また、上の問題で見たようにこの単位胞の中には平均して 4 個の格子点がある。場合によっては各単位胞にたった 1 個の格子点があるように考えたほうが都合がよい。そのような単位胞はプリミティブ単位胞（primitive unit cell）と呼ばれる。プリミティブ単位胞の選び方にもいろいろあるが、図 7.3 にその一例を示した。すぐに学ぶように単位胞を規定する三つの基本ベクトル（basis vector）によって、結晶内の方向や面が記述されるので、どのような単位胞をとるかということは極めて重要だ。

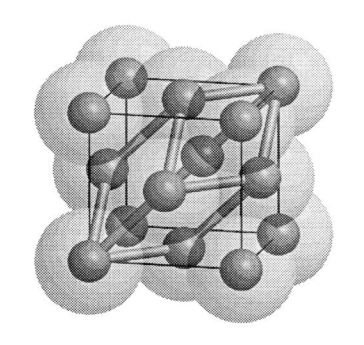

図 7.3 面心立方構造のプリミティブ単位胞の例（太線）

問題 7.2 平均して 2 個の格子点を含む縦長の直方体で fcc 構造の単位胞を表せ。

次に、もう少し複雑な結晶を見てみよう。どんなに複雑な結晶でも結晶である限り、並進対称性を持って並んでいるはずだから、とりあえず定義により周期的に並んでいることがわかっている格子点上の原子を基準にして、2番目の原子が存在できそうな場所を考えてみる。図 7.4 にこのような場所の一例を示した。図 7.4(a) に小さな黒丸で示された点は 6 個の原子（格子点）から等距離にあり、また 8 個の面に囲まれているので*八面体位置*（octahedral site）と呼ばれる。一方、図 7.4(b) のように四つの原子、四つの面に囲まれている位置を*四面体位置*（tetrahedral site）と呼ぶ。

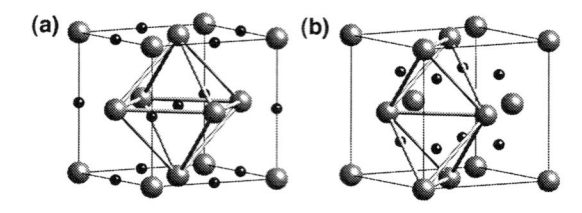

図 7.4 fcc 構造中の代表的な格子間位置：(a) 八面体位置、(b) 四面体位置

問題 7.3 fcc 構造中に八面体位置と四面体位置はそれぞれいくつ存在するか？ また、最も近い格子点の原子への距離とその原子の数を求めよ。同様のことを、2 番目に近い格子点上の原子に対して行え。

問題 7.4 原子を半径 r の球と考え、fcc 構造をなす原子が互いに接しているとき、八面体位置と四面体位置に入り、かつ格子点上の原子と接する球の大きさを求めよ。

八面体位置や四面体位置と呼ばれる単位胞中の点は、いずれも対称性の高い点だ。より一般的に結晶の中の原子位置を分類するには、各点の対称性に基づいた手法を用いる。たとえば、図 7.4(b) に描かれた二つの四面体の各辺の方向をみると、互いに 90 度ずれており、この二種の四面体位置は対称性という観点から区別できる可能性を有している。

ここでは堅い議論は抜きにして、現実の物質を考えよう。たとえば、食卓塩の主原料である NaCl だ。これは図 7.5(a) に示した構造を有している。この図では Na 原子を fcc 格子の格子点に、Cl 原子を八面体位置に置いたが、この場合、Cl 原子を fcc 格子の格子点に置いてもまったく同様の構造が得られる。すなわち、fcc 格子においては最初に選んだ格子点位置と、八面体位置は同じ対称性をもった異なった位置と考えることができる。この fcc 格子中の同等だが互いに独立な二つの位置にそれぞれ異なった原子が 100% 詰まった構造は通常、NaCl 構造と呼ばれる。

一方、同じ 1:1 の組成でも ZnS や GaAs という物質では格子点に一つ目の原子が、互いに同じ方向を向いた四つの四面体位置に二つ目の原子が配置された構造を持っている。この場合も、二つの位置は等価でどちらを格子点と考えてもよい。これは ZnS（ジンクブレンド）構造と呼ばれる。

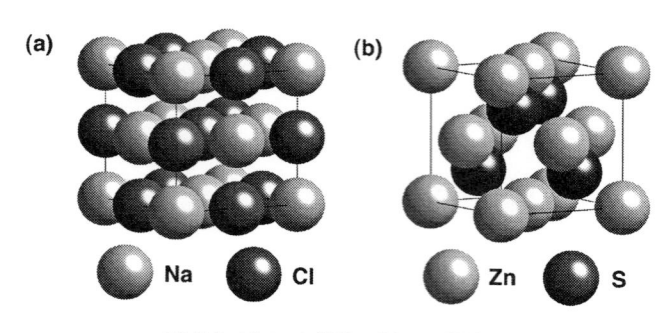

図 7.5 (a) NaCl構造、(b) ZnS構造

格子という考え方はもっと一般的で、格子点は「並進対称性を持って繰り返し現れる同一の環境を有する点」であり、格子点上に原子が存在する必要はない。結晶はこのような数学的な格子点と格子点に付随する原子の集まり（基本構造）により構成される（7.2 節）。

問題 7.5 NaCl 構造において Na 原子と Cl 原子は互いに六つの異種原子からなる八面体によって囲まれていることを確認せよ。同様に ZnS 構造の場合、互いに四つの異種原子からなる四面体によって囲まれていることを示せ。

このように、これらの構造では Na と Cl の、そして Zn と S の占める位置は等価である。一方で、NaCl 構造と ZnS 構造の最大の違いは、単位胞である立方体の面の中心から垂直に伸ばした線を中心にして、90 度回転したときに現れる。すなわち、NaCl 構造においては回転前と後で区別つかないが、ZnS では回転前の状態に対し S の入った四面体位置が 90 度ずれている。つまり、これら二つの構造は全体として異なった対称性を有している。

さらに、一つ目の原子が fcc 格子の格子点に、二つ目の原子が方向の異なった 2 種類の四面体位置をすべて占有している結晶もある。図 7.6(a) に示した CaF_2 (ほたる石と呼ばれている) 構造だ。最近の電子デバイスの進歩でコンタクト材料として用いられる $CoSi_2$ もこの構造をしている。さらに CaF_2 に加え、八面体位置もすべてつまった構造もある。これは BiF_3 構造と呼ばれる (図 7.6(b))。このように fcc 格子に基づいたものだけでも数多くの結晶構造が存在する。

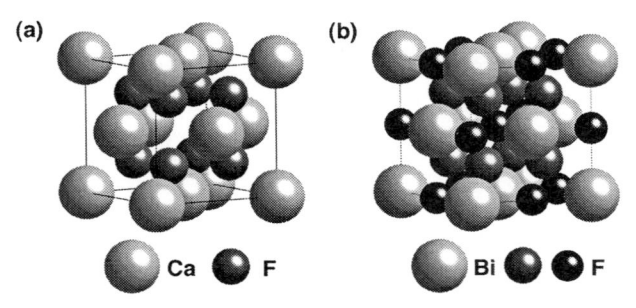

図 7.6 (a) CaF_2 構造、(b) BiF_3 構造

7.1.2 最密充填構造とスタッキング

基本的な fcc 構造をもう一度、図 7.1 に戻って見てみると、要するに原子を剛体球と考え、すき間を最小にしながら重ねて出来上がった結晶構造と見ることができる。一般に原子や格子点からなる面を重ねることを**スタッキング**（stacking）と呼び、原子が最も密になるように積み重ねた構造を**最密充填構造**（close-packed structure）という。ここで、スタッキングに着目してもう一度 fcc 構造を考えてみよう。

図 7.7(a) では最近接の原子が一つの平面に納まるように結んであるが (ここで示した面を {111} と表記する (7.3.2 節))、fcc 構造はこのような最密面が重なってできたものと考えることもできる。この最密面を一つ取り出したのが図 7.7(b) だ。とりあえずこれを A レイヤーと呼ぼう。この A レイヤーのうえに原子を積み重ねようとすると B あるいは C という選択がある。そこで B に原子を置くと (これを B レイヤーと呼ぶ (図 7.7(c)))、次に原子を置く選び方は A または C の上ということになる。ここで、C レイヤーに原子を置くと (図 7.7(d)) これが fcc 構造であること

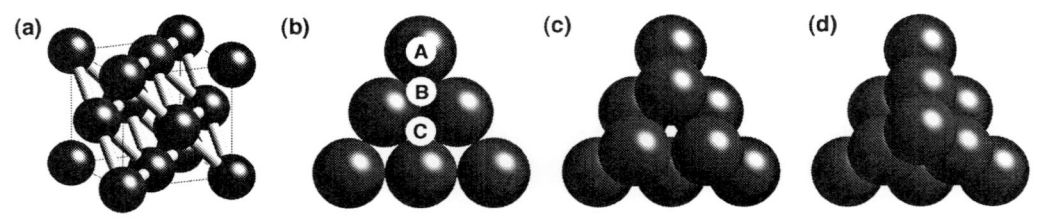

図 7.7 fcc 構造における原子のスタッキング：(a) 立方体を単位胞としたときの {111} 面、(b) 原子を最密に充填するとき三つのレイヤーの位置 A, B, C、(c) AB スタッキング、(d) ABCABC... スタッキングによる fcc 構造の構築

第7章 結晶の記述

が図 7.7(a)を注意深く観察するとわかる（体対角線を引いてみるとわかりやすい）。言い換えると fcc 構造は最密面の ABCABC...スタッキングを繰り返すことにより構築される。

　　　もともと図 7.7(b)に示した正三角形の対称性（これを 3 回（回転）対称性という）を持ったものを少しずつずらしながら図 7.7(a)の体対角の方向に積み重ねたわけだが、でき上がったものは立方体であり、体対角の方向も四つある。したがって、別の体対角の方向に積み上げてもまったく同じ fcc 構造が生まれるはずだ。このように fcc 構造には正三角形の対称性を持った方向（これを 3 回対称軸(回転軸)という）が四つあることが大きな特徴だ。（立方晶と呼ばれる結晶の定義は 4 本の 3 回対称軸が存在することだ。）

7.1.3　六方最密充填構造と派生する結晶構造の例

それでは B レイヤーを置いた段階で次に再び A レイヤーに原子を置く ABAB...スタッキングはどのような構造をもたらすだろうか？　このようなスタッキングを示したのが図 7.8(a)-(c)だ。こうすると C の位置には何も置かれず、真上からは空隙が連なって見える。こうして得られる構造を六方最密充填構造（hexagonal close-packted structure: hcp 構造）と呼ぶ。図 7.8(d)に hcp 構造のプリミティブ単位胞を示した。

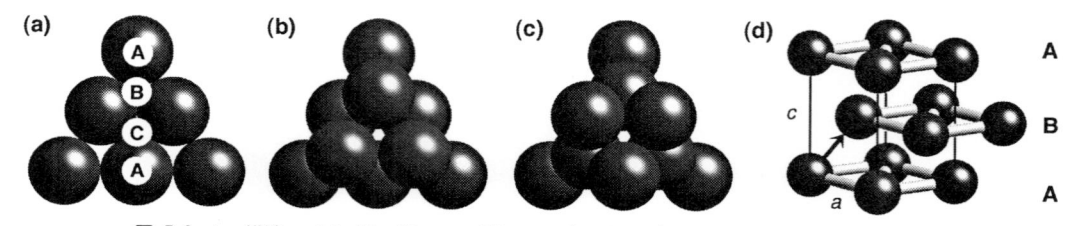

図 7.8　hcp構造：（a）Aレイヤー、（b）ABスタッキング、（c）ABAB...スタッキング、（d）単位胞（平均して2個の原子を含む）と格子定数 a と c

図 7.8(d)のように hcp 構造のプリミティブ単位胞には二つの原子が含まれる。この二つの原子を囲む環境は似ているが同一ではない。仮に環境が同一であれば、A レイヤーの一つの原子から B レイヤーの一つの原子を望む方向（図 7.8(d)に矢印で示した）に沿って B レイヤー上の原子から斜め上を見たとき、次の原子が存在しなくてはならないが、そこには原子がない（∵この構造では C レイヤーはそもそも存在しないから）。要するに A レイヤーに B レイヤーを重ねる操作は並進対称操作ではなく、この二つのレイヤー上の原子は異なった環境にある。（これに対して fcc 構造の場合は B 面に対して C 面が存在するので、ABC スタッキングは並進対称操作だ。よって、これらの面に存在する原子は同一の環境にある。すなわち、これらの点は格子点と考えてよい。）hcp 構造では単位胞内の二つの原子は異なった環境にあり、したがって、これらは格子点ではない（よって、hcp 格子（六方最密格子）というものは存在しない）。

問題 7.6　剛体球が理想的に詰められたときの a 軸と c 軸との比 c/a を求めよ。

次に hcp 構造における空隙を考えよう。図 7.9 に八面体位置と四面体位置を示した。

問題 7.7　単位胞中に八面体位置と四面体位置はそれぞれいくつあるか？　座標とともに示せ。

理想的な hcp 構造におけるこれらの位置が占める大きさは fcc 構造の場合と同じだ。しかし、hcp 構造をなす二つの原子位置が等価でないように、二つの八面体位置を取り巻く環境は対称性とい

う観点からは同じではない（二つの八面体位置を結びつける操作は対称操作ではない）。さらに fcc 構造では格子点と八面体位置とは等価であったが（たとえば NaCl 構造）hcp 構造において、hcp を

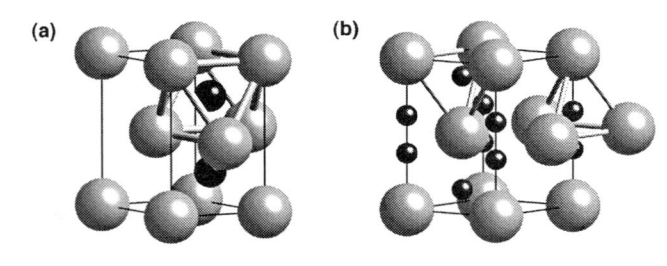

図 7.9 hcp構造における主要な空隙の位置： (a) 八面体位置、(b) 四面体位置

なす位置と八面体位置とは等価でない。一方、四面体位置を作る正四面体には上向きのものと下向きのものがあるのは、fcc 構造の場合と似ているが、これらの 2 種の四面体位置間の関係は fcc 構造の場合と異なる。

次に、これらの位置に原子が入ることによってもたらされる代表的な構造を示す（図 7.10）。As が hcp 構造をなし、その八面体位置に Ni が詰まった構造が NiAs 構造だ。FeS などもこの構造をとる。一方、どちらか一つの種類の四面体位置が占有された構造は ZnS（ウルツァイト（wurtzite）、ウルツ鉱）構造と呼ばれる。

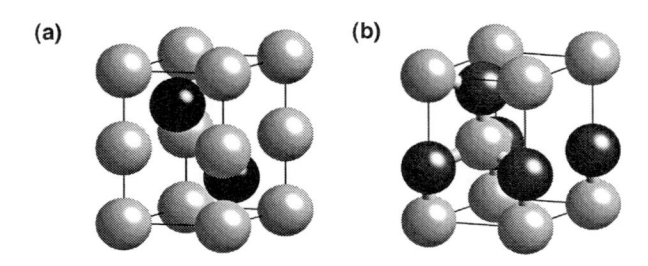

図 7.10 hcp構造を基本とする結晶構造の例
(a) NiAs構造（As がhcp構造をなし、Ni が八面体位置を占めると考えることもできる。また、この図では八面体位置を原点としている）
(b) ZnS（ウルツァイト）構造（1種類の四面体位置が占有される）

7.1.4 体心立方格子に基づくいくつかの結晶構造の例

では次に、室温において鉄（Fe）原子がどのように並んでいるか見てみよう（図 7.11）。立方体を基準としてこの結晶を表せそうだが、アルミニウムの場合とは少し異なる。図 7.12 に、通常とられる単位胞を示した。Fe 原子は立方体の頂点と中心とに存在し、2 個の Fe 原子がこの単位胞に存在することがわかる。このような立方体の中心を体心という。そこで、この構造を*体心立方構造*（body-centered cubic structure）呼ぼう。

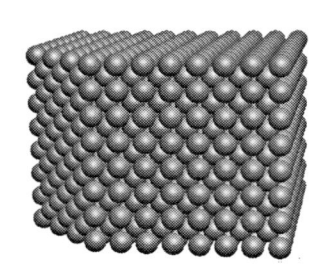

図 7.11 室温における鉄の結晶

問題 7.8 立方体の頂点と体心では周囲の環境がまったく同じであることを示せ。

この問題からもわかるように頂点と体心の位置は等価であり、この二つの位置がまったく同じ環境にあるとき（たとえば同種の原子が存在するとき）、これらは格子点と考えてよい。そこで、この格子を*体心立方格子*（bcc centered cubic lattice、bcc 格子）と呼ぶ。すなわち、体心立方構造は体心立方格子の格子点にたった 1 個だけ原子が存在する構造だ。

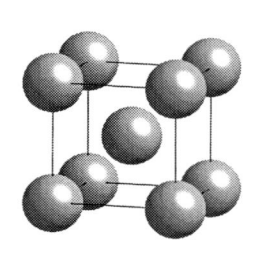

図 7.12 体心立方構造

第7章 結晶の記述

図 7.13 には bcc 構造における八面体位置と四面体位置を示した。八面体位置や四面体位置といっても fcc 構造の場合のように正八面体や正四面体ではない。また、八面体位置の場合、近接する格子点との距離も異なる。

問題 7.9 原子を半径 r の球と考え、bcc 格子上の原子が互いに接しているとき、八面体位置に入り、格子点上の原子と接する球（原子）の半径を求めよ。四面体位置ではどうか？

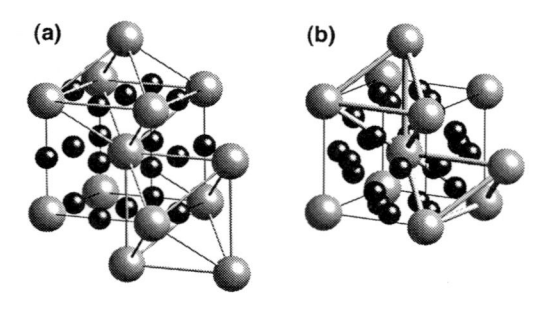

図 7.13 体心立方（bcc）構造における主要な空隙の位置 (a) 八面体位置、(b) 四面体位置

7.2 結晶構造

前節にいくつかの構造の例を示したが、現実に数多く存在する結晶構造をどのように分類すればよいのだろう？　これまでにいくつかの構造を見てきたが、それらはすべて格子点と格子点に付随して存在する原子群から構成することができた。一例としてもう一度、fcc 格子を基本とする ZnS 構造を見てみよう。fcc 格子の各格子点を原点として、Zn を (0 0 0)、S を (1/4 1/4 1/4) に配置すれば ZnS 構造は定義されたことになる（図 7.14）。

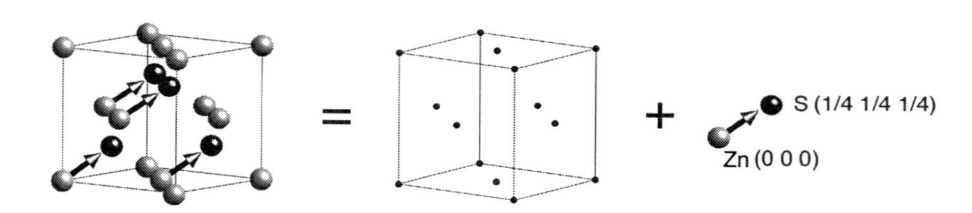

図 7.14 ZnS構造は fcc格子と基本構造 Zn(0 0 0)+S(1/4 1/4 1/4) との組合せでできる

このやり方は一般的なもので、この世の中に存在するすべての結晶は格子と基本構造（basis）と呼ばれる格子点に付随するモチーフとの組合せからなっている。

問題 7.10 NaCl 構造は、どのような格子と基本構造で記述できるか？

この状況を図 7.15 に再度、示した。先にも述べたように、格子点を結ぶと一般に平行四辺形（2次元の場合）、平行六面体（3次元の場合）に代表される構造ユニットができるが、これが単位胞だ。結晶はこの単位胞を繰り返すことにより無限に再現される。単位胞は先の fcc 格子で見た立方体のようにいくつかの格子点を含んでいても構わず（よってプリミティブ単位胞ではなくなる）、格子の持つ対称性が一目でわかる単位胞がとられる場合が多い。

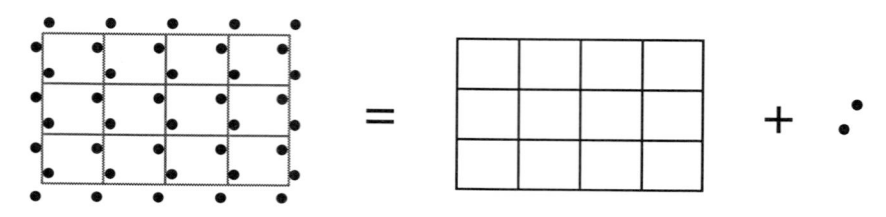

図 7.15 結晶構造 ＝ 格子 ＋ 基本構造

7.2.1 格子

格子とは結晶が有する最も基本的な周期構造であるから、結晶からの回折パターンには格子の対称性が必ず反映される。そこで本節では以下、詳細に深入りすることなく、格子がどのように分類されるのかを見ていきたい。

7.2.1.1 1次元格子

1次元格子とは直線上に並ぶ周期的な点のことだ。一つの格子点からすぐとなりの格子点を結ぶ基本ベクトルを $\vec{a}$、l をすべての整数として、すべての格子点は次式で表される。

$$\vec{R} = l\vec{a} \tag{7.1}$$

要するに1次元格子とは等間隔 a で無限に並んだ点のことだ(図7.16)。1種類しかない。

図 7.16 1次元格子

7.2.1.2 2次元格子

1次元格子を拡張すれば、2次元格子は格子点を結ぶ二つの基本ベクトル $\vec{a}$ と $\vec{b}$ で表される。

$$\vec{R} = l\vec{a} + m\vec{b} \tag{7.2}$$

すべての2次元格子は (7.2) で表されるが、さらに $\vec{a}$ と $\vec{b}$ の大きさ、これらのベクトル間の角度 γ の組合せを考えると、異なった対称性を有する五つの格子に分類することができる。これら五つの格子を図7.17に示す。2次元格子はネット(net)とも呼ばれる。

このうち菱形格子 (c) を見ると、それは長方形格子の中心に新たな格子点を置いたものとみなすこともできる。このように、新しい格子点を置くことをセンタリング(centering)という。でもこれは見方の相違だけで、もともと菱形格子(この菱形がプリミティブ単位胞)をなしていた

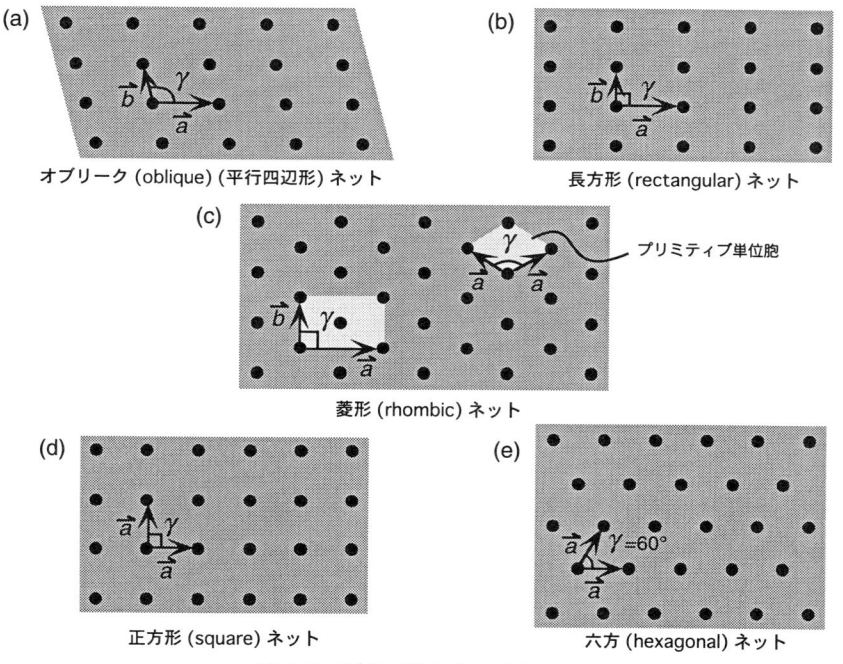

(a) オブリーク (oblique) (平行四辺形) ネット

(b) 長方形 (rectangular) ネット

(c) 菱形 (rhombic) ネット

(d) 正方形 (square) ネット

(e) 六方 (hexagonal) ネット

図 7.17 5種類の2次元格子(ネット (net))

7.2.1.3　3次元格子

3次元の場合も出発点は同様だ。同一平面内にない三つの基本ベクトルにより3次元空間における周期構造は実現される。

$$\vec{R} = l\vec{a} + m\vec{b} + n\vec{c} \tag{7.3}$$

3次元格子の定義としてはこれで十分であり、さらに2次元の場合にならって、各ベクトルの大きさとその間の角度によって格子を分類することができそうな気もする。

図 7.18 にブラベー格子（Bravais lattice）として知られている 14 の格子を示した。これを注意深く観察すると、必ずしも 2 次元格子の単純な延長でないことがわかる。三つのベクトル $\vec{a}, \vec{b}, \vec{c}$ の大きさが異なっていて、かつ、その間の角度 α, β, γ が 90° や 60° といった特別の角度以外である最も一般的な格子を三斜格子（triclinic lattice）と呼ぶのはよいとしても、α, β, γ のうちの一つだけが 90°の場合がこの図にはないのはなぜだろう？

> 実はこれらの格子は、格子の持つ対称性という概念で整理されている。2次元格子に戻って、図 7.17(a)を見てみよう。我々が想定するのはこの平行四辺形が無限に続いている状態だ。ここに描かれた点の集まりは格子全体を (7.2) に従って横にずらしても完全に重なる。これは並進対称操作であり、すべての格子は定義により、この並進対称性を持っている。ところが、この図 7.17(a)はそれ以外にも任意の格子点を中心に 180°回転しても元の格子と完全に一致する。この操作を 2 回転対称操作という。これは点対称操作として知られている操作の一つだ。

さて、回転対称操作が三斜格子には存在するだろうか？　やってみればすぐにわかるが、どの軸を中心に格子を 180°回転しても格子点は重ならない。三つの角度のうち、一つだけが90°の場合もだめだ。ところが、二つの角度が直角になるとその角度を与える共通の一辺を軸として、180°の回転によって格子点が重なる。このような格子は単純単斜格子と呼ばれる。さらに側面にもう一つ格子点が加わった側心単斜格子として示したものを観察すると、この回転対称操作を満たすと同時に、側心の位置にある格子点を頂点に同じ立体を描いてもまったく、同様の立体が得られることがわかるだろう。つまり、側心単斜格子は単純単斜格子の有する回転対称性に加えて、頂点から側心の位置に向かうベクトルで特徴づけられる新たな並進対称性も有している。

問題 7.11　面心立方格子（図 7.2）の場合にならって、側心単斜格子の単位胞の平行六面体の頂点と側心にある点が同等であることを示せ。

要するに空間を並進対称操作でもって埋めることが可能な点の分布が織りなす対称性により、14 の互いに異なった格子に分類される。この格子の初等的な導出は参考書に任せることとして、ここではとりあえず、これらブラベー格子の特徴を覚えれば十分だ。多少注意が必要なのは、3次元格子を特徴づける三つの基本ベクトルの大きさが等しいロンボヘドラル格子だ。この場合、120°やその整数倍の回転操作により、格子がもとのものとまったく同一となる 3 回回転軸が存在する。一方、この格子は図のように六方格子にセンタリングにより二つの格子点を加えて導く

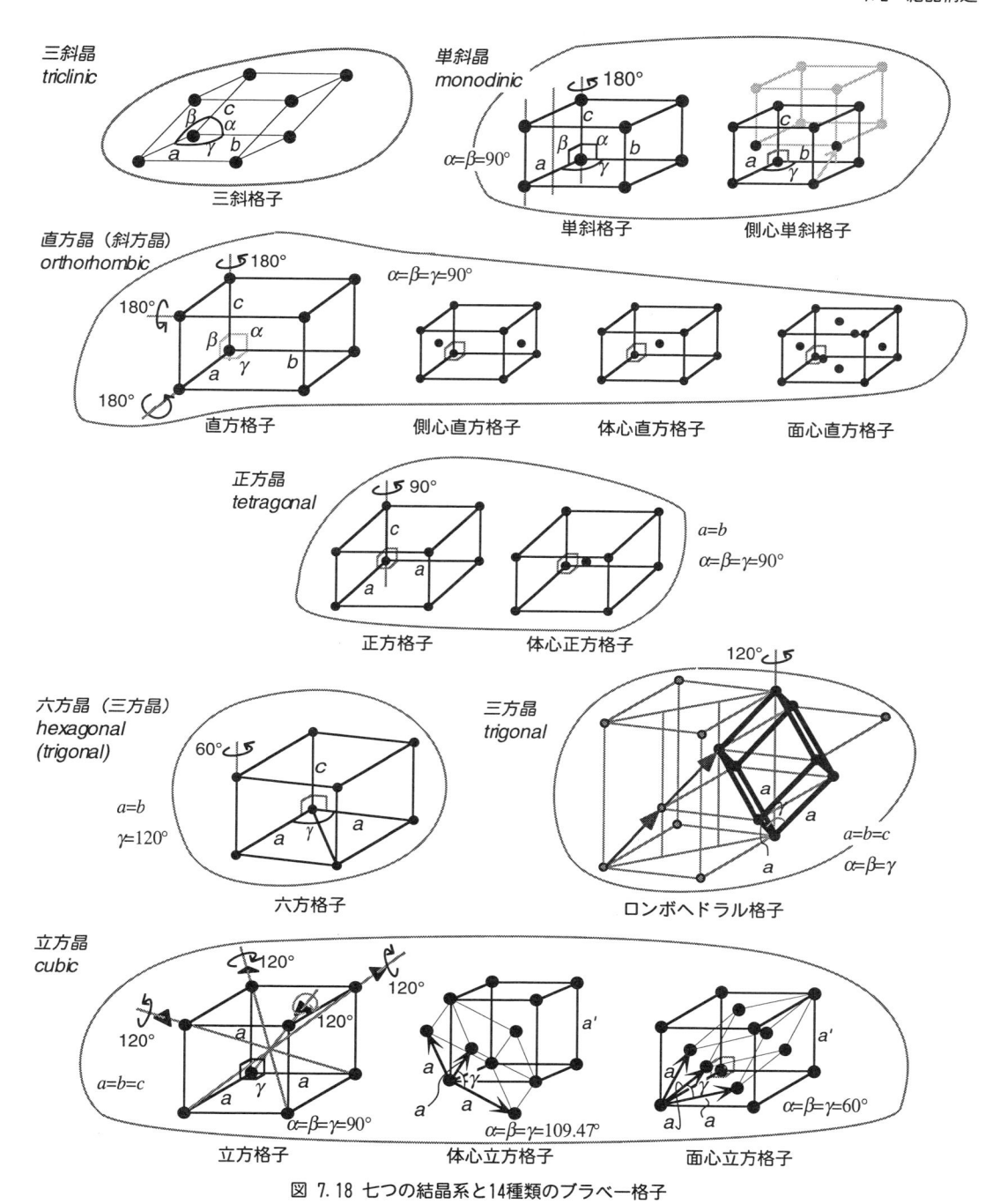

図 7.18 七つの結晶系と14種類のブラベー格子

こともできる（その結果、もともとの六方格子を特徴づける 6 回回転軸（60°の回転で元と重なる軸）が失われ、3 回回転軸となる）。

さらにロンボヘドラル格子の三つの基本ベクトル間の角度が 90°の場合、このような 3 回回転軸が 4 本現れる。この互いに交差する四つの 3 回回転軸によって特徴づけられているのが単純立方格子だ。さらにこの角度が 109.47°および 60°のとき、それぞれ体心立方格子と面心立方格子が

生まれる。また、これら図で細線で示したのが、格子点を一つだけしか含まない単位胞、すなわちプリミティブ単位胞の例だ。このプリミティブ単位胞を見ただけでは、この格子が 4 本の 3 回対称軸を持っていることはなかなかわからないので、通常、単位胞としては格子の持つ対称性が一目でわかる立方体が選ばれる。（また、格子点間の垂直二等分面がなす立体はウィグナー–ザイツ胞と呼ばれ、格子の持つ点対称性を満たしたプリミティブ単位胞として固体物理の分野で頻繁に用いられる。）

7.2.2 結晶系

さて、これら 3 次元格子を見ると、センタリングを伴う格子が全部で七つある。たとえば、単純立方格子、面心立方格子、体心立方格子の三つを考え、仮にそのような格子を持つ結晶を成長させたとすると、巨視的には似たような外見となるだろう。面心とか体心とかという格子点のセンタリングは原子間隔程度の観察手段、たとえばX線回折、には大きな差をもたらすが、我々の見ることのできるマクロ的な形にはその差は顕著に現れないと考えられるからだ。このようなこともあって、各格子のうち、センタリングによってもたらされた格子を無視したときに得られる七つのグループを*結晶系*（crystal system）という。この結晶系はセンタリングを伴わない格子のプリミティブ単位胞を定義する三つの基本ベクトルとその間の角度によって特徴づけられる。

表 7.1　7 種類の結晶系

結晶系	対称要素（回転軸）
三斜晶（triclinic）	なし
単斜晶（monoclinic）	一つの 2 回回転軸
直方晶（斜方晶、orthorhombic）	互いに直交した三つの 2 回回転軸
正方晶（tetragonal）	一つの 4 回回転軸
三方晶（trigonal）	一つの 3 回回転軸
六方晶（hexagonal）	一つの 6 回回転軸
立方晶（cubic）	四つの 3 回回転軸

結晶系が 7 個しか存在しないことは、数学的には 3 次元空間において互いに交わる回転軸の組合せが上記のものしかないことによって証明される（たとえば（Kelly, Groves, Kidd (2000)））。要するに結晶は七つの結晶系、そして 14 個のブラベー格子のいずれかに属する。一方、結晶構造は格子とそれに付随する基本構造によって定まることは本節の最初に述べた。この基本構造を分類するときも*点群*（point group）と呼ばれる格子点の周囲の原子配置の対称性という概念が大いに役に立つ。

任意の原子に対し、ある点を中心として回転とか鏡映とか反転（(x, y, z)の符号を変える）をする操作を点対称操作と呼ぶが、並進対称性を持った結晶に存在しうる点対称操作の組合せは 32 種のグループにわけられる（このグループのことを点群と呼ぶ）。さらに格子点に付随するモチーフはこの 32 の点群のみによって記述される場合と、隣の格子点への部分的な並進操作を伴う場合とがある。詳細は巻末の参考書を見てもらうとして、要するに、このモチーフを構成する原子間の織りなす対称性と 14 のブラベー格子とを組み合わせると、すべての結晶構造は 230 のグループにわけられる。これを*空間群*（space group）と呼ぶ（付録 C に対称性と結晶構造の分類について簡単にまとめた）。

7.3 方向と面

結晶の機械的、電気的、磁気的性質などはその結晶の持つ対称性に左右され、どのような方向に応力がかかっているとか、どのような方向に磁化しやすいかなどを考えるとき、結晶中に「方向」を定義すると便利だ。また「面」という概念も用いられる。面は直観的に原子が 2 次元的に揃った物理的な原子面と見なしてもよいが、回折という立場からは面とは結晶が有する周期構造を簡潔に表す概念として重要だ。

7.3.1 方向

どのように複雑な結晶構造でも、方向は単位胞を与える基本ベクトル ($\vec{a}, \vec{b}, \vec{c}$) に対して、3 次元空間の座標のように $[uvw]$ で表す。つまり、任意の方向 $\vec{R}$ は次式で表される。

$$\vec{R} = u\vec{a} + v\vec{b} + w\vec{c} \tag{7.4}$$

通常の座標の表現と異なるのは $[uvw]$ は共通な約数を持たない最小の整数となる点だ（$[2\,2\,4]$ や $[0.5\,0.5\,1]$ は $[1\,1\,2]$ と表す）。この定義からわかるように、物理的に同一の方向でも単位胞の取り方が異なれば、u, v, w の値は異なる。

また、考えている方向が負の成分を持つときは $[1\bar{1}0], [00\bar{2}]$ などと表し、イチ・バーイチ・ゼロなどと読む。さらに、図 7.19 で示した結晶が正方晶に属するとすれば、この結晶を c 軸の周りに 90°回転しても元の結晶と区別がつかない（ただし 4 回回反軸などを有する一部の空間群に属する結晶はこの限りではない）。すなわち、この結晶において a 軸と b 軸は等価であるから $[100], [010], [\bar{1}00], [0\bar{1}0]$ は等価な方向だ。一方、立方晶を考えれば、$[100], [010], [001], [\bar{1}00], [0\bar{1}0], [00\bar{1}]$ という六つの方向は等価となる。

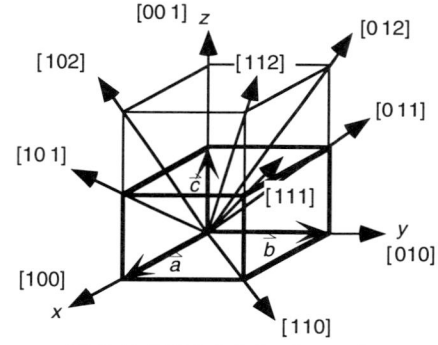

図 7.19 結晶内の方向：$[u\,v\,w]$

これらをまとめて表したいときがあるが、その場合は $\langle 100 \rangle$ と（大きな順序で）表す。

7.3.2 面

結晶はあくまでも原子からなっていて結晶内に面など存在しないという考えもあるだろう。ところが、大きく成長した結晶を見ると、それは規則的な表面を持っていることが多い。また、そのような結晶を割っても、再び、もとの表面と平行な新しい表面が生まれる。こういった観察から、結晶は周期的に並んでいる原子から構成されていると古くから考えられた。また、面を用いると母相と析出相との方位関係など、金属組織学に関連する様々な事柄を説明するときに都合がよい。一方、回折という立場からすると、面とは原子面より結晶内に存在する周期構造を表す指標と考えた方がよい場合が多い。

面はミラー指数（Miller indices）で表される。このミラー指数も結晶系にかかわらず、単位胞を定める格子定数 a, b, c の結晶があるとき、単位胞の各軸と

$$\frac{a}{h} \frac{b}{k} \frac{c}{l} \tag{7.5}$$

の点で交わる面を $(h\,k\,l)$ で表し、エイチ、ケー、エル面と呼ぶ（分数のときは最小の整数で表す）。図 7.20 にミラー指数の求め方をまとめた。

第7章 結晶の記述

図 7.20 ミラー指数の求め方

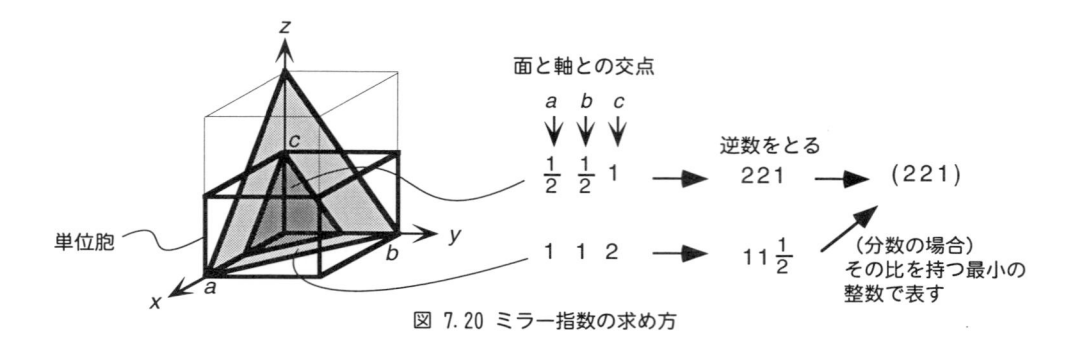

負の方向で交わるときはバーをつける（$(1\bar{1}1)$など）。さらにある軸と平行な面については無限大でその軸と交わると考える。そのような指数は

$$\frac{1}{\infty} \to 0 \tag{7.6}$$

で表される。図 7.21 に例を示す。

また、立方晶の場合、$a=b=c$ であるので

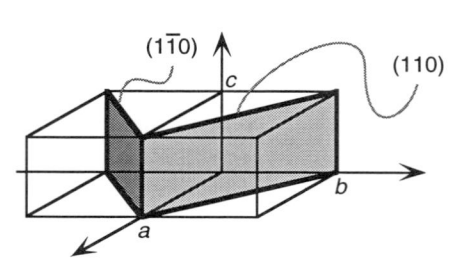

$(110) = (1\bar{1}0) = (\bar{1}10) = (\bar{1}\bar{1}0)$
$\qquad = (101) = (10\bar{1}) = (\bar{1}01) = (\bar{1}0\bar{1})$
$\qquad = (011) = (01\bar{1}) = (0\bar{1}1) = (0\bar{1}\bar{1})$

図 7.21 単位胞を定義するベクトルとマイナス方向で交わる面や軸と平行な面

となるが、これらをまとめて {110} と表す。他の対称性の高い結晶系に属する結晶のミラー指数も同様の考え方で表記する。（ただし基本構造の対称性が格子の対称性より低い場合、これらがすべて等価とならない場合もある。）

問題 7.12 立方晶系の単位胞を立方体ととり、(120), (301), (112), (211)面、および[210], [120], [112], [221] の方向を描け。(112)面と[112]方向はこの場合、垂直だろうか？

問題 7.13 図 7.22 に示した 2 次元単位胞において、(11)面と[11]方向を描け。両者は垂直となるか？ 同様のことを (21)面と[21]方向で行え（このように、方向と面とは一般には垂直ではない）。

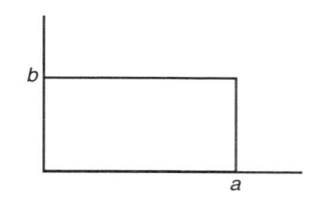

図 7.22 長方形の単位胞（問題7.13）

7.3.3 六方晶系の場合

面：6 回対称性を有することにより、(100)面と$(\bar{1}10)$面とは等価になるが、ミラー指数表記ではそのことが指数として、はっきりと現れない。

問題 7.14 六方晶の単位胞の c 断面（図 7.23）に (100), (010), (110) および $(\bar{1}10)$面を示せ。

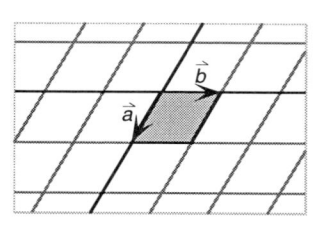

図 7.23 六方晶の単位胞の底面（問題7.14）

これは格子全体を 60°回転しても、もととまったく同じ格子が得られるという、この格子の有する高い対称性からの帰結だが、

等価な面が指数として直観的に現れず不便だ。そこで六方晶に属する結晶に関しては、(*hkil*) というミラー–ブラベー指数（Miller-Bravais indices）が用いられることが多い。ここで 3 番目の指数は次式で表される。

$$i = -(h+k) \tag{7.7}$$

たとえば、ミラー指数では (110) と ($\bar{1}$10) 面という物理的に異なった面が似たように表されるが、ミラー–ブラベー指数ではそれぞれ (11$\bar{2}$0) と ($\bar{1}$100) 面となり、その違いがはっきりする。また、この 4 指数表記は (*hk·l*) のように略記されることもある。

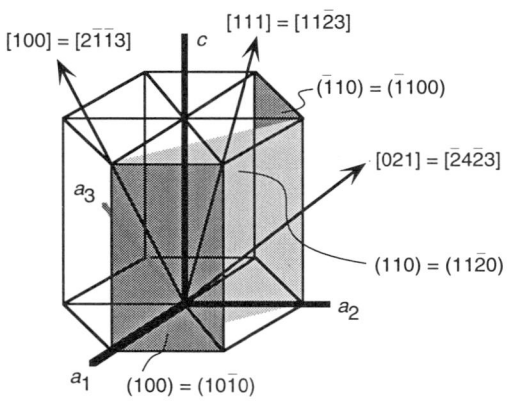

図 7.24 六方晶におけるミラー–ブラベー指数による面の表記と *c* 成分を持つ方向の表記

方向：方向に関しても同様で、通常の 3 指数による表記では [100] と [110] のようにこの結晶系では等価な方向が直観的に表されない。そこで [*u'v't w'*] という表記が用いられる場合がある。ここでもやはり、$t = -(u'+v')$ となる。機械的に [*uvw*] から [*u'v't w'*] を求めるには

$$\begin{cases} u = u'-t; \quad v = v'-t \\ u'+v'+t = 0 \end{cases} \tag{7.8}$$

を連立させて、u', v', t について解けばよい（その結果、w' が 3 の倍数となる場合が多い）。

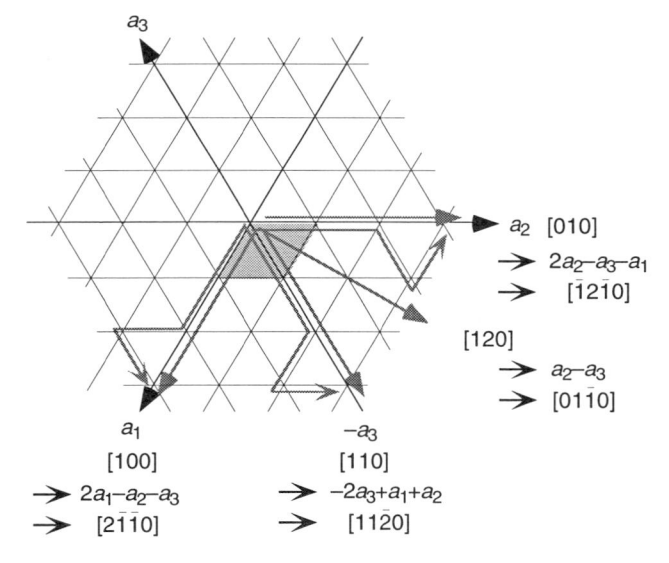

図 7.25 六方晶における 4 指数による方向の表記

7.3.4 面間隔

単位胞を定める基本ベクトル $\vec{a}, \vec{b}, \vec{c}$ を基準にして面 (*hkl*) を定義できることがわかった。同一の指数 h, k, l を持つ面は図 7.26 からもわかるように一定の間隔をおいて無数に存在する。これらの面の間隔を*面間隔*（interplanar spacing）と呼び、ふつうは d_{hkl} で表す。面間隔は一般には、結晶を構成する格子点あるいは原子の間隔とは一致しない。また原子を通っている必然性もない。このような観点からすれば面間隔とは単位胞に対して（数学的に）定義されるものと考えることもできる。

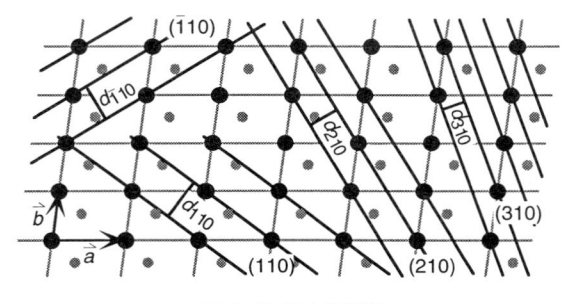

図 7.26 面と面間隔

7.3.5* 異なった単位胞間の面や方向の変換

単位胞の選択には自由度があることはすでに述べた。また、相変態によって構造に変化が起こり、異なった単位胞をとらねばならない場合が生ずる。このようなとき、異なった単位胞間で定義される物理的に同一、あるいは同等な面や方向を変換する必要が生じる。

たとえば六方晶に歪みが入って、その結晶を直方晶（斜方晶）で記述したいときがある。この場合、二つの単位胞を表す基本ベクトルを $\vec{a}, \vec{b}, \vec{c}$ および $\vec{A}, \vec{B}, \vec{C}$ で表せば次の関係が成立する。

$$\vec{A} = 2\vec{a} + \vec{b}$$
$$\vec{B} = \vec{b} \tag{7.9}$$
$$\vec{C} = \vec{c}$$

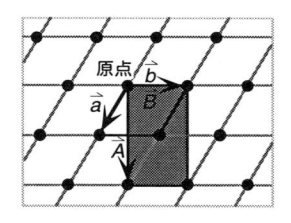

図 7.27 六方晶を記述する二つの格子点を含む直方体の単位胞

この関係は変換マトリックス $\tilde{P}$ を用いて次のように表せる。

$$\begin{pmatrix} \vec{A} \\ \vec{B} \\ \vec{C} \end{pmatrix} = \tilde{P} \begin{pmatrix} \vec{a} \\ \vec{b} \\ \vec{c} \end{pmatrix} \quad \left(\tilde{P} = [p_{ij}] = \begin{pmatrix} 2 & 1 & 0 \\ 0 & 1 & 0 \\ 0 & 0 & 1 \end{pmatrix} \right) \tag{7.10}$$

逆の関係は変換マトリックス $\tilde{P}$ の逆マトリックス $\tilde{P}^{-1}$ により与えられる。これを $\tilde{Q}$ と置こう。

$$\begin{pmatrix} \vec{a} \\ \vec{b} \\ \vec{c} \end{pmatrix} = \tilde{Q} \begin{pmatrix} \vec{A} \\ \vec{B} \\ \vec{C} \end{pmatrix} \quad \left(\tilde{Q} = [q_{ij}] = \begin{pmatrix} ½ & -½ & 0 \\ 0 & 1 & 0 \\ 0 & 0 & 1 \end{pmatrix}; \quad \tilde{Q} = \tilde{P}^{-1} \right) \tag{7.11}$$

多少、煩雑となるが、この逆マトリックスは次の形をとる（P_{ij} は p_{ij} の余因数。実際には (7.10), (7.11) のように変換関係を直接、求めた方が簡単）。

$$\tilde{Q} = \tilde{P}^{-1} = \frac{1}{|\tilde{P}|}\begin{pmatrix} P_{11} & P_{21} & P_{31} \\ P_{12} & P_{22} & P_{32} \\ P_{13} & P_{23} & P_{33} \end{pmatrix} = \frac{1}{|\tilde{P}|}\begin{pmatrix} \begin{vmatrix} p_{22} & p_{23} \\ p_{32} & p_{33} \end{vmatrix} & -\begin{vmatrix} p_{12} & p_{13} \\ p_{32} & p_{33} \end{vmatrix} & \begin{vmatrix} p_{12} & p_{13} \\ p_{22} & p_{23} \end{vmatrix} \\ -\begin{vmatrix} p_{21} & p_{23} \\ p_{31} & p_{33} \end{vmatrix} & \begin{vmatrix} p_{11} & p_{13} \\ p_{31} & p_{33} \end{vmatrix} & -\begin{vmatrix} p_{11} & p_{13} \\ p_{21} & p_{23} \end{vmatrix} \\ \begin{vmatrix} p_{21} & p_{22} \\ p_{31} & p_{32} \end{vmatrix} & -\begin{vmatrix} p_{11} & p_{12} \\ p_{31} & p_{32} \end{vmatrix} & \begin{vmatrix} p_{11} & p_{12} \\ p_{21} & p_{22} \end{vmatrix} \end{pmatrix} \tag{7.12}$$

証明は 7.5.5 節で行うが、物理的には一つしかない ある特定の面を (7.10) で関係づけられる二つの単位胞（この場合、六方晶および直方晶）において、それぞれ (hkl) および (HKL) と表せば、これらには次の関係がある。

$$\begin{pmatrix} H \\ K \\ L \end{pmatrix} = \tilde{P} \begin{pmatrix} h \\ k \\ l \end{pmatrix}; \quad \begin{pmatrix} h \\ k \\ l \end{pmatrix} = \tilde{Q} \begin{pmatrix} H \\ K \\ L \end{pmatrix} \tag{7.13}$$

要するに面に関しては、二つの単位胞を定義する基本ベクトルを変換するマトリックスをそのまま用いればよいということで簡単だ。一方、方向に関して次の関係がある。

$$\begin{pmatrix} U \\ V \\ W \end{pmatrix} = \tilde{Q}^t \begin{pmatrix} u \\ v \\ w \end{pmatrix}; \quad \begin{pmatrix} u \\ v \\ w \end{pmatrix} = \tilde{P}^t \begin{pmatrix} U \\ V \\ W \end{pmatrix} \tag{7.14}$$

ここで $\tilde{Q}^t$ は $\tilde{Q}$ の転置マトリックス（transposed matrix、行と列を入れ換えたもの）だ。

7.3.6 晶帯と晶帯軸

互いに平行でない二つの平面は直線を共有して交わる。今、(hkl) 面と $(h'k'l')$ 面が交わって生まれた交線が $[uvw]$ 方向にあるとき、その方向を**晶帯軸**（zone axis）$[uvw]$ と呼ぶ。u, v, w は単位胞を定めるベクトル $\bar{a}, \bar{b}, \bar{c}$ に対して、次式で与えられる。

$$\begin{pmatrix} u \\ v \\ w \end{pmatrix} = \begin{pmatrix} kl'-lk' \\ lh'-hl' \\ hk'-kh' \end{pmatrix} \quad \left(u\bar{a}+v\bar{b}+w\bar{c} = \begin{vmatrix} \bar{a} & \bar{b} & \bar{c} \\ h & k & l \\ h' & k' & l' \end{vmatrix} \right) \quad (7.15)$$

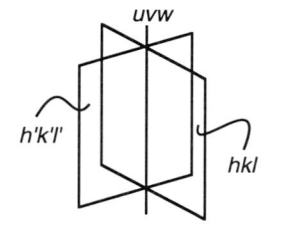

図 7.28 二つの面の交線：晶帯軸

また、これらの面は**晶帯**（zone）$[uvw]$ に属するという。さらに、ある面 (hkl) が晶帯 $[uvw]$ に属するに属するとき、次式が成立する。

$$hu + kv + lw = 0 \quad (7.16)$$

これがワイスの**晶帯則**（Weiss zone law）だ（これらの関係が成立することは 7.5.3 節で確認する）。

7.4 ステレオ投影

結晶の面や方向を 2 次元的に簡潔に図示することが、結晶自体の対称性、集合組織と呼ばれる面の方位分布、あるいは二つの異なった結晶間の方位関係など、様々な応用で必要となる。ここでは最も一般的なステレオ投影について簡単に触れる。

7.4.1 面と面との間の角度

二つの面の角度は面の法線間の角度で表す。たとえば立方晶の場合、(hkl) と $(h'k'l')$ 面間の角度 θ は法線ベクトルの内積をとることにより、次式で表される（付録 E 参照）。

$$\cos\theta = \frac{hh'+kk'+ll'}{\sqrt{h^2+k^2+l^2}\sqrt{h'^2+k'^2+l'^2}} \quad (7.17)$$

結晶に存在するいろいろな面を表すには、その結晶を球の中心に置いて、面の法線がこの球と交わる点でもって表す。この点を**極**（pole）と呼ぶ。また、この球を**参照球**（reference sphere）と呼ぶ。結晶はこの参照球の中心に置かれたのだから、二つの法線によって張られる面は必ず大円の一部となる。そして、この二つの点間の距離は参照球の大円に沿ってのみ正しく測定でき、この距離が法線間の角度、つまり着目している二つの面の間の角度に対応する。

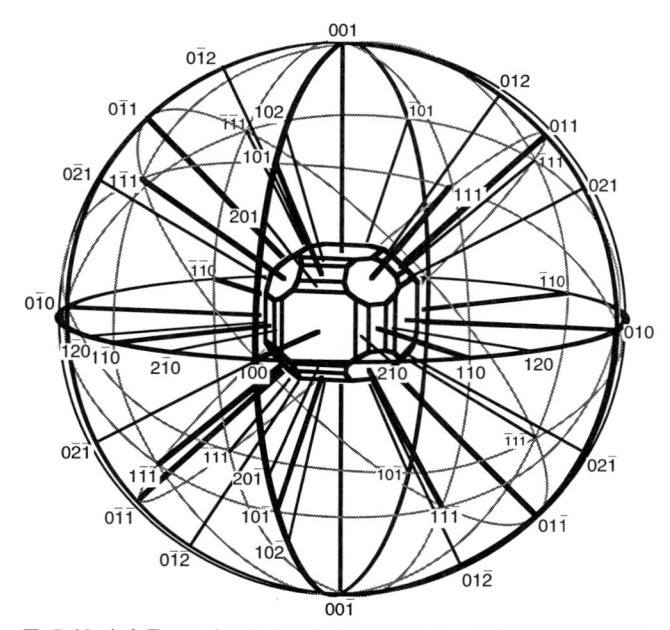

図 7.29 立方晶のいくつかの面をその法線によって参照球に投影する

7.4.2 参照球上の点の投影の方法

参照球の上にある点間の角度を大円上の沿って測ればよいことは判明したが、いちいち参照球を持って歩いているのではいたって不便だ。それより、これを 2 次元に投影したもので考える方が都合がよい（ちょうど地球儀を持ち運ぶより、世界地図を持ち運ぶ方が便利なのに似ている）。地球上の緯度や経度を表すためには、何らかの方法でこれらの球面上の線や点を平面に投影すればよい。

図 7.30 にいくつかの投影法を示した。参照球の中心 A から図のように投影する方法をノモニック投影（gnomonic projection）、反対側の極 B からの投影をステレオ投影（stereographic projection）、無限遠点 C から投影する方法をオーソグラフィック投影（orthographic projection）と呼ぶ。これらの方法で描かれた緯度と経度を図 7.31 に示した（ノモニック投影は 80°まで）。

ノモニック投影では半球を映し出そうとすると無限遠点までいかなくてはならないし、歪みも大きく広範囲の領域の投影には向かない。オーソグラフィック投影では投影された参照球のふちの領域の歪みが大きくなる。一方、ステレオ投影は参照球のそれぞれの部分がほぼ同じ大きさに投影されているだけではなく、参照球上の角度が投影面上にもそのまま正しく映し出されるという我々の目的からしてもってこいの特徴がある（この証明はかなり数学的なので参考書（Kelly, Groves, Kidd (2000)）に任せるとしよう）。そこで、ステレオ投影によって図 7.31(b) のように北極と南極を上下に置いて緯線と経線を投影した図をウルフネット（Wulff net）と呼ぶ。

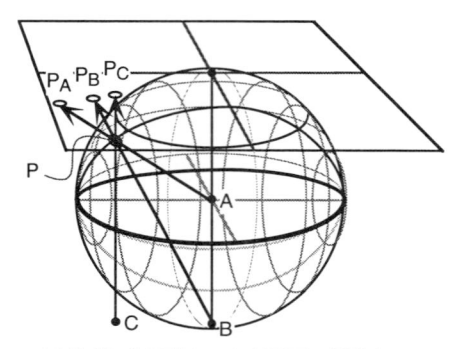

図 7.30 参照球上の点を平面に投影するいくつかの方法

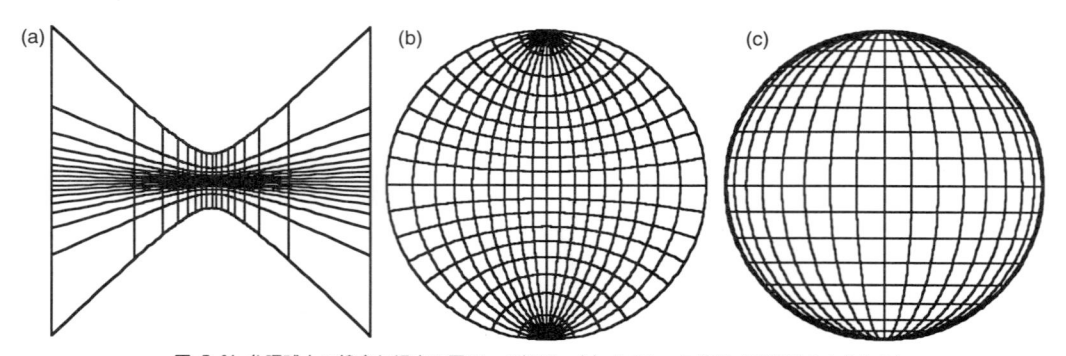

図 7.31 参照球上の緯度と経度の平面への投影：(a) ノモニック投影（参照球の中心から）、(b) ステレオ投影（参照球の反対側の極から）、(c) オーソグラフィック投影（平行線による投影）

問題 7.15 図 7.31(b) において 10°ごとに緯度と経度が示されているが、10°の間隔で囲まれた長方形の四つの角がほぼ直角となっていることを確認せよ。

7.4.3 ステレオ投影の利用法

先に述べたように参照球上の二点間の角度は大円に沿ってのみ正しく測れる。二点が参照球上にある限りこのことは自明だが、いったん平面上にこの二点が投影されると、この二点をよぎる大円の軌跡を投影された平面上で求めなくてはならない。

7.4 ステレオ投影

ここでは仙台（北緯 38°、東経 141°）とシアトル（北緯 47°、西経 122°）間の角度を測ってみよう（付録 A にあるウルフネットを 1 枚をコピーしトレーシングペーパーを用いるか、ウルフネットそのものを OHP 用の透明な用紙に打ち出すと以下の手法を理解しやすい）。

- step 1　ウルフネットの上にトレーシングペーパーを重ね、この二点を記入する。
- step 2　この二点が大円（ウルフネットの経線）上にのるようにトレーシングペーパーを回転し、2 点間の角度を測る。

このようにすると地球の中心から見た二点間の角度は約 68°であることがわかる。

次にオーストラリアのパース（南緯 32°、東経 116°）を中心にして仙台を 50°時計まわりに回転したときの位置を求めてみよう。

- step 1　回転の中心となるパースをステレオグラムの中央となるように参照球全体を東に 116°、北に 32°動かす（仙台も同じだけ移動する）。
- step 2　中央にあるパースを中心に仙台を 50°回転する。
- step 3　パースおよび回転後の仙台を step 1 でずらしたのと逆の方向に移動する。

以上のように (i) 二点間の角度を測るときには対象とする二点が大円上にのるようにする、(ii) ある点を中心に回転するときは回転の中心をステレオグラムの中央に持ってくる、などに注意すればウルフネットを用いた操作は直観的にできる。

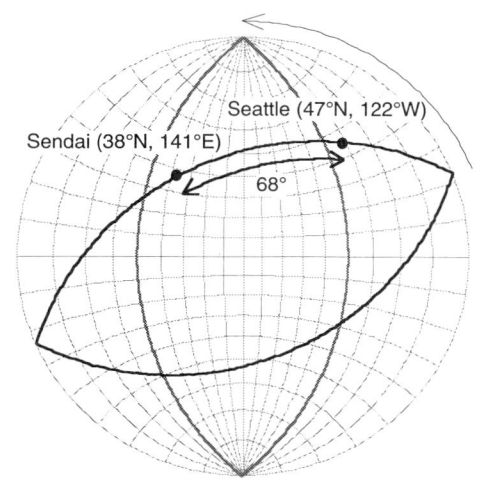

図 7.32　任意の二点間の角度を大円上で測定する

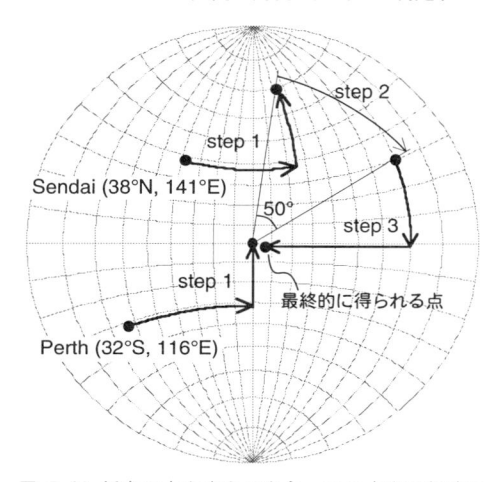

図 7.33　任意の点を中心にもう一つの点を回転する

問題 7.16　地球の半径を 6000 km として東京（北緯 36°、東経 140°）からサンフランシスコ（北緯 38°、西経 120°）までの距離を求めよ。また、大円コースをたどるためには成田を飛び立った飛行機は真北から何度東に傾いた航空路をとらなくてはならないか？

7.4.4　結晶のステレオ投影

次に参照球の中心に結晶を置き、方向や面を表してみよう。先に述べたように、面はその法線が参照球と交差した点（極）をミラー指数でもって表す。また、面は晶帯に属するから（7.3.6 節）、事前に晶帯軸 $[uvw]$ を求めておくと都合がよい。

結晶系にかかわらず晶帯軸 $[uvw]$ とその晶帯に属する面 (hkl) との間にはワイスの晶帯則 (7.16) が成り立っているから、一つの晶帯軸 $[uvw]$ に属する二つの面 $(h_1 k_1 l_1)$ および $(h_2 k_2 l_2)$

第7章 結晶の記述

には次の関係がある。

$$\begin{cases} h_1 u + k_1 v + l_1 w = 0 \\ h_2 u + k_2 v + l_2 w = 0 \end{cases} \tag{7.18}$$

これらの等式は右辺がゼロだから任意の整数 p, q をそれぞれにかけてたせば、次の関係を得る。

$$(ph_1 + qh_2)u + (pk_1 + qk_2)v + (pl_1 + ql_2)w = 0 \tag{7.19}$$

要するに晶帯軸 $[uvw]$ で指定されたある晶帯に $(h_1 k_1 l_1)$ と $(h_2 k_2 l_2)$ という二つの面が属せば、

$$p(h_1 k_1 l_1) + q(h_2 k_2 l_2) \tag{7.20}$$

という面もその晶帯に存在する。

たとえばミラー指数が (100) と (011) である面を含む晶帯には (133) や (522) などの面が存在する。

図 7.34 に立方晶に属する結晶をその 001 極が手前に向かうように置いたときの投影図を示す。これを 001 *標準ステレオ投影*(standard stereographic projection)と呼ぶ。この図には晶帯（晶帯軸で表示した）といくつかの極を示した。

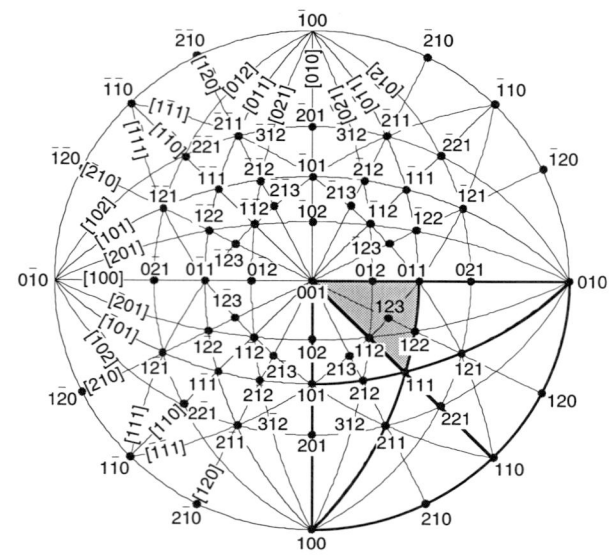

図 7.34 立方晶の００１標準投影

問題 7.17 この図でワイスの晶帯則を確認せよ。また、晶帯が交差した点(極)のミラー指数を求めよ。

上の 001 標準投影の太線で囲まれた六つの領域はハッチングで示した領域を折り返すことにより得られる。このような折り返しをすべての領域にわたって行えば、結局、48 の領域が同等の面指数を有することがわかる。これは立方格子の有する対称性からの帰結であり、bcc 構造や fcc 構造もこのような高い対称性を持つ。一方、立方格子であっても基本構造の存在により結晶構造の対称性が格子の対称性より低下する場合がある（たとえば ZnS 構造）。この場合、指数としては同等であっても物理的に等価な領域の数は少なくなる。

図 7.35 に同じく立方晶の 111 標準投影を示した。この図には各晶帯の晶帯軸は示されていないが、立方晶に限って方位と面法線は同一の方向で表せるので（問題 7.12）、各晶帯から 90°の位置に存在する極の指数はその晶帯軸を表す uvw の値と一致する。

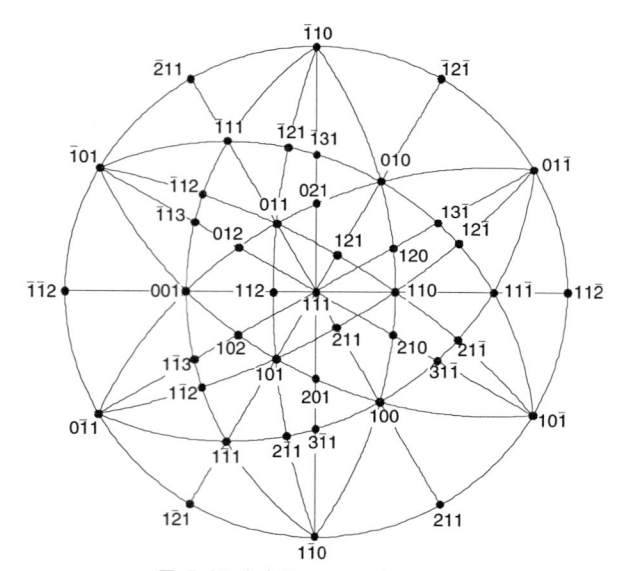

図 7.35 立方晶の１１１標準投影

7.5 逆格子

前節において結晶中に存在する面をその法線で表すことを学んだ。ここではさらに面の周期を繰り入れ、面をより定量的に整理することを考えよう。格子内の周期構造を空間周波数で表した逆格子と呼ばれる3次元の点の集まりは、結晶からの回折を考える際の基礎となる。

7.5.1 結晶中の面と逆格子

結晶は定義により無限に広がっているから面も結晶の中を無限に広がっている（図 7.36(a)）。しかし、単位胞を繰り返すことにより、これらの面はすべて再現されるはずだから、単位胞の中にある面さえ考慮すれば十分だ（図 7.36(b)）。これらの面はそれぞれ面間隔と法線の方向で特徴づけられている（図 7.36(c)）。要するに、これらの面を記述するのに単位胞の中さえ考えれば十分なのだが、面間隔は hkl の指数が大きくなるほど、どんどん小さくなっていくから、いくつもの面を表そうとするといたって不便だ。それより逆数をとったほうがわかりやすい。ちょうどラジオ局からの電波を表すのに波長によらないで、その逆数の周波数を用いることに似ている。ただ、我々の面は3次元に分布している。だから単なる面間隔の逆数というスカラー量では混乱が生じる。そこで、面に垂直な方向に面間隔の逆数の大きさを持ったベクトルにより単位胞内に存在する面を記述することとしよう（図 7.36(d)）。このとき逆数のスケールは自由にとれるが、方向は実際の面と垂直にとらなければならない。

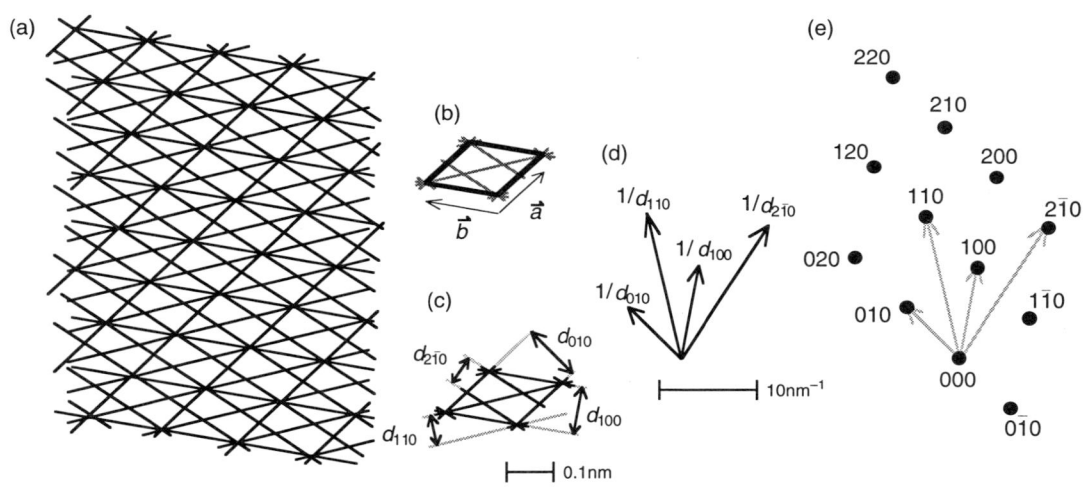

図 7.36 面と逆格子の関係：(a) 結晶に存在する面の例、(b) 単位胞、(c) いくつかの面間隔、(d) 大きさが面間隔の逆数で面に垂直な方向なベクトル、(e) 逆格子（hkl 指数には（ ）をつけない）

このようにすると、それぞれの点が一つひとつの面に対応した格子ができる。これを*逆格子*（reciprocal lattice）という（図 7.36(e)）。さらにこの図をよく見ると、すべての面は実は (100) 面、(010) 面、そして（この図には現れていないが）(001) 面を示すベクトルの和として記述できそうだ。そこで、これらを基本ベクトルと考えて*逆格子基本ベクトル*（reciprocal lattice basis vector）と呼ぶこととしよう。このように表せることは次節で確かめる。さらに (hkl) 面に対応する*逆格子ベクトル*（reciprocal lattice vector）を $\vec{g}_{hkl}$ と表す約束とする。また、逆格子ベクトルで張られる空間を*逆空間*（reciprocal space）と呼ぶ。これに対し、ふつうの格子であることをはっきりさせるため現実の原子が存在する空間を*実空間*（real space）と呼ぶ。

7.5.2 逆格子の構築

逆格子を構築するには確立された数学的手段を用いる方がてっとり早い。以下、実格子を規定するベクトル $\vec{a}, \vec{b}, \vec{c}$ をプリミティブ単位胞を規定する基本ベクトルにとって議論を進める（面心格子や体心格子の場合もプリミティブな単位胞を考える。）

逆格子基本ベクトルの定義　実空間においてプリミティブ単位胞が基本ベクトル $\vec{a}, \vec{b}, \vec{c}$ で表されるならば、対応する逆格子は次の基本ベクトル $\vec{a}^*, \vec{b}^*, \vec{c}^*$ によって構成される。

$$\vec{a}^* = \frac{\vec{b}\times\vec{c}}{\vec{a}\cdot\vec{b}\times\vec{c}}, \quad \vec{b}^* = \frac{\vec{c}\times\vec{a}}{\vec{a}\cdot\vec{b}\times\vec{c}}, \quad \vec{c}^* = \frac{\vec{a}\times\vec{b}}{\vec{a}\cdot\vec{b}\times\vec{c}} \quad \text{（重要）(7.21)}$$

ここで、分母は実空間での単位胞の体積 V に等しい（図7.37）。

$$V = \vec{a}\cdot\vec{b}\times\vec{c} \quad (7.22)$$

一方、逆格子の単位胞の体積を次のように与える。

$$V^* = \vec{a}^*\cdot\vec{b}^*\times\vec{c}^* \quad (7.23)$$

問題 7.18 $VV^* = 1$ を示せ。
（ヒント：公式 $\vec{A}\times(\vec{B}\times\vec{C}) = \vec{B}(\vec{A}\cdot\vec{C}) - \vec{C}(\vec{A}\cdot\vec{B})$ を用いる）

問題 7.19 $\vec{a} = (1/V^*)\vec{b}^*\times\vec{c}^*$ を示せ。

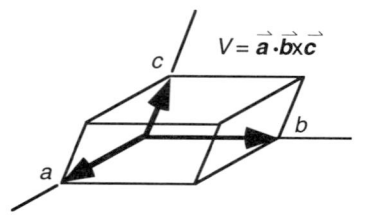

図 7.37 単位胞の体積

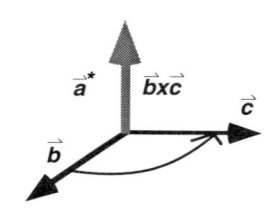

図 7.38 逆格子ベクトルは面に対して垂直

逆格子ベクトルは以下に述べる重要な性質を有している。

(1) 逆格子基本ベクトルの定義から、$\vec{a}^*$ は実空間におけるベクトル $\vec{b}, \vec{c}$ で張られる面と垂直である。$\vec{b}^*$ や $\vec{c}^*$ についても同様だ（図7.38）。

(2) このことから逆格子基本ベクトルと実空間における基本ベクトルとの間に次の関係があることがわかる（(7.21)を代入すれば証明できる（右はまとめた形））。

$$\begin{cases} \vec{a}^*\cdot\vec{a} = \vec{b}^*\cdot\vec{b} = \vec{c}^*\cdot\vec{c} = 1 \\ \vec{a}^*\cdot\vec{b} = \vec{a}^*\cdot\vec{c} = \vec{b}^*\cdot\vec{a} = \vec{b}^*\cdot\vec{c} = \vec{c}^*\cdot\vec{a} = \vec{c}^*\cdot\vec{b} = 0 \end{cases} \Leftrightarrow \vec{u}_i^*\cdot\vec{u}_j = \delta_{ij}\begin{cases} 0 & (i\neq j) \\ 1 & (i=j) \end{cases} \quad (7.24)$$

(3) 一般に、(hkl) 面と対応する逆格子ベクトル $\vec{g}_{hkl}$ とは垂直である。

このためには (hkl) 面内に存在する平行でない二つの任意のベクトルと逆格子ベクトル $\vec{g}_{hkl}$ とが垂直であることを示せばよい。たとえば $\vec{g}_{hkl}$ と図7.39 に示した面内の一つのベクトルとの内積をとる。

$$\vec{g}_{hkl}\cdot\left(\frac{\vec{a}}{h} - \frac{\vec{b}}{k}\right) = (h\vec{a}^* + k\vec{b}^* + l\vec{c}^*)\cdot\left(\frac{\vec{a}}{h} - \frac{\vec{b}}{k}\right)$$

$$= \left(h\vec{a}^*\cdot\frac{\vec{a}}{h} + 0 + 0\right) - \left(0 + k\vec{b}^*\cdot\frac{\vec{b}}{k} + 0\right)$$

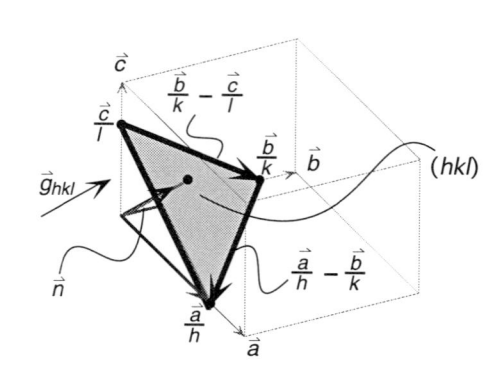

$$= 0 \quad (7.25)$$

図 7.39 hkl 面の面内に存在するベクトルと法線方向の単位ベクトル $\vec{n}$

もう一つのベクトル$(\vec{b}/k - \vec{c}/l)$に関しても同様に内積はゼロとなり、次の関係が導かれる。
$$\vec{g}_{hkl} \perp (hkl) \tag{7.26}$$

(4) $\vec{a}^*$ の大きさは(100)面の<u>面間隔の逆数</u>に等しい（図7.40）(一般には $1/a$ には等しくない)。
$$|\vec{a}^*| = \left|\frac{\vec{b}\times\vec{c}}{\vec{a}\cdot\vec{b}\times\vec{c}}\right| = \frac{|\vec{b}\times\vec{c}|}{|\vec{a}||\vec{b}\times\vec{c}|\cos\theta} = \frac{1}{a\cos\theta} = \frac{1}{d_{100}} \tag{7.27}$$

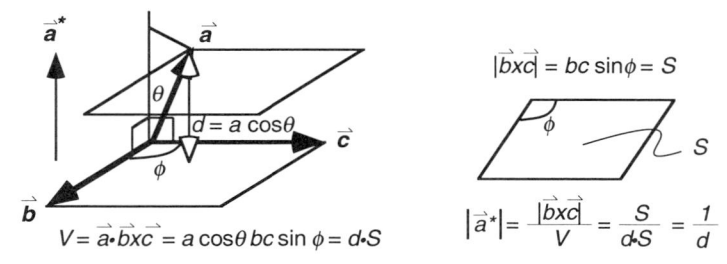

図 7.40 逆格子基本ベクトル $\vec{a}^*$ の大きさは(100)面間隔の逆数に等しい

(5) $\vec{g}_{hkl}$ の大きさはミラー指数 h, k, l で表される面 (hkl) の面間隔に等しい。

まず面 (hkl) に向かう大きさが1の法線ベクトルで$\vec{n}$と置く（図7.39）。これは、$\vec{g}_{hkl}$ を用いて
$$\vec{n} = \frac{\vec{g}_{hkl}}{|\vec{g}_{hkl}|} \tag{7.28}$$

と表せる。一方、面間隔とは原点からその面に向かう任意のベクトルの$\vec{n}$方向への投影にほかならないから、たとえば $\vec{a}/h$ を $\vec{n}$ に投影して、次のように書ける。
$$d_{hkl} = \frac{\vec{a}}{h}\cdot\vec{n} = \frac{\vec{a}}{h}\cdot\frac{\vec{g}_{hkl}}{|\vec{g}_{hkl}|} = \frac{1}{|\vec{g}_{hkl}|}\frac{\vec{a}}{h}\cdot\left(h\vec{a}^* + k\vec{b}^* + l\vec{c}^*\right) = \frac{1}{|\vec{g}_{hkl}|} \tag{7.29}$$

つまり$\vec{g}_{hkl}$の大きさはd_{hkl}の逆数であることが証明された。

以上の知識を簡単な実例で確認しよう。格子は三つの基本ベクトル $\vec{a}, \vec{b}, \vec{c}$ で規定されるが、ここでは簡単のため、$\vec{c}$ が紙面に垂直（手前に向かう）であるとして二つの基本ベクトル $\vec{a}$ と $\vec{b}$ で張られる3次元格子の断面を考えよう（図7.41）。実格子ベクトルのベクトル積をとるか、(100)面と(010)面に垂直になるようにして、まず、逆格子基本ベクトル $\vec{a}^*$ と $\vec{b}^*$ を描く。このとき、逆格子空間のものさしは自由に選べるが、方向は逆格子の定義(7.21)に従った関係にある。

次に一例として (230)面を考えると、逆格子基本ベクトルによって作図的に求めた $\vec{g}_{230}$ は実空間の(230)面と垂直であり、また $\vec{g}_{230}$ の大きさを定めた物差しに従って求めると(230)面の面間隔の逆数に等しいことがわかる。

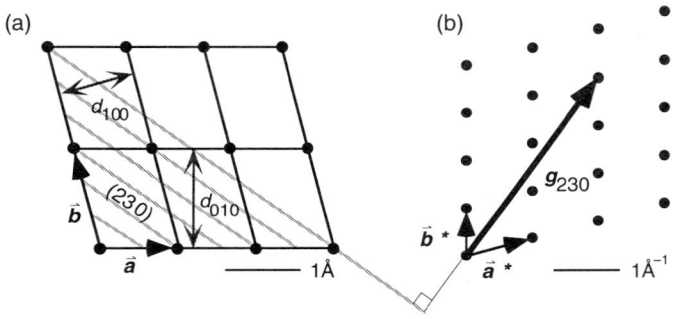

図 7.41 2次元格子における230面と対応する逆格子ベクトル

問題 7.20 格子点が図 7.42 のように与えられている（$\vec{c}$ は紙面に垂直）。作図によりまず、逆格子基本ベクトル $\vec{a}^*$ と $\vec{b}^*$ を求め（スケールは自由でよい）次に逆格子を構築せよ。また (210) 面を実格子に、それに対応する逆格子ベクトル $\vec{g}_{210}$ を（あなたが描いた）逆格子の図に示せ。

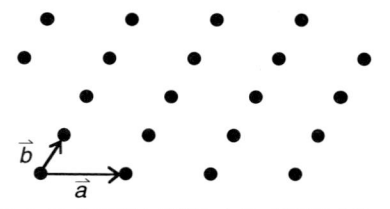

図 7.42 逆格子を構築しよう（問題7.20）

7.5.3 晶帯軸とワイスの晶帯則

ここで逆格子ベクトルが対応する面と垂直なことを用いて、二つの面の交線の方向、すなわち晶帯軸の方向を求めてみよう。図 7.43 からこの方向 $\vec{Z}_{uvw}$ は

$$\vec{Z}_{uvw} \mathbin{/\mkern-6mu/} \vec{g}_{hkl} \times \vec{g}_{h'k'l'} \tag{7.30}$$

で与えられることから、二つの逆格子ベクトルのベクトル積をまず計算して、それを実格子ベクトル $\vec{a}, \vec{b}, \vec{c}$ で表すことを試みる。すなわち、

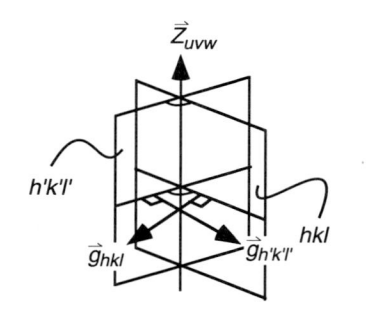

図 7.43 二つの逆格子ベクトルと晶帯軸

$$\begin{aligned}
\vec{g}_{hkl} \times \vec{g}_{h'k'l'} &= (h\vec{a}^* + k\vec{b}^* + l\vec{c}^*) \times (h'\vec{a}^* + k'\vec{b}^* + l'\vec{c}^*) \\
&= (hk'-h'k)\vec{a}^* \times \vec{b}^* + (kl'-k'l)\vec{b}^* \times \vec{c}^* + (lh'-l'h)\vec{c}^* \times \vec{a}^* \\
&= (hk'-h'k)\frac{1}{V}\vec{c} + (kl'-k'l)\frac{1}{V}\vec{a} + (lh'-l'h)\frac{1}{V}\vec{b} \\
&= \frac{1}{V}\begin{vmatrix} \vec{a} & \vec{b} & \vec{c} \\ h & k & l \\ h' & k' & l' \end{vmatrix}
\end{aligned} \tag{7.31}$$

となるから、7.3.6 節で証明なく与えた関係 (7.15) が正しいことがわかった。

また、面の法線ベクトルとその面内にある任意のベクトルは定義により直交する。すなわち、この二つのスカラー積は常にゼロである。よって、面 (hkl) が晶帯 $[uvw]$ に属するとき、その面に対応する逆格子ベクトル $\vec{g}_{hkl}$ と晶帯軸方向のベクトル $\vec{Z}_{uvw}$ の内積はゼロとなる。

$$\vec{g}_{hkl} \cdot \vec{Z}_{uvw} = 0 \tag{7.32}$$

ここで逆格子に関する 2 番目の関係 (7.24) を適用すると、

$$\vec{g}_{hkl} \cdot \vec{Z}_{uvw} = (h\vec{a}^* + k\vec{b}^* + l\vec{c}^*) \cdot (u\vec{a} + v\vec{b} + w\vec{c}) = hu + kv + lw \tag{7.33}$$

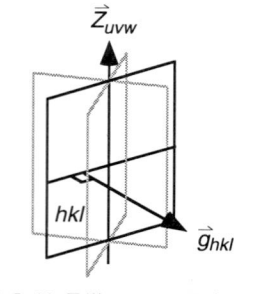

図 7.44 晶帯 uvw に属する面と対応する逆格子ベクトル

を得る。よって、$hu + kv + lw = 0$、すなわちワイスの晶帯則 (7.16) が導かれたことになる。

7.5.4* センタリングがある場合（プリミティブではない単位胞の場合）

面心立方格子を記述するのに、通常はプリミティブ単位胞ではなく、もっと対称性のよい立方体を単位胞にとり、格子点をその原点（0 0 0）に加え、(0 1/2 1/2), (1/2 0 1/2), (1/2 1/2 0) という面心の位置に複数の格子点をセンタリングによって加えた単位胞を用いることは先に述べた。しかし、逆格子を考えるときはプリミティブ単位胞を定めるベクトルを基本と考えたほうがよい。

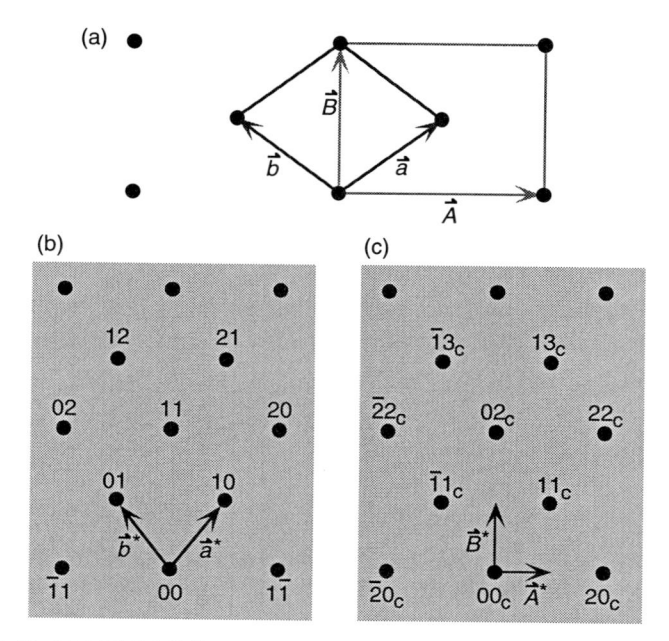

図 7.45 ひし形格子と逆格子：(a) 実格子、(b) プリミティブ単位胞に基づく逆格子、(c) センタリングを伴った長方形単位胞に基づく逆格子の指数付け

このことを 2 次元格子を例にとって考えよう。図 7.45(a) にひし形格子を示した。図中にはプリミティブ単位胞を与える基本ベクトル $\vec{a}, \vec{b}$ および、センタリングによって与えられた格子点を含む（体心）長方形格子を与える基本ベクトル $\vec{A}, \vec{B}$ を示した。最初に定義に従って、プリミティブ単位胞に基づいた逆格子を構築する(図 7.45(b))。このように、ひし形格子の逆格子はやはりひし形格子をなす。ただ、$\vec{a}^*, \vec{b}^*$ などは面に垂直であったからこれら逆格子はこの場合、上に伸びたひし形格子となる。これが物理的に存在する唯一の逆格子だ。そして (hk) 面に対する逆格子ベクトルは一般に次のように書かれる。

$$\vec{g}_{hk} = h\vec{a}^* + k\vec{b}^* \tag{7.34}$$

図 7.45(b) には (hk) 面に対応するミラー指数も示した。たとえば指数 11 は実空間（図 7.45(a)）において $a/1$ および $b/1$ を通過する面に相当する。

次にプリミティブではない単位胞を定めるベクトル $\vec{A}, \vec{B}$ に基づいて得られた逆格子ベクトル $\vec{A}^*, \vec{B}^*$ を、その大きさをきちんと計算してこの逆格子に加えてみよう。これを示したのが図 7.45(c) だ。このように<u>実空間においてプリミティブではない単位胞に対して求めた逆格子基本ベクトルの終点には逆格子点が物理的に存在しない！</u> また各逆格子点を逆格子ベクトル

$$\vec{g}_{HK} = H\vec{A}^* + K\vec{B}^* \tag{7.35}$$

に基づいて指数付けすると図 7.45(c) 中に示したようになる（混乱するので長方形を単位胞としたときの逆格子の指数を 00_c のようにサフィックスをつけて表した）。これからわかるように 01_c とか 12_c とかいった $H+K=$ 奇数の逆格子点は初めから存在しない。また、この二つの単位胞に基づく指数は次のように関係づけられる(7.3.5 節)。

$$\begin{pmatrix} H \\ K \end{pmatrix} = \begin{pmatrix} 1 & -1 \\ 1 & 1 \end{pmatrix} \begin{pmatrix} h \\ k \end{pmatrix} \tag{7.36}$$

第7章 結晶の記述

なぜこのようになったかを逆格子点 01_c（$(01)_c$ 面）を例にとって考えよう。この逆格子点は要するに $\vec{B}^*$ の終点だから、この点を図 7.45(b) に敢えて加えると 1/2 1/2 となる。これは実空間（図 7.45(a)）でいうと $2\vec{a}$ と $2\vec{b}$ を通過する面である。つまり、これは隣のプリミティブ単位胞を通過する(11)面であることがわかる。しかし格子点の定義、互いに等価な点であること、および並進対称性からすると隣の単位胞に存在する面を新しい面と見なすわけにはいかない（そのようなことは、何らかの原因で単位胞が物理的に大きくなったときにのみ許される）。要するに複数の格子点を含む単位胞は本来等価な複数の面を含んでいる。したがって見かけ上、過剰な逆格子点を生じてしまうのだ。

我々にとって身近かな面心立方格子や体心立方格子ではプリミティブではない単位胞が一般的にとられる。これらの逆格子でも原理的にはプリミティブ単位胞（ロンボヘドラル格子をなす）をとり、定義（7.21）に従えば素直に逆格子が求まる。そして fcc 格子の逆格子は bcc であり、その逆もまた成り立つ（図 7.46）。（しかし回折を考える場合、単純格子に基づいたプリミティブでない単位胞をまず考え、それに基本構造として新たな格子点を加え、面心格子等を表すという方法が頻繁に用いられる（8.3節）。）

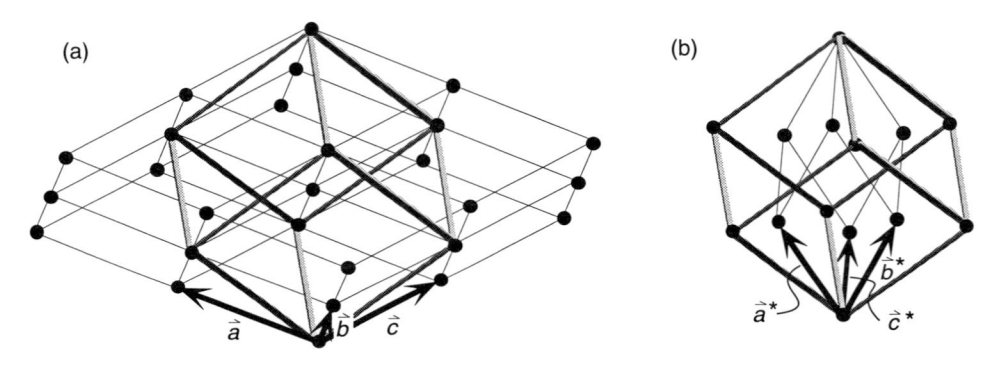

図 7.46 体心立方格子とその逆格子
(a) プリミティブ単位胞で記述した体心立方格子、 (b) 逆格子（面心立方格子をなすことに注意）
（細線で示したのがプリミティブ単位胞に基づく格子）

7.5.5* 異なった単位胞間の関係

前節に関連して同一の格子を二つの異なった単位胞で表記した場合に、物理的には一つしか存在しない面がどのように二つの単位胞（単位系のようなものだ）で記述されるか考えよう。二つの基本ベクトルは変換マトリックス $\tilde{P}$ を介して次式で結ばれている。

$$\begin{pmatrix} \vec{A} \\ \vec{B} \\ \vec{C} \end{pmatrix} = \tilde{P} \begin{pmatrix} \vec{a} \\ \vec{b} \\ \vec{c} \end{pmatrix} = \begin{pmatrix} p_{11} & p_{12} & p_{13} \\ p_{21} & p_{22} & p_{23} \\ p_{31} & p_{32} & p_{33} \end{pmatrix} \begin{pmatrix} \vec{a} \\ \vec{b} \\ \vec{c} \end{pmatrix} \quad (7.37)$$

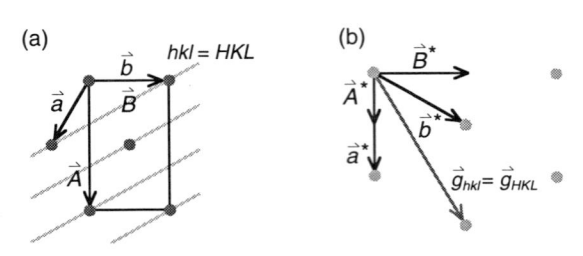

図 7.47 (a) 六方格子のプリミティブ単位胞と格子点を二つ含む単位胞、(b) その逆格子

今、結晶中に存在するある面を考えよう（図 7.47）。この面はプリミティブ単位胞では (hkl)、もう一つの単位胞では (HKL) とミラー指数で記述されるが、物理的にはもちろん同一のものである。逆格子も一つしかないが、逆格子基本ベクトルはそれぞれの単位胞に対して異なって定義されるから図のように

二組できる。しかし、(繰り返すが) $(h\,k\,l)$ あるいは同等に $(H\,K\,L)$ で示される面に対する逆格子ベクトル $\vec{g}(=\vec{g}_{hkl}=\vec{g}_{HKL})$ は物理的に一つしかない。この逆格子ベクトル $\vec{g}$ はルールに従って、それぞれの系の逆格子基本ベクトルを用いて次のように記述される。

$$(\vec{g}=)\,h\vec{a}^*+k\vec{b}^*+l\vec{c}^* = H\vec{A}^*+K\vec{B}^*+L\vec{C}^* \tag{7.38}$$

今、この両辺の $\vec{A}$ に対する内積を評価すると ((7.24) を用いる)、

$$\vec{A}\cdot(h\vec{a}^*+k\vec{b}^*+l\vec{c}^*) = H \tag{7.39}$$

となる。一方、$\vec{A}$ はプリミティブ単位胞と次式で結ばれている ((7.37))。

$$\vec{A} = p_{11}\vec{a}+p_{12}\vec{b}+p_{13}\vec{c} \tag{7.40}$$

これを (7.39) に代入すると、

$$H = p_{11}h+p_{12}k+p_{13}l \tag{7.41}$$

を得る。同様のことを K, L について行えば、結局、7.3.5 節で証明なく与えた関係:

$$\begin{pmatrix}H\\K\\L\end{pmatrix} = \tilde{P}\begin{pmatrix}h\\k\\l\end{pmatrix} = \begin{pmatrix}p_{11}&p_{12}&p_{13}\\p_{21}&p_{22}&p_{23}\\p_{31}&p_{32}&p_{32}\end{pmatrix}\begin{pmatrix}h\\k\\l\end{pmatrix} \tag{7.13}$$

が得られる ((HKL) から (h k l) を求める場合も同様)。

問題 7.21 方向を関係づける式 (7.14) を確認せよ。

7.5.6 実格子ベクトルと逆格子ベクトルとの積

単位胞をプリミティブにとった場合、すべての格子点は p, q, r を整数として、

$$\vec{R}_{pqr} = p\vec{a}+q\vec{b}+r\vec{c} \tag{7.42}$$

と表される。この任意の格子点を表すベクトルと任意の逆格子ベクトル $\vec{g}_{hkl}$ との積をとってみよう。

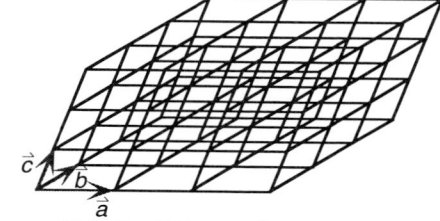

図 7.48 プリミティブ単位胞と格子

$$\vec{R}_{pqr}\cdot\vec{g}_{hkl} = (p\vec{a}+q\vec{b}+r\vec{c})\cdot(h\vec{a}^*+k\vec{b}^*+l\vec{c}^*) = ph+qk+rl = \text{整数} \quad \text{(重要)} \tag{7.43}$$

このように<u>任意の実格子点に向かうベクトルと任意の逆格子ベクトルとの積は常に整数となる</u>。この一見、当然の結果が次章において回折を考えるときの布石となる。

この章のまとめ

- 格子点：周囲の環境が同一であり並進対称操作で限りなく再現される点
- 結晶構造＝格子＋基本構造
- 七つの結晶系、14 個のブラベー格子
- 面と方向、ミラー指数による表記
- ステレオ投影
- 逆格子とその性質

第8章 結晶からの回折

The waves that radiate from the atoms of a crystal combine in an additive way in certain directions from the crystal but annul one another in other directions, ...
           C. Barrett and T.B. Massalski *"Structure of Metals"*

いよいよ結晶という周期的にならんだ原子の集団からの波の散乱を考える準備が整った。ここでは散乱ベクトルが逆格子ベクトルと一致したときに最も強い散乱が起こることを理解する。このことだけから、散乱ベクトルと逆格子を組み合わせたエバルドの作図と呼ばれる方法により、回折がエレガントに記述されることを学ぶ。またフラウンホーファー回折に基づいて、あらわに波の足しあわせを行い、強度が最大となる逆格子点のみでなく、その周辺にも散乱強度が分布することを導く。

8.1 回折の幾何学

この節では点在する散乱体からの波の干渉において、最も強く散乱(回折)される条件だけを考える。散乱体を数学的な点と考え、また、基本格子ベクトルの選択はプリミティブ単位胞を与えるものに限定しよう。単純な話だが、ここでの議論は無限に大きな完全結晶からの取扱いと同じであることを次節で学ぶ。

8.1.1 2点からの散乱:どのようなときに強度が最大となるか

実空間におけるベクトル $\vec{r}$ で関係づけられた同種の点 A と B に、波数ベクトル $\vec{k_0}$ の波が入射し、散乱される状況を復習しよう(5.1節。また、ここでは干渉性散乱のみを考える)。二つの点からの波を十分遠くから見ると、ある方向には強めあい、ある方向には弱めあって観察されるだろう。ここでは一般的な場合として $\vec{k}$ の方向に散乱された波を考える(図8.1)。

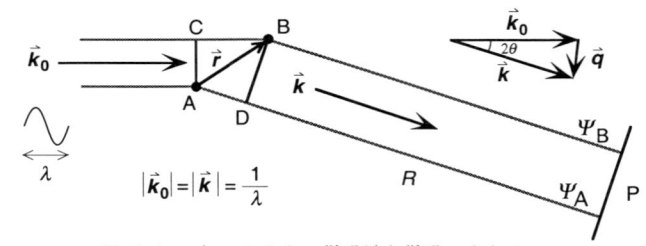

図 8.1 二点 A,B からの散乱波と散乱ベクトル

散乱波の振幅の分布を記述するのに散乱波 $\vec{k}$ そのものではなく、入射波 $\vec{k_0}$ を $\vec{k}$ に向ける散乱ベクトル $\vec{q}$ を用いることは先に述べた(5.1節)。Aから散乱される波とBから散乱される波の光路差 Δ を考えることにより、Rの距離にある点に向かう波 Ψ は次式で与えられる((5.5)式参照)。

$$\begin{aligned}\Psi &= \Psi_A + \Psi_B \\ &= e^{2\pi i(kR-vt)} \cdot G(\vec{q}) \\ &= e^{2\pi i(kR-vt)} \cdot [1+\exp(-2\pi i\vec{q}\cdot\vec{r})]\end{aligned} \tag{8.1}$$

ここで $e^{2\pi i(kR-vt)}$ は試料から検出器に向かう波の持つ共通の位相因子と考えることができる。一方、$G(\vec{q})$ と置かれた $[\cdots]$ で示された項が、検出器の位置 $\vec{q}$ における散乱波の振幅の分布を表しており、我々の測定の対象となる項だ。また、この $[\cdots]$ 内の第2項は -1 から 1 の値をとり、最大となるのは指数の肩が $2\pi i$ の整数倍のときだ。つまり、強めあう干渉は

$$\vec{q}\cdot\vec{r} = \text{整数} \tag{8.2}$$

のときに起こる（要するに光路差が波長の整数倍であるとき、強めあう干渉が起こると言っているだけだ）。

この議論を同種の散乱体が多数あるときに拡張してみよう。すなわち、(5.7) でも見たように、多数の点 $\vec{r}_n$ からの（我々が $\vec{q}$ で観測する）散乱波の振幅が最大となるのは

$$G(\vec{q}) = \sum_n \exp(-2\pi i \vec{q} \cdot \vec{r}_n) \tag{8.3}$$

の指数の肩がすべて $2\pi i$ の整数倍のときだ。$\vec{r}_n$ がてんでばらばらのときは、このような条件は満たされないが、n 個の散乱体がある規則を持って並んでいるときは指数の肩が同時にすべて $2\pi i$ の整数倍となることが予想される。言い換えると、（常に実現するとは限らないが）最も強めあう干渉は散乱ベクトルがすべての $\vec{r}_n$ に対して次の条件を満たしたときに起こる。

$$\vec{q} \cdot \vec{r}_n = 整数 \qquad \text{（重要）} \tag{8.4}$$

以上は波の干渉、すなわち回折学からの結論だ。一方、結晶学の立場からも似たような結論が得られている。つまり、7.5.6 節で述べたように実格子ベクトル $\vec{R}_{pqr}$ と逆格子ベクトル $\vec{g}_{hkl}$ との積は、常に整数になるのであった。繰り返すと、結晶に関して常に次式が成立している。

$$\vec{g}_{hkl} \cdot \vec{R}_{pqr} = 整数 \qquad \text{（重要）} \tag{8.5}$$

ここで散乱体が格子点 $\vec{R}_{pqr}$ のみに存在する場合を考えると、(8.4) において

$$\vec{r}_n = \vec{R}_{pqr} \tag{8.6}$$

と置ける。これを (8.5) と比較して、結晶からの散乱において最も強い干渉は

$$\vec{q} = \vec{g}_{hkl} \qquad \text{（極めて重要）} \tag{8.7}$$

のとき起こると結論される。要するに、

<u>散乱ベクトルが逆格子ベクトルに一致したとき、強い散乱（回折）が起こる。</u>

なんとなく重要な結果がでてきた。(8.7) の意味することを簡単に示したのが図 8.2 だ。幾何学的には言ってることは単純で、逆格子の原点から任意の逆格子点までの逆格子ベクトル $\vec{g}$ と散乱ベクトル $\vec{q}$ が一致するように入射波 $\vec{k}_0$ と散乱波 $\vec{k}$ が位置するとき、$\vec{q}$ の終点に向けて強い散乱が起こるということだ。実空間の言葉だと、結晶中の面の周期と散乱ベクトルの周期が（ちょうど波乗りのように）一致したとき、強い散乱が起こると言えるだろう。

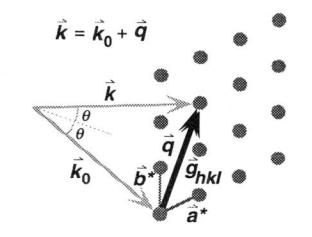

図 8.2 最も強い干渉は散乱ベクトルが逆格子ベクトルと一致したとき起こる

8.1.2 ラウエの式

逆格子ベクトル $\vec{g}_{hkl}$ は逆格子基本ベクトル $\vec{a}^*, \vec{b}^*, \vec{c}^*$ により $\vec{g}_{hkl} = h\vec{a}^* + k\vec{b}^* + l\vec{c}^*$ と表されるので、(8.7) の両辺において $\vec{a}, \vec{b}, \vec{c}$ による内積をとれば

$$\vec{a} \cdot \vec{q} = h; \quad \vec{b} \cdot \vec{q} = k; \quad \vec{c} \cdot \vec{q} = l \qquad \text{（重要）} \tag{8.8}$$

という関係が得られる。これを（三つの）ラウエの式（Laue equations）という。

第8章 結晶からの回折

8.1.3 ブラッグの法則

強い散乱が起こる条件 (8.7) の両辺の絶対値をとってみよう。すると、

$$|\vec{q}| = |\vec{g}_{hkl}| \longrightarrow \frac{2\sin\theta}{\lambda} = \frac{1}{d_{hkl}} \longrightarrow \underline{\lambda = 2d_{hkl}\sin\theta} \quad (重要) \quad (8.9)$$

という関係が得られる。最後の関係を**ブラッグの法則**（Bragg law）という。

図 8.3(a) に (8.9) の真ん中の表現が主張していることをまとめた。また、入射波と回折波の間の角度を 2θ と置いて、実空間で (8.9) 式を焼き直すと図 8.3(b) が得られる。この図を見ると隣り合う hkl 面（この例では (110) 面）から反射された波が 1 波長分だけずれたときに波が強めあうことがわかる。このようなことから hkl 回折スポットをしばしば hkl **反射**と呼び、本書でもそのような表現を用いる（回折点の指数は面ではないので ( ) はつけない）。しかし、多数の原子からの散乱波 $\vec{k}$ が干渉しあって回折が起こるということと、(hkl) 面からの反射とは、物理的に同じではないことに注意したい。

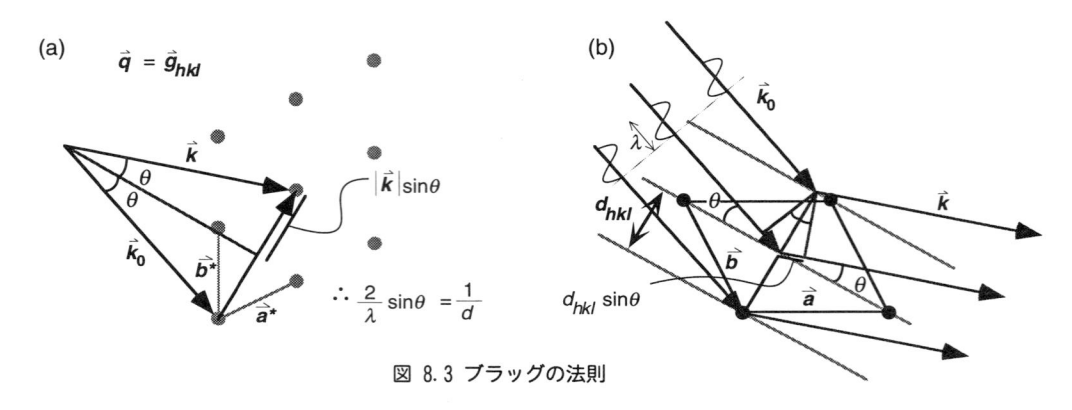

図 8.3 ブラッグの法則

8.1.4 エバルドの作図

次に回折が起こる条件 $\vec{q} = \vec{g}_{hkl}$ を 3 次元的にイメージしたい。散乱ベクトルと逆格子ベクトルを問題としているのだから、まず図 8.4(b) と (c) が別々に描ける。この概念図から出発して、**エバルドの作図**（あるいはエヴァルト、Ewald's construction）と呼ばれている作図法により、回折が起こるときの入射波と散乱波、そして結晶の方位との関係を求めよう。

- **step 1** $\vec{q}$ も $\vec{g}_{hkl}$ も逆空間に存在するベクトルだ。そこで最初に、実格子と一対一の関係にある逆格子の原点を我々の逆空間の原点にとろう。

- **step 2** $\vec{q} = \vec{g}_{hkl}$ という条件を考えているのだから、散乱ベクトル $\vec{q}$ の始点をこの逆格子の原点としよう。すなわち図 8.4(b) と (c) とを重ねて描く。

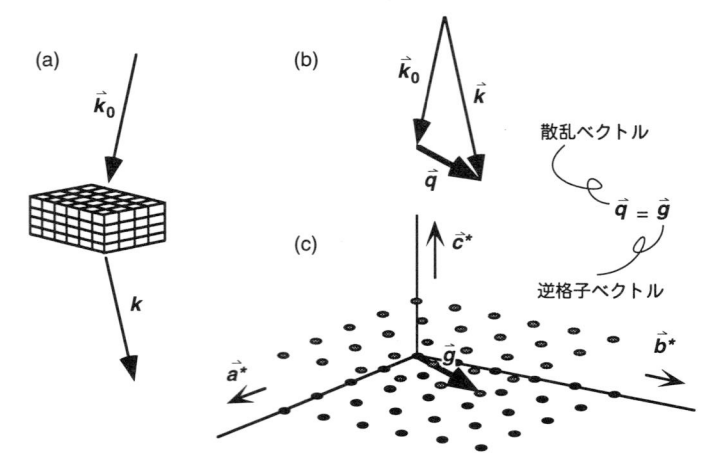

図 8.4 散乱ベクトルと逆格子

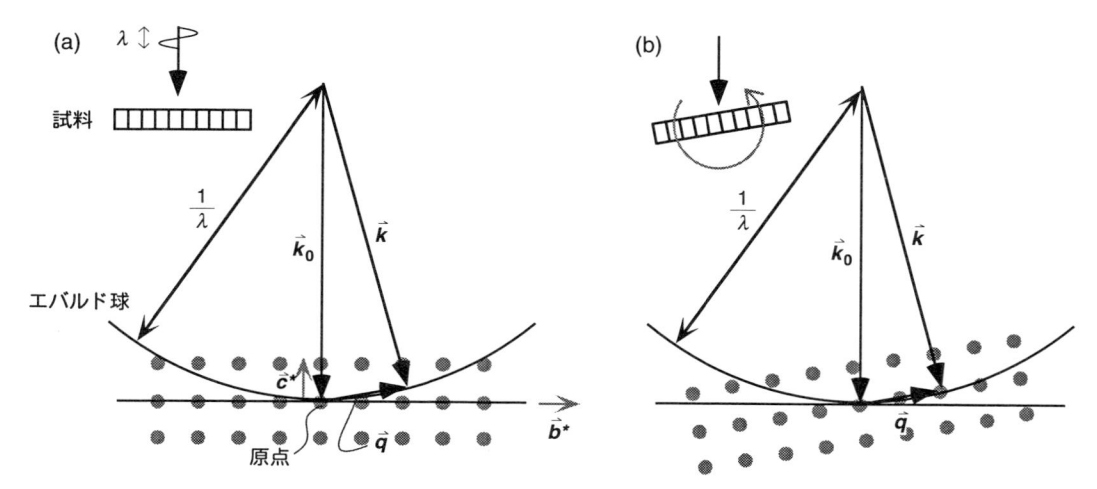

図 8.5 エバルドの作図： (a) 晶帯軸入射の場合、(b) 回折条件が満たされた場合

- step 3　すると入射波を表すベクトル $\vec{k}_0$ は $\vec{q}$ の定義から、この $\vec{q}$ の始点、すなわち逆格子の原点に向かう長さ $1/\lambda$ のベクトルとして描かれる。一方、散乱波 $\vec{k}$ は $\vec{k}_0$ の始点から $\vec{q}$ の終点に向かうベクトルとして表される。

- step 4　$\vec{k}_0$ も $\vec{k}$ もその大きさは $1/\lambda$ であり、かつ、$\vec{k}_0$ と $\vec{k}$ の始点は一致するので $\vec{k}_0$ の始点を中心とする半径 $1/\lambda$ の球を描いてしまおう。これがエバルド球（Ewald sphere）だ。

- step 5　ここまでは特定の $\vec{k}$ について話を進めたが、一般にはこのエバルド球の中心からエバルド球の表面に向かうすべてのベクトルが散乱波 $\vec{k}$ としての資格を持っている。言い換えると、逆格子の原点からエバルド球の表面に向かうすべてのベクトルが散乱ベクトル $\vec{q}$ としての資格を有する（連続的に変化する）。また、我々の検出器は $\vec{q}$ の終点にあり、エバルド球の中心を向いている。

- step 6　回折の極大は $\vec{q} = \vec{g}_{hkl}$ という条件がたまたま満たされたときにおこる。言い換えると、逆格子点 hkl がエバルド球と（たまたま、あるいは意図的に）重なったとき、その $\vec{q}$ の終点で指定された方向に向かう波 $\vec{k}$ は強めあう（図 8.5(b) には試料を回転して逆格子点がエバルド球上に来た場合を示した）。

この作図に関するいくつかの注意点を述べ、以下のページにその例を示す。

○実格子と逆格子とは物理的に一対一の関係にあるから、実格子が回転すれば逆格子も同様に回転する。（∵ 結晶が回転すれば、結晶の面も回転する。）
○逆に結晶は静止したままで入射するX線や電子線の方向が変われば、$\vec{k}_0$ の方向、すなわちエバルド球の中心の位置が変わる。
○結晶、もしくはエバルド球の回転によって、ある逆格子点 hkl がエバルド球を通過すれば、そのときその方向に強い散乱が起こる。
○多結晶の場合、個々の結晶粒に対して逆格子が描けるから、エバルド球を通過する逆格子点の数も多くなるだろう。結晶粒が非常に多いときは常にどれかの結晶粒の逆格子点 hkl がエバルド球を通過していると考えて差し支えないはずだ。
○X線の波長が連続的に変化するときは、半径と中心の位置の異なったエバルド球がたくさん描ける（ただし、$\vec{k}_0$ の終点は逆格子の原点で同じ）。よって、いずれかの波長のX線が（たまたま）そこに存在する逆格子点に対して、回折条件を満たす可能性がある。

以上の例としてX線による散乱を考えよう。現実から遊離しないようにX線回折の基本的なセットアップを図 8.6 に示した。実験的には散乱ベクトルに対してではなく、2θ に対して強度が記録されるが、散乱

第8章 結晶からの回折

角 θ と散乱ベクトルの大きさとは次の関係にあることはこれまでも述べたとおりだ。

$$|\vec{q}| = \frac{2\sin\theta}{\lambda} \tag{8.10}$$

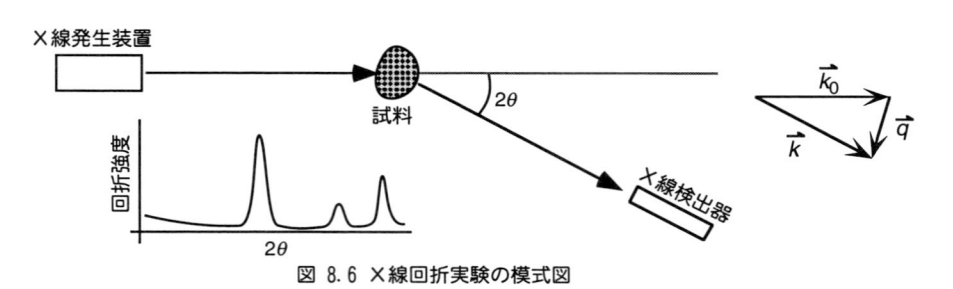

図 8.6 Ｘ線回折実験の模式図

まず図 8.7(a)に試料を固定し、入射波の波数ベクトルを回転させることにより、100 回折の条件を満たした場合を示した。

問題 8.1 200 回折の条件が満たされる場合を作図し、また、散乱角 2θ を図から求めよ（図 8.7(b)）。

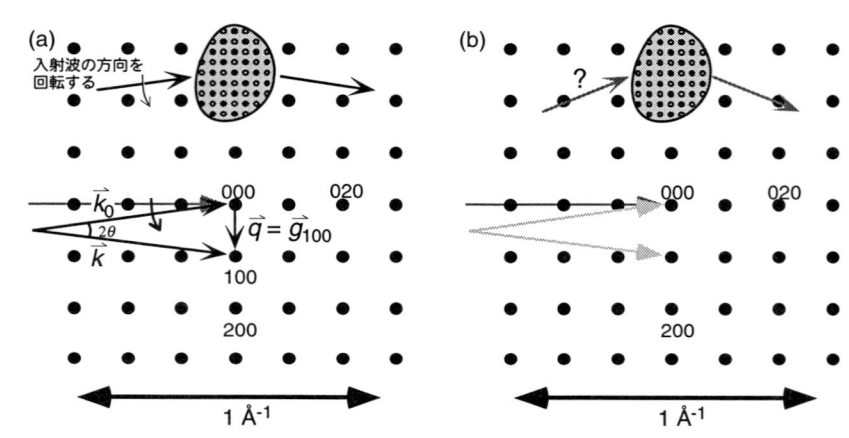

図 8.7 (a) 100反射の条件が満たされた場合、(b) 200反射の場合（問題8.1）

電子線の場合、レンズにより入射波の方向を変えられるが（2.2.1 節）、Ｘ線ではそうはいかない。そこで通常は試料と検出器を動かす。図 8.8 に試料を回転し、いくつかの逆格子点がエバルド球と重なる状況を示した。これらの方向に強い回折が起こり、その方向に検出器があれば強い信号を検出できる。

このように試料を回転すればすべての逆格子点を検出できるかというとそうではない。図からエバルド球の直径内に入る逆格子点のみが回折される可能性を有していることがわかる。すなわち、000 を中心に

$$\frac{1}{d_{hkl}} \leq \frac{2}{\lambda} \tag{8.11}$$

を満たす hkl 反射までが与えられた波長 λ で（原理的には）観察可能だ。このような 000 を中心とする半径 $2/\lambda$ の球を**限界球**（limiting sphere）と呼ぶ。

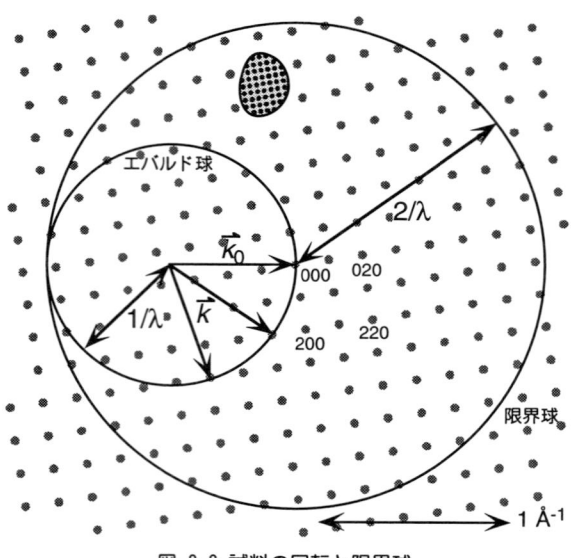

図 8.8 試料の回転と限界球

次に二つの異なった方位を向いた結晶粒（図 8.9(a)）からの散乱を考える。この場合、二組の逆格子が存在し、いずれかの結晶粒が hkl 反射に対する回折条件を満たせば、その方向に強い散乱が起こる。

もっと小さな結晶粒がたくさん試料に存在し、それらの結晶粒が完全にランダムな方向を向いているとしよう。その場合、逆格子も 000 を中心にランダムな方位に描かれるから、結局、「逆格子」は逆格子点の原点を中心とした半径 $1/d_{hkl}$ のいくつもの球となってしまう。

この場合、(8.11)を満たすすべての半径 $1/d_{hkl}$ の球はエバルド球と交わるから（多数の結晶の中にたまたまそのような方向を向いた結晶粒が存在する）、結局、(8.11)を満たすすべての反射が観察される。

最後に、入射するX線の波長が変わった場合を考えよう。図 8.10(a) には二つの波長の λ_1 および λ_2 のX線が入射した場合を示した。この場合、入射波のベクトルの終点は常に逆格子の原点であることに注意して作図する。もちろん、どちらかのエバルド球と交差する逆格子点があれば、その方向に強い散乱が起こる。

X線の波長が連続的な場合、半径 $1/\lambda_{max}$ から $1/\lambda_{min}$ のエバルド球が連続的に存在するから（エバルド球の中心が $C_{max} \sim C_{min}$ 間に連続的に分布する）、図 8.10(b) のハッチングで示した領域に存在する逆格子点は常にいずれかの波長のX線に対して回折を起こす条件を満たしており、それぞれのエバルド球の中心からそれぞれの逆格子点に向けて強い散乱が起こる。

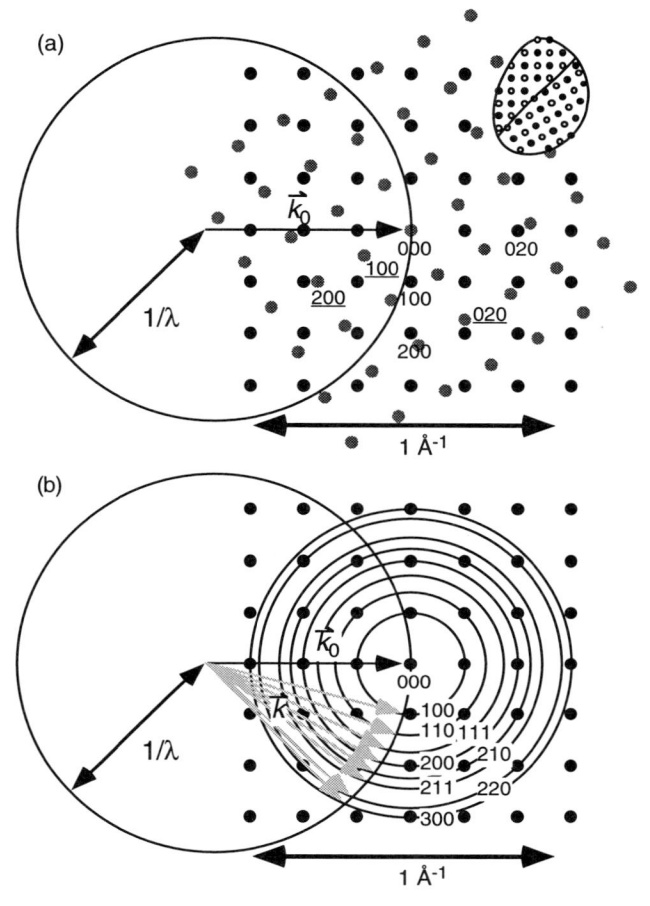

図 8.9 (a) 二つの結晶粒に対応して二組の逆格子が存在する、(b) 非常に多くの結晶が存在する場合（多結晶試料）

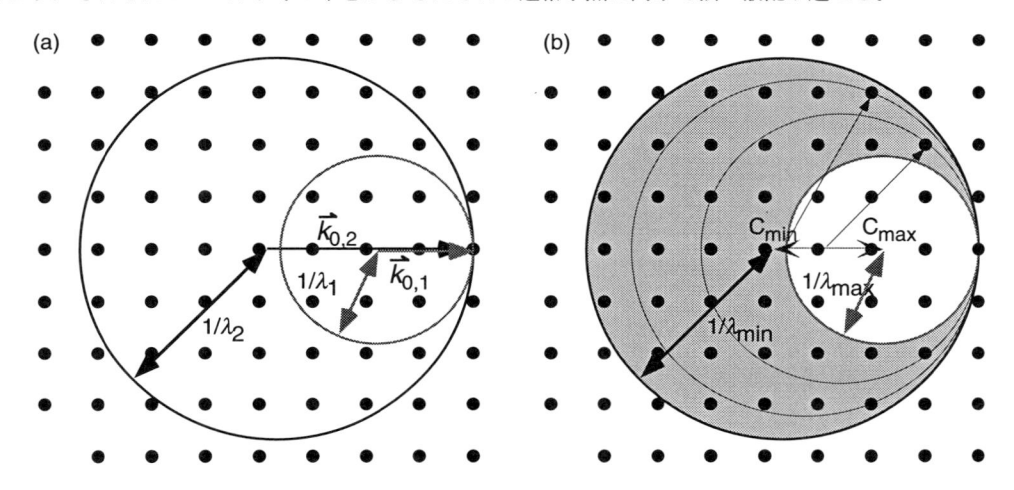

図 8.10 (a) 波長が λ_1 と λ_2 である2種類のX線が同時に入射した場合、(b) 波長が λ_{max} と λ_{min} の間に連続的に分布するX線が入射した場合（エバルド球の中心が連続的に分布）

第8章　結晶からの回折

8.2 有限サイズの結晶からの散乱

ここまでは、実空間においても、逆空間においても、格子点を数学的な点として扱ってきた。本節では、現実の結晶からの散乱を考える第一歩として、格子点上に電子分布を持った散乱体（原子）が1個しかない有限の大きさの結晶を考える。この状況を模式的に図8.11に図示した。

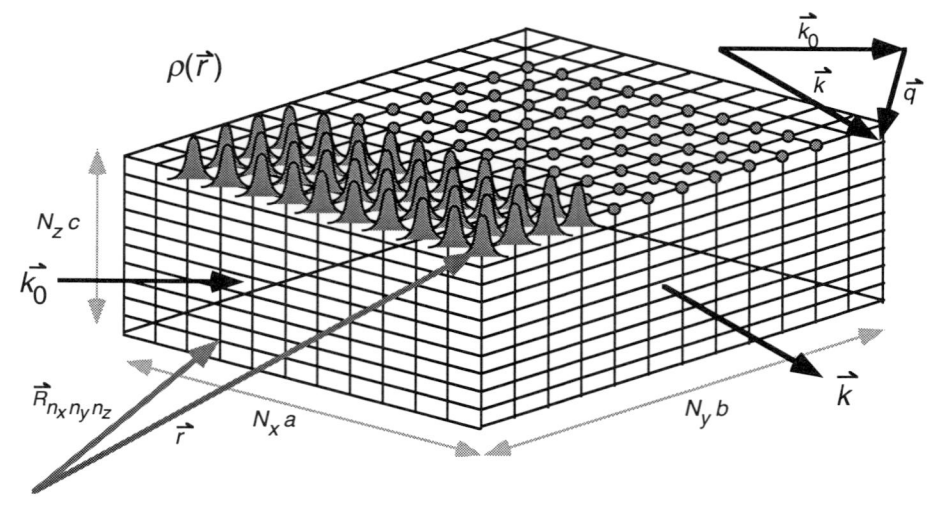

図8.11 有限サイズの結晶からの散乱：プリミティブ単位胞に原子が一つしか存在しない場合

図のように、ここでは我々は基本構造として単位胞の原点に原子が1個、すなわち格子点そのものをとりあえず原子とみなす。ただし第5章で学んだように、X線の場合は電子雲が、電子線の場合はクーロンポテンシャルが空間的に分布した集合体からの散乱を考えねばならない。

まず、散乱ベクトル $\vec{q}$ の終点で観測する散乱波の振幅の分布 $G(\vec{q})$ を考えよう。（繰り返すが我々が観測するのは $\vec{q}$ の終点に向かう波であり、そこに検出器があると考える。また波そのものを表す $e^{2\pi i(kr-\nu t)}$ は位相因子とみなせる。）これは散乱体の電子分布を $\rho(\vec{r})$ として次のように書ける。

$$G(\vec{q}) = \int_{\text{entire crystal}} \rho(\vec{r}) e^{-2\pi i \vec{q}\cdot\vec{r}} dV \quad \text{（重要）} \quad (8.12)$$

図8.12 各格子点のまわりの電子分布

（以下の議論では偏光因子（5.15）や電子半径（5.17）といった「定数項」を除いた、波の干渉に関する項のみを考える。）

まず最初に電子分布 $\rho(\vec{r})$ がどのように表されるかを考えよう。結晶中の個々の原子の周りの電子の分布を $\rho_a(\vec{r})$ と置けば（これは厳密には自由原子の場合と同じとは限らない）、各原子がプリミティブ単位胞を定めるベクトルを基準に周期的に並んでいるのだから、全体の電子分布 $\rho(\vec{r})$ は次のように書ける。

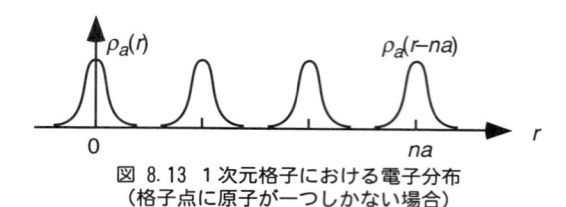

$$\rho(\vec{r}) = \sum_{n_x=0}^{N_x-1} \sum_{n_y=0}^{N_y-1} \sum_{n_z=0}^{N_z-1} \rho_a\left(\vec{r} - \left(n_x\vec{a} + n_y\vec{b} + n_z\vec{c}\right)\right) \quad (8.13)$$

図8.13 1次元格子における電子分布（格子点に原子が一つしかない場合）

（一般にある関数 $f(x)$ をプラス方向に a だけ移動するとき、$f(x-a)$ となることに注意。）

8.2 有限サイズの結晶からの散乱

(8.13) を (8.12) に代入すると次式を得る。

$$G(\vec{q}) = \int \sum_{n_x=0}^{N_x-1} \sum_{n_y=0}^{N_y-1} \sum_{n_z=0}^{N_z-1} \rho_a(\vec{r}-(n_x\vec{a}+n_y\vec{b}+n_z\vec{c}))e^{-2\pi i \vec{q}\cdot\vec{r}} d\vec{r}$$

$$= \int \sum_{n_x=0}^{N_x-1} \sum_{n_y=0}^{N_y-1} \sum_{n_z=0}^{N_z-1} \rho_a(\vec{r}')e^{-2\pi i \vec{q}\cdot(\vec{r}'+n_x\vec{a}+n_y\vec{b}+n_z\vec{c})} d\vec{r}' \qquad (\vec{r}' = \vec{r}-(n_x\vec{a}+n_y\vec{b}+n_z\vec{c}))$$

$$= \int_{\text{atom}} \rho_a(\vec{r}')e^{-2\pi i \vec{q}\cdot\vec{r}'} d\vec{r}' \sum_{n_x=0}^{N_x-1} e^{-2\pi i \vec{q}\cdot n_x\vec{a}} \sum_{n_y=0}^{N_y-1} e^{-2\pi i \vec{q}\cdot n_y\vec{b}} \sum_{n_z=0}^{N_z-1} e^{-2\pi i \vec{q}\cdot n_z\vec{c}}$$

$$= f(\vec{q}) \cdot L_a(\vec{q}) \cdot L_b(\vec{q}) \cdot L_c(\vec{q}) \tag{8.14}$$

ここで第 1 項は一つの原子からの $\vec{q}$ 方向への散乱振幅を表す原子散乱因子 $f(\vec{q})$ (5.24) に他ならないことを利用した。

$f(\vec{q})$ を再度、図 8.14 に示した (Li の場合)。このように原子の中に存在する電子間の相関により、波は干渉し、大きな広がりをもった強度分布を与えるのであった。

$\vec{q}\cdot\vec{a}$ などの項が出てきたので、先に進む前に $\vec{q}$ を我々が考えている結晶の逆格子単位ベクトルで表しておこう。

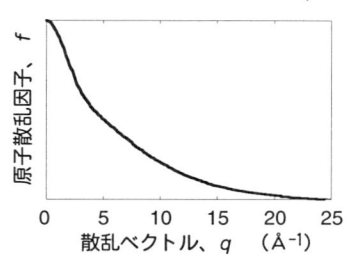

図 8.14 単原子からの散乱 (Liの場合)

$$\vec{q} = q_a \frac{\vec{a}^*}{|\vec{a}^*|} + q_b \frac{\vec{b}^*}{|\vec{b}^*|} + q_c \frac{\vec{c}^*}{|\vec{c}^*|} \tag{8.15}$$

ここで 7.5.2 節で見た逆格子の性質を用いると、たとえば $\vec{q}\cdot\vec{a} = q_a d_{100}$ となる。このことを利用して (8.14) で $L_a(\vec{q})$ と置いた和を次のように展開する (q_a というスカラー量の関数となる)。

$$L_a(\vec{q}) = \sum_{n=0}^{N_x-1} e^{-2\pi i \vec{q}\cdot n\vec{a}} = \frac{1-e^{-2\pi i N_x q_a d_{100}}}{1-e^{-2\pi i q_a d_{100}}} = e^{-\pi i (N_x-1) q_a d_{100}} \frac{\sin \pi N_x q_a d_{100}}{\sin \pi q_a d_{100}} \tag{8.16}$$

最後にくくりだされた指数項は単なる位相因子なので無視し、$\sin Nx/\sin x$ 型の関数を $L(q)$ と置く。この $L(q)$ は有限の格子点の集まりからの干渉によるピーク位置と幅を同時に与えるもので、本書では以後、<u>有限格子の干渉関数</u> (interference function of finite lattice) と呼ぶ。

一方、我々が観察するのは強度であるから、結局、次の量が観察されることとなる。

$$I(\vec{q}) = |G(\vec{q})|^2 = |f(\vec{q})|^2 \cdot |L_a(q_a)|^2 \cdot |L_b(q_b)|^2 \cdot |L_c(q_c)|^2 \qquad \text{(重要)} \tag{8.17}$$

このように結晶全体からの散乱強度であっても、それを構成する原子からの散乱強度と三つの逆格子単位ベクトルの方向に沿った強度分布の積に分離できた。$|L(q)|^2$ はラウエ関数と呼ばれることもある。三つあるが同じ形なので一つの方向について考えれば十分だ。

今、$d_{100}=3\text{Å}$ で単位胞が a 方向に 7 個並んだ場合 ($N=7$) を考えよう。まず、(8.16) に基づいて $|L_a(q_a)|^2$ をプロットする (図 8.15)。

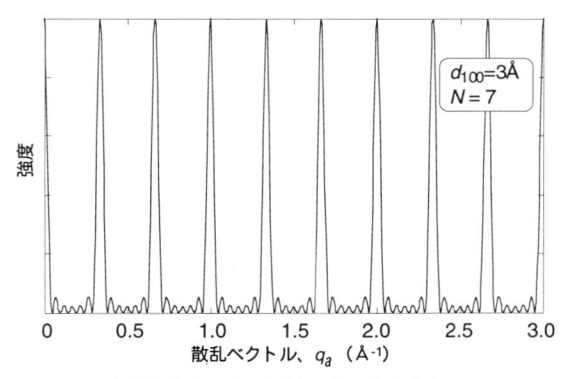

図 8.15 有限な格子からの干渉による強度分布 $|L_a(q_a)|^2$

第8章 結晶からの回折

この図を基にどのような場合に強いピークが得られるか考えてみよう。大きなピークが $1/3\text{Å}^{-1}$ ごとに観察されるが、これはとりもなおさず、我々の結晶の単位胞の (100) 面間隔が 3Å であるからにほかならない。これは逆格子ベクトル $\vec{g}_{100}$ と散乱ベクトル $\vec{q}$ が一致したときに回折が起こるという、先に求めた条件 (8.7) を表している。

つまり回折ピークは

$$\vec{q} = \vec{g}_{hkl} \tag{8.18}$$

を中心に、結晶が有限であることに起因する広がりを持つと結論できる。

先に進む前に、大きなピーク間に存在する小さなピークを考えてみよう。まず、図 8.15 で $q_a=0.33\text{Å}^{-1}$ までの領域を拡大してみる（図 8.16）。

強度がゼロの点が 6 個、その間に小さなピークが 5 個ある。この原因を理解するためには $N=3$、つまりたった 3 個しか単位胞が存在しない場合を考えるとわかりやすい（図 8.17）。つまり、三つの単位胞をスリットと考えると、中央の小さなピークは、両端のスリットからの波の位相に対し、中央のスリットからの位相が π だけずれたことに起因することがわかる。

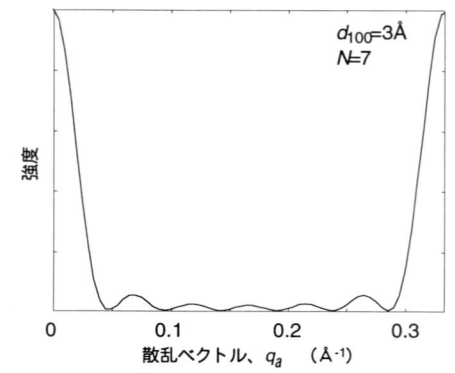

図 8.16 $|L_a(q_a)|^2$ における $q_a=0.33\text{Å}^{-1}$ までの区間

このように、二つの大きなピークの間に発生する小さなピークは、サンプル中の個々の単位胞間からの波の部分的な干渉に起因するものだ。

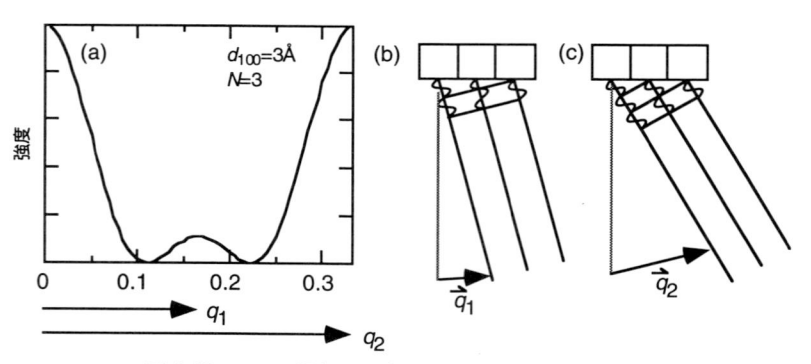

図 8.17 $N=3$ の場合の主ピーク間の構造とその説明

一方、逆格子点付近に発生する主なピークを $N=7$（図 8.16）と $N=3$（図 8.17(a)）で比べると、単位胞の数 N が大きくなるにつれ、主ピークの幅そのものも小さくなることがわかる。つまり、逆格子点付近に発生するピークは δ 関数のようにシャープではなく、ある幅を持ち、この幅はそれぞれの方向に存在する単位胞の数に依存する。たとえば N が 4〜10 というかなり少ない場合でも図 8.18 に示すようにピーク付近での半値幅がほぼ N と反比例の関係にあることがわかる。これは N が大きくなるほど、方向が少しでもずれると波が干渉しあい振幅を相殺してしまうからだ。すなわち、ピーク幅は単位胞が周期的に並んだサンプル全体の大きさを反映している。

8.2 有限サイズの結晶からの散乱

エバルドの作図という観点からすると、試料サイズが小さければ逆格子点を中心に散乱強度が広がりを持ち、多少、逆格子点がエバルド球から離れていてもその方向に散乱が起こると言える。物理的にはフラウンホーファー回折のとき、小さなアパチャーからはブロードなピークが、大きなアパチャーからはシャープなピークが得られたのと同じ現象だ。また、我々の試料は 3 次元的な広がりを持つから、試料形状と逆格子点の周りの散乱強度の広がりは大ざっぱに言って図 8.19(a)のような関係にある。

ここにはフラウンホーファー回折とのつながりを示す目的で 2 次のピークまで図示したが、通常は 1 次のピークのみしか考慮しない。また、電子顕微鏡の試料は数 nm から数 100nm の厚さしかないので、試料の厚さと垂直な方向に広がった散乱強度を持つ。これを*ロッド構造*（rod structure）と呼ぶ。

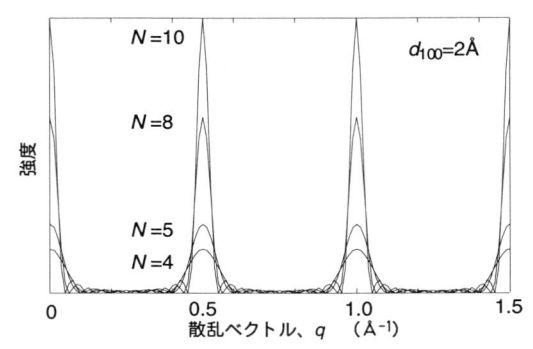

図 8.18 逆格子点近傍の回折強度の広がり

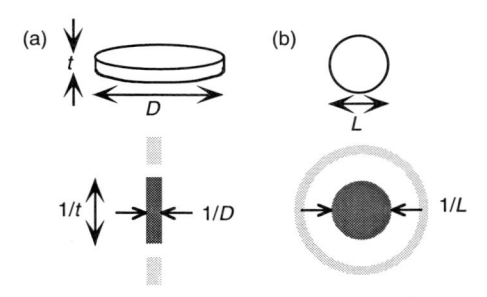

図 8.19 試料形状と回折強度の広がり

まとめると、$\vec{q}=\vec{g}$ というのは依然としてピークを与える必要条件ではあるけれど、我々の試料は有限の大きさを持っているから、回折された波の強度は逆格子点 $\vec{g}_{hkl}$ を中心にしてある程度の広がりを持って分布することが許される。そこで、<u>逆格子点のまわりの散乱強度の広がりを与える因子を*形状因子$A(q)$*</u>（shape factor, form factor, shape function）と呼ぶ。たとえば有限格子の干渉関数は $L(q)$ は $q\to 0$ の近傍では次のように近似できる。

$$L_a(q_a) = \frac{\sin \pi N q_a d_{100}}{\sin \pi q_a d_{100}} \xrightarrow{q\to 0} A_a(q_a) = \frac{\sin \pi N q_a d_{100}}{\pi q_a d_{100}} \quad \text{（重要）(8.19a)}$$

各逆格子点近傍でこのような形に展開できることは 11.1.1 節で導入する励起誤差の概念により明確となる。形状因子としてはより一般に散乱体の形状を与える関数 $a(\vec{r})$ に対して次のように書く。

$$A(\vec{q}) = \int_V \exp(-2\pi i \vec{q}\cdot\vec{r})dV = \int_{-\infty}^{\infty} a(\vec{r})\exp(-2\pi i \vec{q}\cdot\vec{r})d\vec{r} \tag{8.19b}$$

我々はよく逆格子点が広がるという言い方をするが、本来、逆格子点とは数学的な点であり広がりようがない。逆格子点の周囲の回折強度の広がり、というのが正しい表現だ。

最終的に観察されるパターンは 図 8.20 に示すように個々の原子内の電子の干渉による強度分布（原子散乱因子の 2 乗）が、結晶の持つ周期的配列により、ほとんどの場所で打ち消され、逆格子点の近傍のみで試料形状に依存した広がりを持つピークの分布となる。

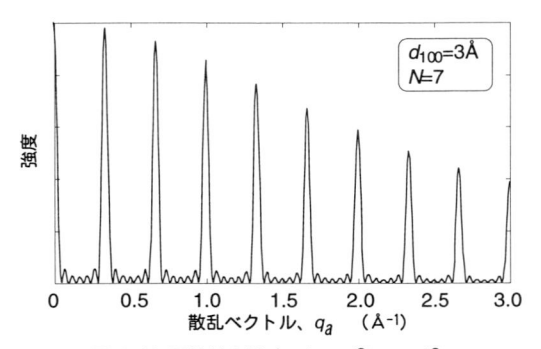

図 8.20 最終的な強度：$|f(q_a)|^2 |L_a(q_a)|^2$

8.3 複数の原子により基本構造が構成されることによる帰結

前節において、結晶のサイズが有限である結果、回折強度が逆格子点を中心に広がりを持つことを学んだ。ここでは格子点にモチーフが付随する一般の結晶構造に議論を拡張する。

8.3.1 波の足しあわせ

すべての結晶構造は格子と基本構造との組合せで表せるのであった。図 8.21 にその状況を再度示した。このように基本構造に複数の原子が存在する場合でも、波の干渉を考える基本は前節のそれとまったく同様である。要するに、結晶全体の電子雲の分布を $\rho(\vec{r})$ とするとき、それぞれの電子から散乱ベクトル $\vec{q}$ 方向へ向かう波を足しあわせればよい（結晶全体にわたって積分すればよいということ (8.12)）。

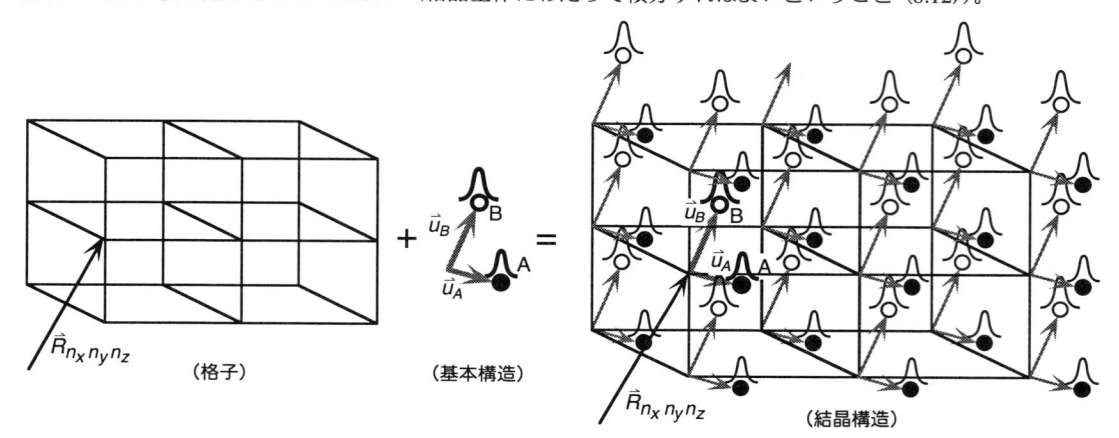

図 8.21 格子点に基本構造を置き、結晶を構築する

今、各格子点から $\vec{u}_A$ と $\vec{u}_B$ で指定される位置に原子 A と B が存在すると考える。前節と同様に格子点位置を $\vec{R}_{n_x,n_y,n_z}$（以降、これを単に $\vec{R}$ と表す）と示せば、原子 A と B の近傍の電子分布を $\rho_A(\vec{r})$ および $\rho_B(\vec{r})$ と置いて、結晶全体の電子分布 $\rho(\vec{r})$ は次のように表せる。

$$\rho(\vec{r}) = \sum_{\vec{R}} \left\{ \rho_A\left(\vec{r} - \left(\vec{R} + \vec{u}_A\right)\right) + \rho_B\left(\vec{r} - \left(\vec{R} + \vec{u}_B\right)\right) \right\} \tag{8.20}$$

ここで和はすべての格子点、すなわち結晶全体にわたってとる。ここまで理解できれば、あとは基本にしたがって積分（すなわち、波の足しあわせ）を行って、散乱波の振幅の分布 $G(\vec{q})$ を求めればよい。

$$G(\vec{q}) = \int_{\text{entire crystal}} \rho(\vec{r}) e^{-2\pi i \vec{q} \cdot \vec{r}} d\vec{r}$$

$$= \int \sum_{\vec{R}} \left\{ \rho_A\left(\vec{r} - \left(\vec{R} + \vec{u}_A\right)\right) + \rho_B\left(\vec{r} - \left(\vec{R} + \vec{u}_B\right)\right) \right\} e^{-2\pi i \vec{q} \cdot \vec{r}} d\vec{r}$$

$$= \int \sum_{\vec{R}} \rho_A\left(\vec{r} - \left(\vec{R} + \vec{u}_A\right)\right) e^{-2\pi i \vec{q} \cdot \vec{r}} d\vec{r} + \int \sum_{\vec{R}} \rho_B\left(\vec{r} - \left(\vec{R} + \vec{u}_B\right)\right) e^{-2\pi i \vec{q} \cdot \vec{r}} d\vec{r} \tag{8.21}$$

このように A 原子と B 原子からの散乱波の和として表されたが、さらに $\vec{r} - (\vec{R} + \vec{u}_A) = \vec{r}'$ などの変数変換を行えば、$\vec{q}$ の終点に向う散乱波の振幅の分布として次の表現を得る。

$$G(\vec{q}) = \int \sum_{\vec{R}} \rho_A(\vec{r}') e^{-2\pi i \vec{q} \cdot \left(\vec{r}' + \left(\vec{R} + \vec{u}_A\right)\right)} d\vec{r}' + \int \sum_{\vec{R}} \rho_B(\vec{r}'') e^{-2\pi i \vec{q} \cdot \left(\vec{r}'' + \left(\vec{R} + \vec{u}_B\right)\right)} d\vec{r}''$$

8.3 複数の原子により基本構造が構成されることによる帰結

$$
\begin{aligned}
&= \int \rho_A(\vec{r}')e^{-2\pi i\vec{q}\cdot\vec{r}'}d\vec{r}' \sum_{\vec{R}} e^{-2\pi i\vec{q}\cdot(\vec{R}+\vec{u}_A)} + \int \rho_B(\vec{r}'')e^{-2\pi i\vec{q}\cdot\vec{r}''}d\vec{r}'' \sum_{\vec{R}} e^{-2\pi i\vec{q}\cdot(\vec{R}+\vec{u}_B)} \\
&= f_A(\vec{q})\cdot\left\{\sum_{\vec{R}} e^{-2\pi i\vec{q}\cdot\vec{R}}\right\}\cdot e^{-2\pi i\vec{q}\cdot\vec{u}_A} + f_B(\vec{q})\cdot\left\{\sum_{\vec{R}} e^{-2\pi i\vec{q}\cdot\vec{R}}\right\}\cdot e^{-2\pi i\vec{q}\cdot\vec{u}_B} \\
&= \left\{f_A(\vec{q})\cdot e^{-2\pi i\vec{q}\cdot\vec{u}_A} + f_B(\vec{q})\cdot e^{-2\pi i\vec{q}\cdot\vec{u}_B}\right\}\cdot\left\{\sum_{\vec{R}} e^{-2\pi i\vec{q}\cdot\vec{R}}\right\} \\
&= F(\vec{q})\cdot L(\vec{q}) \quad\quad\quad\quad\quad\quad\quad\quad\quad\quad\quad\quad\quad\quad\quad\quad\quad\quad (8.22)
\end{aligned}
$$

ここで、格子点全体にわたる指数関数の和 $\{\sum\cdots\}$ は有限格子の干渉関数 $L(\vec{q})$ に他ならない。一方、格子点にたった1個しか原子がない場合は第1項には原子散乱因子しか現れなかったが（上式において、A原子が $\vec{u}_A = 0$ にのみ存在する場合が (8.14)）、複数の原子が基本構造として存在することにより、$f_j(\vec{q})e^{-2\pi i\vec{q}\cdot\vec{r}_j}$ の形の項が足しあわされ、新たに $F(\vec{q})$ として表された。

さらに、ここまでの取扱いを基本構造として多数の原子がある場合に拡張すれば、一般に $F(\vec{q})$ は次のように書ける。

$$F(\vec{q}) = \sum_j f_j(\vec{q})\cdot e^{-2\pi i\vec{q}\cdot\vec{u}_j} \quad\left(=\int_{\text{basis}} \rho(\vec{r})\cdot e^{-2\pi i\vec{q}\cdot\vec{r}}d\vec{r}\right) \quad \text{(重要)} \quad (8.23)$$

ここで右端の表式は (8.21) において結晶に単位胞が一つしかないとしても求まる（$\vec{R} = 0$ のみ考えてもよい）。結局、基本構造を持つ結晶に対して我々は次の量を観測することとなる。

$$I(\vec{q}) = |G(\vec{q})|^2 = |F(\vec{q})|^2 \cdot |L(\vec{q})|^2 \quad \text{(重要)} \quad (8.24)$$

この $F(\vec{q})$ は<u>基本構造を構成する原子間の干渉</u>を表しており、本書では以後、これを<u>基本構造の干渉関数（interference function of basis）</u>と呼ぶ。実空間では

結晶構造＝格子＋基本構造

として、原子の配列が和で表されていた。一方、そのような構造全体からの散乱振幅 $G(\vec{q})$ が格子全体の干渉を表す $L(\vec{q})$ と基本構造内の干渉を表す $F(\vec{q})$ との積で表されたことに注意しよう。

同種の原子が (0 0 0) と (1/2 1/2 1/2) に存在する場合についてこの状況を図 8.22 に示した（同種原子であれば、原子散乱因子がくくりだされる）。

(a) が原子内の電子の分布による干渉項、すなわち原子散乱因子（の2乗）であり、(b) が単位胞にそのような原子が二つあることによる干渉を表している（図 6.5(a) と同じ）。一方 (c) は、そのような単位胞が格子をなすことにより回折ピークが逆格子ベクトルの近傍でしか起こらないという格子の回折条件と、そのピークは試料サイズに反比例した幅を持つという形状因子の効果（あわせて有限格子の干渉関数）を示している。

8.3.2 構造因子

また (8.23) は散乱ベクトル $\vec{q}$ を被関数とする一般的な式であるが、今、無限に大きな結晶を考えると、回折は散乱ベクトルが逆格子ベクトルに厳密に一致し

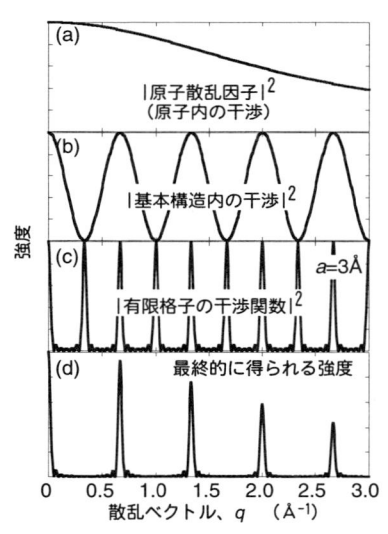

図 8.22 同種原子が (0 0 0)+(1/2 1/2 1/2) に存在する場合の強度分布

第8章 結晶からの回折

たとき（$\vec{q} = \vec{g}$）のみ起こる。このピークの大きさが問題となるので、(8.23) において

$$\vec{q} = \vec{g}_{hkl} = h\vec{a}^* + k\vec{b}^* + l\vec{c}^* \tag{8.25}$$

の場合を考えよう。ここで、j 番目の原子の位置を表すベクトル $\vec{u}_j$ を次のように書く。

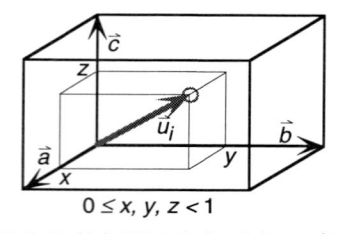

$$\vec{u}_j = x_j\vec{a} + y_j\vec{b} + z_j\vec{c} \quad (0 \le x_j, y_j, z_j < 1) \tag{8.26}$$

図 8.23 基本構造をなすベクトル $\vec{u}_j$

したがって逆格子基本ベクトルの性質から、指数の肩の $\vec{q} \cdot \vec{u}_j$ は

$$\vec{g}_{hkl} \cdot \vec{u}_j = \left(h\vec{a}^* + k\vec{b}^* + l\vec{c}^*\right) \cdot \left(x_j\vec{a} + y_j\vec{b} + z_j\vec{c}\right) = hx_j + ky_j + lz_j \tag{8.27}$$

となるので、結局、$q \to g_{hkl}$ において基本構造の干渉関数 (8.23) は次の形を持つ。

$$\left(F(\vec{q}) \xrightarrow{\vec{q} = \vec{g}_{hkl}}\right) \quad F_{hkl} = \sum_j f_j \cdot e^{-2\pi i(hx_j + ky_j + lz_j)} \quad (\text{重要}) \tag{8.28}$$

これは（結晶の）**構造因子** F_{hkl} (structure factor) と呼ばれ、基本構造を構成するすべての原子からの散乱波の $q = g_{hkl}$ 方向への干渉を表す。

$|L(\vec{q})|^2$ はすべての逆格子点近傍に回折強度を与えるが、一方で、基本構造を構成する原子間の干渉の効果はこの構造因子 F_{hkl} に端的に含まれる。そこで以下、この構造因子が、回折パターンに与える効果をいくつかの実例を通して見てみよう。(本来は散乱ベクトル $\vec{q}$ に対して忠実に (8.24) をプロットすべきなのであるが、通常、サンプルは単位胞に比べ、非常に大きく、したがって逆格子点近傍の細かなピークは表れず、まず $\vec{g}_{hkl}$ において回折強度を評価し、次に形状因子を考慮する。)

例 1　単純立方構造（単純立方格子 ＋ 格子点上に原子が一つ）

最初に単純立方格子に基本構造として原子が一つしかない場合を考えよう（とりあえず、A 原子と呼ぶ）。このような場合、基本構造の原点に原子があるとするのが自然だ。

基本構造：　A 原子 $(x_j, y_j, z_j) = (0,0,0)$ （8.29）

構造因子：　$F_{hkl} = f_A \cdot e^{-2\pi i(h \cdot 0 + k \cdot 0 + l \cdot 0)} = f_A \cdot 1 \longrightarrow |F_{hkl}|^2 = |f_A|^2$ （8.30）

要するに各逆格子点 hkl における強度は $|f_A|^2$ ということを言っている。f_A といっても $\vec{q} = \vec{g}_{hkl}$ における $f_A(\vec{q})$ の2乗値だ。

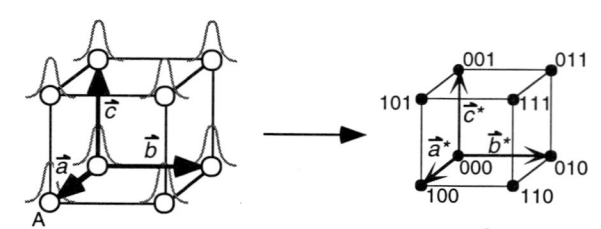

図 8.24 単純立方構造と構造因子、F_{hkl}（$|F_{hkl}|^2$ の分布）

例 2　CsCl 構造（単純立方格子 ＋ 基本構造として異なった二つの原子が立方体の頂点と中心にある場合）

次に CsCl 構造として知られている次の場合を考える。

基本構造： A : (0,0,0);　B : (1/2, 1/2, 1/2) （8.31）

構造因子： $F_{hkl} = f_A + f_B e^{-2\pi i(h/2 + k/2 + l/2)} = f_A + f_B e^{-\pi i(h+k+l)}$ （8.32）

となるが、指数 h, k, l は定義により整数なので、$h+k+l$ は、奇数か偶数かのいずれかだ。つまり、

$$h+k+l \longrightarrow \begin{cases} 2n+1 & \to & e^{-\pi i \cdot (2n+1)} = -1 \\ 2n & \to & e^{-\pi i \cdot 2n} = 1 \end{cases} \tag{8.33}$$

となるから、hkl における強度として次の表式が得られる。

$$|F_{hkl}|^2 = \begin{cases} |f_A - f_B|^2 & (h+k+l = 2n+1) \\ |f_A + f_B|^2 & (h+k+l = 2n) \end{cases} \quad (8.34)$$

この状況を図 8.25 に示した（この図では強度の大きさを定性的に黒丸の大きさで表した）。

このように基本構造の存在は、<u>逆格子点における回折強度に変化を与える。</u>

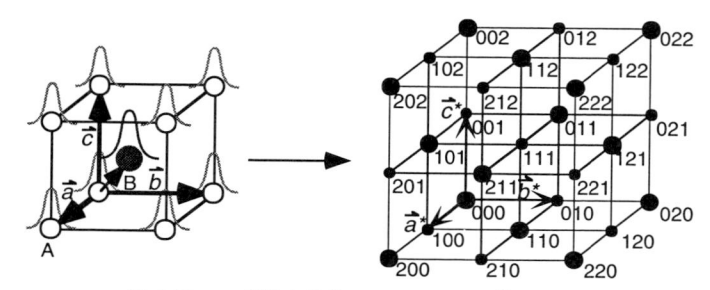

図 8.25 CsCl構造と構造因子、F_{hkl}（$|F_{hkl}|^2$ の分布）

例3 体心立方構造（体心立方格子 ＋ 格子点上に原子が一つ）

上の例で、A と B とがまったく同一の原子の場合、新たな並進対称性が出現し、格子が単純立方格子から体心立方格子となる。7.5.4 節では、プリミティブ単位胞に従って直接、逆格子を導いた（図 7.46）。一方、この構造の単位胞を複数の格子点を含む対称性の高い立方体にとることもできた。波の干渉という立場からすると、このことは、格子を単純立方格子と考え、基本構造として (0 0 0) と (1/2 1/2 1/2) にまったく同一の原子を置き、そこからの散乱を考えることに相当する。

基本構造：A : (0, 0, 0); (1/2, 1/2, 1/2) \qquad (8.35)

構造因子： $F_{hkl} = f_A + f_A e^{-2\pi i(h/2+k/2+l/2)} = f_A(1+e^{-\pi i(h+k+l)})$ \qquad (8.36)

となるが、前項と同様の議論から、直ちに、次の表式が得られる。

$$|F_{hkl}|^2 = \begin{cases} 0 & (h+k+l = 2n+1) \\ 4|f_A|^2 & (h+k+l = 2n) \end{cases} \quad (8.37)$$

これがいわゆる bcc 構造の*消滅則*（extinction rule, systematic absence）として知られている結果である。この状況を図 8.26 を示した。

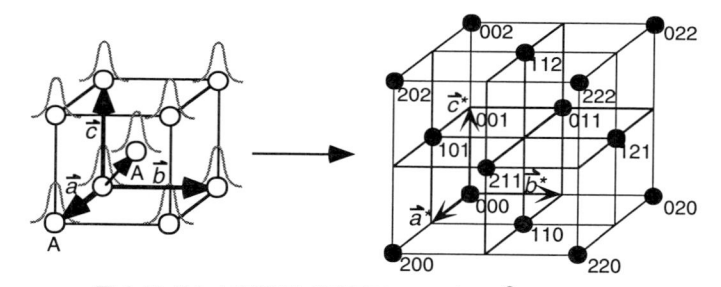

図 8.26 体心立方構造と構造因子、F_{hkl}（$|F_{hkl}|^2$ の分布）

つまり、図 7.46 と同じ結果が波の干渉という立場からも得られてしまった。体心立方格子に対する逆格子は物理的には一つしか存在しないのだから、当たり前と言ってしまえばそれまでだが、7.5.4 節の議論から、体心立方格子に対する逆格子ではここで求めた $h+k+l$=奇数における強度が本質的にゼロであることに注意してほしい。言い換えると、<u>強度を議論する以前に、これらの点には逆格子点が最初から存在しないのである。</u> ここでは二つの格子点を含む単位胞から出発したので、このように「回折強度のゼロの逆格子点」が生まれてしまった。このような消滅則は*空間格子による消滅則*と呼ばれることがある。（プリミティブ単位胞から出発すれば 100, 110, 111 などの逆格子点がすべて生じる。それをプリミティブ単位胞と格子点を二つ含む体心立方構造の単位胞との座標変換で関係づければ、回折を考えなくともこの消滅則は自動的に生まれる。）

問題 8.2 図 7.46 を参考にして、bcc 格子の単位胞をプリミティブ単位胞にとったときに得られる逆格子の指数付けを行い、得られた結果に対してプリミティブ単位胞と通常の bcc 単位胞とを関係づける変換マトリックスを用い（7.5.5 節）、回折を考えずに上記の（空間格子による）消滅則を導け。

例 4　面心立方構造（面心立方格子 ＋ 格子点上に原子が一つ）

複数の格子点を含む単位胞が選択される代表的な例としてもう一つ、面心立方格子に基本構造として原子がたった 1 個しかない場合を考えよう。手続きはまったく同じで、

基本構造：A : (0, 0, 0); (0, 1/2, 1/2); (1/2, 0, 1/2); (1/2, 1/2, 0)　　　(8.38)

構造因子：
$$F_{hkl} = f_A + f_A e^{-2\pi i(0+k/2+l/2)} + f_A e^{-2\pi i(h/2+0+l/2)} + f_A e^{-2\pi i(h/2+k/2+0)}$$
$$= f_A(1 + e^{-\pi i(k+l)} + e^{-\pi i(h+l)} + e^{-\pi i(h+k)}) \qquad (8.39)$$

この表式に対して、指数 h, k, l の組合せを考えると、奇数と偶数が混ざっている（mixed）場合に、構造因子はゼロとなることが導かれ、強度としては次の結果を得る（これも空間格子による消滅則）。

$$|F_{hkl}|^2 = \begin{cases} 0 & (h, k, l : \text{mixed}) \\ 16|f_A|^2 & (h, k, l : \text{unmixed}) \end{cases} \qquad (8.40)$$

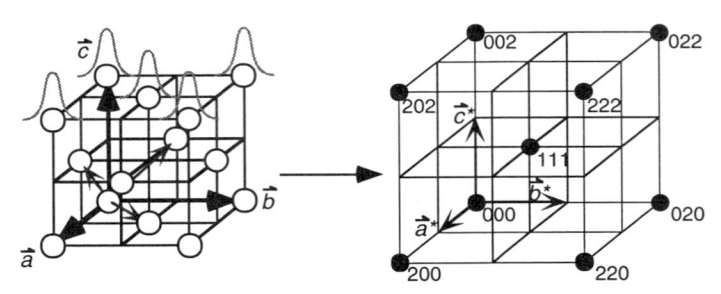

図 8.27　面心立方構造と構造因子、F_{hkl}（$|F_{hkl}|^2$ の分布）

問題 8.3　これまで述べたやり方を参考に、NaCl 構造の構造因子を求めよ。

例 5　ZnS 構造（面心立方格子 ＋ 格子点上および 1 種類の四面体位置に異なった原子が存在）

この構造の基本構造は原子 A : (0, 0, 0)、原子 B : (1/4, 1/4, 1/4)　（あるいは (1/4, 1/4, 3/4)）だ。単位胞を立方体にとれば、その立方体に含まれる四つの格子点に対して、原子位置を次のようにあらわに書ける。（図 7.5(b)）

基本構造：
A : (0,0,0); (0,1/2,1/2); (1/2,0,1/2); (1/2,1/2,0)
B : (1/4,1/4,1/4); (1/4,3/4,3/4); (3/4,1/4,3/4); (3/4,3/4,1/4)　　　(8.41)

構造因子も次のように求まる（やってみること）。

構造因子：$F_{hkl} = (1 + e^{-\pi i(k+l)} + e^{-\pi i(h+l)} + e^{-\pi i(h+k)}) \cdot (f_A + f_B e^{-\pi i \frac{h+k+l}{2}})$　　　(8.42)

強度を得るときは、複素共役量をかけることに気をつけると、逆格子点 hkl において次の強度を得る。

$$|F_{hkl}|^2 = \begin{cases} 0 & (h, k, l : \text{mixed}) \\ 16|f_A + f_B|^2 & (h, k, l : \text{unmixed}, h+k+l=4n) \\ 16(|f_A|^2 + |f_B|^2) & (h, k, l : \text{unmixed}, h+k+l=4n\pm 1) \\ 16|f_A - f_B|^2 & (h, k, l : \text{unmixed}, h+k+l=4n\pm 2) \end{cases} \qquad (8.43)$$

図 8.28 に示したように、逆格子単位ベクトルの 4 倍の長さを一辺とする面心立方格子の "四面体位置"（$h+k+l=4n\pm 1$）と "八面体位置"（$h+k+l=4n\pm 2$）に上記の強度を有する回折強度分布が得られる。

ここで A と B とが同種の原子である場合（要するにダイヤモンド構造）、(8.43) の最後の表式から $h+k+l=4n\pm 2$ の場合の強度はゼロであるという新しい消滅則が生まれる。この消滅則は bcc 構造や fcc 構造において通常とられる単位胞がプリミティブではないことに起因する(空間格子による)消滅則とは異なり、基本構造の規則性に起因する本質的なものだ。

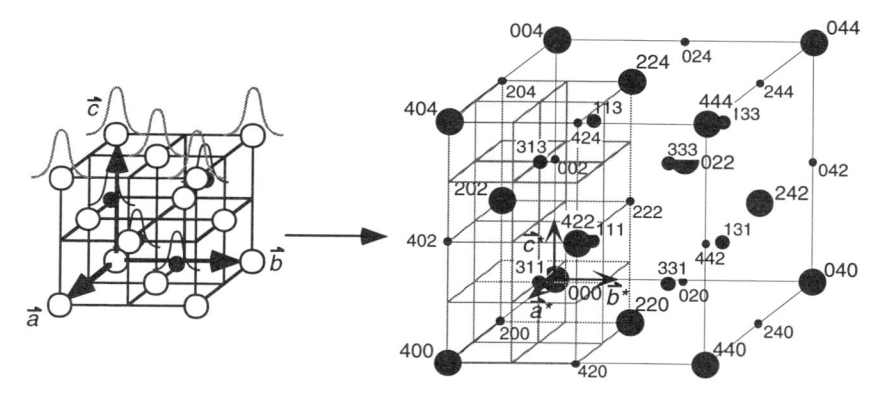

8.3 複数の原子により基本構造が構成されることによる帰結

図 8.28 ZnS 構造と構造因子、F_{hkl} ($|F_{hkl}|^2$ の分布)

問題 8.4 ダイヤモンド構造（ZnS 構造において A 原子と B 原子が同一の場合）の構造因子を調べよ。

例6 hcp 構造

六方格子に基本構造として (0, 0, 0) と (2/3, 1/3, 1/2) に同一の原子が置かれた構造だ。よって、構造因子は次のように書ける。

$$構造因子：F_{hkl} = f\left\{1+\exp\left(-2\pi i\left(\tfrac{2h+k}{3}+\tfrac{k}{3}+\tfrac{l}{2}\right)\right)\right\} = f\begin{cases}1+\exp\left(-2\pi i\left(\tfrac{2h+k}{3}\right)\right) & l:\text{even}\\ 1-\exp\left(-2\pi i\left(\tfrac{2h+k}{3}\right)\right) & l:\text{odd}\end{cases} \quad (8.44)$$

そして、逆格子点 hkl において次の強度を得る（図 8.29）。

$$|F_{hkl}|^2 = f^2\begin{cases}4\cos^2\left(\pi\tfrac{2h+k}{3}\right) & (l:\text{even})\\ 4\sin^2\left(\pi\tfrac{2h+k}{3}\right) & (l:\text{odd})\end{cases} = \begin{cases}4f^2 & 2h+k=3n, & l:\text{even}\\ f^2 & 2h+k=3n\pm 1, & l:\text{even}\\ 0 & 2h+k=3n, & l:\text{odd}\\ 3f^2 & 2h+k=3n\pm 1, & l:\text{odd}\end{cases} \quad (8.45)$$

ここで出現した消滅則（$2h+k=3n$, l:奇数）も基本構造の規則性に起因する（本来の）消滅則だ。

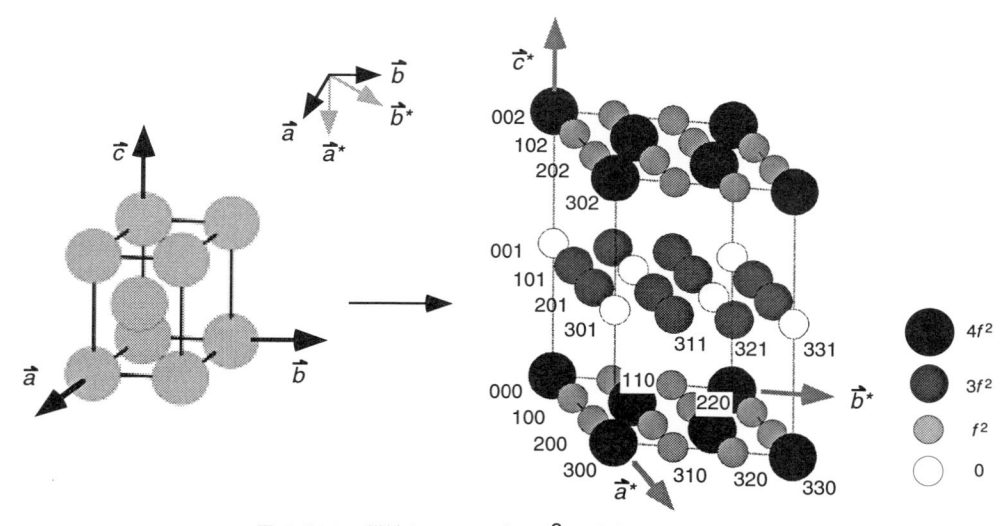

図 8.29 hcp 構造と、F_{hkl} ($|F_{hkl}|^2$ の分布)

8.4* 温度の効果

ここまでの取扱いは原子が静止していると仮定してのものであった。一方、実際の電子は平衡点を中心に振動している。このような場合、回折図形にどのような影響がでるのであろうか？ ここではプリミティブ単位胞をとり、かつ基本構造として原子がたった1個しか存在しない場合を考えよう。

n 番目の原子の平衡点からのずれを $\vec{\Delta}_n$ と表せば、結晶中の電子分布（8.13）は一般に次のように書ける。

$$\rho(\vec{r}) = \sum_{n=0}^{N-1} \rho(\vec{r} - (\vec{R}_n + \vec{\Delta}_n)) \tag{8.46}$$

よって、$\vec{q}$ の終点における散乱波の振幅の分布は次式で表される。

$$G(\vec{q}) = \int \sum_{n=0}^{N-1} \rho(\vec{r} - (\vec{R}_n + \vec{\Delta}_n)) e^{-2\pi i \vec{q} \cdot \vec{r}} d\vec{r} \tag{8.47}$$

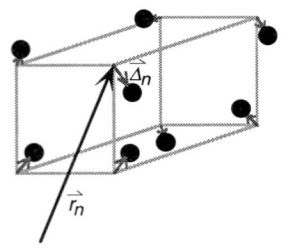

図 8.30 熱振動などによる原子位置のずれ

ここで $\vec{r}' = \vec{r} - (\vec{R}_n + \vec{\Delta}_n)$ という変数変換をすれば、次のように変形できる（(8.14)を求めた方法と同じ）。

$$G(\vec{q}) = \sum_{n=0}^{N-1} f(\vec{q}) \cdot e^{-2\pi i \vec{q} \cdot \vec{R}_n} \cdot e^{-2\pi i \vec{q} \cdot \vec{\Delta}_n} \tag{8.48}$$

我々が観察するのは強度であり、かつ（ディテクターはゆっくり動くので）時間平均だ。

$$\langle G(\vec{q})^* G(\vec{q}) \rangle = \left\langle \sum_{n'=0}^{N-1} \sum_{n=0}^{N-1} f_{n'}^* f_n \cdot e^{2\pi i \vec{q} \cdot (\vec{R}_n - \vec{R}_{n'})} \cdot e^{2\pi i \vec{q} \cdot (\vec{\Delta}_n - \vec{\Delta}_{n'})} \right\rangle \tag{8.49}$$

この二重和を考えると、もし、$n = n'$ のときは指数の肩はすべてゼロとなってしまうから、和をとればそのような項は Nf^2 を与える。要するに自分自身に対しては熱振動の効果はない。一方、複数の散乱体間の相関距離は熱振動の存在により、あるバラつきを持つだろう。そこで、

$$\langle G(\vec{q})^* G(\vec{q}) \rangle = Nf^2 + \left\langle \sum_{n'} \sum_{n}{'} f_{n'}^* f_n \cdot e^{2\pi i \vec{q} \cdot (\vec{R}_n - \vec{R}_{n'})} \cdot e^{2\pi i \vec{q} \cdot (\vec{\Delta}_n - \vec{\Delta}_{n'})} \right\rangle \tag{8.50}$$

と書いてしまおう。ここで和をとる記号 Σ の肩にあるプライムは、和をとる際、$n = n'$ に相当する項を外すことを意味している。（この取扱いはデバイの式（6.19）から自分自身への相関を分離して分子の干渉関数（6.20）を求めたプロセスと同じだ。）

以下、各原子が独立に熱振動したと仮定して、上の平均をどのようにとるか見てみよう。（以下の取扱いは厳密には立方晶で原子が格子点に1個あるときのみ正しい。）まず $\vec{q}$ 方向への $\vec{\Delta}$ の投影を $\Delta_\perp$ と表せば、$\vec{q} \cdot (\vec{\Delta}_n - \vec{\Delta}_{n'}) = q \cdot (\Delta_{n\perp} - \Delta_{n\perp}')$ とスカラー量となるが、この量は 1 よりずっと小さいので、最後の指数項は次のようにガウス関数の形になる。

$$\begin{aligned}
\langle e^{2\pi i q \cdot (\Delta_{n\perp} - \Delta_{n\perp}')} \rangle &\cong \langle 1 + \{2\pi i q \cdot (\Delta_{n\perp} - \Delta_{n\perp}')\} + \tfrac{1}{2}\{2\pi i q \cdot (\Delta_{n\perp} - \Delta_{n\perp}')\}^2 + \cdots \rangle \\
&= \langle 1 - 2\pi^2 q^2 \cdot (\Delta_{n\perp}^2 - 2\Delta_{n\perp}\Delta_{n\perp}' + \Delta_{n\perp}'^2) + \cdots \rangle \\
&= \langle 1 - 2\pi^2 q^2 \cdot (\Delta_{n\perp}^2 + \Delta_{n\perp}'^2) + \cdots \rangle \\
&= e^{-2\pi^2 q^2 \cdot 2 \langle \Delta_{n\perp}^2 \rangle}
\end{aligned} \tag{8.51}$$

8.4 温度の効果

ここで時間平均をとることにより、$\langle \Delta_{n\perp} \rangle$ などはゼロであると考え、また、どの原子の位置的ばらつきも平均をとれば等しいと仮定している。結局、

$$M = 2\pi^2 \langle \Delta_\perp^2 \rangle q^2 \quad \left(= 2\pi^2 \langle \Delta_\perp^2 \rangle \left(\frac{2\sin\theta}{\lambda}\right)^2 = 8\pi^2 \langle \Delta_\perp^2 \rangle \left(\frac{\sin\theta}{\lambda}\right)^2 = B\left(\frac{\sin\theta}{\lambda}\right)^2 \right) \tag{8.52}$$

と置いて、(8.50) は次のように書ける。

$$\langle G(\vec{q})^* G(\vec{q}) \rangle = Nf^2 + e^{-2M} \sum_{n'} \sum_{n}{}' f_{n'}^* f_n \cdot e^{2\pi i \vec{q}\cdot(\vec{R}_n - \vec{R}_{n'})} \tag{8.53}$$

この e^{-2M} をデバイ–ウォーラー因子(Debye-Waller factor)という。($2M$ をデバイ–ウォーラー因子と呼ぶこともある。)最後に、この式の二重和にあるプライムがわずらわしいので、$1 = (1 - e^{-2M}) + e^{-2M}$ を第1項に掛けることで、再び、和に取り込むという操作を行うと、次の式を得る。

$$\langle G(\vec{q})^* G(\vec{q}) \rangle = Nf^2(1 - e^{-2M}) + e^{-2M} \sum_{n'} \sum_{n} f_{n'}^* f_n \cdot e^{2\pi i \vec{q}\cdot(\vec{R}_n - \vec{R}_{n'})} = Nf^2(1 - e^{-2M}) + e^{-2M}|f \cdot L(\vec{q})|^2 \tag{8.54}$$

この状況を図 8.31 に示す。このように、熱振動の効果は

(1) q が大きくなるにつれ、デバイ–ウォーラー因子により回折強度がダンピングされる(幅には影響ない)

(2) q が大きくなるにつれ、バックグランドに一様な回折強度が現れる

の2点である。この熱振動に起因するバックグランドのことを熱散漫散乱(thermal diffuse scattering, TDS)と呼ぶ。

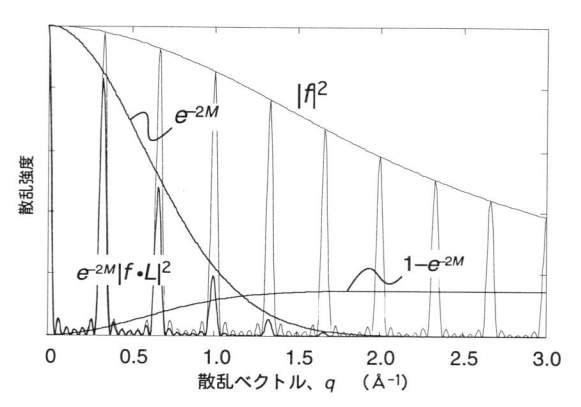

図 8.31 デバイ–ウォーラー因子と熱散漫散乱

この章のまとめ

- 散乱強度に極大を与える条件:$\vec{q} = \vec{g}_{hkl}$(散乱ベクトル=逆格子ベクトル)
- エバルドの作図、ラウエの式、ブラッグの法則
- 有限格子の干渉関数 $L(\vec{q})$:格子の周期性に起因した回折線の位置と試料サイズに起因する回折ピークの幅を同時に与える
- 形状因子 $A(\vec{q})$:逆格子点近傍の試料サイズに起因する回折ピークの幅を与える
- 基本構造の干渉関数 $F(\vec{q})$:基本構造(単位胞)に起因する散乱波の振幅の分布を与える
- 結晶(格子+基本構造)からの散乱波の振幅の分布:$G(\vec{q}) = L(\vec{q}) \cdot F(\vec{q})$
- 構造因子 $F(\vec{q}) \xrightarrow{\vec{q} \to \vec{g}_{hkl}} F_{hkl}$:逆格子点における回折線の振幅を与える
- 熱振動の効果:デバイ・ウォーラー因子 e^{-2M} による強度の減衰と熱散漫散乱(TDS)

第III部　回折と結像の実際

気体分子であろうと、結晶であろうと、物質を構成する原子間に何らかの相関があれば、個々の原子から散乱された波は互いに干渉する。そして散乱ベクトルで指定された方向に向かってサンプルの各部位から進行する波は、擬集光配置を持ったX線回折の場合は集光円上に、電子線回折の場合はレンズ作用により後焦点面に収束される。ここではまず、X線回折法の基本的なことがらに触れたあと、波長のずっと短い電子線回折の幾何学と比べてみよう。さらに電子線に対してはレンズ作用をもたらすことができるから、回折パターンを拡大できるだけではなく、実空間のイメージをスクリーンに映し出すことも可能だ。そこで次にレンズ系としぼりを組み合わせた結像法の基本を見てみたい。また、電子線は物質との相互作用が強く、回折線が再び回折されるということが頻繁に起こる。このことが像に及ぼす効果を動力学的な立場から概観し、次に高分解能電子顕微鏡と呼ばれる位相コントラスト法の原理を見てみよう。そして最後に小角領域の散乱を手始めに、これまで述べることのできなかったいくつかのトピックスに触れる。

第9章　Ｘ線回折法の実際

We conclude that $(I_p)_{max}$ is not a measurable quantity, and turn to a more useful quantity, the "integrated intensity," which can be both calculated and measured.

B.E. Warren　"X-ray Diffraction"

　第Ⅱ部でＸ線や電子線が物質から散乱されるとき、どの方向に強めあうのかを学び、また回折パターンの幅や強度を決める基本的な因子を学んだ。一方、第3章で学んだようにＸ線には特有の集光配置が存在する。多くの場合、この二つが組み合わさって、Ｘ線回折法は一つの確立された実験手法として機能する。ここではＸ線回折でも最も一般的な θ-2θ スキャンと呼ばれている方法においてこれまで学んだ知識がどのように応用されているのかを見てみたい。特に本章では散乱ベクトルと試料位置との関係や積分強度といった実際的な概念を理解することを目標としよう。

9.1　Ｘ線回折の配置と散乱ベクトル

9.1.1　ブラッグ-ブレンターノ配置における散乱ベクトル

　最も一般的に用いられるブラッグ-ブレンターノ擬集光配置の模式図を図 9.1 に示す。第1章で述べたようにＸ線には屈折率の大きく異なる物質が存在しないので、通常の光に対するレンズのように、レンズ作用をもたらすわけにはいかない。そこで多くの場合、検出器（あるいはフィルム）にて必要な強度を確保するための擬集光配置がとられる。また、現在では単色Ｘ線を得るための単結晶を用いたモノクロメータの使用が一般的となってきている。そのため、試料とモノク

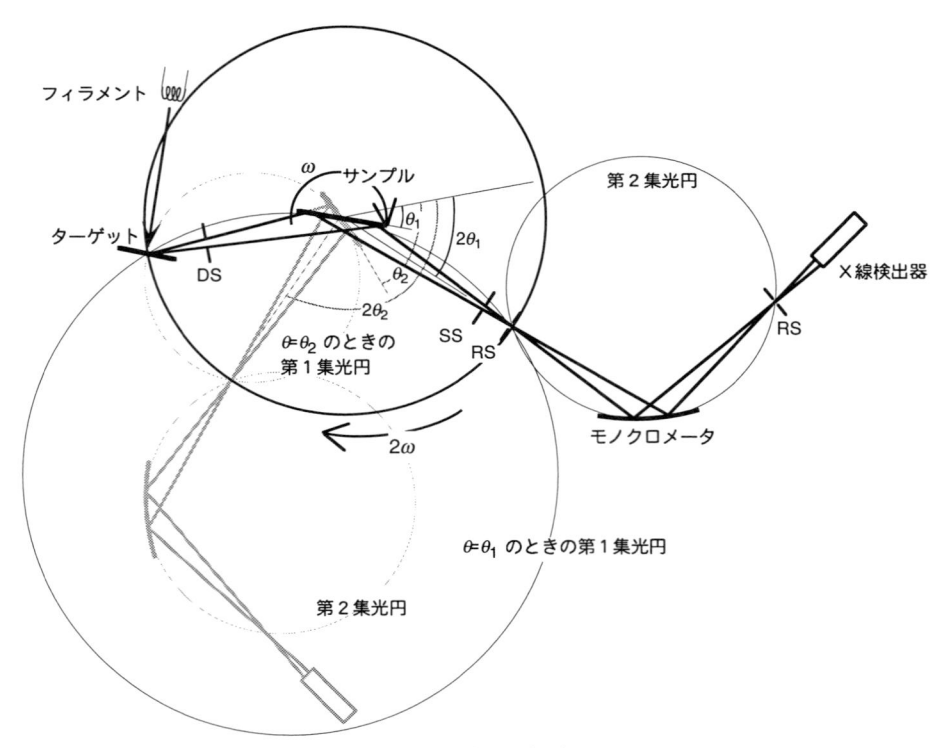

図 9.1　モノクロメータを検出器の前につけたブラッグ-ブレンターノ配置（θ-2θスキャン）

ロメータに対して二つの集光円が存在する。ここではそれぞれ、第1，第2集光円と呼ぼう（3.4.4節）。この集光円上に飛び込むX線の広がりはスリットによって制御される。詳細は専門書に任せるとして、図には基本的な発散スリット (divergence slit: DS)、散乱スリット (scatter slit: SS)、受光スリット (receiving slit: RS) を示した。

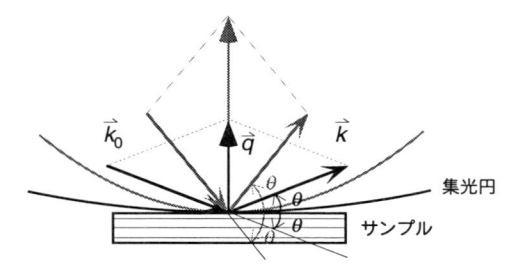

図 9.2 BB配置では散乱ベクトルは集光円の中心に向かい、試料を焦点円に接するように置いた場合、試料面に平行な面間隔だけを検出する

さて、ブラッグ–ブレンターノ配置に限らず、集光を行うためには散乱体を集光円の円周上に置くことが必要であった（3.4.1節）。特にブラッグ–ブレンターノ配置ではサンプルはX線検出器が回転して作る円の中心に置かれるので、第1集光円は検出器の回転とともに時々刻々変化する。図9.1を見ると検出器が 2θ だけ移動すると、サンプルを集光円上に維持するためにはサンプルもちょうどその半分、θ だけ回転しなくてはならないことがわかる。これが θ–2θ スキャンだ。

この方法の特徴は (i) 第1集光円の大きさが θ とともに刻々と変化すること、(ii) 散乱ベクトルが常に集光円の中心を向いており、よって回折条件を満たす可能性を有しているのは焦点円に接する面に平行な面のみであることの2点である。回折の幾何学という立場から重要な帰結は (ii) の結論で、このことから、試料を集光円に接するように置けば試料面に平行な面間隔が抽出され、また入射X線も射出X線も試料面に対して角度 θ にあることがわかる（図9.2）。

一方で、集光円という立場から離れて、単結晶の場合のように逆空間中に並んだ一連の逆格子点に対して逐次、回折条件を満たす条件を考えると（図9.3）、やはりディテクターを 2θ、試料を θ だけ回転する必要があることがわかる。要するにブラッグ–ブレンターノ配置とは、集光円上に試料を置いて、集光条件を確保することと、逆空間中のある方向に並んだ一連の逆格子点に対して回折条件を満たすこととが同時に可能となっている配置といえる。

したがって、単結晶試料を安易に置いても、たまたまある面が集光円と接する面と平行になければ、何のシグナルも得られない。多層薄膜の各層間の間隔を調べるときもそうだが、このような場合、試料ホルダーなど光学系の正しいアラインメントが必須だ。

また、単結晶試料からの回折波は非常に強いので適当なフィルターを検出器の前に置くことが多い。一方、多結晶試料で強度に寄与するのは数多くの結晶粒のうち、与えられた $\vec{q}$（つまりθ）に対して、たまたま $\vec{q} = \vec{g}_{hkl}$ という回折条件を満たした面をもつ結晶粒のみである（図8.9）。よって、あとで述べる積分強度を評価する場合、粉末試料は完全にランダムに試料ホルダー上に置かれなくてはならない。細かい話だが、個々の結晶粒の形は結晶構造によって異方性をもっている場合も多いので、粉末試料をホルダーに押しつけることによって、ある方位のみがサンプル面と平行になることがある。粉末試料はばらまく（sprinkle）だけで、押しつけては（press）いけない。

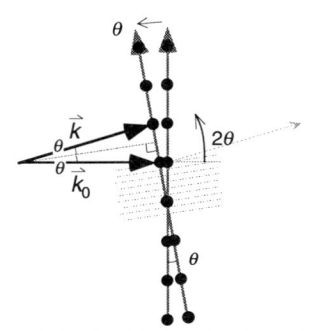

図 9.3 入射ベクトルを固定し、一連の逆格子点をスキャンするためには試料をθ、検出器を2θ回転する

一方、ブラッグ-ブレンターノ擬集光配置を用いて、ある特定の面間隔が試料面に対してどのように分布してるかを知りたいときがある。そのためには、集光円を固定（θ-2θを固定）し、試料のみを回転すればよい。この方法は、ωスキャンなどと呼ばれる（図 9.4(a)、実例は図 10.14 参照）。回転を続けると、ついには試料の裏側からX線を入射することになってしまう。ところがX線は試料の吸収係数にも依存するが、通常は $10\,\mu m$ のオーダーであれば十分透過する。これが透過法だ（図 9.4(b)）。散乱ベクトルを試料内部に持ってくることが必要なとき、試料を薄くし、この透過法を用いる必要がある。たとえば多結晶体の個々の結晶粒の統計的な方位分布（これを集合組織（texture）という）を正確に知りたいときなどだ。

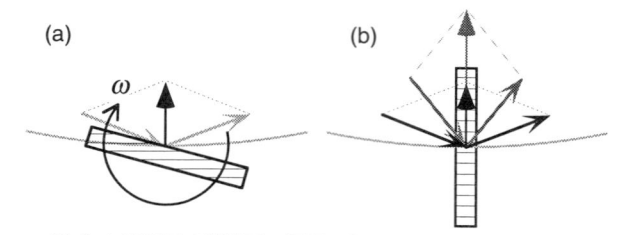

図 9.4 BB配置で試料面に平行でない面間隔を測定する方法
(a) ωスキャン、(b) ω=90°の場合（透過法）

9.2 回折線に及ぼす因子

9.2.1 結晶粒サイズ、歪みの効果

ある回折線の幅を左右する因子を考えてみよう。これには大きくわけて (i) 試料サイズに依存する形状因子 (8.19)、および (ii) 歪みなどにより局所的に面間隔が異なり、それぞれの面間隔の変化が回折線に寄与した結果として幅が広がる場合とがある。

9.2.1.1 結晶粒サイズの効果

結晶サイズが小さくなると逆格子点を中心として回折線が広がることを前章で学んだ。大ざっぱな言い方をすると、ある結晶の一端と反対側の一端から出た波が互いに打ち消しあうためには、結晶が小さければ角度が大きくずれなくてはならないのに対し、大きな結晶では散乱角度がほんの僅かずれても両者が打ち消しあうというのが形状因子の原因だ。実験的な立場からすると、我々はふつう散乱ベクトル $\bar{q}$ そのものではなく、2θ に対してデータをプロットするので、ここではまず 8.2 節の結果を 2θ に焼き直してみよう。

サイズが L の大きさからの散乱強度の幅はおよそ $1/L$ であることから出発する (8.16)。

$$|L(q_a)|^2 = \left(\frac{\sin\pi q_a N_x d_{100}}{\sin\pi q_a d_{100}}\right)^2 = \left(\frac{\sin\pi q_a \cdot L_x}{\sin\pi q_a d_{100}}\right)^2 \tag{9.1}$$

我々は有限格子の干渉関数（の 2 乗）は試料の大きさ $L_x = N_x d_{100}$ に対して上の式で与えられることは理解した。この関数は逆格子点の近傍で図 9.5 のような形をしている。（強度がゼロになる周期は基本的には分母に依存し $1/L$ で与えられる。ところが、q が $1/a$ の整数倍のところでは分母もゼロとなるため、そこでは極大値 N^2 をとる。このピークの半値幅はおよそ $1/L$ だ。）

この半値幅 Δq を θ で表してみよう。そのため

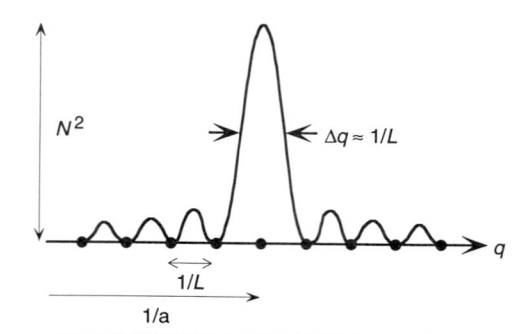

図 9.5 形状因子の 2 乗と回折ピークの半値幅

に散乱ベクトルの大きさの微小変化を考えると、次の表現が得られる。

$$q = \frac{2\sin\theta}{\lambda} \longrightarrow \Delta q = \frac{2\cos\theta}{\lambda}\Delta\theta \xrightarrow{\Delta q = 1/L} 2\Delta\theta = \frac{\lambda}{L\cos\theta} \quad (9.2)$$

つまり、実験的に得られる回折ピークの幅からおおよその結晶粒の大きさが推定できる。一般には（9.1）と等しい面積を与えるガウス関数で近似して得られる次のシェラーの式（Scherrer's formula）で評価する。

$$2\Delta\theta = \frac{0.94\lambda}{L\cos\theta} \quad (9.3)$$

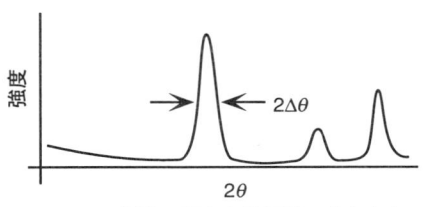

図 9.6 回折線の幅から結晶粒の大きさを推定する：シェラーの式

9.2.1.2 歪みの効果

歪みといっても、ある結晶に均一に歪みが入っていれば結晶全体の面間隔が大きくなったり、小さくなったりするのと同じとみなせる（図9.7(a)）。したがってこの場合、単純に回折線の位置がずれる。ところが、歪みの入り方が結晶粒によって異なるなどの理由で面間隔にバラつきが出てくると回折線の幅が広がる（図9.7(b)）。

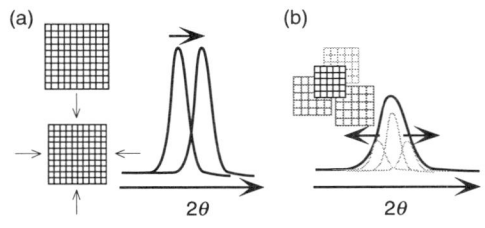

図 9.7 歪みが回折線に及ぼす効果
(a) 均一な歪み、(b) 不均一な歪み

このことを定量的に考えるには、やはりブラッグの式（8.9）から出発するのがてっとり早い。要するに面間隔の微小変化 Δd と散乱角の微小変化 $\Delta\theta$ を求めればよいのだから、

$$\sin\theta = \frac{\lambda}{2d} \longrightarrow \cos\theta\Delta\theta = -\frac{\lambda}{2d^2}\Delta d = -\sin\theta\frac{\Delta d}{d} \quad (9.4)$$

より、半価幅に対する表現として次式が得られる。

$$2\Delta\theta = -2\tan\theta\frac{\Delta d}{d} \quad (9.5)$$

結晶粒サイズと歪みの効果の両方を考慮するときは（9.2）と（9.5）の和をとって、

$$2\Delta\theta = \frac{K\lambda}{L\cos\theta} + \tan\theta \cdot 2\frac{\Delta d}{d} \quad (9.6)$$

と置く（ここで K は実験条件などに依存する数だ。先の場合だと $K=0.94$）。この式を少し変形すると

$$\frac{2\Delta\theta\cos\theta}{\lambda} = \frac{K}{L} + \frac{2\Delta d}{d}\frac{\sin\theta}{\lambda} \quad (9.7)$$

となる。左辺は実験的に求まるから、これを $\sin\theta$ に対してプロットすると原理的には切片がサイズを与え、傾きから歪みの大きさが求まる。これをホールの方法（Hall's method）と呼ぶ。（詳細は巻末の参考書（たとえば早稲田・松原（1998））を参照されたい。）

ここまで述べたことを実例（といっても簡単な計算結果だが）で見てみよう。それも単結晶の場合ではなく、あとの議論を先取りする形になるが、粉末X線回折の場合を見てみたい。この場合、エバ

第9章 X線回折法の実際

ルド球を通過するすべての逆格子点に対応した回折線が現れる（図8.9(b)参照）。

図9.8にはバナジウムの重水素化物の一つである V_2D の結晶構造を示した。バナジウムは体心立方格子の格子点に位置し、約130°C以上で重水素原子は四面体位置（7.1.4節）を1/24の確率でランダムに占有する（図9.8(a), a=3.12Å）。一方、130°C以下では図9.8(b)に示したように特定の八面体位置を占有する。その結果、格子は歪み、図で示したように a 軸は短く、c 軸が長くなる（a=3.0Å, c=3.3Å）。単位胞は図の太線で示した単斜晶となるが、重水素のX線に対する散乱能は小さいので、X線回折で見るかぎり、図に示した c 軸の伸びた正方晶を単位胞と考えることができる。（重水素は中性子に対して、散乱断面積が大きく、重水素原子の配置は中性子回折によって決められた（浅野、平林[9-1]）。

このような二つの構造に対する粉末X線回折パターンを計算した結果が図9.9だ。高温ではD原子がランダムに四面体位置を占有するので、結晶構造は体心立方格子を基本とするものとなる（α-V_2D）。ところが、130°C以下で a 軸が短く、c 軸が長くなるので（β-V_2D）、多くの回折線が分裂する。たとえば110は011（同等に101）と110に321は213, 312, 231に分裂する。

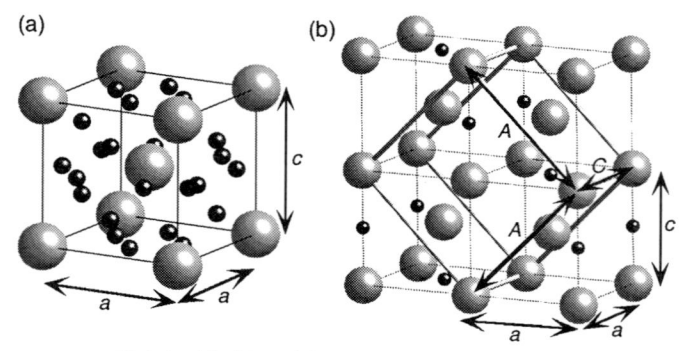

さらに結晶粒サイズが小さくなった場合を想定してみよう。たとえば粒子の粒径が0.1μmから0.01μmになると図9.9(c)に示したように各回折線の幅は広がるが、その広がり方は（9.2）にも示したように高角側にいくにつれて大きいことがわかる。しかし、個々の散乱体の数が一定であれば回折線はブロードになるとしても、それを積分した全体の強度は基本的には変わらないはずだ(9.4節の積分強度を参照)。

図9.8 バナジウム重水素化物 V_2D の結晶構造
(a) α-V_2D, (b) β-V_2D

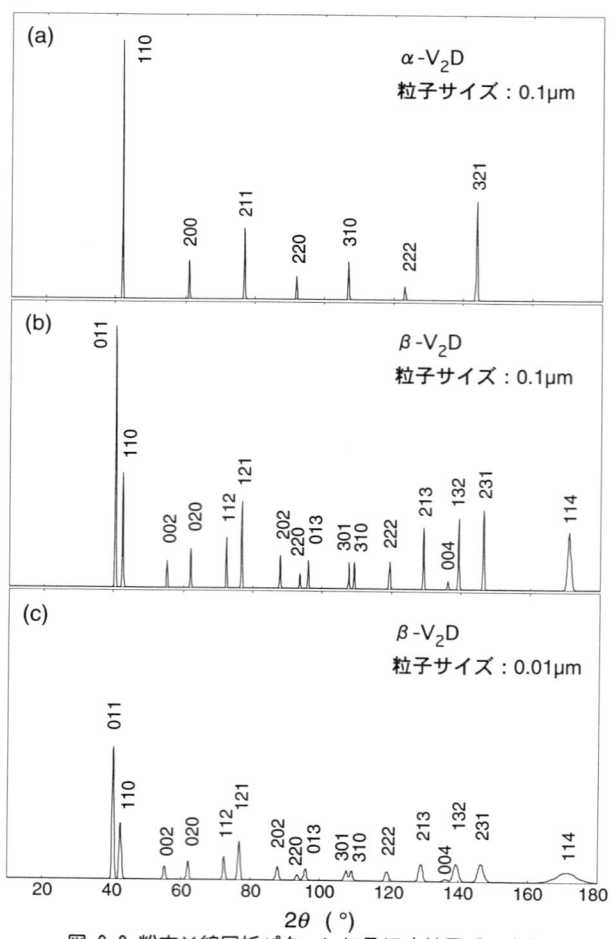

図9.9 粉末X線回折パターンに及ぼす結晶系の変化および粒子サイズの効果

9.2.2 単位胞定数の決定

次に各ピークの指数がついたと仮定して、単位胞定数（格子定数）を決めるときに注意しなくてはならないことを簡単にまとめる。単位胞定数を求めるとき、我々は回折パターンでピークを与える θ をブラッグの式

$$\lambda = 2d\sin\theta \tag{9.8}$$

に代入して面間隔 d を求め、単位胞定数を得る。このとき、我々は試料が集光円上にあることを前提としているが、実際の試料は通常、平板状であり、さらに試料には厚みがあり集光円からはずれた試料内部からの散乱も回折強度に寄与している。

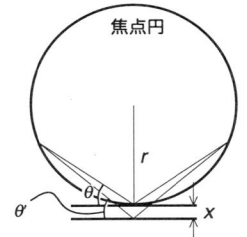

問題 9.1 試料が図 9.10 のように集光円から x だけ外側にずれているとき、散乱角 θ の誤差 $\Delta\theta$ は θ と x にどのような形で依存するか？

図 9.10 試料位置のずれと θ の誤差（問題9.1）

この、ある意味で必然的に生じる θ の誤差（このような誤差を系統誤差という）に対して、なるべくその影響の少ない回折線を用いて単位胞定数を決めたい。ブラッグの式からわかるように面間隔 d は θ ではなく $\sin\theta$ に対して求められるので、θ が 90° に近くなると面間隔に対する誤差は小さくなる（図 9.11）。このことは、(9.8) を θ で微分したときの d の相対誤差として次のように表される。

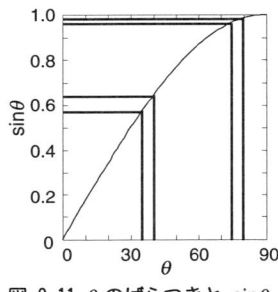

$$\frac{\Delta d}{d} = -\cot\theta\, \Delta\theta \tag{9.9}$$

図 9.11 θ のばらつきと $\sin\theta$

以上のことから、単位胞定数はなるべく高角側の θ を用いて決定したほうがよいと結論される。最もよいのは $2\theta \approx 180°$ となるが、ダイレクトビームの影響で写真法でも実現がむずかしい。そこで、立方晶の場合、単位胞定数に対して三つの指数 h, k, l の寄与は同じなので、それぞれの面間隔から求められた単位胞定数を $2\theta = 180°$ まで外挿する方法が用いられる。この方法は上記したサンプルの位置による誤差の他、写真法におけるフィルムの収縮なども考慮した、いくつかの方法がある。簡単な外挿曲線としては $\cos^2\theta$ （あるいは $\sin^2\theta$）、あるいは小さな 2θ にまで有効な *Nelson-Riley* 外挿関数として知られている次の形が用いられる。

$$\frac{1}{2}\left(\frac{\cos^2\theta}{\sin\theta} + \frac{\cos^2\theta}{\theta}\right) \tag{9.10}$$

図 9.12 に $LaH_{2.82}$ という BiF_3 構造（図 7.6）を持つ物質のデバイ・シェラー写真から読み取った面間隔から算出した格子定数を Nelson-Riley 関数に対してプロットした例を示す [9-2]。このように、写真からの読み取りでは系統誤差の他に偶発誤差も含むが、外挿することにより信頼性の高い単位胞定数が得られる。

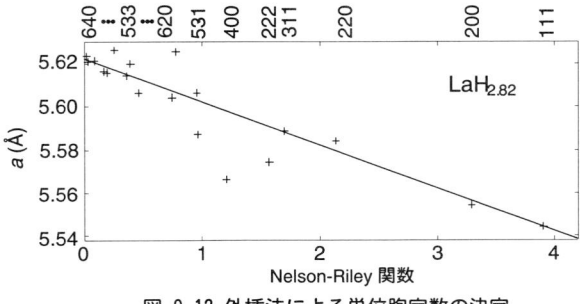

図 9.12 外挿法による単位胞定数の決定

一方、立方晶以外の結晶に関しては単位胞定数と h, k, l との関係が単純でないので簡単にはいかない。詳細は参考書にゆだねるが、たとえば正方晶や六方晶の場合、$hk0$ 反射と $00l$ 反射からそれぞれ独立に a と c の値を求めることが可能だ（たとえば、早稲田・松原(1998)参照）。

9.3* 積分強度

4.1.3 節で述べたように強度とは単位時間に単位面積を通過するエネルギーだ。一方、我々が観測するのは多くの場合、フィルムなどの記録媒体上の単位面積あたりの照射量（すなわちエネルギー）である。この量は積分強度 (integrated intensity) と呼ばれ、試料や検出器の幾何学的配置に依存する。

9.3.1 小さな単結晶からの積分強度

今、回折条件 $\vec{q} = \vec{g}_{hkl}$ が満たされるように試料を角速度 ω で回転しているとしよう（図 9.13）。無限大に大きな結晶であれば散乱は厳密に $\vec{q} = \vec{g}_{hkl}$ のときにしか起こらないが、現実の有限の結晶では逆格子点付近の散乱可能領域がエバルド球と重なったときに $\vec{k}$ 方向に置かれた検出器に回折波が飛び込み、信号として記録される。限界球内に入る逆格子点からの波は原理的にはすべて記録できるが（8.1.4 節）、一方、これらの逆格子点が同等に我々の記録紙やコンピュータに対して積分強度を与えるわけではない。

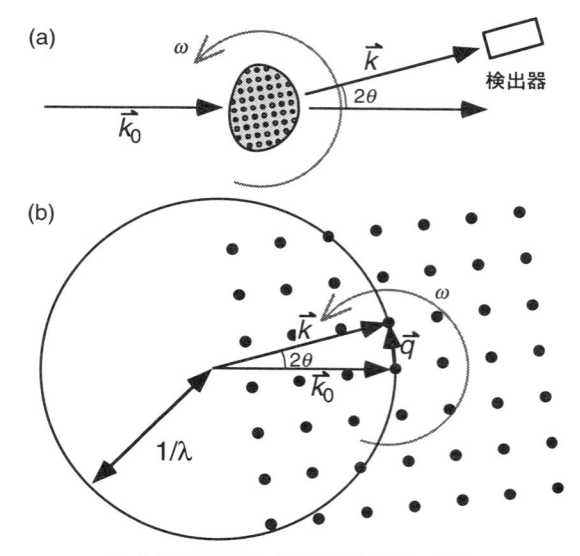

図 9.13 単結晶からの回折と試料の回転

この状況を図 9.14 でもう少し詳しく見てみよう。同一試料からの形状因子はすべての逆格子点について同じ広がりを持つからそれを図中で ○ として表したが、最初にその代表として点 0 を見てみる。この逆格子点 hkl 付近の散乱強度の広がりがエバルド球の中心に対して張る立体角を $d\Omega$ とすると、$d\Omega$ が検出器が試料に対して張る立体角より小さければ、この範囲に存在する散乱波はすべて積分強度に寄与する。

次に試料を回転し、逆格子点 1, 2, 3 付近の回折可能な領域がどのように積分強度に寄与するかを見てみよう。まず、試料の回転速度 ω は一定でも逆格子の原点に近い逆格子点 1 はゆっくりとエバルド球を横切ることに気づく。一方、原点から離れるに従ってエバルド球を横切る "瞬間スピード" は速くなり、逆格子点 2 はあっという間にエバルド球を通過してしまうだろう（逆格子点 1, 2, 3 に対して原点から引かれている 3 本の直線間の角度はいずれも 5°）。さらに、$2\theta \approx 180°$ の場合（逆格子点 3）、スピードは速いがエバルド球をなめるように横切るので、積分強度に寄与する時間は長い。要するに<u>記録される積分強度はこの回折可能な領域がエバルド球を横切るのに必要な時間に比例し、この時間は逆格子点の位置によって異なる</u>ことがわかる。

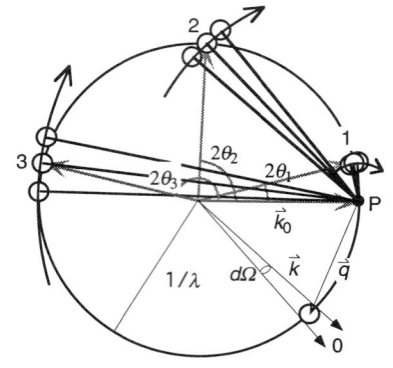

図 9.14 逆格子の原点Pからの距離と回折強度の広がりがエバルド球をよぎる時間

9.3 積分強度

以上を定性的にまとめると、ある時間内 τ で観察される逆格子点 hkl からの散乱によるエネルギー $\tilde{E}_{hkl}$（すなわち積分強度）は次のような 2θ 依存性を持っていると結論される。

$$\tilde{E}_{hkl} = I_{hkl} \cdot \tau \propto \frac{1}{\sin 2\theta_{hkl}} \tag{9.11}$$

この因子を*単結晶のローレンツ因子*（Lorentz factor）と呼ぶ。

以下、原点を中心に角速度 ω で回転する一つの逆格子点近傍の領域がエバルド球をよぎるのに要する時間を計算することによって、上記のローレンツ因子を定量的に導く（この表現は逆空間の赤道面の強度に対して有効。後述）。少し数式が続くので初めは軽く読み流し、(9.24) を認めるだけでよい。

- step 1 入射するX線が偏向していないものとすると、hkl 反射による各方向への（瞬間的な）強度 I_{hkl} は各原子からのトムソン散乱に起因する項に構造因子と形状因子（の 2 乗）をかけたものと考えてよいから、次のように書ける（以下、I_{hkl} を $A(\vec{q})$ の広がりに対して積分することを考える）。

$$I_{hkl} = I_0 \left[\frac{e^2}{4\pi\varepsilon_0 mc^2} \frac{1}{R} \right]^2 \left(\frac{1+\cos^2 2\theta}{2} \right) |F_{hkl}|^2 |A(\vec{q})|^2 \tag{9.12}$$

- step 2 我々の検出器は距離 R のところにあり、回折波の空間的な広がりに比べ十分大きな立体角で広がっている。また、個々の散乱現象より、ずっと長時間にわたって測定をしているので、hkl 反射により微小時間 dt 間に検出器に飛び込むエネルギー $d\tilde{E}_{hkl}$ は、逆格子点近傍の回折に寄与する散乱波がなす立体角を $d\Omega$ として、次のように書ける。

$$d\tilde{E}_{hkl} = I_{hkl} R^2 d\Omega dt \tag{9.13}$$

- step 3 今、逆格子点周辺の散乱可能領域がエバルド球に交差しているとしよう。このオーバーラップしている部分内の微小面積を dS^* とすれば、$d\Omega$ とはエバルド球の中心に対して、dS^* が張る立体角だから、次のように書ける。

$$d\Omega = \frac{dS^*}{|\vec{k}|^2} \tag{9.14}$$

- step 4 一方、微小時間 dt にこの微小面積 dS^* は dx^* だけエバルド球をよぎる。この dx^* は逆格子の原点からの距離と角速度 ω に比例する。すなわち、

$$dx^* = \omega dt |\vec{q}| \longrightarrow dt = \frac{dx^*}{\omega |\vec{q}|} \tag{9.15}$$

- step 5 図 9.15～9.16 を検討することにより、dS^* と dx^* 間の角度は $\pi/2-\theta$ であることがわかる。すなわち、逆格子点近傍の領域がエバルド球をよぎる微小体積 dv^* は次のように書ける。

$$dv^* = dS^* dx^* \cos\theta \tag{9.16}$$

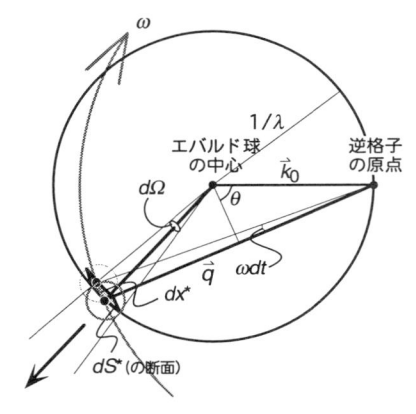

図 9.15 角速度 ω で回転する逆格子が dt 間にエバルド球をよぎっている状況

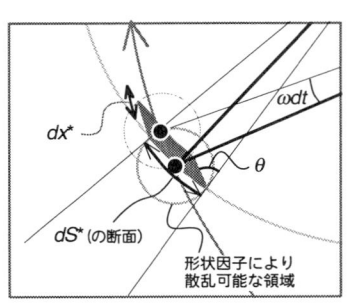

図 9.16 逆格子点付近の微小領域
$dv^* = dS^* \cdot dx^* \cdot \cos\theta$

- **step 6** 以上をまとめると $d\Omega dt$ は逆空間内の微小体積 dv^* を用いて次のように表せる。

$$d\Omega dt = \frac{dv^*}{\omega|k|^2|q|\cos\theta} = \frac{dv^*}{\omega\left(\frac{1}{\lambda}\right)^2 \frac{2\sin\theta}{\lambda}\cos\theta} = \frac{\lambda^3 dv^*}{\omega \sin 2\theta} \tag{9.17}$$

- **step 7** あとは積分を実行するだけだ。すなわち、

$$\tilde{E}_{hkl} = I_0 \left[\frac{e^2}{4\pi\varepsilon_0 mc^2}\right]^2 \left(\frac{1+\cos^2 2\theta}{2\sin 2\theta}\right)|F_{hkl}|^2 \frac{\lambda^3}{\omega} \iiint |A(\vec{q})|^2 dv^* \tag{9.18}$$

となる。ここで散乱ベクトル $\vec{q}$ を逆格子基本ベクトル $\vec{a}^*, \vec{b}^*, \vec{c}^*$ で表せば、一般に

$$\vec{q} = q_a \vec{a}^* + q_b \vec{b}^* + q_c \vec{c}^* \tag{9.19}$$

と書ける。q_a, q_b, q_c はただの数だが、これを変数とすると逆空間内の微少体積 dv^* は次のようになる（8.2 節では長さの次元を持たせるために $\vec{q}$ を（逆格子）単位ベクトルに対して展開したが (8.15)、ここでは単位胞の数を求めることが目的なので（逆格子）基本ベクトルに対して展開した。混乱しないでほしい）。

$$v^* = \vec{a}^* \cdot \vec{b}^* \times \vec{c}^* \longrightarrow dv^* = v^* dq_a dq_b dq_c \tag{9.20}$$

- **step 8** 一方、$\vec{q}$ と $\vec{a}$ との内積をとれば

$$\vec{q} \cdot \vec{a} = q_a \tag{9.21}$$

となるが、形状因子を用いてたった一つのピークからの強度を考える場合、積分範囲を無限大としても差し支えない。よって、積分は次のように評価できる。

$$\int_{-\infty}^{\infty} \left(\frac{\sin N_1 \pi q_a}{\pi q_a}\right)^2 dq_a = N_1 \tag{9.22}$$

他の二つの散乱ベクトル成分 q_b, q_c に関しても同様の結果が得られる。そして単結晶試料を構成する単位胞の数を $N=N_1 N_2 N_3$、単位胞の体積を v とすれば、結局、次式を得る。

$$\tilde{E}_{hkl} = I_0 \left[\frac{e^2}{4\pi\varepsilon_0 mc^2}\right]^2 \left(\frac{1+\cos^2 2\theta}{2\sin 2\theta}\right)|F_{hkl}|^2 \frac{\lambda^3}{\omega} \frac{N}{v} \tag{9.23}$$

同じことだが、単結晶試料の大きさを $V(=vN)$ と置いて、次のように書き換えることができる。

$$\tilde{E}_{hkl} = I_0 \left[\frac{e^2}{4\pi\varepsilon_0 mc^2}\right]^2 \left(\frac{1+\cos^2 2\theta}{2\sin 2\theta}\right)|F_{hkl}|^2 \frac{\lambda^3}{\omega} \frac{V}{v^2} \quad \text{（重要）} \tag{9.24}$$

この (9.24) が小さな単結晶からの hkl 反射の積分強度を表す式だ。ここで、"小さな" というのは試料全体がX線にさらされ、また、試料内での吸収も考えていないことを意味している。(9.24) は偏光のないX線に対する（単結晶の）ローレンツ偏光因子（Lorentz polarization factor）として知られている（図 9.17）。

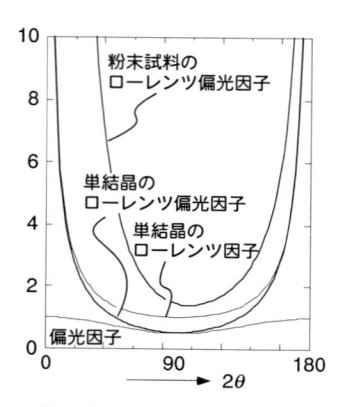

ここでは逆格子点がエバルド球の赤道面をよぎる場合のみを考察した。我々が一般に用いる θ-2θ スキャンのようにX線源、試料、検出器が常に同一平面上にあるときはこの取扱いで十分だが、プレセッションカメラなどではさらなる考察が必要だ。要するにX線回折においては装置の配置に応じて、逆格子点がエバルド球を通過する経路と時間が異なり、積分強度を計算する場合、(9.24) のように一般に三角関数で表される補正因子を計算することが必要となる。これらは trigonometric intensity factors として *International Tables for Crystallography, vol.C*, p. 517 (1992) にまとめられている。

図 9.17 ローレンツ偏光因子

9.3.2 試料内でのX線の吸収が強度に与える効果

強度 I_0 のX線が x だけ試料中を進行したときの強度 $I(x)$ は次のように書ける (3.2 節)。

$$I(x) = I_0 \exp(-\mu x) \tag{9.25}$$

一方、前節において小さな結晶に強度 I_0 のX線が照射されたときの hkl 反射の積分強度を求めたが、その前提の一つはX線の強度が減少しないということであった。ここでは、その補正を行おう。簡単のため、今度はX線の断面積 A より試料の方が大きく、試料表面に対して角度 θ でもって入射し、回折波もこの角度で射出しているとする。

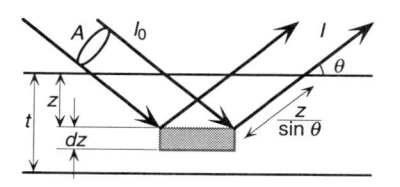

図 9.18 吸収によるX線の減衰

今、z の深さにある微小領域 V からの回折を考える。この領域に達するX線の試料中の光路は往復で $2z/\sin\theta$ となり、また、X線にあたる領域の面積は $A/\sin\theta$ だ。したがって吸収がなければ、この領域からの回折による積分強度（エネルギー）は (9.24) で表されるが、吸収がある場合、回折に寄与する微小体積 dV' と I との積は次のように表せる。

$$I_0 dV' = \left[I_0 \exp\left\{-\left(\mu \frac{2z}{\sin\theta}\right)\right\} \right] \cdot \frac{A}{\sin\theta} dz \tag{9.26}$$

要するに、t の距離まで侵入したX線による実効的な体積は

$$V' = \int_0^t \exp\left\{-\left(\mu \frac{2z}{\sin\theta}\right)\right\} \frac{A}{\sin\theta} dz \tag{9.27}$$

と置くことができる。特に $t \to \infty$ と置ける場合、この積分は簡単に実行でき、次の結果を得る。

$$V' = \frac{A}{2\mu} \tag{9.28}$$

(9.24) における V をこの結果で置換すれば、吸収がある場合の積分強度として次式を得る。

$$\tilde{E}_{hkl} = \frac{I_0 A}{\omega} \left[\frac{e^2}{4\pi\varepsilon_0 mc^2} \right]^2 \left(\frac{1+\cos^2 2\theta}{2\sin 2\theta} \right) |F_{hkl}|^2 \frac{\lambda^3}{2\mu v^2} \tag{9.29}$$

9.3.3 粉末試料の積分強度

実際には単結晶での測定より、粉末状の小さな単結晶の集りを試料として用いることが多い。このような試料を**粉末試料**（powder sample）という。また、通常の金属やセラミックスは小さな結晶粒の集まりからなっている。そして個々の結晶粒の方位がランダムではない場合も多い。これらは総じて**多結晶試料**（polycrystalline sample）と呼ばれる。ここでは、前者、すなわち、個々の結晶方位が完全にばらばらである場合を考える。

9.3.3.1 多重度因子

一つの結晶の中にある等価な面の数を**多重度因子**（multiplicity factor）と呼び、p で表す。たとえば、立方晶であれば {100}, {110}, {111} で表される指数にはそれぞれ次の面が含まれている。

{100}: (100),($\bar{1}$00),(010),(0$\bar{1}$0),(001),(00$\bar{1}$) → $p = 6$
{110}: (110),($\bar{1}$10),(1$\bar{1}$0),($\bar{1}\bar{1}$0),(101),(10$\bar{1}$),($\bar{1}$01),($\bar{1}$0$\bar{1}$),(011),(0$\bar{1}$1),(01$\bar{1}$),(0$\bar{1}\bar{1}$) → $p = 12$
{111}: (111),($\bar{1}$11),(1$\bar{1}$1),(11$\bar{1}$),(1$\bar{1}\bar{1}$),($\bar{1}$1$\bar{1}$),($\bar{1}\bar{1}$1),($\bar{1}\bar{1}\bar{1}$) → $p = 8$

このように {110} の多重度因子は {100} の多重度因子の 2 倍である。したがって、今、粉末試料に非常に多くの結晶が含まれ、それらが完全にランダムな方向を向いているとすると、（仮に構造因子やローレンツ因子など、他の条件がまったく同じならば）{110} からの寄与は {100} からの寄与の 2 倍となるだろう。

また、結晶系が異なれば多重度因子の値は異なる。たとえば何らかの原因で立方晶系に属していた結晶が歪み、正方晶になったとしよう。すると

{100}: (100),($\bar{1}$00),(010),(0$\bar{1}$0) → $p = 4$
{001}: (001),(00$\bar{1}$) → $p = 2$

となり、構造因子などの他の条件が同じならば、100 ピークは強度比が 2:1 の 100 ピークと 001 ピークに分裂する（図 9.9）（さらに面間隔は単位胞、すなわち格子点を基準にして与えられるものであり、格子の対称性より低い基本構造を持つ結晶では、同一の面間隔を持つ指数でも構造因子が異なる場合がある。Cullity(1978)、早稲田・松原 (1998) 参照）。

問題 9.2 六方晶に属する結晶の $(0ki0), (hhi0), (hki0)$ の多重度因子を求めよ。

9.3.3.2 粉末試料に対するローレンツ因子

試料として単結晶を得ることができない場合が現実には多く、粉末試料の場合、次に見るように回折条件を満たす結晶粒を見いだす確率がローレンツ因子の中に入ってくる。まず、粉末試料の場合のエバルドの作図を思い出そう（図 8.9(b)）。この場合、各逆格子ベクトル g_{hkl} の半径を持つ球（これを、ここでは "hkl 球" と呼ぶことにしよう）がエバルド球と交差してできた小円の方向すべてに回折が起こる。ただし、通常の集光配置ではその小円に向かう回折波のうち、X 線検出器が試料に対して張る角度内（図 9.19(a) では $\Delta\beta$ で示した）に存在する回折波のみが検出器によって検出されることになる。さらに形状因子を考慮すると、逆格子点がある広がりを持ってエバルド球と接している状況を想定しなくてはならない（殻のような hkl 球を考える）。先の単結晶の場合では一つの逆格子点が hkl 球の赤道面にそって連続的に動くとしていたが、今度

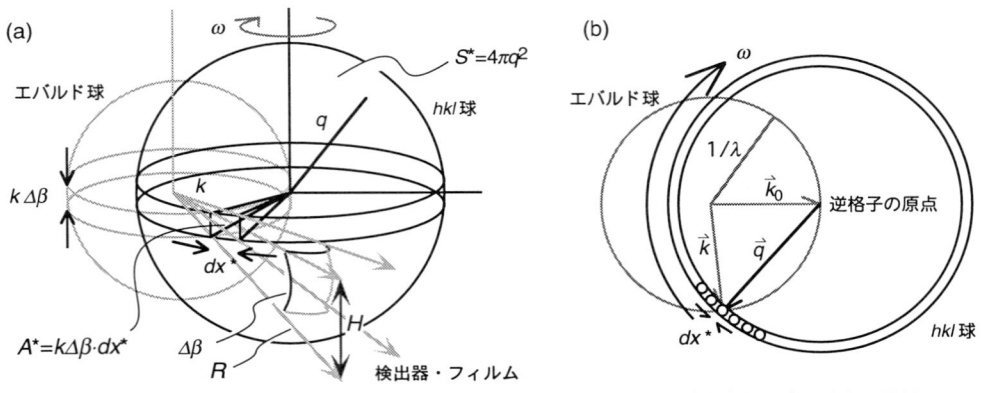

図 9.19 粉末試料に対するエバルド球（灰色）と散乱ベクトル（$q=g_{hkl}$）を半径とする球との関係

はいくつもの逆格子点が、ベルトのようにその赤道面を覆っている状況を想定しようというわけだ。この状況を図 9.19(b) に示した。

この場合、測定を τ 時間だけ行ったとすると、この間に hkl 反射により検出器に飛び込むエネルギー $d\tilde{E}_{hkl}$ は次のように書ける。

$$d\tilde{E}_{hkl} = I_{hkl} R^2 \, d\Omega \tau dn \tag{9.30}$$

ここで dn が実際に検出器に記録される積分強度に寄与する逆格子点を与える結晶の数だ。今、我々の粉末試料中の各結晶粒の方位は完全にランダムに分布しているとしよう。M 個の結晶が X 線をあびており、hkl 面の多重度因子が p_{hkl} だとすれば、Mp_{hkl} 個の逆格子ベクトルの終点が hkl 球面上に一様に分布している（この球の表面積を S^* としよう）。しかし、我々の検出器に飛び込む方向に散乱を起こすように向いているのは、そのうち図 9.19(a) で示した逆空間内の面積 A^* 内に存在するものだけである。このように考えると dn は次のように表せる。

$$dn = Mp_{hkl} \frac{A^*}{S^*} = Mp_{hkl} \frac{k\Delta\beta \cdot dx^*}{4\pi q^2} \tag{9.31}$$

ここで $\Delta\beta$ は検出器前のスリットの高さやフィルムの幅が試料に対して張る角度だ。この高さを H、サンプルから検出器までの距離を R と表せば、次のようになる。

$$\Delta\beta = H/R \tag{9.32}$$

また、(9.30) における立体角は (9.14) から $d\Omega = dS^*/k^2$ であり、結局、$d\Omega dn$ は次式で表せる。

$$d\Omega \cdot dn = \frac{dS^*}{k^2} \frac{Mp_{hkl}\Delta\beta}{4\pi} \frac{k \cdot dx^*}{q^2} = \frac{Mp_{hkl}\Delta\beta}{4\pi} \frac{1}{kq^2} dS^* dx^* \tag{9.33}$$

ここに出てきた微小体積 $dS^* dx^*$ は逆格子空間内の微小体積 dv^* と (9.16) で表した関係にあるから、

$$d\Omega \cdot dn = \frac{Mp_{hkl}\Delta\beta}{4\pi} \frac{dv^*}{\frac{1}{\lambda}\left(\frac{2\sin\theta}{\lambda}\right)^2 \cos\theta} = \frac{Mp_{hkl}\Delta\beta\lambda^3}{4\pi} \frac{dv^*}{2\sin 2\theta \sin\theta} \tag{9.34}$$

あとの積分は (9.18)–(9.23) で見てきたのと全く同様だから、結局、次の積分強度が得られる。

$$\begin{aligned}
\tilde{E}_{hkl} &= I_0 \tau \left[\frac{e^2}{4\pi\varepsilon_0 mc^2}\right]^2 \left(\frac{1+\cos^2 2\theta}{2}\right) |F_{hkl}|^2 \frac{Mp_{hkl}\Delta\beta\lambda^3}{4\pi} \frac{N}{v} \frac{1}{2\sin 2\theta \sin\theta} \\
&= \frac{I_0 \Delta\beta\tau}{16\pi} \left[\frac{e^2}{4\pi\varepsilon_0 mc^2}\right]^2 |F_{hkl}|^2 p_{hkl} \frac{MN\lambda^3}{v} \left(\frac{1+\cos^2 2\theta}{\sin 2\theta \sin\theta}\right)
\end{aligned} \tag{9.35}$$

最後のカッコ内の項を粉末試料に対するローレンツ偏光因子と呼ぶ（図 9.17、ローレンツ偏光因子というとき、通常はこの粉末試料に対する因子を意味する場合が多い）。

また、N は結晶内の単位胞の数、M は試料内の全結晶の数だったから、試料全体の体積 V は MNv に等しい。したがって、

$$\tilde{E}_{hkl} = \frac{I_0 \Delta\beta\tau}{16\pi} \left[\frac{e^2}{4\pi\varepsilon_0 mc^2}\right]^2 |F_{hkl}|^2 p_{hkl} \frac{\lambda^3 V}{v^2} \left(\frac{1+\cos^2 2\theta}{\sin 2\theta \sin\theta}\right) \tag{9.36}$$

とも書ける。吸収を考慮するときはさらに V に対して (9.28) の置換えを行い、次式を得る。

$$\tilde{E}_{hkl} = \frac{I_0 A\Delta\beta\tau}{16\pi} \left[\frac{e^2}{4\pi\varepsilon_0 mc^2}\right]^2 |F_{hkl}|^2 p_{hkl} \frac{\lambda^3}{2\mu v^2} \left(\frac{1+\cos^2 2\theta}{\sin 2\theta \sin\theta}\right) \quad \text{（重要）} \tag{9.37}$$

以上が粉末 X 線回折の実験において、我々の観察する hkl 反射の積分強度を表す基本式だ。

第9章　X線回折法の実際

　ここまでの結果をまとめると、我々は回折線の相対的な積分強度を左右する次の因子を学んだ。

　　(1) X線偏向因子
　　(2) 構造因子
　　(3) 吸収因子
　　(4) ローレンツ偏光因子

また、結晶粒の大きさや歪み（面間隔のばらつき）などがピークの幅や位置に影響を与えることも学んだ。さらに試料が多結晶の場合は

　　(5) 多重度因子
　　(6) 粉末試料のローレンツ偏光因子

が積分強度の計算に必要なことを学んだ。さらに温度の効果を考えると次の項が加わる（8.4節）。

　　(7) 温度因子（デバイ–ウォーラーファクター）

　本書におけるX線回折法に関する説明は以上である。試料内に存在すると予想されている結晶の構造が既知であり、それを θ-2θ 法などで調べたいときなどは、これまでに学んだ知識で間に合う場合が多いが、未知の試料を単結晶法あるいは粉末法を用いて調べたいときは、さらに専門的な知識が必要である。これには巻末の文献を参照されたい。

この章のまとめ

- ブラッグ–ブレンターノ擬集光配置における散乱ベクトルと試料配置との関係
- 回折線の幅に及ぼす因子：結晶粒サイズ、歪み
- θ の誤差と格子定数、外挿法による格子定数の決定
- 積分強度とローレンツ偏光因子
- 粉末X線：多重度因子、粉末試料のローレンツ偏光因子

第１０章　電子線の回折と結像の基礎

... and it does not necessarily follow that these spots lie on a network which matches that of the zero order Laue zone.

P.Hirsch, A.Howie, R. Nicholson, D.W. Pashley and M.J.Whelan
"Electron Microscopy of Thin Crystals"

この章では、回折が電子顕微鏡でどのように取り扱われるのかを見てみよう。これまで学んだ基礎的事項はすべて通用するが、(i) X線と電子顕微鏡で用いられる電子線とでは波長が 100 倍程度異なること、(ii) 電子線にはレンズ作用をもたらすことができ、光学系がまったく異なることの 2 点から電子顕微鏡における特有のアプローチが生まれてくる。さらにレンズ作用の存在は物体の実像をスクリーン上に映し出せることを意味する。

10.1　X線回折と電子線回折の類似点と相違点

一般的に用いられるX線の波長は 1Å 前後、それに対して透過電子顕微鏡に用いられる電子線の波長は 0.02Å 程度だ。表 10.1 に典型的な値を比較した。

表 10.1 回折実験に用いられる典型的なX線と電子線の波長と散乱角の例（bcc Fe の 110 反射を与える散乱角）

	X線（Cu-K_α）	X線（Mo-K_α）	電子線（200 keV）
波長、λ (Å)	1.541 Å	0.710 Å	0.0251 Å
$2\theta_{110\ of\ bcc\ Fe}$	44.6°	20.1°	0.71° (12 mrad)

この波長の相違が回折の幾何学に与える影響をエバルドの作図を通して見てみよう。図 10.1 には室温における鉄（bcc 構造、a=2.87Å）の逆格子の断面と [00$\bar{1}$] 方向にX線や電子線が入射したと仮定していくつかのエバルド球を描いた。

この図（正確には限界球に基づく考察(8.11)）から Cu 管球でカバーできるのは 222 反射までであることがわかる。また Mo 管球に変えることにより背面反射を捉えることができれば原理的には 800 反射まで広がる。さらに実験手法という観点からは、これらの回折強度を測定するためにエバルド球、もしくは逆格子を回転し、回折条件が満たされたときに回折波が拾えるように検出器を動かすのであった。

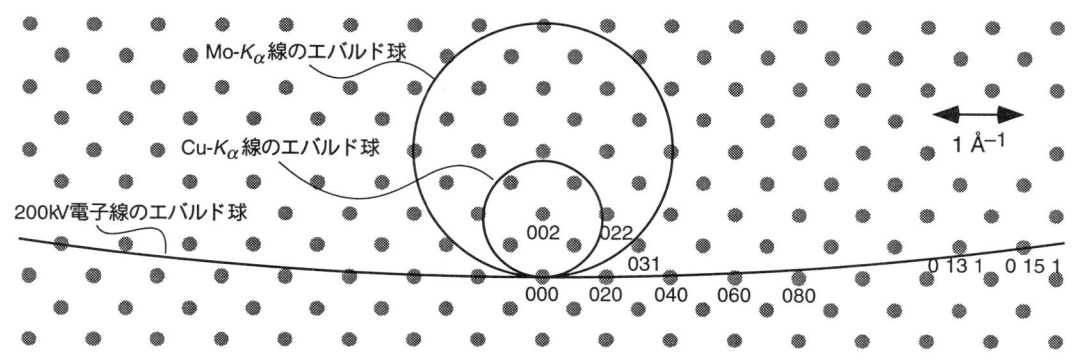

図 10.1 bcc Fe の逆格子と一般に用いられるX線や電子線に対するエバルド球の断面

第10章 電子線の回折と結像の基礎

　一方、電子線に対するエバルド球はずっと大きい。200 kV に加速された電子線に対して、図 10.1 に描かれたスケールで半径約 49cm の球がエバルド球となる。よって、エバルド球を回転するまでもなく、逆格子の原点付近にあり、入射波に直交する面内（紙面に垂直）に存在する逆格子点はほぼ回折条件を満たす（厳密には満たしていない）。これが電子線回折の幾何学の第1の特徴だ。しかし、エバルド球が大きいといっても有限の曲率を持つことには変わりなく、図からわかるように 080 反射付近になると逆格子点からエバルド球までの距離がかなり遠くなる。さらに逆格子の原点から離れるにつれて、ついには 0 13 1 や 0 15 1 といった"1 レイヤー上の逆格子点"が回折条件を満たすようになる。

　また、図 10.2 からもわかるように散乱ベクトル $\vec{q}$ の絶対値が同じであれば、散乱角 2θ の値はエバルド球の半径が大きいほど小さい。要するに波長が短いほど、同じ面間隔にたいしてブラッグの式を満たす 2θ の値は小さくなる。一例として bcc Fe の 110 に対する散乱角の値を表 10.1 に示したが、このように電子顕微鏡における電子線回折では、ブラッグの回折角はX線回折の場合に比べ、およそ 2 桁も小さい。これが電子線回折の第2の特徴だ。

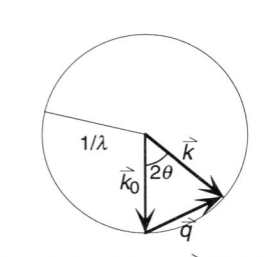

図 10.2 散乱ベクトル $\vec{q}$ と散乱角 2θ

　　以上はエバルドの作図、すなわち回折の幾何学に関する相違点であった。一方、実験的には"何らかの光学系"を用いて、それぞれの回折波を収束させることが行われる。この観点からもX線回折と電子線回折とでは、レンズ作用の有無に起因した大きな相違がある。
　　X線回折の場合、線源、サンプル、検出器（あるいは受光スリット）が同一集光円上に置かれることにより、一定の発散角で線源からサンプルに入射したX線は再び検出器に集光される。これは厳密な意味での焦点ではないので para-focusing と呼ばれることは以前述べたとおりだ（3.4 節）。

　これに対して電子線回折の場合、基本となるのは試料に向って平行に入射する電子線である。この入射電子線に対し、たまたまブラッグの条件が満たされるとすると試料の様々な部位でこの条件を満たした回折線はそれぞれ平行に 2θ の方向に向かう。電子顕微鏡ではレンズ作用を利用して 2θ の方向に向かうこれら回折波をいったん、後焦点面上に集光する。言い換えると後焦点面上にはブラッグ条件を満たす様々なサンプル内の部位から 2θ の値を持って出てきた回折波が焦点を結び、回折像が形成される。これが第3の特徴だ。この回折像は図 10.1 からもわかるよう

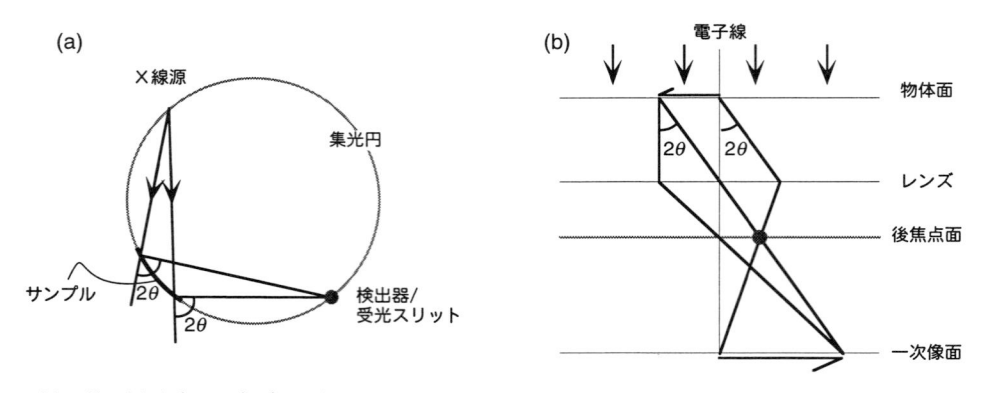

図 10.3 (a) X線回折（ブラッグ-ブレンターノ配置）における集光円、(b) 電子線回折（平行入射）における後焦点面

に逆格子点の原点付近では近似的に逆格子の断面となっている。

以上のような類似点と相違点を踏まえて、これから電子線回折パターンを解釈するための基礎的なことがらを見ていきたい。

10.2 電子線回折の幾何学：その1
10.2.1 カメラ長

図 10.3(b) に示したように回折像はまず、後焦点面に形成されるが、我々はこの像を直接見るわけではなく、第2章で述べたようにレンズを組み合わせることにより（図 1.6 および 2.17）、スクリーン上に拡大したり、またさらにその下にあるフィルムに記録したりする。図 10.4(a) にこの状況を再度、簡単に示した。この図からわかるように中間レンズや投映レンズの倍率を変化させることにより、回折像の倍率は自由に変えることができる。ここで途中のレンズ系の存在を無視し、図 10.6(b) のように仮想的に試料がスクリーンから L の高さにあると考えよう（単純なフラウンホーファー回折によってスクリーン上にスポットが生じると考えてもよい）。すると、スクリーンの中心から着目している回折スポットまでの距離を D として両者に

$$\frac{D}{L} = \tan 2\theta \approx 2\theta \tag{10.1}$$

の関係があると見なせる。一方、逆空間ではこの回折スポットの方向はほぼ散乱ベクトルで指定された方向に等しいから、次のように置ける。

$$\frac{|g|}{|k|} = \frac{1/d_{hkl}}{1/\lambda} = 2\theta \tag{10.2}$$

このレンズ系を無視した幾何学的関係と、回折条件 $\vec{q} = \vec{g}$ を満たした波数ベクトルがなす幾何学的関係を結びつけることにより、次の簡単な関係が導かれる。

$$\lambda L = dD \qquad \text{（重要）} \tag{10.3}$$

この L をカメラ長（camera length）と呼び、また、λL をカメラ定数（camera constant）と呼ぶ。

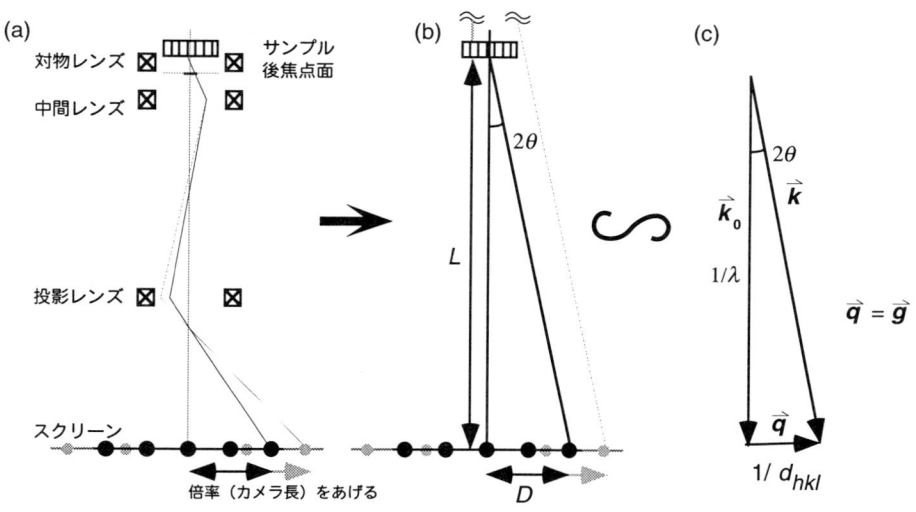

図 10.4 カメラ長の定義：(a) 後焦点面上に形成された回折像をスクリーン上に拡大する (b) スクリーン上の長さ D とカメラ長 L，(c) 入射ベクトルと散乱ベクトルの関係

この式はブラッグの法則において $\sin\theta \approx \theta$ と置いても得られる。つまりブラッグの式に相当するのが (10.3) 式だ。ただし、図 10.4 からわかるようにカメラ長はいくつかのレンズの拡大率を含んだ値なので、電顕フィルムに記録されたカメラ長は通常、誤差を含み標準試料で必ず校正して用いる。また、試料に入射する電子線は平行でない場合がほとんどで、回折波は後焦点面の上下の位置に結像される場合も多い。よって、L の再現性のよい回折像を取るためには、(i) 試料高さを正しく調整し、(ii) 対物レンズに対して物理的に存在する後焦点面を、対物しぼりの像などを利用してスクリーン上に映し出し、(iii) 後焦点面上に回折像が結像されるように試料に対する電子線の入射角を調整する、といった配慮が必要だ。

一口で以上の結果をまとめると、電顕の前にすわる観察者にとってスクリーン上の回折像は半径 L のエバルド球を横切る逆格子点周囲に広がる散乱強度そのものである。

10.2.2 晶帯軸入射と回折条件 $\vec{q} = \vec{g}$

試料の厚さに起因する形状因子の広がりと電子線の波長に対応してエバルド球の半径が大きくなった結果、ある晶帯軸に沿って入射したビームに対し、その晶帯に属し構造因子がゼロでない逆格子点は（厳密に回折条件を満たしていなくとも）比較的強い回折強度を呈し、スクリーン上に回折スポットとして現れる。すなわち、電子線回折には逆格子のある断面を 2 次元的に一気に映し出せるという特徴がある。このようにして得られたパターンを晶帯軸入射の回折像という。

一方、逆格子点 hkl に対して厳密に回折条件：

$$\vec{q} = \vec{g}_{hkl} \tag{10.4}$$

を満たそうと思うと、X 線回折のブラッグ-ブレンターノ配置における θ-2θ スキャンと同様にサンプルを θ だけ回転しなくてはならない。図 10.5 に、この二つの状況におけるエバルド球と逆格子の関係を模式的に示した。この図ではエバルド球の曲率を誇張して示してあるが、実際は図 10.1 に示したように θ の値は小さい。

この図からわかるように、試料を回転すると回折像は逆格子の原点、言い換えると電顕のスクリーンの真ん中を中心に回転する。そして、各スポットの位置は実質的にはまったく変わらず、強度のみが変化する。図 10.6 に晶帯軸入射および回折条件を満たすように撮影した回折パターンの例を示した。前者では各スポットはスクリーンの中心（逆格子の原点）について対称的な強度分布の広がりを見せるが、後者は回折条件をちょうど満たした逆格子点のみが大きな散乱強度を持つ（さらに試料にある程度の厚さがあれば、次章で述べる動力学的効果が反映される）。

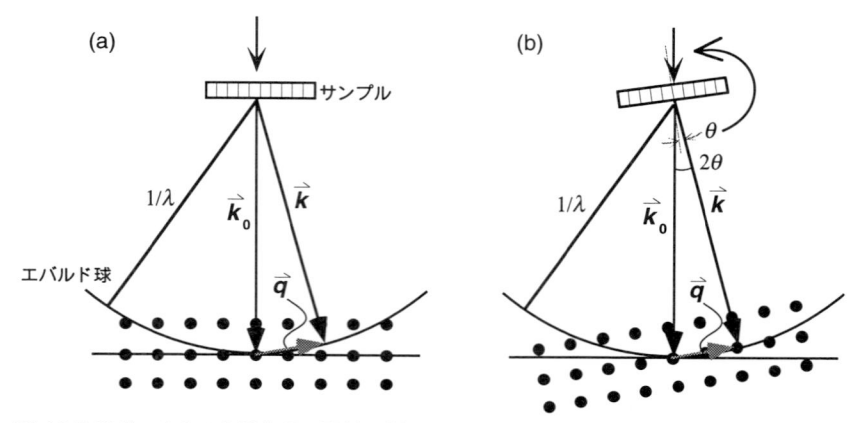

図 10.5 散乱ベクトルと逆格子の関係：(a) 晶帯軸入射の場合、(b) 回折条件を満たした場合

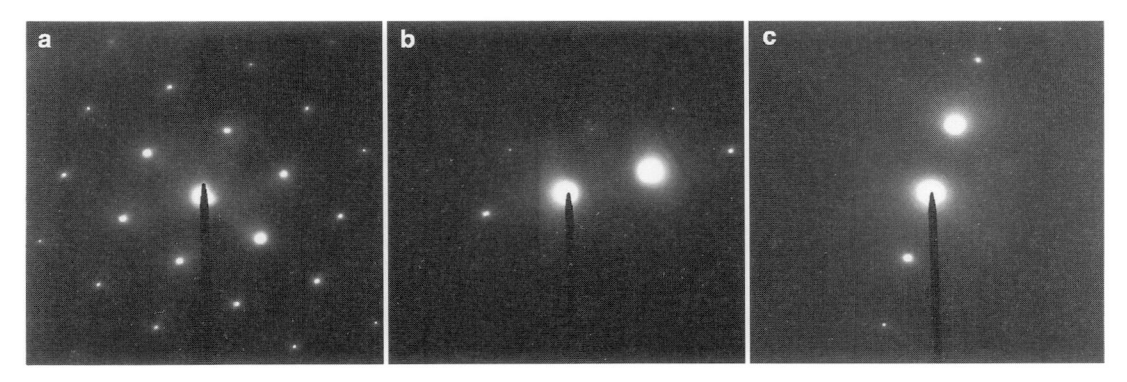

図 10.6 回折像の例（試料：ステンレス鋼（fcc Fe））：(a) ほぼ晶帯軸入射の条件を満たしている場合、(b) および (c) ほぼ回折条件（$\vec{q}=\vec{g}$）を満たしている場合

問題 10.1 図 10.6(a) に示された回折像は fcc Fe のどの晶帯軸に沿って撮影されたものか？ 図 8.27 に与えられている逆格子を参考にして、いくつかのスポットについて指数づけを行い、図 10.6(b) および (c) はどの逆格子ベクトルに対して回折条件を満たしているかを示せ。また、この本のスケールを基準にして、上の写真のカメラ定数は約 2.1(Åcm) である。200kV の電子線で上の写真が撮られたとして、fcc Fe の格子定数を求めよ。

10.3 電子顕微鏡における結像の基本

10.3.1 実像と回折像

物体面上の試料から散乱された波は対物レンズ−後焦点面を経て、1 次像面上に結像される。照射系と対物レンズの条件が固定されれば、あとはこれ以降の中間レンズと投映レンズの焦点距離を調整することにより後焦点面上の回折像や 1 次像面上の実像をスクリーン上に自由に投映することが可能だ。逆に言うと回折像から物体像への切替え、あるいはカメラ長や倍率を切り替えても、1 次像面までの光線図はなんら変化しない。

電子顕微鏡ではボタン一つで実像（図 10.7(a)）と回折像（b）との切替えが行われる。このとき、レンズ系では何が起こっているかを考えてみよう。実像を観察しているときは、対物レンズによる 1 次像面が中間レンズの物体面となるようにレンズの励磁電流が調整され、中間レンズの像面には試料の拡大像が結像される（図 10.8(a)）。この中間レンズの像面が投映レンズの物体面

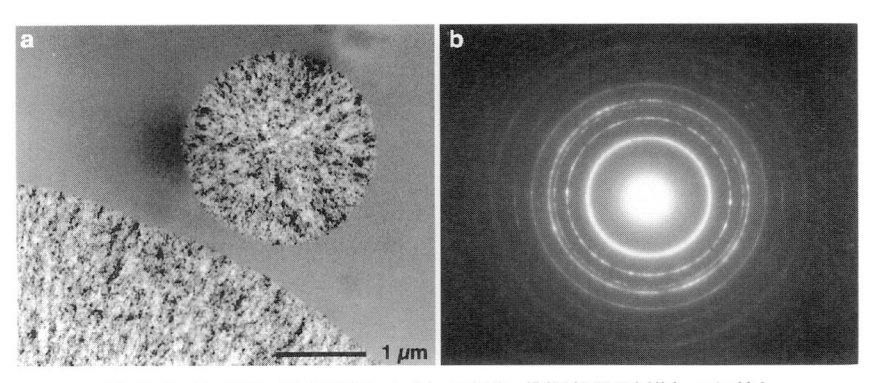

図 10.7 (a) 実像（明視野）と (b) 回折像（制限視野回折像）の切替え
（試料：Si-Al アモルファス薄膜中で結晶化しつつあるスフェルライト [10-1]）

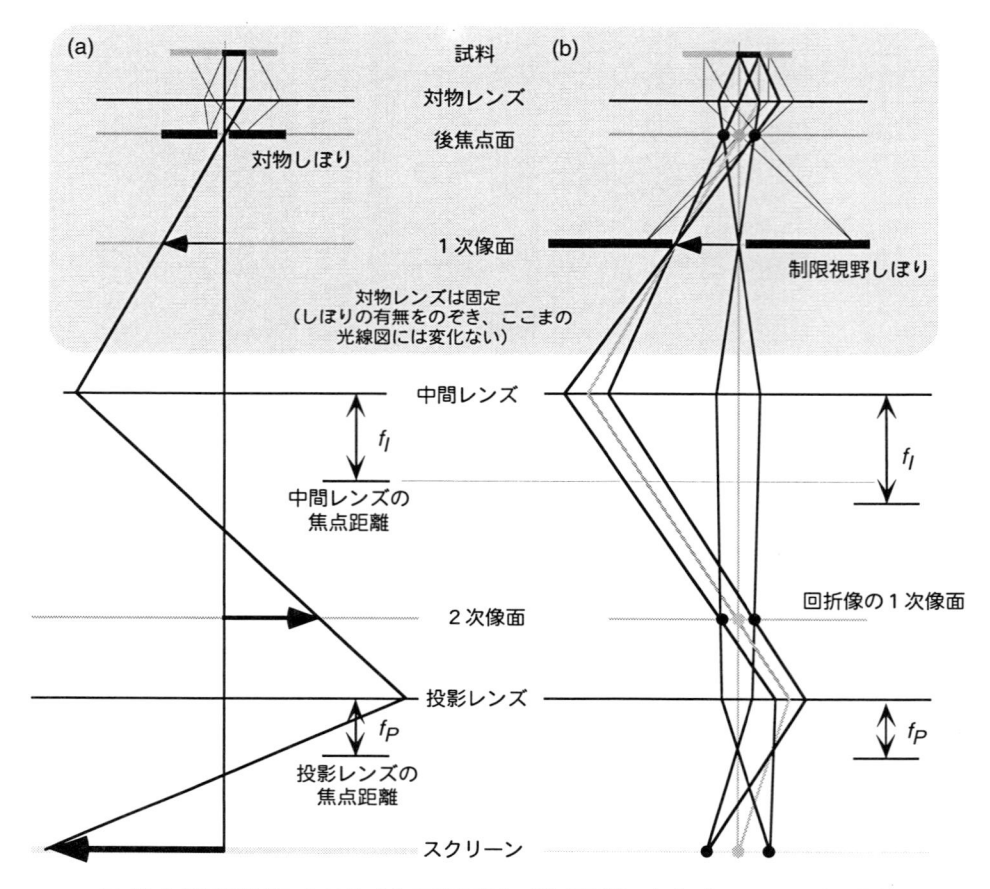

第10章 電子線の回折と結像の基礎

図 10.8 電子顕微鏡における（a）明視野像と（b）回折像、および二つのしぼりの役割

であり、スクリーン上には実像が投映される（このとき、スクリーンの位置は決まっているから、与えられた中間レンズの焦点距離のもとで投映レンズの励磁電流は決まってしまう）。

一方、中間レンズの励磁電流を小さくして（焦点距離を長くして）、この中間レンズにとっての物体面を対物レンズの後焦点面になるようにしたのが回折モードだ（図 10.8(b)）。このように1次像面より下の中間レンズと投映レンズの組合せによって実像と回折像の切替えは行われる。繰り返すが、対物レンズはこの切替えに原理的に関与せず、したがってここまでの光線図は同一だ（図 10.8 において、それぞれのレンズにとって共役な関係にある像面を確認しておこう）。

問題 10.2 この 3 レンズ系で図 10.8(b) に示したものより、長いカメラ長（高い投映レンズの倍率）を得るためには、中間レンズ、投映レンズの励磁電流をどのように変えたらよいか？ 光線図を示せ。

10.3.2 制限視野回折

図 10.8(b) に示した光線図では1次像面にしぼりを挿入して実空間における特定の領域のみを選んで回折像を得ている。このような方法を*制限視野回折*（selected area diffraction, SAD）法と呼び、用いる1次像面上にあるしぼりを*制限視野しぼり*（SAD aperture）と呼ぶ。

多結晶試料でも特定のブラッグ条件を満たすのはあくまで個々の結晶粒だが、大きなしぼりを

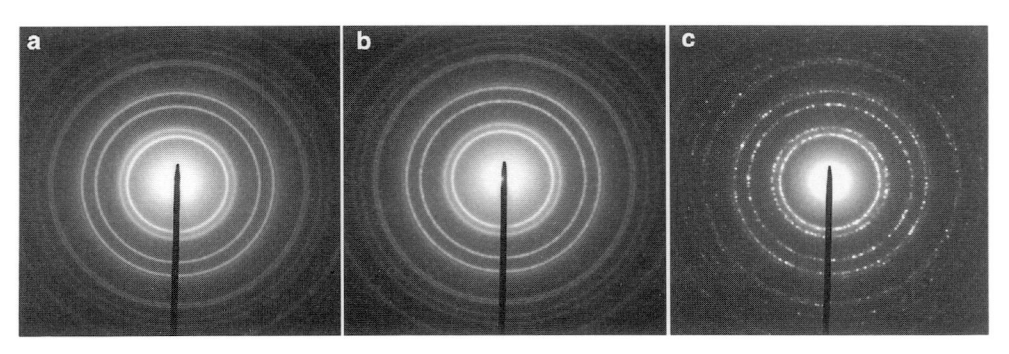

図 10.9 制限視野回折しぼり（SADしぼり）の大きさが回折リングに及ぼす効果（試料：金蒸着膜）

入れれば多くの結晶がブラッグ条件を満たし、結局、（連続的な）回折リングが得られる。これはX線回折における粉末試料の場合と同じ事情だ。一方、しぼりを小さくするにしたがって、回折条件を満たす結晶粒の数は少なくなり、回折リングはスポット状になる。図 10.9 にこの状況を示した（a, b, c の順にしぼりの大きさが小さくなる）。

10.3.3　明視野像と暗視野像

次に試料の像をスクリーンに映し出す方法のバリエーションを考えてみよう。原理的には試料上から発せられたすべての散乱波が、対応する1次面上での結像に寄与するが、もし図 10.8(a) のように後焦点面上に小さな穴の空いた板を挿入すれば、その穴を通過してきた散乱波のみで1次像面上に実像を形成できる。そのためのしぼりが対物しぼりだ。この対物しぼりを光軸上に置き、透過波のみで結像した実像を*明視野像*（bright field image, BF image）と呼び、特定の散乱波で形成した像を*暗視野像*（dark field image, DF image）と呼ぶ。最も簡単な暗視野法は対物しぼりをずらして特定の回折波のみを通す方法だ。二つの結像法を図 10.10(a)と(b)に示した。（一方、(c)が暗視野法として一般に用いられる光線図で後述する。）

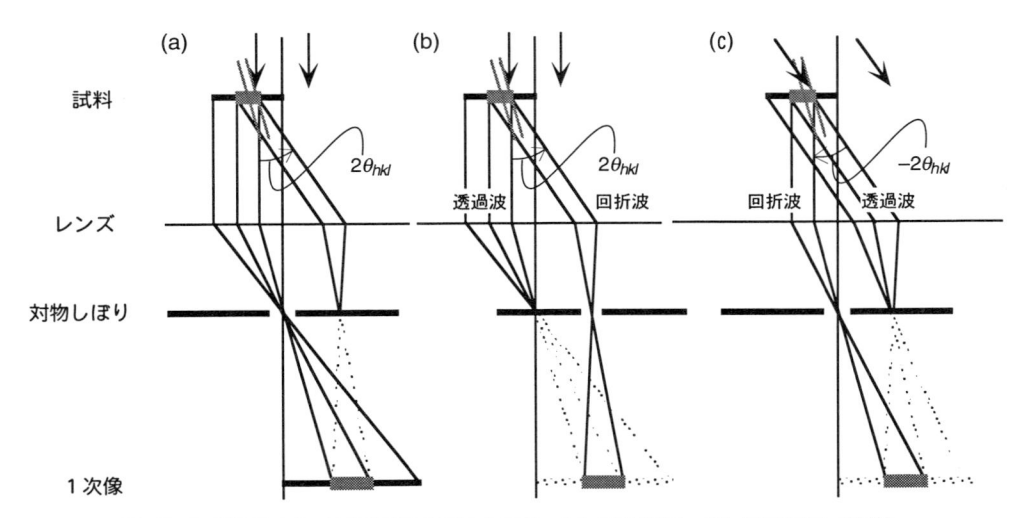

図 10.10 透過波もしくは回折波を用いた結像：(a) 明視野法、(b) 暗視野法（軸外）、(c) 光軸上暗視野法 (centered dark field)

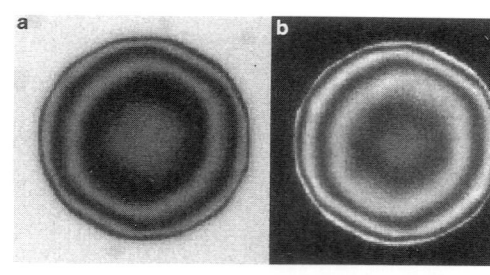

図 10.11 金属粒子の (a)明視野像と (b)暗視野像

図 10.11 に金属微粒子の明視野像と暗視野像を示す。全体のコントラストが二つの写真で逆転している。ここで現れた等高線のような模様は動力学的効果によるもので、次章で触れる。

> 明視野像や暗視野像は電顕だけでなく、光学顕微鏡などでも用いられる一般的な結像法だ。たとえば、試料が多結晶で構成されており入射波に対して、たまたま回折条件を満たした領域とそうでない領域があるとする。暗視野像では対物しぼりで選択された強く回折を起こす領域が明るくなり、逆に明視野像ではそのような領域は（入射波の多くが回折されてしまうので）相対的に暗くなる。

しぼりの位置をずらすと図10.10(b)からもわかるように、結像に寄与する回折波は光軸から離れた位置でレンズ作用を受けることになる。しかし、電顕におけるレンズは完全でなく光軸から離れるに従って収差が大きくなり望ましくない（1.3 節）。そこで暗視野像を撮るときは対物しぼりをずらすのではなく、入射波を傾け、-2θ の角度で散乱された回折波を光軸上に走らせ、中央にある対物しぼりを通過させるという操作が一般に行われる。これを*軸上暗視野*（centered dark field, c-DF）という。

> 現実問題として暗視野像をとるときのビーム傾斜の方法を図 10.12 に示した。今、試料を晶帯軸入射から θ だけ傾けて、$\vec{g}$ で示した逆格子点 D1 に対して回折条件が満たされている（図10.12(a)）。このとき、この回折スポット D1 で暗視野像を撮影しようとして入射ビームを傾け、D1 をスクリーンの中心に持ってくると、この

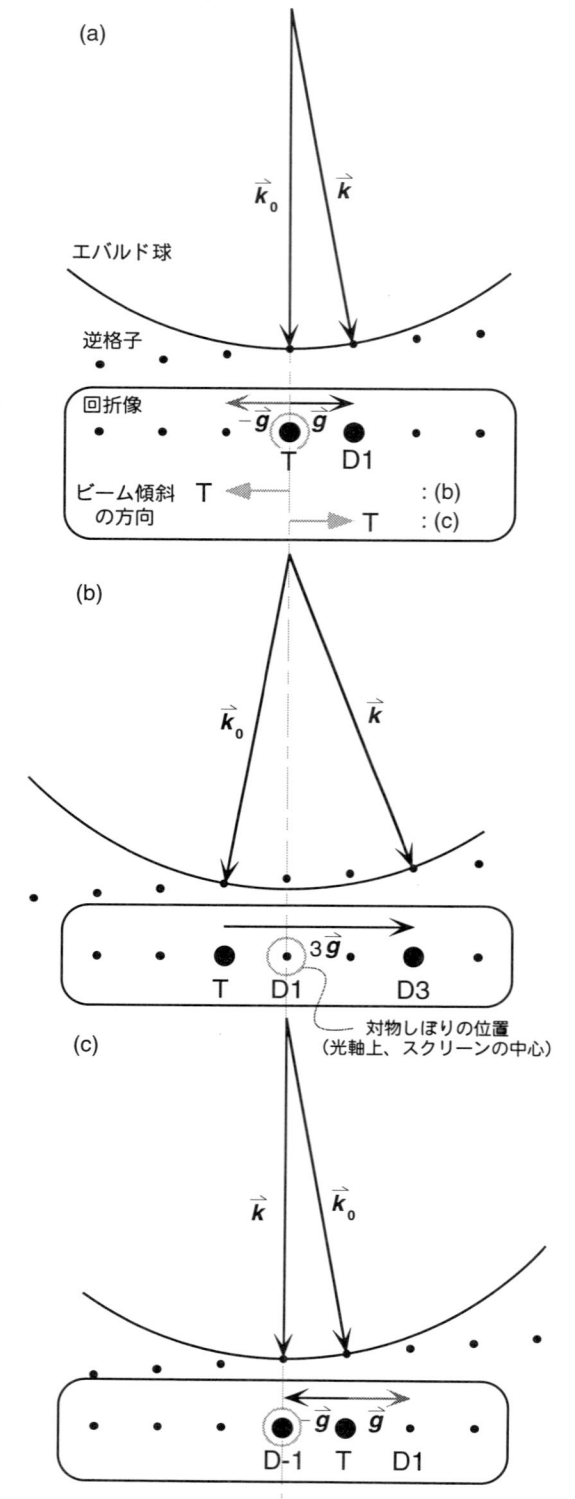

図 10.12 ビーム傾斜の方向と励起される回折波の関係
(a) 明視野、(b) 暗視野 (g-$3g$)、(c) 暗視野 (c-DF)
T: 透過ビームのスポット、D: 回折スポット

スポットは急に弱くなってしまう。この原因は図 10.12(b) からわかるように、この操作で実際には $3\bar{g}$ にある逆格子点 D3 に対して回折条件を満たしてしまうからだ（これはウィークビーム法に用いられる試料傾斜の方法で、13.5 節で実例を紹介する）。

通常の軸上暗視野を実現するためには、図 10.12(a) において<u>励起されているスポットと反対側のスポットがスクリーンの中心に移動するように入射ビームを傾ける</u>。こうすると図 10.12(c) に示したように 最初に (a) で示した入射波と回折波の関係がちょうど逆転し、$-\bar{g}$ の逆格子点 D–1 が回折条件を満たし、このスポットに対して暗視野の条件が実現する。実空間でいうと、考えている hkl 面の"裏側"から θ の角度でビームを入射させると言ってもよい（図 10.10(c)）。

10.3.4 焦点あわせと非点補正

ナイフエッジや散乱体の近くにスクリーンを置くと、いくつかのフレネルゾーンからの波の足しあわせにより干渉模様が生じ、またナイフエッジの裏側にまで光が回り込むことを 4.2 節で学んだ。これがフレネル回折だが、電子顕微鏡の試料端部でも同様のことが起こっている。レンズを通してスクリーン上に現れるフリンジコントラストの計算は、電子顕微鏡の試料では部分的に電子線が透過することなどもあって本書の守備範囲をはるかに越えている。詳細は参考文献に任せるとして、ここでは我々は正焦点（ジャストフォーカス）でフリンジがほとんど消え、アンダーフォーカスで試料の外側（真空側）に、過焦点（オーバーフォーカス）で試料端の内側に、フリンジが観察されることを認め、先に進むこととしよう。（アンダーフォーカスとするにはフォーカスノブを左にまわし、対物レンズの電流値を低める。）

図 10.13 にカーボン膜の穴の周囲に観察されるフレネルフリンジを (a) アンダー側および (b) オーバー側とで撮った明視野像を示す。アンダーフォーカスでは試料端部に白い縁が現れるのでコントラストが強調され、慣れないうちは焦点を合わせてとったつもりの写真がアンダー側にずれていることが多い。

完全なレンズでは非点収差は軸外収差であるが（1.3.3節）、電子顕微鏡ではレンズの不完全さから生じる非点収差があるので軸上でも非点収差が現れるから、写真を撮る前にこれを取り除かなくてはならない。これも最初の段階ではフレネルフリンジを利用して行う。図 10.13 (c)-(e) に非点収差が存在するときのフリンジを示した。このように互いに直交する方向で焦点距離がアンダーとオーバー側にずれており一致していない。そこで非点補正コイル（図 2.14）を用いて両者の焦点距離を等しくする。このとき補正コイルと同時に対物レンズの焦点距離を振りながら行って、最終的に "同心円上" にフリンジがアンダー側からオーバー側に推移するようにする。この例では図 10.13(e) でも、まだ弱い非点収差が残っている。

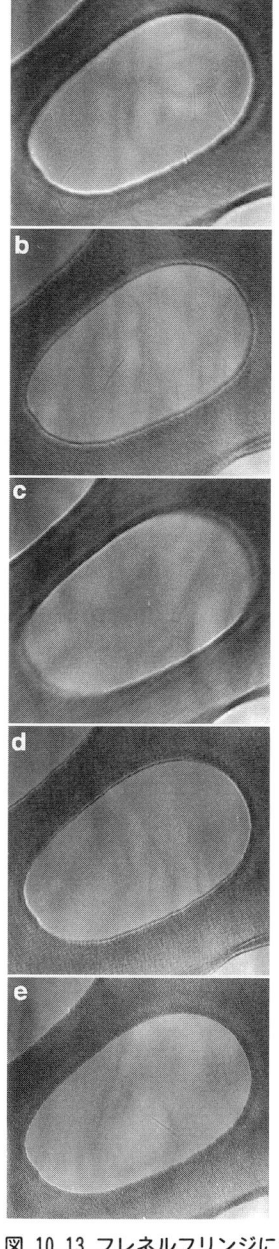

図 10.13 フレネルフリンジによる焦点合わせと非点補正：(a) アンダー、(b) オーバー、(c)-(e) 非点収差

10.4 実際の観察例

ここまで学んだ電顕の光学系に関する基本的な知識と材料のそのもの特徴が回折に及ぼす効果を把握できていれば、とりあえず現実の材料を観察することができる。以下、明視野・暗視野という基本的な結像法から出発し、規則構造を持つ場合や形状因子の効果が著しい場合を実例を通して見てみよう。

10.4.1 明視野像と暗視野像：Fe-Cr-N 薄膜

図 10.14 に窒化雰囲気の反応性スパッタリング法で作成された Fe-Cr-N 薄膜の X 線回折パターンを示した。この薄膜には γ'-$(Fe,Cr)_4N_x$（立方晶、以下 γ' 相と呼ぶ）と Cr が固溶した bcc Fe 相（以下、α 相と呼ぶ）という二つの相があり、大きな垂直磁気異方性を示すことが D.L.Peng らの研究[10-2]で明らかになっている。まず、θ-2θ スキャンのプロファイルでは γ' 相の強い 200 回折ピークとその少し低角側に α 相の 110 ピークの存在を見ることができる。さらに挿入図に示された 2θ を $50°$ に固定した ω スキャン（図 9.4）の結果は、γ' 相の 200 反射が試料面に対し約±4°の範囲に集まっていることを示している[10-3]。

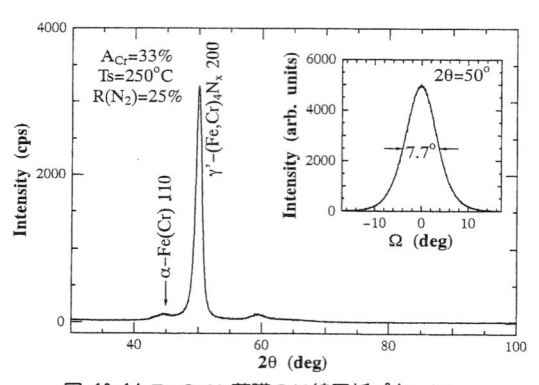

図 10.14 Fe-Cr-N 薄膜の X 線回折パターン
(D.L.Peng, K.Sumiyama, T.J.Konno and K.Suzuki: *Jpn.J.Appl.Phys.* vol.36 L479(1997)、著者および出版社の許可を得て転載)

Si 基板上に蒸着した Fe-Cr-N 薄膜から得られた電子線回折像を図 10.15 に示した。(a) は試料の真上から電子線が入射する条件（plan-view と呼ぶ）で撮影した回折像、(b) は試料断面方向から電子線が入射する条件（cross-sectional view と呼ぶ）で撮られた回折像だ（強いスポットは基板からの Si[110] パターン（図 10.19））。(a) に見られるきれいなリング状のパターンはこの試料が面内には等方的で小さな結晶粒から構成されていることを示している。一方、(b) では同じリングの一部のみが大きな強度を持っている。これは特定の方向を向いた結晶粒が平均より多いからで、このような多結晶粒全体の統計的な配向性を集合組織（texture）と呼ぶ。この断面回折像には、X 線回折（図 10.14）における θ-2θ スキャン、ω スキャンおよび plan-view の電子線回折像における散乱ベクトルの変化の方向も示した。このように電子線回折の結果は X 線回折の結果とよい一致を示し、γ' 相は強い 200 集合組織を、α 相は強い 110 集合組織を持っていることを確認できる。

次にこれら二つの相がどのように分布しているか

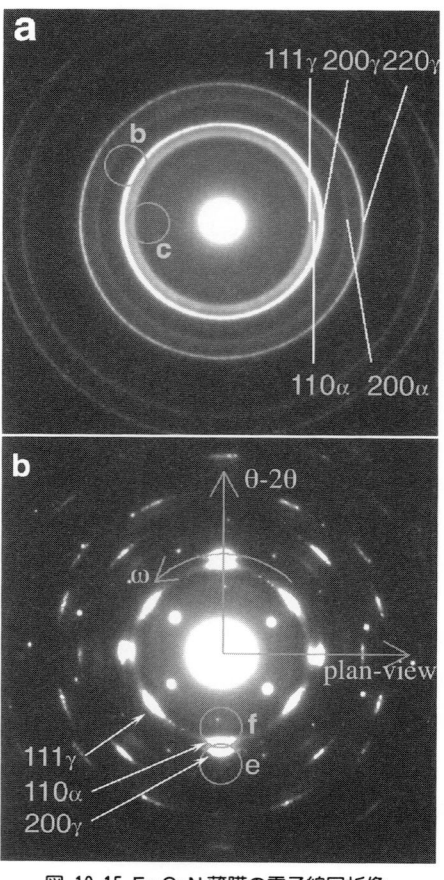

図 10.15 Fe-Cr-N 薄膜の電子線回折像
(a) 膜面に垂直に電子線が入射した場合、
(b) 断面方向からの回折像

見てみよう。図 10.16(a) から (c) までが plan-view、(d) から (f) までが断面写真だ。ここで左側の (a) と (d) が明視野像、(b) と (e) が γ' 相の 200 反射を用いて撮影した暗視野像、(c) と (f) が α 相の 110 反射で撮影した暗視野像だ。それぞれの回折波を選んだときのおおよその対物絞りの位置は回折パターン（図 10.15）中にも示してある。ここで最も注意しなくてはならないことは、これらの暗視野像を撮るのに用いた回折スポットの位置が極めて近いことだ。このような場合、まず小さなしぼりを挿入して $200_{\gamma'}$ と 110_α とが確実に分離されるように入射ビームを傾ける（c-DF、図 10.12(c)）。また結晶粒の散乱強度が弱いと蛍光板上の暗視野像はかなり暗くなるのが常で、ここで照射系を調整してビームをしぼり明るさをかせぎたくなるのが人情だ。しかし、C2 レンズでビームを絞ると後焦点面上でのスポットがディスクとなってしまい（図 2.26、10.39）、せっかく分離したはずの二つのスポットが重なって一つの対物しぼりを通過しまう。これでは、二つの相が区別できないので、C1 レンズの励磁電流を落として輝度をかせぐか（2.3.4 節）、暗いのをじっと我慢して撮影する（実際にはこの例でも完全には分離できていない）。こうすると、直径 20-40nm の γ' 相が柱状晶として成長し ((b), (e))、また、その粒界に α 相が針状に成長しており((c), (f))、後者が垂直磁気異方性をもたらしていることが判明する。

　この例からもわかるように、暗視野像を撮影するとき、後焦点面で何が起こっているかを確実に把握することは、非常に大切だ。再現性よく回折像を取るためには後焦点面上でしぼりの位置を常に確認するなどの配慮が必要なことは 10.2.1 節で述べたが、それに加え、暗視野像の撮影では照射系によるビームのしぼり具合（すなわち回折ディスクの広がり具合）、さらに hkl 反射で結像させるといっても、この反射を励起した状態（つまり回折条件 $\vec{q} = \vec{g}$ を満たした状態）で結像させているのか、晶帯軸入射で単にそのスポットを選んで結像しているのかではコントラストの現れ方がまったく異なる。

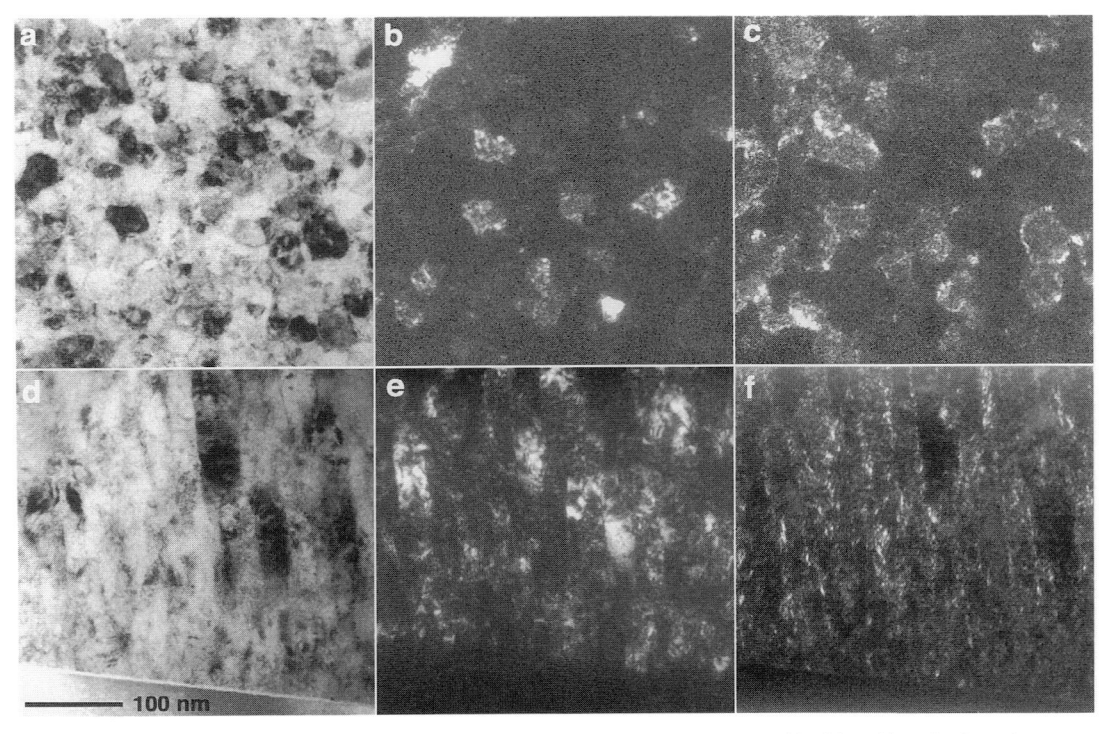

図 10.16 Fe-Cr-N 薄膜の像：(a), (d)：明視野像、(b), (e)：暗視野像（$200_{\gamma'}$）、(c), (f)：暗視野像（110_α）

10.4.2 規則構造

面心立方構造（図 10.17(a)）では単位胞を図に示した立方体ととったとき h, k, l が偶奇混合指数をとる逆格子点における散乱強度はゼロとなることを学んだ（8.3.2 節）。今、何らかの条件で合金を構成する二つの元素が、図 10.17(b) のように規則的に配列した場合を考える（黒い小さな球が Au）。このような構造をとる代表

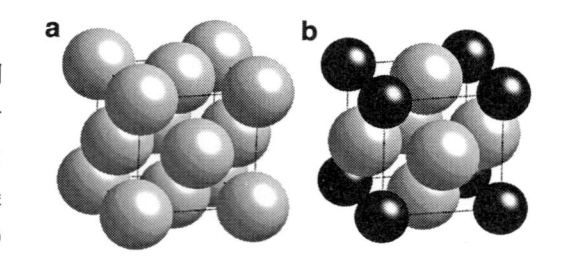

図 10.17 (a) fcc構造 (A1)、(b) Cu_3Au構造 ($L1_2$)

的な合金が Cu_3Au であるので、これは Cu_3Au 構造と呼ばれている。Cu_3Au 構造では立方体の角の位置と面心の位置とは、もはや等価な環境にはないからそれぞれの位置は格子点ではない。すなわち、この構造は単純立方格子に、基本構造として Au が 1 個と Cu が 3 個の原子がそれぞれの格子点に付随した構造だ。したがって、fcc 構造の単位胞を立方体にとったことによる消滅則も無くなり、たとえば、100 反射の構造因子もゼロではない有限の値をとることになる。このように元素が規則的に配列する構造を*規則構造*（ordered structure）と呼び、また、fcc 構造では現れないが規則的に原子が配列したことによって格子が単純格子となり、新たに現れる反射のことを*超格子反射*（super-lattice reflection）と呼ぶ。これに対し、もともとの fcc 構造に起因する反射のことを*基本反射*（fundamental reflection）と呼ぶ。

　　合金の構造の呼び方にはいろいろある。その一つは考えている構造をとる代表的な金属や合金を持ってしてその構造を表すやり方で、このやり方では fcc 構造は Cu 型、bcc 構造は W 型、hcp 構造は Mg 型と呼ばれる。一方、慣用的に頻繁に用いられるのが Structurbericht という方法で、この表記法ではこの三つの構造はそれぞれ A1, A2, A3、そして Cu_3Au 構造は $L1_2$ 構造と呼ばれる。さらに空間群を用いた方法や Pearson 表記と呼ばれる方法などがあるが、詳細は付録 C を参照されたい。

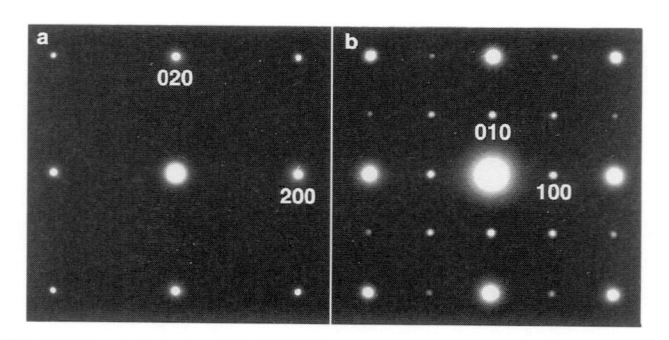

図 10.18 Al-Li-Cu 合金からの電子線回折像の例：(a) fcc 構造、(b) Cu_3Au構造

規則構造が出現した場合の電子線回折像の例を見てみよう（吉村ら [10-4]）。Al-Li-Cu 合金を急冷すると Li の濃度によって fcc 構造だったり、Al_3Li という $L1_2$ 型の規則相が現れたりするが、この両者から得られた電子線回折パターンが図 10.18 の (a) と (b) だ。Al_3Li の単位胞の大きさは fcc-Al とほとんど同じ約 4Å であるが、図 10.18 (b) では 100 や 010 といった反射が現れることから、単純立方格子をなす規則相（ここでは Cu_3Au 構造）が出現したことがわかる。

10.4.3 二重回折

現実の結晶では構造因子が厳密にゼロの逆格子点に向けて強い散乱が観測されることもある。

Si 単結晶の $[1\bar{1}0]$ 入射の回折パターンを見てみよう（図 10.19）。ダイヤモンド構造をとる Si では 002 や 222 など、$h+k+l=4n+2$ の反射の構造因子はゼロであるが（問題 8.4）、この回折像にはこれらの反射ははっきりと現れている。この原因はいったんある方向に回折された波が、さらに別の方向に回折されることによる。これを二重回折（double diffraction）という。これは本来は動力学的効果（第 11 章）と考えるべきであるが、回折の幾何学自体はこれまでの知識で十分理解できる。たとえば、$111+\bar{1}\bar{1}1=002$ であるから、$\vec{g}_{111}$ と $\vec{g}_{\bar{1}\bar{1}1}$ に対して同時に回折条件が満たさ

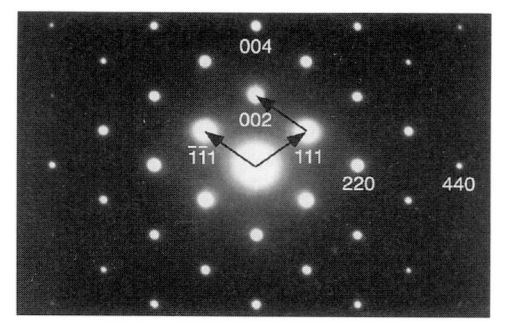

図 10.19 Si単結晶からの電子線回折像（$[1\bar{1}0]$ 入射）（二重回折が現れている）

れていると、いったん $\vec{g}_{111}$ に向けて回折された波が再度 $\vec{g}_{\bar{1}\bar{1}1}$ 方向に回折され、禁制であったはずの逆格子点 002 が強い散乱強度を持って現れる。

他の知っておくべき例は hcp 構造の 00•1 反射だ。図 8.29 からわかるように 01•1 は禁制でないので $[\bar{2}110]$ 入射のように c 軸と垂直な方位から撮られた回折像には 00•1 が出現する場合が多い。

二重回折の可能性を確認するためには、図 10.19 の場合だと二重回折をもたらす 111 などの回折点が完全に消えるまで試料を 001 軸に沿って回転する。そして、これらの回折点の消滅とともに本来禁制の反射が消滅すれば、それは二重回折によって出現した回折点だ。

10.4.4 二重回折とモアレ

前節の場合は一つの結晶内で回折波が再度、別の逆格子ベクトルに沿って回折されるという例であったが、このようなことは二つの結晶が重なっていても起こる。ここでは模式的に回折パターンとそれが実空間に反映される状況を見てみよう。

図 10.20(a) のように面間隔 d で特徴づけられる同種の結晶が共通の晶帯軸を軸に角度 β だけ回転している場合を考えよう。すると、それぞれの結晶からは（1）と（2）に模式的に示された回折パターンが生じるだろう。ところが、この二つが重なっている場合、1 番目の結晶の下面からは回折波 $g+$ と $g-$ が 2 番目の結晶に突入するが、それらが 2 番目の結晶により散乱ベクトル $q-$ と $q+$ の分だけ、さ

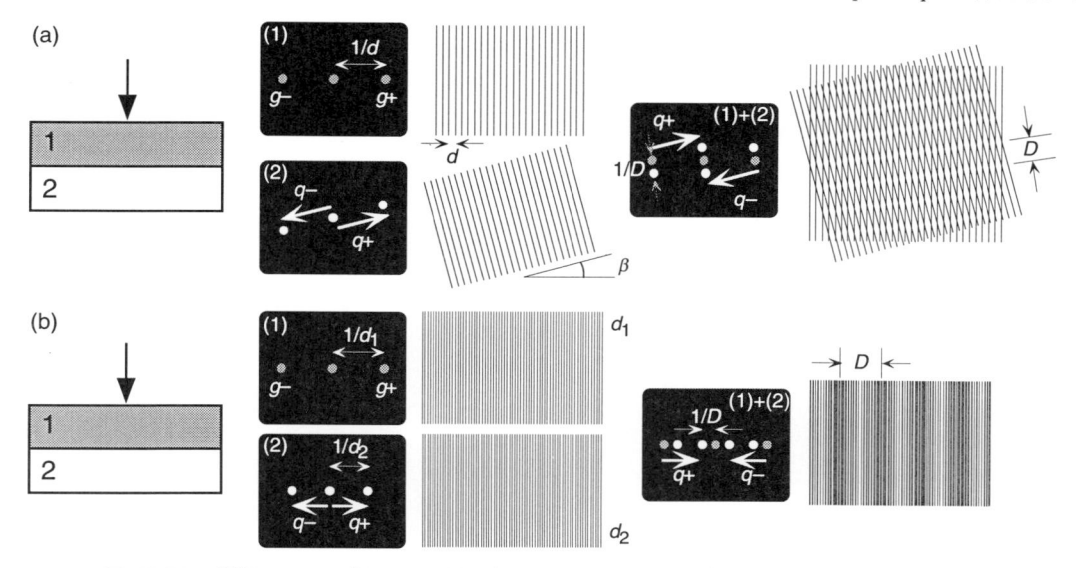

図 10.20 2 種類のモアレパターン：(a) 回転モアレ（同種の結晶が回転して重なった場合）、(b) 平行モアレ（格子定数のわずかに異なった結晶が重なった場合）

らに回折される。これがこの場合の二重回折だ。その結果、透過スポットの上下に二つの結晶の回転に対応したスポットが新たに生じる（この回折点までの距離を $1/D$ と置こう）。この状態で明視野像を撮る場合、通常のアパチャーでは二重回折によって生じたスポットまでアパチャーの中に入り、干渉が起こき、長さ D に対応する面間隔が明視野像に生じる。これを回転モアレ（rotation moiré）と呼ぶ。回転モアレの間隔 D は三角関数を使って次式で表せる。

$$D = \frac{d}{2\sin(\beta/2)} \xrightarrow{\beta \ll 1} \frac{d}{\beta} \tag{10.5}$$

一方、1 番目と 2 番目の格子定数がわずかに異なっている場合を示したのが図 10.20(b)だ。同様の理由で新たな周期構造が観察されるが、これを平行モアレ（parallel moiré）と呼ぶ。この場合のモアレの間隔は次式で表される。

$$D = \frac{d_1 d_2}{|d_1 - d_2|} \tag{10.6}$$

10.4.4 Al-Cu 合金における時効析出

次に形状因子が回折パターンに及ぼす影響を見てみよう。ここであげるのはジュラルミンなどで実用的に重要なアルミニウム合金の原型として 20 世紀初頭に発見された Al-Cu 合金の時効析出だ。この系では高温（500℃ 程度）で Al 中に数パーセント固溶している Cu を急冷することによって過飽和に固溶させた後、それを室温で放置しておくと fcc Al の {100} 面にそって Cu 原子が析出する。図 10.21 にその模式図を示したが、このような析出物の存在を小角散乱によって初めて見出した研究者（A.Guinier と G.D.Preston）の名前をとって G.P.ゾーンと呼ばれている（このような析出物は母相である Al が存在しないと存在しえないので独立した相と見なすことはできず、析出帯＝ゾーンと呼ばれる）。

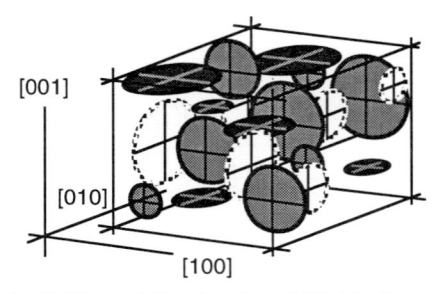

図 10.21 Al マトリックス中の {100} 面に沿って整合析出した Cu 単原子層（GP ゾーン）の模式図

それでは、時効析出処理後の Al-Cu 合金の [001]方位から撮られた制限視野回折像を見てみよう（図 10.23(a) [10-5]）。このように ⟨100⟩ 方向に強いストリークが現れる。これは母相と整合性を保って析出した GP ゾーンが非常に薄いため形状因子の効果で析出面と垂直な方向に散乱強度が広がったためだ（形状因子の広がりを模式的に図 10.22 に示した）。対応する明視野像（図 10.23(b)）には 90°

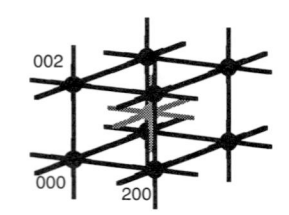

図 10.22 {100} 面に沿っての板状析出相の形状因子

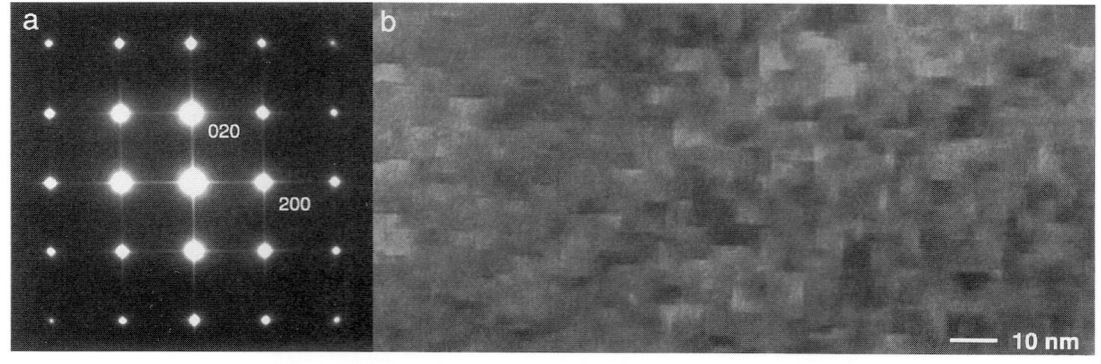

図 10.23 時効析出処理後に得られた Al-Cu 合金の (a)回折パターンと (b) 明視野像

に交差した 10nm 程度の長さのコントラストがいたる所に存在し、ゾーンの存在を裏づけている（GP ゾーン近傍ではひずみが大きく、この写真は次章で述べるひずみ場による動力学的効果を反映したものとなっている）。

10.4.5 積層欠陥と双晶

fcc 構造が A-B-C-A-B-C...というスタッキングで表されることは 7.1.2 節でも触れた。このスタッキングが何らかの原因で乱れる場合がある。これを*積層欠陥*（stacking fault）と呼ぶ。fcc 構造における積層欠陥は {111}面上の欠陥であるから先の GP ゾーンと同様の理由で回折パターンの 〈111〉方向にストリークをもたらす。また、A-B-C-A-C-B-A のようにある層を挟んでその両側でスタッキングが完全に逆転した構造を双晶（twin）と呼ぶ。たとえば、図 10.24 は第 12 章で述べる位相コントラストと呼ばれる方法で 500°C 程度の温度で Si 結晶が成長する様子をビデオで記録したときのスナップショットだが [10-6]、画面右側から成長する Si 結晶においてスタッキングのエラーが入り、いくつもの小さな双晶が入ることがわかる。

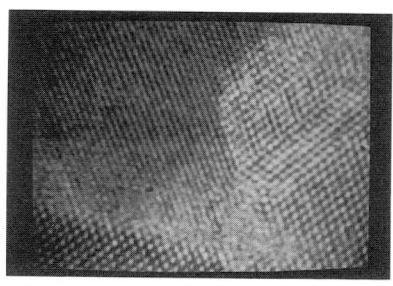

図 10.24 積層欠陥や双晶を作りながら画面右側から左へ成長する Si 結晶（〈110〉入射）

このような Si 結晶が大きくなるとどのような回折パターンを示すのだろう？ 図 10.25(a) は Si-Al アモルファス合金の再結晶後に異常粒成長した Si 結晶からの制限視野回折像だ [10-1]。この回折パターンには双晶関係、積層欠陥、そして二重回折の効果がすべて現れている。図 10.25(b) に双晶の関係にある二組の逆格子点（二重回折により現れるスポットを含む）とストリークを模式的に示した。（また回折パターンには 1/3{111}, 2/3{111}にも強度の強い点が観察されるがこれも積層欠陥によることがわかっている。）

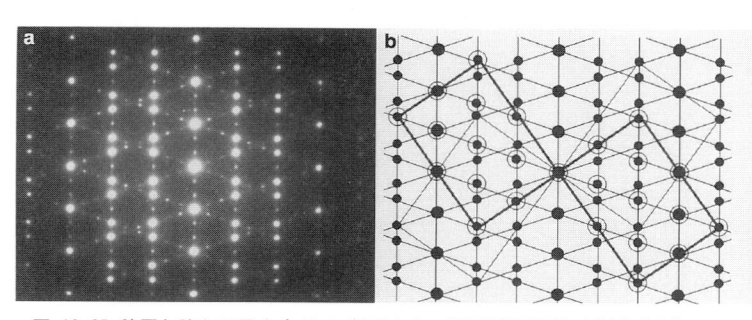

図 10.25 積層欠陥と双晶を含む Si 結晶からの電子線回折像（〈110〉入射）

10.4.6* 形状因子の効果：その 2 エバルド球を横切る場合

ここまでは散乱体が薄いことに起因するストリークが入射電子線と直交する方向（スクリーンの面内）に走っていたが、薄い析出物が入射電子線に対して斜めに存在している場合はどうだろう？ 形状因子は板上析出物の面の法線方向に延びるから、ストリークも斜めに延びる。すると<u>エバルド球が逆格子点そのものを横切っていなくとも、長いストリークがエバルド球を横切り、本来、逆格子点が存在しない場所に回折スポットが見られる場合がある</u>。そのような例を Al-Li-Cu 合金に現れる T_1 相と呼ばれる六方晶系に属する析出物（格子定数：a=9.353Å、c=4.96Å）で見てみよう（吉村ら [10-7]）。

この析出物は Al の {111}面と単位胞の底面（c 面）が平行で {111}$_{Al}$ 面の沿って薄く板上に析出するのが特徴だ。まず、図 10.26 に 〈111〉$_{Al}$ 方向から見た実空間における fcc Al の断面と T_1 相の単位胞の底面の位置関係を示した。このように {111}$_{Al}$ 面において二つの相の整合性は大変

第10章　電子線の回折と結像の基礎

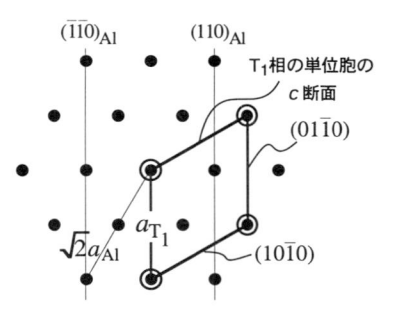

図 10.26　fcc Al の {1$\bar{1}$1} 断面と T$_1$ 相の単位胞との関係
（●印は Al 原子位置）

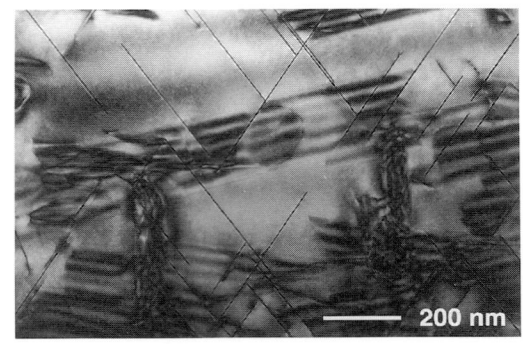

図 10.27　Al-Li-Cu 合金を時効析出処理後の明視野像（Al [$\bar{1}$10] 方向に沿って撮影、四種の {111} 面上に T$_1$ 相が析出している）

によい。またこの図で紙面に垂直な T$_1$ 相の c 軸の長さは {111}$_{Al}$ 面の面間隔の 4 倍であることもわかっている。

　まず、母相である fcc Al を [$\bar{1}$10] 方向に沿って撮影した明視野像を見てみよう（図 10.27）。立方晶には四つの {111} 面があるが、このうち (111) 面と (11$\bar{1}$) 面はこの方向を面内に含み、($\bar{1}$11) 面と (1$\bar{1}$1) 面はこの方向と約 55°の角度をなす。したがって、板上に析出する T$_1$ 相のうち前者に沿って析出したものは非常に薄く見え（このことをエッジオンに見るという）、一方、後者に沿って析出したものは斜めに横たわって見える（さらに次章で述べる動力学的効果によって縞模様を呈する）。

　次に、このような試料の回折像を見てみよう（図 10.28）。この回折パターンにはこれまで我々が学んだ様々な要素が入っている。まず、Al の ⟨111⟩ 方向に延びているストリークに注目しよう。このストリークはエッジオンの T$_1$ 相からのもので、この析出物が c^* 軸方向に広がった形状因子を持っていること、つまり、{111}$_{Al}$ 面に沿って析出した極めて薄い相であることを物語っている。このストリークをさらによく見ると Al の 111 回折点までの距離の 1/4 の周期で大きな散乱強度を持っていることがわかる。これは析出物の単位胞の c 軸の長さが {111}$_{Al}$ の 4 倍であることを示している。

　この方位から見てエッジオンの一組の析出相からなる回折パターンを整理したのが図 10.29(a) だ。11$\bar{2}$0$_{T_1}$ 回折スポットは [111]$_{Al}$ と垂直な方向にあり、さらに原点からの距離は 22$\bar{4}$$_{Al}$ 逆格子点（この図では見えない）までの距離の 1/3 である。このような [$\bar{1}$10]$_{Al}$ から見てエッジオンに見える析出物がもう一つ [$\bar{1}$$\bar{1}$1]$_{Al}$ 方向と垂直に横たわり、図 10.28(a) ではクロスしたストリークとなって現れている。

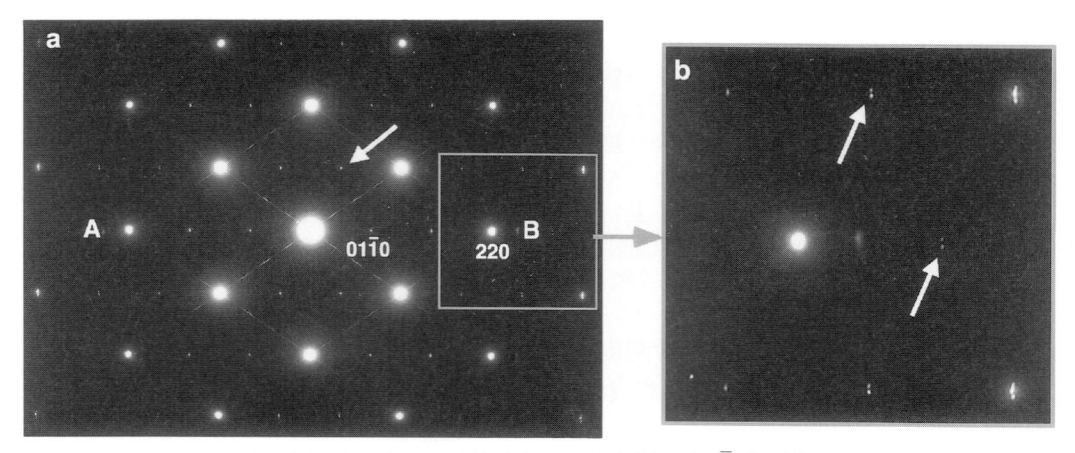

図 10.28　Al-Li-Cu 時効析出合金の電子線回折像（Al [$\bar{1}$10] 入射）

次に電子線の入射方向に対して約55°の角度をなして横たわる T_1 相からの回折パターンを考えてみよう。いきなりそのようなパターンを考えるのは大変だから、まず、T_1 相の c 軸と $[1\bar{1}1]_{Al}$ 軸とが平行な場合の逆格子を考える。それを示したのが図10.29(b)だ。図で大きな ● で示したのが母相の Al の逆格子点、小さな ● が T_1 相の逆格子点だ。ここで我々の視点を35°だけ $-\theta$ 方向に移した状態が $[\bar{1}10]_{Al}$ 軸に沿って見た T_1 相ということになる（エバルド球に対してはこの逆格子全体を軸 AB に沿って $\theta=35°$ 回転した状態）。そのとき、T_1 相の逆格子点はエバルド球とどのような幾何学的関係にあるだろうか？

まず、回転軸上にある逆格子点は動かないから $01\bar{1}0$ などのスポットはそのまま $[\bar{1}10]_{Al}$ 電子線回折パターンにも現れる。次に回転軸から離れた $\bar{1}100$ や $10\bar{1}0$ を考えてみよう。図10.29(c)にはこれらの点も含めて T_1 相の逆格子点周囲に広がる形状因子を模式的に示した。この逆格子を AB に沿って θ (=35°) だけ回転すると、$\bar{1}100$ も $\bar{1}101$ もエバルド球とは交わらない（図10.29(d)）。しかし T_1 相が薄いために生じる大きな形状因子のため、一連の逆格子点近傍の散乱強度が c 軸方向にストリーク状に延び、これがエバルド球と交わる。どこで交わるかを計算するとエバルド球が平面と仮定すればちょうど軸 AB から g_{001Al} の距離において交わることがわかる（図10.29(a)で×で示した点）。このスポットが図10.28(a)の矢印で示した位置に明瞭に現れている。

さらにエバルド球は曲率を持っているから、逆格子点の中心から離れるにしたがって、少しずつ 001_{Al} より遠いところでエバルド球と交差するだろう。したがって、+35°と-35°だけ回転した二つのストリークがエバルド球と交差し、スクリーン上には二つのスポットとして現れる（図10.28(b)）。

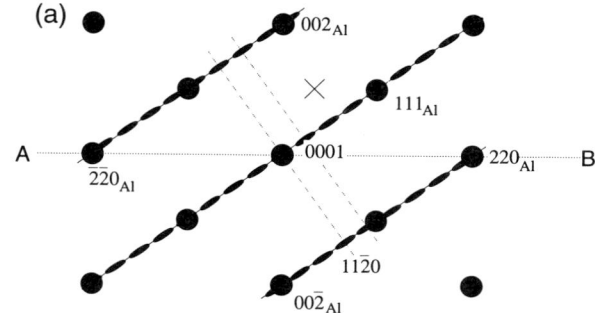

(a) 紙面内に c 軸を含む方位関係にある T_1 相（$[110]_{Al}//[1\bar{1}00]_{T1}$）からの回折パターン

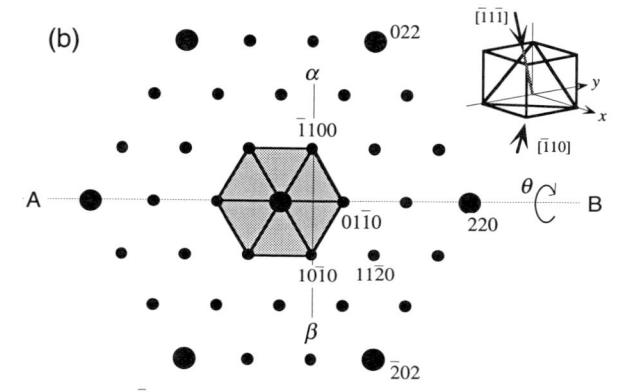

(b) $\langle 1\bar{1}1\rangle_{Al}$ に垂直な逆格子断面、および c 面がこの面に平行な T_1 相の逆格子の関係

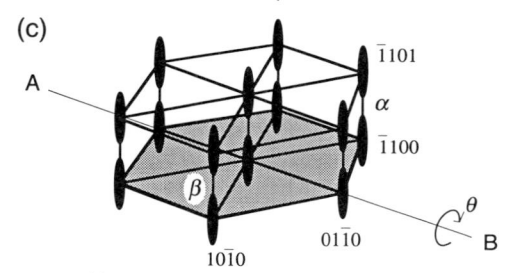

(c) T_1 相の逆格子と形状因子による散乱強度の分布

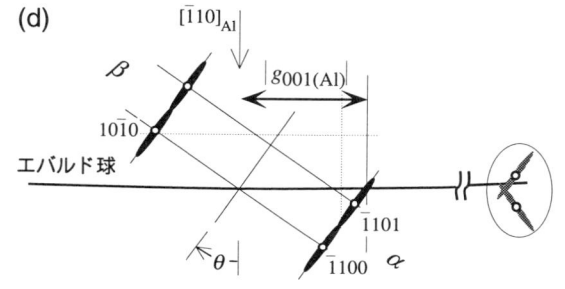

(d) 逆格子の回転と α-β 断面(b)上の逆格子点周囲の散乱可能な領域がエバルド球と交差する状況

図 10.29 T_1 相の逆格子点とエバルド球との関係（電子線回折像（図10.28）の解釈）

10.5 電子線回折の幾何学：その2

ここまでは基本的にはビームを平行に入射し、しかもエバルド球の半径が大きいことを前提として話を進めてきた。この節ではエバルド球が一定の曲率を有することによる回折像への効果、菊池線の発生、そして収束電子線回折に関しての基本的なことがらを簡単にまとめたい。

10.5.1 高次ラウエゾーン

3次元結晶の逆格子点は3次元をなし、我々が電顕のスクリーンの中心付近で観察しているのは近似的には3次元逆格子のある断面だ（図10.1参照）。この逆格子の原点を含みエバルド球に接している平面上の一群の逆格子を zeroth order Laue zone: ZOLZ（ゾルツ）と呼ぶ。（電顕試料は薄く、実際の散乱強度は各逆格子点を中心に上下にロッド状に広がるのであった。）

さて、エバルド球が一定の曲率を有しているため、カメラ長を小さくすると（回折像を縮小してより広い領域を映し出すと）スクリーンの端の方に ZOLZ よりも上にある逆格子の断面の一部が観察される。この状況を図10.30(a) に図示した。それぞれの断面は FOLZ, SOLZ（それぞれ first, second order Laue zone（フォルツ、ソルツ））といい、これらを総称して高次ラウエゾーン（higer order Laue zone, HOLZ（ホルツ））と呼ぶ。

この HOLZ を利用すると、簡単な幾何学的考察から入射電子線の方向（晶帯軸の方向）の面間隔に関する情報を得ることができる。図10.31 を見てみよう。ここで三角形 OPQ を考えると次式が成立する。

$$(1/\lambda)^2 = (1/\lambda - nH)^2 + G_n^2 \qquad (10.8)$$

よって HOLZ 間の間隔 H は次式で与えられる。

$$G_n^2 = \frac{2nH}{\lambda} - (nH)^2 \cong \frac{2nH}{\lambda} \qquad (10.9)$$

また n 次ラウエゾーンに対してワイスの晶帯則は次の形をとる。

$$hu + kv + lw = n \qquad (10.10)$$

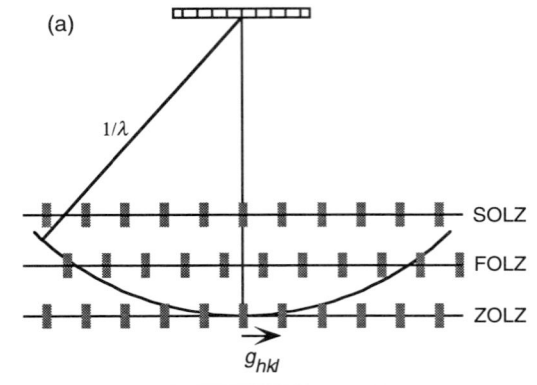

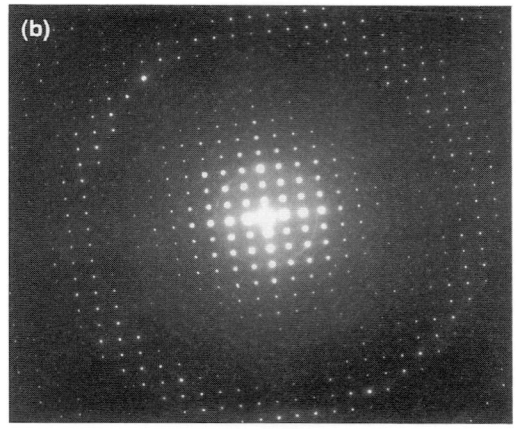

図10.30 高次ラウエゾーン（HOLZ）と回折図形の例

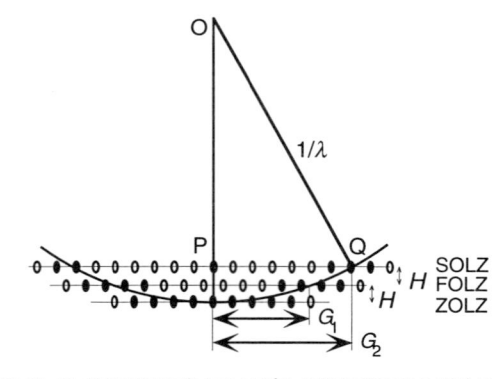

図10.31 HOLZ間の高さをエバルド球の曲率から求める

10.5.2 菊池回折
10.5.2.1 菊池線の発生

入射電子線は直接、回折されるだけではなく、試料の中でわずかにエネルギーを失う非弾性散乱を受ける。ここではこれらの電子を*散漫散乱電子*（diffusely scattered electron）と呼ぶ。非弾性散乱で失うエネルギーは数十 eV で電子線の波長の変化はわずかだ。したがって試料が比較的厚いとこれらの電子は試料内で再びブラッグ条件を満たし、回折を起こす。これを*菊池回折*（Kikuchi diffraction）と呼ぶ。この概念図を図10.32 に示した。

図 10.32(a) に示したように散漫散乱は前方に強く、今、hkl 面が (b) のように存在したとすると、前方に散乱された電子は R においてブラッグ角 2θ で R′ の方向に回折される（したがって R″ の方向に向かう電子の数はその分少なくなる）。この散乱に対応した逆格子ベクトルを $\vec{g}_{hkl}$ とすると、Q において $-\vec{g}_{hkl}$ に散乱される電子も存在する。しかしもともと P から Q へ向かう散漫散乱電子の数は前方 R へ向かうものより少ないので、結果的には Q′ へ散乱される電子は R″ に向けて減少した電子の数を補うほどではない。結局、前方に向かう散漫散乱電子の強度分布に、(c) の右側に見られるような電子線の強度の「抜け」が生じる。一方、これとは逆に強度の強い領域が図では左側に生じる。

実際の試料の中では散漫散乱波は 3 次元的に広がり、その後ブラッグ散乱を受けた回折波は $90 - \theta_B$ の頂角をなす三角錐状に広がる（図 10.33）。これを*コッセルコーン*（Kossel cone）と呼ぶ。このコッセルコーンは試料を中心に広がっており、回折像に重畳して、コッセルコーンの軌跡を含んだ電子線強度がスクリーンには記録される。強度の強い領域は明るい線として、弱い領域は暗い線として観察され、それぞれを*明菊池線*（白線、excess Kikuchi line）、*暗菊池線*（黒線、defect Kikuchi line）と呼ぶ。また、これらの菊池線から形成される帯を*菊池バンド*（Kikuchi band）と呼ぶ（図 10.34）。

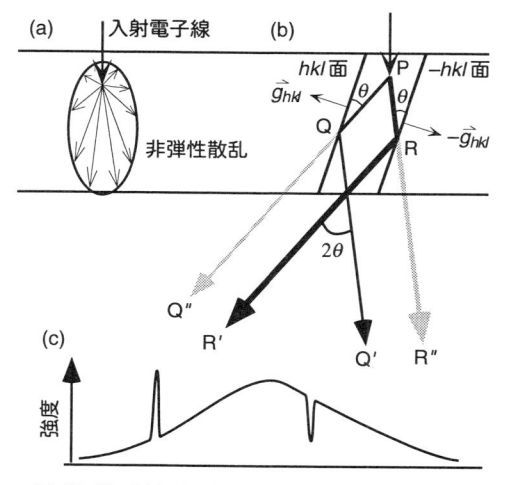

図 10.32 菊池バンドの形成：非弾性散乱を受けた電子線が ±hkl 面でブラッグ散乱を起こす

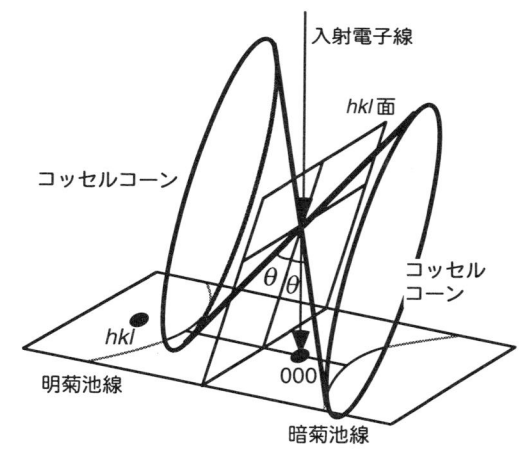

図 10.33 コッセルコーンと菊池線の形成

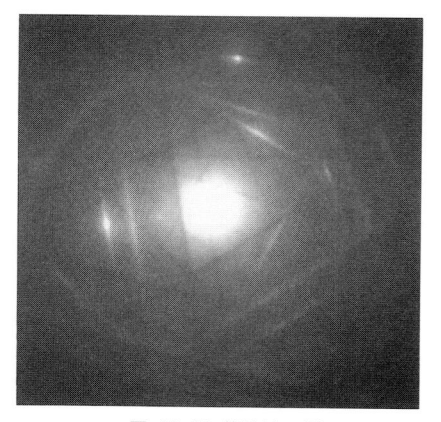

図 10.34 菊池線の例

10.5.2.2 試料回転と菊池線

これまでも述べたように、試料を回転すると回折パターンは逆格子の原点を中心に回転するので、回転角の小さな範囲では回折スポットの位置は大きく変化せず強度のみが変化する。一方、菊池パターンは試料内に頂点を置くコッセルコーンのトレースであるので、あたかも試料にくっついたように動く。このことを利用して試料の方位を正確に決めることができる（図10.35）。

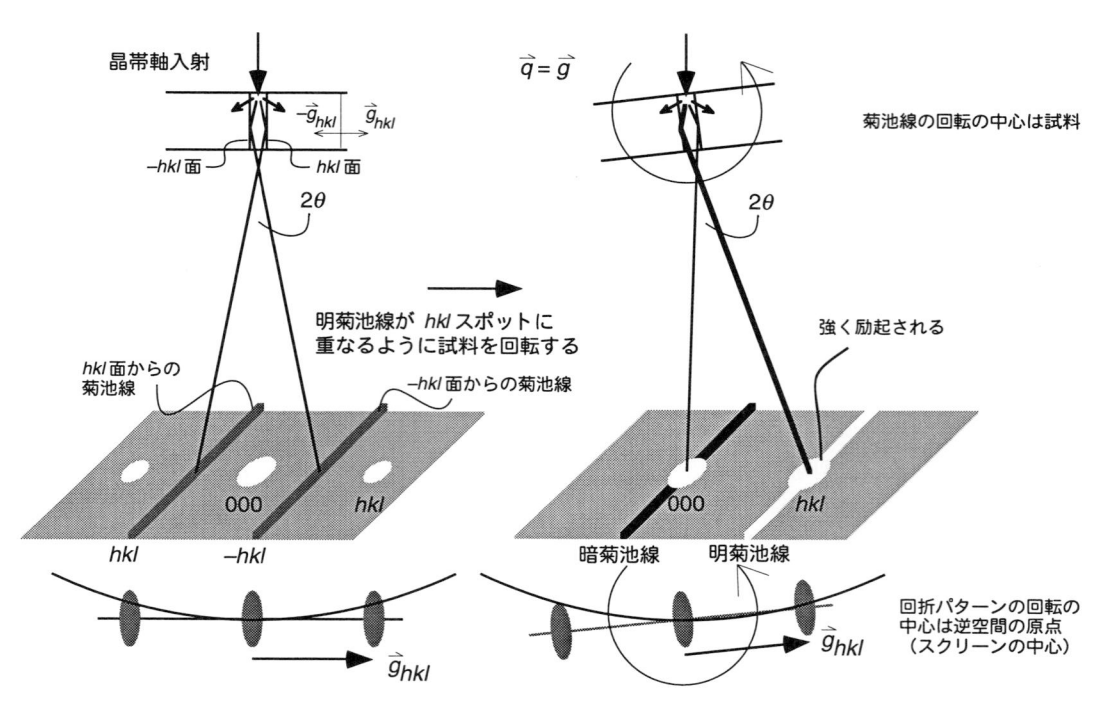

図 10.35 試料の回転に伴う回折像、および菊池線の移動の仕方

10.5.2.3 菊池マップ

菊池バンドの間隔は対応する hkl 面の面間隔の逆数に等しく、またバンド間の幾何学的関係は結晶の面の幾何学的関係と同じだ（ただ、あくまでもブラッグ反射によるものなので、構造因子がゼロの面からの菊池回折はない）。この菊池バンドを利用することにより、今見下ろしている結晶をある方位からある方位に回転することができる。そのためには、これらのバンドがどのように交差し、どの極（方位）と極を結んでいるかをあらかじめ道路地図のように示しておけば便利である。それが菊池マップ（Kikuchi map）であり、電子顕微鏡の蛍光板上に描かれた菊池線をカーナビのように考えて、目的とする極に到達することができる。マップを作成するには次のステップを踏む。

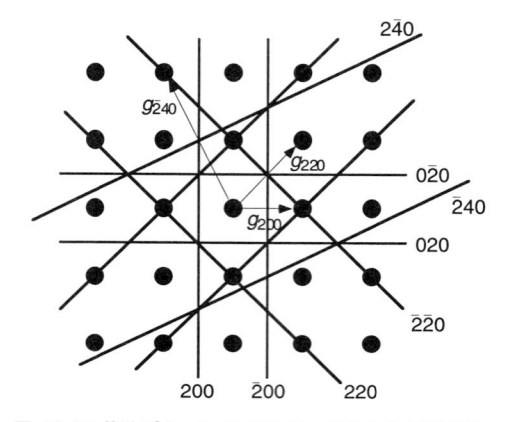

図 10.36 菊池パターンの作成（fcc構造の001極付近）

10.5 電子線回折の幾何学：その2

- **step 1** 作成したい晶帯軸方向から見た逆格子平面上に存在する任意の逆格子ベクトルに対する垂直二等分線（それが菊池線）を引く（図10.36 参照）。（ただ図10.35 からもわかるように、回折波が交差するので菊池線の面指数の符号は標準投影のセンスと逆になる。たとえば $\bar{g}_{200}$ を垂直に二等分する菊池線は $(\bar{2}00)$ 面 からの反射だ。）このローカルなパターンが各極付近の菊池パターンだ。くどいが先にも述べたように菊池線はあくまでも回折現象によって生じるから、同じ立方晶でも面心立方構造の 001 方向から見た菊池マップと体心立方構造の 001 方向から見た菊池マップは異なる。

問題 10.3 bcc 構造の 001 極付近の菊池パターンを作成せよ。

- **step 2** 同一の菊池線で結ばれている極と極とを考えている結晶の標準投影（7.4.4 節）などを参考にして結ぶ。

立方晶に基づく構造では多くの場合、標準投影（図7.34）からもわかるように逆空間自体が 001-011-111 で囲まれた 48 の等価な領域に分けられるので、そのうちの一つの領域をドライブするマップさえあればほとんどの場合、十分だ。図10.37 に fcc 結晶の菊池マップをこの範囲に存在する極点とともに示した（図示した菊池バンドは 420 面までの面間隔に対応）。他の結晶系についての作業も原理的には単純であるが煩雑で巻末の文献を参考のこと。また、現在ではオンラインで指定した結晶構造を持つ物質の任意の方位からの菊池パターンを図示してくれるウェブサイトもある。

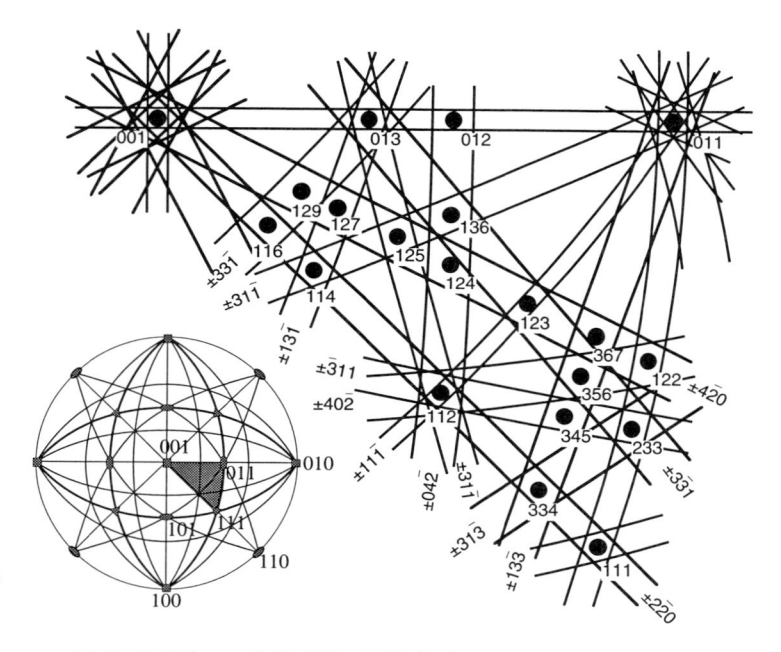

図 10.37 菊池マップ（fcc構造、菊池バンドは 420面によるものまで）

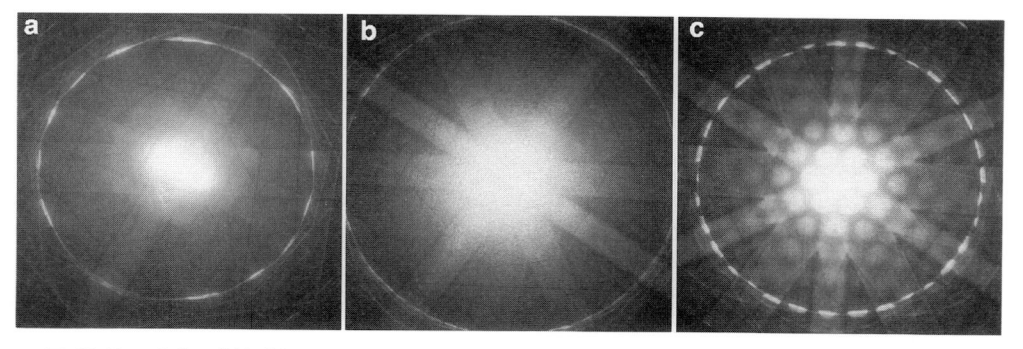

図 10.38 Siからの菊池パターンの例: a 123、b 112、c 111 極（ビームをある程度収束させて撮影）

第10章 電子線の回折と結像の基礎

10.5.3　収束電子線回折
10.5.3.1　基本的な光学系

ここまでは試料に入射された電子線が平行であることを前提としていた。しかし 2.3.5節で見たように照射系を構成するレンズの焦点距離（要するにコイルに流れる電流）やしぼりを変えることにより、試料を照射する電子線の入射角は自由に制御できる。照射系を理解することは電顕を自由に操作する第一歩だから復習をかねて、C2 レンズでビームを絞った場合の、クロスオーバーから1次像面までの光線図を復習しよう（図10.39）。

　まず、C1 レンズでクロスオーバーからのビームは広げられ、クロスオーバー像は縮小され（2.3.4 節）、C2 レンズはその縮小像を試料面に結像する。したがって、我々が用いる<u>試料面上のスポットサイズ（最小のクロスオーバー像の大きさ）は基本的には C1 レンズの励起電流で決められる</u>。（最近の電顕は対物レンズの前方磁界なども用いて複雑だ。13.6.1 節参照。）
　一方、図にように C1 レンズによって形成されたクロスオーバーの縮小像を C2 レンズで試料面上に結像させるとき、C2 しぼりは試料面上に到達する電子線の量と試料への入射角 α を決める。したがって <u>C2 しぼりは試料面上のスポットサイズは変化させず、スポットの明るさに影響をもたらす</u>。さらに電子線を有限の入射角で試料面上に入射させることにより、後焦点面上の焦点はディスクとなることがわかる。そして、<u>この後焦点面上のディスクの大きさは C2 しぼりの大きさ、すなわち入射角 α と対応している</u>。

図 10.39　ビームを試料面に絞ったときの光線図

　要するに試料面のスポットサイズと明るさは C1 励磁電流で、試料への照射角と後焦点面上のディスク大きさは C2しぼりで決められるわけだが、これは図 10.39 に示した透過波のみならず、回折波にも当てはまる。この状況を図 10.40 に示した。そして電子線を試料上にしぼって得られたディスク状の回折像を **収束電子線回折**（convergent beam electron diffraction: CBED）像と呼ぶ。

　たとえば先に図 10.38(c) に示したパターンはビームをしぼった状態で得られており、菊池パターンにディスク状の電子線回折像が重畳されている。このディスクの中には後で述べるように高次ラウエゾーンの情報（図 10.45）や動力学的効果（図 11.20）を反映した情報が含まれている。また、先に述べたようにディスクの大きさは C2しぼりに依存するので、比較的小さな C2しぼりを入れ、ビームを試料上にしぼると小さなディスクからなる回折パターンが得られる。これは収束電子線回折像であることには変わらないが、利用の仕方としては、さらに C1 レンズの励磁電流を上げることにより試料面上のスポットサイズをしぼり、

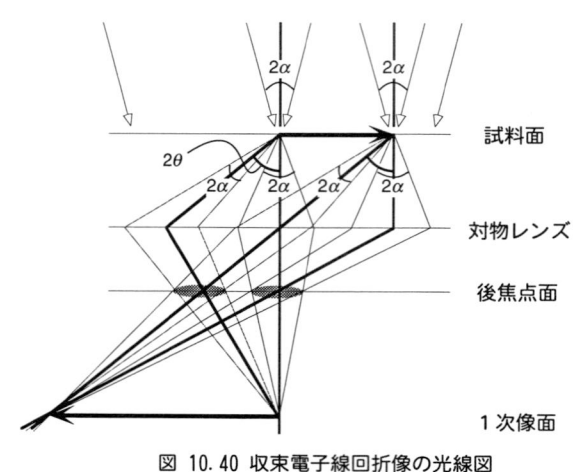

図 10.40　収束電子線回折像の光線図

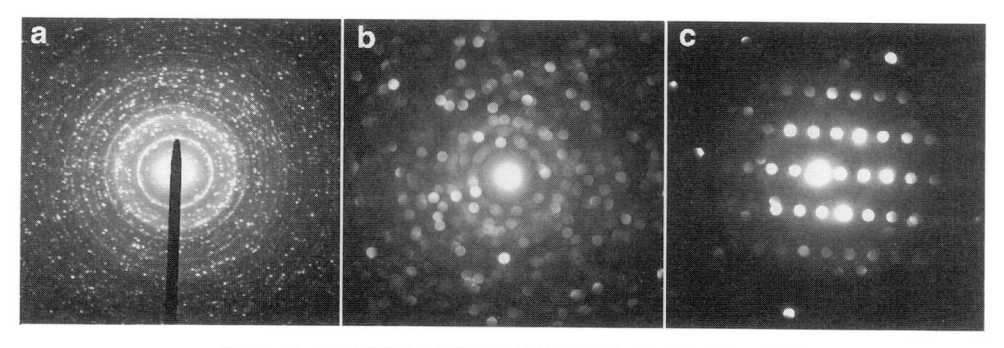

図 10.41 多結晶試料の回折像に及ぼすスポットの大きさの効果
(a) 通常の制限視野回折像、(b) 試料面上でビームをややしぼった場合、(c) さらにビームをしぼった場合

微小領域からの通常の回折像として用いられる場合が多く、マイクロディフラクション（microdiffraction）と呼ばれる。図10.41(c)にはそのような例を示した。

10.5.3.2　エバルドの作図と収束電子線回折

試料上にビームをしぼると電子線が平行入射から有限の入射角 α（通常は光軸からの角度 α で定義する）を持って試料上に入射する。したがってエバルド球もその角度間で連続的に広がり（回転し）、この広がったエバルド球と交差する逆格子点はいずれかの入射電子線によって回折条件を満たしていることになる。図10.42にこの状況をやや誇張して示した。

この図からわかるように有限の入射角を有することにより、HOLZに存在する原点から遠い逆格子点が回折条件を満たす領域が広くなる。さらによく観察するとZOLZに存在する逆格子点さえもスクリーン上に記録される回折強度はエバルド球の断面強度ではなく、散乱ベクトルの終点が $|\vec{g}_{hkl}| \cdot 2\alpha$ の範囲内に存在する積分強度であることがわかる（図10.43）。
（これはディスク状の回折スポットを無理やり中間レンズや投映レンズの焦点距離を変えて（ディフラクションフォーカスをしぼって）シャープなスポットにした場合も当てはまるので、強度の半定量的な議論をしたいときは注意が必要。）

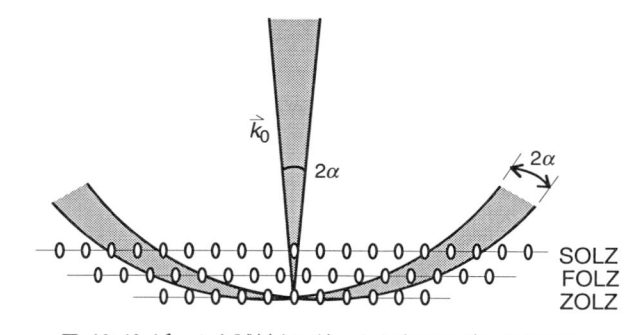

図 10.42 ビームを試料上に絞ったときのエバルドの作図

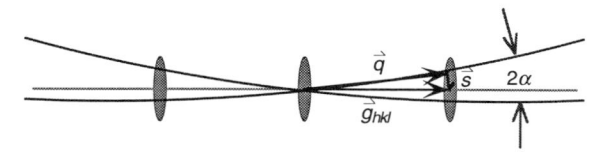

図 10.43 CBED条件下で回折強度に寄与する散乱ベクトルの範囲

10.5.3.3　HOLZ線

今、試料に対して図10.42のように晶帯軸入射で、かつ、ある程度の入射角をもって電子線が入射しているとしよう。この場合、収束電子線回折パターンがHOLZに現れると同時に、そのような逆格子点に対応する hkl 面はちょうどブラッグ角 θ だけ傾いているので、その面に対して菊池回折も起こる。（あるいは入射角が十分大きい場合、次節で述べるコッセル回折も起こる。）

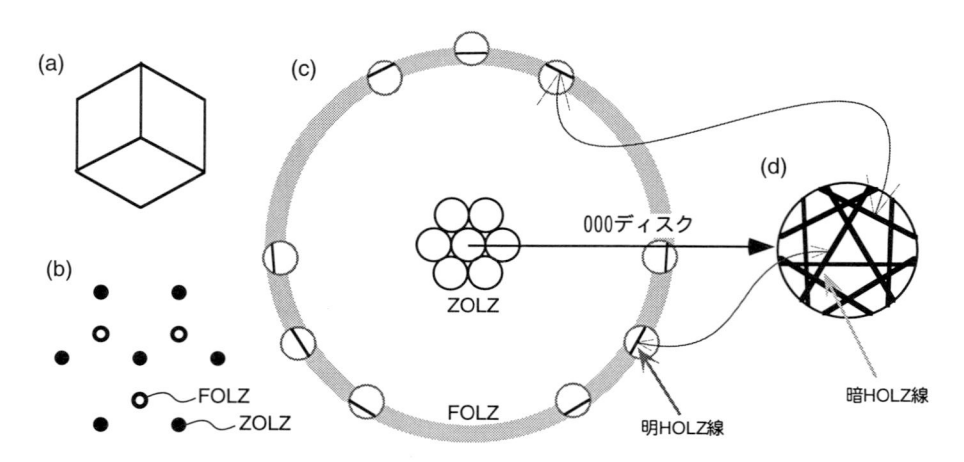

第10章 電子線の回折と結像の基礎

図 10.44 HOLZ線の形成：(a) [111]軸に沿って見た単位胞、(b) 原点近傍（ZOLZとFOLZ）の逆格子点の対称性 (c) ZOLZ および FOLZ の回折ディスクとHOLZ線、(d) 000ディスク内に生じる暗HOLZ線

すると、強い回折線が HOLZ 上に現れる一方、透過ビームではその分だけ電子線の量が減るから 000 ディスクの中には電子線の「抜け」による暗い線が生じる。HOLZ 上のものを明 *HOLZ 線* (excess HOLZ line)、000 ディスク内のものを暗 *HOLZ 線* (defect HOLZ line) と呼ぶ（あわせて HOLZ 線 (HOLZ line) と呼ぶ）。この状況を立方晶の[111]入射の場合を例として図 10.44 に示した。

図 10.44(b) からわかるように ZOLZ に存在するスポットの幾何学的配置からだけでは[111]軸に沿って見た立方晶の本来の対称性である 3 回対称性が分からない（ZOLZ の回折パターンは、6 回対称性を有する。このように本来の対称性に反転操作が加わったものをラウエクラスと呼ぶ）。一方、FOLZ 上の回折ディスクは 3 回対称性を有しており（図 10.44(c)参照）、それに対応して 000 ディスク内の暗 HOLZ 線のパターンも結晶本来の 3 回対称性を有する。このように HOLZ 線の有する対称性はラウエクラスに限定されず、000 ディスク内の HOLZ 線を解析することにより、結晶の持つ対称性を決めることができる（詳細は巻末の参考書 (たとえば、M.Tanaka & M.Terauchi (1985) など) を参照のこと）。

例として図 10.45 に Si の 111 回折パターンに現れた HOLZ 線を示した。このようにディスクそのものの配置からは分からない 3 回対称性が HOLZ の配置から読み取れる。また、この 000 ディスクには HOLZ 線に加え、等高線のような干渉模様が見られる。これは次章に述べる動力学効果によるもので、試料の厚さを反映している（11.2.4 節参照）。

さらに、X 線回折の場合と同様、試料の面間隔のわずかな変化は高角側で敏感に検出される。このことは (10.3) を微分してみても分かる。

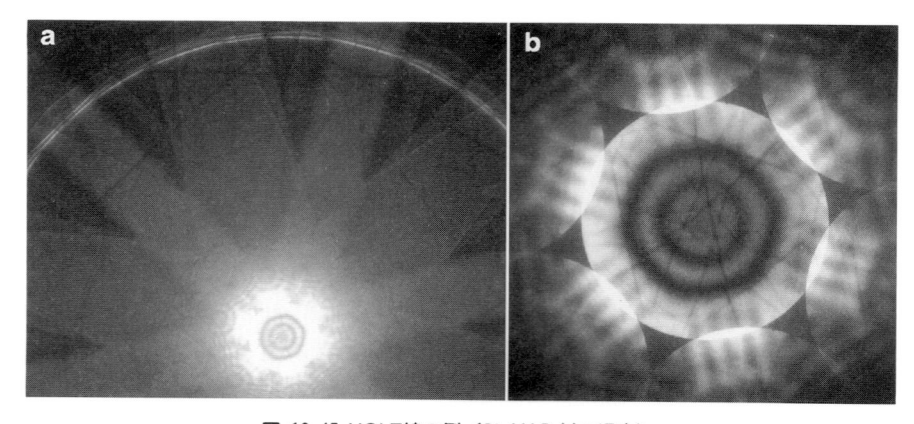

図 10.45 HOLZ線の例（Si 111入射の場合）

10.5 電子線回折の幾何学：その2

$$\Delta D = -\frac{\lambda L}{d^2}\Delta d \qquad (10.11)$$

これはX線回折の場合の(9.4)に対応しており、一定の歪 $\Delta d/d$ に対して、観測される回折スポットの位置のずれ ΔD （この場合は HOLZ 線の位置のずれ）は考えている逆格子点に対応する面間隔 d の小さいものほど大きいことを意味する。000 ディスク内には HOLZ 上にある明 HOLZ 線が裏返されて暗 HOLZ 線としてすべて入っているから、HOLZ 線の相対的な変化をとらえるのに最適だ。すなわち、ビームをしぼり、試料内のナノメータオーダーの領域内に存在するわずかの歪を 000 ディスク内の暗 HOLZ 線を観察することにより検出できる。

10.5.3.4 入射角と収束電子線回折

入射角 2α を大きくすると、ついにはブラッグ散乱角 $2\theta_B$ よりも大きくなってしまう（図 10.46）。入射電子線が平行に近い場合は菊池回折をもたらすためには非弾性散乱を一度起こすことが必要で、試料もある程度厚い必要があったが、このように電子線をしぼることにより散漫散乱を起こさせなくとも、回折条件を満たす方位から入射する電子線は常に存在し、薄い試料からでも鮮明なパターンを得ることができる。

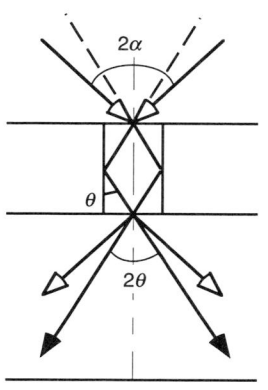

図 10.46 収束電子線と回折

厳密には、このように散漫散乱というプロセスを経ないで、入射角を大きくすることにより得られるパターンをコッセルパターン（Kossel pattern）と呼び、散漫散乱を起こした電子による 2 次的な回折によって生じる菊池パターンと区別する。しかし、両者は混同して用いられることが多い。

また 2α が 2θ より大きくなると、回折ディスクの一部分がとなりのディスクと重なり始める（図 10.47(c)）。電子線の干渉性がよいと、試料のビームが当たった領域の周期性を反映した干渉パターンが得られる。詳細は巻末の参考文献を参照のこと。

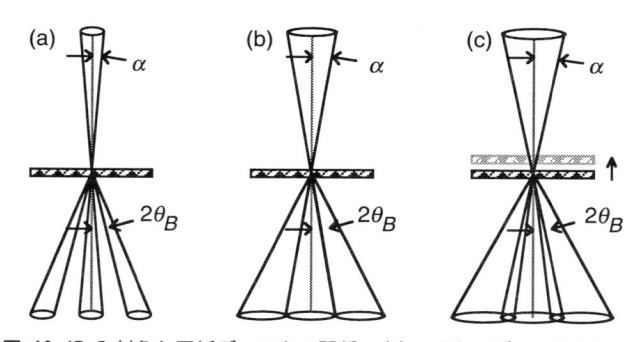

図 10.47 入射角と回折ディスクの関係：(a) マイクロディフラクション、(b) 通常のCBED、(c) 干渉 CBED

この章のまとめ

- エバルド球と逆格子
- 晶帯軸入射の回折像とブラッグ条件を満たした回折像
- 明視野像と暗視野像、特に軸上暗視野（c-DF）
- 電子線回折像に及ぼす様々な因子：集合組織、規則構造、二重回折、双晶、形状因子
- 菊池線、菊池マップ、収束電子線回折（CBED）、HOLZ 線

第１１章　動力学的理論入門

> *Now, it is time to investigate the more general case of dynamical scattering in which the coherent interaction of multiply scattered waves is taken into consideration.*
>
> J.M. Cowley　　"Diffraction Physics"

　前章では電子線回折を考える場合のエバルド球と逆格子の幾何学的関係や基本的な結像法について述べた。そこでの暗黙での了解は試料内でいくら波が回折されても入射波の量は減少せず、また、いったん回折された波は再び回折されることはないということであった。このような前提からなる理論を「運動学的理論」と呼ぶ。しかし実際には試料に入った電子線の量は有限であるから、回折が起これば、その分、入射波は減少するはずだ。また、いったん回折を受けた電子線がさらに回折条件を満たせば、もう一度回折されるということが起こるだろう。このような試料内の多重回折を繰り入れた理論を「動力学的理論」という。本章では透過波と一つの回折波しかないという２波条件の場合に問題を限定し、その基礎的な事柄を紹介したい。

11.1　運動学的理論から動力学的理論へ：その現象論的構築

11.1.1　励起誤差

　ここからの議論では我々が着目する hkl 反射に対応する逆格子点が、試料の回転やビームの傾斜によってエバルド球からどれくらい離れているかということが問題となる。言い換えると、厳密なブラッグ条件からどれだけずれた状態で試料の像を結像しているかということが得られるコントラストに大きな影響を与える。そこでまず、我々の散乱ベクトル $\vec{q}$ が逆格子ベクトル $\vec{g}_{hkl}$ からどれくらいずれているかということを次のように表しておこう。

$$\vec{q} = \vec{g}_{hkl} + \vec{s}_g \qquad \text{（重要）} \quad (11.1)$$

右辺において現れた $\vec{s}_g$ が $\vec{g}_{hkl}$ からのずれを定量的に表しており、これは*励起誤差*（deviation parameter, excitation error）と呼ばれる。$\vec{s}_g$ の符号は $\vec{s}_g$ の始点がエバルド球の外側のとき負、内側のとき正ととるのが約束だ（図 11.1）。

　これで万全のように思えるが、原理的にはエバルド球の表面のすべての点に向かう $\vec{q}$ に対して回折は起こるので、励起誤差の定義としては、考えている逆格子点からエバルド球上のどこに向かうベクトルかを $\vec{s}_g$ と置くかがはっきりしない。厳密にはビームが入射したときの境界条件と分散面（11.4 節）によって定義すべきだが、ここではとりあえず光軸方向（z 方向）に沿って $\vec{s}_g$ をとると約束する。

　またX線回折では、通常、試料が回転し逆格子点がエバルド球をよぎることによる積分強度を記録

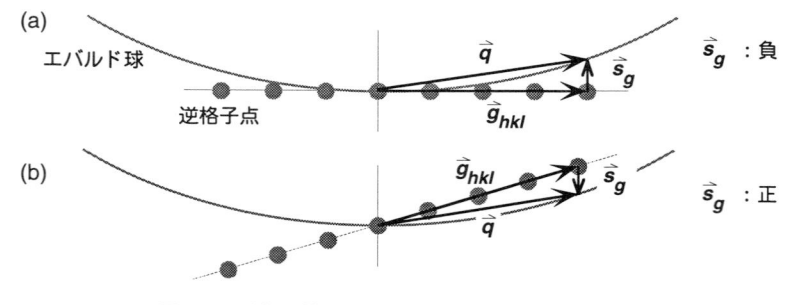

図 11.1　励起誤差ベクトル　とその符号

する（9.3.1節）。したがって励起誤差自体が積分変数であり（9.18）、個々の逆格子点のエバルド球からの離れ具合は積分実行後に得られる強度としては問題とならなかった。

初めに、この励起誤差に慣れる目的で、有限格子の干渉関数（8.16）を $\vec{s}_g$ を用いて書き改めてみよう。まず、8.2節で行ったように散乱ベクトルと単位胞の一辺 $\vec{a}$ との内積をとると、

$$\vec{q} \cdot \vec{a} = (\vec{g}_{hkl} + \vec{s}_g) \cdot \vec{a} = h + \vec{s}_g \cdot \vec{a} \tag{11.2}$$

となる。ここで h は整数だから、たとえば $\vec{s}_g$ を (9.19) のように展開し、$L_a(q_a)$ を計算すると

$$L_a(q_a) = \left(\frac{\sin(\pi(h+s_a) \cdot N_x)}{\sin(\pi(h+s_a))}\right)^2 = \left(\frac{\sin(\pi N_x s_a)}{\sin(\pi s_a)}\right)^2$$

$$\longrightarrow \left(\frac{\sin(\pi N_x s_a)}{\pi s_a}\right)^2 = A_a(s_a) \tag{11.3}$$

となり、有限格子の干渉関数は形状因子 $A_a(s_a)$ に帰着する。もともと形状因子とは回折強度がゼロではない逆格子点 hkl 近傍の散乱ベクトルの広がりを表すものであったから、当たり前と言えばそれまでかもしれない。この状況を図11.2に示した。

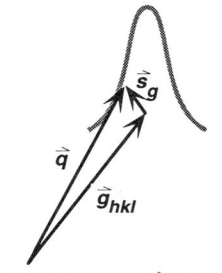

図 11.2 励起誤差 $\vec{s}_g$ と形状因子

11.1.2 カラム近似に基づく散乱波の振幅

試料中の任意の点 P における散乱振幅を考えよう(図 11.3)。この P に到達する波はその直上における原子の集まりからの散乱波の足しあわせだ。一般に散乱体の散乱振幅を f とすると、その散乱体から R の距離だけ離れた点における散乱波の振幅は R に反比例して小さくなるから、次の形をしている（(4.1)など）。

$$\Psi_{\text{scattered}} \sim f \frac{e^{2\pi ikR}}{R} \tag{11.4}$$

今、この P より上に存在する（厚さ dz）×（面積 dS）の領域全体からの散乱能を評価するために、とりあえず単位胞全体からの散乱振幅が $F(\vec{q})$ で、体積が v の単位胞の数を考えよう。つまり

$$\text{単位胞の数} \sim \frac{dz \cdot dS}{v} \tag{11.5}$$

だけある単位胞によって入射波が散乱され、我々の注目している点 P にやってくる状況を考える。

Ψ_0 と Ψ_g をそれぞれ入射波と散乱波としよう。ここでは z 方向に向かう入射波 Ψ_0 を時間に依存する項を省いて次のように表す。

$$\Psi_0 = A_0 e^{2\pi i k_0 z} \tag{11.6}$$

この入射波が試料内の $(dz)\times(dS)$ の領域に存在する散乱体により散乱され、観測点 P における波 Ψ_g に新たに $d\Psi_g$ だけ寄与する。この散乱波の変化分 $d\Psi_g$ は厚さ dz で横に広がる領域に関して積分することにより、次式で表されるはずだ。

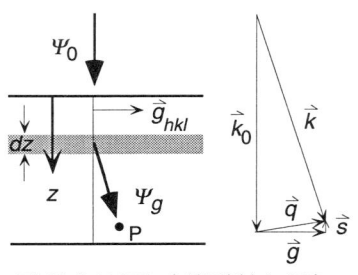

図 11.3 hkl 面により回折される波

第11章　動力学的理論入門

$$d\Psi_g = A_0 \frac{dz}{v} \int_{\text{area}} F(\vec{q}) \frac{e^{2\pi ikR}}{R} dS \tag{11.7}$$

つまり回折波は散乱に寄与する単位胞の数と入射波の振幅 A_0 に比例し、また散乱体の平面方向の広がりを考慮した積分で表されている。さらにこのように試料中の波の変化を逐次追う場合、我々の観測点 P から散乱体までの距離は非常に近く、第4章で学んだフレネル回折の方法を用いる必要がある。そこでの結論はすべてのフレネルゾーンからの波を足しあわせると、それは結局、第1フレネルゾーンからのみの振幅のちょうど半分となるのであった（(4.35)）。

すなわち、フレネルゾーン上の点から観測点までの距離を R とすれば $dS=2\pi R dR$ であり[†]、結局 (11.7) 式中の積分は次のように評価できる。

$$\int_{\text{area}} F(\vec{q}) \frac{e^{2\pi ikR}}{R} dS = F_g \frac{1}{2} \int_{R_0}^{R_0+\lambda/2} e^{2\pi ikR} 2\pi dR$$

$$= F_g \frac{1}{2} 2\pi \frac{1}{2\pi ik} \left[e^{2\pi ik(R_0+\lambda/2)} - e^{2\pi ikR_0} \right]$$

$$= \frac{F_g}{2ik} e^{2\pi ikR_0} \left[e^{\pi i} - 1 \right]$$

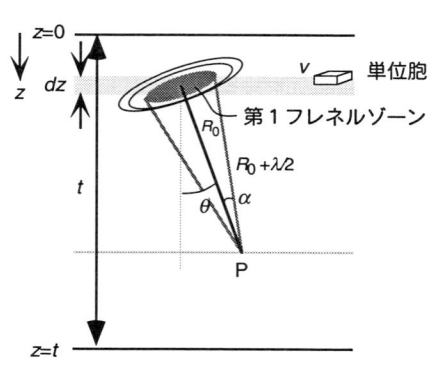

$$= F_g i\lambda e^{2\pi ikR_0} \tag{11.8}$$

図 11.4 フレネルの方法による点Pにおける散乱振幅の計算（散乱角 θ および α は小さい）

ここで R_0 はフレネルゾーンの中心から観測点までの距離だ(図 11.4)。図では散乱角 θ を誇張して描いているが、実際の電子線回折ではこの角度は 10^{-2} rad のオーダーで非常に小さい（表 10.1）。さらに α も小さく、単位胞全体からの θ 方向への散乱能を表す $F(\vec{q})$ は構造因子 F_g として積分の外にくくりだすことができる。また、積分の結果でてきた i は位相が $\pi/2$ だけ進むことを示している。

[†] フレネルゾーンの半径を r とすれば $dS=2\pi rdr$ であるが、図 11.5 から $r=R\sin\alpha$ および $dR=dr\sin\alpha$ であるので、$rdr=RdR$ が導かれる。

以上の結果を (11.7) に代入すれば、$d\Psi_g$ は次のように表される。

$$d\Psi_g = A_0 \frac{dz}{v} \cdot F_g i\lambda e^{2\pi ikR_0} = iA_0 \frac{\pi}{\frac{\pi v}{\lambda F_g}} e^{2\pi ikR_0} dz = \frac{i\pi}{\xi_g} A_0 e^{2\pi ikR_0} dz \tag{11.9}$$

ここで新たに定義された長さの次元を持つ ξ_g は消衰距離（extinction distance）と呼ばれる量だ。

$$\xi_g = \frac{\pi v}{\lambda F_g} \qquad \text{(重要)} \tag{11.10}$$

図 11.5 フレネルゾーンにおける微小面積の評価

また特殊な場合として、前方散乱（$\vec{g}=0$）への消衰距離も同様に定義できる。

$$\xi_0 = \frac{\pi v}{\lambda F_0} \tag{11.11}$$

我々の観測点 P は試料内の任意の位置だったが、観測点からフレネルゾーンまで最も遠い場合でもそれは高々試料の厚さに過ぎない。ここで第1フレネルゾーンの半径を簡単に見積もって

みよう（図 11.6）。試料の厚さを 1500Å、電子線の波長を 0.0251Å とすると半径として 6Å という値を得る。この値はたとえば Al の単位胞を立方体ととったときの格子定数 4Å のオーダーにすぎない。つまり電子線は非常に細い円筒の中を伝搬すると考えることができる。このような近似をカラム近似（column approximation）と呼ぶ。

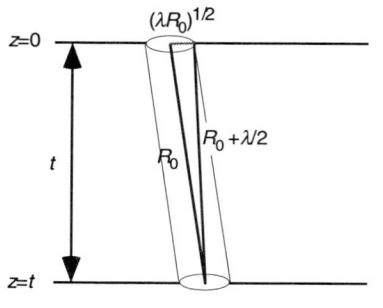

図 11.6 第 1 フレネルゾーンの半径の評価

11.1.3 回折波の振幅の運動学的評価

逆格子ベクトル $\vec{g}_{hkl}$ 方向への回折波の振幅に対する微小厚さ dz からの寄与がわかったところで、厚さ t のサンプルからの回折波の強度を見積もってみよう。要するに厚さ方向に対して積分を実行すればよいのだが、その際、(11.9) 式にある位相を表す kR_0 を次のように見積もる。まず散乱角の大きさが小さいので R_0 の方向を z 方向と考えよう。この近似により逆格子ベクトル $\vec{g}$ は z 方向と垂直であり、$\vec{R}_0$ との内積はゼロとなる。したがって $R_0 = t - z$ と置いて、

$$kR_0 = \vec{k} \cdot \vec{R}_0 = (\vec{k}_0 + \vec{g} + \vec{s}) \cdot \vec{R}_0 \approx (k_0 - s)z = k_0 z - sz \tag{11.12}$$

となる。これを (11.9) 式に代入すると、次の結果を得る。

$$d\Psi_g = \frac{i\pi}{\xi_g} A_0 e^{2\pi i k_0 z} e^{-2\pi i s z} dz = \frac{i\pi}{\xi_g} \Psi_0 e^{-2\pi i s z} dz \tag{11.13}$$

この理論による厚さ t の試料からの回折強度の大きさを見積もるために、この式を $0 \to t$ まで積分しよう。

$$\Psi_g = \frac{i\pi}{\xi_g} \Psi_0 \int_0^t e^{-2\pi i s z} dz \tag{11.14}$$

この形の積分は今までに何度も見てきた。つまり、回折強度は入射波の強度と比較して次のように書ける。

$$I_g = \Psi_g \Psi_g^* = I_0 \frac{\pi^2}{\xi_g^2} \frac{\sin^2(\pi t s)}{(\pi s)^2} \tag{11.15}$$

この表現を s に対してプロットすれば、試料の厚さに起因する見掛け上の形状因子（の 2 乗）を得る（ただしその大きさは消衰距離 ξ_g に依存している！）。一方、厚さ t に対してプロットすれば厚さの変化に対して、回折波の強度が周期 $1/s$ を持って変化することを意味している。

しかしブラッグの条件を厳密に満たしている場合（$s=0$）はどうだろう。この場合、(11.15) は次のようになる。

$$I_g = \Psi_g \Psi_g^* \xrightarrow{s=0} I_0 \frac{\pi^2}{\xi_g^2} t^2 \tag{11.16}$$

これは厚さの 2 乗に比例して回折波の強度が永遠に増加することを意味している！

今、(11.16) で $I_g = I_0$ と置いてみよう。F_g の大きさは原子量が数十の原子に対して数 Å のオーダーだから（図 5.18 参照。ここでは $F_g = 5$Å（= 0.5nm）と置いた）、一辺の長さが 3Å の単位胞に原子が 1 個しか入ってないとして

第11章 動力学的理論入門

$$t = \frac{\xi_g}{\pi} = \frac{v}{\lambda F_g} \sim \frac{3 \times 3 \times 3(\text{Å}^3)}{0.0251(\text{Å}) \cdot 5(\text{Å})} \sim 200\text{Å}$$

という結果を得る。すなわち、わずか200Åですべての入射波は回折されてしまったことになる。

しかしながら、回折波の強度が入射波の強度 I_0 を越えることはあり得ない。このような矛盾した結果に陥ったのは、我々は (11.13) に従って回折波の強度を計算したからだ。ここに至る過程では、散乱体の一定の領域からの回折波への寄与のみを考え、入射波が次第に減少することや、ある方向に向かう回折波がさらにどこかに散乱されてしまうことなどの考慮が欠けていた。このように、入射波の強度がどこまでいっても一定であるという前提に基づく回折理論を*運動学的理論*（kinematical theory）と呼ぶ。一方、波の回折により入射波や回折波の間でやりとりがあって、その振幅や位相が厚さ方向に逐次変化することを考慮した理論を*動力学的理論*（dynamical theory）と呼ぶ。

今から見るように、動力学的理論によっても (11.15) とよく似た形の結果を得る。そして励起誤差 s が大きい場合、二つの理論は近似的に同じ結果を与える。しかし、$s=0$ においては上述したように運動学的理論は本質的に間違った結論を導いてしまう。この場合、運動学的理論は試料の極めて薄い厚さにおいてのみ有効だ。最後に 100 keV の電子線に対して計算によって求められた、いくつかの物質の消衰距離を示す（他のエネルギーの電子線に対する値は λ について補正して得る (11.10)）。

表 11.1 いくつかの金属や半導体の消衰距離 (Å) (E=100kV)

hkl	Al	Cu	Au	C (diamond)	Si	hkl	Fe
111	556	242	159	476	602	110	270
200	673	281	179			200	395
220	1057	416	248	665	757	211	503
311	1300	505	292	1245	1349	220	606
222	1377	535	307			310	712
400	1672	654	363	1215	1268	222	820
331	1877	745	406	1972	2046	321	927

(P.Hirsch, *et al.*: *Electron Microscopy of Thin Crystals*, 2nd ed., Krieger Publishing Company (1977), p.510-511 より引用)

11.1.4 動力学的理論の現象論的構築

前節で遭遇した矛盾を回避するために、入射波が回折されるのに加え、$\vec{g}_{hkl}$ 方向への回折波が再び $-\vec{g}_{hkl}$ 方向に回折され、入射波の振幅が再び増えるという考えを我々のモデルに取り込もう。また、前方への散乱もなんとなく起こるのではなくて、(11.13) において ξ_g を ξ_0 に置き換え、きちんと理論に組み込もう。さらにこれまでの議論でわかるように我々が問題としているのは波そのものではなく、波の振幅が試料の深さとともにどのように変化するかということだ。波そのものに関する項（$e^{2\pi i k z}$ など）は最後の強度の評価で位相因子として結局は消えてしまうので、初めから透過波と回折波の振幅をそ

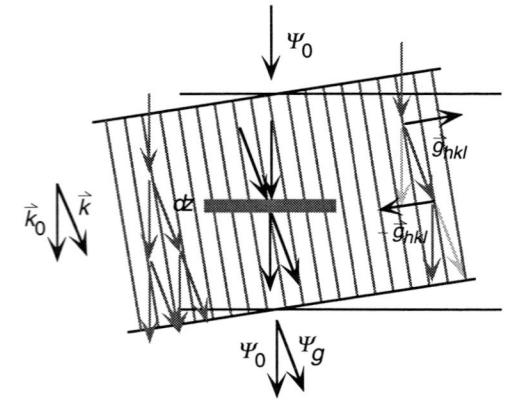

図 11.7 透過波と回折波との間の波のやりとり

11.1 運動学的理論から動力学的理論へ：その現象論的構築

れぞれ A_0 と A_g と表して理論を再構築しよう。まず、(11.13) を次のように書き改める。

$$dA_g = \frac{i\pi}{\xi_g} A_0 e^{-2\pi i s z} dz \longrightarrow dA_g = \frac{i\pi}{\xi_g} A_0 e^{-2\pi i s z} dz + \frac{i\pi}{\xi_0} A_g dz \tag{11.17}$$

新たに付いた第2項は dz の領域にある散乱体の前方散乱による回折波の振幅への寄与を意味している。次にこれに倣って、入射方向に進む波の振幅 A_0 の微小変化を表そう。

$$dA_0 = \frac{i\pi}{\xi_g} A_g e^{2\pi i s z} dz + \frac{i\pi}{\xi_0} A_0 dz \tag{11.18}$$

第1項は回折波が再び回折され透過波の振幅となることを表す項、そして第2項が前方に進む波の変化がやはり dz の領域での前方散乱に依存することを示す項だ。

このときの逆格子ベクトルは $-\vec{g}_{hkl}$ であり、構造因子が $F_g = F_{-g}$ であることを仮定している。本書の取扱いではこの仮定を受け入れよう（中心対称性を持つ結晶においては正しい）。もう一つ重要なのは (11.18) において、振幅の変調を表す指数の肩の符号が (11.17) と逆になっている点だ。これは回折波が再び回折を受けて透過波に寄与する散乱過程では、回折波がこの散乱体にとって入射波でありこれが $-\vec{g}_{hkl}$ 方向に回折を受けるとき、励起誤差の向きは逆になるという物理を反映している。

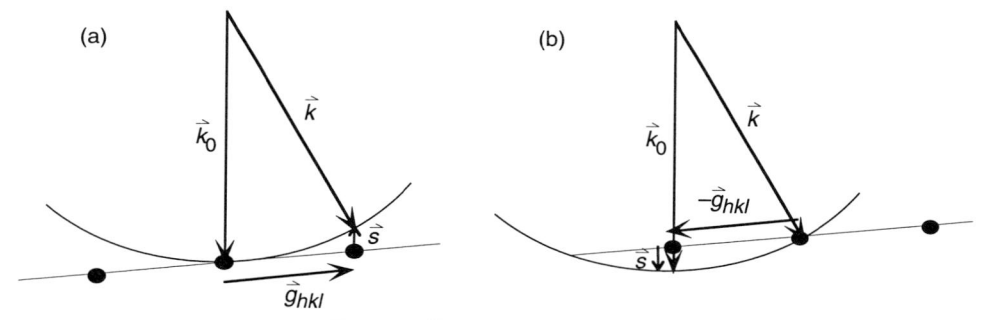

図 11.8 逆格子ベクトルと励起誤差
(a) 透過波が回折される場合：(11.17)式、 (b) 回折波が回折されて透過波に寄与する場合：(11.18)式

11.1.5 Darwin-Howie-Whelan の式

（11.17）および（11.18）式は試料の中で二つの波が行ったり来たりしながら進行していく波の振幅の深さ方向の変化を表す方程式だ。これを連立微分方程式の形できちんと書き下そう。

$$\begin{cases} \frac{dA_0}{dz} = \frac{i\pi}{\xi_0} A_0 + \frac{i\pi}{\xi_g} A_g e^{2\pi i s z} \\ \frac{dA_g}{dz} = \frac{i\pi}{\xi_g} A_0 e^{-2\pi i s z} + \frac{i\pi}{\xi_0} A_g \end{cases} \quad \left(\Leftrightarrow \quad \frac{d}{dz} \begin{bmatrix} A_0 \\ A_g \end{bmatrix} = i\pi \begin{bmatrix} \frac{1}{\xi_0} & \frac{1}{\xi_g} e^{2\pi i s z} \\ \frac{1}{\xi_g} e^{-2\pi i s z} & \frac{1}{\xi_0} \end{bmatrix} \begin{bmatrix} A_0 \\ A_g \end{bmatrix} \right) \tag{11.19}$$

二つの式をマトリックス形式で書いたときの対角項が透過波は透過波として、回折波は回折波として、それぞれまっすぐ進む波の振幅の変化を表しており、一方、非対角項が二つの波のカップリングを表している（したがって本書では以下、入射波の方向に進む波を透過波と称するが、これは散乱体を透過する波ではなく、前方散乱および回折を受けてその方向に進行する波をさす）。そして、その強さが励起している波（g_{hkl}）の消衰距離と励起誤差に依存することがポイントだ。

第11章 動力学的理論入門

この連立微分方程式はもともとは 1914 年 C.G.Darwin によってX線回折の解析に導入され、その後 1961 年に、A.Howie と M.J.Whelan により、電子線回折に応用された。したがって、このこの方程式は Darwin-Howie-Whelan の式と呼ばれる（以下、D-H-W の式と略す）。

次にこの連立微分方程式の解法を示すが、やや技巧的なので初めは読み流すだけで（11.34）-（11.37）の結果を受け入れるだけでよい。

- step 1　最初に次の置換を行う。

$$\begin{cases} a_0 = A_0 \exp(-\frac{\pi i}{\xi_0}z) \\ a_g = A_g \exp(2\pi i s z - \frac{\pi i}{\xi_0}z) \end{cases} \tag{11.20}$$

この変換によって（11.19）は次の形になる。

$$\begin{cases} \dfrac{da_0}{dz} = \dfrac{i\pi}{\xi_g} a_g \\ \dfrac{da_g}{dz} = \dfrac{i\pi}{\xi_g} a_0 + 2\pi i s a_g \end{cases} \tag{11.21}$$

- step 2　これから a_g を消去すれば、次の 2 階微分方程式を得る。

$$\frac{d^2 a_0}{dz^2} - 2\pi i s \frac{da_0}{dz} + \frac{\pi^2}{\xi_g^2} a_0 = 0 \tag{11.22}$$

- step 3　試行関数として次のように置いてみよう。

$$a_0 = \exp(2\pi i \gamma z) \tag{11.23}$$

この結果、(11.22) は次の 2 次方程式となる。

$$\gamma^2 - \gamma s - \frac{1}{4}\frac{1}{\xi_g^2} = 0 \tag{11.24}$$

- step 4　二つの解があるが本書ではこれらを大きな波数から (1), (2) という添え字で表す約束とする。

$$\gamma = \begin{cases} \gamma^{(1)} = \dfrac{s}{2} + \dfrac{1}{2}\sqrt{s^2 + \dfrac{1}{\xi_g^2}} = \dfrac{1}{2\xi_g}\left(w + \sqrt{w^2+1}\right) \\ \gamma^{(2)} = \dfrac{s}{2} - \dfrac{1}{2}\sqrt{s^2 + \dfrac{1}{\xi_g^2}} = \dfrac{1}{2\xi_g}\left(w - \sqrt{w^2+1}\right) \end{cases} \tag{11.25}$$

ここで w は次の無次元数だ。

$$w = s\xi_g \tag{11.26}$$

γ が波数の次元を持っていることに注意しよう。図 11.9 にこれら二つの γ を示した。あと必要なことは a_0 と a_g が具備する境界条件を考え、この二つの"振幅波"を書き下すことだ。

- step 5　a_0 と a_g の一般解は、$\gamma^{(1)}$ と $\gamma^{(2)}$ で特徴づけられた二つの波の和であるから、それぞれの a_0 や a_g に対する寄与を $a_0^{(1)}$,

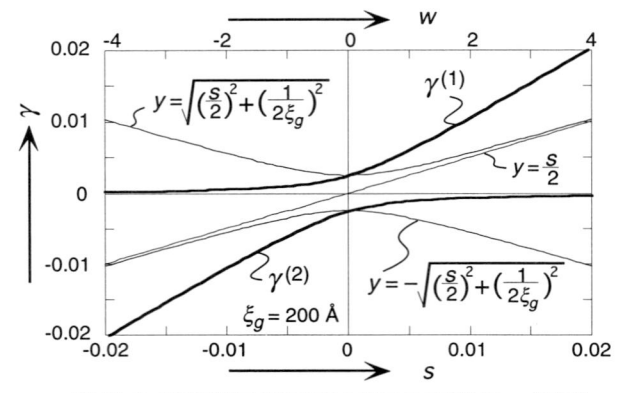

図 11.9　2 波近似において現れる二つの波数の s 依存性

11.1 運動学的理論から動力学的理論へ：その現象論的構築

$a_0^{(2)}, a_g^{(1)}, a_g^{(2)}$ と置いて、とりあえず次のように書き下そう。

$$\begin{cases} a_0 = a_0^{(1)} \exp\left(2\pi i \gamma^{(1)} z\right) + a_0^{(2)} \exp\left(2\pi i \gamma^{(2)} z\right) \\ a_g = a_g^{(1)} \exp\left(2\pi i \gamma^{(1)} z\right) + a_g^{(2)} \exp\left(2\pi i \gamma^{(2)} z\right) \end{cases} \tag{11.27}$$

- **step 6** 透過波と回折波の係数を結びつける物理は (11.21) に含まれている。一つ目の方程式の主張するように a_0 を z で微分したものを $(i\pi/\xi_g)a_g$ に等しいと置けば、次の関係を得る。

$$a_0^{(i)} 2\gamma^{(i)} = \frac{1}{\xi_g} a_g^{(i)} \qquad (i = 1, 2) \tag{11.28}$$

- **step 7** 一方、波の振幅に関する境界条件だが、これは試料に入射したばかり ($z=0$) では透過波しか存在しないことを用いる。そこで透過波の振幅が $z=0$ において 1 であるとしよう。同時に、この時点では回折波の振幅はゼロだから、我々は次式を要求する（図 11.10）。

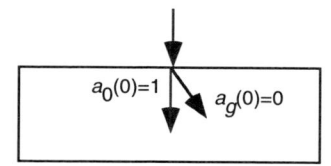

$$\begin{cases} a_0(0) = 1 = a_0^{(1)} + a_0^{(2)} \\ a_g(0) = 0 = a_g^{(1)} + a_g^{(2)} \end{cases} \tag{11.29}$$

図 11.10 $z=0$ における境界条件

この関係と (11.28) の関係によって (11.27) に現れた係数は束縛されている。さらに、$\gamma^{(1)}$ と $\gamma^{(2)}$ が w （これが物理的に意味のある数だ）と関連していることから、a や γ をすべて w などで表せばよい。

- **step 8** これから先に進むにはさらに数学的な技巧が必要で、次のように置く。

$$w = \cot \beta \tag{11.30}$$

このように置くことで、(11.25) の平方根がすっきりした形となる（やってみること）。この置換と境界条件 (11.29) から次の結果を得る。

$$\begin{cases} \dfrac{a_g^{(1)}}{a_0^{(1)}} = 2\gamma^{(1)} \xi_g = w + \sqrt{w^2 + 1} = \cot \dfrac{\beta}{2} \\ \dfrac{a_g^{(2)}}{a_0^{(2)}} = 2\gamma^{(2)} \xi_g = w - \sqrt{w^2 + 1} = -\tan \dfrac{\beta}{2} \end{cases} \tag{11.31}$$

計算を力づくで進めると、振幅の厚さ方向の変化を示す解として次の結果を得る。

$$\begin{aligned} a_0 &= \sin^2 \tfrac{\beta}{2} \exp\left(2\pi i \gamma^{(1)} z\right) + \cos^2 \tfrac{\beta}{2} \exp\left(2\pi i \gamma^{(2)} z\right) \\ a_g &= \sin \tfrac{\beta}{2} \cos \tfrac{\beta}{2} \left\{ \exp\left(2\pi i \gamma^{(1)} z\right) - \exp\left(2\pi i \gamma^{(2)} z\right) \right\} \end{aligned} \tag{11.32}$$

ここで、次の関係を利用すると便利だ。

$$\cot \tfrac{\beta}{2} + \tan \tfrac{\beta}{2} = \tfrac{2}{\sin \beta} = 2\sqrt{w^2 + 1} \tag{11.33}$$

- **step 9** 強度を求めるためには定義にしたがって、複素共役量をかける（本来ならば (11.20) に戻って A_0 や A_g を評価すべきだが、a と A を結びつけているのは絶対値が 1 の位相因子なので、a^*a を求めればよい）。

$$I_g = a_g^* a_g = \sin^2 \beta \sin^2 \frac{\pi z}{\left\{ \frac{\xi_g}{\sqrt{w^2+1}} \right\}} = \left(\frac{\pi}{\xi_g}\right)^2 \left(\frac{\sin \pi s_{\text{eff}} z}{\pi s_{\text{eff}}}\right)^2 \qquad \text{（重要）} \tag{11.34}$$

$$I_0 = 1 - I_g = 1 - \left(\frac{\pi}{\xi_g}\right)^2 \left(\frac{\sin \pi s_{\text{eff}} z}{\pi s_{\text{eff}}}\right)^2 \tag{11.35}$$

ここで (11.34) および (11.35) に現れた s_{eff} は実効的な励起誤差を意味し、次式で与えられる。

$$s_{\text{eff}} = \frac{\sqrt{w^2+1}}{\xi_g} = \sqrt{s^2 + \frac{1}{\xi_g^2}} \tag{11.36}$$

また逆数をとれば、有効消衰距離（effective extinction distance）を定義することができる。

$$\xi_{g,\,\text{eff}} = \frac{1}{\sqrt{s^2 + \xi_g^{-2}}} = \frac{\xi_g}{\sqrt{w^2+1}} \quad \text{(重要)} \tag{11.37}$$

ここまでの結果をまとめると、$s=0$ のとき、すなわちブラッグ条件が満たされているとき (11.34) は次の形となり、これは強度が ξ_g の周期で深さ方向に振動することを意味している。

$$I_g(s=0) = \left(\sin \pi \frac{1}{\xi_g} z\right)^2 \tag{11.38}$$

このように動力学的理論が 11.1.3 節の最後に述べた困難を回避したことに、まず注目しよう。一方、$s \gg 1/\xi_g$ の極限を考えると動力学的考察の結果 (11.34) は運動学的理論の結果 (11.15) と近似的に等しくなる。そしてその中間の状態、すなわちある有限の励起誤差の条件下での透過波および回折波の強度は (11.37) で与えられた $\xi_{g,\text{eff}}$ に依存する。

11.1.6 吸収のある場合

ここまでの議論では、回折にかかわる電子線の量の非弾性散乱などに起因した減少はないとしてきた。しかし一般には試料の厚みが増すにつれ吸収の効果が顕著に現れる。さらに次節以降で明らかとなるように透過波と回折波の振幅に及ぼす吸収の効果が励起誤差 s の符号と大きさに依存し、得られるコントラストに大きな影響を与える。この吸収項の本質的な重要性は最初に橋本らにより指摘され、積層欠陥のコントラストの解釈に必須であることが示された [11-1]。

まず吸収を表すため、消衰距離に次のような減衰項を加える。

$$\begin{cases} \dfrac{i}{\xi_0} \longrightarrow \dfrac{i}{\xi_0} - \dfrac{1}{\xi_0{'}} \\ \dfrac{i}{\xi_g} \longrightarrow \dfrac{i}{\xi_g} - \dfrac{1}{\xi_g{'}} \end{cases} \tag{11.39}$$

したがって、我々の連立微分方程式は次のように書き換えられる。

$$\begin{cases} \dfrac{dA_0}{dz} = \pi\left(\dfrac{i}{\xi_0} - \dfrac{1}{\xi_0{'}}\right)A_0 + \pi\left(\dfrac{i}{\xi_g} - \dfrac{1}{\xi_g{'}}\right)A_g e^{2\pi i s z} \\ \dfrac{dA_g}{dz} = \pi\left(\dfrac{i}{\xi_g} - \dfrac{1}{\xi_g{'}}\right)A_0 e^{-2\pi i s z} + \pi\left(\dfrac{i}{\xi_0} - \dfrac{1}{\xi_0{'}}\right)A_g \end{cases} \tag{11.40}$$

ここで (11.20) に示した置換を行い、a_0 に関する 2 階微分方程式を得る。さらに試行関数 (11.23) を代入し $1/\xi_g^2$ など吸収に関する消衰距離の 2 乗の逆数を無視した後、先の試行関数に現れた γ を実部と虚部にわける。

$$\gamma = \gamma_{\text{re}} + i\gamma_{\text{im}} \tag{11.41}$$

すると、この二つの γ に関して次の方程式を得る。

$$\begin{cases} \gamma_{\text{re}}^2 - \gamma_{\text{im}}^2 - s\gamma_{\text{re}} + \dfrac{\gamma_{\text{im}}}{\xi_0{'}} - \dfrac{1}{4\xi_g^2} = 0 & (11.42a) \\ 2\gamma_{\text{re}}\gamma_{\text{im}} - s\gamma_{\text{im}} - \dfrac{\gamma_{\text{re}}}{\xi_0{'}} - \dfrac{1}{2\xi_g \xi_g{'}} + \dfrac{s}{2\xi_0{'}} = 0 & (11.42b) \end{cases}$$

ここで吸収は小さい（$\gamma_{\text{re}} \gg \gamma_{\text{im}}$）ことから、(11.42a) に現れる γ_{im} に関する項をすべて無視する。この近似の結果、実数項は吸収のない場合である (11.25) と完全に同じとなる。その結果を (11.42b) に代入し、γ_{im} を得る。すると次の結果が得られる。

$$\begin{cases} \gamma_{\text{im}}^{(1)} = \dfrac{1}{2\xi_0{'}} + \dfrac{1}{2\xi_g{'}\sqrt{w^2+1}} & (11.43a) \\ \gamma_{\text{im}}^{(2)} = \dfrac{1}{2\xi_0{'}} - \dfrac{1}{2\xi_g{'}\sqrt{w^2+1}} & (11.43b) \end{cases}$$

γ_{re} と異なって γ_{im} は $w(=s\xi_g)$ に関して対称であることに注意しよう（図 11.11）。

次に a_0 と a_g の形を求めなくてはならないが、通常は吸収の効果が境界条件に与える影響は少ないと考える。すなわち、吸収のない場合に対して、単に (11.43) で示された減衰項が付加したものと考える。このようにして次の解を得る。

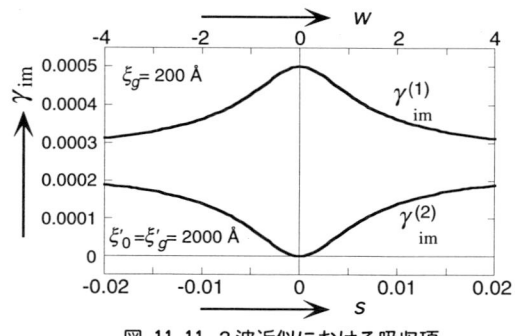

図 11.11 2波近似における吸収項

$$\begin{cases} a_0 = e^{\pi i w/\xi_g}\left\{\sin^2\dfrac{\beta}{2}e^{2\pi i Xz} + \cos^2\dfrac{\beta}{2}e^{-2\pi i Xz}\right\}e^{-\pi z/\xi_0{'}} & (11.44a) \\ a_g = e^{\pi i w/\xi_g}\sin\dfrac{\beta}{2}\cos\dfrac{\beta}{2}\left\{e^{2\pi i Xz} - e^{-2\pi i Xz}\right\}e^{-\pi z/\xi_0{'}} & (11.44b) \end{cases}$$

最初の指数項は単なる位相項だから、大きさを考えるときは省略でき、また X は次式で与えられる。

$$X = \dfrac{\sqrt{w^2+1}}{2\xi_g} + \dfrac{i}{2\xi_g{'}\sqrt{w^2+1}} \tag{11.45}$$

11.2 等厚縞とベンドコントゥアー

11.2.1 完全な結晶における深さ方向の波の強度変化

大分堅い話が続いたので、ここで得られた強度をプロットしてみよう。図 11.12 に励起誤差 s が負、ゼロ、正の場合に関しての透過波と回折波の強度の深さ方向の変化を示した（この図では $\xi_g{'} = 10\xi_g$、すなわち吸収の効果は消衰の 1/10 と仮定して計算している）。

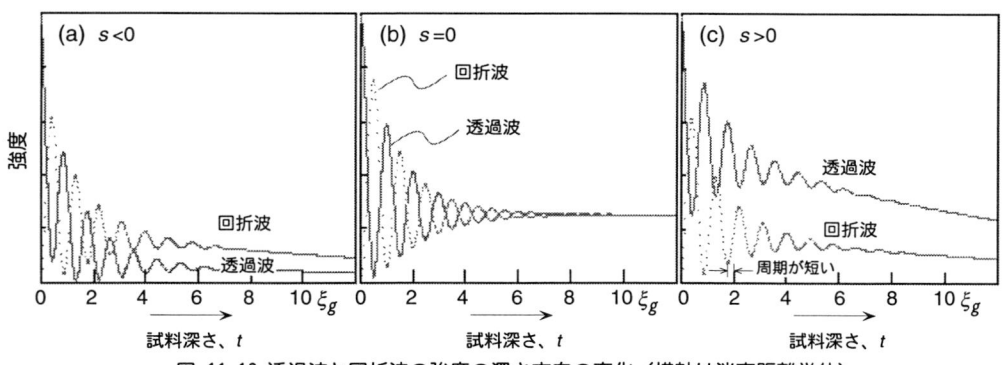

図 11.12 透過波と回折波の強度の深さ方向の変化（横軸は消衰距離単位）

まず $s=0$ の場合（b）を見てみると、ちょうど ξ_g の周期で透過波と回折波の強度が交互に変化し、さらに全体として強度が減少していることがわかる（つまり透過波と回折波が行ったり来たりしながら次第に減少している）。一方、$s\neq 0$ の場合はどうだろう。図 11.12 は $|s|^{-1}=2\xi_g$ での計算結果だが、これらをよく観察すると $s<0$ の場合（a）でも、$s>0$ の場合（c）でも強度が変化する周期が短くなっていることがわかるだろう。このように回折条件が $s=0$ から少しでもずれると (11.37) を通して有効消衰距離が短くなる。さらに上に示した $s<0$ と $s>0$ との場合において回折波の深さ方向の振幅は同じなのに、$s<0$ の場合の透過波の強度は著しく減少している。これとは逆に $s>0$ の場合、透過波の強度は $s=0$ の場合よりも大きくなっている。$s<0$ においてこのように透過波が強い吸収を受けることに関する解釈は 11.4 節であらためて述べる。また次節以降で簡単に欠陥を有する結晶の結像に触れるが、ここに述べた理由から $s>0$ にするとはっきりとしたコントラストが得られやすい。

問題 11.1 hkl スポットがちょうど励起されている状況（$s=0$）を模式的に示した（図 11.13）。$s>0$ の条件を実現するためには明菊池線を回折スポットに対して外側にずらすべきか、内側にずらすべきか？

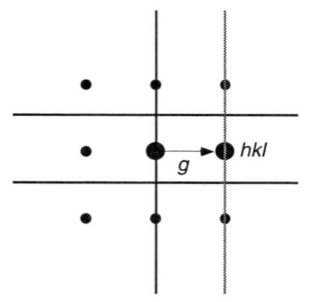

図 11.13 $s>0$ となるように試料を傾ける（問題11.1）

11.2.2 等厚縞

多くの場合、電顕の試料は試料端から内部に行くにつれて厚さが増す"くさび形"をしている。今、試料に対してどれか一つの回折波を強く励起させたとしよう（たとえば図 10.6(b), (c) に示した回折像）。このような条件を 2 波条件（two-beam condition）と呼ぶ。このとき、図 11.12 にも示したように試料の局所的な厚さに応じて試料の下面では透過波の強度が大きくなったり、回折波の強度が大きくなったりする。したがって透過波だけで結像（明視野）させても、回折波だけで結像（暗視野）させてもくさび形の試料形状を反映した等高線のようなコントラストが得られる。これを等厚縞（thickness countour）と呼ぶ。言い換えると励起誤差 s が一定の条件下で厚さが変化することによる濃淡が等厚縞だ。

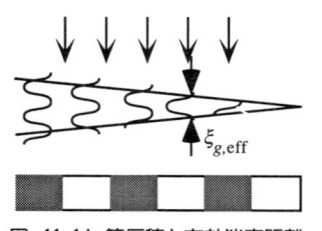

図 11.14 等厚縞と有効消衰距離

この状況を模式的に図 11.14 に示した。このように等厚縞の間隔は実効消衰距離 $\xi_{g,\text{eff}}$ に対応している。また、先にも述べたように、$\xi_{g,\text{eff}}$ が最も大きくなるのは $s=0$ のときだから((11.37))、そのような条件下で、上から見た等厚縞の間隔が最も大きくなる。図 11.15 には Si から得られた等厚縞を示した。逆に言うと、s が一定でなければ（試料が曲っていれば）、フリンジは厚さが等しい領域を結んでいるのではないことになる。（この意味で等厚縞という訳は言い過ぎであるが、ここでは慣習に従ってこのように表した。）

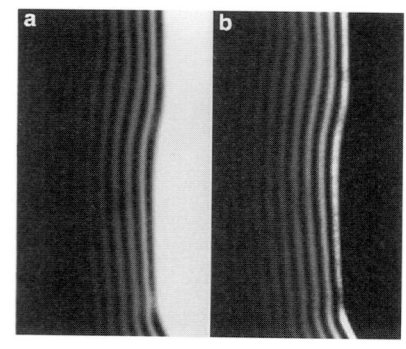

図 11.15 等厚縞：(a)明視野像、(b)暗視野像

11.2.3 ベンドコントゥアー

要するに透過波と回折波の試料中での強度変化は (11.34)–(11.35)、あるいはそれに吸収の効果を加味した(11.44)(の2乗)で与えられ、その周期が実効消衰距離 $\xi_{g,\text{eff}}$ で与えられるわけだが、この $\xi_{g,\text{eff}}$ 自体が励起している g_{hkl} のみならず、それからのずれを示す s に強く依存している (11.37)。さらに、(11.34)–(11.35) にはあらわには現れていない吸収の効果による帰結は、透過波の強度が励起誤差 s の符号に強く依存するということだ（図11.12）。

そこで適当な厚さのもとで透過波と回折波の強度を s に対してプロットしてみよう。これは入射波に対してブラッグ条件を満たしている位置から試料をあたかもロッキングチェアーを揺らすように傾けたときの強度変化なので、ロッキングカーブと呼ばれる。

図 11.16(a), (b), (c) にそれぞれ厚さ $2\xi_g$, $5\xi_g$, $8\xi_g$ における 2 波ロッキングカーブを示した。このように回折波の強度分布は $s=0$ に関して対称的であるのに対し、透過波の強度分布は非対称で $s>0$ 側で大きな強度を持つ。実際の試料は曲っていることが多く、ある場所で $s=0$ の条件が満たされていても、少し離れると s の値がずれてくることが多い。その場合、図 11.16 における横軸がそのまま試料を上から見たときの位置に対応し、結果的に図に示した強度プロファイルを直接試料上の濃淡として観察することができる。これは試料の湾曲に対応しているのでベンドコントゥアー（bend contour、湾曲稿）と呼ばれる。

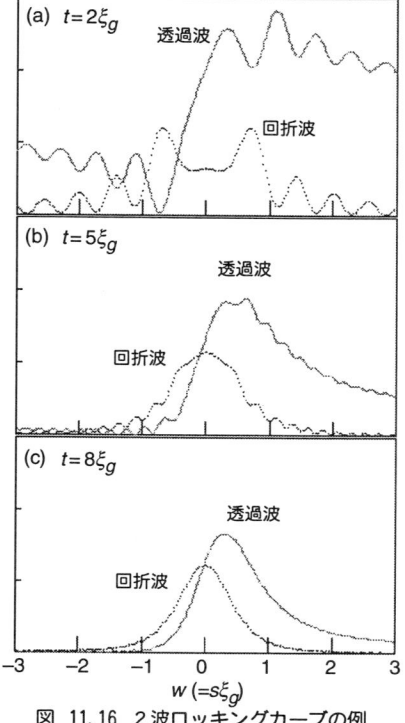

図 11.16 2 波ロッキングカーブの例

図 11.17 に Mg 合金をほぼ c 軸に沿って見たときの明視野像を示す。試料が割れているがその両側で試料が湾曲しており、あたかもタコの足のようなパターンが二つ見える。（図中の左下にこのタコの足の中心から得た制限視野回折像を示した。）このようなパターンは結晶学的な対称性を反映しているので*晶帯軸パターン*（zone axis pattern, ZAP）と呼ばれる。また図 11.16 より、この明視野像で暗い線状の領域はブラッグ条件を満たしている領域より励起誤差 s がやや負であることがわかる。

このタコの足のようにみえる領域を拡大したのが図 11.18 だ。中央 (b) が明視野像で、またこの図中の ○ 印で示した二つの領域からの制限視野回折像をやはり (b) の中に示した。これらの領域では 2 波条件をほぼ満たしており、かつ励起された逆格子ベクトルの符号が反対だ。そして左右 (a) と (c) の写真ががそれぞれの回折像で励起された波を用いて結像した暗視野像だ（このような像を撮るときは c-DF ではなく対物しぼりをずらして撮

図 11.17 ベンドコントゥアー (ZAP) の例：（明視野）

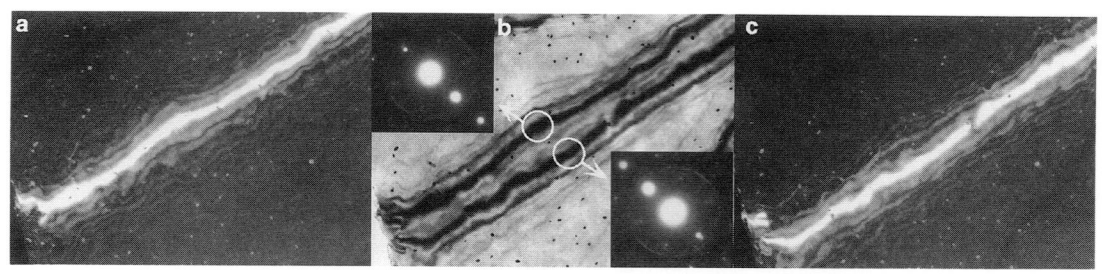

図 11.18 ベンドコントゥアー：明視野像(b)とそれぞれの領域からの暗視野像(a, c)

った方が解釈が楽だ）。このように明視野像は右左それぞれのコントゥアーにおいて、$s=0$ の領域に関して非対称なコントラストを持つ一方、暗視野像は対称なコントラストを持つ。図 11.19 に、このことを模式的に説明した。

ベンドコントゥアーは s の値が変わることによる濃淡だから、試料が曲っていなくとも試料やビームを傾ければ（ロックすれば）観察される。またコンデンサレンズの励磁を変えて試料に対する電子線の入射角を変えると s の値も連続的に変化するので、ビームの収束度に応じて濃淡線が試料上を「走る」様子が観察される。

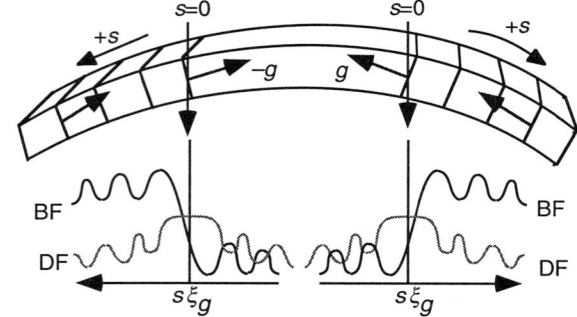

図 11.19 ベンドコントゥアーの解釈

11.2.4* Kossel-Möllenstedt フリンジ

ビームを収束させて得た回折ディスク内には角度の情報が含まれているから、上述の動力学的効果は回折ディスクの中にも存在する（図 11.20(a)(b)）。(11.34) および (11.36) から試料の厚さを t とすればディスク内の強度の弱い位置に対し、励起誤差 s は次の関係を満たしている（n: 整数）。

$$\left(\frac{s_n}{n}\right)^2 = \frac{1}{t^2} - \frac{1}{n^2 \xi_g^2} \tag{11.46}$$

一方、ブラッグ条件からのずれを $\Delta\theta$ と置くと、エバルドの作図から $s = g_{hkl} \cdot \Delta\theta$ となる。さらに回折条件より $\lambda \approx d \cdot 2\theta_B$ であるから、結局 s_n は $\Delta\theta$ を用いて（$2\theta_B$ で規格化して）次のように書ける。

$$s_n = \lambda \frac{\Delta\theta_n}{2\theta_B d^2} \tag{11.47}$$

ここで d は hkl 面の面間隔で、(11.46) をプロットすることにより t と ξ_g が求まる（図 11.20(c)）。（実際には n に任意性があり、(11.46) が直線となる一連の n を選ぶ。たとえば図 11.20(b) は Al の 200 反射の例で、$n = 3, 4, 5, \ldots$ を用いて $t \approx 330$ nm が得られる。詳細は [11-2, 3] 参照のこと。）

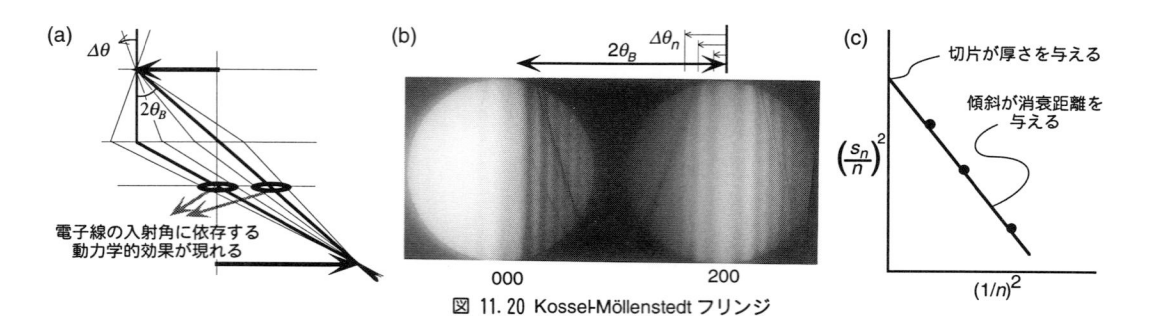

図 11.20 Kossel-Möllenstedt フリンジ

11.3 欠陥のある結晶からの回折と結像

ここまで述べたように試料の方位の微妙なずれは動力学的な効果を通して、透過波と回折波の強度に大きく反映される。したがって、これらの波を用いて結像した像には試料内の微小領域における方位のずれが現れるだろう。すなわち、我々は動力学的効果を積極的に利用することにより結晶中に存在する完全結晶からのずれ、欠陥を検出することができる。本節では、以下にその基本となる考え方を簡単に述べるにとどめる。ここで紹介できなかった他の多くの実例は巻末の参考書（特に Edington (1976)、Williams and Carter (1996)、坂 (1997)）を参照していただきたい。

11.3.1 欠陥と位相のずれ

もう一度基本に帰って $\vec{q}$ における回折波の振幅を（運動学的な近似で）表してみよう。

$$\Psi_g = \Psi_0 \sum_n \sum_j \frac{f_j}{R} \exp(-2\pi i \vec{q} \cdot \vec{r}_{n,j}) \tag{11.48}$$

ここで $\vec{r}_{n,j}$ は n 番目の単位胞の j 番目の原子位置を表すベクトルだ。

さて、この章に入って我々は励起誤差 $\vec{s}$ を定義し、理想的な回折条件 $\vec{q} = \vec{g}$ からの散乱ベクトルのずれを表してきた。すなわち、

$$\vec{q} = \vec{g} + \vec{s} \tag{11.49}$$

である。一方、現実の結晶では原子位置が理想的な周期性からずれている場合も多い。この理想位置からのずれを $\vec{r}_{\text{disp}}$ で表そう。すなわち、

$$\vec{r}_{n,j} \longrightarrow \vec{r}_{n,j} + \vec{r}_{\text{disp}} \tag{11.50}$$

となる。この実空間における理想状態からのずれを励起誤差とともに模式的に図 11.21 に示した。

要するに (11.48) の位相項は現実の回折条件と現実の結晶を考えると、次のように書き換えられる（$\vec{s}$ も $\vec{r}_{\text{disp}}$ も小さいので両者の積は最後で無視した）。

$$\begin{aligned}
\vec{q} \cdot \vec{r} &= (\vec{g} + \vec{s}) \cdot (\vec{r}_{n,j} + \vec{r}_{\text{disp}}) \\
&= \vec{g} \cdot \vec{r}_{n,j} + \vec{s} \cdot \vec{r}_{n,j} + \vec{g} \cdot \vec{r}_{\text{disp}} + \vec{s} \cdot \vec{r}_{\text{disp}} \\
&\cong \vec{g} \cdot \vec{r}_{n,j} + \vec{s} \cdot \vec{r}_{n,j} + \vec{g} \cdot \vec{r}_{\text{disp}}
\end{aligned} \tag{11.51}$$

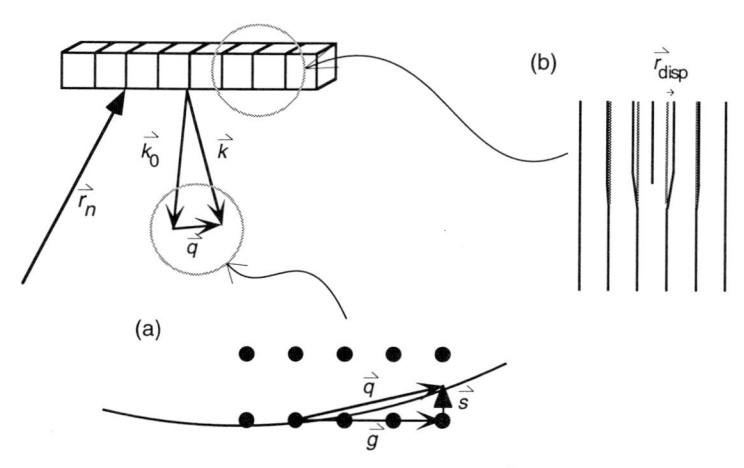

図 11.21 位相に及ぼす因子：(a) 逆空間におけるずれ $\vec{s}$、(b) 実空間におけるずれ $\vec{r}_{\text{disp}}$

第11章 動力学的理論入門

結局、散乱波は次のように表すことができる。

$$\begin{aligned}\psi_g &= \psi_0 \sum_n \sum_j \frac{f_j}{R} e^{-2\pi i(\vec{g}\cdot\vec{r}_{n,j} + \vec{s}\cdot\vec{r}_{n,j} + \vec{g}\cdot\vec{r}_{\mathrm{disp}})} \\ &= \frac{\psi_0}{R} \sum_n \sum_j f_j e^{-2\pi i \vec{g}\cdot\vec{r}_{n,j}} \cdot e^{-2\pi i \vec{s}\cdot\vec{r}_{n,i}} \cdot e^{-2\pi i \vec{g}\cdot\vec{r}_{\mathrm{disp}}}\end{aligned} \quad (11.52)$$

この式は［回折波の振幅］＝［本来の構造］・［方位のずれ］・［原子位置のずれ］という形になっている。

さて、このように位相項が励起誤差とともに原子位置のずれにも同等に依存することがわかったので、これ以降、$\vec{R} = \vec{r}_{\mathrm{disp}}$ と表そう。この項を新たに加えると、我々の D-H-W の式は次のように書ける。

$$\begin{cases} \dfrac{dA_0}{dz} = \dfrac{i\pi}{\xi_0} A_0 + \dfrac{i\pi}{\xi_g} A_g \exp\{2\pi i (s\cdot z + \vec{g}\cdot\vec{R})\} \\ \dfrac{dA_g}{dz} = \dfrac{i\pi}{\xi_g} A_0 \exp\{-2\pi i (s\cdot z + \vec{g}\cdot\vec{R})\} + \dfrac{i\pi}{\xi_0} A_g \end{cases} \quad (11.53)$$

我々は非対角項中の位相変化を表す $s\cdot z$ によって回折波と透過波の対称性が破れ、また、それぞれの振幅が像に大きな変化を与えることを学んだが、上の式は仮に s がゼロであっても $\vec{g}\cdot\vec{R} \neq 0$ であるならば同様の効果が起こることを示唆している。つまり、この項の存在が現実の結晶中の様々な欠陥の結像と半定量的な解釈を可能にしている。以下では 2 波条件が満たされていることを前提にして、積層欠陥と転位の結像過程を概観してみよう。

11.3.2 面欠陥

最初に完全結晶ではあるがビームの進行方向のある位置で突然、一様に原子位置がずれ、それ以降は再び完全な結晶と扱える場合を考える（図11.22）。具体的には積層欠陥（stacking fault）や整合析出物、そして粒界などがあげられる。以下の議論では、このような原子位置のずれ $\vec{R}$ を変位ベクトル（displacement vector）と呼び、これにともなう位相項を α、つまり、

$$\alpha = 2\pi \vec{g}\cdot\vec{R} \quad (11.54)$$

と置く。一方、どのような逆格子ベクトル $\vec{g}$ を励起し、2 波の相互作用を起こさせるかは我々に任されている。(11.53) から分かるように、この位相項 α が 2π の整数倍だと透過波と回折波のやりとりに何の変化も起きないから、そのような原子のずれ $\vec{R}$ が仮にあったとしてもそれはコントラストには現れない。逆に α が ±120°や 180°の場合、そのずれが入った場所で二つの波のやり取りに変化が起き、それがコントラストとして現れる。ここでは代表的な例として fcc 構造をもつ物質の積層欠陥を例にとって、完全結晶中に存在する面欠陥が透過波と回折波が与える像にどのような効果を及ぼすのか考えてみたい。

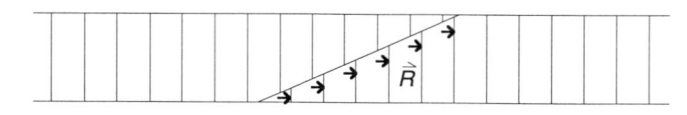

図 11.22 面欠陥を特徴づける変位ベクトル R の例

11.3.2.1 fcc構造における積層欠陥

fcc構造は最密面のスタッキングで記述できることは7.1.2節で述べた。このスタッキングに何らかの原因でエラーが入り、一つの面が抜けた構造をイントリンシック（intrinsic）な積層欠陥、一つの面が過剰に入ったものをエクストリンシック（extrinsic）な積層欠陥という。図11.23を見ながら（111）面がずれた場合を例にとって、2種類の積層欠陥をもたらすために必要な変位ベクトルを考えよう。（111）面をABC...の順に[111]方向に積層されたものを完全結晶と考えると、1層抜けたものは欠陥面を境にしてそれ以降の積層面をすべて $\frac{1}{3}[\bar{1}\bar{1}\bar{1}]$ だけずらしたもの（一つ分戻したもの）と考えることができる。逆に $\frac{1}{3}[111]$ だけずらせば、余分な層が1層加わった状況を表すことができる。（この $\frac{1}{3}\langle 111\rangle$ タイプの欠陥をフランクの部分転位と呼ぶ。この変位ベクトルは最密面内

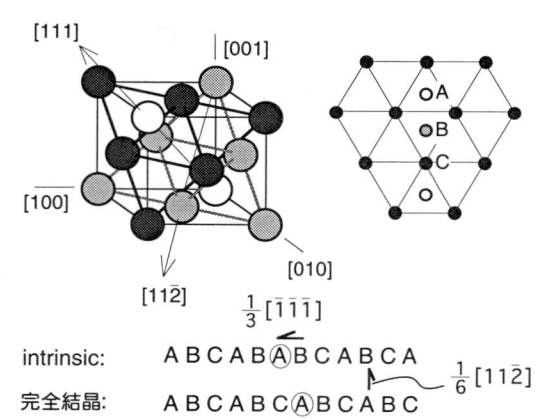

（{111}面内）にないので転位は動くことができない。一方、イントリンシックな積層欠陥は $A \to B$ 方向の $\frac{1}{6}[11\bar{2}]$ というずれ（shear、剪断）によりもたらすことができる。これはショックレーの部分転位と呼ばれる。）積層欠陥をもたらす転位の詳細に関しては参考書（たとえば D.Hull and D.J.Bacon (1984)）を見てもらうとして、ここでは積層欠陥の存在が像にもたらす効果を考えよう。

図 11.23 fcc構造におけるスタッキングと積層欠陥

11.3.2.2 変位ベクトルと位相因子 α

電顕による像の解釈という観点からすると、変位ベクトル $\vec{R}$ としては $\pm\frac{1}{3}\langle 111\rangle$ を考えれば十分だ。また、どのような回折波を励起し2波条件を満たしているかということだが、ここではfcc構造を考えているので可能な hkl 指数の組合せは偶奇非混合指数のみである（8.3.2節）。たとえば、$\vec{R} = \frac{1}{3}[111]$ の場合、位相因子 α は一般に次のように表せる。

$$\alpha = 2\pi \vec{g} \cdot \vec{R} = 2\pi (h\ k\ l) \cdot \frac{1}{3}\begin{pmatrix}1\\1\\1\end{pmatrix} = \frac{2\pi}{3}(h+k+l) = \frac{2\pi}{3}n \quad (n = 0, \pm 1, \pm 2, \ldots) \tag{11.55}$$

他の変位ベクトル、あるいは変位ベクトルとして $\frac{1}{6}[\bar{1}\bar{1}2]$ のようなショックレーの部分転位も含めて、この結論は有効で、結局、位相因子 α としては次のものを考えればよい。

$$\alpha = 2\pi \vec{g} \cdot \vec{R} = \begin{cases} 0 \\ \frac{2}{3}\pi \\ -\frac{2}{3}\pi \end{cases} \tag{11.56}$$

このうち、$\alpha = 0$ は先に述べたことから透過波と回折波の相互作用に寄与しない。また電顕におけるコントラストを計算で評価するときは、積層欠陥の上側の結晶を固定し、ビームを入射する側から ABC... と考えることになる（図11.24）。

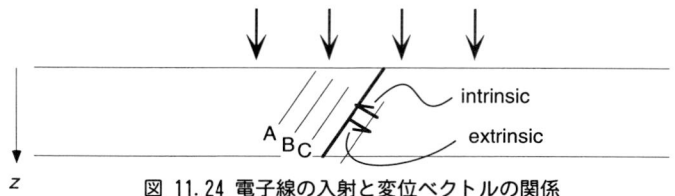

図 11.24 電子線の入射と変位ベクトルの関係

11.3.2.3* 透過波と回折波の強度計算の方法

ここで積層欠陥が存在する場合の透過波と回折波の強度を計算してみよう。以下に示すのはマトリックス法と言って、変位ベクトルの上下では完全結晶を考え、それぞれの波の振幅を 2 次元ベクトルの成分と考え、完全結晶による散乱マトリックスでその厚さ方向の変化を次々に計算し、原子変位が起こったところのみで変位ベクトルに基づいた位相因子を有する散乱マトリックスを挿入するというやり方だ。少し面倒なので自分で、プログラムを組んでみようと思っている方以外は以下を飛ばし、図 11.25 とそれに基づいた結論を受け入れるだけで十分だと思う。

D-H-W の連立微分方程式の一般解が次式で表されたことを思い起こそう (11.27)。

$$\begin{cases} a_0 = a_0^{(1)} \exp(2\pi i \gamma^{(1)} z) + a_0^{(2)} \exp(2\pi i \gamma^{(2)} z) \\ a_g = a_g^{(1)} \exp(2\pi i \gamma^{(1)} z) + a_g^{(2)} \exp(2\pi i \gamma^{(2)} z) \end{cases} \tag{11.57}$$

ここで、マトリックス演算の見通しをよくするため、次のように係数を（機械的に）再定義する。

$$a_0^{(1)} \longrightarrow \varepsilon^{(1)} a_0^{(1)} \tag{11.58}$$

同様のことを $a_g^{(2)}$ など四つのすべての係数について行う。よって、我々の方程式は次の形に書ける：

$$\begin{pmatrix} a_0 \\ a_g \end{pmatrix} = \begin{pmatrix} a_0^{(1)} & a_0^{(2)} \\ a_g^{(1)} & a_g^{(2)} \end{pmatrix} \begin{pmatrix} \exp(2\pi i \gamma^{(1)} z) & 0 \\ 0 & \exp(2\pi i \gamma^{(2)} z) \end{pmatrix} \begin{pmatrix} \varepsilon^{(1)} \\ \varepsilon^{(2)} \end{pmatrix} \tag{11.59}$$

以下、振幅を表す 2 次元ベクトルとマトリックスを次のように略して表そう。

$$A(z) = \begin{pmatrix} a_0(z) \\ a_g(z) \end{pmatrix}, \quad [\tilde{a}] = \begin{pmatrix} a_0^{(1)} & a_0^{(2)} \\ a_g^{(1)} & a_g^{(2)} \end{pmatrix}, \quad [\exp(2\pi i \gamma z)] = \begin{pmatrix} \exp(2\pi i \gamma^{(1)} z) & 0 \\ 0 & \exp(2\pi i \gamma^{(2)} z) \end{pmatrix} \tag{11.60}$$

たとえば境界条件は次のように書け、通常の条件 ($a_0(0)=1, a_g(0)=0$) から $\varepsilon^{(1)}$ と $\varepsilon^{(2)}$ は与えられる。

$$A(0) = \begin{pmatrix} a_0(0) \\ a_g(0) \end{pmatrix} = [\tilde{a}] \begin{pmatrix} \varepsilon^{(1)} \\ \varepsilon^{(2)} \end{pmatrix} = \begin{pmatrix} a_0^{(1)} & a_0^{(2)} \\ a_g^{(1)} & a_g^{(2)} \end{pmatrix} \begin{pmatrix} \varepsilon^{(1)} \\ \varepsilon^{(2)} \end{pmatrix} \tag{11.61}$$

一方、z の位置における透過波と回折波の振幅は

$$\begin{aligned} A(z) &= [\tilde{a}][\exp(2\pi i \gamma z)][\tilde{a}]^{-1} A(0) \\ &= [\tilde{S}] A(0) \end{aligned} \tag{11.62}$$

ここで次の散乱マトリックス（scattering matrix）を定義した。

$$[\tilde{S}] = [\tilde{a}][\exp(2\pi i \gamma z)][\tilde{a}]^{-1} \tag{11.63}$$

したがって、$z = z_1 + z_2$ の位置における透過波と回折波の強度は次のように表せる。

$$A(z) = [\tilde{S}(z_2)] A(z_1) = [\tilde{S}(z_2)][\tilde{S}(z_1)] A(0) \tag{11.64}$$

ここまでは（積層欠陥等はまったく関係なく）通常の D-H-W をマトリックス法で逐次深さ方向に解いているだけだ。で、もし、$z = z_2$ の場所に位相因子 α で特徴づけられる面欠陥（積層欠陥や粒界）があるとすると散乱マトリックスは

$$[\tilde{S}(z_2)] \longrightarrow [F^-][\tilde{S}(z_2)][F^+] \tag{11.65}$$

と書き換えられる。ここで、

$$[F^{\pm}] = \begin{pmatrix} 1 & 0 \\ 0 & \exp(\pm i\alpha) \end{pmatrix} \tag{11.66}$$

である。位相因子の符号は欠陥の性質（表 11.2，後述）に対応している。（つまり、試料のある深さまで順調に行ったり来たりしている波の位相が、積層欠陥により突然 $\pm 2\pi/3$ だけずれてしまうことを意味している。（ブロッホ波による解釈については文献 [11-5] を参照のこと。））

このようにマトリックス法では試料を（厚さ方向に）N 層にスライスし、逐次、各層における透過波と回折波との相互作用を計算（単なるマトリックスの積）を行う。今、j 番目の相に面欠陥があるとすると試料から出ていく透過波と回折波の振幅は次のように与えられる。

$$A(z_N) = [\tilde{S}(z_N)] \cdots [F^-][\tilde{S}(z_j)][F^+] \cdots [\tilde{S}(z_2)][\tilde{S}(z_1)]A(0) \tag{11.67}$$

で、面欠陥は斜めに入っているわけだから、この j の値を変えて次々計算しプロットすれば、面欠陥が斜めに入っている場合の透過波と回折波の強度分布が求まる。

図 11.25 に位相因子 α、励起誤差 s をパラメータとして行った計算結果を示す。それぞれの図で左側が試料の上面、右側が下面で欠陥は斜めにまっすぐ入っているものとしている（試料の厚さが $6\xi_g$ で、真上から見て $8\xi_g$ の幅で欠陥が斜めに入っているとし、また $\xi_g' = 0.1\xi_g$ と置いた）。

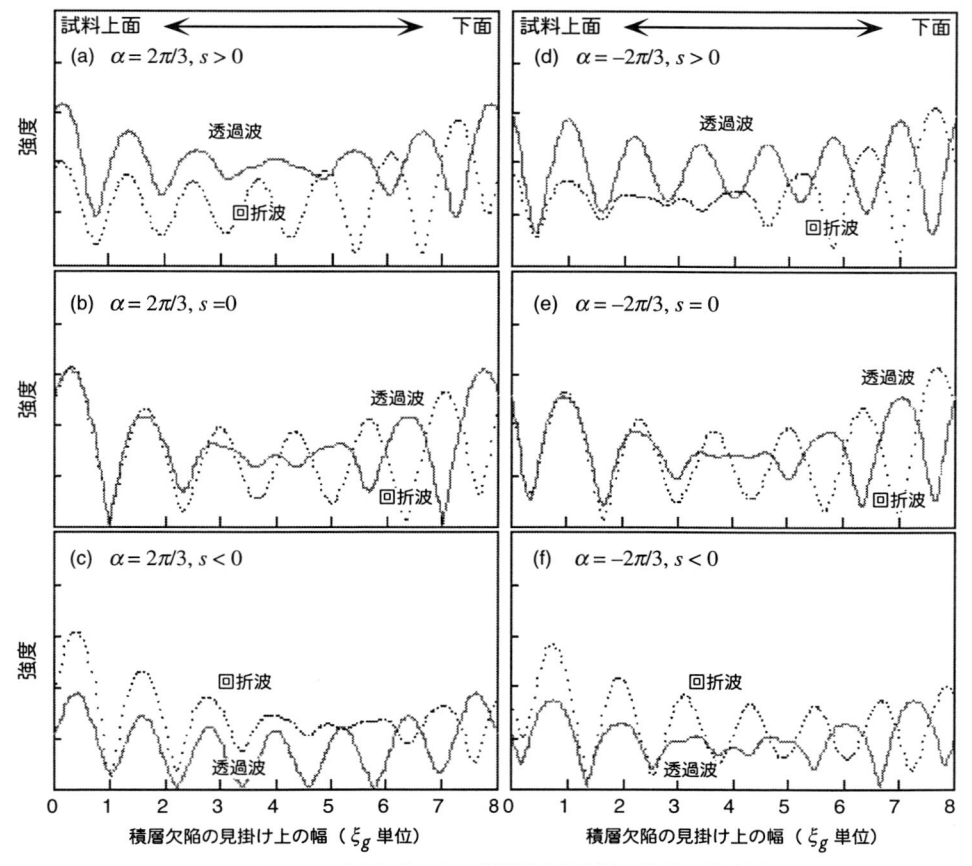

図 11.25 積層欠陥からの透過波と回折波の強度の計算例

11.3.2.4 積層欠陥の像の特徴

図 11.25 に示した透過波と回折波の強度分布から次の一般的な結論が求まる。

(i) 明視野像はフリンジの中心に対して対称的なコントラストを呈し、暗視野像は途中でコントラストが逆転する。（明視野像と暗視野像は相補的でない！）

(ii) 暗視野像の試料上部側のコントラストは明視野像のコントラストと一致する。

(iii) 明視野像に現れる外側のフリンジは $\alpha = 2\pi/3$ の場合に明るく、$\alpha = -2\pi/3$ の場合は暗い。

(iv) これらの一般的傾向は s の符号には左右されず、s が負の場合、透過波の強度は低い。しかし、透過波と回折波の強度が波打つ状況が $s > 0$ と $s < 0$ の場合とで異なる。

実際には 2 波条件回折を満たしている領域がベンドコントゥアーとなって試料上に現れ、その付近に欠陥のコントラストが明瞭に現れる。（そして、上記 (iv) の理由から、撮影は $s = 0$ で行おう。）

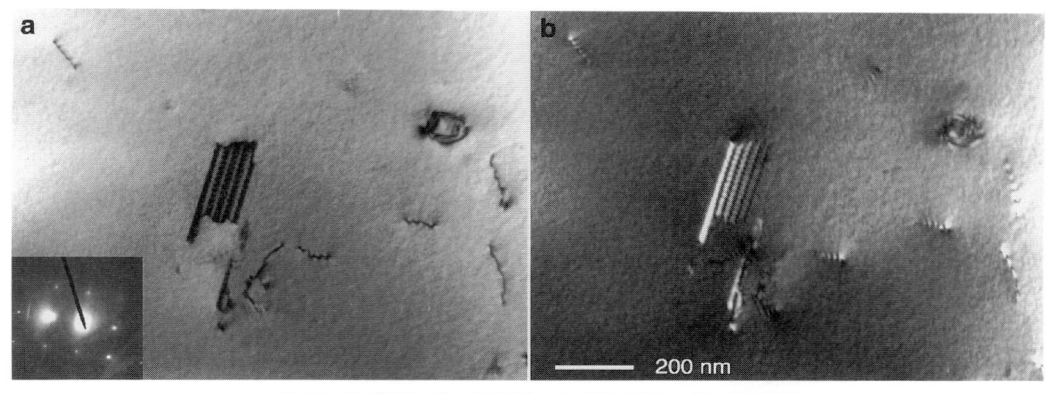

図 11.26 積層欠陥の観察例 (a) 明視野像、(b) 暗視野像

図 11.26 にステンレス鋼中に見出された積層欠陥を [001] 軸に沿って撮影した例を示した。まず、明視野像と暗視野像におけるコントラストの明暗はこの積層欠陥の右側で一致しているから、積層欠陥は右側から左側に向けて（試料の上から下へ）突き抜けている。また、明視野像において積層欠陥の両側のコントラストは暗いので、これから撮影に用いた g-ベクトルに対して位相因子 α は $-2\pi/3$ であることがわかる。さらに回折像において励起されているスポットを 200 と指数づけすると、図 11.27 に示した位置関係を描ける。（計算では（図 11.25）、試料の下側が z 軸の方向で、位相因子の算出などはすべてこの座標系に基づいて行う。）この場合、積層欠陥は右側から左側に向けて入っているので、可能な積層欠陥面は $(1\bar{1}\bar{1})$ あるいは $(11\bar{1})$ であり、それぞれの面の法線方向が変位ベクトルとしての可能性を有している（たとえば図に示した場合だと $\pm[1\bar{1}\bar{1}]/3$）。透過波と相互作用を起こさせた波が 200 であるから、それぞれの場合について位相因子を計算すると次の値を得る。

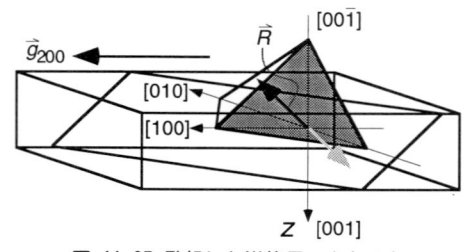

図 11.27 励起した逆格子ベクトルと変位ベクトルの可能性を考える

$R = +[1\bar{1}\bar{1}]/3$ であれば $\alpha = 4\pi/3 = -2\pi/3$、$R = -[1\bar{1}\bar{1}]/3$ であれば $\alpha = -4\pi/3 = 2\pi/3$ (11.68)

$\alpha = -2\pi/3$ を与えるのは $+[1\bar{1}\bar{1}]/3$ であり、この積層欠陥はイントリンシックということになる。

（10.3.3 節で紹介した c-DF を用いると励起される g-ベクトルが明視野で用いたものとは反対となるから要注意だ。すなわち、図 11.25 において（同一の変位ベクトルに対して） c-DF 像のコントラストを与える α の符号は明視野像の α 符号とは逆になる。言い換えると、試料上部側のコントラストは明視野像と c-DF 像とでは逆になる。）

実際に用いられる回折波の *hkl* 指数は 111, 200, 220, 222, 400, 440 などであり、これらと考えられる変位ベクトルの内積をあらかじめ計算しておくと都合がよい。表 11.2 に $\vec{R}=[111]/3$ の場合に得られる位相因子を示した。このように、うまい具合にこれらの逆格子ベクトルは二つのグループにわけられ、Gevers ら [11-4] により class A type の反射、class B type の反射と呼ばれている。

表 11.2 変位ベクトルと位相因子 α の関係

	$\vec{g}$	$\vec{R}=[111]/3$
	hkl	$\alpha = 2\pi\vec{g}\vec{R}$
class A	200	$-2/3\,\pi$
	222	$-2/3\,\pi$
	440	$-2/3\,\pi$
class B	111	$2/3\,\pi$
	220	$2/3\,\pi$
	400	$2/3\,\pi$

(R. Gevers, A. Art and S. Amelinckx: *phys. stat. sol.*, **3**, 1563-1593, (1963) より引用)

この表はすべての反射を網羅したものではないが、実際に計算してみるとこのように位相因子を二つの値に分類できることがわかる。このことから積層欠陥を見分ける簡便な法則が得られることを Gever らは示した。すなわち、積層欠陥がイントリンシックかエクストリンシックかを区別するためには暗視野像だけに注目すればよく、用いた反射が class A に属すならば欠陥の入り方にかかわらず、結像に用いている逆格子ベクトルの方向に明るいフリンジが存在すればイントリンシック、暗いフリンジが存在すればエクストリンシックであり、用いた反射が class B であればその逆が成立する。

11.3.2.5 その他の面欠陥

ここまで述べたのは、面欠陥における位相因子 α が $\pm 2\pi/3$ となる fcc 構造における積層欠陥の例であった。一方、これまでの議論からわかるように試料中に何らかの面欠陥があり、その上下において透過波と回折波との間に動力学的な相互作用があるならば、その面欠陥より生じる位相のずれに応じてフリンジが生じる場合が他にも数多くある。

たとえば fcc 構造では $\vec{R}=\langle 110\rangle/2$ だけ原子位置がずれてもそれは格子点間の並進ベクトルなので像に何の寄与も及ぼさないが、一方、Cu$_3$Au 構造（図 10.17(b)）を持つ二つの領域（これをドメイン（domain）と呼ぶ）が $\vec{R}$ で表される分だけずれると、二つのドメインに存在する原子の位置関係も $\vec{R}$ だけずれてしまう。この境界も面欠陥の一種で逆位相境界（anti-phase boundary）と呼ばれる。（この場合も $\vec{R}$ は変位ベクトルと呼ばれる。）このときの位相因子は (*hkl*) 反射に対して

$$\alpha = 2\pi\vec{g}\cdot\vec{R} = 2\pi(h+k)/2 = \pi(h+k) \tag{11.69}$$

となるから、基本反射 (*h, k, l*: 偶奇非混合) の場合、必ず $2n\pi$ となり位相に寄与しないが、規則構造を持つことにより、非混合指数が許される。そして、そのような超格子反射（10.4.2 節）では α の値が $\pm\pi$ となるケースもあり、その反射を用いて 2 波条件を満たしたときに現れるフリンジを π フリンジと呼ぶ。

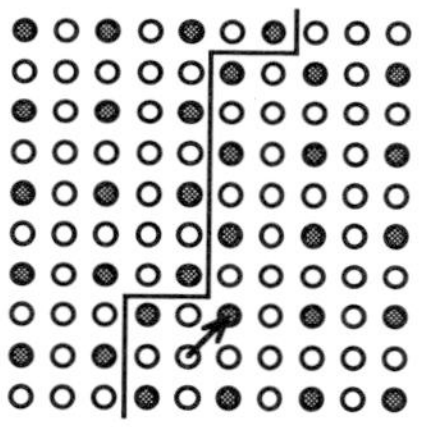

図 11.28 L1$_2$ 構造における逆位相境界と変位ベクトル

この他にもたとえばビームに対して斜めに存在する面上析出物や粒界もフリンジとして現れる（たとえば図 10.27 の板状析出物や図 11.40 の粒界）。さらに他の動力学的効果が重なって観察される場合もある。詳細は巻末の参考書を参照のこと。

第11章 動力学的理論入門

11.3.3 ひずみ場がコントラストに及ぼす影響

前節では完全な結晶がある面を境にして一様にずれた結果、その界面、すなわち面欠陥において電子線の位相がずれ、それが透過波と回折波のやりとりに不連続な変化をもたらし、最終的に像のコントラストが面欠陥における位相のずれ α を強く反映したものになることを述べた。一方、散乱体である結晶内の原子が少しずつ連続的にずれた状態、たとえば転位の周囲のひずみ場はコントラスト、すなわち透過波と回折波の強度分布にどのような影響をもたらすのだろうか？

11.3.3.1 励起誤差の局所的な変化

転位の周辺で何が起こっているか、刃状転位（edge dislocation）を例にとって定性的に考えよう。図 11.29(a) に転位の存在により周囲にひずみが及んでいる状況を模式的に示した。今我々はこの試料にビームを入射しているわけだが、そのとき転位を除いたマトリックスに対して理想的な 2 波条件 ($s = 0$) よりやや $s > 0$ となるように試料を傾けたと仮定しよう。このときの逆格子ベクトル $\vec{g}$ と励起誤差 $\vec{s}$ を図 11.29(b) に示した。

転位の周囲では原子位置が少しずつずれているが、このときの局所的な $\vec{s}$ の変化を追ってみよう。図 11.29(a) の転位の左側の領域の逆格子ベクトル $\vec{g}'$ は反時計回り、つまり $\vec{s}$ の値がより正となる方向に回転していることがわかる。一方、転位の右側の $\vec{g}''$ は時計回り、つまり $\vec{s}$ が小さくなる方向に回転しており、場合によってはエバルド球の下側、すなわち $\vec{s}$ の値が負となってしまうこともある。この状況も図 11.29(b) に示した。

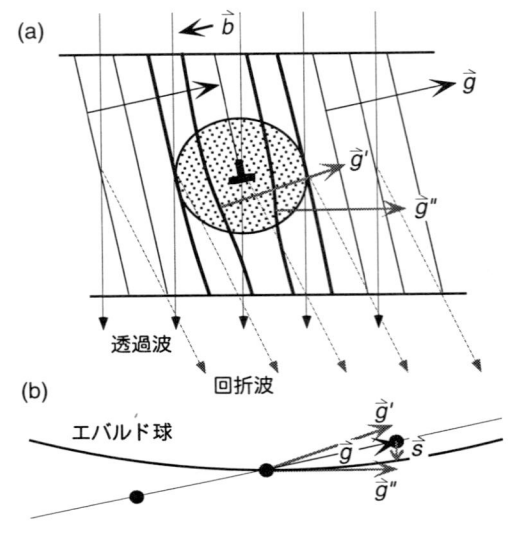

図 11.29 刃状転位の周囲の (a) ひずみ場と (b) 逆格子ベクトルの分布（励起誤差の変化に注意）

このような場合でも基本的には透過波と回折波の相互作用は 2 波条件をほぼ満たしており、二つの波の強度は局所的な $\vec{s}$ の値に対応したものとなる。よって図 11.29 に示した転位の周囲の各領域を $s > 0$ の条件下で通過した波の強度分布は図 11.12 を参考に考えると次のようにまとめられる。

(i) 転位の左側（$\vec{g}'$: $\vec{g}$ が反時計回りに回転、$\vec{s}$ がより正にずれる）：この場合、$\vec{s}$ がさらに正にずれても強度に大きな変化はない（図 11.16 も参照）。

(ii) 転位の右側（$\vec{g}''$: $\vec{g}$ が時計回りに回転、$\vec{s}$ は小さくなる）：この場合、ブラッグ条件を満たす方向（あるいはさらに負の方向）に回転し、強度は弱くなる。

このことからマトリックスに対する励起誤差 $\vec{s}$ がやや正となるように 2 波条件が満たされている領域に存在する転位の像は、明るいバックグランド中の暗い像として s がより小さい側、図 11.29(a) では転位の右側に現れることがわかる。このように、ひずみ場のコントラストは局所的な原子位置のずれの分布、特に面の "回転" による励起誤差の局所的な変化を強く反映したものとなる。

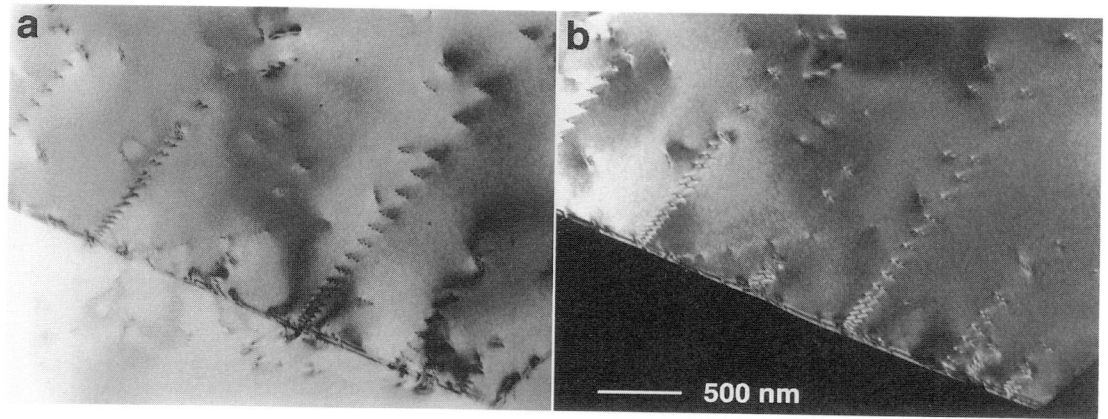

図 11.30 粒界に付近に配列する転位の例 (a)明視野像、(b)暗視野像

　図 11.30 に 2 波条件の下で撮影したステンレス鋼中に見出された転位の明視野および暗視野像を示す。（初めてこのような像を見て、これが転位だと言われてもピンとこないのではないだろうか。それは正しい。これは転位のイメージではなく、周囲のひずみ場がもたらす像なのだから。）

　本節では以下、転位や析出物の周囲のひずみ場がコントラストに与える影響を D-H-W の現象論的な式に基づいて、定性的に考えたい。言い換えると、ひずみ場の周囲を通過する透過波と回折波の相互作用が、$\vec{g}\cdot\vec{R}$ 項に依存する位相因子によってどのように変化を受け、試料の下面を出る二つの波の強度に影響を及ぼすかを調べる。

11.3.3.2　D-H-W の式

　局所的なひずみの存在により、透過波と回折波とのやりとりを表す非対角項中の位相因子が連続的に変化することは本節の最初に述べた。ここで転位の周囲における $\vec{s}$ の値を見てみるために、(11.53)において次のように形式的に変数変換してみよう。

$$\begin{cases} A_0(z) = a_0(z)\exp(\pi i z/\xi_0) \\ A_g(z) = a_g(z)\exp(\pi i z/\xi_0)\exp\{-2\pi i(s\cdot z + \vec{g}\cdot\vec{R})\} \end{cases} \tag{11.70}$$

すると (11.53) は次のように書き換えられる。

$$\begin{cases} \frac{da_0}{dz} = \frac{\pi i}{\xi_g} a_g \\ \frac{da_g}{dz} = \frac{\pi i}{\xi_g} a_0 + 2\pi i(s + \vec{g}\cdot\frac{d}{dz}\vec{R})\cdot a_g \end{cases} \tag{11.71}$$

さらに吸収の効果を加味すれば

$$\begin{cases} \frac{da_0}{dz} = -\frac{\pi}{\xi_0'} a_0 + \pi(\frac{i}{\xi_g} - \frac{1}{\xi_g'}) a_g \\ \frac{da_g}{dz} = \pi(\frac{i}{\xi_g} - \frac{1}{\xi_g'}) a_0 + \{-\frac{\pi}{\xi_0'} + 2\pi i(s + \vec{g}\cdot\frac{d}{dz}\vec{R})\}\cdot a_g \end{cases} \tag{11.72}$$

となる。(11.70) の変換により得られた表式 (11.71) をひずみ場のない場合の (11.21) と比べると

$$s \longrightarrow s + \vec{g}\cdot\frac{d}{dz}\vec{R} \tag{11.73}$$

となり、局所的な $\vec{R}$ の変化が励起誤差 s の変化を通して透過波と回折波のコントラストに反映されることが予想される（a_0 などは試料深さ方向の振幅の変化を表す A_0 などの位相を変えた

第11章　動力学的理論入門

ものに過ぎないから、強度計算の結果には変化をもたらさない）。

以上のように原子位置の（理想結晶からの）変位を示す $\vec{R}$ が z の関数として与えられれば（11.72）を用いて試料下面における透過波と回折波の強度を評価することが可能だ。

11.3.3.3　転位の幾何学の復習

次に転位の周囲の原子位置の変位 $\vec{R}$ がどのように与えられるかを見てみたい。まず、転位によるひずみ場を記述するためには転位線（dislocation line）をどちらの方向から見ているのかを明らかにし、次に転位の存在による原子位置のずれを表す必要がある。ここでは刃状転位を例にとって、転位の幾何学を復習しよう（図11.31）。

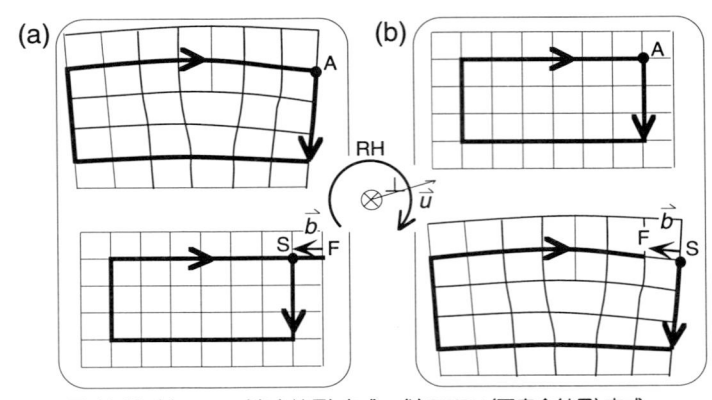

図 11.31 (a) FS/RH（完全結晶）方式、(b) SF/RH（不完全結晶）方式

まず最初に我々が転位を見ている方向を転位線に沿ったベクトル $\vec{u}$ で表そう（ここでは、このベクトルをセンスベクトル（sense vector）と呼ぶことにする）。FS/RH（完全結晶）方式（FS/RH(perfect crystal) convention）と呼ばれるやり方では、この $\vec{u}$ に沿って右回り（right-hand）に原子から原子へ転位を含んだ領域を1周する経路（これをバーガースサーキット（Burgers circuit）と呼ぶ）を描く。次にそのバーガースサーキットを完全結晶で再現すると、転位を含んだ余分なずれが起こる。この完全結晶におけるフィニッシュ地点からスタート地点までを結ぶベクトルが FS/RH（完全結晶）方式において定義されたバーガースベクトル（Burgers vector）だ。

このようにセンスベクトルを逆にとったり、右回りを左回りにしたり、あるいはバーガースサーキットを完全結晶において閉じる回路と初めに定義し、それを不完全結晶において再現したり（図11.31(b)）、さらにスタート地点からフィニッシュ地点に向かってずれのベクトルをバーガースベクトルと定義することなどによって、バーガースベクトルの方向は変わってしまう。たとえば SF/RH（不完全結晶）方式は FS/RH（完全結晶）方式と同じ結果を与える。

いずれにしても自分で決めたやり方さえ守っていれば、らせん転位（screw dislocation）でも刃状転位でもそれが一つの転位線に沿った転位であれば矛盾なく記述できる。図11.32にこの状況を SF/RH（不完全結晶）方式に従って示した。図中のらせん転位は右ねじの進む方向に結晶がずれ

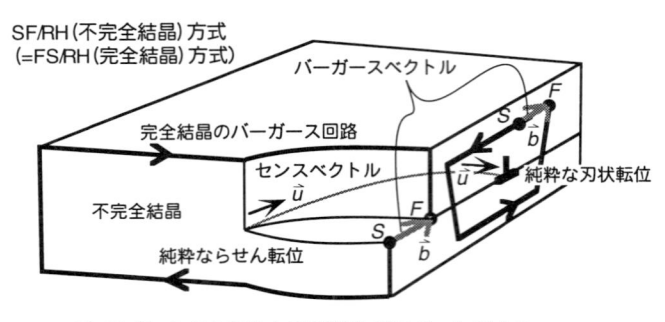

図 11.32 らせん転位と刃状転位が混ざった場合のセンスベクトルとバーガースベクトル

11.3 欠陥のある結晶からの回折と結像

ている。また、バーガースベクトルとセンスベクトルの間に次の関係があることがわかる。
(i) らせん転位では一般に $\vec{u} / / \vec{b}$ であり、この方式だと右回りらせん転位で $\vec{u} \cdot \vec{b}$ が正。
(ii) 刃状転位では $\vec{u} \perp \vec{b}$ であり、この方式だと余分な面は $\vec{u} \times \vec{b}$ の方向に挿入されている。

次に転位の周囲の変位場を考えよう。最初に、純粋ならせん転位を考える。今、センスベクトル $\vec{u}$ を中心にすべり面 (slip plane) から右まわりに角度 θ を定義する (図 11.33)。すると、この転位の周囲の変位 $\vec{R}$ は転位線の極く近傍を除いて、θ に比例し、ぐるっと1周すると $\vec{b}$ となるから、次の形で表すことができる。

$$\vec{R} = \frac{\theta}{2\pi} \vec{b} \tag{11.74}$$

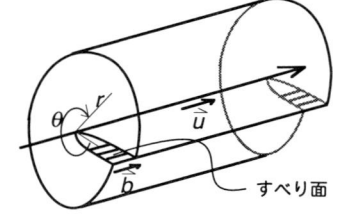

図 11.33 らせん転位の周囲の変位の記述

一方、純粋な刃状転位の場合、連続体の弾性理論に従えば、$\vec{R}$ は次のように表せることが知られている (Hull & Bacon, 1984)。

$$2\pi \vec{R} = \vec{b}\left\{\theta + \frac{\sin 2\theta}{4(1-\nu)}\right\} + (\vec{b} \times \vec{u})\left\{\frac{1-2\nu}{2(1-\nu)}\ln r + \frac{\cos 2\theta}{4(1-\nu)}\right\} \tag{11.75}$$

詳細は転位論の教科書を参考としてもらうとして、ここでは各項の定性的な意味だけを考えよう。

図 11.34 に (11.75) において角度に依存するそれぞれの項をスケッチした。まず、(a) に示したのは刃状転位周囲の弾性場を考えるときのモデルで、この図では θ に直接依存する項の存在が直観的にわかる。一方、(b) に θ と $\sin 2\theta$ に依存する項を定性的に示した。この図にはやはり弾性理論から得られる応力場の分布を示したが、$\sin 2\theta$ に依存する変位 $\vec{R}$ も同様に $\theta = 45°$ ごとに極大をとったり符号を変えたりする。これら θ および $\sin 2\theta$ に依存する項により、バーガースベクトルの方向への各原子の変位が表される。一方、(c) には $\cos 2\theta$ に依存する項を示した。先に述べたように、刃状転位の存在による過剰な面は FS/RH (完全結晶) 記述では $\vec{u} \times \vec{b}$ 方向に存在するので、$\vec{b} \times \vec{u}$ という項自体はすべり面と垂直に、図の下側に向かう方向を示している。このことを頭にいれて定性的に符号の変化を考えると、(c) に示した変位が得られる。これがバルジング (bulging、はりだし) と呼ばれる変位だ。図に示したのは $\cos 2\theta$ 依存する項のみで、実際には (11.75) からわかるように、さらに $\ln r$ に依存する項が加わって、$\vec{b} \times \vec{u}$ 方向の変位を与える。

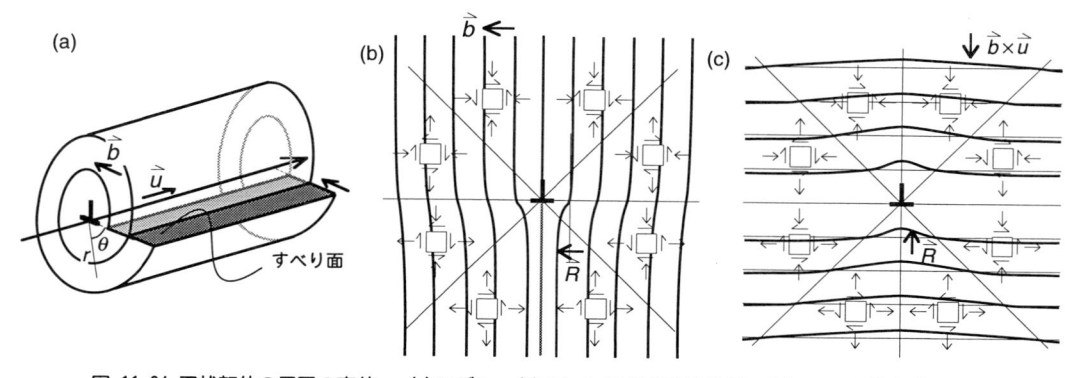

図 11.34 刃状転位の周囲の変位： (a) モデル、(b) θ と $\sin 2\theta$ に依存する項、(c) $\cos 2\theta$ に依存する項

第11章　動力学的理論入門

次に、らせん転位と刃状転位成分がまざった一般の混合転位（図 11.32）を考えよう。この場合、変位場は次のように表すことができる。

$$2\pi \vec{R} = \vec{b}\theta + \vec{b}_e \frac{\sin 2\theta}{4(1-\nu)} + (\vec{b} \times \vec{u})\left\{\frac{1-2\nu}{2(1-\nu)}\ln r + \frac{\cos 2\theta}{4(1-\nu)}\right\} \tag{11.76}$$

まず、θ に直接依存する項はバーガースベクトルのらせん成分と刃状成分の和となり、結局、上記の第1項としてまとめて表される。残りの部分はすべて刃状転位の成分であり、それを $\vec{b}_e$ で表している（ただ、$\vec{b} \times \vec{u}$ 方向の成分は混合転位の $\vec{b}$ と $\vec{u}$ 間のベクトル積をとることによって結局は刃状転位の成分の寄与のみとなるので、$\vec{b} \times \vec{u}$ と表せる）。

11.3.3.4*　転位の周辺を通過した透過波と回折波の強度計算

要するに原子位置が局所的にずれることにより、励起誤差の他に新たな位相因子 $2\pi \vec{g} \cdot \vec{R}$ が加わり、透過波と回折波の相互作用を変化させる。面欠陥の場合は深さ方向のある特定の位置で位相のずれが起こるが、転位の周辺では連続的に位相因子 $2\pi \vec{g} \cdot \vec{R}$ が変化する。このことを計算に反映させるには、この位相因子を深さ方向に連続的に評価しながら、逐次 D-H-W の式（11.72）を積分すればよい。実際には転位の周囲に図 11.35 に示したようなカラムを考え、そのカラムの深さ方向の各点で（11.76）に従って、変位をまず計算する。次に結像条件、すなわち励起させる回折波を表す $\vec{g}$ と励起誤差 $\vec{s}$ のもとで（11.72）を試料の上面から下面まで評価する。以下に示す例では消衰距離を $\xi_g/\xi_g' = 0.1$ および $\xi_0' = \xi_g'$ とした。また $w = s\xi_g$ である（11.26）。

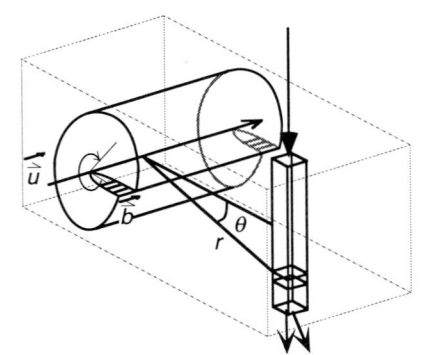

図 11.35　カラム近似と2波モデルによる透過波と回折波の強度の計算

最初に転位の周囲のひずみ場の存在で透過波と回折波との相互作用がどのように変わるかを深さ方向に追ってみよう。例として、ここではこの節の最初に示した図 11.29 のモデルにおける刃状転位の右と左を通過する波の強度変化を見ることとしたい。試料の厚さは $8\xi_g$ とし、深さ方向の真ん中に刃状転位がある。転位線の方向は $\vec{g}$ と垂直とし（$\vec{g} \cdot (\vec{b} \times \vec{u}) = 0$）、また、$w = 0.3$ と仮定してある。

図 11.36 に結果を示したが、これをひずみがない状態の図 11.12 と比べるとその違いがよくわかる。まず、転位の直上までは二つの波の強度はひずみがない場合とほとんど同じように変化しているが、これは転位から遠いところではひずみによる波の位相変化が小さいからだ。しかし、転位の近くに来ると転位のどちら側を通過したかで、事情は大きく異なる。たとえば図 11.36(a) に示したカラム、すなわち s が正の状態での転位の右側の面はブラッグ条件をより満たすように回転するので、転位の直下で回折波の強度が増加している。それに対応して透過波の強度は落ち、以後、二つの波の強度は指数関数的に減少していく。一方、転位の左側ではどうだろう。ひずみがなければ落ちるはずの透過波の強度が、局所的なひずみが逆格子ベクトルをエバルド球からより遠い方向に向けてしまったので、逆に回折波の強度が落ち、そのぶん、透過波の強度が上昇している。転位の近傍を通過した後は再び指数関数的に減少するが、結果的に (a) の場合よりも大

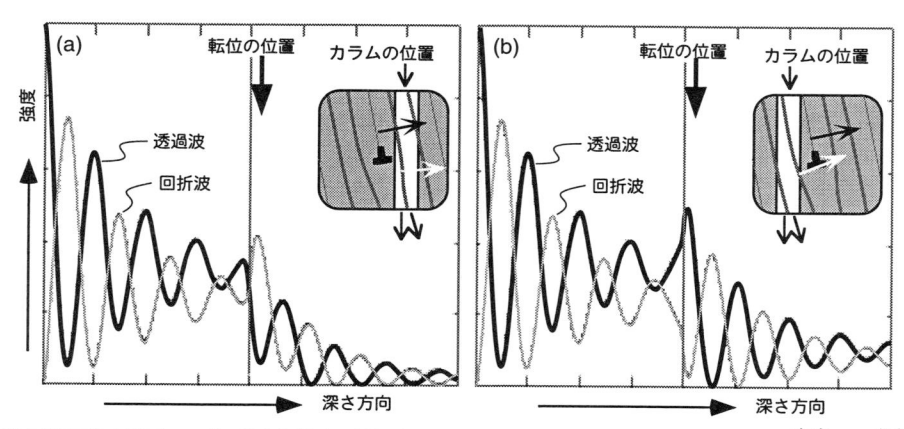

図 11.36 刃状転位の周囲のひずみ場を通過する透過波と回折波の強度の深さ方向の変位（$w=0.3, \vec{g}\cdot\vec{b}=-1, \vec{g}\cdot\vec{b}\times\vec{u}=0$）

きな強度を持った透過波と回折波が試料下面に達したことになる。

　このような計算を転位を横断する方向に繰り返して行うと、透過波と回折波の横方向の強度分布が得られる。しかし、そのような結果はこの例からわかるように、一般に試料内で相互作用しながら進行する透過波と回折波のある深さにおける断面であり、転位の性質にはもちろん、試料の厚さや、転位が深さ方向のどの位置にあるか、といったことに依存する。

図 11.37(a) に図 11.36 に示したのと同じ計算を幅方向の各位置について行い、試料の下側に到達した透過波と回折波をプロットした。これから分かるように転位は明視野、暗視野とも明るいバックグランドに暗いコントラストとして転位芯のやや右側に現れる。これは本節の最初に定性的に（キネマティカルな取扱いで）考えた結論と一致している。また、図 11.37(b) には同様の条件の下に $w=0$ （$s=0$）で計算した結果を示した。転位から離れたバックグランドの強度は図 11.12 にも示したように励起誤差 s の値を強く反映している。また、透過波による暗いコントラストも右側にずれている。これは $s=0$ でも転位の周辺では原子位置がずれており、$g>0$ の波を励起したとき、その逆格子ベクトルの s が負になるように原子位置が回転する領域はより強度が弱くなることと対応している（図 11.12）。一方、回折波は $s=0$ を基準に s が正に変化しても負に変化しても同じだけ強度が下がるから、この場合、転位芯を中心に対称的な強度分布をなす。

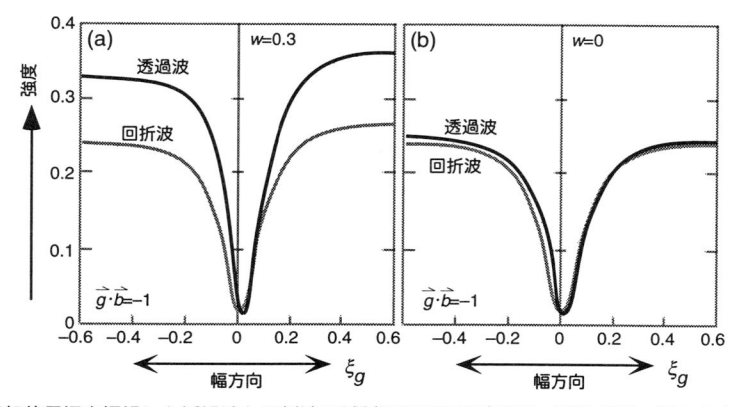

図 11.37 刃状転位周辺を通過した透過波と回折波の試料下面での強度分布（転位位置：深さ方向中央（図11.36参照））

図 11.36 に描かれた透過波と回折波が振動しながら試料の下面に到達する様子は、転位の厚さ方向の位置が異なればコントラストも大きな影響を受けることを示唆する。そして波の周期はひずみ場から離れたところではほぼ有効消衰距離に等しいから、斜めに転位が入っている場合など、その周期に対応してコントラストに変化が現れるだろう。そこで、図 11.38 にらせん転位を例にとって深さ方向の転位の位置が変わったときの強度分布を示した（試料厚さ：$6\xi_g$）。

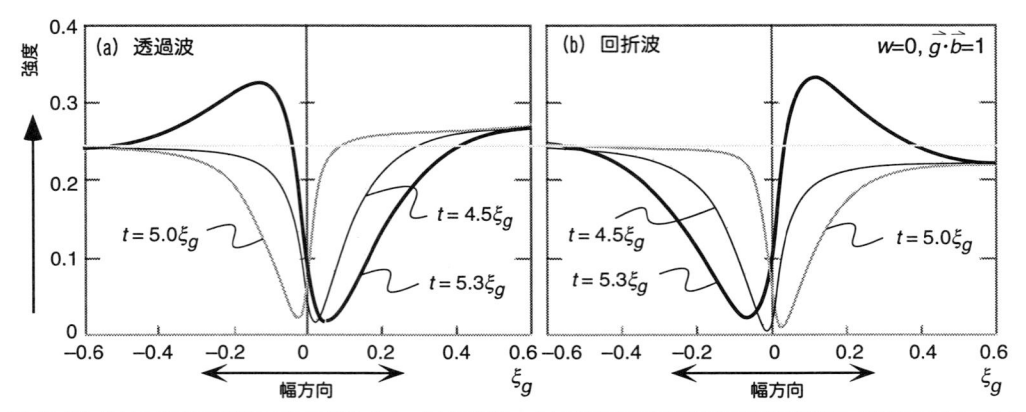

図 11.38 らせん転位の深さ方向の位置 t と (a) 透過波、(b) 回折波の試料下面での強度分布（試料の厚さ：$6\xi_g$）

このように明視野像（透過波）、暗視野像（回折波）とも暗くなる位置が転位芯の左右に変化することがわかる（このような転位は一見、ジグザグに見える）。また、明視野像と暗視野像とは相補的ではなく、転位芯に関してほぼ対称ではあるが、よく観察すると転位から離れた位置での強度が異なっている。

ここまでは $\vec{g}\cdot\vec{b} = \pm 1$ という条件下でのコントラストを考えてきたが、$\vec{g}\cdot\vec{b}$ の値は位相因子に直接効いてくるので、この値自体もコントラストに大きな影響を与える。図 11.39(a) には $\vec{g}\cdot\vec{b} = 2$ の場合を例にとって透過波の強度分布を示した。これまでの例とは逆に、転位芯の付近で明るいコントラストが得られることがわかる。

また、$\vec{g}\cdot\vec{b} = 0$ であっても $\vec{g}\cdot\vec{b}\times\vec{u} \neq 0$ であれば、バルジング（図 11.34(c)）による効果がコントラストに現れる。図 11.39(b) に (11.76) における $\vec{g}\cdot\vec{b}\times\vec{u}$ 項のみを考慮して透過波と回折波の強度分布を求めた結果を示す。この場合の特徴は強度分布が転位芯に対して対称となることだ。一般に回折波のコントラストが強く、バックグランドより暗くブロードなコントラストが 2 本現れる。図は $\vec{g}\cdot\vec{b}\times\vec{u} = 0.5$ の結果だが、$\vec{g}\cdot\vec{b}\times\vec{u}$ の値が大きくなるに従って、透過波も強いコントラストを持つようになる。

以上のように、ひずみ場はコントラストに大きな影響を及ぼす。ここに述べた手法は転位に限ったものではなく、析出物周囲のコントラスト（たとえば図 10.23(b)）の解釈にも応用できる。

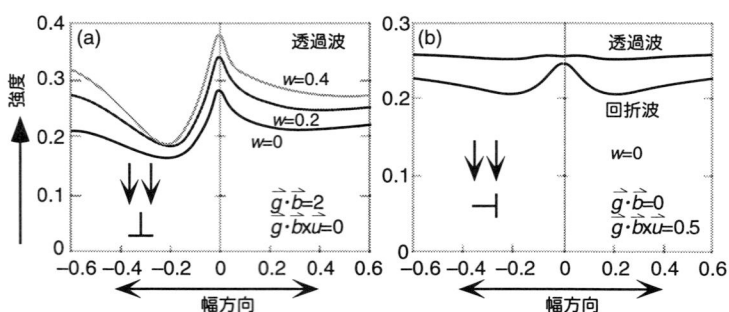

図 11.39 刃状転位のコントラストに及ぼす $\vec{g}\cdot\vec{b}$ および $\vec{g}\cdot\vec{b}\times\vec{u}$ の効果（転位位置はいずれも試料深さ中央）

11.3.3.5 不可視の条件（invisibility criterion）

以上のように転位のコントラストは位相因子としての $\vec{g}\cdot\vec{b}$（刃状転位の場合は $\vec{g}\cdot\vec{b}\times\vec{u}$ も含む）がゼロではない値を持つことによって起こる。逆に言うと、これらの値がゼロとなる回折波を励起して2波条件で結像させても転位は見えない。これを不可視の条件（invisibility criterion）と言う。らせん転位に対しては $\vec{g}\cdot\vec{b}=0$、刃状転位に対しては $\vec{g}\cdot\vec{b}=0$ と $\vec{g}\cdot(\vec{b}\times\vec{u})=0$ であることが invisibility criterion だ。しかし、前節の最後に述べたようにバルジングによるコントラストには特徴があり、かつ弱い場合が多いので、$\vec{g}\cdot\vec{b}=0$ であることが確かめられればバーガースベクトルを決めることができる。

図 11.40 にステンレス鋼中の転位を二つの異なった反射を励起して結像した例を示す。111 入射のものがほぼ invisibility citerion を満たしている。このような invisibility criterion を満たす二つの逆格子ベクトル $\vec{g}_1$ および $\vec{g}_2$ に対し、バーガースベクトル $\vec{b}$ の方向は次のように決められる。

$$\vec{b} \propto \vec{g}_1 \times \vec{g}_2 \tag{11.77}$$

さらに $\vec{b}$ の符号は、11.3.3.1 節の議論や図 11.37 を参照すると s の符号の変化に対して、転位の位置がどのようにずれるかということから求めることができる（巻末の参考書（たとえば坂(1997)）を参照のこと）。

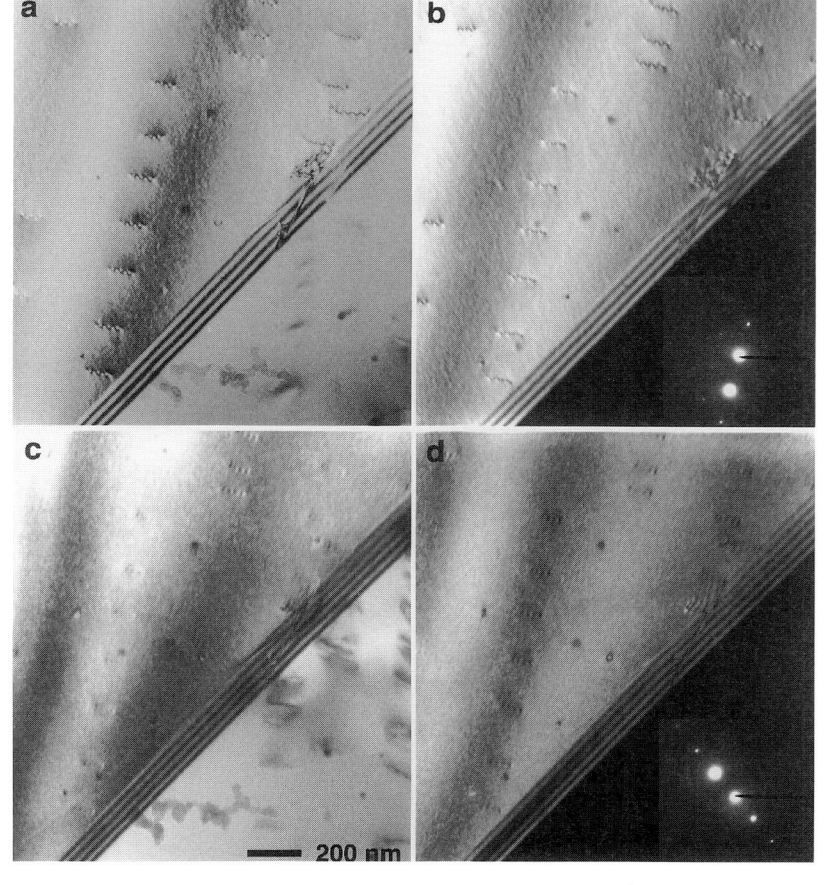

図 11.40 励起した g ベクトルによるコントラストの相違
(a) $00\bar{2}$(BF)、 (b) $00\bar{2}$(DF)、 (c) $\bar{1}11$(BF)、 (b) $\bar{1}11$(DF) （挿入した SAD 像は 110 入射）

11.4* ブロッホ波と分散面

ここまでの議論で結晶中での透過波と回折波の行き来が、等厚縞などのダイナミカルな効果をもたらすことを理解した。そして、これらの波の相互作用は励起誤差や結晶中の局所的な欠陥に強く依存することを知った。一方、我々の出発点は D-H-W の式であった。しかし、同時に電子は量子力学的に記述される。D-H-W の式は単なる現象論的な式にすぎないのであろうか？　ここでは結晶中を進行する電子を電子の属する固有状態という立場から見てみよう。

11.4.1 結晶の中の電子

我々は定常状態のみを扱うので、次の時間に依存しないシュレディンガー方程式から出発する。

$$H\Psi = E\Psi \tag{11.78}$$

ここで H はハミルトニアンで、運動エネルギーとポテンシャルエネルギーを表す演算子からなる（$\hbar = h/2\pi$）。

$$H = -\frac{\hbar^2}{2m}\nabla^2 + V(\vec{r}) \tag{11.79}$$

11.4.1.1 自由な電子

最初に一定のエネルギー E_0 をもってポテンシャルのない真空中を試料に向かって進む電子を考えよう。我々はまず、電子の波動関数を次のように表すことから始める。

$$\Psi(\vec{r}) = e^{2\pi i \vec{\chi} \cdot \vec{r}} \tag{11.80}$$

ここで $\vec{\chi}$ が真空中を進む電子の波数ベクトルだ。定常状態のシュレディンガー方程式が定めるそのような電子のエネルギーは (11.78) から求まる。要するに $V=0$ であるから、

$$H\Psi(\vec{r}) = -\frac{\hbar^2}{2m}\nabla^2 e^{2\pi i \vec{\chi} \cdot \vec{r}} = -\frac{\hbar^2}{2m}(2\pi i \chi)^2 e^{2\pi i \vec{\chi} \cdot \vec{r}} = \frac{h^2 \chi^2}{2m}\Psi(\vec{r}) \tag{11.81}$$

となり、真空中を駆け抜ける電子のエネルギーは

$$E = \frac{h^2 \chi^2}{2m} \quad (\equiv E_0) \tag{11.82}$$

で与えられる。結晶の中に入るとポテンシャルを感じ、運動エネルギーやポテンシャルエネルギーは変化するが、<u>電子の総エネルギーは一定で E_0 で表される</u>というのが我々の前提だ（エネルギーを失う散乱はここでは考えない）。また、ポテンシャルゼロの真空中の電子の波数の大きさは次式で表される。

$$\chi = \frac{\sqrt{2mE_0}}{h} \tag{11.83}$$

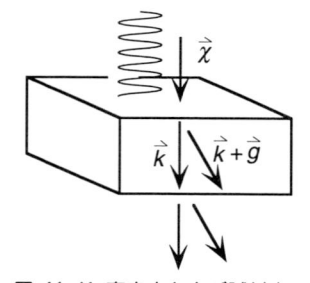

図 11.41 真空中および試料中の電子の波数ベクトル

11.4.1.2 周期的ポテンシャルの表し方

電子は通常の電顕では 100 keV 以上のエネルギーで試料の中に入る。一方、結晶中のポテンシャルは基本的には静電的なもので負の電荷を持つ電子に対して、試料は数十 eV の深さの井戸と考えることができる。高いエネルギーを持った入射電子といえども、この井戸によって束縛されている結晶中の電子と同じようにポテンシャルを感じることには変わりはない。最初にこのポテンシャルの形を、我々が取り扱いやすいように表そう。

ポテンシャルは周期構造をなしている原子によって作られているのだから、それ自体、同じよ

うな周期構造を持っているだろう。7.5.1 節で見たように結晶中には格子のもつ並進対称性により、逆格子ベクトルで表される様々な周期構造が存在するから、ポテンシャルも逆格子ベクトルによって次のように展開できる（付録 D 参照）。

$$V(\vec{r}) = -\sum_g V_g e^{2\pi i \vec{g} \cdot \vec{r}} \tag{11.84}$$

この状況を模式的に図 11.42 に示した。

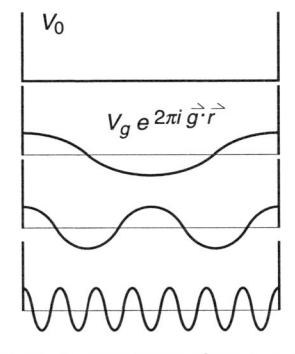

図 11.42 結晶の中のポテンシャルのフーリエ成分

我々はこれから複素数を扱うので、ポテンシャルは実数であることを明記しておこう。つまり、V_g はただの数で、かつ、自分自身の複素共役に等しい。

$$V_g = V_g^* \tag{11.85}$$

また、格子に付随した基本構造によっては $+\vec{g}$ 方向と $-\vec{g}$ 方向とが等価でない場合がある（たとえば図 7.26 参照）。ここでは簡単のため、中心対称性をもった結晶（反転中心がある結晶）を考えよう。そのような結晶に対しては次式が成立している。

$$V_g = V_{-g} \tag{11.86}$$

11.4.1.3 ポテンシャルによる散乱

我々の電子は結晶の中でどのような波長、言い換えると波数でもって運動しているかということはまだ分からないので、とりあえずこの結晶中を高速で通過する電子の波数を $\vec{k}$ と置こう。$\vec{k}$ は未知数と考えてもよい。あるいは、この波数を持った波を試行関数として出発すると考えてもよい（以下の説明はちょっと面倒かもしれないので、ブラッグ散乱のみが可能な散乱であり、結晶の中の波が (11.90) で表されることを認めて次に進んでもらって構わない）。

量子力学では状態 $|A\rangle$ が何らかの作用 V を受けて状態 $|B\rangle$ に遷移できるのは $\langle B|V|A\rangle \neq 0$ のときだけという規則がある（選択則と考えてもよい）。今、波数 $\vec{k}$ の状態 $|\psi_k\rangle$ がポテンシャルからの散乱を受けて波数 $\vec{k}'$ の状態 $|\psi_{k'}\rangle$ に遷移したとしよう。このことが可能であるためには、ポテンシャルを作用と考えた次の積分がゼロでない値をとる必要がある。すなわち、

$$\langle \psi_{k'} | V | \psi_k \rangle = -\int e^{-2\pi i \vec{k}' \cdot \vec{r}} \sum_g V_g e^{2\pi i \vec{g} \cdot \vec{r}} e^{2\pi i \vec{k} \cdot \vec{r}} dV \neq 0 \tag{11.87}$$

この積分はデルタ関数の一つの表現（付録 D）で、次のときのみゼロでない値を持つ。

$$\vec{k}' = \vec{k} + \vec{g} \tag{11.88}$$

つまり、散乱後の終状態は次の波動関数で表される。

$$|\psi_{k'}\rangle \quad \left(=|\psi_{k+g}\rangle \Rightarrow |\psi_g\rangle\right) \quad \Rightarrow \quad \psi_g(\vec{r}) = e^{2\pi i (\vec{k}+\vec{g}) \cdot \vec{r}} \tag{11.89}$$

上の表現は周期ポテンシャルの存在下では波数 $\vec{k}$ を基準にして、逆格子ベクトル $\vec{g}$ 分だけずれた波数の波が存在することを意味している（$\vec{k}$ を基準にしていることが暗黙の了解なので k を Ψ のサフィックスから省略した（Ψ_{k+g} を単に Ψ_g で代表した））。これはブラッグ散乱が起こることを意味している。

結晶の中では何回も電子が散乱を繰り返し、かつ様々な逆格子ベクトルが存在するから（電顕

での取扱いということに関係なく）結晶中の電子の波動関数は一般に $\vec{g}=0$ の場合も含めて、(11.89) の線形結合で表すことができる。

$$\text{特定の } \vec{k} \text{ に属する電子の状態（波動関数）：} \quad |\Psi\rangle \Leftrightarrow \Psi(\vec{r}) = \sum_g C_g e^{2\pi i(\vec{k}+\vec{g})\cdot\vec{r}} \tag{11.90}$$

ここで C_g がそれぞれの逆格子ベクトルをもった個々の状態 $|\psi_g\rangle$ の重みだ。このように波数 $\vec{k}$ ごとに分類した波をブロッホ波（Bloch wave）と呼ぶ。

11.4.1.4* 波動関数が従う規則：シュレディンガー方程式

ここまで行ったのは、我々は結晶の中でどのような波が存在するかまだ分からないのでとりあえず $\vec{k}$ という波数を持った波から出発し、結晶という周期構造の中では $\vec{k}+\vec{g}$ という波数ベクトルを持った状態のみが許されることを見ただけだ（言い換えると、結晶中の波を透過波と回折波ではなく、ブロッホ波（固有状態）で分類しようとしている）。実際にどのような $\vec{k}$ が許されるかは電子の状態を支配するシュレディンガー方程式 (11.78) を解くことにより調べなくてはならない。

先に述べたように、一つひとつの電子の持つ総エネルギーは一定であるから、

$$H\Psi = E\Psi \xrightarrow{(11.90)} H\sum_g C_g e^{2\pi i(\vec{k}+\vec{g})\cdot\vec{r}} = E_0 \sum_g C_g e^{2\pi i(\vec{k}+\vec{g})\cdot\vec{r}} \tag{11.91}$$

という E_0 が $\vec{k}$ を与えることになる。上の式はそれぞれの g に対して同じ形をしているから、まず一つの g に対してハミルトニアンを作用させよう。ポテンシャルを含んだハミルトニアンをあらわに書けば、次のようになる。

$$H|\psi_g\rangle = E_0|\psi_g\rangle \Rightarrow \{-\frac{\hbar^2}{2m}\nabla^2 - \sum_h V_h e^{2\pi i \vec{h}\cdot\vec{r}}\} C_g e^{2\pi i(\vec{k}+\vec{g})\cdot\vec{r}} = E_0 C_g e^{2\pi i(\vec{k}+\vec{g})\cdot\vec{r}} \tag{11.92}$$

ここで g 番目の状態という意味で指標 g を使ってしまったので、ポテンシャルの周期性を表す逆格子ベクトルは $\vec{h}$ で表した。左辺の2階微分を実行して整理するとひとまず次の表現を得る。

$$[\frac{2mE_0}{h^2} - (\vec{k}+\vec{g})^2] C_g e^{2\pi i(\vec{k}+\vec{g})\cdot\vec{r}} + \frac{2m}{h^2}\sum_h V_h e^{2\pi i\vec{h}\cdot\vec{r}} C_g e^{2\pi i(\vec{k}+\vec{g})\cdot\vec{r}} = 0 \tag{11.93}$$

ここからが少々技巧的なのだが、まず、ポテンシャルのフーリエ成分 V_g を次のように置こう。

$$U_g = \frac{2m}{h^2} V_g \tag{11.94}$$

（これは (5.63) と同じ置換だが、$(2\pi)^2$ だけ異なるので注意。）次に (11.93) の h に関する和を考える。まず、$h=0$ のものだけ（すなわち U_0 だけ）別に考えてくくりだす。すると次式を得る。

$$[\frac{2mE_0}{h^2} + U_0 - (\vec{k}+\vec{g})^2] C_g e^{2\pi i(\vec{k}+\vec{g})\cdot\vec{r}} + \sum_{h\neq 0} U_h e^{2\pi i\vec{h}\cdot\vec{r}} C_g e^{2\pi i(\vec{k}+\vec{g})\cdot\vec{r}} = 0 \tag{11.95}$$

さらに $\vec{h}$ とは要するに逆格子ベクトルで、当然その何番目かには C_g を与える $\vec{g}$ も和をとる段階で含まれるはずだ。これはブロッホの定理、つまり並進対称性という基本的な事柄からの帰結なのだが、$\vec{g}$ に存在するある関数 $f(\vec{g})$ を $\vec{h}$ だけ並進移動させるとその関数 $f(\vec{g}-\vec{h})$ は $f(\vec{g})$ を $e^{2\pi i\vec{h}\cdot\vec{r}}$ 倍したものに等しくなる、という一般的な性質が並進対称性の存在から結論される。つまり、

$$C_{\vec{g}-\vec{h}} = e^{2\pi i\vec{h}\cdot\vec{r}} C_{\vec{g}} \tag{11.96}$$

という関係がある。これを用いると (11.95) の中にある h に関する和がうまく整理でき、次式を得る。（要するに、ここでは何とかして C_g を h に関する和に組み込むことを考えている。）

$$\{[K^2-(\vec{k}+\vec{g})^2]C_g + \sum_{h \neq 0} U_h C_{g-h}\}e^{2\pi i(\vec{k}+\vec{g})\cdot\vec{r}} = 0 \tag{11.97}$$

ここで、次のように置いた。

$$K^2 = \frac{2mE_0}{h^2} + U_0 = \frac{2m}{h^2}(E_0+V_0) \tag{11.98}$$

この波数 K は電子の運動エネルギーが結晶の平均ポテンシャル V_0 の分だけ、真空中より増えたことに対応している（ただしポテンシャルの井戸の中を走っているのでポテンシャルエネルギーはそのぶん減って、総エネルギーは E_0 で一定）。我々は (11.91) から出発し、(11.97) のような式が g の数だけあることを見い出した。すなわち、我々が解かねばならない方程式は次のものだ。

$$\sum_g \{[K^2-(\vec{k}+\vec{g})^2]C_g + \sum_{h \neq 0} U_h C_{g-h}\}e^{2\pi i(\vec{k}+\vec{g})\cdot\vec{r}} = 0 \tag{11.99}$$

上式が一般に成り立つためには、各 $\vec{g}$ に対して、次式が成立していなくてはならない。

$$\{K^2-(\vec{k}+\vec{g})^2\}C_g + \sum_{h \neq 0} U_h C_{g-h} = 0 \tag{11.100}$$

このようにして g 個の連立方程式を解いて我々の目的である $\vec{k}$ を求め、副産物として C_g 間の関係を求め、最後に境界条件によって C_g の値を決めるという大まかな道筋が得られた。我々は 2 波の場合に問題を限定し、どのような $\vec{k}$ が許されるのかをできるだけ直観的に考え、次に前節までで得られた透過波と回折波の振幅に関する現象論的な D-H-W の式との同等性を示したい。

11.4.2　2波の場合

2 波とは $g=0$ と $g=g$ の場合であるから、(11.100) から次の二つの式が得られる。

$$\begin{cases} g=0: & \{K^2-|\vec{k}|^2\}C_0 + U_{-g}C_g = 0 \\ g=g: & \{K^2-|\vec{k}+\vec{g}|^2\}C_g + U_g C_0 = 0 \end{cases} \tag{11.101}$$

（ここで $g=0$ の場合の h に関する和は、$h=-g$ の場合のみが考慮の対象となることから上のように得られる。）これをマトリックス形式に整理し直すと、

$$\begin{bmatrix} K^2-|\vec{k}|^2 & U_{-g} \\ U_g & K^2-|\vec{k}+\vec{g}|^2 \end{bmatrix} \begin{bmatrix} C_0 \\ C_g \end{bmatrix} = \begin{bmatrix} 0 \\ 0 \end{bmatrix} \tag{11.102}$$

となるが、C_0 および C_g が意味ある（ゼロでない）解を持つためには係数マトリックスの行列式がゼロでなければならない：

$$\begin{vmatrix} K^2-|\vec{k}|^2 & U_{-g} \\ U_g & K^2-|\vec{k}+\vec{g}|^2 \end{vmatrix} = 0 \tag{11.103}$$

要するに

$$(K^2-|\vec{k}|^2)(K^2-|\vec{k}+\vec{g}|^2) - U_g U_{-g} = 0 \tag{11.104}$$

を解けばよい。しかし、これは $\vec{k}$ の大きさに関しての 4 次の方程式である。すなわち、解は四つあり、またそれは大きさを与えるが方向に関しては別の条件で決定しなければならないだろうとの予測がつく。大変なので通常は次節に述べる近似を行う。

11.4.2.1　高エネルギーの近似

今、(11.104) を次のように書き直してみよう。

$$\left(1-\frac{|\vec{k}|^2}{K^2}\right)\left(1-\frac{|\vec{k}+\vec{g}|^2}{K^2}\right) = \frac{U_g U_{-g}}{K^4} \tag{11.105}$$

第11章 動力学的理論入門

右辺は（数十 eV）²/（数百 keV）⁴ のオーダーだから、左辺の量は極めて小さい。すなわち、$\vec{k}$ の大きさは K に極めて近い。そこで次の近似を行う。

$$(K-|\vec{k}|)(|K+\vec{k}|)(K-|\vec{k}+\vec{g}|)(K+|\vec{k}+\vec{g}|) = U_g U_{-g}$$

$$\Rightarrow \quad (|K-\vec{k}|)\cdot 2K \cdot (K-|\vec{k}+\vec{g}|)\cdot 2K = U_g^2$$

$$\Rightarrow \quad (|K-\vec{k}|)(K-|\vec{k}+\vec{g}|) = \frac{U_g^2}{4K^2} \tag{11.106}$$

これは入射してきた電子のエネルギーが結晶の中の電子のエネルギーと比較して極めて高いことから可能となった近似で、高エネルギーの近似（high energy approximatioin）と呼ばれることがある。（一般に n 個の 2 次の連立方程式には $2n$ 個の解が存在するが、ここで述べた近似を用いることによって解の数が半分になった。詳細は参考書を見てもらうとして、このことは試料を上から下へ突き抜ける電子線のエネルギーが高いため、試料内の下から上に向かう反射波を無視することに相当する。）この（11.106）が我々の新たな出発点だ。

11.4.3 分散面

次に、許された一連の波数ベクトルを波数空間において図示することを考える。この一連のベクトルがなす軌跡は一般には波数空間に面となって現れる。これを*分散面*（dispersion surface）という。（固体物理では通常、分散曲線とは波数に応じて変化するエネルギーや振動数の軌跡をさすが、ここでは逆に一定の運動エネルギーを持つ波の波数ベクトルの軌跡（方向と大きさ）を考える。）

11.4.3.1 真空中の波

最初に、試料の外の波の波数ベクトル $\vec{\chi}$ を考えよう。この $\vec{\chi}$ の大きさは（11.83）で見たとおりで、

$$\chi = \frac{\sqrt{2mE_0}}{h} \tag{11.83}$$

で与えられる。波数空間内の一点 O に向かう $\vec{\chi}$ はこの大きさであることが唯一の条件で、原理的にはどの方向から O に向かっても構わない。したがって O を終点とするベクトル $\vec{\chi}$ の始点がなす軌跡は球となる。これが $\vec{\chi}$ の分散面だ（図 11.43、球の中心が終点であることに注意）。

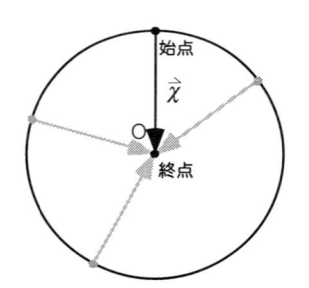

図 11.43 真空中を伝搬する電子の分散面（等エネルギー面）

11.4.3.2 境界条件

波数ベクトル $\vec{\chi}$ の波が結晶に入り、ポテンシャルを感じ波数ベクトル $\vec{k}$ の波となるわけだ。その大きさに関しては（11.106）で答えが与えられているが、方向はどのように決まるのだろう？ 電磁気学において二つの異なった媒体を通過する波の境界条件として、

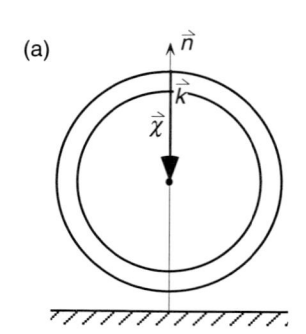

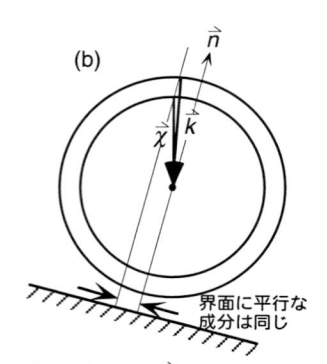

図 11.44 真空中の波 $\vec{\chi}$ と結晶中の透過波 $\vec{k}$ の関係

界面を通過する前後で界面に平行な成分は変化しないと学んだが、この場合もその教えに従う。$\vec{k}$ はいくつもの値をとり、分散面の形状も連立方程式の解だから単純ではないが、ここでは $\vec{k}$ に対しても球を仮定して $\vec{\chi}$ と $\vec{k}$ の関係を図式的に考える（図 11.44）。

エネルギーの関係は分散面（この場合は終点を中心とする二つの球）で与えられているから、方向のみ、上述の境界条件から求めればよい。手っ取り早いのは実空間における試料表面の法線ベクトルを分散面に合わせて描くことだ。図 11.44(a) は試料表面に対して垂直に電子線が入射した場合、(b) はある傾きを持って入射した場合だ。試料中に斜めに入っている面欠陥に突入した波のさらなる分裂や試料から電子線が出る場合も同じ境界条件が適用される。

11.4.3.3 結晶中でブリルワンゾーン境界から出発する波の場合

これでとりあえず界面を挟んで、入射波と試料内を進む透過波との関係がわかった。次に結晶中での波の振舞いを考えよう。このためには (11.106) の解を求めればよい。(11.106) は透過波の波数ベクトル $\vec{k}$ と散乱後の波数ベクトル $\vec{k}+\vec{g}$ の大きさ間の関係式でもあり、まず完全なブラッグ反射を起こす状況で解を求めると見通しがつけやすい。ブラッグ反射を起こすとき、問題としている二つのベクトル $\vec{k}$ と $\vec{k}+\vec{g}$ の始点はブリルワンゾーン境界（Brillouin zone boundary, BZB）上にあり、この二つのベクトルの大きさは等しい。

$$|\vec{k}|=|\vec{k}+\vec{g}| \quad (\text{BZB で}) \tag{11.107}$$

このとき、(11.106) は次のように書ける。

$$(K-|\vec{k}|)(K-|\vec{k}|)=\frac{U_g^2}{4K^2} \tag{11.108}$$

そして、この解はうまい具合に次の形に求まる。

$$|\vec{k}|=K\pm\frac{U_g}{2K} \tag{11.109}$$

すなわち、一般には $\vec{k}$ は大きさの異なった二つの波数ベクトルとなる。この二つの $\vec{k}$ の軌跡が分散面だ。以下、この分散面の形状を考えよう。

11.4.3.4 $U_g \to 0$ の場合

最初に、簡単のため、ポテンシャルのフーリエ係数 U_g が限りなくゼロに近い場合を考えよう（自由電子論では空格子（empty lattice）と呼ばれる）。この場合、(11.109) から $\vec{k}$ の大きさは一つだけということになる。つまり 2 次方程式であることから二つの解が予想されたが、$U_g=0$ の場合、結晶内の波数ベクトルは縮退し、その大きさはたった一つの値しかとれないことになる。

$$|\vec{k}|=K \quad (U_g=0 \text{ のとき}) \tag{11.110}$$

この場合の分散面を図 11.45(a) に示した。図にはブラッグ条件が満たされた場合の透過波と回折波を表す波数ベクトルも示した。等エネルギー面としての解は分散面上のすべての点であるが、ブラッグ条件を満たす $\vec{k}$ と $\vec{k}+\vec{g}$ の組合せは二つの分散面（球）の交じる円に限定されてしまう。次に、この図をエバルドの作図（8.1.4 節参照）と重ねたのが図 11.45(b) だ。

一方、ブラッグ条件から離れた場合の分散面とエバルド球の例を図 11.45(c) に示した。ここで示したのは試料面に垂直にビームが入射した場合で、入射波、散乱波、そして励起誤差 $\vec{s}$ は図のように

第11章 動力学的理論入門

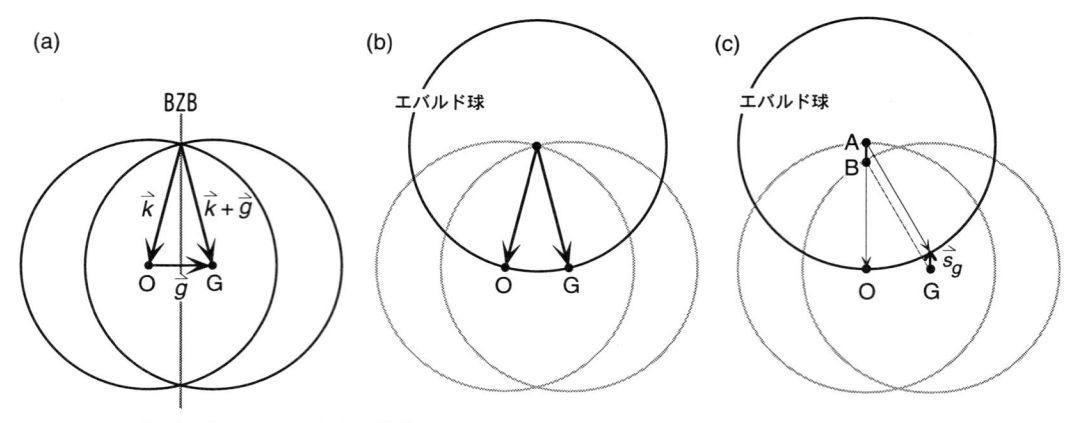

(a) **(b)** **(c)**

図 11.45 $U_g=0$ のときの分散面と励起される波：(a) ブラッグ条件が満たされた場合、(b) エバルド球、(c) ブラッグ条件からはずれた場合の例（晶帯軸入射の回折像の場合）

描ける。そして $|\vec{s}|$ が二つの分散面間の距離 AB に等しいことが図から判明する。

11.4.3.5 $U_g \neq 0$ の場合

次に U_g が有限の値を持つ場合を考えよう。最初にブラッグ条件が満たされている場合を考える（分散面の BZB 上の断面を考えることに相当）。U_g がゼロでないので (11.109) から $\vec{k}$ は二つの値をとることがわかる。我々はこれらを絶対値の大きい順番に $\vec{k}^{(j)}(j=1, 2)$ と書くことにしよう（つまり、結晶中の運動エネルギーの高いものから番号をつける（本によっては小さな順に呼ぶ場合、さらに誤って混同している場合もあるので注意））。この差 Δk は (11.110) より次のように求まる。

$$\Delta k = |\vec{k}^{(1)}| - |\vec{k}^{(2)}| = \frac{U_g}{K} \quad (11.111)$$

一方、この Δk は $\vec{k}^{(j)}$ の方向に沿って測られた二つのベクトルの大きさの差であるので、二つの分散面間の最小のギャップの大きさ $\Delta k_{z,\min}$ は図からブラッグ角を θ として、次のように表されることがわかる。

$$\Delta k_{z,\min} = \frac{U_g}{K\cos\theta} \quad (11.112)$$

図 11.46 では $U_g=0$ のときの二つの分散面の紙面への投影が $2\theta_B$ で交差する直線として表されている。$\vec{k}^{(j)}$ は $\vec{g}$ に比べて非常に大きく、両者の差の BZB 上への投影（$1/\cos\theta_B$）が $\Delta k_{z,\min}$ となる。

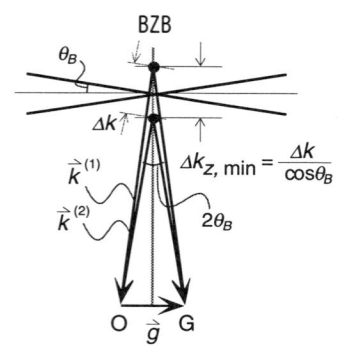

図 11.46 $U_g \neq 0$ のときの分散面と BZB 上の交点

ここで分散面がどのような形をしてるのかを調べるため、ブラッグ条件から離れてビームが入射した場合を考えよう。$\vec{k}^{(1)}$ か $\vec{k}^{(2)}$ のどちらかについてその形がわかれば十分なので、ここでは前者の場合を考える。結論は $U_g=0$ のときの分散面の交点付近を平面で近似したとき、$\vec{k}^{(1)}$ および $\vec{k}^{(2)}$ の終点の軌跡がなす分散面はこの平面に漸近する双曲面となるということだ（細かい話なので、ブラックボックスは気持ち悪いという方以外は飛ばしていただいて構わない）。

数学的には (11.108) より $\vec{k}^{(1)}$ の軌跡を $y=f(x)$ の形に求めるだけのことだ。この軌跡上の一点を $A(x, y)$ としよう。$U_g=0$ の分散面の半径が K であったこと (11.110) を思い出して、図 11.47 から

11.4 ブロッホ波と分散面

$$|\vec{k}^{(1)}|-K=\overline{AB},\quad |\vec{k}^{(1)}+\vec{g}|-K=\overline{AC} \tag{11.113a}$$

を得る。ところが、(11.108) より

$$\overline{AB}\cdot\overline{AC}=\frac{U_g^2}{4K^2} \tag{11.113b}$$

であり、一方、図から BZB の近傍では

$$\begin{cases}\overline{AB}=\overline{AD}\cos\theta_B=(y+x\tan\theta_B)\cos\theta_B\\ \overline{AC}=\overline{AE}\cos\theta_B=(y-x\tan\theta_B)\cos\theta_B\end{cases} \tag{11.113c}$$

であるから、結局、次式を得る。

$$(y+x\tan\theta_B)\cdot(y-x\tan\theta_B)=\frac{U_g^2}{4K^2\cos^2\theta_B} \tag{11.113d}$$

これを y について解けば

$$y=\pm\sqrt{(x\tan\theta_B)^2+\frac{U_g^2}{4K^2\cos^2\theta_B}} \tag{11.113e}$$

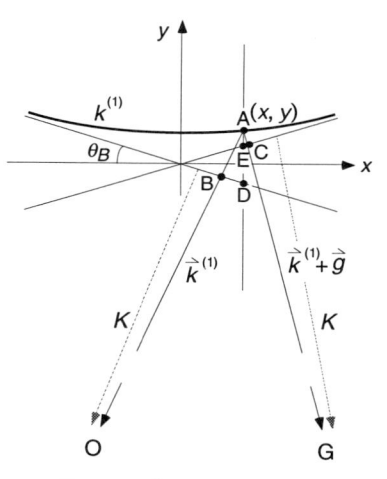

図 11.47 分散面の形を求める

を得るが、これは $x\to\infty$ の極限で $y=\pm\tan\theta_B\cdot x$ に漸近する双曲線を表す。さらに $\tan\theta_B\cdot x$ は線分 $\overline{ED}$ の 1/2 だが、これを図 11.45(c) と比べると $s/2$ に等しいことがわかる。結局、

$$y=\pm\sqrt{\left(\frac{s}{2}\right)^2+\frac{U_g^2}{4K^2\cos^2\theta_B}}=\pm\frac{1}{2}\sqrt{s^2+\frac{U_g^2}{K^2\cos^2\theta_B}} \tag{11.113f}$$

と書ける。ここで BZB 近傍の分散面の形が D-H-W の式を解く過程で出てきた γ を与える (11.25) 式の中の平方根中の表現と酷似していることに注意しよう。この点は次節で吟味する。

結局、BZB 付近で $\vec{k}^{(1)}$ と $\vec{k}^{(2)}$ の分散面は大きく分裂するが、一方、BZB から離れるにしたがって、これらは $U_g=0$ の場合に漸近することがわかった。別な言い方をすると $\vec{k}^{(1)}$ と $\vec{k}^{(2)}$ の大きさはブラッグ条件を満たす付近で U_g/K 程度に分裂するが、ブラッグ条件から離れるにつれて、K に近づくと言える。こうして得られた分散面を図 11.48 に示す。

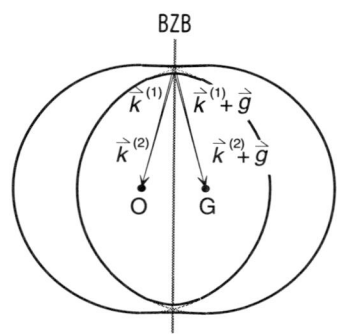

図 11.48 2 波近似における分散面

11.4.4 D-H-W の式との関係

ここまでやったことを復習すると、結晶には周期的ポテンシャルがあり、その結果、回折が起こり、ある $\vec{k}$ に属する波は (11.90) で表せた。このように透過波、回折波という区別ではなく $\vec{k}$ で分類した波がブロッホ波だ。$\vec{k}$ は量子力学に従うはずだから我々は定常状態のシュレディンガー方程式を解き、$\vec{k}$ がいくつもの異なった大きさを持つことを知った。そして、結晶中の $\vec{k}$ の方向は境界条件で与えられることも理解した。ここで、以上の結果を前節まで用いた D-H-W の式と比べてみたい。

11.4.4.1 D-H-W の式と波動関数

結晶中の波は要するに $\vec{k}$ と $\vec{g}$ に関しての和で書ける。

すべての電子の波動関数：$\Psi(\vec{r})=\sum_j \varepsilon^{(j)}\sum_g C_g^{(j)}e^{2\pi i(\vec{k}^{(j)}+\vec{g})\cdot\vec{r}}$ (11.114)

ここで $\varepsilon^{(j)}$ は j 番目のブロッホ波の重みだ。以下、2 波の場合を考える ($j=1,2$)。この場合、g に関しては $g=0$ および $g=g$ の場合しかないので、(11.114) は次の形にあらわに書ける。

第11章　動力学的理論入門

$$\Psi(\vec{r}) = \varepsilon^{(1)}\left\{C_0^{(1)}e^{2\pi i \vec{k}^{(1)}\cdot\vec{r}} + C_g^{(1)}e^{2\pi i(\vec{k}^{(1)}+\vec{g})\cdot\vec{r}}\right\} + \varepsilon^{(2)}\left\{C_0^{(2)}e^{2\pi i \vec{k}^{(2)}\cdot\vec{r}} + C_g^{(2)}e^{2\pi i(\vec{k}^{(2)}+\vec{g})\cdot\vec{r}}\right\} \quad (11.115)$$

一方、本章の初めに紹介した D-H-W の式は振幅に関する連立方程式であった。しかし、そこでも振幅は深さ方向の二つの波の和で表され、干渉しあい、ベンドコントゥアーなど様々な現象を説明してくれた。今、(11.27)に戻って、この D-H-W の式に現れる二つの波の重みを次のように置き換えてみよう。この意味は、透過波、回折波ともブロッホ波によって構成されているはずだから、それぞれに対する j 番目のブロッホ波の寄与を $\varepsilon^{(j)}$ と置いてあらわに表そうというものだ。

$$a_g^{(j)} \longrightarrow \varepsilon^{(j)} C_g^{(j)} \quad (11.116)$$

すると (11.27) は次のように変形される。

$$\begin{cases} a_0 = \varepsilon^{(1)} C_0^{(1)} e^{2\pi i \gamma^{(1)} z} + \varepsilon^{(2)} C_0^{(2)} e^{2\pi i \gamma^{(2)} z} \\ a_g = \varepsilon^{(1)} C_g^{(1)} e^{2\pi i \gamma^{(1)} z} + \varepsilon^{(2)} C_g^{(2)} e^{2\pi i \gamma^{(2)} z} \end{cases} \quad (11.117)$$

この式は波そのものではなく、あくまでも透過波と回折波の振幅の深さ方向の変化を示すものだ。この段階では波の分散など考慮しておらず、結晶中の波の波数の大きさは K と考えているから、結晶中のすべての波は次のように表せる。

$$\Psi(\vec{r}) = a_0 e^{2\pi i \vec{K}\cdot\vec{r}} + a_g e^{2\pi i(\vec{K}+\vec{g})\cdot\vec{r}} \quad (11.118)$$

これが D-H-W 式による結晶中の波の表現で、(11.115) に対応するものと考えてよい。上式における a_0 と a_g に対して (11.117) を代入しよう。

$$\Psi(\vec{r}) = \left\{\varepsilon^{(1)} C_0^{(1)} e^{2\pi i \gamma^{(1)} z} + \varepsilon^{(2)} C_0^{(2)} e^{2\pi i \gamma^{(2)} z}\right\} e^{2\pi i \vec{K}\cdot\vec{r}}$$
$$+ \left\{\varepsilon^{(1)} C_g^{(1)} e^{2\pi i \gamma^{(1)} z} + \varepsilon^{(2)} C_g^{(2)} e^{2\pi i \gamma^{(2)} z}\right\} e^{2\pi i(\vec{K}+\vec{g})\cdot\vec{r}} \quad (11.119)$$

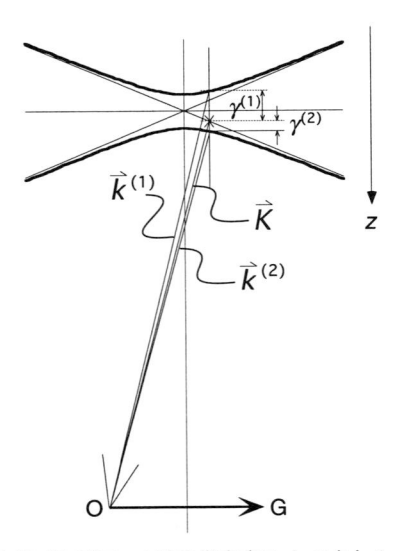

図 11.49　ブロッホ波を指定する k-ベクトルと D-H-W の式における γ との関係

ここで $\gamma^{(j)}$ は (11.23) において $+z$ 方向に進む波の波数と定義されたことを思い出そう。さらに図 11.9 に示された $\gamma^{(j)}$ の大きさを考えると、$\gamma^{(1)}$ は $+z$ 方向に $\gamma^{(2)}$ は $-z$ 方向に向かう波数ベクトルみなすことができるから、結局、次のように置ける（図 11.49）。

$$\vec{k}^{(j)}\cdot\vec{r} = \vec{K}\cdot\vec{r} + \gamma^{(j)} z \quad (j=1,2) \quad (11.120)$$

すると、結晶中を進行する波の表現として次式を得る。

$$\Psi(\vec{r}) = \left\{\varepsilon^{(1)} C_0^{(1)} e^{2\pi i \vec{k}^{(1)}\cdot\vec{r}} + \varepsilon^{(2)} C_0^{(2)} e^{2\pi i \vec{k}^{(2)}\cdot\vec{r}}\right\} + \left\{\varepsilon^{(1)} C_g^{(1)} e^{2\pi i(\vec{k}^{(1)}+\vec{g})\cdot\vec{r}} + \varepsilon^{(2)} C_g^{(2)} e^{2\pi i(\vec{k}^{(2)}+\vec{g})\cdot\vec{r}}\right\} \quad (11.121)$$

これは (11.115) 式を透過波と回折波とに並び換えたものに他ならない。このようにして D-H-W の式が、ブロッホ波による結晶中の波の記述のうち平均ポテンシャルを反映した $\vec{K}$ に依存する項をくくりだした残りを透過波と回折波にわけて記述したものであることが判明した。

つまり、透過波と回折波はブロッホ波の和として表される。j 番目のブロッホ波とは結晶中の電子の j 番目の固有状態であり、透過波や回折波はそれぞれ $g=0$ および $\vec{g}$ 方向に向かうブロッホ波の和で表されることを (11.121) は意味している。これは相互作用がある系において一般的な結果で、たとえば複雑な分子振動を基準振動と呼ばれる固有状態に分けたことと同じ意味を持つ。さらにブロッホ波

の波数が少しずつ異なっているから、異なったブロッホ波の和はうなりを生じさせる。これが透過波と回折波の振幅が結晶中で深さ方向に変化することの一つの解釈だ。（透過波と回折波で記述する立場が正しいのか、ブロッホ波で記述する立場が正しいのかという質問は意味がない。状態は常に状態空間内の固有ベクトルの線形結合で表せ、互いにユニタリ変換で結ばれているからだ。）

11.4.4.2* 消衰距離と分散面

D-H-W の式による記述がブロッホ波による記述から導かれることが示されたところで、$\gamma^{(j)}$ の意味をもう一度考えよう。D-H-W の式による波数 γ の分散を表す (11.25) と、ブロッホ波の波数 k の分散を表す (11.113f) を比べて次の表現を得る。

$$\frac{1}{\xi_g} = \frac{U_g}{K\cos\theta_B} \approx \frac{U_g}{K} \quad \left(= \frac{1}{K}\frac{2m}{\hbar^2}V_g\right) \tag{11.122}$$

つまり消衰距離はポテンシャルのフーリエ成分に対応しており、ポテンシャルが大きいほど消衰距離は短く、より短い距離で考えている g の方向に回折されることがわかる。また図 11.9 では D-H-W の式の解として $s=0$ における γ の差が消衰距離の逆数に等しかったが、それは（2 波近似において）二つの分散面の $s=0$ における差であることもわかった。大切なことなので BZB の近傍における分散面の形 (11.113f) を消衰距離を用いて書き改めておこう。

$$y = \pm\frac{1}{2}\sqrt{s^2 + \frac{1}{\xi_g^2}} \tag{11.123}$$

このことから直ちに (11.37) で定義された有効消衰距離

$$\frac{1}{\xi_{g,\text{eff}}} = \sqrt{s^2 + \frac{1}{\xi_g^2}} \tag{11.37}$$

は二つの分散面の差に等しいことがわかる。これらの分散面を見ると、s が $1/\xi_g$ に比べて大きいときは $U_g=0$ のときと事実上、同様の振舞いを示すことが結論される。すなわち、この章の初め 11.1.3 節にも述べたように、s が大きいときは運動学的理論がよい近似となる。一方、$s=0$ の近傍では本質的に動力学的理論によって回折強度を記述しなければならない理由がここにある。

11.4.4.3* 構造因子とポテンシャル

すでに (11.10) で与えられた消衰距離の表現と (11.122) を比べると次の結果を得る。

$$F_g = \frac{2m}{\hbar^2}\pi v V_g \tag{11.124}$$

このことは、より基本的に次のように示せる。すなわち (5.77) で与えられた散乱振幅の表現に、我々の周期的ポテンシャル (11.84) を代入すれば、次式が成立する。

$$F(\vec{q}) = -\frac{1}{4\pi}\int d\vec{r}\,\frac{2m}{\hbar^2}V(\vec{r})e^{-2\pi i\vec{q}\cdot\vec{r}} = \frac{2m\pi}{\hbar^2}\int d\vec{r}\sum_g V_g e^{-2\pi i(\vec{q}-\vec{g})\cdot\vec{r}} \tag{11.125}$$

最後の積分は $\vec{q}=\vec{g}$ においてのみ、ゼロでない有限の値 v（単位胞の体積）を与え、すなわち (11.124) が得られる。

11.4.4.4* ブロッホ波に基づく解釈

次に (11.115) に現れた定数を決めなくてはならない。そのやり方は図 11.10 に示した境界条件を適用することだが、結果は D-H-W の式に基づいて行った考察と一致しなくてはならないので、あらためて解くまでもなく (11.32) から (11.115) あるいは同等に (11.121) に対して、次の結果を要求できる。

$$\begin{cases}\varepsilon^{(1)} = C_0^{(1)} = -C_g^{(2)} = \sin\frac{\beta}{2} \\ \varepsilon^{(2)} = C_0^{(2)} = C_g^{(1)} = \cos\frac{\beta}{2}\end{cases} \tag{11.126}$$

第11章 動力学的理論入門

たとえばブロッホ波に基づく分類 (11.115) にこれを代入して、次式を得る。

$$\Psi(\vec{r}) = \sin\frac{\beta}{2}\left\{\sin\frac{\beta}{2}e^{2\pi i \vec{k}^{(1)}\cdot\vec{r}} + \cos\frac{\beta}{2}e^{2\pi i (\vec{k}^{(1)}+\vec{g})\cdot\vec{r}}\right\} + \cos\frac{\beta}{2}\left\{\cos\frac{\beta}{2}e^{2\pi i \vec{k}^{(2)}\cdot\vec{r}} - \sin\frac{\beta}{2}e^{2\pi i (\vec{k}^{(2)}+\vec{g})\cdot\vec{r}}\right\}$$

$$= \sin\frac{\beta}{2}\phi_B^{(1)}(\vec{k},\vec{r}) + \cos\frac{\beta}{2}\phi_B^{(2)}(\vec{k},\vec{r}) \tag{11.127}$$

ここで j 番目のブロッホ波を $\phi_B^{(j)}$ と略して表したが、それぞれ $g=0$ の方向と $\vec{g}$ の方向に進む係数が異なっていることに注意しよう。また、それぞれのブロッホ波が全体の波動関数に寄与する割合も $\sin\beta/2, \cos\beta/2$ の項を通じて、励起誤差に依存する。

ブラッグ条件を満たした場合 ($w=0$) を考えると、$\beta = \cot w$ (11.30) より、$\beta = \pi/4$ となる。これを (11.127) で定義されたそれぞれのブロッホ波に代入すると

$$\begin{cases} \phi_B^{(1)}(\vec{k},\vec{r}) = \sqrt{2}e^{2\pi i \vec{k}^{(1)}\cdot\vec{r}}e^{2\pi i \vec{g}\cdot\vec{r}}\cos\pi\vec{g}\cdot\vec{r} \\ \phi_B^{(2)}(\vec{k},\vec{r}) = -\sqrt{2}i e^{2\pi i \vec{k}^{(2)}\cdot\vec{r}}e^{2\pi i \vec{g}\cdot\vec{r}}\sin\pi\vec{g}\cdot\vec{r} \end{cases} \tag{11.128}$$

を得る。このように $\phi_B^{(1)}$ と $\phi_B^{(2)}$ はそれぞれ実空間の原点に関して対称な cos 関数と反対称な sin 関数となる（強度はその2乗）。より大きな波数で結晶中を進行するのが $\phi_B^{(1)}$ だったから、$\phi_B^{(1)}$ はより深いポテンシャルを感じていることになる。すなわち、ブラッグ条件下で原子の密な面上を進行するのが $\phi_B^{(1)}$ と考えることができる。この状況は図 11.50 のような形でよく示されている（橋本ら [11-5]）。

また、吸収の効果も図 11.11 に示したように $\phi_B^{(1)}$ の方が強く受ける。これも原子の密な領域を通過するためと解釈することができる。$\phi_B^{(1)}$ が強く減衰されるので、結局、試料内を深さ方向に向かうに従って、$\phi_B^{(2)}$ の方が波動関数全体に対して大きな寄与を持つことになる。

たとえば図 11.12 は s が負の側にずれたときよりも正の側にずれたときの方が透過波や回折波の強度が大きいことを意味している。ブロッホ波の立場からこの現象を解釈すると、s が正にずれると (11.127) において $\sin\beta/2$ は ($1/\sqrt{2}$ より) 小さくなるのに対し、$\cos\beta/2$ は逆に大きくなり、全体の波動関数に対して、減衰を少ししか受けない $\phi_B^{(2)}$ の重みが増すからだと解釈できる（図 11.51 にこれらの値を励起誤差に対してプロットした）。つまり、11.2.1 節で触れた s の正の側での観察はより透過能力の大きいブロッホ波 $\phi_B^{(2)}$ を有効に利用した観察と言い換えることができる。

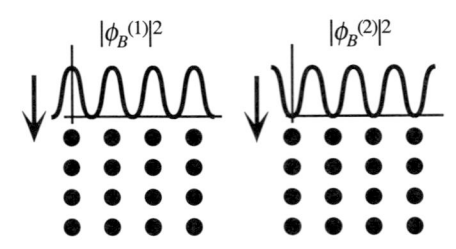

図 11.50 2波近似におけるブロッホ波の存在確率と原子面

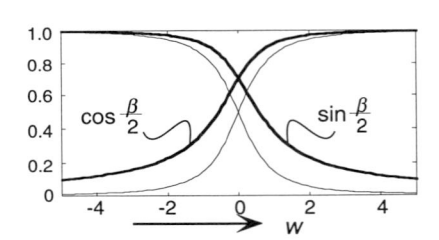

図 11.51 2波近似におけるブロッホ波や g 方向に向かう波の重みを示す $\varepsilon^{(j)}$, $C_g^{(j)}$ の値の $w (=s\xi_g)$ 依存性

この章のまとめ

- 励起誤差 s と消衰距離 ξ_0, ξ_g
- Darwin-Howie-Whelan の式と2波近似のもとでの解：二つの波数
- 透過波と回折波の相互作用：等厚縞とベンドコントゥアー
- 面欠陥における位相のずれ：積層欠陥のコントラスト
- ひずみ場の周囲における位相のずれ：転位のコントラストと invisibility criterion
- ブロッホ波と分散面、D-H-W の式と量子力学的な取扱いとの等価性

第１２章　位相コントラスト

The microscope then becomes an interferometer and the out-of-focus image must be interpreted as a coherent interference pattern.
                    J.C.H. Spence   *"Experimental High-Resolution Electron Microscopy"*

運動学的理論と動力学的理論では物体を通過する透過波と回折波が物体と起こす相互作用の取扱いという観点では異なっていたが、一方、結像という観点からすると、後焦点面において対物しぼりを挿入することにより、透過波のみ、あるいは回折波のみを選択し、試料下面におけるそれらの波の振幅の分布から直接、コントラストを得ているということでは共通している。それでは、いくつもの波を同時に後焦点面を通過させるとどのような情報が得られるだろうか？

12.1　位相コントラスト入門

12.1.1　振幅コントラストと位相コントラスト

最初に実際の操作の相違を光線図の形で見てみよう。これまで学んだ結像法の相違を模式的に図 12.1 に示した((a) と (b) がそれぞれ明視野像と暗視野像)。動力学的効果を利用した結像法では特定の回折波がブラッグ条件を満たすように試料を傾け、透過波と回折波に相互作用を起こさせた。その結果、試料下面から出てくる電子線が試料の厚さや欠陥の存在によりそれぞれの場所で異なった振幅を持ち、それが強度としてスクリーン上に現れることを学んだ。しかし、結像法という観点からすると後焦点面にアパチャーをいれ、透過波のみ、あるいはある特定の回折波のみを選んでいるわけで、この点はキネマティカル、ダイナミカルという回折理論の相違にかかわらず同じ手法とみなすことができる。この結像法の特徴は、たった１種類の波の試料下面における空間的な振幅の大きさの分布が直接、像のコントラストに反映されているという点だ。したがって、これらの方法によって得られるコントラストは*振幅コントラスト*（amplitude contrast、もしくは強度コントラスト）と呼ばれる（局所的な回折条件を反映しているので回折コントラストと呼ばれることもある）。

これに対し、一般に*高分解能電子顕微鏡*（high-resolution TEM）法と呼ばれている結像法では、通常、晶帯軸入射となるように試料に電子線を入射する (c)（すなわち厳密にはどの逆格子点に対してもブラッグ条件を満たしていない）。そして、対物絞りの中に複数の波（透過波と回折波）を通し、スクリーン上の各点には透過波と回折波が到達し、その干渉によって細かなフリンジが

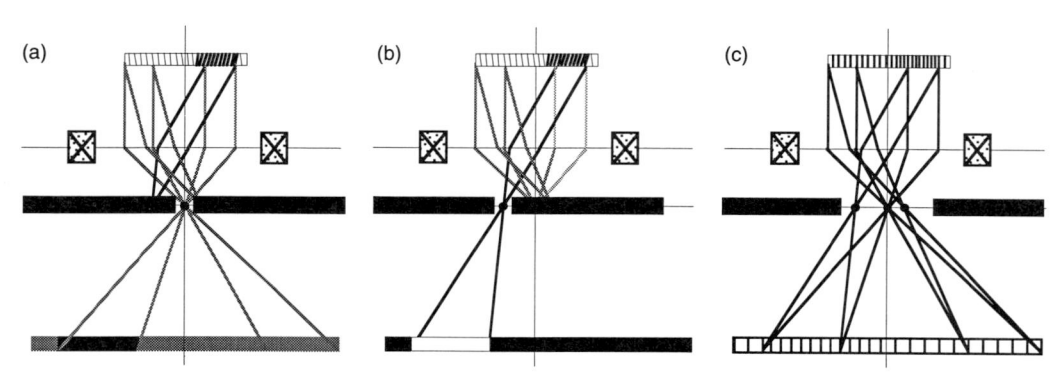

図 12.1 それぞれの結像法の概念図：(a) 強度コントラスト（明視野像），(b) 暗視野像，(c) 位相コントラスト

第12章 位相コントラスト

現れる。これは見方を変えれば後焦点面上の透過波と回折波を光源とした干渉像であるとも言える。後焦点面における回折波の位置は対応する面間隔と反比例の関係にあったから、透過波と回折波を光源としてスクリーン上に現れた強度の大きい点の間隔は、原理的にはさらにその逆、すなわち面間隔に電子顕微鏡の倍率をかけたものとなるだろう。このように多数の波の干渉により得られるコントラストを位相コントラスト（phase contrast）と呼ぶ。

第4章でも見たように波の干渉を扱うときは、干渉に寄与する波の位相を把握しておかなくてはならない。位相コントラスト法においてスクリーン上の任意の一点に到達する波の位相の変化をもたらす要因は二つある。一つは試料内を通過する際にポテンシャルの存在によりもたらされる位相の変化であり、もう一つは試料下面からスクリーンに到達するまでのレンズ系の存在による光路長の差に起因する位相の変化だ。我々はこの2点について基本的な事柄を本章で学ぶが、その前に試料を単なるスリットと考え、波動光学の立場からレンズ作用を再検討しよう。

12.1.2 幾何光学と波動光学：アッベの結像理論

ここで、これまで幾何光学の立場からしか学んでこなかったレンズ作用を波動光学の立場から見てみよう。そしてフラウンホーファー回折と組み合わせることにより、結像過程を2回の連続したフーリエ変換として理解できることを定性的に示したい。

図12.2(a)にスリットを通過する波が干渉し特定の方向に向かう様子を示した。実際には図0.1にも示したようにホイヘンスの原理により波は1次波の波面を起点としてすべての方向に進むがほとんどの方向で打ち消しあい、遠いところにセットされたスクリーン上に強度の大きい点の分布として現れる。これがフラウンホーファー回折であり、等間隔に置かれたスリットが無限にあるときスクリーン上の各点はデルタ関数となり、有限の範囲にあれば一定の広がりを持つ関数となる（これが形状因子だ）。

一方、レンズ作用を波動光学の立場から理解しようとしたのが図12.2(b)だ。光源から発せられた球面波はレンズに達し、そこで真空中と比べ少し短い波長で進行する。レンズを射出するときもレンズ表面は曲率を持っており、レンズの端の方を通っている波のほうがより早く真空中に達するので、図に示したようにレンズ後方のある一点に収束する球面波となってレンズを出る。こうして光源 S はレンズにより点 P に結像される。これがレンズによる結像の波動光学的解釈だ。

それではスリットとレンズを組み合わせるとどうなるだろうか？　これを模式的に示したのが

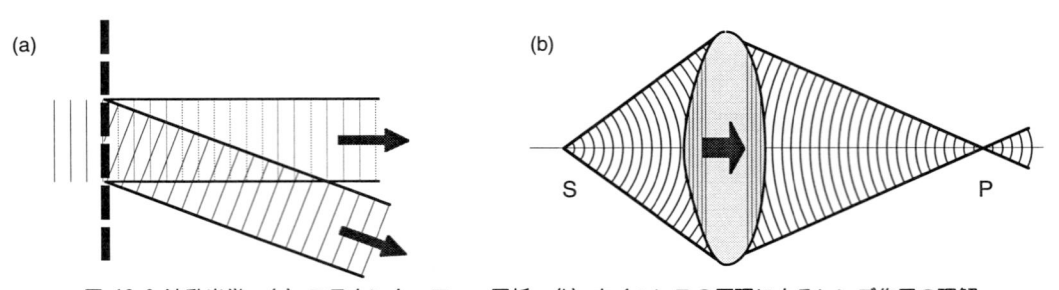

図12.2 波動光学：(a) フラウンホーファー回折、(b) ホイヘンスの原理によるレンズ作用の理解

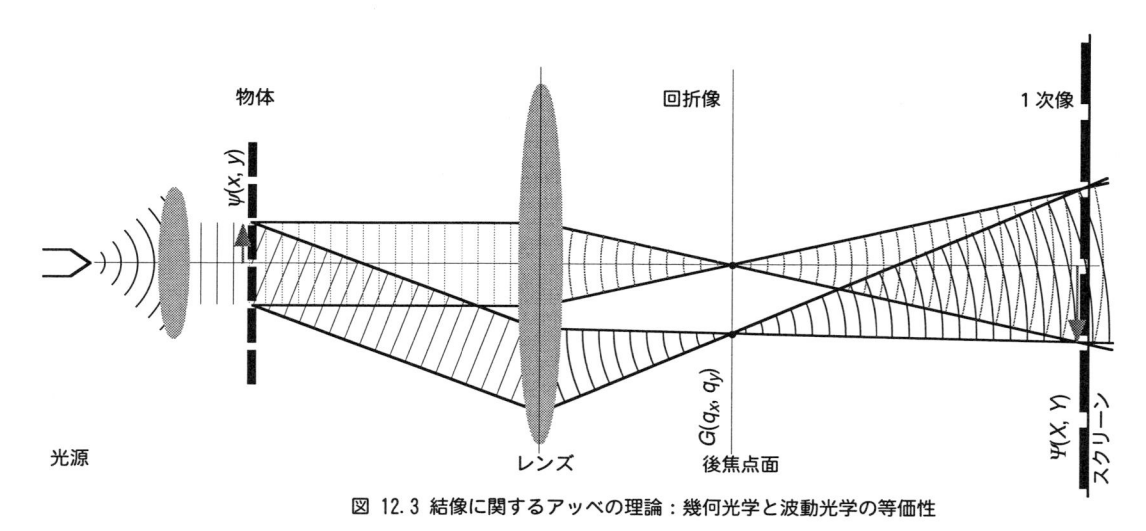

図 12.3 結像に関するアッベの理論：幾何光学と波動光学の等価性

図 12.3 だ。この図には左側の光源とレンズで照射系を代表してある。この照射系によって与えられた平面波がスリット（物体）を通過しフラウンホーファー回折を受けるのは図 12.2(a) と同じだ。しかしレンズの存在により光線は曲げられ、本来、遠方にあるスクリーンに映し出される回折像が後焦点面上に点として映し出される。これはもともとの光源の像にほかならないことは図を検討すればわかる（言い換えると光源の位置と後焦点面とは共役の関係にある）。さらに図 12.3 から、これら後焦点面上の回折点を光源とする球面波がスクリーン上で重なり干渉像、すなわち回折パターンを形成していることがわかる。そしてこの回折パターンが物体の像にほかならない。

このように考えるとスクリーン上に描かれた物体の像は

　　物体　→　干渉(回折)　→　後焦点面上の像　→　干渉(回折)　→　スクリーン上の像

というプロセスを経て描かれたものであると言えるだろう。そして、ここで考えている波の干渉とはフラウンホーファー回折に他ならないから、スクリーン上の像はこの回折を 2 回経て現れた像と言える。また 4.1.8 節で見たように、フラウンホーファー回折は散乱体の分布のフーリエ変換と考えることができたから、物体面において光を通すスリットの分布を $\psi(x, y)$、後焦点面における振幅の分布を $G(q_x, q_y)$、スクリーン上の振幅の分布を $\Psi(X, Y)$ と置くと

$$G(q_x, q_y) = \tilde{F}\{\psi(x, y)\} \tag{12.1}$$

$$\Psi(X, Y) = \tilde{F}\{G(q_x, q_y)\} \tag{12.2}$$

と書けることを意味している。ここで、(12.2) は逆フーリエ変換ではないが、これは像が反転することを表しており、結局、レンズの倍率を M とすると、完全な光学系が実現すれば次のように書けることになる。

$$\Psi(X, Y) = \psi(-x/M, -y/M) \tag{12.3}$$

レンズ作用をこのような考えで説明したのが E. Abbe であり、アッベの結像理論（Abbe's theory of image formation）と呼ばれる。くどいようだがフラウンホーファー回折はフーリエ変換で表すことができたから、この考え方による結像過程はフーリエ変換を 2 回行うことにより表されると言ってよい。スリットの場合、回折像も周期的なスポットなので 1 次像が得られるに至るまでのこの理論は自明の

第12章 位相コントラスト

ことに思えるが、図 12.4 に示したように円形のアパチャーを物体と考えると Abbe の考え方の意味がわかる。この場合 4.1.5 節で見たように、仮に後焦点面上にスクリーンを置けば Airy ディスクが（強度として）結像される。しかしスクリーンがなければ回折波は図 12.4 に示した振幅の分布を持ったまま後焦点面を通過する。そして、これらすべての回折波がさらにフラウンホーファー回折を行うことによって、スクリーン上に完全な円形アパチャーの像が再現される。（したがって、後焦点面にしぼりを置いて一部の波を遮れば完全な像は再現されない。）

少々極端な例であるが、極く一般的な像とそのフーリエ変換像（強度像）を図 12.5 に示した。（ここでは図 12.5(a) の黒い場所が光を通すスリットの役目を果たしている。）

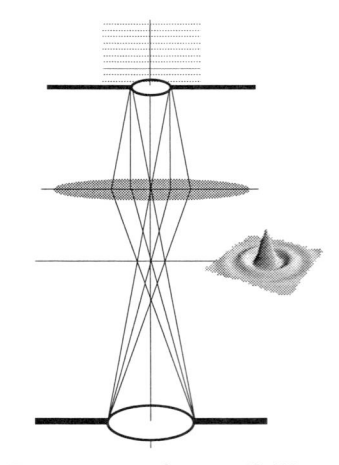

図 12.4 円形アパチャー（物体）のフーリエ変換像（後焦点面）とそのフーリエ変換像（スクリーン上の実像）

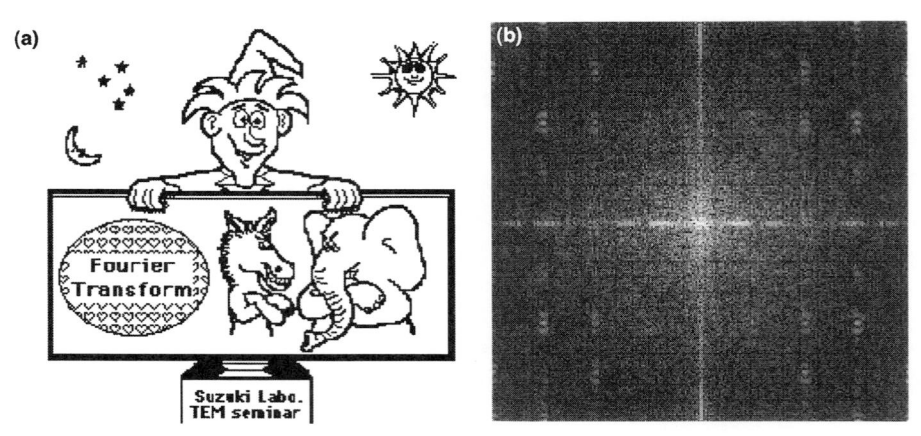

図 12.5 フーリエ変換：(a) 実像（試料）、(b) フーリエ変換像（強度像）

12.1.3 弱位相物体近似

ところが現実の試料は電子線をそのまま通すスリットではない。プラスの電荷を持つ原子核と負の電荷を持った電子からなる物体を高速の電子が突き抜けて行くというのが本来の描像である。この場合、どうやって試料下面から出てくる電子線を評価したらよいのだろう。この節では簡単のため非相対論的な取扱いに話を限定して、非常に薄い物体に対して適用される弱位相物体近似と呼ばれる考え方で物体を透過する高速電子が受ける変化を考えてみたい。

フィラメントから発せられエネルギー E で真空中を走る自由な電子は、波長 λ に対応した次の波数で特徴づけられる。

$$k_0 = \frac{1}{\lambda} = \frac{\sqrt{2mE}}{h} \tag{12.4}$$

このような自由電子が試料に突入すると原子核の持っている正の電荷を感じるだろう。それは物質中に存在するすべての電子をその物質中にとどめる力でもあり、入射した高速電子もその物質中ではそのポテンシャルを感じながら運動していることになる（図 12.6）。

物質中の電子が感じるポテンシャルエネルギーとは、その微分量が電子を引きつける力を表すことからもわかるように、電子を取り出すのに必要なエネルギーで、たとえば水素では約 13.6 eV であり、銅の K 殻（$1s$ 軌道）電子では約 10 keV である（3.1.3 節）。さらに、実際には原子核の周囲には内殻電子が存在しており、高速電子が感じるポテンシャルを数十〜数百 eV までに弱めている（これを遮へい効果と呼ぶ）。これに対し突入する電子のエネルギーは通常、数百 keV であり、結局、高速電子は弱いポテンシャルを感じながら物質中を通過することになる。

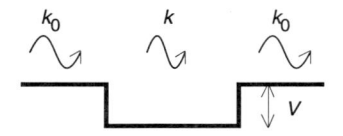

図 12.6 真空中と有限のポテンシャルを通過する電子

この物質内のポテンシャルを $V = V(r)$ と表すと物質中を通過する電子の波数 k は

$$k = \frac{\sqrt{2m(E+V)}}{h} \tag{12.5}$$

と書ける。そして遮へい効果のおかげで重い原子からなる物質でも $V \ll E$ と考えることができるから、近似的に次のように書ける。

$$k = \frac{\sqrt{2mE}}{h}\sqrt{(E+V/E)} \approx k_0\left(1 + \frac{V}{2E}\right) \tag{12.6}$$

さて物質の中では重い原子が並んでいるところもあれば、軽い原子が並んでいるところもあり、またその間のポテンシャルの小さな場所もある。つまり (12.6) に現れた V は場所の関数ということになる。よって波数 k も場所の関数だ。この状況を模式的に示したのが図 12.7 だ。つまり電顕試料の異なった場所を通過する電子の位相は、通過してきたポテンシャルに応じて異なることになる。言い換えると、実際の試料は前節に述べた単なるスリットではなく、試料内の場所によって位相や振幅に変化を及ぼす物体なのだ。そして、もし原子の並び方に周期性があればポテンシャルは逆格子ベクトルで展開できる（(11.84) 参照）。

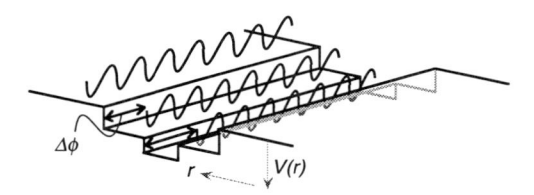

図 12.7 ポテンシャルの深さと波長および位相差の関係

そこで次に、この位相の変化を考えよう。この節では試料は十分薄く吸収による振幅の変化は小さく無視できるものとする。位相の変化はポテンシャルに依存するが、同じ試料でも厚ければ厚いほどその変化は積算され大きくなるはずだ。結局、電子線が試料中の Δz の厚さを通過したときに生じる位相差 $\Delta \phi$ は厚さに依存する積分として次のように書けるだろう。

$$\Delta\phi(\bar{r}) = 2\pi\int_0^{\Delta z}\left(k(\bar{r})-k_0\right)dz = 2\pi\int_0^{\Delta z}\frac{kV(\bar{r})}{2E}dz = \int_0^{\Delta z}\sigma V(\bar{r})dz \tag{12.7}$$

ここに現れた

$$\sigma = \frac{\pi}{\lambda E} \tag{12.8}$$

を*相互作用係数*（interaction constant）という。また、この試料下面における電子線の位相変化を波の分布として新たに $t(\bar{r})$ で表すと、次の形に書ける。

$$t(\bar{r}) = \exp(i\Delta\phi(\bar{r})) = \exp(i\int_0^{\Delta z}\sigma V(\bar{r})dz) \tag{12.9}$$

これは試料中、電子線が Δz だけ通過したときの電子線の位相変化を波の形で与えており、*透過関数*（transmission function）と呼ばれる。ここで試料が極めて薄いと仮定するとこの関数を次のように展開することができるだろう。つまり、

$$t(\bar{r}) \approx 1 + i\int_0^{\Delta z} \sigma V(\bar{r})dz \approx 1 + i\sigma V(\bar{r})\Delta z \tag{12.10}$$

すなわち、我々の試料は電子線に対し（12.7）で表された位相変化を伴った波の分布を与える薄い物体（これを*位相物体*（phase object）という）と考えようというわけだ。これを*弱位相物体近似*（weak phase object approximation）と呼ぶ。このように考えると、後焦点面に生ずる回折像は位相差をもたらすスリットから出てきた電子線の干渉縞と言える。試料のポテンシャル分布のフーリエ変換像が後焦点面に現れると言ってもよい。

よって、後焦点面を通過する散乱波の分布 $G(\bar{q})$ は

$$G(\bar{q}) = \tilde{F}\{1 + i\sigma V(\bar{r})\Delta z\} = \delta(\bar{q}) + i\sigma \Delta z V_q(\bar{q}) \tag{12.11}$$

と書ける。ここで $\tilde{F}\{\cdots\}$ はフーリエ変換を表しており、またポテンシャルのフーリエ変換を

$$V_q(\bar{q}) = \tilde{F}\{V(\bar{r})\} \tag{12.12}$$

と表した。（もしポテンシャルが周期的であれば $V(\bar{r})$ はフーリエ展開可能で（11.84）で表すことができる。このとき（12.12）はどう表されるだろうか？）したがって、後焦点面上にスクリーンを挿入して得られる回折像は $|G(\bar{q})|^2$ となる。

さらに、アッベの結像理論に基づけば、後焦点面上をそのまま通過させ1次像面に到達した電子線の振幅の分布 $\Psi(\bar{r})$ は次のように書ける。

$$\Psi(\bar{r}) = \tilde{F}\{G(\bar{q})\} = \tilde{F}\{\delta(\bar{q}) + i\sigma \Delta z V_q(\bar{q})\} = 1 + i\sigma \Delta z V(\bar{r}) \tag{12.13}$$

我々が観察するのは強度 $|\Psi(\bar{r})|^2$ だが、要するにこの結果は試料のポテンシャルが1次像面に投影されることを示している。（ただし、ここでは像が逆さとなることと、倍率が変わることを無視している。さらに、これから述べる理由で現実はここで述べたほど単純ではない。）

12.1.4 フーリエ変換と空間周波数

これで後焦点面上の回折像は試料を位相物体と考えたときのポテンシャルのフーリエ変換像と対応していることがひとまず判明した。回折波の分布は周期的構造体に対しては $\bar{q} \to \bar{g}_{hkl}$ に強いピークを持つので $\bar{q}$ 空間での各回折波の位相や振幅を知ることが必要となるが、その詳細はあとで見てみることとして、ここで後焦点面上の回折波の存在を認めた上で、現実の光学系が結像過程にもたらす制約を考えてみよう。

要するに（倍率の変化を除いて）後焦点面での回折波の分布 $G(q_x, q_y)$ がもう一度フーリエ変換されてスクリーン上に映し出されるわけだが、現実の結像系では数学的なフーリエ変換とは異なりいくつかの制約が存在する。その代表的なものは（i）フーリエ変換は無限の領域にわたる積分と定義されているが、我々の結像系ではそれは不可能で現実にはアパチャーが存在する。（ii）レンズには球面収差があり、また、焦点も（意図的に）ずらして撮る場合が多い。つまり、スクリーン上の像を $\Psi(\bar{r})$ とすると、それは $G(\bar{q})$ の単純なフーリエ変換像ではなく、

12.1 位相コントラスト入門

$$\begin{aligned}
\Psi(\vec{r}) &= \int G(\vec{q})\exp(-2\pi i\vec{q}\cdot\vec{r})d\vec{q} \\
&\xrightarrow{\text{aperture}} \int G(\vec{q})A(\vec{q})\exp(-2\pi i\vec{q}\cdot\vec{r})d\vec{q} \\
&\xrightarrow{\text{lens system}} \int G(\vec{q})A(\vec{q})\Lambda(\vec{q})\exp(-2\pi i(\vec{q}\cdot\vec{r}))d\vec{q}
\end{aligned} \quad (12.14)$$

という位相や光路長に関する修正項が加わる。ここで $A(\vec{q})$ はアパチャーの存在に起因して後焦点面上の有限の波のみが結像に寄与することを表す項、$\Lambda(\vec{q})$ はレンズの収差や焦点はずれにより、それぞれの回折波がたどる光路長が異なることに起因する位相のずれを表す項だ。この節ではまず、後焦点面におけるアパチャーの大きさと像との関係を以下の例で直観的に見てみよう。

図 12.8 に示したのは図 12.5(b)（後焦点面上）に置いたアパチャーの内部を通過した回折波のみを逆フーリエ変換して得られた像だ（ただし回折像強度のフーリエ変換ではなく、回折波の位相と振幅も考慮して計算してある）。

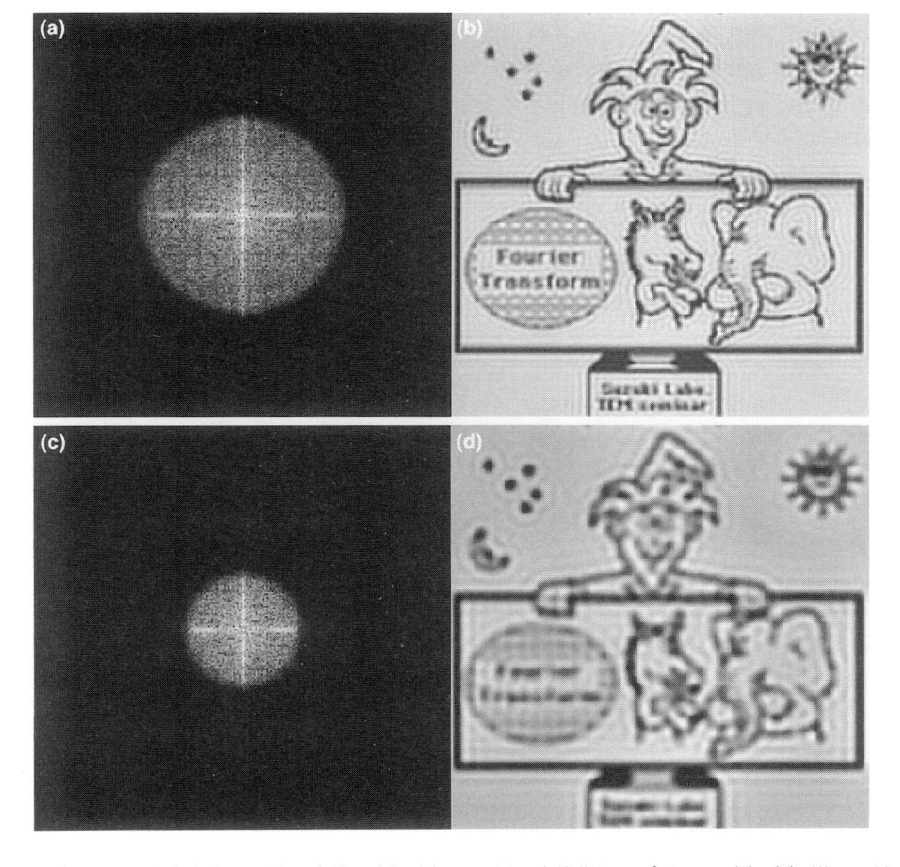

図 12.8 アパチャーの大きさとフーリエ変換：(a), (c) フーリエ変換像とアパチャー；(b), (d) 逆フーリエ変換像

図 12.8(b) からわかるように、ある程度のアパチャーでまずハートの印やゾウの鼻のひだ、そして星の輪郭に関する情報が失われた。また、パネルの周りなどに最初は存在しなかった偽の周期が現れたことにも注意しよう。もう少しアパチャーを小さくすると太陽の周りのコロナやアルファベット文字が不明瞭となる（図 12.8(c)–(d)）。さらに小さくなると全体のイメージが完全にぼやけ、残るのは大きな周期を持つ情報だけとなってしまう（(e)–(f)）。

第12章 位相コントラスト

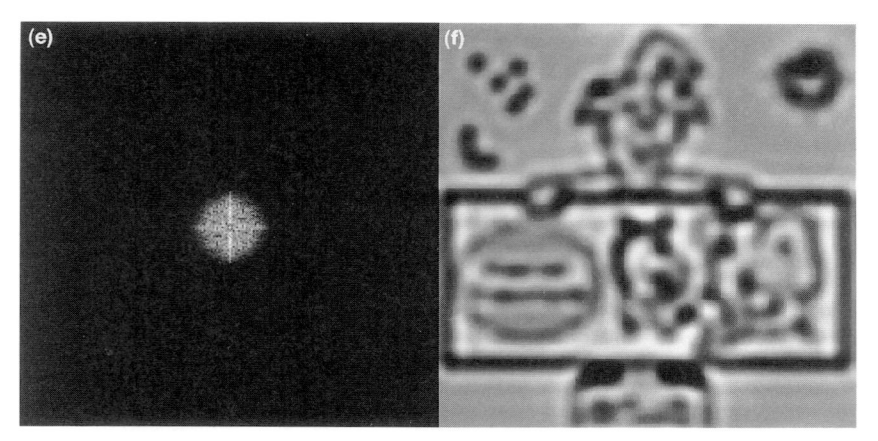

図 12.8 (続き): (e) フーリエ変換像とアパチャー、(f) 逆フーリエ変換像

以上の例のように焦点のずれやレンズの収差とは関係なく、後焦点面のアパチャーの大きさによりフーリエ変換後の像がぼやけてしまう。言い換えると、大きな散乱ベクトル $\vec{q}$ を持つ波をカットすることにより実空間における細かな情報が無くなってしまう。つまり、後焦点面上の空間は周波数空間に対応している。そして、その空間の一部を選択することが (12.14) におけるアパチャー関数 $A(\vec{q})$、すなわち対物しぼりの効果である。

この例のように、周波数空間において像の再現に寄与する一連の波に制限をかけることはフィルタリングとして知られている手法の一つであり、写真の処理や信号理論などにおいて周期的なノイズの除去などの目的のため一般に用いられる。

12.2 位相コントラスト伝達関数

我々はアッベの結像理論を現実のレンズ系に応用する過程で、後焦点面上でアパチャーを挿入することにより結像に寄与する回折波が選択でき、また物体の情報が必ずしも100%再現されるわけではないことを見た。一方、我々の結像系はレンズの球面収差、電子線の波長のバラつきなどに代表されるように完ぺきではない。ここでは、まず球面収差とそれを補正するために意図的に行われるディフォーカスの意味について見てみよう。

12.2.1 収差関数：球面収差とディフォーカス

通常のレンズが必然的に持つ球面収差の効果を一口に表すと、レンズの外側を通る波はより大きく曲げられるということだ。この状況を図 12.9(a) に示した。この効果を補正する最も単純な方法は、曲げられ分を小さくすることだ。そして、そのためのもっとも手っ取り早い方法はレンズの力を弱くすること、すなわち焦点距離を少しだけ長くすることだ（図 12.9(b)）。

図 12.9 に示したのは幾何光学的な考察だが、波動光学という観点からこれらの誤差が波の干渉に及ぼす効果を調べるためには、基本に戻って焦点距離のずれが光路長に及ぼす効果を考え、それが波長の何倍か、ということを見積もらなくてはならない。そこでまず、結像系に存在する余分な曲げ角 γ_{sa} と γ_{df} を見積もることから始めよう（以下の図は誇張してあるが、実際には近軸理論（1.2.5 節）を前提としている）。

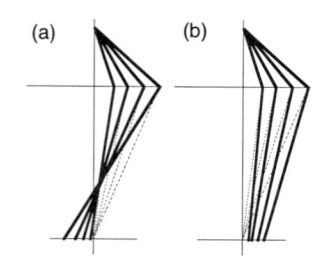

図 12.9 球面収差とディフォーカス

12.2 位相コントラスト伝達関数

- **step 1** 図 12.10 に球面収差とディフォーカスによる光路の変化を示した。まずレンズの倍率は $M = u/v \approx \alpha/\beta$ と書けることを思いだそう（1.1.3 節）。

- **step 2** 次に球面収差の存在による錯乱円の半径 δ_{sa} は近軸理論の範囲で $v\gamma_{sa}$ と書けるが、一方でこの量は (1.33) ですでに幾何光学的に与えらており、余分な曲げ角 γ_{sa} は次のように表せる。

$$\delta_{sa} \cong v\gamma_{sa} \cong MC_s\alpha^3 \rightarrow \gamma_{sa} = \frac{C_s\alpha^3}{u} \approx \frac{C_s\alpha^3}{f} \quad (12.15)$$

- **step 3** 同様の方法でディフォーカスによる余分な曲げ角 γ_{df} を評価する。ここでアンダーフォーカス側（レンズを弱める方向で図 12.10(b) に示した方向）を正ととることを本書での約束としよう。アンダーフォーカスでは物理的に焦点距離が長くなるからだ。そうすると、錯乱円の半径は $\delta_{df} \approx \Delta v\beta$ と書けるが、焦点深度における議論で Δv は幾何光学的に (1.5) で与えられており（Δu の変化をΔf の変化と考え、符号に注意して）、余分な曲げ角 γ_{df} は次のように表せる。

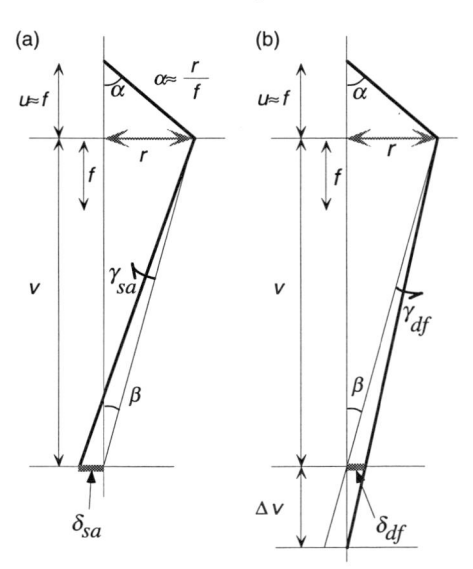

図 12.10 (a) 球面収差と (b) ディフォーカスが錯乱円およびレンズを出る光線の曲げ角度に及ぼす効果

$$\delta_{df} \cong v\gamma_{df} \cong \Delta v\beta \cong M^2\Delta f\beta \rightarrow \gamma_{df} \approx \frac{M^2\Delta f\beta}{v} = \frac{\alpha\Delta f}{f} \quad (12.16)$$

ここで求まった余分な曲げ角は試料からの発散角 α の関数として与えられているが、$\alpha \approx r/u \approx r/f$ と考えることができるから γ はレンズの内の光線を通過する位置 r の関数である（$\gamma = \gamma(r)$）。また、α は試料から出てくる波が光軸となす角度でもあり、ブラッグの散乱角、すなわち散乱ベクトルの大きさに対応していることにも注意したい。

- **step 4** 次にこの二つの誤差により光路長 L_{OPL} がどのように変化するかを考えよう（図 12.11）。光軸から r の距離の点 P を通過し、点 Q に向かう波を PQ とする。この P からさらに微少距離 dr だけ離れた位置を通過する P'Q' は余分に γ だけ曲げられ P'R をたどる（この γ は微少変化ではなく余分な角度そのもの）。この余分な曲げ角に起因する光路の増分 dL_{OPL} は図の AB であり、次のように書ける。

$$dL_{OPL} \approx \gamma(r)dr \quad (12.17)$$

- **step 5** 結局、レンズの中心（$r=0$）から r だけ離れた位置を通過する波の光路の増分 $L_{OPL}(r)$ は

$$L_{OPL}(r) = \int_0^r \gamma(r)dr \quad (12.18)$$

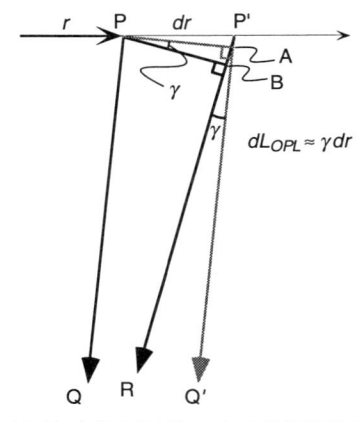

図 12.11 余分な曲げ角 γ による光路長の変化

と書ける。ここで先に述べたように $\gamma(r)$ は球面収差の効果 γ_{sa} とディフォーカスの効果 γ_{df} を足しあわせたものだ。この二つの量は符号が異なり、我々は本書で用いている符号の取り方（0.4.2 節）の約束の下でこの和を次のように書き表すことができる。

$$L_{OPL}(r) = \int_0^r (\gamma_{df}(r) - \gamma_{sa}(r))\,dr = \int_0^r \left(\frac{\Delta f}{f^2}r - \frac{C_s}{f^4}r^3\right)dr = \frac{\Delta f}{2f^2}r^2 - \frac{C_s}{4f^4}r^4 \quad (12.19)$$

ここで $\alpha \approx r/f$ と書けたことを利用している。

- step 6 この光路差を次のように位相差 Φ に直しておく。

$$\Phi = \frac{2\pi}{\lambda} L_{OPL}(r) = \frac{2\pi}{\lambda}\left(\frac{\Delta f}{2f^2}r^2 - \frac{C_s}{4f^4}r^4\right) \tag{12.20}$$

これが波がレンズのどこを通るかに依存する位相のずれだ。当然このずれは好ましいものではなく、本来起こるべき波の干渉をつぶしてしまう方向に働く。

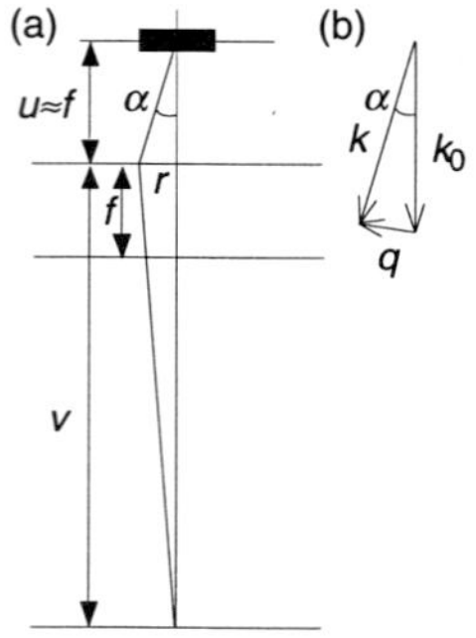

- step 7 また（12.20）はレンズ内の半径方向 r に関する表式であったが、重要なのはどの回折波がこの位相のずれをより多く受けるか、ということであるから、この式を散乱ベクトル q の関数として書き換えておく必要がある。これはレンズ系における散乱角 α が逆空間ではどのように表されるかを考えれば求まる（図 12.12）。すなわち、α は両空間において次のように書ける。

$$\alpha = \frac{r}{f} \approx \frac{q}{k} = \lambda q \tag{12.21}$$

図 12.12 散乱角 α

この関係を用いて位相差 Φ を表し、この量を $2\pi\chi(q)$ と置く:

$$(\Phi =) \quad 2\pi\chi(q) \equiv \pi\lambda\Delta f q^2 - \frac{\pi}{2}\lambda^3 C_s q^4 \qquad (\text{重要}) \tag{12.22}$$

これは収差関数（aberration function）と呼ばれ、結像理論において基本的な役割をはたす。つまり、レンズを通過する回折波はその q の大きさに応じてレンズの球面収差とディフォーカスにより位相が余分に（符号は反対に）変化し、この関数は両者を足しあわせた正味の位相の変化を定量的に示している。

- step 8 （12.14）に戻ると、アッベの理論に則ってフーリエ変換する際に光学系に依存するこの位相項を各波にかけてやらねばならない。このためには指数の肩に（12.22）を持ってくればよく、結局（12.14）に現れたレンズによる位相変化を示す $\Lambda(\vec{q})$ は次の形をとる。

$$\Lambda(\vec{q}) = \exp\{2\pi i \chi(q)\} \tag{12.23}$$

12.2.2 位相コントラスト伝達関数

ここで（12.22）の意義を考えてみたい。ここでは簡単のため後焦点面上に対物絞りは存在しないと仮定しよう。すると我々のスクリーン上に到達する電子線の分布 $\Psi(\vec{r})$ は（12.14）から次のように書ける。

$$\Psi(\vec{r}) = \tilde{F}\{G(\vec{q})A(\vec{q})\Lambda(\vec{q})\} \xrightarrow{A(\vec{q})=1} \tilde{F}\{G(\vec{q})\Lambda(\vec{q})\} \tag{12.24}$$

ここで弱位相物体近似を用いて回折像 $G(\vec{q})$ が評価できるとして（(12.11)）、前節で得た（12.23）を上の $\Lambda(\vec{q})$ に代入すると、次の表現を得る。

$$\begin{aligned}
\Psi(\vec{r}) &= \tilde{F}\left\{\left(\delta(\vec{q}) + i\sigma\Delta z V_q(\vec{q})\right)\exp(2\pi i \chi(q))\right\} \\
&= \tilde{F}\left\{\left(\delta(\vec{q}) + i\sigma\Delta z V_q(\vec{q})\right)\left(\cos(2\pi\chi(q)) + i\sin(2\pi\chi(q))\right)\right\} \\
&= 1 - \sigma\Delta z \tilde{F}\left\{V_q(\vec{q})[\sin(2\pi\chi(q)) - i\cos(2\pi\chi(q))]\right\}
\end{aligned} \tag{12.25}$$

しかし、これまで何度も見てきたように、我々が観察できるのは強度 $I(\vec{r})$ であるから、高次の項を省略して、我々は次の分布をスクリーン上で見ることとなる。

$$\begin{aligned}
I(\vec{r}) &= \Psi^*(\vec{r})\Psi(\vec{r}) \\
&= 1 - 2\sigma\Delta z \tilde{F}\{V_q(\vec{q})\sin(2\pi\chi(q))\} + o(\Delta z^2)
\end{aligned} \tag{12.26}$$

12.2 位相コントラスト伝達関数

この結果はスクリーン上のコントラストは単にポテンシャルのフーリエ変換 $V_q(q)$ のそのまたフーリエ変換ではなく、$V_q(q)$ に $\sin(2\pi\chi(q))$ がかかったもののフーリエ変換であることを物語っている。一口に言うと、この因子 $\sin(2\pi\chi(q))$ は実際のポテンシャルの分布がどれだけ再現性よくスクリーン上に表されるかを示しており、位相コントラスト伝達関数（phase contrast transfer function）と呼ばれる（あるいは単にコントラスト伝達関数（CTF）と呼ばれる）。

コントラスト伝達関数がどのような形をしているか、図 12.13 で見てみよう。ここに示したのは球面収差係数 C_S = 1.2mm、ディフォーカス量 Δf = 100nm の場合だ。大きな q の値、すなわち高い周波数領域で激しく振動している。これは CTF がゼロとなる特定の周波数に関する情報はスクリーンに現れず、また、ゼロではなくともこの周波数領域に対応するコントラストは次々と反転しながら現れることを意味しており、現実的には（きちんとしたシミュレーションを行わない限り）、この領域の情報を解釈することが極めて困難であることを示している。

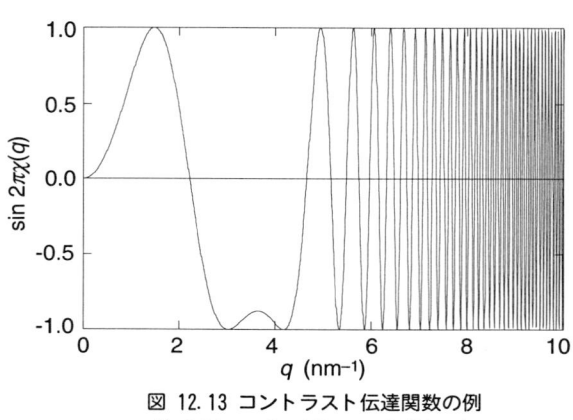

図 12.13 コントラスト伝達関数の例
（λ=2.51pm, C_S=1.2mm, Δf=100nm）

12.2.3 シェルツァーディフォーカス

ここまでの結果を簡単にまとめると、後焦点面上の逆空間において光軸から離れたところを通る回折波ほど空間周波数の高い情報を持っているが、同時に球面収差の影響を強く受けるのでコントラストを激しく反転させてしまうということだ。一方、光路長という観点からするとアンダーフォーカス側に持っていくことが球面収差の効果をキャンセルする方向に働くことも学んだ。これら二つの量を最適に持っていくことで後焦点面を通過する各波の位相の反転を最小限に押さえられないだろうか？

対物レンズの球面収差はレンズ固有の量だから、より高周波側までコントラストの反転を起こさずに回折波を通す最適のアンダーフォーカス量があることになる。しかし、この最適というのは主観的な量であり、何らかの定量的な判定が必要だ。本来ならば $\sin 2\pi\chi(q)$ の値が 1 である領域が広ければ広いほどよいのだが、三角関数なのでそうはいかない。そこで多少、任意性はあるが 1 に到達

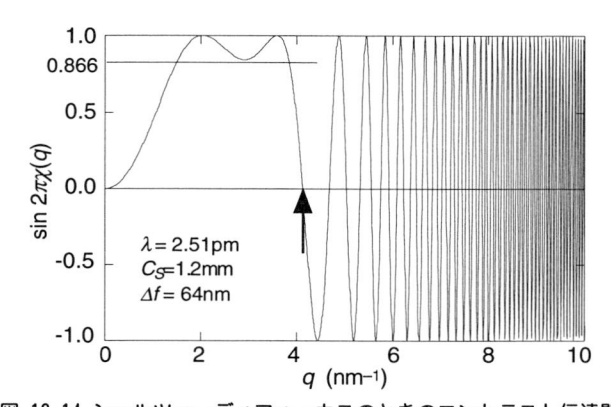

図 12.14 シェルツァーディフォーカスのときのコントラスト伝達関数

した後、いったん $\sin 2\pi\chi(q)$ を少しだけ減少させ、再び増加させることで符号の変わらない周波数領域を最大限確保することが Scherzer により提案された [12-1]。具体的には、たとえば $\sin 2\pi\chi(q) = 0.866$、すなわち $2\pi\chi=2\pi/3$ 付近まで CTF を減少させれば、この目的は達成される。

第12章 位相コントラスト

そこで、このような CTF を与えるディフォーカス量をシェルツァーディフォーカス（Scherzer defocus）と呼ぶ。図 12.14 にこの場合の CTF の例を示した。

いったんこのように約束してしまえば、シェルツァーディフォーカスを与えるディフォーカス量は次のように計算できる。つまり、

$$\sin(2\pi\chi(q)) = \sin\left(\pi\lambda\Delta f q^2 - \frac{\pi}{2}\lambda^3 C_s q^4\right) \tag{12.27}$$

であるから、これを q について微分したものが $2\pi\chi = 2\pi/3$ のときにゼロとなるように要求する。

$$\frac{d}{dq}\sin(2\pi\chi(q)) = 0 \qquad (2\pi\chi(q) = \frac{2\pi}{3}) \tag{12.28}$$

これを解けば、シェルツァーディフォーカスとして次の値が求まる。

$$\Delta f_{\text{Scherzer}} = \sqrt{\frac{4}{3}C_s\lambda} \tag{12.29}$$

また、このディフォーカスに対して散乱ベクトル q が次の値のとき CTF はゼロとなることが代入により判明する（例として図 12.14 で↑印で示した）。

$$q_{\max} = \left(\frac{16}{3}\frac{1}{C_s\lambda^3}\right)^{1/4} \tag{12.30}$$

先にも見たように、これより大きい散乱ベクトルを持つ回折波の与えるコントラスト成分はスクリーン上で反転を繰り返す。そこで、ひとまず (12.30) で与えられた q が分解能を与えると考えれば、分解能 $\Delta r_{\min}$ は次のように与えられる（これはシェルツァー分解能（Scherzer resolution）と呼ばれる）。

$$\Delta r_{\min} = \left(\frac{3}{16}C_s\lambda^3\right)^{1/4} = 0.66\left(C_s\lambda^3\right)^{1/4} \tag{12.31}$$

ここで言っているのは、あくまで直観的な像の解釈が困難になるというだけで、(12.30) で与えられる $q_{\max}$ より大きな領域にある波も情報は持っているから、たとえばコンピューターシミュレーションでその情報を再現することはいつでも可能である。しかし現実には次節に述べる制約がさらに加わり、電顕の分解能を大きく左右する。

12.3 包絡関数

ここまでは波長の完全に揃っている電子線が平行に試料に突入すると仮定してきた。しかし実際には電子線の波長には有限の広がりがある。また明るさを確保するためにビームをある程度絞って撮影する場合がほとんどだ。さらに磁界レンズに流れる電流も完全に一定ではないからレンズの強さもある範囲で広がっていることになる。これらは干渉性そのものに制限を及ぼす。

12.3.1 焦点ぼけに起因する包絡関数

多くの電顕では 2.3.1 節で見たように熱電子型電子銃が搭載されており、フィラメントは高温に加熱されている。さらに加速部も完ぺきではないので、電子線のエネルギーには 1〜2 eV の広がりがある。室温で電子を放出する冷陰極型電界放射型電子銃でこの量は 0.3 eV 程度まで下がるが、広がりがあることには変わりがない。磁界レンズの動作原理（2.1.2 節）からすれば、個々の電子線のエネルギーが異なるということは、それらの電子線の焦点距離がある程度の広がりを持つということを意味する（(2.26)参照）。さらに、対物レンズのコイル電流を安定化する回路がいくら完全なものであっても有限の温度で動作していればその電流もある程度のバラつきを持ち、

12.3 包絡関数

それは焦点距離の広がりをもたらす。結局、磁界レンズの焦点距離 f を与える (2.26) の微小変化 δf を考えれば $\delta f/f$ は次のように書ける。

$$\frac{\delta f}{f} \propto \frac{\Delta V}{V} - 2\frac{\Delta B}{B} \propto \frac{\Delta E}{E} - 2\frac{\Delta J}{J} \tag{12.32}$$

（ここで右側の表現では電圧 V を電子のエネルギー E で、磁束密度 B をコイル電流 J で書き改めた。また Δf はディフォーカスを表すのに用いているので、ここでは δf を用いた。）

さて、これら ΔE や ΔJ の変化は系統的なものではなくゼロを中心にある幅でランダムに変化すると考える方が自然だろう。そこで、我々が指定するディフォーカス量を Δf_0 としたとき、現実のディフォーカス量 Δf はその値を中心にガウス関数 $W(\Delta f)$ に従って分布すると考える（図 12.15）。

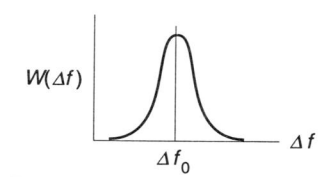

$$W(\Delta f) = \frac{1}{\sqrt{2\pi\sigma^2}}\exp\left(-\frac{(\Delta f - \Delta f_0)^2}{2\sigma^2}\right) \tag{12.33}$$

図 12.15 ディフォーカス量の広がり

ここで標準偏差 σ は、上に述べた考察から次のように ΔE と ΔJ に依存する。

$$\sigma = C_C\left[\left(\frac{\Delta E}{E}\right)^2 + \left(2\frac{\Delta J}{J}\right)^2\right]^{1/2} \tag{12.34}$$

ここに現れた C_c は色収差係数（chromatic aberration constant）と呼ばれる量だ。我々の場合、電子顕微鏡に特有の量であるが、通常の幾何光学においては屈折率が光の波長に依存することに起因するレンズの焦点距離の広がりに対応する。

コントラスト伝達関数は Δf の関数でもあったから、スクリーン上のコントラストを与える表式 (12.26) は次のように書き換えられる。

$$I(\vec{r}) \cong 1 - 2\sigma\Delta z \tilde{F}\{V_q(q)\sin(2\pi\chi(q,\Delta f))\}$$
$$\xrightarrow{\Delta f \to W(\Delta f)d\Delta f} 1 - 2\sigma\Delta z \tilde{F}\{V_q(q)\int\sin(2\pi\chi(q,\Delta f))W(\Delta f)d\Delta f\} \tag{12.35}$$

ここで出てきた積分は初等的に評価でき、次の結果を得る。

$$\int\sin\left(\pi\Delta f_0\lambda q^2 - \tfrac{1}{2}\pi C_s\lambda^3 q^4\right)\frac{1}{\sqrt{2\pi\sigma^2}}\exp\left(-\frac{(\Delta f - \Delta f_0)^2}{2\sigma^2}\right)d\Delta f = \sin\left(\pi\Delta f_0\lambda q^2 - \tfrac{1}{2}\pi C_s\lambda^3 q^4\right)\exp\left(-\pi^2\lambda^2 q^4\sigma^4\right)$$
$$= \sin(2\pi\chi(q,\Delta f_0))\exp\left(-\pi^2\lambda^2 q^4\sigma^4\right) \tag{12.36}$$

結局、我々が指定したディフォーカス量 Δf_0 で決まるコントラスト伝達関数に、さらに右辺に現れた指数関数がかけられることとなる。この関数を散乱ベクトル q に対してプロットしたのが図 12.16 だ。その結果、コントラスト伝達関数の高周波数領域の情報は急激にダンピングされてしまう。このような関数は CTF を包みこんでしまうので包絡関数（envelope function）と呼ばれる。このように電子線

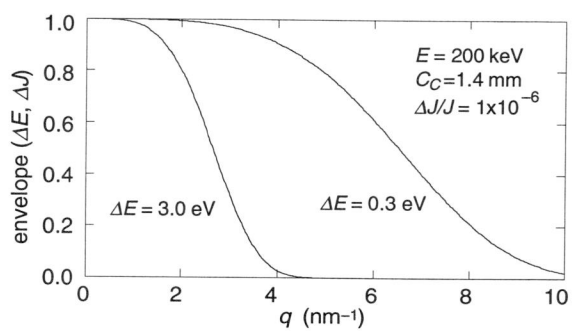

図 12.16 電子線のエネルギーの広がりによる包絡関数
（$E = 200$ keV, $C_C = 1.4$ mm, $\Delta J/J = 1\times10^{-6}$, $\Delta E = 3.0$ eV, $\Delta E = 0.3$ eV）

第12章 位相コントラスト

の波長およびレンズ電流のバラつきは焦点距離に有限の広がりをもたらし、電子線の干渉性そのものを制限する。

12.3.2 入射ビームの非平行性に起因する包絡関数

次に試料に入射するビームが平行でないことによって引き起こされる干渉性の低下を少し定量的に考えてみよう。図 12.17 にこの状況を模式的に示した。これからわかるように、試料に対してビームが角度 α の範囲で入射しているとすると、それは散乱ベクトル q に対して y だけの広がりを与える。

$$q \longrightarrow q+y \tag{12.37}$$

この散乱ベクトルの不確定さは通常、ガウス関数で評価される（ここで $y_0 = \alpha_0\lambda$ は標準偏差の $\sqrt{2}$ 倍）。

$$B(y) = \frac{1}{\sqrt{\pi y_0^2}} \exp\left(-\frac{y^2}{y_0^2}\right) \tag{12.38}$$

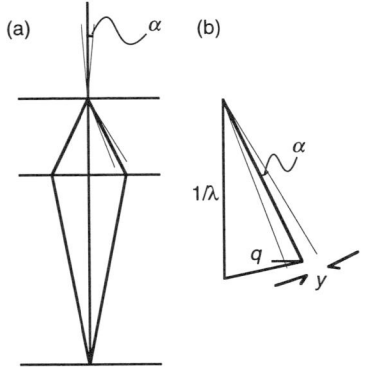

図 12.17 ビームの広がりを散乱ベクトルの広がりとして評価する

結局、前節で見たのと同様にコントラスト伝達関数は次の変化を受ける。

$$\sin(2\pi\chi(q,\Delta f)) \xrightarrow{y \neq 0} \int \sin(2\pi\chi(q,y,\Delta f))B(y)dy \tag{12.39}$$

この積分も初等的に評価でき、次の結果を得る。

$$\int \sin(2\pi\chi(q,y,\Delta f))B(y)dy = \sin(2\pi\chi(q,\Delta f))\exp\left\{-\alpha_0^2\pi^2(C_s\lambda^2q^3 - \Delta fq)^2\right\} \tag{12.40}$$

このように有限の照射角も CTF に大きなダンピングを与える包絡関数となる。この関数（(12.40)の指数項）を見ると指数の肩にもう一つの実験パラメータであるディフォーカス Δf が入っているので、関数の形は Δf により異なる（この Δf は我々が指定するディフォーカス量）。この状況を図 12.18 に示した。

(a) オーバーフォーカスでは単調な減少を示す包絡関数となり、照射角の増加とともに可干渉の領域は狭まる。一方、(b) アンダーフォーカスの場合、いったん減少したあと $q=(\Delta f/C_s\lambda^2)^{1/2}$ において 1 の値をとり、再び減少する。照射角が大きくなると可干渉の領域が狭まるという一般的傾向は変わらないが、Δf が大きくなると包絡関数の形そのものが照射角によって大きく変化する（$\Delta f=64$nm がこの例でのシェルツァーディフォーカス）。

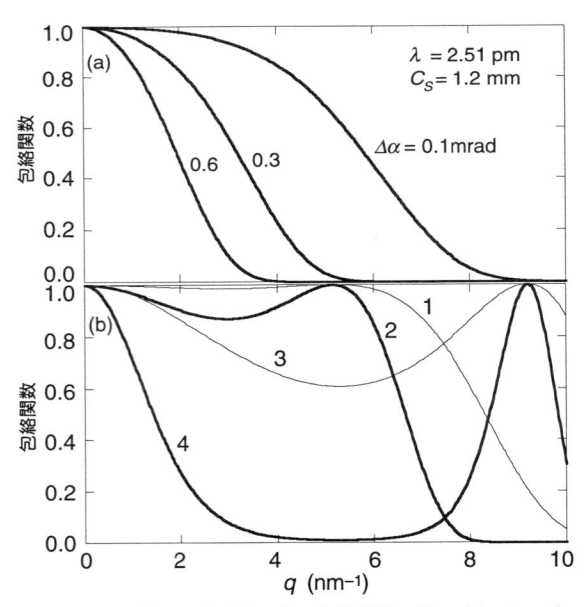

図 12.18 照射角の広がりによる包絡関数の例：(a) オーバーフォーカスの場合（$\Delta f=-20$nm）、(b) アンダーフォーカスの場合
$\Delta f=20$nm 1: 0.1mrad, 2: 0.3mrad; $\Delta f=64$nm 3: 0.1mrad, 4: 0.3mrad

12.3.3 実効的なコントラスト伝達関数

我々は試料が薄ければスクリーン上の像は試料のポテンシャルのフーリエ変換 $V_q(q)$ にコントラスト伝達関数が重畳されたもののフーリエ変換像と解釈できることをすでに学んでいるが((12.26))、この節において現実には電子線の波長やレンズ電流のばらつき、さらに有限の照射角に起因する包絡関数により高周波領域の情報は大幅に制限されてしまうことがわかった。

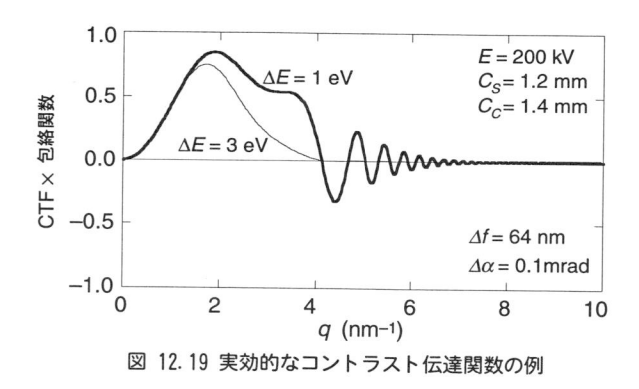

図 12.19 実効的なコントラスト伝達関数の例

そこで $\sin\chi(q)$ に 2 種類の包絡関数をかけたものを実効的なコントラスト伝達関数と考えてみよう。図 12.19 に一例としてシェルツァーディフォーカスで電子線のエネルギーの広がり ΔE が 1 および 3 eV の場合をプロットした。このように包絡関数の存在により散乱ベクトル q の大きな領域を通過する情報は著しいダンピングを受けた後、スクリーンに到達する。

12.4 構造を持たない物体からのコントラストとその利用

ここまでの結果を一つの式にまとめると次のように書き表すことができるだろう。

$$I(\vec{r}) = 1 - 2\sigma\Delta z \tilde{F}\{V_q(q) \cdot A(q) \cdot \sin(2\pi\chi(q,\Delta f, C_S)) \cdot E(q,\Delta f,\alpha, C_C, \Delta E, \Delta J)\} \quad (12.41)$$

ここで、$A(q)$ は先に見たようにアパチャーの存在に対応した q 空間での波を物理的に制限する関数であり、また 2 種類の包絡関数は $E(\cdots)$ としてまとめて示した。結像という観点からすれば、$V_q(q)$ は試料ではなく、後焦点面上に広がっていると考えることもできる。そして、それぞれの回折波にコントラスト伝達関数により変調がかかり、包絡関数によりダンピングされ、最後にアパチャーにより物理的な制限を受けたあと、それらの波が足しあわされ（フーリエ変換を受け）スクリーンに干渉像をもたらす。この過程を模式的に図 12.20 に示した。このように、一般的には試料と像との間には一対一の関係はない。このことを念頭において、次に薄いアモルファス状試料の位相コントラストについて考えてみよう。

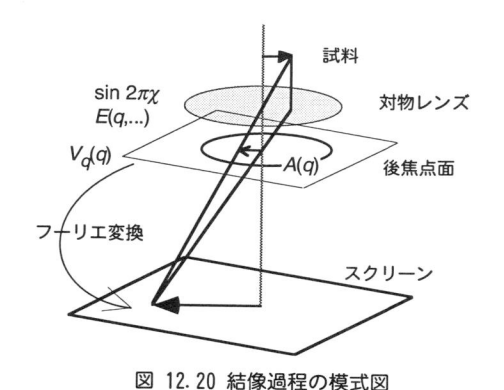

図 12.20 結像過程の模式図

12.4.1 非点収差がない場合

粉末状の試料の保持膜として頻繁に用いられるアモルファスカーボン膜では原子配列が周期性を持っておらず、かつ、厚さの不均一な領域がランダムに広がっている（したがって、それぞれの場所を通過した電子線の位相が異なる）。このような物質が対物レンズの物体面にあるとき、後焦点面上における波の振幅は散乱ベクトルに対して、ほぼ連続的に分布すると考えることができるだろう。言い換えると周波数空間の広い範囲でほぼ同じような存在確率を持つ波が広がって

第12章 位相コントラスト入門

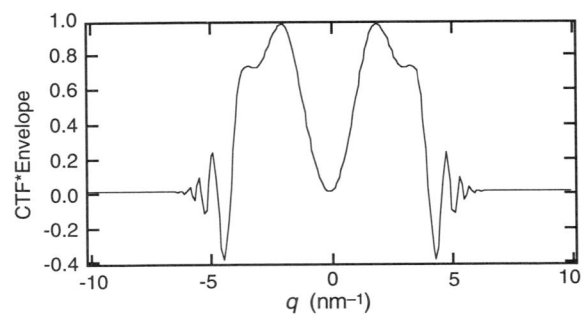

図12.21 V_q が完全に一定の場合の後焦点面上の波の振幅

いると考えようというわけだ。このような散乱波の均一な強度分布を仮定するということは (12.41) において V_q を一定と見なすということだから、スクリーン上には実効的なコントラスト伝達関数のフーリエ変換(の2乗)がそのまま現れるだろう。そこで、もう一度、実効的なコントラスト伝達関数の一例を図12.21にプロットしてみた。

一方、図12.22(a)-(g)にディフォーカス量をオーバー側からアンダー側まで($\Delta f = -300 \sim 300$ nm)変化させて撮影したアモルファスカーボン薄膜の位相コントラスト像を示した。このようにアモルファス状の物体からはメイズパターン(maze, 迷路)と呼ばれる像が得られる。この像の中に現れる模様のみかけの周期は Δf を変化させることによって図のように変化し、その量はジャストフォーカス($\Delta f = 0$)付近において最も小さい(実像のコントラストがほぼなくなる)。一方、一連の写真の右に示したのが対応するフーリエ変換像だ。ここに見られるように、位相コントラスト像に存在する平均的周期に対応して、フーリエ変換像にも極大極小が現れる。

通常、高分解能電顕観察を行うときは、このようなカーボン薄膜や試料の端にあるアモルファス上の領域で Δf を変化させて図12.22(d)のようなコントラストの最も少ないディフォーカスを得ると同時に、次節に述べる非点補正を行い、見たい領域の撮影に移る。

図12.22 アモルファスカーボン薄膜の位相コントラストとそのフーリエ変換像:(a) $\Delta f = -3\mu$m(オーバーフォーカス), (b) $\Delta f = -2\mu$m, (c) $\Delta f = -1\mu$m, (d) $\Delta f = 0$, (e) $\Delta f = 1\mu$m(やや非点収差が残っている) (f) $\Delta f = 2\mu$m, (g) $\Delta f = 3\mu$m(アンダーフォーカス)

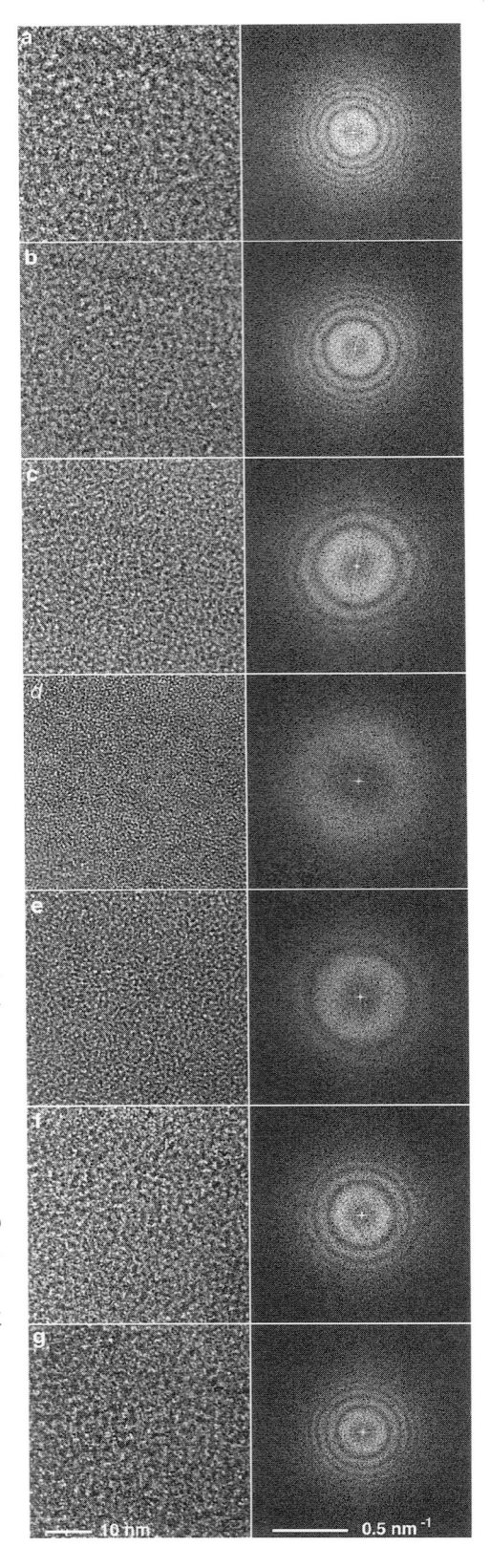

12.4 構造を持たない物体からのコントラストとその利用

さて、先ほどの議論からすると、まったく構造を持たない（V_q が一定な）試料であれば後焦点面には、電顕が完全ではないことに起因する実効的コントラスト伝達関数そのものに対応する強度が映し出されるはずだ。よって逆に図 12.22 に示したフーリエ変換像からコントラスト伝達関数に関する情報が得られるだろう。この点に関して次に述べる方法がある。

コントラスト伝達関数はサイン関数だから強度が極値およびゼロの値をとるのは次の場合である（ここで m は整数）。

$$\sin(2\pi\chi(q)) = \begin{cases} \pm 1 & (2\pi\chi = (m-\tfrac{1}{2})\pi) \\ 0 & (2\pi\chi = m\pi) \end{cases} \quad (12.42)$$

したがって極値をとる条件として次式を要求できる。

$$(m-\tfrac{1}{2})\pi = \pi\lambda\Delta f q^2 - \tfrac{1}{2}\pi\lambda^3 C_S q^4 \quad (12.43)$$

この式の両辺を q^2 で割れば、次の結果を得る。

$$\frac{(2m-1)}{q^2} = 2\lambda\Delta f - \lambda^3 C_S q^2 \quad (12.44)$$

この結果は、実験的に得られたアモルファスの位相コントラストのフーリエ変換像に現れるいくつかの強度の極値に対して、$(2m-1)/q^2$ 対 q^2 のプロットを行えば、その傾きと切片はそれぞれ $\lambda^3 C_S$ および $2\lambda\Delta f$ を与えることを示している。

さらに、(12.44) を q に関してあらわに解けば次式を得る。

$$\frac{1}{q} = \lambda\left[\frac{\Delta f}{C_S} \pm \sqrt{\left(\frac{\Delta f}{C_S}\right)^2 + \frac{(1-2m)\lambda}{C_S}}\right]^{-1/2} \quad (12.45)$$

この式はアモルファスカーボン薄膜の位相コントラスト像のフーリエ変換像が実効的なコントラスト伝達関数に等しいという前提の下で、メイズコントラストに内在する周期（あるいは同等にフーリエ変換像に存在する極大の位置）とディフォーカス量との関係を与える。(12.45) は Thon によって与えらたもので、一例として C_S = 1.2mm、λ = 2.51pm の場合を図 12.23 に示した。この曲線は Thon の曲線と呼ばれることがある。

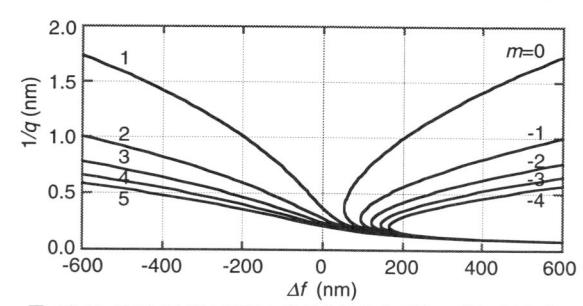

図 12.23 CTF において極大を与えるそれぞれの点に対応する空間周波数とディフォーカス量との関係を示す図（Thonの曲線）

12.4.2 非点収差が存在する場合

1.3.3 節で見たようにレンズが完全であれば非点収差は光軸（z 軸）上には現れないが、磁界レンズを用いる電顕では x と y 方向の焦点距離が合っていないことがほとんどで、いわゆる軸上非点収差が存在する。したがって、観察者は補正コイル（2.2.2 節）によってこの収差を除去しなければならない。明視野像などの低倍の撮影では 10.3.4 節に述べたフレネルフリンジを用いた方法で対応できるが、位相コントラストに基づく高分解能観察では、アモルファスカーボン薄膜や試料端部のアモルファス状の（周期構造を持っていない）領域で非点除去を必ず行う。

x 方向と y 方向の焦点距離が異なれば、その方向のコントラスト伝達関数が異なるから、もはや図 12.22 に見たような同心円状の極大の分布は得られない。そして我々がスクリーン上に観察

第12章 位相コントラスト入門

するイメージはこの（ほぼ後焦点面上に存在する）2次元的に歪んだ実効的コントラスト伝達関数のフーリエ変換像といえる。この状況を図 12.24 に示す。

図の (a) から (c) までの一連の写真は、まず、基準となるディフォーカス量 Δf をオーバー側の $-3\,\mu\mathrm{m}$ と固定して非点収差を意図的に大きくしていったものだ（Δf_y のみアンダー側にした）。一方 (d) はこのようにして得た大きな非点収差のもと、対物レンズの電流を調整してほぼ $\Delta f_y = -\Delta f_x$ としたものだ。電顕を始めて間もないうちは、このような像が一見、図 12.22 (b) のような非点の存在しない写真と見間違えてしまうことがある。このような理由で、実際には対物レンズ全体の Δf を大きく振りながらメイズパターンがきれいに反転し、同時に $\Delta f = 0$ でコントラストがほぼなくなるように二つの非点補正ノブを調整していくことがよく行われる。

また、非点収差がある場合には一般にメイズパターンが角張って見えるが、そのため観察している領域に何らかの周期構造があると、直観的に非点収差を除去することが難しい。この他にもアモルファスカーボン薄膜の像は照射角を見積もるのに使われたり、電顕のアライメントを的確に行うには欠かせない情報を与えてくれるが、それらに関しては巻末の参考書を見てもらうこととして、我々は次に結晶構造を有する物体からの位相コントラストを考えることとしよう。

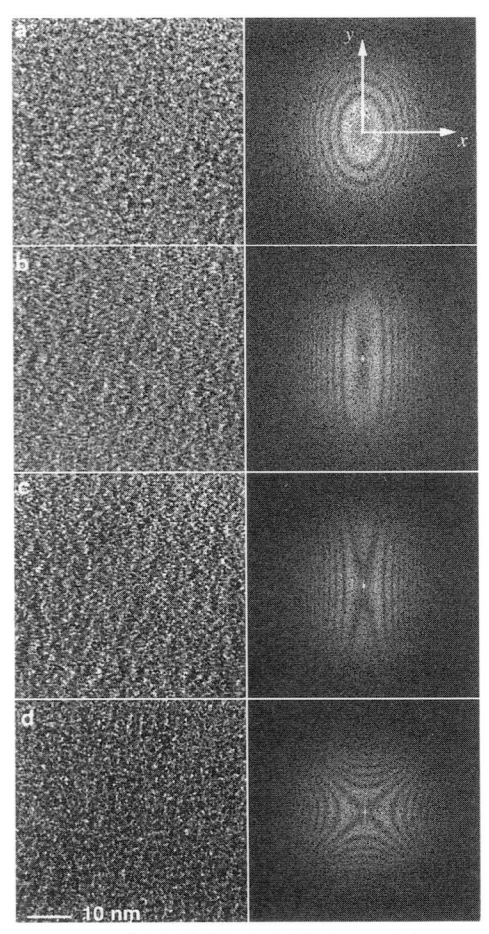

図 12.24 非点収差が存在する場合のアモルファスカーボン薄膜の像とそのフーリエ変換像

12.5 結晶からの位相コントラスト

前節では $V_q(q)$ が一定であるときの位相コントラストには電顕の光学系が完全ではないために生じる位相のずれが反映されることを見た。ここではその仮定を取り除き、現実の物質を通過する電子線によって得られるコントラストを概観しよう。$V_q(q)$ が一定でなくなることと試料が結晶質であることとは同義ではないが、ここでは主に結晶構造を有する物質の位相コントラストに話を限定する。

12.5.1 シリコン結晶

図 12.25 に Si ウエハーを薄くした端の部分から得た $\langle 110 \rangle$ 入射の高分解能電子顕微鏡像（位相コントラスト像）を示した。このコントラストに現れている白い点が原子に対応

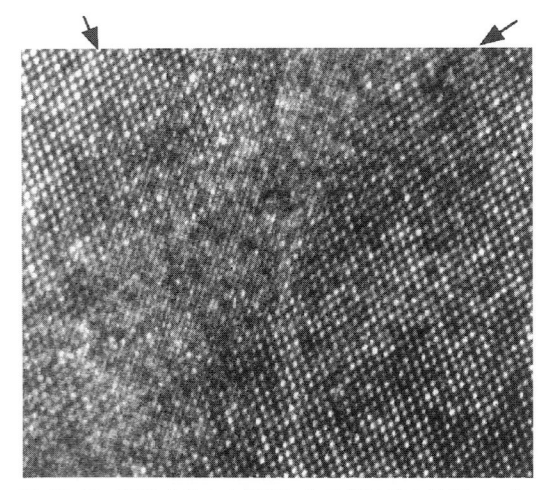

図 12.25 $\langle 110 \rangle$方位から撮影したSi単結晶の位相コントラスト像（ほぼ横方向に試料の厚さが変化しており、矢印の方向に向かってみるとコントラストの反転がわかる）

していると考えたくなるのが人情だが、実はそれほど単純ではない。

12.5 結晶からの位相コントラスト

　Siを⟨110⟩方向から見たときの回折像はすでに図 10.19 に示しているが、後焦点面を通るこれらすべての回折波が図 12.25 に示したいわゆる高分解能電子顕微鏡像に寄与している訳ではないことは前節の議論からも明らかであると思う。すなわち、仮にシェルツァーディフォーカス（12.2.3 節）で $\sin 2\pi\chi$ が 1 に近い範囲を最大限に確保し、像の直観的な解釈を容易にしている条件で撮影したとしても、包絡関数によるダンピングがあり高周波成分は実質的にカットされてしまう。第 1 ステップとして図 12.25 に現れたコントラストは逆空間の原点に近い 111 や 200 回折波によるクロスフリンジ（交わった干渉縞）と考えるのが妥当だ。参考までに、図 12.25 から得たフーリエ変換像を図 12.26 に示すが、これからも図 12.25 に示した写真には 220_{Si} 以上の高周波成分は存在しないことがわかる。

　また、この試料はディンプリングとイオンミリングと呼ばれる方法で電子線が透過する数十 nm まで薄くしたもので、試料断面はちょうど図 11.14 に示したようなくさび状をなしている（右下に向けて薄い）。また図 12.25 の中心付近から左下にむけて像が一見ぼけてみえるが、詳細に観察するとこのぼけている領域の左右でコントラストが反転していることがわかる（矢印で示した方向に向かって斜めに写真を見るとわかる）。このことからも白い点（あるいは黒い点）を原子と対応づけるわけにはいかないことがわかると思う（決して原子位置がずれていることを示しているのではない！）。

図 12.26 Siの位相コントラスト（図12.25）から得たフーリエ変換像

　以上の注意を踏まえた上であらためて Si 単結晶を⟨110⟩方向から見てみよう。図 12.27(a) と (b) にダイヤモンド構造のモデルと⟨110⟩方向からの投影図を示す。電子線は数百 keV という高いエネルギーでもって、それぞれの原子核の持つ正の電荷、すなわちポテンシャル（実際には内殻電子によってスクリーニングされたポテンシャル）を感じながら試料の下面に到達し、その際、

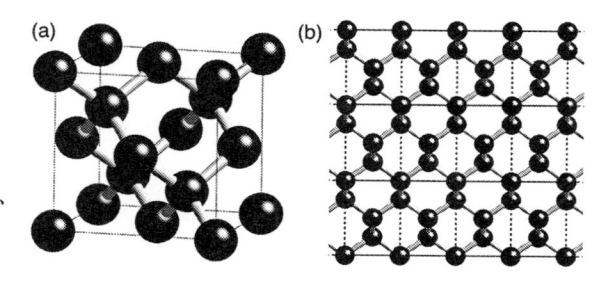

図 12.27 シリコン（ダイヤモンド構造）の通常の単位胞と⟨110⟩方向からの投影

位相と振幅が変化する。そのようにして試料下面から射出した回折波がレンズ作用を受け、図 12.25 に示した像を結ぶ。したがって、基本的に図 12.25 のコントラストは図 12.27(b) に対応しているのだが、001 方向に二つ並んで投影された Si 原子は図 12.25 では分解されていない。さらに上述したコントラストの反転はこのような単純な議論では理解できない。

　これから先に進むためには、試料下面に出てきた波の振幅や位相の詳細を知っておく必要がある。そこでまず、図 12.28 に Si の ⟨110⟩方向と平行に入射した電子線が進行するにつれて変化する回折波の振幅を計算した結果を示す。このように、それぞれの波は試料厚とともに大ざっぱに言って周期的に変化する。それは入射波と回折波が動力学的な相互作用をしている結果に他ならない。逆に言うと、キィネマティカルな近似が成立するのは原子量に大きく依存するが、一般に数 nm の範囲でしかない。

　図 12.28 はマルチスライス法（multislice method）と呼ばれている手法に基づいて、市販されているプログラムを用いての計算結果だ（MacHREM™: http://www.hremresearch.com）。位相コントラスト像は多くの場合、晶帯軸入射のもとで得られるから多くの波が励起される。したがって、ここに示された透過波や回折波の変化は多波の動力学的な計算と考えることができる。

第12章 位相コントラスト入門

このような動力学的な効果を扱う計算も我々はすでに見てきている。最も簡単なものが 11.1.4 節で見た透過波とたった一つの回折波しかないと仮定して構築した D-H-W の式だ。さらにこの現象論的に導かれた連立方程式が、結晶中に存在する電子を記述するシュレディンガー方程式と等価であることも見てきた（11.4.4 節）。一方、たった一つの波しか励起しないという仮定は X線回折では比較的容易に満たされるが、電子線回折ではエバルド球の半径が大きいため、現実的にそのような条件を満たすことは難しい。したがって実際にはいくつもの波（N 個あるとしよう）を考え、連立方程式（11.100）から得られる $n \times n$ のマトリックスを解くことが要求される。これは固有値問題であり、この方法を最初に提案した Bethe の名をとってベーテの固有値法と呼ばれる。

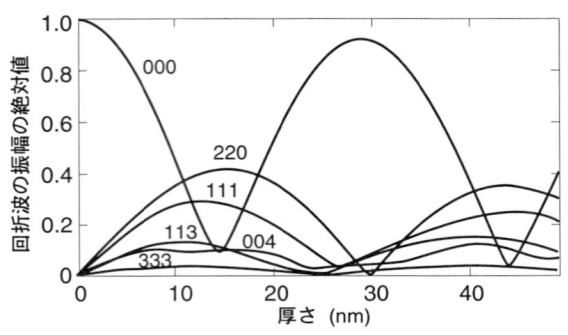

図 12.28 Si単結晶中の回折波の試料厚さ方向の振幅の変化の計算例（Si⟨110⟩方向と平行に電子線が入射）

一方、市販のプログラムはほとんどが先に述べたマルチスライス法に立脚している。そこで次節で、この手法の基本的な考え方をまとめようと思う。ここでは、とりあえず図 12.28 に示された回折波の存在を認め、それらの回折波が不完全なレンズ作用を受けて結像することでどのようなコントラストが得られるかを考えたい。

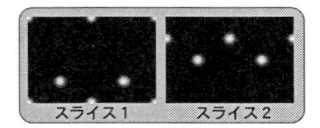

図 12.29 投影ポテンシャル（Si⟨110⟩）

図 12.29 に示したのは Si を ⟨110⟩ 方向と垂直な面に分割し、その面に投影されたポテンシャルの分布だ。そして、図 12.30 はこのようなポテンシャルを通過する電子線によって得られるであ

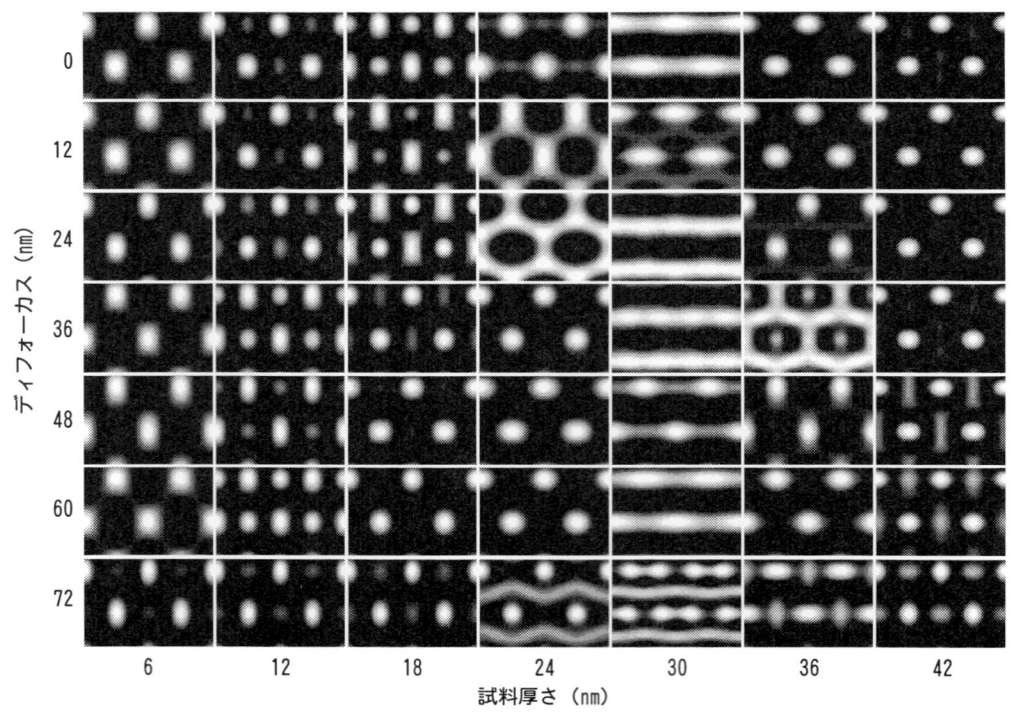

図 12.30 110方位から入射したシリコン単結晶の位相コントラストのシミュレーション例

ろう位相コントラストのシミュレーション像だ（E = 200kV, C_S = 1.2mm, ΔE = 1eV，照射角 0.6mrad の場合で，シェルツァーディフォーカスはほぼ Δf = 48nm）。弱位相物体近似が成立する極めて薄い厚さにおいてシェルツァーディフォーカスで撮影すれば、ポテンシャルの深い位置、すなわち原子に対応する点は黒く現れることがこの結果からわかる。しかしディフォーカス量をずらしても、試料厚さが変わってもコントラストは変化することに注意したい（たとえば、Δf = 48nm で厚さが 6→18nm となるにつれてコントラストが反転している）。

コントラストの Δf 依存性はコントラスト伝達関数を通して像に寄与する各回折波の位相が敏感に変化することに起因する。一方、厚さ依存性は図 12.28 からわかるように各波の振幅と位相が変化することによる。特に約 30nm の厚さでほとんどの回折波の強度が弱くなっているが、これに対応してシミュレーション像も一端、特異な振舞いを呈し、その後再び、薄い領域が与えるコントラストと定性的には似ているコントラストを与えている。

このように高分解能電子顕微鏡像と呼ばれている写真のコントラストは試料厚、そしてディフォーカス量に対して敏感に変化する。現実問題としては、さらに電子線の入射角度の晶帯軸からのわずかな傾きなどが影響を与え、それらも含めて結像過程のシミュレーションを行い、実験的に得られたコントラストと原子位置との対応を考える必要がある。

12.5.2 マルチスライス法の基本的ことがら

先に進む前にここで、最もよく用いられるマルチスライス法の原理を簡単に見てみよう（実際にプログラムを作成されたい方は巻末の文献を参照されたい）。

電子線が原子のクーロンポテンシャルにより散乱を受けることは 5.6 節で述べた。要するに電子線にとって回折とは、試料中に分布する 3 次元的なポテンシャルの中を突き進んだ散乱電子線間の干渉の結果だが、マルチスライス法では最初に試料を（多くの場合）入射電子線の進行方向に対して細かくスライスし、それぞれのスライスの厚さの中に存在するポテンシャルを 2 次元平面に投影させてしまう。このような投影ポテンシャルは電子線の振幅と位相を変化させるが、結晶をこのような 2 次元格子（位相格子（phase grating）と呼ぶ）の積み重ねと考え、電子線は次々と 2 次元格子を上から下へ伝搬すると考える（図 12.31 には結晶を 2 次元格子に分割した状況を模式的に示したが、実際には各スライスはポテンシャルの投影であって、1 原子層である必要はまったくない）。以下、この状況を順を追って考えたい。（基本的な考え方は 1 次元格子でもまったく同じだから、次の説明では 1 次元格子を考える。2 次元格子にするには $(x)\to(x, y)$ と置き換えればよい。また z 方向が電子線の進行方向。）

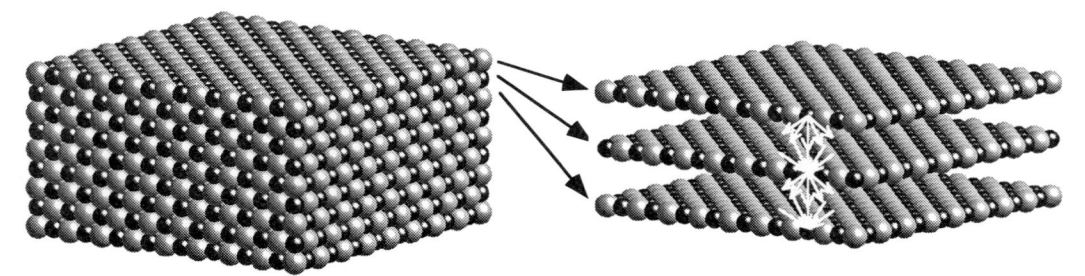

図 12.31 3 次元格子を厚さゼロの 2 次元格子に分割し、スライス間の伝搬を小角近似（フレネル回折）で記述する

- step 1 まず、試料内の (x, z) の位置を通り、1 番目の位相格子に入ろうとしている入射電子線の波動関数を $\psi_1^{in}(x)$ と表そう。この電子線は $z = z_1$ に存在する位相格子のポテンシャルを感じ、位相の変化を受けるから、透過直後の波動関数 $\psi_1^{out}(x, z)$ は次のように表される。

$$\psi_1^{out}(x) = t(x)\psi_1^{in}(x) \tag{12.42}$$

ここで $t(x)$ は (12.9) で与えられている透過関数だ。大切な関数なので、Δz の厚さで積分したポテンシャルを改めて $V(x)$ と置き、さらに吸収の効果を $\mu(x)$ で表し、もう一度書いておこう。

$$t(x) = \exp\{-i\sigma V(x) - \mu(x)\} \tag{12.43}$$

- step 2 1 番目の位相格子から出た波動関数 $\psi_1^{out}(x)$ は 2 番目の位相格子に向かう。今、2 番目の位相格子上の特定の点（x_2 で代表する）を考えると、そもそも 1 番目の格子で様々な方向に散乱をされているので、x_2 に到達するのは様々な x_1 から我々の考えている x_2 に向かう波だ。当然、1 番目の格子をどこで出たか（すなわち x_1 の値）によって x_2 までの距離が異なるので光路長も異なる。光路長が異なれば位相も変化するから、それを評価しなければならない。この光路長に起因する位相差を与える関数は 2 点の座標の差 x_2-x_1 の関数のはずだから、1 番目の微小領域 Δx_1 からのこの関数をとりあえず $p(x_2-x_1)$ と書き、また、2 番目の位相格子に到達する電子線の波動関数を $\psi_2^{in}(x)$ と表せば、次のように書ける。

$$\psi_2^{in}(x) = \sum_{x_1} \Delta x_1 p(x_2 - x_1)\psi_1^{out}(x_1) \longrightarrow \int p(x_2 - x_1)\psi_1^{out}(x_1)dx_1 \tag{12.44}$$

ここで $p(x)$ は x の距離を伝搬する際に起こる位相の変化を表す関数で*伝搬関数*（propagation function）と呼ばれる。また、ここでの和あるいは積分は要するに 2 番目の位相格子上のある一点に到達する 1 番目の位相格子からの波の足しあわせを行っているだけで、第 4 章で見てきた波の足しあわせと同じ意味を持っている（例えば (4.3) 式）。

- step 3 さて、ここで伝搬関数 $p(x_2-x_1)$ を考えよう。要は 2 次元位相格子間を波が伝わる際の位相の変化を正しく考えに入れればよい。ポイントは、我々の想定している位相格子の間の間隔 Δz は非常に小さいので、フレネル回折で行った光路長の計算を行う必要があるということだ (4.2.3 節)。つまり我々は x_1 から x_2 に到達する各波に対する伝搬関数として次式を要求する。

$$p(x_2 - x_1) = \frac{1}{i\lambda\Delta z}\exp\left\{2\pi i k\frac{(x_2-x_1)^2}{2\Delta z}\right\} \tag{12.45}$$

ここで出てきた係数はもともとはキルヒホッフの回折積分に由来するものだが、詳細は光学の参考書を見てもらいたい。また、位相格子間の伝搬は本来は球面波で扱われるべきであるのにフレネル回折ではそれを放物面波で代替している。この近似は*小角近似*（small angle approximation）と呼ばれる。

- step 4 以上の結果を n 番目の位相格子に関して、(12.42) を考慮しながら一般化しよう。

$$\psi_n^{in}(x_n) = \int p(x_n - x_{n-1})\psi_{n-1}^{out}(x_{n-1})dx_{n-1} = \int p(x_n - x_{n-1})t(x_{n-1})\psi_{n-1}^{in}(x_{n-1})dx_{n-1} \tag{12.46}$$

したがって、この計算を繰り返せば任意の数のスライスを通過した電子線の波動関数が求まることになる。

　このようにマルチスライス法では結晶を多くの位相格子に分割し、試料中を下方に向かう散乱波を物理光学的に逐次計算していくが、この方法は固有値法と比べ、現実の電子顕微鏡の問題を解くのにいくつかの点で適している。まず m 個の回折波を考えるとき、固有値法では $m \times m$ の 2 次方程式を解いて $2m$ 個の解を得るが、多くの場合、11.4.2.1 節でも述べたように電子線のエネルギーが高いことから結局は反射波を無視し、試料の下方に向かう波のみを考慮する。また固有値問題を解くということは無限に広がった完全結晶に対し境界条件を与え電子の固有状態を求めることに相当するが、現実の試料は薄く、特に入射直後の薄い領域では様々な方向へ散乱が起こると考えるのが自然だ。スライ

12.5 結晶からの位相コントラスト

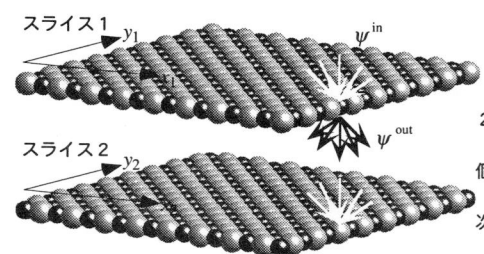

$$透過関数: \quad t(x) = \exp\left\{i\frac{\pi}{\lambda E}\int_0^{\Delta z} V(x)dx\right\}$$

$$2次元格子による回折波: \quad \psi_1^{out}(x_1) = t(x_1)\psi_1^{in}(x_1)$$

$$個々の波の伝搬関数: \quad p(x_2 - x_1) = \frac{1}{i\lambda \Delta z}\exp\left\{\pi ik\frac{(x_2-x_1)^2}{\Delta z}\right\}$$

$$次の2次元格子への入射波: \quad \psi_2^{in}(x_2) = \int p(x_2 - x_1)\psi_1^{out}(x_1)dx_1$$

図 12.32 マルチスライス法における基本的な計算ステップ（実際にはこの計算を逆空間で行うことが多い）

スの大きさを無限小にした極限ではマルチスライス法はシュレディンガー方程式の解と一致することも示されている。さらに転位や析出物の存在、また、二つの相が分布している場合など材料学における現実的な問題に対してマルチスライス法は原理的に優れている。次に少し数学的な事柄について述べるが、実際の計算に興味のない方は飛ばしていただいて構わない。

- step 5 （12.46）に出てきた積分は次の右辺の形をしている。

$$f(x)*g(x) \equiv \int f(x-x')g(x')dx' \tag{12.47}$$

このような積分はコンボリューションと呼ばれ、$f(x)*g(x)$ で表す。そして、これを用いて（12.46）はもう少しスマートに書くことができる（コンボリューションに関しては付録Dを参照）。

$$\psi_n(x) = p(x)*[t(x)\psi_{n-1}(x)] \tag{12.48}$$

- step 6 この繰り返しで試料下面から出てくる波を求めるわけであるが、我々が欲しいのは後焦点面における波であるから、（12.48）をフーリエ変換してみよう。

$$F\{\psi_n(x)\} = F\{p(x)*[t(x)\psi_{n-1}(x)]\} \longrightarrow \Psi_n(q) = P(q)T(q)*\Psi_{n-1}(q) \tag{12.49}$$

これは（12.48）の逆空間表示と考えることができる。試料が結晶の場合、散乱ベクトル $\vec{q}$ は逆格子ベクトル $\vec{g}_{hkl}$ のみにおいてピークをとるから、（12.49）における積あるいはコンボリューションは $\vec{q}$ ではなく、離散的な $\vec{g}_{hkl}$ においてのみ実行すればよい。

12.5.3 複雑な基本構造を持った結晶の例

先に位相コントラストの例として示した Si ではディフォーカスや試料の厚さによってコントラストが反転することを見、それが厚さ方向の回折波の振幅と位相の変化、およびコントラスト伝達関数による結像過程における電子線の変調に起因することを見てきた。しかし、そうは言っても得られた像（図 12.25）は Si 結晶を ⟨110⟩ 方向から見たものとよく似ており、原子位置はどこかという厳密な議論を問題にしない場合、シミュレーション抜きで直観的にこの像と結晶構造との対応を考え、これが与えられた結晶からの像と主張してもそれなりの説得力を持っている。しかし、電子顕微鏡の分解能を超えた複雑な結晶からの像はどうだろうか。

ここで例として Al-Li-Cu 系合金において立方晶系に属する R 相（Al_5CuLi_3、空間群 $Im\bar{3}$（したがって 4 回対称軸はない））として知られている結晶の位相コントラストを考えてみよう。図 12.33 にX線や中性子線回折によって決められたこの結晶の構造モデルを示す（Li は軽いのでX線に対する散乱能が弱いが、中性子線に対する原子散乱因子は核の性質で決まるので Li 位置を決められる[12-2]）。bcc に立脚した単位胞内には対称性の異なった 7 種類の位置に計 162 個の原子が位置し、原子間の距離も小さい。この結晶はそれぞれの格子点の周りに正 12 面体と正 20 面体を構成する原子群が殻のように配置していると見なすこともでき、図 12.33 にはそれらの多面

第12章 位相コントラスト入門

体も示した。

　回折学を学び始めたばかりの頃にこのような複雑な構造を見ると、さも複雑な回折パターンが得られるのではと想像してしまうが、それは誤りだ。すなわち、8.3節で見たように<u>基本構造は各回折点の強度に影響を与えるのであって、回折点そのものの位置を決めるのは格子なのだ。</u>（言い換えると格子の持つ対称性の低さが複雑なパターンを与え、複雑な基本構造が複雑な強度分布を与える。また空間格子による消滅則に加え、基本構造において対称性の高い位置を原子が占有すると強度ゼロ、すなわち新しい消滅則が生まれる場合もある。　それらは参考文献

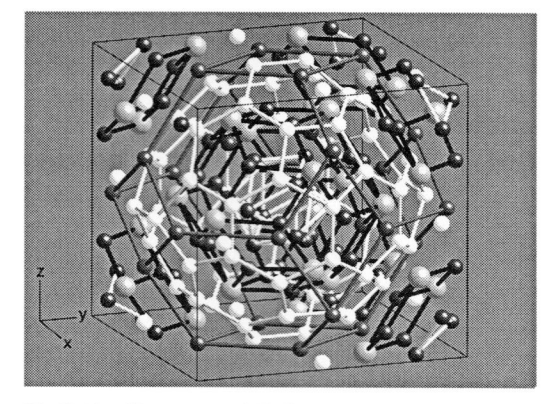

図 12.33 R相(Al_5CuLi_3, 空間群 $Im3$)の単位胞と原子配置

（たとえば、*International Tables for Crystallography, vol.A,* (1983)）にまとめられている。
　ここでの例は bcc 格子であり、次の写真で見るように基本的な回折点の配置は鉄などの bcc 格子を持つ物質からの配置とまったく同じである。しかし強度は散乱ベクトルの広い領域にわたって変化している。これは複雑な基本構造が存在することを示唆する。また 12.3.3 節で見たように実効的なコントラスト伝達関数が伝える情報には限界があるから、電子顕微鏡において得られる位相コントラスト像ではこの限界以上の情報は伝わらない。電子線結晶学と呼ばれている分野の最近の進展を除いて、X線や中性子線回折による結晶構造の決定が必須である理由はここにある。

　以上を踏まえた上で、R相から得られた位相コントラストを見てみよう [12-3]。図 12.34(a) と (b) にそれぞれ [100] および [$\bar{1}$11] 方向から撮影した像を示した。写真中には原子配置の [100] 投影図とシェルツァーディフォーカスのもとで予想される位相コントラストのシミュレーションの結果も示した。これらの情報と得られた写真とを比較すると、高分解能電子顕微鏡写真から単位胞に対応する周期構造を見て取ることはできるが、一方、これらの写真に現れている白と黒の

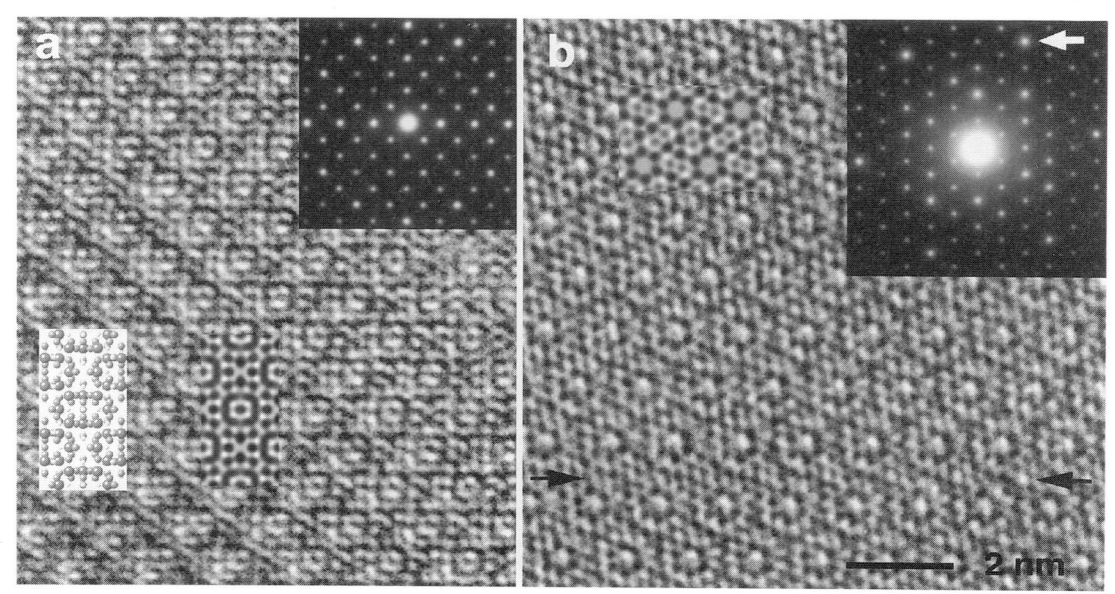

図 12.34 R相の位相コントラスト：(a) 100入射（挿入図：回折パターン、原子配置のモデル、シミュレーション像）、(b) $\bar{1}$11入射、矢印は積層欠陥の位置を示す（挿入図：回折パターン（矢印は532反射）、シミュレーション像）

12.5 結晶からの位相コントラスト

コントラストは個々の原子とは対応していない。またこの物質は空間群 $Im\bar{3}$ に属し、{110}面上には鏡映面が存在しないことがX線回折などの結果から示唆されているが、確かに[111]方向から撮影した位相コントラストは正12面体や正20面体からなる原子群が110方向から傾いている様子が見て取れ、{110}面は鏡映面ではないことがわかる（体心立方格子という高い対称性が、正12面体や正20面体という基本構造の対称性により低下している）。この状況は図中に示した電子線回折像の強度分布にも反映されており、たとえば532などの反射（矢印）が強い強度を持っていることに現れている（$5:3:2 \approx \phi^2:\phi:1$（$\phi$は黄金比（$\phi = (1+\sqrt{5})/2) \approx 1.618$; 13.3節参照）。

このように複雑な結晶構造を高分解能電子顕微鏡の像からだけで決めることは困難であるが、しかし電子顕微鏡は物質の電子線に対する高い散乱能とレンズ効果を利用して、極めて小さな領域からの回折像と位相コントラストを得ることができ、また、シミュレーションと併用することによりモデルの妥当性を検証でき、同時に局所的な欠陥を直接見ることができる（たとえば図12.34(b)中に矢印で示した積層欠陥の存在）。

12.5.4 多層膜と微粒子

次にシミュレーションなど細かな手段を用いずにも高分解能観察が有用な情報を提供してくれる例として、ナノメートルのオーダーの多層膜の断面試料を位相コントラストで見てみよう。

まず、図12.35(a)にはスパッタリング法で作成したFe-Zr多層膜を示した（中山ら [12-4]）。このコントラストに現れたクロスフリンジはbcc Feの{110}やhcp Zrの(00·2)あるいは{10·1}面からのものだ。対応する電子線回折像を見ると、これらの面間隔に対応する回折リングは積層方向に強く集積しており、それぞれの相が強い集合組織を有していることがわかる。一方、位相コントラスト像を注意して観察するとすると、回折像ではわからなかったFe-Zr境界のアモルファス領域の存在がわかる。これはFeとZrの合金形成能が大きい（自由エネルギー変化が大きい）ことに対応して膜形成過程で、アモルファス合金が生成していることを示している。さらに、この合金を加熱したり、また蒸着時の積層周期を短くすると、ついには全体がアモルファスとなってしまう。一例として図12.35(b)に同じ試料を400°Cで加熱した試料の断面写真を示す。一見均一なように見えるイメージであるが、ラザフォード後方散乱により元素分布を調べるとFeとZr元素の分布に周期性が残っていることが示されている（山本ら [12-5]）。

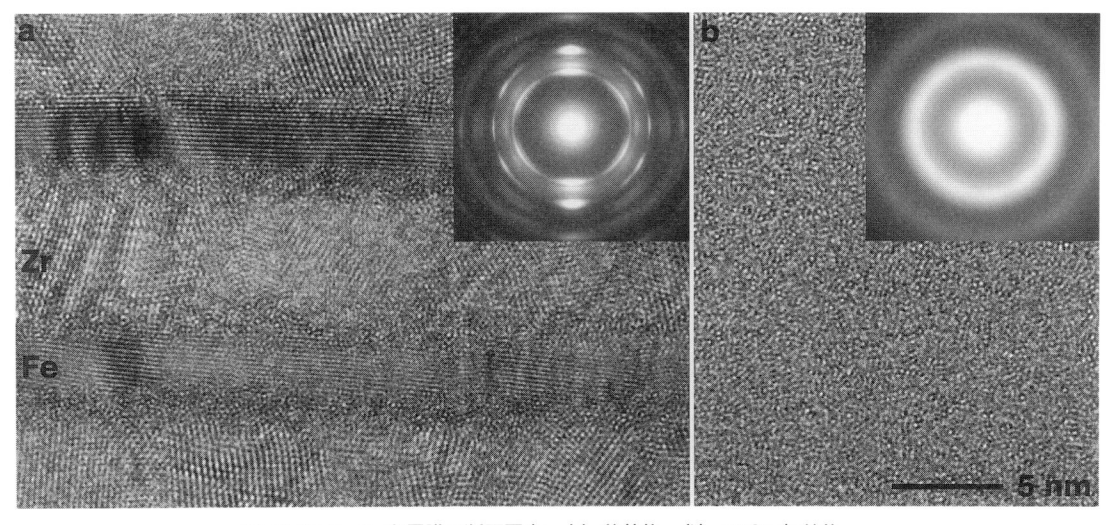

図 12.35 Fe-Zr 多層膜の断面写真：(a) 蒸着後、(b) 400°C 加熱後

第12章 位相コントラスト入門

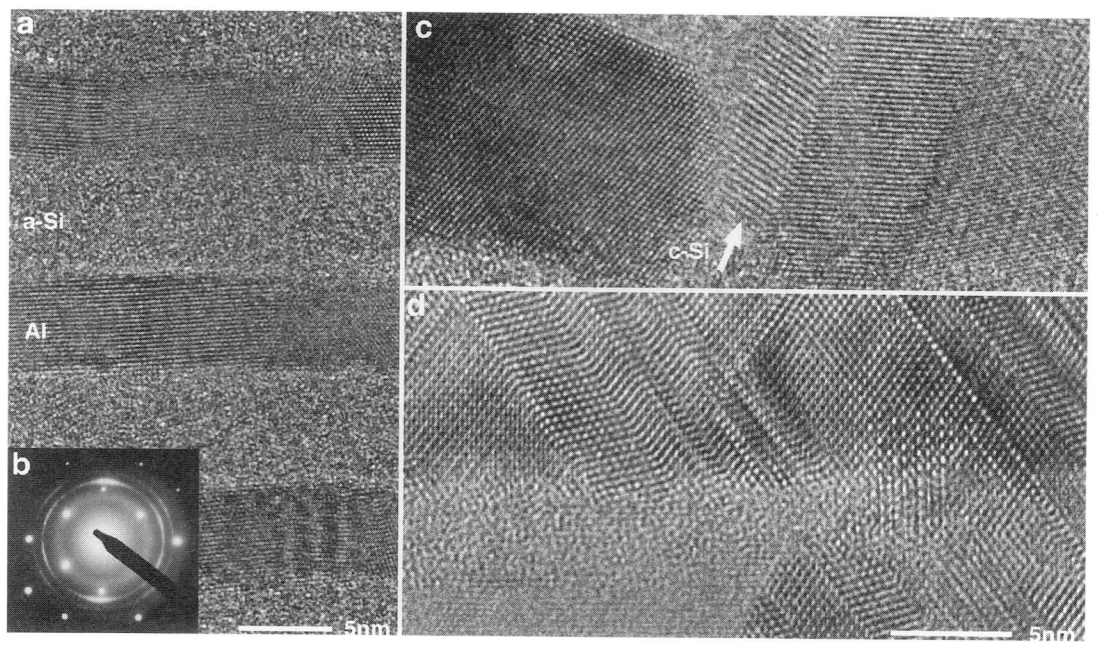

図 12.36 Si-Al 多層膜の断面写真：(a) 蒸着後、(b) 回折像（スポットはSi基板から）、(c) 180℃焼鈍後（結晶化したシリコンの核が矢印の位置に発生している）、(d) 同じ試料の異なった部位（Siが双晶を伴いながら成長する）

一方、図 12.36(a) に示したのはやはりスパッタリング法で作成した Si-Al 多層膜の断面写真だ [12-6]。シリコン、ゲルマニウムなどの半導体元素は共有結合性が強く、また気相からの蒸着による冷却速度は約 10^6K/sec を超えていると見積もられており、蒸着後はアモルファスである。このような半導体アモルファスは温度を上げると最終的に安定な結晶相となる。その結晶化温度はアモルファスシリコンで 600-900℃、アモルファスゲルマニウムで約 550℃ だ。一方、図 12.36(c) には Si-Al 多層膜を 180℃ まで加熱した試料の断面写真を示した。この図の中央の Al のフリンジの中に 0.314nm のフリンジが観察されるがこれはシリコンの {111}面間隔に対応している（すなわち、アモルファスシリコン単体では起こりえないほどの低温で結晶化が起こったことを示している。この現象は金属に誘起されたアモルファス半導体の結晶化（metal-mediated crystallization）と呼ばれる）。

また図 12.37 に示したのはプラズマガス凝集法と呼ばれる気相から直接、固相を得る手段で作成したコバルトクラスターの高分解能電顕による観察例だ [12-7, 8]。コバルトは室温では hcp 構造をとるが、結晶粒の大きさを小さくしていくと fcc が安定な構造となることが知られている。(a) はほぼ fcc 構造（[110] 入射）だが、積層欠陥の存在がわかる。一方、(b) はほぼ hcp であるがやはり積層欠陥が存在し、この大きさが粒径依存性という観点からの fcc-hcp 変態の"臨界点"と言える。また、(c)は基板温度 300℃ で得られた像であり、結晶質の接合部の存在がはっきりわかる。

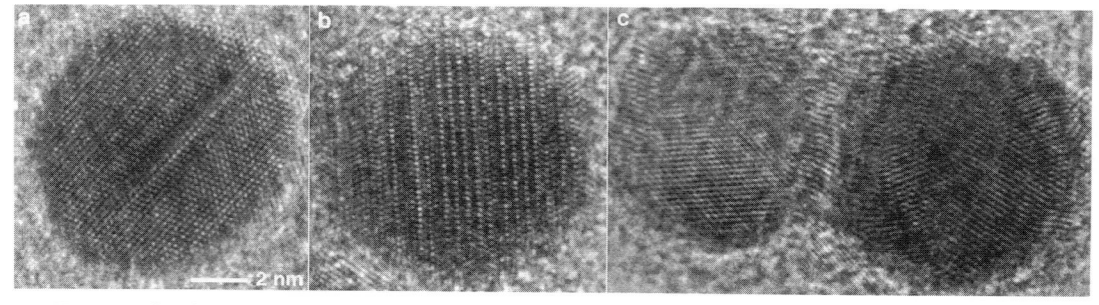

図 12.37 プラズマガス凝集法で作成した Coクラスター：(a) fcc Co、(b) hcp Co、(c) 300℃における接合

12.5.5 欠陥や析出物が存在する場合

実用材料、特に構造材料は単相で用いられる場合はあまりなく、結晶学的な欠陥や第 2 相の存在が材料の強化に本質的な役割を果たしている。ここでは時効析出合金の原型である Al-Cu 系合金、そしてさらに Li を添加した合金に現れる析出帯の観察例を見てみよう。

図 12.38(a) と (b) に Al-Cu 合金を 540°C で焼鈍後急冷した試料を室温で時効処理して得た試料をディフォーカス量をわずかに変えて [001] 方向から撮影した高分解能像を示す（[10-5]、対応する明視野像と回折像は図 10.23 を参照）。これらの写真には fcc Al のコントラストに加え、{100} 面に沿って析出した Cu による GP ゾーンと思われる像がいたるところで観察される。しかし (a) と (b) を注意深く比較すると (a) では fcc Al マトリックスとしか判別つかないのに、(b) では析出層の存在が明らかな領域が図中の矢印で示したようにいくつか見られる。一方、図 12.39 には Al の {100} 面に沿って Cu 原子が板上に析出した場合の位相コントラストのマルチスライス法によるシミュレーション像を示した（シェルツァーディフォーカスは約 48nm）。まず、弱位相物体近似が成り立つような薄い試料についてシェルツァーディフォーカスでは Al や Cu などポテンシャルの深い位置は黒いコントラストとし

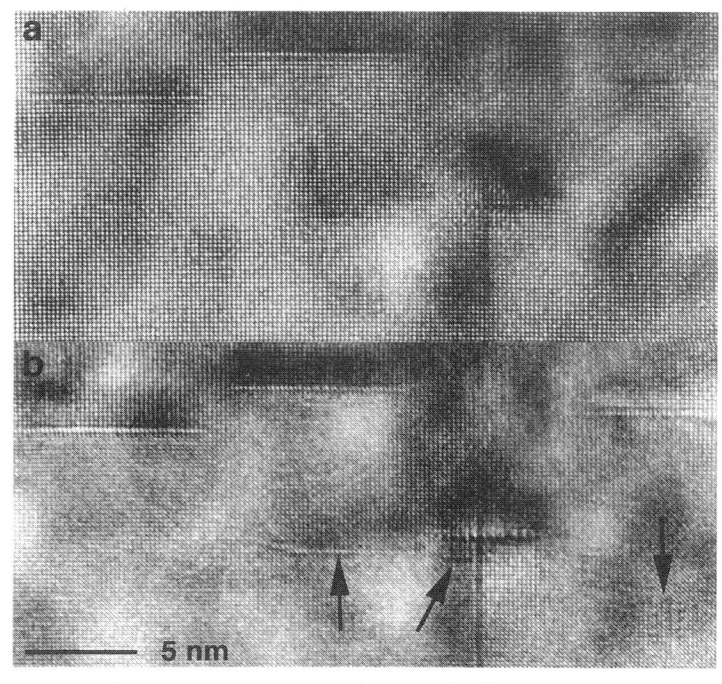

図 12.38 Al-Cu合金中の GP ゾーンの高分解能電子顕微鏡像

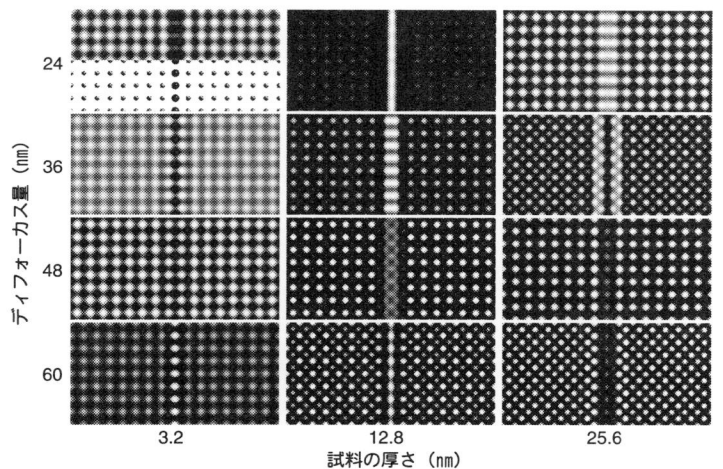

図 12.39 GPゾーンのシミュレーションの例
（挿入図（左上）の黒丸は Cu原子、小さな白丸は Al原子を投影した位置）

て現れることに注意しよう。そのため GP ゾーンの大きさが位相物体近似が成立する数 nm 程度と小さい場合、シェルツァーディフォーカスではゾーンがコントラストとしてはほとんど現れず、大きなディフォーカス量をとることが必要であることが分かるが、これは図 12.38 の結果と定性

第12章 位相コントラスト入門

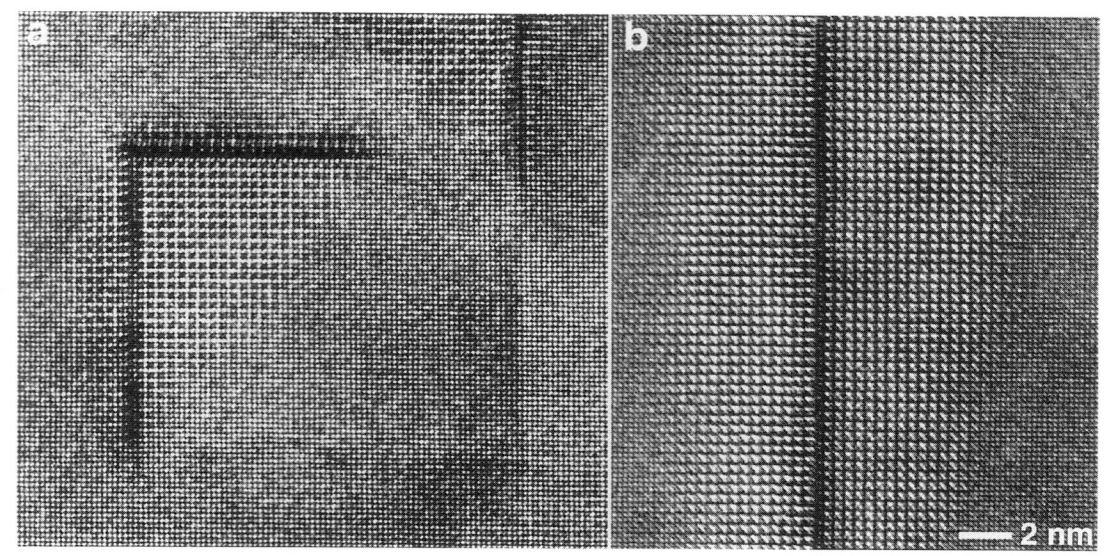

図 12.40 Al-Li-Cu合金中の GP ゾーンとそれを取り囲む Al$_3$Li相の高分解能電子顕微鏡像

的に一致している。

一方、図 12.40 には Al-Li-Cu 合金において GP ゾーンと Cu$_3$Au 構造を持つ Al$_3$Li（10.4.2 節）とが同時に出現した場合の位相コントラストを二つ示す（吉村ら[10-7]）。一見、異なったコントラストであるが、図 12.41 に示したシミュレーションの結果から、両者とも GP ゾーンを挟んで Al$_3$Li が逆位相の関係を持った構造から得られた写真であることが判明する。このように位相コントラストの正しい解釈に、シミュレーションは欠かせない解析手段だ。

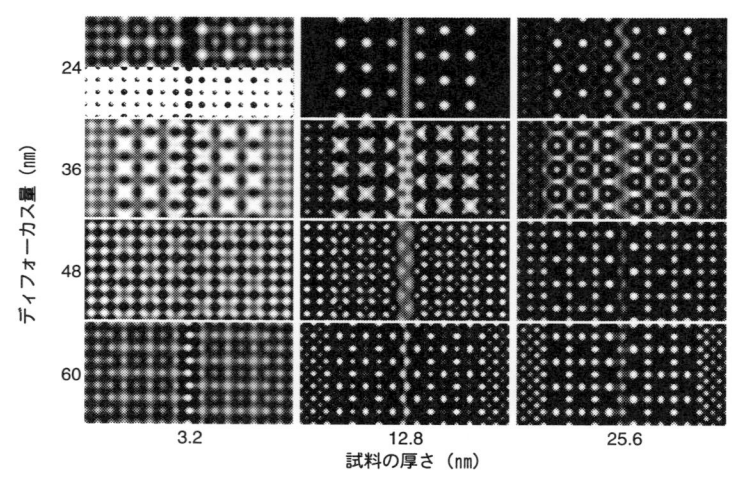

図 12.41 GPゾーンと周囲に析出した Al$_3$Li相のシミュレーションの例
（挿入図（左上）の黒丸は Cu原子、小さな黒丸は Li原子、白丸は Al原子の位置）

この章のまとめ

- アッベの結像理論、フーリエ変換と空間周波数
- 弱位相物体近似
- 位相コントラスト伝達関数（CTF）：球面収差とディフォーカスとの折合い、シェルツァーディフォーカス
- 包絡関数：加速電圧やレンズ電流のばらつき、照射角などに起因する情報の限界
- 構造を持たない物体からの位相コントラスト、非点収差の除去
- シミュレーションの重要性、マルチスライス法の基本的な考え方

第１３章　その他のトピックス

The central peak becomes broader as the particle size decreases, and it does not depend on the internal structure of the particles, so long as the particles are homogeneous.
　　A. Guinier　"X-ray Diffraction in Crystals, Imperfect Crystals and Amorphous Bodies"

回折とは波の干渉であること、また強度として現れる干渉パターンから散乱体の分布に関する様々な情報を抽出できることを我々は見てきた。この章では、大切ではあるがここまでで述べることのできなかったいくつかの話題、あるいは最近のトピックスのいくつかについて簡潔にまとめたい。

13.1　小角散乱

6.1.1 節の冒頭で相関のない散乱体の集合からの散乱波の強度が、散乱ベクトル q がゼロに近づくときに呈する特異な挙動について触れた。この散乱は散乱体が無限に大きいときはデルタ関数となり実質的に無視できるが、散乱体の集合体の大きさが有限である場合、集合体の形状や界面の状態に関する情報を与えてくれる。この q が小さな範囲の散乱は**小角散乱**（small angle scattering）と呼ばれる。

13.1.1　小角散乱の領域

だいぶ結晶からの散乱の話が続いたので、ここでも結晶からの散乱波の振幅の分布から始めよう。我々は散乱強度は定数項を除いて次式で与えられることを知っている（第 8 章）。

$$I(\vec{q}) = |G(\vec{q})|^2 = |F(\vec{q})|^2 |L(\vec{q})|^2 \tag{13.1}$$

ここで $F(\vec{q})$ は単位胞内の原子からの干渉を表す項 (8.23) だ。図 8.22 にも示したように $F(\vec{q})$ は $L(\vec{q})$ に比べ非常にゆるやかに変化するから、$\vec{q} \to 0$ の極限では (13.1) は次のように書き改めることができるだろう（さらに有限格子の干渉関数 $L(\vec{q})$ も形状因子 $A(\vec{q})$ に帰着する (8.19a)）。

$$I(\vec{q}) \xrightarrow{\vec{q} \to 0} |F_{000}|^2 |A(\vec{q})|^2 = \rho^2 |A(\vec{q})|^2 \xrightarrow{\vec{q}=0} \rho^2 N^2 \tag{13.2}$$

ここで仮に試料の温度が高くなって、デバイ・ウォーラー因子の存在によりすべての hkl 反射のピークがずっと弱くなっても 000 反射（透過ビーム）の近傍では上の式が成立していることに注意しよう。同様の結果はアモルファスの散乱強度を表す (6.29) において、試料内にまったく相関がないとして、密度分布 $\eta(r)$ を平均密度 η_0 で置き換えても得られる（たとえば図 6.23）。

要するに、$q \approx 0$ 近傍における散乱は試料内部の原子や電子の相関とは無関係に、電子濃度を ρ で表しておおよそ次のように書ける。

$$I(\vec{q}) \approx \rho^2 |A(\vec{q})|^2 \xrightarrow{\vec{q}=0} \rho^2 N^2 \tag{13.3}$$

では実際には、どの程度の領域の散乱を小角散乱と呼べるのだろうか？　図 13.1 に示したように試料の大きさ D が反映される散乱角 θ は極めて小さい。言い換えると我々は、本節において

$$\theta \approx \lambda/D \tag{13.4}$$

の程度の範囲の散乱に注目している。

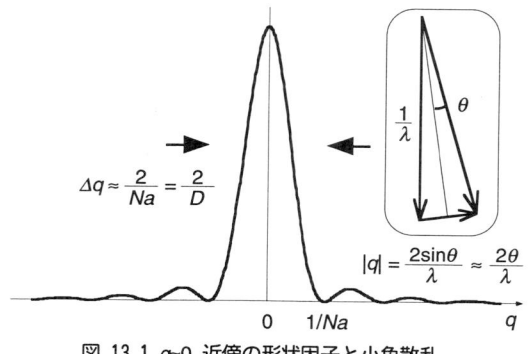

図 13.1　$q \approx 0$ 近傍の形状因子と小角散乱

第13章 その他のトピックス

13.1.2 球状粒子からの小角散乱

散乱体の形を一般に $a(\vec{r})$ と表すと形状因子は次のように書けた（8.19b）。

$$A(\vec{q}) = \int a(\vec{r}) e^{-2\pi i \vec{q} \cdot \vec{r}} dV \tag{13.5}$$

内部が均一な半径 R の球状粒子は次のように表される（以下、電子密度を 1 に規格化する）。

$$a(\vec{r}) = a(r) = \begin{cases} 1 & r \leq R \\ 0 & r > R \end{cases} \tag{13.6}$$

上記の計算の方法は単原子からの散乱を調べた 5.3 節ですでに見ている。つまり、r 方向だけの積分に帰着し、次の結果を得る（これは半径 R の球のフーリエ変換だ（付録D））。

$$\begin{aligned} A(\vec{q}) &= 4\pi \int_0^R a(r) r^2 \frac{\sin 2\pi q r}{2\pi q r} dr \\ &= \frac{4\pi}{3} R^3 \cdot 3 \frac{\sin(2\pi qR) - (2\pi qR)\cos(2\pi qR)}{(2\pi qR)^3} \end{aligned} \tag{13.7}$$

この結果を図 13.2 に太線で示した。リニアスケールではわずかにしか現れないが、これは散乱ベクトルとともに正負に振動しながら減衰する関数だ。

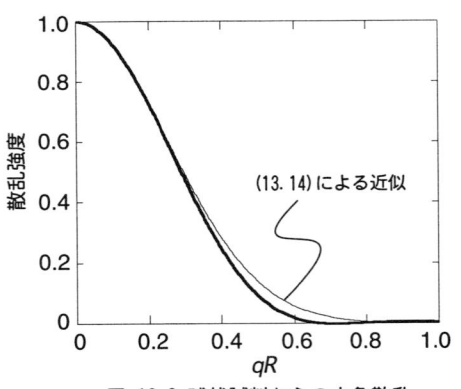

図 13.2 球状試料からの小角散乱

13.1.3 q が極めて小さい領域での近似

（13.7）は厳密な式だが、次に小角散乱の中でも特に $q \approx 0$ 近傍の挙動を近似的に表すことを考えてみよう。最初に球の体積を図 13.3 に示したように x 軸と垂直な輪切りで評価する。

$$V = \int s(x) dx \tag{13.8}$$

このとき、x 軸の原点を次式が満たされるようにとっておこう。

$$\int x s(x) dx = 0 \tag{13.9}$$

さて次に q が非常に小さいので q は x と平行、つまり $\vec{q} \cdot \vec{r} \approx qx$ と仮定する。すると（13.5）の指数項（フーリエ変換の核）は次のように展開できる。

$$e^{-2\pi i q x} \cong 1 - 2\pi i q x + \frac{1}{2}(2\pi i q)^2 x^2 + o(x^3) \tag{13.10}$$

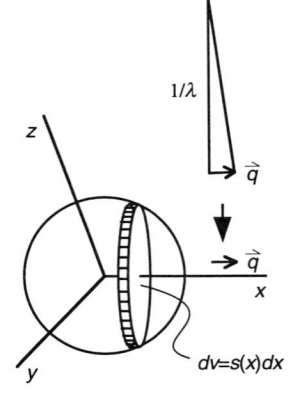

図 13.3 q を x と平行とみなし球の体積を輪切りに評価する

言い換えると、形状因子は次のように書けることになる。

$$\begin{aligned} A(\vec{q}) &\cong \int \{1 - 2\pi i q x + \tfrac{1}{2}(2\pi i q)^2 x^2\} s(x) dx \\ &= V - 2\pi i q \int x s(x) dx - 2\pi^2 q^2 \int x^2 s(x) dx \end{aligned} \tag{13.11}$$

ここで第2項は我々の原点の選択（13.9）によりゼロとなるので、さらに次のように表せる。

$$A(\vec{q}) \cong V\left\{1 - 2\pi^2 q^2 \frac{1}{V} \int x^2 s(x) dx\right\} = V\left\{1 - 2\pi^2 q^2 \overline{X}^2\right\} \cong V e^{-2\pi^2 q^2 \overline{X}^2} \tag{13.12}$$

ここで次のように置いた。

$$\overline{X}^2 = \frac{1}{V}\int x^2 s(x)dx \qquad (13.13)$$

この量を球について評価すると $R^2/5$ という結果が得られる。結局、散乱強度は次のように書ける。

$$I(\vec{q}) \propto |A(\vec{q})|^2 \cong V^2 e^{-4\pi^2 q^2 \frac{1}{5}R^2} \qquad (13.14)$$

この結果を図 13.2 に厳密な解である (13.7) とともに示した。このように $q \approx 0$ の近傍では (13.14) による近似は小角散乱の挙動をよく表している。この近似が成り立つ領域は一般にギニエ領域（Guinier region）として知られている。

13.1.4 慣性半径

実際には一般の形状をした多数の粒子が入射ベクトルに対しランダムな方向を向いているというのが、より現実的であろう。そこで次の量を定義する。

$$r_G^2 = \frac{\int r^2 dv}{\int dv} = \frac{\int (x^2+y^2+z^2)dv}{\int dv} \qquad (13.15)$$

この r_G は慣性半径（gyration radius）と呼ばれる。たとえば半径 R の球では $r_G^2 = (3/5)R^2$ となる。

さて、球では図 13.3 において x, y, z の方向は同等であるが、一般の形状をした粒子ではそうではない。しかし、それらの粒子がランダムに様々な方向を向いていれば、空間に固定された x, y, z 軸に沿って測ったそれぞれの 2 乗平均はみな同じとしてもよいだろう。つまり、

$$\overline{x}^2 = \overline{y}^2 = \overline{z}^2 \qquad (13.16)$$

となる。結局、慣性半径は先に球を例として用いた $\overline{X}^2$ と次の関係にある。

$$r_G^2 = \frac{\int 3x^2 dv}{\int dv} = 3\frac{1}{V}\int x^2 dv = 3\overline{X}^2 \qquad (13.17)$$

一方、(13.15) で与えられた慣性半径は一般的なものであるから、結局、一般の形状をした粒子の慣性半径 r_G を用いて散乱強度は次のように書ける。

$$I(\vec{q}) \propto V^2 e^{-\frac{1}{3}r_G^2 \cdot (2\pi q)^2} \qquad (13.18a)$$

あるいは対数をとって、

$$\ln\{I(\vec{q})\} = \text{const.} - \frac{1}{3}r_G^2 (2\pi q)^2 \qquad (13.18b)$$

となる。すなわち、小角散乱強度の対数をとり、q^2 に対してプロットすると

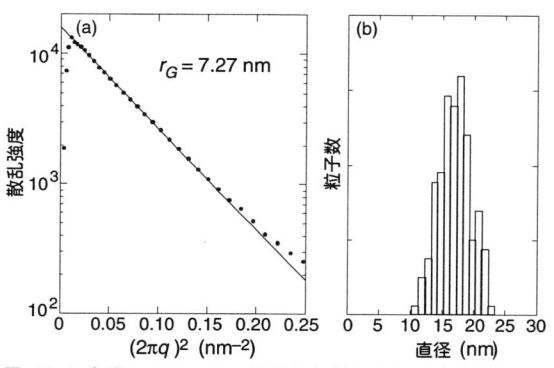

図 13.4 市販のラテックス粒子から得られた (a) X線小角散乱強度のギニエプロットと (b) 電顕によって観察した粒度分布（東北大学金属材料研究所 神山智明博士のご好意による）

$q \approx 0$ の領域でその傾きは慣性半径の 2 乗に比例した量を与えることになる。このようなプロットはギニエプロット（Guinier plot）と呼ばれる。図 13.4 に市販のラテックス粒子からのX線小角散乱によって得られたギニエプロット、および同一の試料を電子顕微鏡によって測定して得た粒度分布を示した。

第13章　その他のトピックス

ギニエプロットはあくまでも q が極めて小さい極限で（(13.10) の近似が成立する範囲で）有効であるのであって、広い領域で散乱強度の対数が q^2 に対して直線にのるからといって、その直線がよりよく慣性半径を与えているのではないことに注意したい。また、$(x/a)^2+(y/b)^2=1$ の楕円を x 軸の周りに回転して得られる回転楕円体の慣性半径は $r_G^2=1/5(a^2+2b^2)$ であるが、このことから、たとえば体積が一定であれば球状粒子の慣性半径が最も小さく、a が短く扁平となっても a が長く棒状となっても慣性半径は大きくなる。また慣性半径が一定であれば、その体積は球状粒子の場合が最も大きくなる。

13.1.5 ピークのすその領域での近似

以上のように何らかの方法で体積がわかっていれば、小角散乱の $q \to 0$ の領域は慣性半径という形で粒子の形状に関する情報を与えてくれる。これより進んだ議論は参考書（A.Guinier (1963)）を見てもらうとして、次にピークのすその付近でよく用いられる近似に触れたい。

再び球状粒子の例に戻って考える。球状粒子のフーリエ変換（形状因子）は (13.7) で与えられた。したがって、その絶対値の 2 乗を（定数項を除いて）散乱強度と考えることができる。まず、この量をもう一度きちんと表そう。

$$I(\vec{q}) = \left[\frac{4\pi}{3}R^3\right]^2 \cdot \left[3\frac{\sin(2\pi qR)-(2\pi qR)\cos(2\pi qR)}{(2\pi qR)^3}\right]^2$$

$$= \frac{1}{8\pi^3}\left\{\frac{1}{\pi q^6}+\frac{2\pi R^2}{q^4}-\frac{4R}{q^5}\sin(4\pi qR)+\left(\frac{4\pi R^2}{q^4}-\frac{1}{\pi q^6}\right)\cos(4\pi qR)\right\} \quad (13.19)$$

さて、ここで sin および cos を含んだ項は $q=1/(2R)$ を周期として振動しながら q の増加とともに減衰していく関数だ。もし球状粒子の大きさに分布がある場合、この周期も粒子の大きさに応じて異なるから、この振動項は q の大きな領域で結局は打ち消しあってしまう。また、q が大きい領域では $1/q^6$ の項は速く減衰してしまい、結局 2 番目の $1/q^4$ の項のみが残るだろう。よって、散乱強度は q の大きな領域で次のように書けるだろう。

$$\ln\{I(\vec{q})\} = \mathrm{const.} - 4\ln q \quad (13.20)$$

つまり強度と q、それぞれの対数をプロットすればその傾きは -4 となることが予想される。また第 2 項の $1/q^4$ の分子が散乱体の表面積 $2\pi R^2$ となっていることから、表面（界面）に関する情報が得られるだろう。ずいぶんいい加減な近似だと思われるかもしれないが、実際にこのような領域が存在することはいくつもの系で確認されており、*Porod* 領域（Porod region）と呼ばれる。

13.1.6 粒子間に相関がある場合

ここまでの議論からわかるように小角散乱領域では、離散的に存在する粒子内の原子間の相関を考えず、散乱体をあたかも連続体のように扱う。この点では我々が第 4 章で見たアパチャーからのフラウンホーファー回折によく似ている。またこれまでは粒子の数密度も比較的小さく、それらの粒子はバラバラに存在したのでそれぞれの粒子からの散乱強度の和を考えれば十分であった。しかし、粒子間に何らかの相関がある場合、振幅の和を考えねばならない。

最初に Ge/Ag 多層膜を断面方向から見た明視野像、通常の回折パターン、そして小角領域に現れたスポットの分裂を図 13.5 に示す。この場合、Ge はアモルファスでありこの小角散乱領域のスポットの分裂は Ge と Ag という 2 種類の電子密度が異なった領域が周期的に存在することの帰結だ。そしてスポットの間隔は多層膜の周期の逆数に比例する。また、Ag が強い 111 集

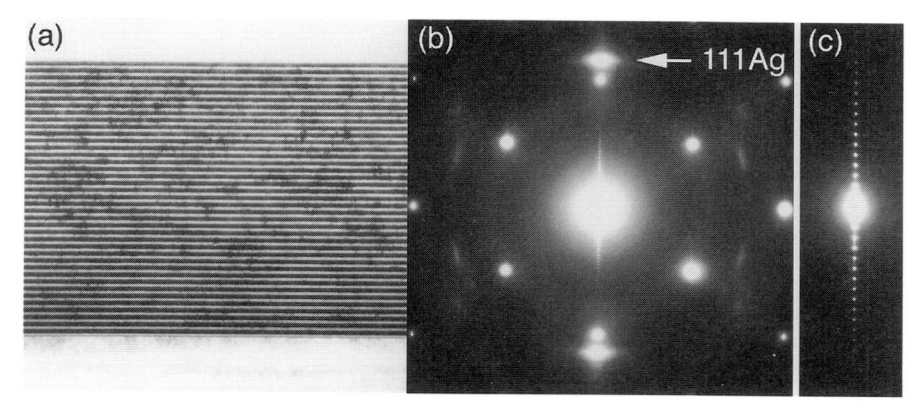

図 13.5 Ge/Ag 多層膜の断面写真 (a) 明視野像、(b) 制限視野回折像（Si基板からの 110 回折パターンに重畳されている）、(c) 透過ビーム近傍の小角散乱

合組織を持っていることは 111_{Ag} ピークの強い集積度によってわかるが、よく観察するとこのスポットも多層膜の周期に対応して分裂している。

もちろんここまで周期的でなくとも、電子密度になんらかの相関があれば小角散乱の強度変化として現れる。その基本的な取扱いは第 6 章で行ったやり方とよく似ている。つまり $\vec{r}_m$ を粒子の位置を表すベクトル、$\vec{r}_a$ を粒子内の原子位置を表すベクトルとすれば、粒子全体からの散乱振幅は次式で表されることから出発する。

$$F(\vec{q}) = \sum_{m=1}^{N_p} \sum_{a=1}^{N_a} f e^{2\pi i \vec{q} \cdot (\vec{r}_m + \vec{r}_a)} \tag{13.21}$$

ここで粒子の数を N_p、粒子内の原子の数を N_a とした。簡単のため各粒子は同種原子からなっているとし、また構成する原子数も同じとするとその強度は（定数項を除いて）次のように書ける。

$$\begin{aligned} I(\vec{q}) &= f^* f \sum_{m=1}^{N_p} \sum_{n=1}^{N_p} \sum_{a=1}^{N_a} \sum_{b=1}^{N_a} e^{2\pi i \vec{q} \cdot \{(\vec{r}_m - \vec{r}_n) + (\vec{r}_a - \vec{r}_b)\}} \\ &= f^* f \times \sum_{a=1}^{N_a} \sum_{b=1}^{N_a} e^{2\pi i \vec{q} \cdot (\vec{r}_a - \vec{r}_b)} \times \sum_{m=1}^{N_p} \sum_{n=1}^{N_p} e^{2\pi i \vec{q} \cdot (\vec{r}_m - \vec{r}_n)} \end{aligned} \tag{13.22}$$

（原子内の電子の相関）×（粒子内の原子の相関）×（粒子間の相関）

デバイの式を求めたとき（6.3 節）と同じ取扱いをすれば散乱強度として次の一般的な表現が得られる。

$$I(\vec{q}) = f^* f \sum_{a=1}^{N_a} \sum_{b=1}^{N_a} \frac{\sin 2\pi q r_{ab}}{2\pi q r_{ab}} \sum_{m=1}^{N_p} \sum_{n=1}^{N_p} \frac{\sin 2\pi q r_{mn}}{2\pi q r_{mn}} \tag{13.23}$$

この状況を図 13.6 に模式的に示した。実際にはすべての粒子を構成する原子の数が同じであることなどありえないだろう。したがって、小角側に生ずる細かなピークの周期は原子の大きさに依存し、大きさのバラつきが広がれば高角側から細かなピークは互いに打ち消しあって消え、小角散乱領域の肩などに姿を変える。

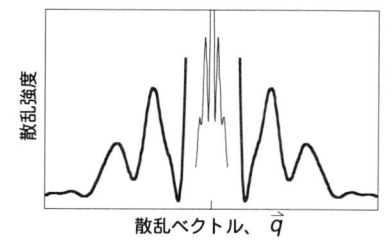

図 13.6 粒子内の相関と粒子間の相関

13.1.7* 相関長

前節では散乱体が粒子や 2 次元膜として存在することを前提としていた。次に二つの濃度の異なった領域が入り組んだ構造や大きな密度ゆらぎがあり、それが相関長と呼ばれるパラメータによって特徴づけられている場合を紹介したい。

13.1.7.1* 不均一な固体からの散乱に関する Debye と Bueche の取扱い

図 13.7 に示したような不均質な物質を考えよう。この試料の平均密度は $\bar{\rho}$ であることが分かっている。今、この試料内のある点 A と B における局所的な密度の平均密度からのずれをそれぞれ $\Delta\rho_A = \rho_A - \bar{\rho}$ および $\Delta\rho_B = \rho_B - \bar{\rho}$ と表そう。また、試料全体の平均値からのずれは分散として $\overline{\Delta\rho}^2$ と置くこととしよう。さて、今、この点 A と B 間の距離 r_{AB} を固定し、この二点における平均密度からのずれの積 $\Delta\rho_A\Delta\rho_B$ を考える。そして A と B を試料中、くまなく移動してすべての点を網羅したときの平均を $\langle\Delta\rho_A\Delta\rho_B\rangle$ と表すこととしよう。このように考えると $\langle\Delta\rho_A\Delta\rho_B\rangle$ は二点間の距離 r_{AB} の関数となるだろう。つまり、$r_{AB} = 0$ であれば、それは $\overline{\Delta\rho}^2$ となるはずだが、r_{AB} が適当に小さければ $\langle\Delta\rho_A\Delta\rho_B\rangle$ は $\overline{\Delta\rho}^2$ よりは小さいがある値をとるだろう。そして r_{AB} がある程度大きくなれば二点 A と B 間の密度の相関はなくなるから、平均値からのずれの相関もなくなり $\langle\Delta\rho_A\Delta\rho_B\rangle$ はゼロとなるに違いない。つまり $\langle\Delta\rho_A\Delta\rho_B\rangle$ はその物質の不均一の度合いを二点間の距離 r_{AB} の関数として表す量と言える。この $\langle\Delta\rho_A\Delta\rho_B\rangle$ を $\overline{\Delta\rho}^2$ を用いて次のように表そう（以下、r_{AB} を単に r と置いた）。

$$\langle\Delta\rho_A\Delta\rho_B\rangle = \gamma(r)\overline{\Delta\rho}^2 \tag{13.24}$$

ここで $\gamma(r)$ は上に述べたことから 0 から 1 の値をとる関数であり、相関関数（correlation function）と呼ばれる。

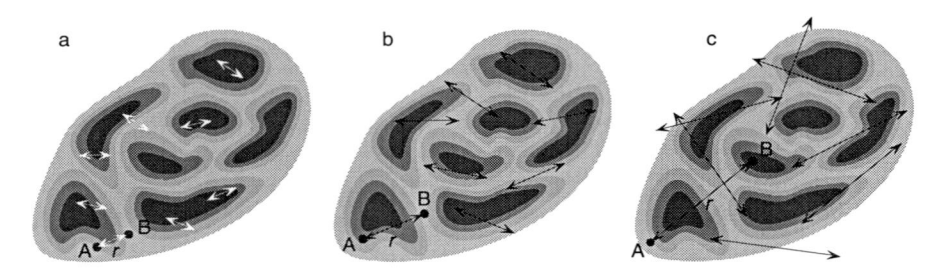

図 13.7 2 点の平均密度からのずれの積を系全体で平均した量 $\langle\Delta\rho_A\Delta\rho_B\rangle$ は 2 点間の距離に依存 r に依存する

さて、Debye と Bueche は実験結果と照らし合わせて考察した結果、この二点間の相関を表す関数が次のように表されることを示した [13-1]。

$$\gamma(r) = e^{-r/a} \tag{13.25}$$

ここで a がここでの取扱いにおける相関長（correlation length）と呼ばれる量だ。

このような相関があるときの散乱強度を求める場合でも、物質からの散乱振幅は一般に次の量に比例するという基本から出発する。

$$G(\vec{q}) = \int \Delta\rho_A e^{-2\pi i\vec{q}\cdot\vec{r}_A} dV_A \tag{13.26}$$

散乱強度はその 2 乗だから（定数項を除いて）、

$$I(\vec{q}) = \iint \Delta\rho_A\Delta\rho_B e^{-2\pi i\vec{q}\cdot(\vec{r}_A-\vec{r}_B)} dV_A dV_B \tag{13.27}$$

となるが A, B 二点間のベクトルを $\vec{r}$ で表せば r に依存しない積分はただの試料全体の体積 V となり、上の式は次のように書ける。

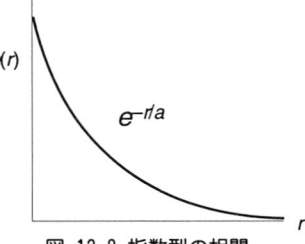

図 13.8 指数型の相関

$$I(\vec{q}) = V\int\langle\Delta\rho_A\Delta\rho_B\rangle e^{-2\pi i\vec{q}\cdot\vec{r}} dV = V\overline{\Delta\rho}^2\int\gamma(r)e^{-2\pi i\vec{q}\cdot\vec{r}} dV = V\overline{\Delta\rho}^2\int_0^\infty \gamma(r)\frac{\sin 2\pi qr}{2\pi qr}4\pi r^2 dr \tag{13.28}$$

ここで最後の展開はこの積分が試料の置かれた方向に依存しないことを仮定している（5.3 節参照）。

ここで相関長として (13.25) を仮定すると、結局、散乱強度として次の表現を得る。

$$I(\vec{q}) = V\Delta\overline{\rho}^2 \frac{8\pi a^3}{(1+(2\pi qa)^2)^2} \tag{13.29}$$

13.1.7.2* ゆらぎ

次に臨界点近傍におけるゆらぎと小角散乱との関係について簡単に触れたい。この分野の背後には臨界現象の統計力学があり、本書の範疇をはるかに越えるので詳細は参考書を見てもらうとして（たとえば H.E.Stanley (1971))、以下、現象論的な説明にとどめたい。

前項の取扱いと似ているが、ここでは固体の不均一性が密度のゆらぎ (fluctuation) として表される状況を考える。まず散乱体の平均濃度が $\bar{n}$ とわかっている系において、$\vec{r}$ の位置におけるある瞬間の散乱体密度を $n(\vec{r})$ で表そう。また同様に、平均値からのずれを $\Delta n(\vec{r})$ で表そう。すなわち、

$$\Delta n(\vec{r}) = n(\vec{r}) - \bar{n} \tag{13.30}$$

と置く。ここで、二点 $\vec{r}$ と $\vec{r}'$ における平均値のずれがそれぞれ $\Delta n(\vec{r})$、$\Delta n(\vec{r}')$ であるような確率を $G(r, r')$ と表し、次の形で表すことにする。

$$G(r,r') = \langle \Delta n(\vec{r}) \Delta n(\vec{r}') \rangle \tag{13.31}$$

これは $\vec{r}$ における密度のゆらぎ（平均値からのずれ）と $\vec{r}'$ における密度のゆらぎとの相関を表現しており、密度-密度相関関数（あるいは簡単に相関関数）と呼ばれる。

Ornstein と Zernike は、臨界たんぱく光として知られている密度ゆらぎのある系からの散乱強度を考察し、それが $\vec{q} \to 0$ の条件下で近似的に次の形で表されることを示した。

$$I(\vec{q}) \propto \frac{1}{\kappa^2 + (2\pi q)^2} \tag{13.32}$$

この結果は実空間において 2 点の密度ゆらぎの相関が

$$\langle \Delta n(0) \Delta n(\vec{r}) \rangle \approx \frac{e^{-r/\xi}}{r} \tag{13.33}$$

と表されることを示している。ここで $\xi = 1/\kappa$ は（密度ゆらぎの）相関長と呼ばれている量だ。

以上の内容を実例で見てみよう。ここで紹介するのは Fe-Cu 薄膜からの中性子小角散乱だ。通常の中性子による散乱は原子核によるもので電子の広がりに比べ桁違いに狭い領域からの散乱だから、中性子線の原子散乱因子は散乱ベクトルに対しほとんど一定の値をとる。しかし、中性子は磁気モーメントを有しており、電子の持つ磁気モーメントからも散乱を受ける。この磁気散乱による散乱因子は実空間における電子分布を反映するから X 線の原子散乱因子と同じような形を持つ。

さて、中性子線が磁気モーメントを感じることを利用して物質中のモーメント間の相関を見ることができる。図 13.9 に示したのはスパッタ法で作成した Fe_3Cu_7 薄膜からの磁気散乱のデータと (13.29) および、(13.32) に基づいた最小 2 乗法によるフィッティングの結果だ [13-2]。Cu は磁石につかないが（反磁性体）、Fe は強磁性体だ。この Fe を無理やり Cu マトリックスの中に入れると低温では Fe の磁気モーメントが同じ方向を向く領域が試料内のあちこちにできる。そのような領域は不均一に存在するが、同一領域内からの散乱は揃ったスピン間の相関を反映しているはずだ。したがって、図 13.7 のように二点間の相関から磁気モーメントのそろった領域の広がりの程度を推定できる。一方、磁気的な臨界点直上の室温では Fe のスピンが熱振動でゆらゆら揺らいでいる領域があちこちにできるという状況が生じる。この場合、任意の 2 点間の密度ゆらぎの相関は (13.33) で表されるだろう。

第13章 その他のトピックス

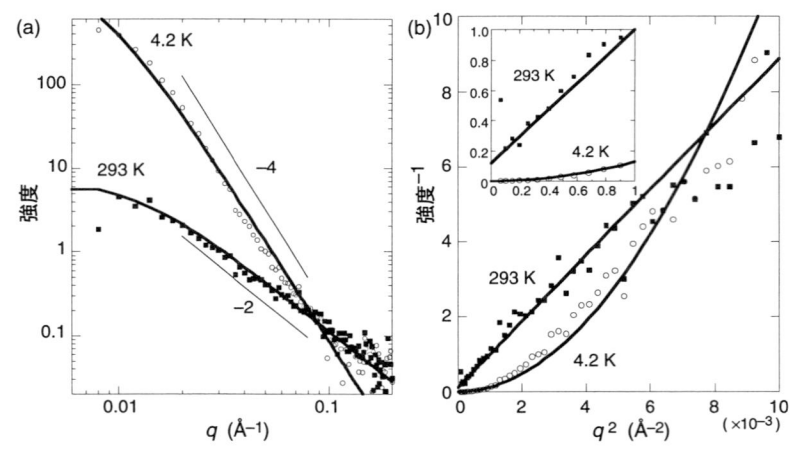

図13.9 Fe-Cu 薄膜からの中性子小角散乱：(a) 対数プロット、(b) 強度の逆数プロット

　図13.9に4.2Kおよび293KにおけるFe-Cu薄膜からの磁気散乱の小角領域を示した。まず、(a)のように対数プロットを行うと4.2Kでは散乱ベクトル q の大きな領域で傾きが -4、一方293Kではほぼ -2 であることが分かる。これはそれぞれ、DebyeとBuecheが不均一固体に対して与えた散乱強度（13.29）、およびOrnsteinとZernikeが揺らぎに対して与えた散乱強度（13.32）が予測する振舞いと一致している。さらに散乱強度の逆数を q^2 に対してプロットしたのが (b) だ（この形のプロットは Ornstein-Zernike-Debye プロットと呼ばれる）。このように $\bar{q} \to 0$ でそれぞれの理論が予測する傾向によく一致し、それぞれの温度域で (13.25) および (13.33) で表現された相関が存在し、4.2K における強磁性領域の相関長は約140Åであること、またこの系の磁気的な臨界点より高い293Kにおいてスピンの揺らぎの持つ相関長は約85Åであることがわかる。

13.2 長範囲規則構造

10.4.2節で規則構造について述べ、また11.3.2.5節で規則構造の周期がずれる逆位相境界について簡単に触れた。この節では、さらに逆位相境界が広い範囲にわたって規則的に存在する場合の取扱いの基礎を述べたい。この分野に関しては優れた成書があるので（小川研究室成果刊行会(1993)）、ここでは特に逆位相境界の変位ベクトルの種類に応じた構造因子の求め方を中心に簡単にまとめる。

13.2.1 変位ベクトル、1次元長範囲規則構造、2次元長範囲規則構造

　まず10.4.2節で見た Cu_3Au 型の規則構造から出発しよう（以下、プリミティブ単位胞（立方晶）の格子定数を a と置く）。図13.10(a)にはこの単位胞が x 方向に五つ並んだあと、次の単位胞が $1/2(y+z)$ だけずれて再び五つの単位胞が並んでいる状況を示した。単位胞がずれている領域は逆位相境界に他ならないが、ここでの特徴は逆位相境界が規則正しく（ここでの例では五つごとに）挿入されていることだ。このような構造は**長範囲規則構造**（long-range ordered (LRO) structure、あるいは単に長周期構造）と呼ばれる。また、逆位相境界間に存在する基本的な規則構造（この場合は Cu_3Au 型構造）の単位胞の数を慣習に従って本書では M と表す（図では $M=5$）。図13.10に示した構造は一つの方向にのみ長周期構造を持つから、1次元長範囲規則構造と呼ばれる（y 軸、z 軸方向には逆位相境界はない）。また、正しい単位胞は $a \times a \times 2Ma$ の正方晶だ。

　逆位相境界を挟んだ二つの領域はもともとは Cu_3Au 構造だったから、どちらかの領域を基準にして他方をその領域からのずれで表すことができるだろう。このずれを表すベクトルを変位ベクトルと呼ぶ。図13.10(a)に示したモデルでは逆位相境界（APB）の面内に変位ベクトルがある

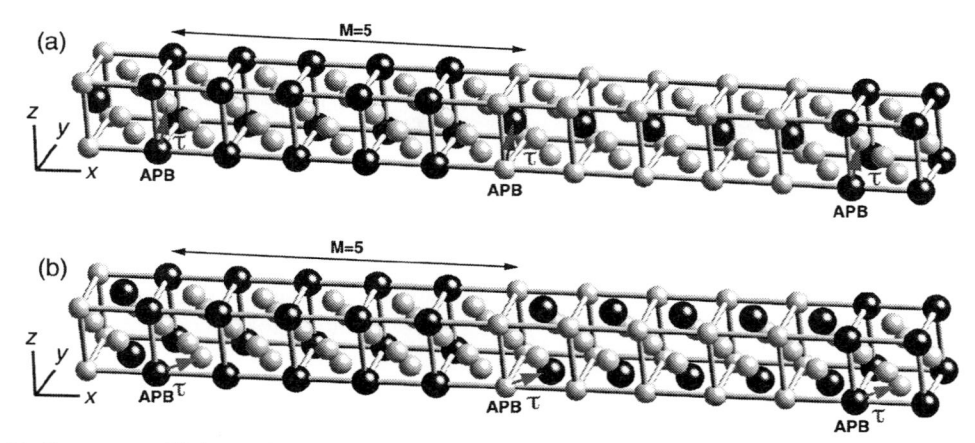

図 13.10 Cu$_3$Au 型構造に基づく 1 次元長範囲規則構造の例:(a) 第 1 種変位ベクトルの場合(M=5,単位胞は c=2M の正方晶),(b) 第 2 種変位ベクトルの場合(M=5,単位胞は c=2M の直方(斜方)晶)

が、特にこのような変位ベクトルを第 1 種変位ベクトル(displacement vector of the first kind)と呼び、対応する逆位相境界を第 1 種逆位相境界と呼ぶ。一方、図 13.10(b) に示したモデルでは逆位相境界に垂直な方向(この場合は x 軸方向)にゼロでない成分を持つが、この場合の変位ベクトルを第 2 種変位ベクトル(displacement vector of the second kind)と呼ぶ。

さらに一方向だけではなく、同時に二つの方向に逆位相境界が存在する場合を 2 次元長範囲規則構造と呼ぶ。たとえば図 13.11 に示したのは Cu$_3$Pd 合金において見いだされた 2 次元長範囲規則構造で、図の x 方向に第 1 種の、y 方向に第 2 種の逆位相境界がそれぞれ存在する(渡辺ら [13-3])。

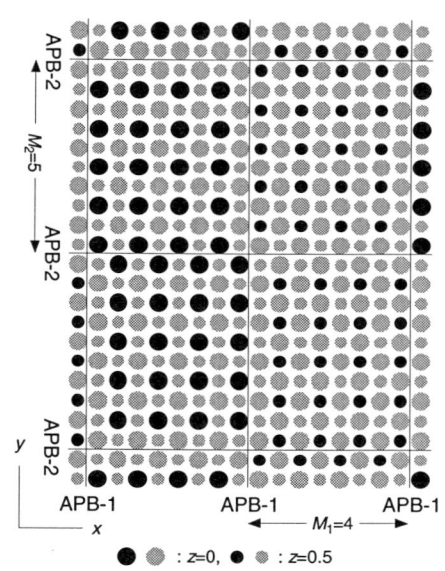

図 13.11 2 次元長範囲規則構造の例(Cu$_3$Pd 型)

13.2.2 構造因子の求め方 1:M 個の単位胞からなる構造ユニットについて繰り返し和をとる方法

次に長範囲規則構造を持つ物質はどのような回折パターンを与えるのか考えてみよう。

1 次元長周期構造では基本的な単位胞が M 個の範囲で x 方向に並進対称性をもって並んだ構造ユニットを形成している。そしてその構造ユニット間に変位ベクトルを挿入することにより、図 13.10 のような構造が実現するわけだ。ここではこの特徴をフルに生かして、大きさ M の構造ユニットの和を逐次とることによって全体の構造因子を求める方法を考えよう。また、第 1 種変位ベクトルを想定して以下の話を進める。

- step 1 とりあえず変位ベクトルを $\vec{\tau}$ と表そう。先の Cu$_3$Au 型構造の例では $\vec{x}, \vec{y}, \vec{z}$ をそれぞれ x, y, z 軸に沿った方向の単位ベクトルとして、次のように書ける。

$$\vec{\tau} = \varepsilon_y \vec{y} + \varepsilon_z \vec{z} = \tfrac{1}{2}(\vec{y}+\vec{z}) \tag{13.34}$$

第13章　その他のトピックス

定義により変位ベクトルはこの構造の基本となる単位胞の基本ベクトルの分数（$\varepsilon_y, \varepsilon_z$）で表される。
（厳密には長範囲規則構造が存在すれば単位胞は本来の並進対称性を満たす大きなものとなる。しかし、混乱をさけるため以下の議論では長範囲規則構造の構造単位となる Cu_3Au 構造を便宜的な単位胞と考える。）

- step 2　以下、単位胞内の原子位置（基本構造）を表すベクトルを $\vec{u}_i$、また散乱ベクトル $\vec{q}$ の x, y, z 軸に沿った成分をそれぞれ q_x, q_y, q_z と置く（8.3.2 節参照）。今、c 軸方向（x 方向）の大きさが M の構造ユニットを考え、この大きさの構造ユニットが N 個あるとし、それらに対し 0 から $N-1$ まで番号をつけよう。一方、構造ユニット内の小さな単位胞も 0 から $M-1$ まで番号をつけよう（したがって、ここで Cu_3Au 構造の単位胞の総数は NM 個、また、本来の正方晶のプリミティブ単位胞の総数は $N/2$ 個）。

- step 3　0番目の構造ユニット内に存在する m 番目の単位胞内の i 番目原子は次のベクトルで表される。

$$\vec{r}_{0,m,i} = m\vec{x} + \vec{u}_i \tag{13.35}$$

同様に、1 番目の構造ユニット内の m 番目の単位胞内の原子は次のベクトルで表される。

$$\vec{r}_{1,m,i} = \vec{u}_i + (M+m)\vec{x} + \vec{\tau} \tag{13.36}$$

ここで、となりの構造ユニットに移るときの変位ベクトルの効果を $\vec{\tau}$ で表している。このように考えると、一般に n 番目の構造ユニット内の m 番目の単位胞内の原子位置は次のベクトルで表すことができる。

$$\vec{r}_{n,m,i} = \vec{u}_i + (nM+m)\vec{x} + n\vec{\tau} \tag{13.37}$$

（実はこの表記だと、n の数が増えるたびに変位ベクトル $\vec{\tau}$ だけ構造ユニットがずれてしまう。しかし、第 1 種の変位ベクトルであれば構造因子の計算には問題ない。この点は後述する。）

- step 4　単位胞内の i 番目の原子の原子散乱因子を f_i と置けば、$\vec{q}$ 方向に向かう散乱波の振幅の分布は、構造ユニット毎に計算した散乱振幅を全部足しあわせればよく、次のように書ける。

$$G(\vec{q}) = \sum_{\text{unit cell}} f_i e^{-2\pi i \vec{q} \cdot \vec{u}_i} \left\{ \sum_{m=0}^{M-1} e^{-2\pi i m q_x} + e^{-2\pi i \vec{q} \cdot \vec{\tau}} \sum_{m=0}^{M-1} e^{-2\pi i (m+M) q_x} + \cdots \right.$$
$$\left. + e^{-2\pi i \vec{q} \cdot n\vec{\tau}} \sum_{m=0}^{M-1} e^{-2\pi i (m+nM) q_x} + \cdots + e^{-2\pi i \vec{q} \cdot (N-1)\vec{\tau}} \sum_{m=0}^{M-1} e^{-2\pi i (m+(N-1)M) q_x} \right\} \tag{13.38}$$

（ここで、Cu_3Au 構造を持つ単位胞の構造因子はどれも同じなので最初からくくりだしている。要するに $\{\cdots\}$ 内で各構造ユニットの $\vec{x}$ 方向および $\vec{\tau}$ 方向およびずれを逐次評価している。）

- step 5　上の式を少し簡単にするため n についての和を考えれば次式を得る。

$$G(\vec{q}) = \sum_{\text{unit cell}} f_i e^{-2\pi i \vec{q} \cdot \vec{u}_i} \sum_{m=0}^{M-1} e^{-2\pi i m q_x} \sum_{n=0}^{N-1} e^{-2\pi i n (M q_x + \vec{q} \cdot \vec{\tau})} \tag{13.39}$$

第 1 項は単位胞（Cu_3Au 型構造）の構造因子、第 2 項は一つの構造ユニットの干渉関数と考えることができる。一方、第 3 項はこの構造ユニットが N 個存在することを表す項だ。よく見ればわかるように、もし変位ベクトル $\vec{\tau}$ がゼロであれば第 2 項と第 3 項は次のように一つにまとまって、ただの NM 個の単位胞による有限格子の干渉関数となってしまう。

$$G(\vec{q}) = \sum_{\text{unit cell}} f_i e^{-2\pi i \vec{q} \cdot \vec{u}_i} \sum_{m=0}^{M-1} \sum_{n=0}^{N-1} e^{-2\pi i (m+nM) q_x} \tag{13.40}$$

言い換えると、この節で述べている方法では $\vec{\tau} \neq 0$ のとき、(13.39) の第 3 項が変位ベクトルの存在に起因する効果を回折強度分布に与える。ここまでの取扱いは（第 1 種変位ベクトルであれば）一般的なものであることにも注意しよう。

13.2 長範囲規則構造

- **step 6** 次に、この第3項内の変位ベクトルの存在に起因する位相変化を φ で表してしまおう。

$$\varphi = \vec{q}\cdot\vec{\tau} = \varepsilon_y q_y + \varepsilon_z q_z \tag{13.41}$$

ここで φ の成分に q_x が含まれないが、これはこの変位ベクトルが第1種であるからだ。このように本来、q_x 方向の和をとっているのに q_y や q_z という成分が位相の変化に入っていることが逆位相境界が周期的に存在することの帰結だ。

- **step 7** 残った仕事は和をあらわに計算することだ。もともとの単位胞の干渉関数を $F_{\text{unitcell}}(\vec{q})$ と書けば、（強度に影響を与えない位相因子を除いて）q_x 方向に関する散乱振幅として次の結果を得る。

$$G(\vec{q}) = F_{\text{unitcell}}(\vec{q})\frac{\sin\pi M q_x}{\sin\pi q_x}\frac{\sin\pi N(Mq_x+\varphi)}{\sin\pi(Mq_x+\varphi)} \tag{13.42}$$

この表式をプロットする前に定性的に第2項と第3項の振舞いを考えてみよう。第2項は要するに単位胞が M 個ある場合の有限格子の干渉関数で我々は 8.2 節でその結果を見ている（たとえば図 8.15 が $M=7$ の場合に相当する）。つまり、広がりが $1/M$ 程度のピークを周期的に与える関数となる。

次に第3項を考えてみよう。第8章では N 個の単位胞に対する構造因子は $q=g$ の近傍で強いピークを与えることを見てきたが、数式的にはその理由は干渉関数の分母がそのときゼロとなるからだった。ところが φ の存在によりこの状況が微妙に変化している。φ が整数のときは分母内の被関数は π の整数倍ずれるだけだから何の変化もない。ところが変位ベクトルは分数で表されるから、(13.41) からもわかるように φ が分数になる場合もある。たとえば $\varphi = 1/2$ で分母内の被関数が $0\times\pi$ となる場合を考えてみる。その場合、分母は

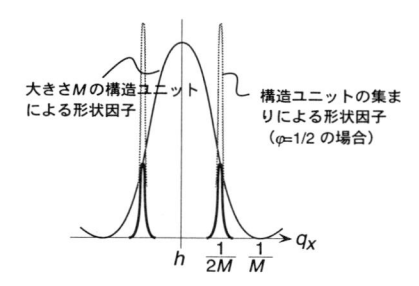

図 13.12 $\varphi=1/2$ の場合の回折スポットの分裂

$$Mq_x + \varphi = Mq_x + \frac{1}{2} = 0\times\pi \tag{13.43}$$

となるから、干渉関数がピークを持つのは

$$q_x = -\frac{1}{2M} \tag{13.44}$$

の場合であることがわかる。もちろん分母であるサイン関数は 整数×π のとき（つまり 1×π のときも）ゼロとなるから、結局、第3項は（$\varphi=1/2$ のとき）$q_x = \pm 1/2M$ でピークを持つことになる。つまり、ここでの議論の結論は $\varphi=$ 奇数/2 の場合（たとえば $q_y=k=1$ かつ $q_z=l=0$ のとき）、$q_x=g_h=h$ の位置に回折ピークは生ぜず、

$$q_x = h \pm \frac{1}{2M} \tag{13.45}$$

に分裂することを意味している（たとえば 110 や 012 などのスポットが q_x 方向に分裂する）。この状況を図 13.13 に模式的に示した。$\varphi=$ 奇数/2 となるのが、h ではなく k と l に依存するということがポイントだ。

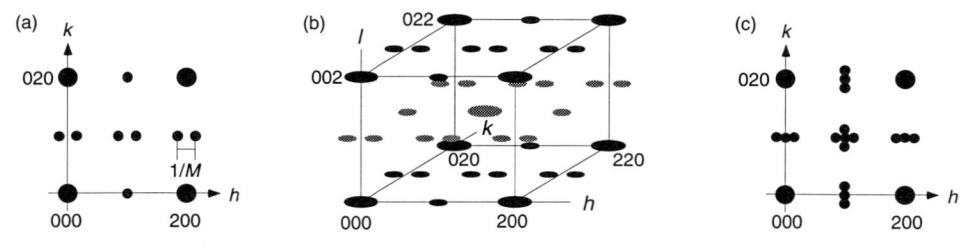

図 13.13 Cu$_3$Au型構造に基づく1次元長範囲規則構造（図13.10(a)）に対応する散乱強度の分布：(a) hk平面、(b) 3次元的な分布（見やすくするため $l=1$ のレイヤーを灰色で示した）、(c) x, y, z 方向に長範囲規則構造を持つ領域が混在する場合

13.2.3　構造因子の求め方2：真の単位胞中の原子位置を用いて評価する方法

最初に前節において出発点となった(13.38)において、散乱振幅の和をとっている構造ユニットの具体的な配置を第1種と第2種の場合について図 13.14 に示す。この図からわかるように、実際の計算に用いている単位胞の配列は変位ベクトル $\vec{\tau}$ によって大きさ M の構造ユニットが少しずつずれたものとなっている。にもかかわらず q_x 方向の散乱強度に関して正しい結果が得られたのは、1次元長範囲規則構造でかつ変位ベクトルが第1種の場合は、図 13.14(a) で示したのと同じ構造が y, z 方向に非常に多くあると考えれば、回折スポットの q_y, q_z 方向には単に通常の有限格子の干渉関数で示される回折強度の広がりを持つだけだからだ。

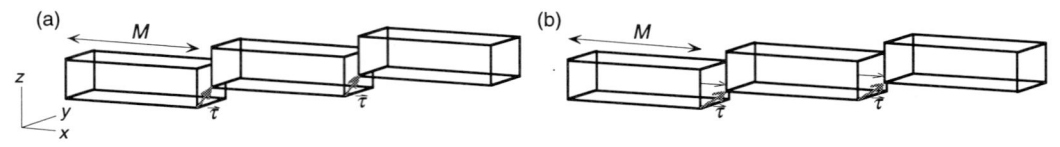

図 13.14　(13.38)で計算している実際の構造：(a) 第1種変位ベクトルの場合、(b) 第2種変位ベクトルの場合

ところが、第2種の場合では変位ベクトル自体に x 方向の成分が含まれているので(13.38)において M の大きさの構造ユニットの和を x 方向にとるごとに $\vec{\tau}$ の x 成分 τ_x だけ構造ユニットがずれるという不都合を前節の方法は内包している。また、2次元長範囲規則構造に関しては前節の方法は適用できない。なぜならば第2の方向（たとえば y 方向）新たな長周期構造をもたらそうとしても、変位ベクトルに y 成分が入っているため、図 13.11 で示したような直方晶の単位胞をとることができないからだ。

以上の困難を避けるための最も確実な方法は、逆位相境界を含む真の単位胞中の原子散乱因子と原子位置をあらわに書き下し、基本に帰って構造因子を計算することだ。ここでは前節との比較のため Cu_3Au 構造を持つ A_3B という架空の1次元長範囲規則構造を持つ化合物を例にとって考えてみる。

- step 1　架空の原子散乱因子を f_A と f_B、および逆位相境界を挟んだ二つの構造ユニットをⅠとⅡと置く。それぞれの構造ユニット内には（便宜的な）単位胞が M 個存在するがそれらは同じ構造を持つので、くくりだすことができ、変位ベクトルの分だけずれた Cu_3Au 構造を持つ原子位置をⅠとⅡについてあらわに書き下せばよい。

表 13.1　二つの領域の原子位置（図 13.10 (a) 参照）

	A			B
Ⅰ	1/2 1/2 0	0 1/2 1/2	1/2 0 1/2	0 0 0
Ⅱ	0 0 0	1/2 0 1/2	0 1/2 1/2	1/2 1/2 0

- step 2　細かな計算はあとでやるとして、全体像を得るために干渉関数をその構成要因に分けて書き下してみよう。次の式ではまず $a \times a \times 2Ma$ の大きさの正方晶の干渉関数を表すのに逆位相境界の両側に存在する2種の便宜的な単位胞を1番目の括弧で求め（F_{unit}^I、F_{unit}^{II} はそれぞれ構造ユニットⅠとⅡ内の $a \times a \times a$ の大きさの単位胞からの散乱振幅）、それを2番目の括弧で M 個の領域に拡張している。そして3番目の括弧でその単位胞が N 個存在することを表している（要するに有限格子の干渉関数）。

$$G(\vec{q}) = \left\{F_{unit}^I + F_{unit}^{II} \cdot e^{-2\pi iMq_x}\right\}\left\{1 + e^{-2\pi iq_x} + \cdots + e^{-2\pi i(M-1)q_x}\right\}\left\{1 + e^{-2\pi i \cdot 2Mq_x} + \cdots + e^{-2\pi i 2M(N-1)q_x}\right\} \quad (13.46)$$

ここで、2番目と3番目は単なる等比級数の和だから、

$$G(\vec{q}) = \left\{F_{unit}^I + F_{unit}^{II} \cdot e^{-2\pi iMq_x}\right\}\frac{\sin \pi Mq_x}{\sin \pi q_x}e^{-\pi i(M-1)q_x}\frac{\sin \pi N \cdot 2Mq_x}{\sin \pi 2Mq_x}e^{-\pi i 2M(N-1)q_x} \quad (13.47)$$

となる。ここで二つの干渉関数のあとの指数項は単なる位相因子だから、あとの計算には入ってこない。

- step 3　次にそれぞれのユニットの干渉関数 F_{unit}^I、F_{unit}^{II} を計算する。ここでは前節との比較のため、第1種の場合を例にとって考えよう（表 13.1）。

$$\begin{cases} F_{\text{unit}}^{\text{I}}(\vec{q}) = f_{\text{A}}\left\{e^{-2\pi i(\frac{1}{2}q_y+\frac{1}{2}q_z)} + e^{-2\pi i(\frac{1}{2}q_x+\frac{1}{2}q_z)} + e^{-2\pi i(\frac{1}{2}q_y+\frac{1}{2}q_x)}\right\} + f_{\text{B}} \\ F_{\text{unit}}^{\text{II}}(\vec{q}) = f_{\text{A}}\left\{1 + e^{-2\pi i(\frac{1}{2}q_x+\frac{1}{2}q_y)} + e^{-2\pi i(\frac{1}{2}q_x+\frac{1}{2}q_z)}\right\} + f_{\text{B}}e^{-2\pi i(\frac{1}{2}q_y+\frac{1}{2}q_z)} \end{cases} \tag{13.48}$$

- step 4 上式は逆空間内のすべての点にわたっての散乱振幅の分布を与えている。次に注目しているピークの近傍での様子を見るため、$q_y=k$, $q_z=l$ と置いて逆空間内の (q_x, k, l) すなわち、(h, k, l) 点の q_x 方向のピークの広がりを見てみよう。

$$\begin{cases} F_{\text{unit}}^{\text{I}}(\vec{q}) = f_{\text{A}}\left\{e^{-\pi i(k+l)} + e^{-\pi i(q_x+l)} + e^{-\pi i(k+q_x)}\right\} + f_{\text{B}} \\ F_{\text{unit}}^{\text{II}}(\vec{q}) = f_{\text{A}}\left\{1 + e^{-\pi i(q_x+k)} + e^{-\pi i(q_x+l)}\right\} + f_{\text{B}}e^{-\pi i(k+l)} \end{cases} \tag{13.49}$$

- step 5 我々の目的は (13.47) の第1項を求めることだ。これを $F_{\text{unit}}^{\text{I+II}}$ と置くと、k と l の値によって場合わけをして、次の結果を得る。

k と l が偶数の場合： $\quad F_{\text{unit}}^{\text{I+II}}(q_x) = \left\{f_{\text{A}}(1+2e^{-\pi iq_x}) + f_{\text{B}}\right\}\left\{1 + e^{-2\pi iMq_x}\right\}$ (13.50a)

k と l が奇数の場合： $\quad F_{\text{unit}}^{\text{I+II}}(q_x) = \left\{f_{\text{A}}(1-2e^{-\pi iq_x}) + f_{\text{B}}\right\}\left\{1 + e^{-2\pi iMq_x}\right\}$ (13.50b)

k と l が混合指数の場合： $\quad F_{\text{unit}}^{\text{I+II}}(q_x) = (f_{\text{A}} - f_{\text{B}})\left\{-1 + e^{-2\pi iMq_x}\right\}$ (13.50c)

（この表式は $f_{\text{A}}=f_{\text{B}}$ すなわち通常の面心立方構造のとき (8.40) に帰着することを確認しておこう。）

上記の結果のうち、最初の二つは q_x がそれぞれ偶数および奇数のときに極大を与えるが、k と l とが偶奇混合の場合は (13.50c)、

$$q_x = h \pm \frac{1}{2M}, \pm \frac{3}{2M}, \ldots \tag{13.51}$$

に極大を与える。このように本節で紹介したやり方だと干渉関数の中に特定の回折スポットの分裂が自然に入る。例として 110 近傍の散乱強度を計算した例を図 13.15 に示す。

このように、本来の単位胞である $a \times a \times 2Ma$ の大きさの正方晶に対して散乱振幅を計算すれば前節で得たのと同じ結論が得られる。2 次元長周期構造の場合、そして 1 次元であっても第2種の変位ベクトルによって逆位相境界が特徴づけられている場合は本来の基本構造を書き下してから回折パターンを計算するのが望ましい。

最後に実例として Nd-Fe-B 系アモルファス合金の結晶化過程に準安定相として現れた $D0_3$ 型構造（付録 C、図 C.7）を基本とする 2 次元長範囲規則構造から得られた電子線回折パターンを図 13.16 に示す [13-4]。詳細は省略するが $h+k+l = 4n\pm 2$ および $4n\pm 1$ の回折スポットの分裂様式が異なることに注意しよう。

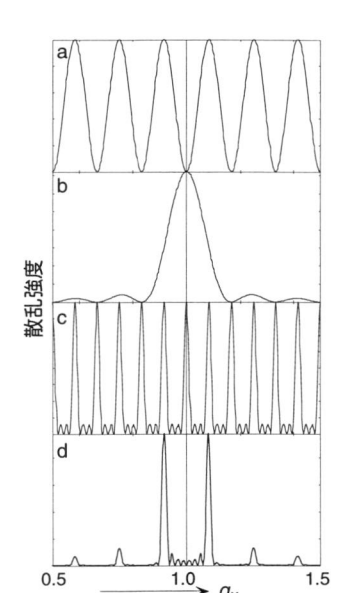

図 13.15 (13.47) における各項の寄与
(a) 第1項、(b) 第2項、(c) 第3項、
(d) 全体の構造因子 ($M=6$, $N=4$)

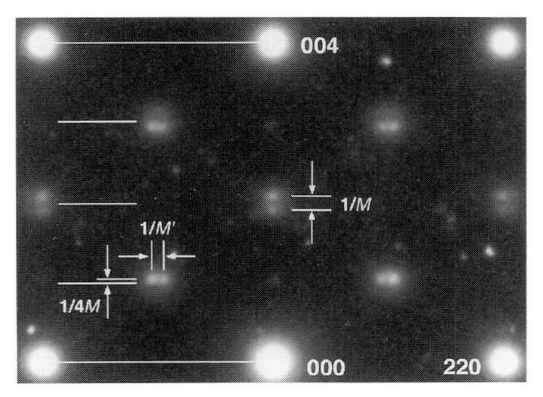

図 13.16 Nd-Fe-B アモルファス合金の結晶化過程に出現した
2 次元長周期構造からの回折パターン

第13章 その他のトピックス

13.3* 準結晶

1984年、D.Schechtmanによって発見された準結晶は既存の結晶学の概念を大きく変えた [13-5]。準結晶の電子顕微鏡による観察に関しては優れた成書があり（平賀(2003)）、また準結晶の取扱い自体、本書の守備範囲をはるかに越える。そこで本節では原子が長範囲にわたる規則を失わずに空間を隙間なく埋めるために、これまで前提としてきた並進対称性に基づく結晶構造（図 7.15）を具備する必然性はないこと、さらにそのような物質からもシャープな回折スポットを得られる理由を初等的に述べることにとどめたい。

13.3.1 自己相似性

これまで大きさの変換を伴わない対称操作のみによって記述される結晶の取扱いに終始してきたので、そのような固定観念からの脱却と本節のテーマの周辺に横たわる予備知識を得る目的で自己相似性について簡単に触れたい。

この本は B5 判であるが、この紙面の大きさの長方形を半分に折っても、まったく同じ形の長方形が得られる（図 13.17）。この長方形の特徴は大きさが変わっても形が不変なことだ。このような性質を一般に*自己相似性* (self-similarity) と呼ぶ。

この場合、縦と横の比を考えてみると、図から次式が満たされた場合にこのような自己相似の長方形が繰り返されることがわかる。

$$x:1=1:x/2 \longrightarrow x^2/2=1 \tag{13.52}$$

すなわち、縦と横の比は $\sqrt{2}:1$ である。

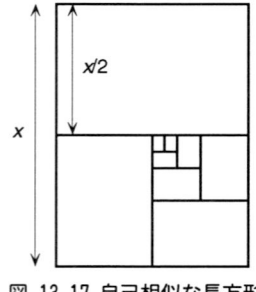

図 13.17 自己相似な長方形

次に巻き貝が持つ幾何学について考えてみよう。巻き貝は長さ方向だけでなく横にも成長するので、貝殻も渦を巻きながら大きくなってくれなくては都合が悪い。図 13.18(a) にこの状況を模式的に示したが、この巻き貝の形を数式で表すと次のように表される。

$$r = ae^{\theta \cot \alpha} \tag{13.53}$$

この図形は対数らせん (logarithmic spiral) と呼ばれる。ここで a と α は定数で、α は曲線が動径方向となす角度を表している（図 13.18(b)）。図から分かるように、この曲線の特徴はどこまでも同じ形をしていることだ。我々が住む銀河系の星の分布も大まかに対数らせんに従う。

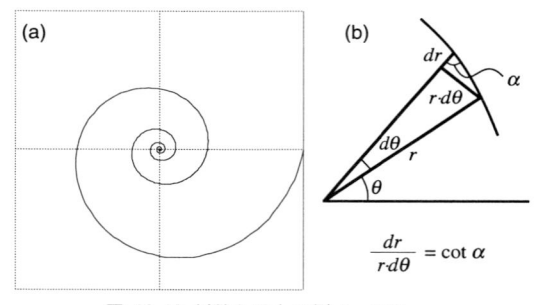

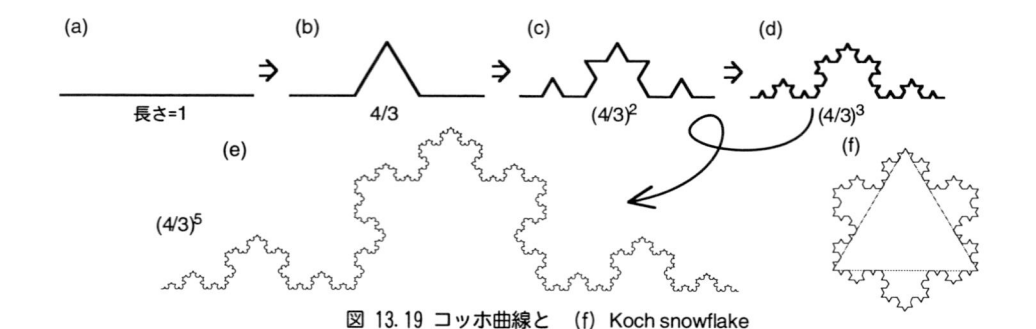

図 13.18 対数らせんの例 ($\alpha=80°$)

$$\frac{dr}{rd\theta} = \cot \alpha$$

図 13.19 コッホ曲線と (f) Koch snowflake

もう一つの例として 1904 年に Koch により与えられたコッホ曲線（といっても正確には直線からなっている）を図 13.19 に示す。この図形の特徴は (a) → (b) → (c) と進むに従って線の長さが 4/3 倍となっていることだ。三つのコッホ曲線から作られた雪の結晶の形をした図形（図 13.19(f)）は面積は有限なのに周囲の長さは永遠に増え続ける。

13.3.2 変調構造

次にあるモチーフが繰り返し現れるときの規則を見てみよう。我々はすべての数が有理数と無理数とに分けられることを知っているが、まずそれを確認したい。すなわち数学の教科書によれば有理数（rational number）とは整数の比で表される数であり、無理数（irrational number）とはそれ以外の数だ。そして実数は有理数の集合と無理数の集合からなっている。たとえば 10, –5/6, 7/4 などは有理数だが、$\sqrt{3}, -\sqrt{7}, \sqrt{2}/5$ などは無理数だ。

一辺の長さが 1 の正方形の対角線の長さはピタゴラスの定理から $\sqrt{2}$ であることは誰でも知っている。しかし、無限に存在するどのような整数 p, q を選んでも $\sqrt{2} = p/q$ と表せないことは驚きだ。（このことのアリストテレス（Aristotle）によるエレガントな証明は多くの参考書に紹介されている。(M.Livio(2002)))）このように、ある数を p/q として表せないことを incommesurable という。

次に格子点の間隔が a である 1 次元格子に対し、原子位置が周期的に（図の波線の変位分だけ）正しい格子点から横にずれて現れる状況を考えよう（図 13.20）。このような構造を*変調構造* (modulated structure) と呼ぶ。さて、この変調周期（波線の周期）が a の有理数倍であれば原子位置はいつかは必ず元となる 1 次元格子点の周期 a の整数倍に一致する。このとき変調周期はコメンシュレート (commensurate) であるという（図 13.20(b)）。

ところが、変調周期が無理数の場合はどうだろう。この場合、定義によりモチーフの周期が格子の周期の整数倍に一致することは永遠にない。このような周期性をインコメンシュレート（incommensurate）と呼ぶ（図 13.20(c)）。インコメンシュレートな構造は本質的に二つの周期で特徴づけられており、原子位置を表すのに 1 次元であるにもかかわらず、二つの指数が必要となる。

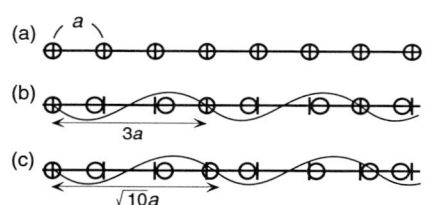

図 13.20 変調周期が有理数の場合と無理数の場合

13.3.3 黄金比と黄金数列

次に線分 AB を点 C でもって分割することを考えよう（図 13.21）。このとき、分割によって二分された線分のうち長い線分（AC としよう）と元の線分 AB に対する比が、分割後の二つの線分 CB と AC との比に等しくなるように C を選びたい。すなわち AC の長さを 1 として

$$\frac{AC}{AB} = \frac{CB}{AC} \longrightarrow \frac{1}{x} = \frac{x-1}{1} \tag{13.54}$$

を要求する。結局、次の 2 次方程式を解くことになる。

$$x^2 - x - 1 = 0 \tag{13.55}$$

この解は二つの無理数となるので、それぞれ ϕ と ϕ' と置こう。

$$x = \frac{1 \pm \sqrt{5}}{2} = \begin{cases} 1.61803\cdots = \phi \\ -0.61803\cdots = \phi' \end{cases} \tag{13.56}$$

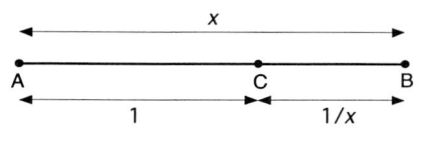

図 13.21 黄金比（golden ratio）

第13章 その他のトピックス

線分の分割という観点から意味のあるのは正の解 ϕ であり、これは**黄金比**（golden ratio, golden section）として知られている。また、このとき C は AB を黄金分割するという。

この黄金比は様々な性質を持っており、パイナップルの皮の構造から株式市場の動向まで我々の周囲のいたるところに存在する。詳細は巻末に掲げた解説書に任せるとして、ここではいくつかの数学的および幾何学的性質を紹介するにとどめたい。

手元の電卓に 1.61803 を入力し、逆数を求めてみよう。また、1.61803 の 2 乗はいくつだろうか。このように (13.55) や (13.56) からも明らかであるが、ϕ および ϕ' には次の性質がある。

$$\phi + \phi' = 1; \quad \phi \cdot \phi' = -1; \quad \phi^2 = \phi + 1; \quad \phi - 1 = 1/\phi \tag{13.57}$$

ここで $u_n, u_{n+1}, u_{n+2}, ...$ という普通の数列を考えよう。一般に数列を構成する各項には一定の規則があるが、ここでは任意の項がその手前の二つの項の和である数列を考える。すなわち、

$$u_n = u_{n-1} + u_{n-2} \tag{13.58}$$

という数列だ（たとえば 3, 7, 10, 17, 27, ... など）。一方、任意の項がその一つ手前の項の定数倍である数列だって存在する。つまり、r を定数として

$$u_n = r \cdot u_{n-1} \tag{13.59}$$

という数列だ（要するに幾何級数のこと。たとえば、3, 9, 27, 81, 243, ... など）。このように、数列に限らず自分自身が何らかの約束の下で繰り返される関係を一般に**再帰的関係**（recursion）と呼ぶ。

さて、これらの数列は無限に存在するが、(13.58) と (13.59) とを同時に満たしている数列はあるだろうか？ 今、$u_1 = 1$ と $u_2 = \phi$ から出発する数列に (13.58) を要求してみよう。すなわち、

$$1, \quad \phi, \quad 1+\phi, \quad 1+2\phi, \quad 2+3\phi, \quad 3+5\phi, \quad 5+8\phi, \quad ... \tag{13.60}$$

という数列を考える。ところが、(13.57) の 3 番目の性質からこの数列は次のように書き換えられる。

$$1, \quad \phi, \quad \phi^2, \quad \phi^3, \quad \phi^4, \quad \phi^5, \quad \phi^6, \quad ... \tag{13.61}$$

すなわち、(13.60) は $r = \phi$ の幾何級数でもあったのだ！ このように 1 と ϕ から出発すると (13.58) と (13.59) とを同時に満たす数列が得られるが、これは**黄金級数**（golden series）として古くから知られている（ϕ' から出発しても同様の結果が得られる。こちらは正負の値を交互にとる級数となる）。

次に、この黄金比を持つ図形を考えよう。たとえば図 13.22 に示した長方形の高さと幅の比は ϕ であるが、このような長方形は**黄金長方形**（golden rectangle）と呼ばれる。黄金長方形から正方形を切り出して残った長方形もやはり黄金長方形だ（∵ $\phi-1 = 1/\phi$）。このような切り出す操作をずっと続けると、各辺の長さが $1/\phi$ 倍の黄金長方形が繰り返されて生れる。さらに、図のように正方形の一辺を半径とする 1/4 円もほぼ対数らせんとなって、図に示した対角線の交点めがけて永遠に接近を続ける。

また、正五角形は黄金比の宝庫だ。実際、ピタゴラス派の学者たちは正五角形（pentagon）から黄金比の存在を発見したと言われている（ピタゴラス派の象徴であるバッジは五星形（pentagram）であった）。今、一辺の長さが 1 の正五角形を考える（図 13.23）。この正五角形の 5 本の対角線は五星形をなし、さらに内側に生れた正五角形に内接する五星形を描く .... という操作を繰り返すことによっていくつもの相似の五角形や三角形が生れる。このときの比を考えよう。

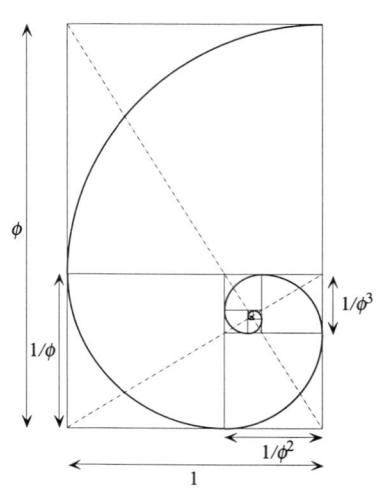

図 13.22 黄金長方形と対数らせん

まず正五角形 ABCDE は円に内接し、また等しい弦を望む各度は等しいから、たとえば図に示した ∠ABE や ∠EBD などはすべて等しい。そして ΔABC の内角の和にはこの角度が五つ含まれているから、これらの角度は $\pi/5=36°$ だ。またこのことから、ΔCBF は二等辺三角形であることがわかる。

対角線 AC の長さ x を求めるには ΔABC∽ΔAFB を用いる。すなわち、AC:AB = AB:AF だが、AF = AC–FC = AC–BC なので結局、

$$AC : AB = AB : (AC - BC) \rightarrow x:1 = 1:(x-1) \quad (13.62)$$

となる。これは (13.55) と同じだから、我々は $x = \phi = 1.618…$ を得る。すなわち正五角形の対角線と一辺との比は黄金比だ。また、BC = FC なので F は AC を黄金分割する。

ここで ΔBED に着目すると二つの辺と底辺との比は ϕ であるので、これを黄金三角形 (golden triangle) という。一方 ΔABC は二つの辺と底辺との比が $1/\phi$ でありこれは golden gnomon と呼ばれる（日本語では golden triangle と golden gnomon をあわせて黄金三角形と呼ばれることも多い）。

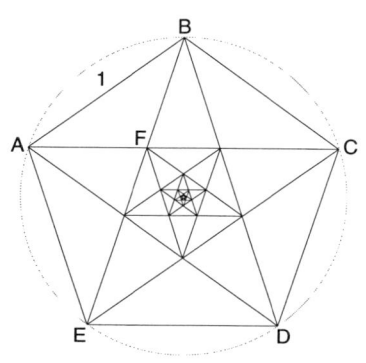

図 13.23 正五角形、黄金比、黄金三角形

13.3.4 フィボナッチ数列

ひとつの線分を次々に黄金分割してみよう。このとき次の約束をする。1 回の分割で ϕ の長さは 1 と $1/\phi$ の長さに分かれるが、それぞれの部分を L と S と呼ぶ。次の分割では L のみを分割する。すると $1/\phi, 1/\phi^2, 1/\phi$ の長さの線分に分かれるが、これらを新たに L, S, L と呼ぶ。要するに絶対値にかかわらず分割の各段階で長い方を L、短い方を S と呼び、L のみをさらに分割していく。つまり、次のルールが繰り返されることになる（このような規則は階層的規則と呼ばれ、また L と S を増やす規則という立場からはインフレーションルールと呼ばれる）。

$$L \longrightarrow L+S; \quad S \longrightarrow L \quad (13.63)$$

図 13.24 にはこのようにしてできた L と S の配列およびそれぞれのセグメントの数を示した。

これを見るとそれぞれのセグメントの数が

$$1, 1, 2, 3, 5, 8, 13, 21, 34, 55, 89, 144, 233, 377, 610, … \quad (13.64)$$

と増え続けることがわかる。この数列は、アラビア数字を中世ヨーロッパに伝えた偉大な数学者フィボナッチ（Leonardus Pisanus）の著書 *Liber abaci* の第 12 章に、増え続けるうさぎの数を求める問題として現れ、1877 年 E.Lucas によってフィボナッチ数列 (Fibonacci sequence) と名付けられた。

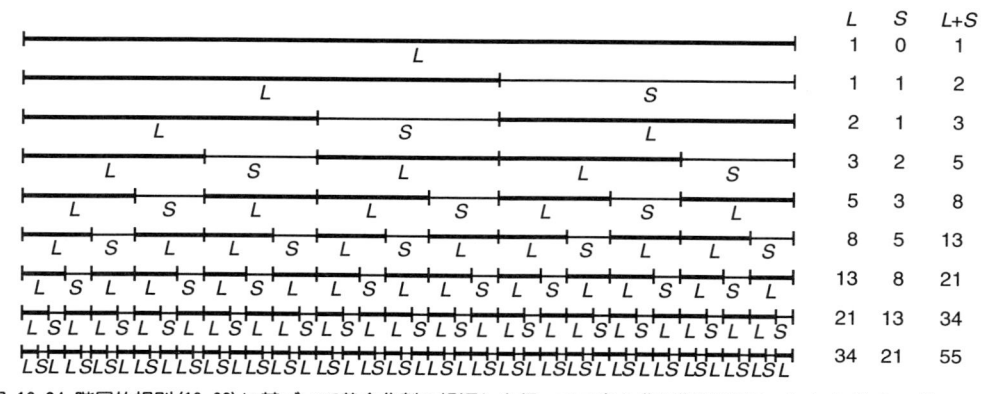

図 13.24 階層的規則 (13.63) に基づいて黄金分割の繰返しを行ってできた非周期的配列と L および S の数

第13章 その他のトピックス

フィボナッチ数列は（13.58）に与えられた再帰的な関係に対して、$u_1=1, u_2=1$ から出発する一連の値として得ることができる。また、u_n と u_{n-1} の比をとってみると

$u_3/u_2=2/1=2; u_4/u_3=3/2=1.5; u_5/u_4=5/3=1.666...; u_6/u_5=8/5=1.6; u_7/u_6=13/8=1.625; u_8/u_7=21/13=1.6153...; \cdots$

となり、$\phi=1.61803...$ に近づく（このことは天文学で有名な J.Kepler により発見された）。さらに階層的規則に従ってセグメント L と S の数は増え続けるが、これらの数の比も ϕ に近づく。

フィボナッチ数列において $u_n/u_{n-1} \to \phi$ という関係があることが判明したが、これはこの数列に特有のことだろうか？ 今、$u_1=4, u_2=1$ という値から出発し、（13.58）を用いて数列を作ってみよう。

$$4, 1, 5, 6, 11, 17, 28, 45, 73, 118, 191, 309, 500, 809, \ldots$$

となるが、ここで u_n/u_{n-1} を計算すると $73/45=1.6222..., 191/118=1.6186..., 809/500=1.618...,$ などとなり、やはり黄金比 ϕ に近づく。すなわち $u_n/u_{n-1} \to \phi$ という性質はフィボナッチ数列特有のものではなく、より一般的な再帰的関係（13.58）に内在された性質と考えることができる。

さて次に図 13.24 に示された L と S の配列を見てみよう。この配列には S は必ず L に囲まれていることや LLL という配列はないといった規則性はあるものの、これまで見てきたような1次元格子の持つ周期性（並進対称性）はない。そこで（13.63）の階層的規則により与えられた周期を*準周期*（quasi-periodicity）と呼び、準周期を満たす一群の点から作られる一種の格子を*準格子*（quasi-lattice）と呼ぶ。今、図 13.24 において $S=1, L=\phi$ と置けば、m と n を整数として、任意の準格子点は

$$m+n\phi \tag{13.65}$$

で表される。言い換えると1次元であるにもかかわらず、1次元準格子上に存在する(準格子)点は (m, n) という二つの指数を用いることにより、簡潔に示すことができる。これは、これらの点がランダムに存在しているのではないことを示す何よりの証拠だ。

しかし、（13.65）を満たす点の集まりがすべて準格子なのではないことに注意しよう。準周期は高次元における格子を投影して得られる配列から得ることができ、詳細は巻末の参考書を参照してほしい。本書では L と S のある配列が与えられたとき、インフレーションの逆のデフレーション（LS を L' にした後、残った L を S' とする）という規則により図 13.24 の下の配列から上の配列に戻すことが可能ならば、それは準周期を持っていると理解できれば十分だ。また、*非周期*（aperiodic）という言葉が単に周期性を持たない（non-periodic）ことだけではなく、準周期に対して用いられる場合も多い。

13.3.5 準周期配列からの回折

次に準周期に従って散乱体が1次元に並んでいる構造からの散乱波の強度がどうなるかを初等的に見てみよう。散乱波の強度分布には散乱体の相関が現れ、それは散乱体間の距離の逆数を反映することを我々はこれまで繰り返し見てきた。ここでもその手法に立ち返り、準周期配列に従う散乱体間の距離の逆数にどのような規則が生れるかを直観的に理解するにとどめたい。

簡単な例として実空間の単位長さを a として準周期を満たす三つの点からの散乱を想定しよう（図 13.25(a)）。散乱体間の距離は黄金比によって特徴づけられているが、$1/\phi = \phi - 1$ という関係があるから、準周期構造内の相関距離の逆数もやはり黄金比によって特徴づけられていることが予想される。このことを簡単な実例で示したのが図 13.25(b) だ。ここで述べたことの証明は参考文献（たとえば Rokhsar ら [13-6]）に任せることとして、我々は（13.57）に述べられた黄金比

の持つ基本的な性質から準周期の逆数がやはり準周期性を持つことを認めて先に進もう。

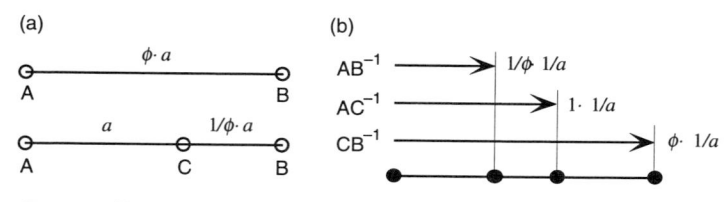

図 13.25 散乱体間の距離が黄金比で特徴づけられた場合の相関距離の逆数

13.3.6 タイリング

この準周期性を 2 次元に拡張したらどうなるだろう。2 次元の場合、平面をくまなく埋めることを考えねばならない。並進対称性を持つ通常の格子の場合、5 種類の 2 次元ネットがあるが（図 7.17）、どれも同じ大きさの平行四辺形（あるいは長方形や正方形）の繰返しにより平面が埋められている。しかし大きさが異なっても自己相似性を内包した形であれば、並進対称性を持たずとも階層的規則を繰り返すことによって平面を埋め尽くすことができる（たとえば図 13.17）。さらに、1 次元において L と S という二つの長さが単位となって準格子が形成されたのと同様に、2 次元でも二つ以上の異なった形があればその組合せで平面を埋めることができることが知られている（Grünbaum & Shephard（1986））。一般に単位となる形（一つでも二つでもそれ以上でもよい）の組合せで平面を埋めることをタイリング (tiling) といい、基本となる形をタイルと呼ぶ。

5 回対称性を持つタイリングが可能であることを最初に示したのがイギリスの物理学者ペンローズ（R.Penrose）だ。図 13.26 に彼が用いた 2 種類のタイルとして、(a) タコ (kite) と矢 (dart) と呼ばれる図形、(b) 二つの菱形を示した。ここで、これらのタイルを用いれば必ず平面を埋

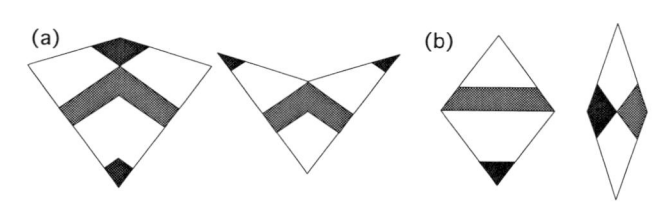

図 13.26 ペンローズタイリングを構成する 2 種類のタイルの組合せとマッチングルール (a) たこと矢、(b) 太い菱形と細い菱形

められるというのではなく、たとえば二つの菱形でタイリングを行った場合、タイリングの中に現れる worm と呼ばれる長い菱形と短い菱形の繰返しが必ずフィボナッチ数列に従わなくてはならないというルールがある（Penrose [13-7]）。この条件を満たすために用いられるのがマッチングルール (matching rule) で図 13.26 のタイルにはマッチングルールを担う飾りも合わせて示してある。こうして得られるタイリングをペンローズタイリングと呼ぶ。

図 13.26 に示したタイルは一見、異なった図形のように見えるが、実は図 13.23 に示した 2 種類の黄金比を持つ三角形（golden triangle と golden gnomon）が基礎となっている。この状況を図 13.27 に示した。さらにこれらの黄金三角形は正五角形と密接な関係にあり、また、自己相似の関係も内包している。図 13.29 にはこれらのタイルのうち、太い菱形と細い菱形を用いたペンロ

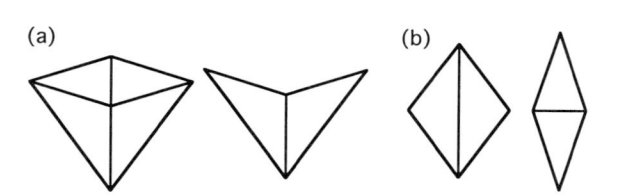

図 13.27 ペンローズタイリングを構成するタイルと黄金三角形

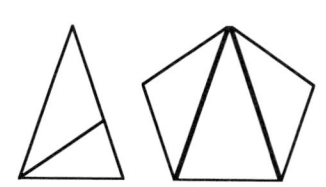

図 13.28 黄金三角形の自己相似性と正五角形

第 13 章　その他のトピックス

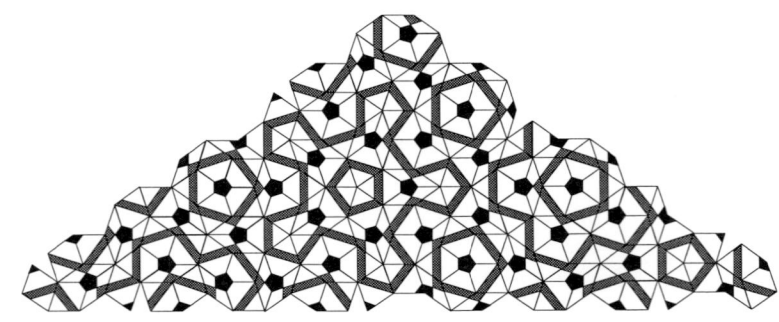

図 13.29　二つの菱形によるペンローズタイリングの例

ーズタイルの一例を示した。このようにタイリングのいたるところに局所的な 5 回対称性が現れる。また、このタイリングは全体として扁平な黄金三角形 golden gnomon の形を呈しているが、これはこのタイリングが内包する自己相似性の現れと解釈できる。

この 2 次元準周期格子を指数づけすることを考えよう。2 次元であるのだから、もちろん座標 (x, y) さえ入れてやれば準格子点の位置はきちんと定まるが、一方、指数付けという立場からは各格子点を基本ベクトルの整数倍で表したい。この場合、図 13.30 からわかるように正五角形の中心から頂点に向かうベクトルを用いればよい（たとえば図中の点 P は $\vec{e}_2 + \vec{e}_3 + \vec{e}_4$ で記述される）。ただしこれらの五つのベクトルは互いに独立ではない。つまり、
$\vec{e}_5 = -(\vec{e}_1 + \vec{e}_2 + \vec{e}_3 + \vec{e}_4)$ という関係があるから、結局、四つのベクトルをもって 2 次元準周期格子点を記述できる。

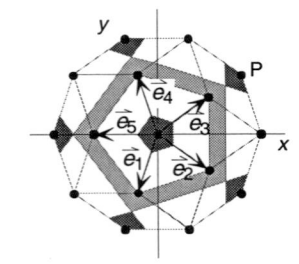

図 13.30　2 次元準格子を記述する 4 個の単位ベクトル（$\vec{e}_1 \sim \vec{e}_4$）

ペンローズタイリングの 3 次元への拡張の可能性は R. Ammann を初めとして、いくつかのグループによってなされた。ペンローズタイリングは正五角形の対称性を長範囲に持った 2 次元準格子と一対一の関係にあるが、1976 年に数学者の R. Ammann が見いだした 3 次元タイリングは正 20 面体（icosahedron）の対称性を長範囲に持った 3 次元準格子と一対一の関係にある [13-8]。

まず、図 13.31(a) に正 20 面体を示した。このように正 20 面体の 12 の頂点は立方体に内接し、5 回対称軸が正 20 面体の頂点を突き抜けている。また、20 個の正三角形の中心には 3 回対称軸が、30 本の辺の中心には 2 回対称軸が突き抜けている。さらにこの正 20 面体は立方体に内接するから、立方体を

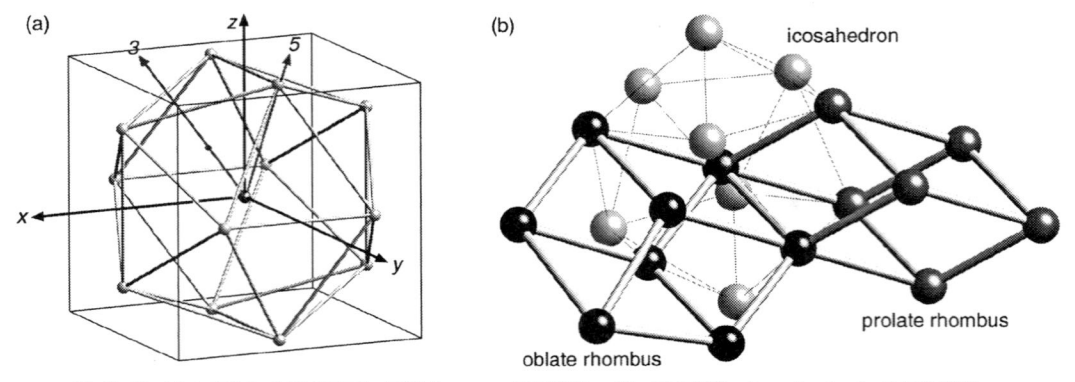

図 13.31　(a) 立方体に内接する正20面体と 5, 3 ,2回対称軸、(b) 正20面体（icosahedron）の対称性を有しつつ空間を埋め尽くす二つの菱面体（oblate rhombus と prolate rhombus）

並べたとき得られる並進対称性とも両立する。しかし、並進対称操作を要求し結晶とすると、すべての 5 回対称軸が失われ、また 3/5 の 3 回および 2 回対称軸が失われる。

今、図 13.31(b) に示した扁平な菱面体（oblate rhombus）と尖った菱面体（prolate rhombus）の各面はペンローズタイリングに用いられた 2 種類の菱形からなっており、これらは*黄金菱面体*（golden rhombohedra）と呼ばれる。そして黄金菱面体間に（面と面の間の）マッチングルールを適用することにより準周期性を保って空間を埋め尽くすことができる。このようにして生まれた一群の点を 3 次元準格子と呼ぶ。

13.3.7 準結晶の観察例

驚くべきことは、これまで述べたことが物理学者や数学者の空間を埋める方法の探索から得られた純粋な数学的結果であったにもかかわらず、1984 年 D.Schectman らによって準周期性を持つ物質が実際に発見されたことである。準周期性を有する物質は準結晶（quasicrystal）と呼ばれる。その中で 準周期性を有する 2 次元原子層が周期的に重なったものをデカゴナル相（decagonal phase）と呼び、正 20 面体の有する対称性を 3 次元的に兼ね備える準結晶をイコサヘドラル相（icosahedral phase）と呼ぶ。

これらの詳細は参考書（平賀（2003））を見ていただくとして、ここでは Al-Li-Cu 系に存在するイコサヘドラル相を図 13.32 に紹介するにとどめたい [12-3]。図 13.32(a)および (b) には 5 回回転軸に沿

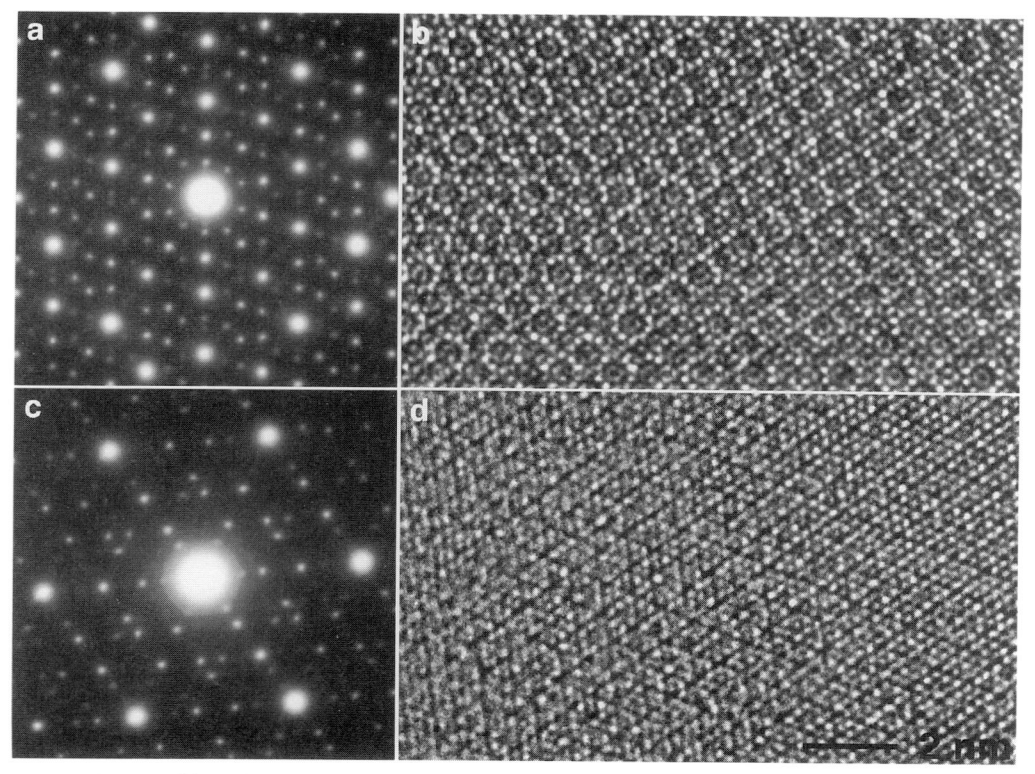

図 13.32 準結晶（icosahedral相）からの回折像と高分解能電子顕微鏡像の例（Al-Li-Cu系 T_2 相）
(a)-(b) 5回対称軸入射、(c)-(d) 3回対称軸入射

第１３章　その他のトピックス

って撮影した回折像と高分解能電顕像、(c) および (d) には 3 回回転軸に沿って撮影した同様の写真を示した。5 回回転軸に沿っての回折像には自己相似の関係にあるいくつもの黄金三角形（あるいは同等にペンローズタイリングで用いた菱形）が存在している。また 3 回回転軸に沿っての回折像も準周期に特徴づけられている。一方、この結晶の組成をわずかにずらすと12.5.3節で紹介した結晶相（R相）が得られる。ここで、この結晶相の 3 回回転軸入射の回折像において比較的強い強度を有するスポットの位置（図 12.34(b)の矢印）はこの準結晶の3 回回転軸入射における強いスポットと非常に近い。このことはこの結晶と準結晶が似た構造ユニットから構成されていることを示唆している。また、このような構造ユニットは結晶の高分解能像（図 12.34(b)）には明確に現れているが、準結晶ではサンプルの非常に薄い領域（図 13.32(d)の左側）にしか現れていない。

13.4　特性X線による組成分析

ここでは透過電子顕微鏡と組み合わせて、現在最もよく用いられているエネルギー分散型X線スペクトロスコピー（energy-dispersive x-ray spectroscopy, EDS）を用いた特性X線による組成分析の基礎的事項に触れる。この分野の発展は著しく、分析電子顕微鏡という言葉も定着しており、詳細はいくつかの参考書（Joyら編（1986）、進藤・及川（1999））を見ていただきたい。

13.4.1　電子線と試料との相互作用

本書でのこれまでの議論は回折現象、すなわち弾性散乱を受けた電子間の干渉に基礎を置いてきた。しかし電子線と物質の相互作用はそれだけではない。電子線は様々なメカニズムで試料内でエネルギーを失い、我々は逆にエネルギーの損失に到る個々の現象を利用することにより電子線をプローブと考え、試料の組成や状態に関する情報を得ることができる。図 13.33 に電子線と試料との相互作用の模式図を示した。

この図で厚い試料とは、電子線の透過を考えない場合（具体的には走査型電子顕微鏡（scanning electron microscope, SEM）に用いる試料）を意味している。本書の主題である透過電子顕微鏡の場合は、図のように電子線が多くのエネルギーを失う前に試料を透過してしまう。これは本節で述べる分析の立場から言うと、試料内で発生した特性X線の試料内での吸収を無視しても大きな誤りではないことを意味する。さらに SEM の場合は反射電子や特性X線などの発生する領域が試料内で広がるので、いくらビームをしぼっても空間的な分解能は落ちるが、TEM ではそのようなことが起きる前に電子線は透過してしまうことも示唆する（一方、2 次電子やオージェ電子のエネルギーは低く、吸収を受けやすいので表面近傍の状態が反映される）。

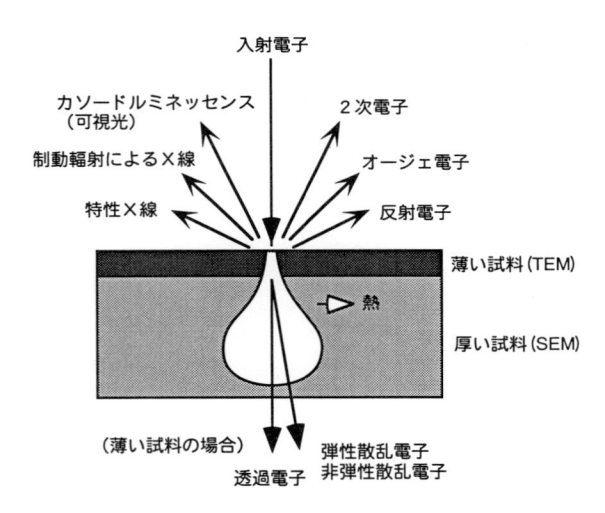

図 13.33　電子線と試料との相互作用の概略

次に原子と電子線との相互作用をもう一度復習しよう。図 13.34 に原子内の電子の軌道と内殻電子の束縛エネルギーをはるかに超えたエネルギーを持って外部から突入する電子線との相互作用を模式的に描いた。

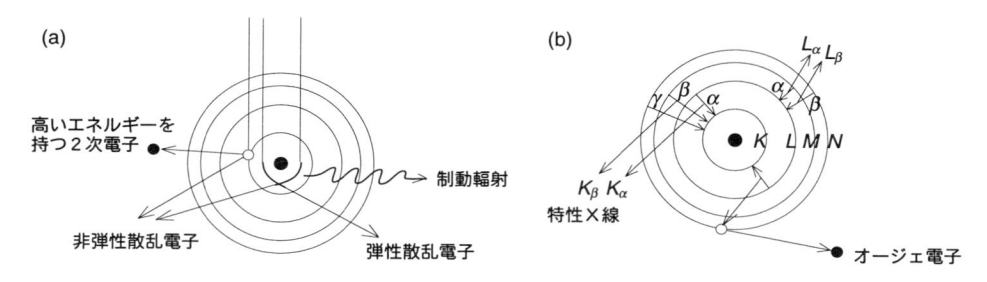

図 13.34 電子線と原子との相互作用：(a) 弾性散乱と非弾性散乱、(b) 特性X線とオージェ電子の発生

電子の進行方向の変化は加速(減速)度運動でもあるから、原子のポテンシャルを感じた電子の一部は非弾性散乱電子となって原子を出ていく。このとき失ったエネルギーはX線となって放射される。これを制動輻射と呼ぶことはすでに述べた（3.1 節）。制動輻射によって失われるエネルギーは連続であり、発生したX線は測定するX線スペクトルの主要なバックグラウンドとなる（図 3.3）。一方、軌道電子を外部にたたき出したり、高いエネルギーの軌道に励起させると、その分、入射電子のエネルギーは減少し、やはり非弾性散乱電子となる。この非弾性散乱電子のスペクトルを調べることにより試料の組成や化学結合に関する情報を得ることができる。これが電子線エネルギー損失スペクトロスコピー（electron energy loss spectroscopy, EELS）として知られている方法だ。

また、図 13.34(b) には内殻軌道に生じた空席をうめるために外側の軌道から落ちてきた電子の持つ過剰なエネルギーが、X線のエネルギーに転嫁される状況を模式的に示した。発生する特性X線のエネルギーは 3.1.3 節に述べたようにモーズリーの法則に従い、ほぼ Z^2 に比例して増加する。一方、このエネルギーが外殻電子を飛び出させるのに使われることもある。このような電子をオージェ電子という（発生した特性X線が原子内で軌道電子を飛び出させると考えてもよいが、実際にはこれらの反応は同時に起き、量子力学により記述される）。オージェ電子は原子の化学状態を反映し、また吸収されやすいので試料表面付近から出てきたオージェ電子のみが検出される。このように内殻電子を失った励起状態にある原子が基底状態に戻るには特性X線を出すか、オージェ電子を出すかの二つのプロセスがある。特性X線の出る確率を蛍光収量（fluorescent yield）と呼ぶ。軽い原子ではオージェ電子が出る確率が高く、重い原子では特性X線の出る確率が高い。

こうして特性X線が発生するわけだが、この特性X線が検出されるためにはまず試料内での吸収を受けずに試料から脱出しなくてはならない。この吸収に関する議論も我々はすでに 3.2 節で見てきている。原理は同じであるが、ここでは組成分析という立場から試料内での吸収が分析結果に与える効果を定性的に考えてみたい。

入射電子線が試料に吸収されたように、発生したX線も試料を脱出する前にやはり試料内で吸収される。単体の場合はそれぞれの元素の吸収係数と試料を脱出するまでの経路を考えて、試料を脱出する特性X線の量を単純に見積もることができる(図 13.35(a), (b))。一方、合金や化合物の場合はどうだろう。ここでは $Z_A > Z_B$ である二つの元素からなる化合物 AB からの K_α 線を比較することとしよう。元素 A から発生した K_α 線は元素 B を励起させ、後者の K_α 線を発生させるのに十分だとすると、化合物中の元素 A からの K_α 線は単体の場合を単純に半分にした場合に予想されるX線よりも少なく

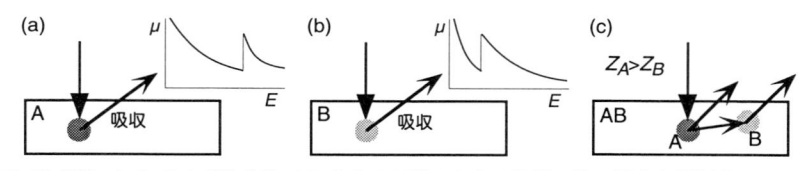

図 13.35 単体 A, B, および化合物 AB からのX線のからの特性X線の発生と試料内での吸収

第13章　その他のトピックス

なる可能性がある。逆に元素 B にとっては励起状態に到る新たな経路が生まれたことになり、単純な計算より多く K_α 線が発生する可能性がある。さらに別の表面層が存在したりして試料が不均一であると状況はより複雑となる。このように化合物の場合、現実の吸収の効果は複雑だが、通常は試料は均一であると仮定されている。しかし、幸いなことに透過電子顕微鏡の試料は薄く、ここで述べたことに対する補正は考えなくともよい場合が多い。

13.4.2 特性X線の検出

次に試料を無事脱出した特性X線が検知される過程を考えよう。3.3 節で触れた比例計数管やシンチレーションカウンターはX線の存在を確認するためには安価で優れた方法であるが、一方、エネルギーの分析という観点からはいくつかの困難な点を有している。現在、EDS として知られている方法は 1960 年代半ば、米国 Lawrence Berkley Laboratory において用いられた半導体検出器にその基礎を置いている。ここでは特性X線の検出に関しての基本的な事柄を簡単にまとめたい。

まず図 13.36 に検出体として用いられる Si 半導体を模式的に示した。直径数 cm 厚さ数 mm のシリコンには電極として金が蒸着されているが、そのすぐ内側のシリコン層はオーミックコンタクトを確保するためにドープされている。そしてこの検出器には数百ボルトの電圧がかかっている。このような状態にX線が入射するとそのエネルギーにより電子-ホール対が形成されるが、素子の内部の電場により電子とホールはそれぞれの電極に向かう。また我々が考えている特性X線のエネルギーは数 keV 以上であるが、一つの電子-ホール対を形成するのに使われるエネルギーは 3.8〜3.9 eV だ。したがって、X線が検出器に突入するとパルス電流が回路に流れ、また、そのパルスを積分すれば、それはX線の持つエネルギーに比例するだろう。

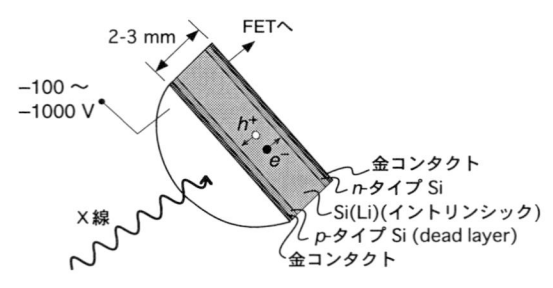

図 13.36 EDSに用いられる半導体検出器の構造

　　実際にはX線によって電子-ホール対が形成されなくとも、熱的に励起された電子やホールが常に存在し、ノイズの原因となる。したがって検出器は通常、液体窒素温度（77K）に冷されて用いられる。さらに半導体内部に初めからキャリアがあってもいけない。すなわち検出器は真性半導体でなければならない。ところが通常の半導体には様々な欠陥があるので、これを補償するために Li がドープされた Si（Si(Li)）が実際には用いられる。さらに金のコンタクトに近い領域はオーミックコンタクトを維持するために n 型、p 型となっており、せっかく作られた電子-ホール対がここでトラップされて信号として寄与しない場合もある。

X線の検出の効率という観点からしても、いくつかの点を考慮しなくてはならない。まず、上記の理由で半導体検出器の純度は極めて高いが、この純度を維持するために検出器は高真空中に置かれることが望ましい。そのため、つい最近までは厚さ数μm の Be 金属がウインドウとして用いられてきた。このウインドウによってもX線は吸収を受けてしまい Na より低い原子番号の特性X線の検出は難しいものとされてきた（最近では放射線に強い合成樹脂膜や狭いロードロックを備えたウインドウレスタイプの検出器が一般的となっている）。また、金コンタクトもX線を吸収する。さらに、真性半導体ではない領域はいわゆる dead layer であり、電子-ホール対の形

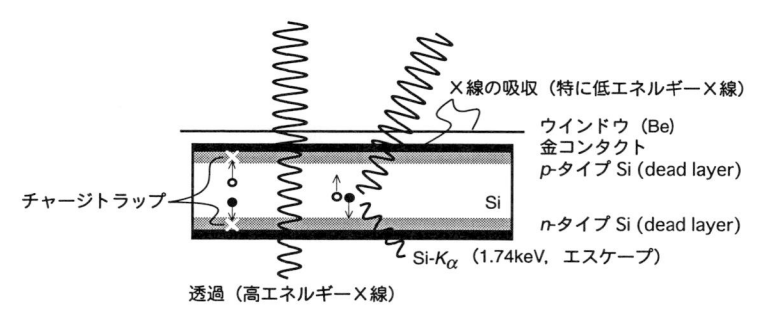

図 13.37 検出器内での誤差の要因：吸収、チャージトラップ、エスケープ

成に寄与しない（それどころか前述したようにチャージに対するトラップ源となる可能性さえある）。また吸収を受けずに Si(Li) に突入してきたX線がすべて電子-ホール対の形成に用いられればよいが、X線のエネルギーによっては 2 次的な Si-K_α 線を発生させる場合もある。その Si-K_α 線が検出器内で再度、電子-ホール対を形成すれば問題ないが、Si-K_α 線が検出器の外部に逃げてしまうと回路には Si-K_α 線のエネルギー 1.74 keV に相当する電流が流れない。言い換えると、結果的に最初に入ってきた特性X線のエネルギーより 1.74 keV だけ低い位置に見かけのピークが生じる場合がある。このような（偽の）ピークをエスケープピーク（escape peak）と呼ぶ。

　以上のように、考慮しなくてはならない点は多々あるものの、試料から発生したX線のエネルギーは電子-ホール対の数、すなわち回路に流れる電流に反映される。そのパルスを最初に積分する回路はFETであるがこれも電気的なノイズ削減するために Si(Li) 検出器のすぐ後ろに置かれ、液体窒素によって冷やされている。その後、プリアンプ、パルスプロセッサー、マルチチャンネルアナライザーを経て、それぞれのエネルギーを持つX線（フォトン）の量がモニターに描かれる（図 13.38）。

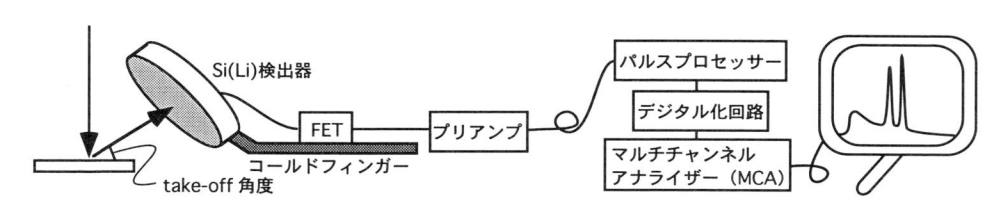

図 13.38 EDS の主要な構成

　さて、放射線のエネルギーがフィルムのような媒体に「焼き付け」られる検出方法以外の「単位時間あたりの放射線の量」を検出するほとんどの手法では、検出器が外部からの放射線に反応している最中とその直後のわずかな時間、次の放射線に対して不感となる時間がある。これをデッドタイム（dead time）と呼ぶ。たとえば 3.3.1 節で紹介した比例計数管であれば放射線の突入により計数管内部にアバランシューが発生している間は次の放射線を検出できないから、これがデッドタイムの一因となる。半導体検出器においても FET が信号を積分しているわけだが、これがある値に達するとリセットをかけなければならず、不感時間が生じる。デッドタイムはこのように電気回路を含む検出装置全体が持つ放射線に対しての検出不可能な時間だ。通常、この値はモニターに表示され、検出器に突入するX線の量の目安となる（これに対し、検出に有効な時間をライブタイム、検出器の状況に関係なく流れていく時間をリアルタイムと呼ぶ）。

先に進む前に、統計的基礎事項について簡単に触れたい。結局のところ我々は検出されたX線のエネルギー分布に対して、そのピークの位置から元素の同定を行い、積分強度から特定の元素が試料中に存在する割合を知りたいわけだが、すべての測定がそうであるように必ず誤差を伴う。誤差には系統誤差とランダム誤差が存在するが、以下、ランダム誤差に関して必要な知識をまとめる。

得られるピークはほとんどの場合、正規分布に従うと考えてよい。正規分布とは今までにも出てきたように変数 x に対し、平均値 $\bar{x}$ が与えられたとき、変数 x の発生頻度が次のガウス関数 $f(x)$ に従う分布だ。

$$f(x) = \frac{1}{\sigma\sqrt{2\pi}}\exp\left\{\frac{-(x-\bar{x})^2}{2\sigma^2}\right\} \qquad (13.66)$$

ここで平均値 $\bar{x}$ からのずれが分布の広さに対応するが、これを標準偏差 σ で表すのが普通だ。たとえば、観測結果 x が $\bar{x}\pm\sigma$ に入る確率は 68.3% で、$\bar{x}\pm2\sigma$, $\bar{x}\pm3\sigma$ に入る確率はそれぞれ 95.4%, 99.7% だ。ここで注意しなくてはならないことは、我々は神様ではないから $\bar{x}$ を事前に知っているわけではなく、$\bar{x}$ そのものも我々の何回もの測定によって得られた実験値であるということだ。したがって何回も測定を繰り返せば $\bar{x}$ も正規分布に従う。そして統計学によれば、そのときの平均値の標準偏差 σ_m は次式で与えられる。

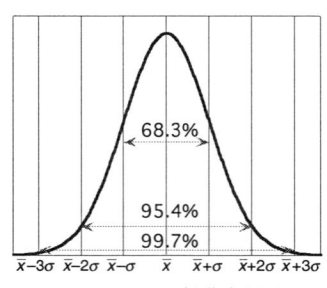

$$\sigma_m = \frac{\sigma}{\sqrt{N}} \qquad (13.67)$$

図 13.39 正規分布関数

意味するところは、N カウントによる分布が標準偏差 σ により特徴づけられているとすれば、その分布に基づいて決められたピークの値（平均値）は (13.67) で与えられる標準偏差 σ_m によって特徴づけられた分布の一点であるということだ。（たとえば $N \approx 10000$ カウントによって得られたピークの広がりが $\sigma \approx 100\,\text{eV}$ であれば $\sigma_m \approx 1\,\text{eV}$ であるから、観察されたX線のエネルギー平均値が真の特性X線の値から $\pm 1\,\text{eV}$ 以内に入ってい確率は 68.3%, $\pm 2\,\text{eV}$ に入っている確率は 95.4% ということ。）我々がよく口にする「統計がよい、悪い」ということには、このような意味が含まれている。

13.4.3 試料上へのビームの収束

さて、最近の電顕ではビームを数 nm のオーダーまで比較的簡単に絞れるが、その際、蛍光板上でスポットが絞れていても物理的に試料上にビームが絞れていないと微小領域からの正しい分析は期待できない。図 13.40 (b) あるいは (c) の状況だとスポットに重畳してぼやけた回折像がスクリーン上に出現するので、試料高さを対物レンズに対する物体面に必ず調整する。

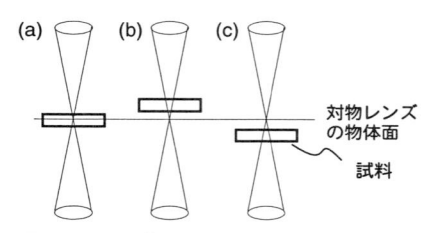

図 13.40 スポットと試料高さとの関係

ここで EDS を用いた簡単な例を紹介したい [13-9]。図 13.41 に示したのは Nd-Fe-B に Nb を加えたアモルファス合金を結晶化する過程で観察された (a) 明視野像と (b) Fe と Fe-Nd-B 合金相からの回折スポットを用いて得られた暗視野像だ。微細な結晶粒が分布しているが、よく観察すると結晶粒と結晶粒との間にコントラストの一様なアモルファスの領域が存在することがわかる。これらのイメージの中で c, d, e で示された領域からの EDS 分析の結果をそれぞれ図示したが、このように結晶粒は Fe（軟磁性体）と Nd-Fe-B 合金相（硬磁性体）とからなり、一方、アモルファス相には Nb が濃化していることがわかる。（Nb はアモルファス相の安定化に寄与しており、また軟磁性体と硬磁性体とが微細に組み合わされることによりスプリングマグネットと呼ばれる特性を与えている。）

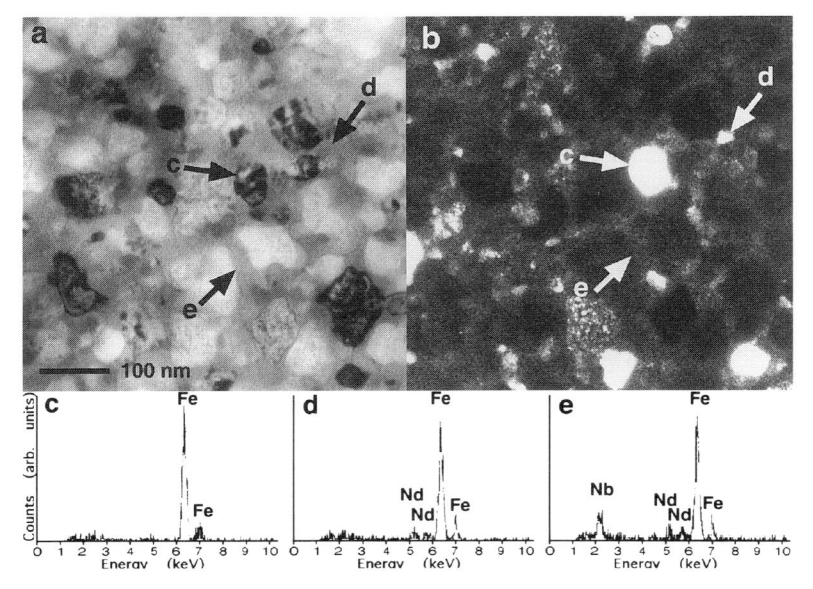

図 13.41 Fe-Nd-B アモルファスの結晶化後の組織：(a) 明視野像，(b) 暗視野像（Fe および Fe-Nd-B合金相からのスポット），(c)，(d)，(e) 各領域からの EDS スペクトル

13.4.4 定量分析に関する基礎知識

これまでの議論からわかるように，試料から発生する特性X線の量は，電子線のエネルギーが特性X線に変換される確率，試料や検出器内での吸収や透過，回路内でのランダムな誤差など様々な要因に支配される。にもかかわらず EDS を用いて定量分析を行うという努力は長年にわたってなされてきた。そこで現在ではクリック一つでできる定量分析の基礎的事項を簡単に述べてこの節を終えたい。

図 13.35 に示したように，電子線のエネルギーが特性X線などに変換され，試料中ではX線の吸収や発生したX線が再度，他の原子を励起するなどということが起こる。一般に定量分析に必要な補正は ZAF 補正（ZAF correction）として知られている。ここで Z は励起状態へ至る確率や蛍光収量，そして検出器の効率などに関連した量，A は吸収の効果，F は発生したX線による 2 次的な励起による特性X線が観察する強度に与える効果を表す項だ。これらは走査型電子顕微鏡による組成分析の基礎となる。しかし，厚さが数十 nm の透過電子顕微鏡試料ではこのような試料内での込み入った事情を無視しても大きな誤差とはならないだろう。そこで試料内で発生したX線はそのまますべて試料を脱出すると仮定しよう。これを薄膜近似 (thin film criterion) と呼ぶ。

これを認めると，試料内の元素 A から発生する特性X線（K_α線としよう）の強度 $I^0_{A,\alpha}$ は次のように書ける。

$$I^0_{A,\alpha} \propto C_A Q_A \omega_A f_{A,\alpha} t \tag{13.68}$$

ここで C_A: 元素 A のモル比，Q_A: 元素が励起状態となる断面積，ω_A: 蛍光収量（特性X線の発生する確率），$f_{A,\alpha}$: 特性X線のうち K_α 線が占める確率，t: 試料厚さだ。さらにこの検出器で実際に測定する強度 $I_{A,\alpha}$ は次のように書ける。

$$I_{A,\alpha} \propto I^0_{A,\alpha} \beta \varepsilon_{A,\alpha} \tag{13.69}$$

ここで β は Si(Li)検出器が試料を見込む立体角などに依存する検出効率，$\varepsilon_{A,\alpha}$ はウインドウ，電極である金，そして検出器による吸収，さらに検出器が有限の厚さであることによってX線が検出器を透過してしまうことを表す項だ。

第13章 その他のトピックス

実際には、これらの項の計算、特に試料内の厚さの不均一性などに依存する因子の計算は困難であり、また現実問題としてはいくつかの元素からの相対強度がわかっていれば十分であるので、たとえば元素 A と B からの強度比をとることによって、それぞれの元素の存在比を求める。すなわち A と B に対して (13.68) がそれぞれ成立しているはずだから、組成比 C_A/C_B は次のように表せる。

$$\frac{C_A}{C_B} = \frac{Q_B \omega_B f_{B,\alpha} \varepsilon_{B,\alpha}}{Q_A \omega_A f_{A,\alpha} \varepsilon_{A,\alpha}} \cdot \frac{I_A}{I_B} = k_{AB} \cdot \frac{I_A}{I_B} \quad (13.70)$$

このように比をとることによって試料厚さなど幾何学的な因子は消えてしまい、観察強度の単純な比に比例定数 k_{AB} をかけたものとなった。この比例定数は k_{AB} 因子とかクリフ-ロリマー比(Cliff-Lorimer ratio) と呼ばれる。計算によって求めた k_{AB} 因子を用いた組成の決定は 標準試料なしの方法 (standardless technique) と呼ばれる。一方、実際には既知の組成の試料により k_{AB} 因子を得る場合が多い。たとえば岩石には珪酸塩などの形で Si が入っている場合が多く、いくつもの元素について k_{ASi} 因子が求められている。一方、金属学では鉄を基準とした k_{AFe} 因子が求められている。また、たとえば k_{BFe} がわからない場合、(13.70) から次の変換が可能だ。

$$k_{BFe} = \frac{k_{BA}}{k_{FeA}} \quad (13.71)$$

ここでは極く基本的なことしか述べなかったが、以上のように定量分析といえども試料を実際に溶解して化学的にその量を分析しているわけではないから、多くの場合 ±1% から ±5% 程度の誤差を伴うことを理解しておく必要がある。また、薄膜近似を用いてはいるが吸収等は実際には起こる。したがってX線が発生した領域と発生したX線が吸収を受ける領域とで組成や密度が異なっている場合などは特に得られたデータの解釈に注意が必要だ。

13.5 ウィークビーム法

第10章の動力学的理論に基づいた結像法の説明で簡単にウィークビーム法について触れたが、ここでその実例を示したい。この方法の基礎は 2 波近似において逆格子空間の原点から比較的遠くにある逆格子点を励起し、その回折スポットではなく、そのスポットの方向にある逆格子の原点に近いスポットを用いて結像する方法だ。励起されたスポットを $n\bar{g}$ とすると結像に用いられるスポットは通常 $\bar{g}$ なので g-ng などと呼ばれる。もっとも一般的な方法は図 10.12 に示した g-3g と呼ばれる方法だが、うまい具合に試料を傾斜すると n の異なった一連の反射が励起される。これを 系統反射(systematic row) と呼ぶことがある。

ここでは Al-Ag 合金中の転位や面欠陥を観察した例を見てみよう。まず、図 13.42 には 001 入射の回折像を示した。$g = 200$ として、(a), (b), (c) の順に $g, -g, 3g$ のスポットが励起されて

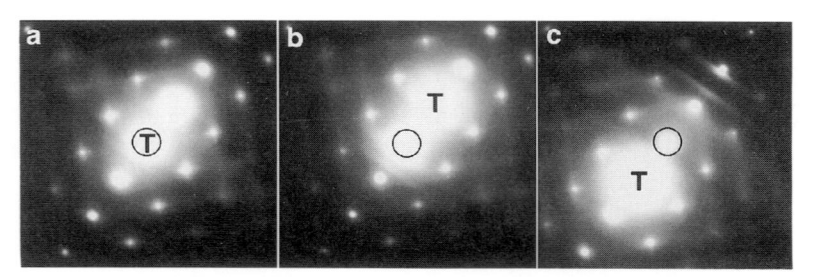

図 13.42 2 波条件が満たされたときの回折像：(a) 明視野 (透過波 T が光軸上)、
(b) 暗視野 (c-DF) (−g の回折波が励起され、かつ光軸上ある場合)
(c) 暗視野 (g-3g) (3g の回折スポットが励起され、g のスポットが軸上にある場合)

いる（T は透過波を意味する）。最初にこのような一連の回折像を得るための試料、およびビームの傾け方を復習しよう（図 10.11 参照）。

- step 1　対物しぼりをはずし、用いようとする二つの DF モードで撮影したい領域がきちんと照射されているかどうかを確認しよう（されてない場合は各 DF モードで照射系の trans ノブを調整する）。

- step 2　撮影したい領域を制限視野しぼりで選び、回折モードに移り（操作盤の BF モードのボタンがおされているのを確認し）回折像を見ながら [001] 方位に近いマトリックスに対し、200 スポットが励起するように試料を傾ける。

- step 3　DF モードに移り、透過波、すなわち 000 スポットが 200 スポットの位置に来るように照射系の tilt ノブ を用いてビームを傾ける。このようにすると今まで暗かった $\bar{2}00$ スポットが励起され、かつスクリーンの中心に来る。これで $-g$ による軸上暗視野（c-DF）撮影の準備が整った。（問題 11.1 参照。また、あえて収差を問題とせず、$+g$ で暗視野を撮りたい場合は step2 の BF モードで g の位置に対物しぼりをずらせばよい。）

- step 4　通常の電顕にはいくつかの DF モードが準備されているから、もう一つの DF モードのボタンを押し、今度は 200 スポットが 000 スポットの位置に来るように tilt ノブを調整する。すると今まで明るかった 200 スポットが暗くなり、逆に 600 スポット（$3g$）が明るくなる。これで g-$3g$ 条件下でのウィークビーム法による撮影の準備は整った（以上の操作のエバルド球の傾きという観点からの理解は図 10.12 参照のこと）。

- step 5　対物しぼりを挿入、各モードでそれぞれ 000, $\bar{2}00$, および弱く励起された 200 がしぼりの中心を通過していることを確認後、イメージモードに移り、像の撮影を行う。ここでウィークビーム法の場合、かなり暗くなっているので露出時間を変えて何枚かの写真を撮っておこう。

以上の手順により撮影されたのが図 13.43 に示された 3 種類の像だ。ウィークビーム法により転位が細く鮮明に映し出されている。また、Ag は 111 面に偏析しやすく、写真からそのような面状欠陥のコントラストの相違も見て取れる（このような像を計算するには 11.3.2.3 節で行ったのと同様の計算を 2 波から n 波に拡張し、結像に用いた回折波が試料下面においてどのように変化するかを求めればよい）。

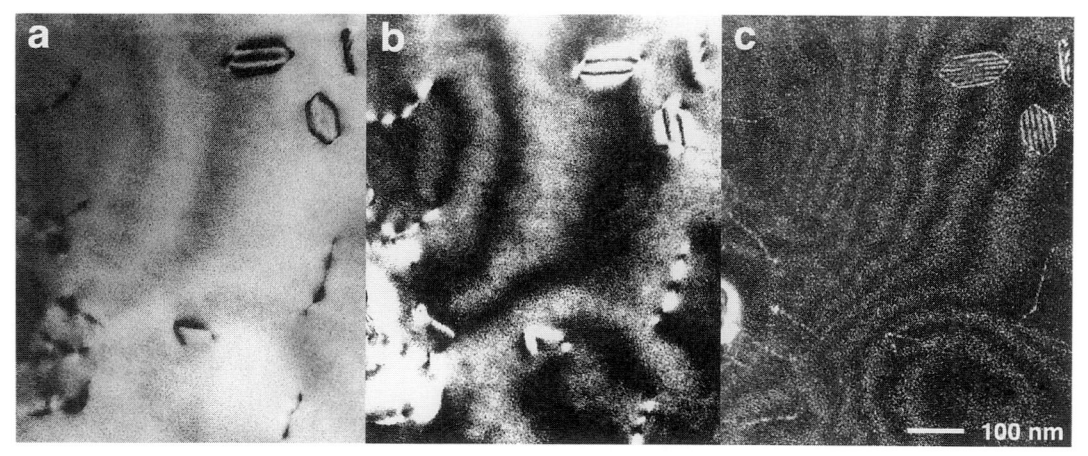

図 13.43　転位や面状析出物のコントラスト（Al-Ag合金）：(a) 明視野像、(b) 暗視野像（c-DF）、(c) 暗視野（g-$3g$、ウィークビーム法）（図 13.42 にそれぞれの像に対応する回折像を示した）

第13章　その他のトピックス

13.6* HAADF-STEM法

本書では走査型透過電子顕微鏡（scanning transmission electron microscopy, STEM）については触れてこなかったので、ここで簡単に電子線を試料上で走査させたとき、高角側に散乱される波から得られる情報について述べたい。この分野も電界放射型電子銃の発展に伴って急速に進歩している。詳しくは巻末の文献を参考にしてもらうとして、ここでは定性的な説明にとどめる。

13.6.1 STEMの光学系とプローブの形成

照射系のコンデンサレンズを用いて試料上にビームを絞ることは既に述べた（たとえば、図 2.20 や 10.39）。また、偏向コイルを用いてビームを平行移動できることも説明した（図 2.13）。これらの方法を組み合わせれば、基本的には収束したビームを試料上で縦横に走査することができるだろう。しかし、現実に今日用いられている STEM では対物レンズの励磁を大きくし、前方磁界のビーム収束効果を巧みに用いた照射系が用いられている。

図 13.44 に STEM の照射系の概要を示した。対物レンズは $k^2 = 3$ すなわちテレフォーカス条件に近い動作条件下に励磁されており、前方磁界がコンデンサレンズとして機能している（2.1.4 節）。そしてこの磁界を用いて、試料上にプローブを形成するのだが、このとき、対物レンズの FFP 上の前焦点が軸（ピボット）となるように偏向コイルでビームを傾けて入射させることにより、試料上でプローブを走査することができる。さらに $k^2 = 3$ の動作条件下では FFP と BFP とが共役の関係にあるので、FFP 上にディスクが形成されれば、BFP にも（試料の情報を含む）同様のディスクが形成される。（試料中で回折を受ければ、図 10.40 で説明したのと同じ原理で BFP 上に収束電子線回折像が形成される。）

また、これより下の中間および投映レンズ系でこの BFP 上の像を拡大し、電子線検出器の位置に映し出すことも可能だ（したがって検出器が試料を見込む角などは、検出器は BFP にあると見なすと考えやすい）。電子線検出器は光軸上の電子線を検出するものと、比較的高角に散乱された電子線を拾うため円環状に配置されたものとがある。前者に入ったシグナルと走査を同期させて得られる像が STEM の明視野像であり、後者に入ったシグナルを用いるものが高角散乱電子による暗視野像だ。

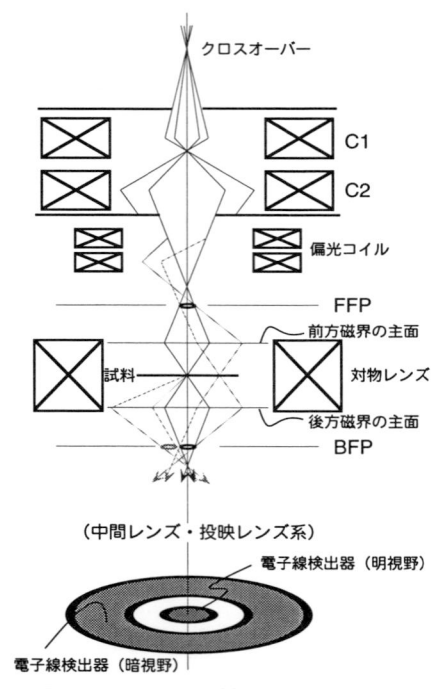

図 13.44　STEMの照射系の概略図

先に進む前に、形成されるプローブ径 d の大きさを考えてみよう。プローブというからにはその領域に電流が流れるから、その大きさを I としよう。まず、収差などの影響が一切ないときのプローブ径を d_0 と置くと、この電流は 2.3.3 節で学んだことから電子銃の輝度 B_r (A/cm^{2}sr) と次の関係にある。

$$I = \pi(\frac{d_0}{2})^2 \cdot \pi\alpha^2 \cdot B_r \tag{13.72}$$

ここで α は試料への収束角（照射角）だ。これを d_0 について整理すると次式を得る。

$$d_0^2 = \frac{4I}{\pi^2 B_r} \cdot \frac{1}{\alpha^2} = C_0^2 \cdot \frac{1}{\alpha^2} \quad \left(C_0^2 = \frac{4I}{\pi^2 B_r}\right) \quad (13.73)$$

つまり、同じ収束角でプローブ径を小さくするためには、試料に流れる電流を小さくするか電子銃の輝度を上げなければならない。一方、エアリーディスクのところで学んだように、プローブ径を小さくしていくとプローブを形成するためのアパチャーの存在そのものによる回折現象（4.1.6節）によりプローブ径は制限されてしまう。この径を回折収差によるプローブ径 d_d として表そう。

さらにレンズ系の不完全性による制限もある。ここでは球面収差と色収差を考え、それぞれの要因によるプローブ径を d_s および d_c と表す（たとえば、球面収差の存在による最小錯乱円については 1.2.9 節で述べたが、その直径値としては $0.5C_s\alpha^3$ がよく用いられる（Cosslett [13-10]））。

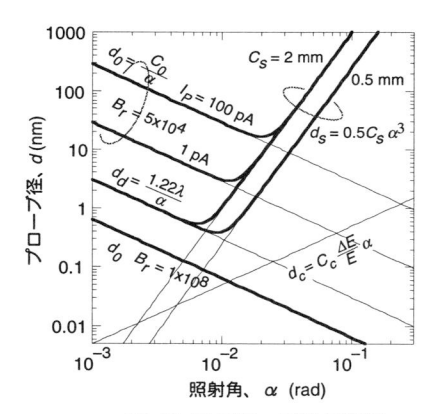

図 13.45 プローブ径の評価
(E=200keV, ΔE=0.5eV, C_c=2mm, 図中の輝度 B_r の単位は A/cm²sr)

結局、現実に観察されるプローブ内の電子強度分布はこれらの要因の積となるが、ここで、それぞれの要因によるプローブの広がりがガウス分布に従うと仮定すれば、（d^2 はガウス関数の指数の肩の和となるので）最終的なプローブ径 d は次の形で表せる。

$$d^2 = d_0^2 + d_d^2 + d_s^2 + d_c^2$$
$$= \frac{C_0^2}{\alpha^2} + \frac{(1.22\lambda)^2}{\alpha^2} + \frac{1}{4}C_s^2\alpha^6 + \left(C_c\frac{\Delta E}{E}\right)^2\alpha^2 \quad (13.74)$$

200 kV の加速電圧の電顕についてこの式で与えられるプローブ径を図 13.45 にプロットした。一例として、球面収差係数 C_s = 2 mm で B_r = 5×10⁴ A/cm²sr の熱電子銃を備えた比較的通常の電顕を考えてみる。この電顕で電流値として I = 100 pA を要求すると得られる最小プローブ径は約 20 nm となる。次に信号から得られる S/N 比はかなり悪くなるが、仮に I = 1 pA としても d = 5 nm だ。ところが電界放射型電子銃に切り替え、B_r = 1×10⁸ A/cm²sr の輝度が得られたと仮定すると、図からわかるようにプローブ径は明るさを確保するための収差角ではなく、回折収差により制限されてしまう。したがって（加速電圧を高くできなければ）、プローブ径をより小さくするためには球面収差係数を小さくするしかない。今、仮に C_s = 0.5 mm の対物レンズが使用できるとすれば、0.4 nm 程度のプローブが得られることを上の式は示唆している。また、(13.74) から最小のプローブ径を求めると

$$d_{0,\min} = \left(\frac{4}{3}\right)^{3/8}\left(C^3 C_s\right)^{1/4} \quad (13.75)$$

となる。（ここで C は回折収差が問題とならならない大きなプローブ径の場合 $C = C_0$ で、一方、回折収差により制限を受ける場合は $C \approx 1.22\lambda$）。

13.6.2 走査プローブと試料との相互作用

必要な大きさのプローブが得られたとして、次に電子線と試料間の相互作用、および円環状の検出器（図 13.44）によって電子線を検出することにより、どのような情報が得られるか考えてみたい。先に述べたように、この分野は理論・実験とも急速に発展しつつあるので、詳細は巻末の文献を参考にしてもらうこととして、ここではコントラストをもたらす要因を定性的に理解することにとどめたい。

図 13.46 にプローブをしぼった場合に透過波および回折波がそれぞれの検出器によって検出される状況を模式的に示した。まず前節からもわかるようにプローブの収束角は約 10 mrad であり、また透過波を検出するためには、検出器から試料上の一点を見込む角度もほぼ同程度あればよいとされている。一方、円環状検出器の内側端と外側端が試料に対して張る角度を θ_{in} および θ_{out}

第13章 その他のトピックス

とすると、本節で紹介する高角円環状検出器ではこれらの角度はプローブの収束角よりずっと大きく、たとえばそれぞれ 50 および 150 mrad 程度という値をとる。この角度は通常のブラッグ角に比べてもかなり大きい。そのためこの検出器は*高角円環状検出器*（high-angle annular detector）と呼ばれる（Howie 検出器とも呼ばれている [13-11]）。そしてプローブの走査と透過波の検出器に現れた強度とを同期させて得た像を明視野走査型透過電子顕微鏡（BF-STEM）像と呼び、高角円環状検出器で検出した強度と同期させて得た像を高角円環状検出器暗視野走査型透過電子顕微鏡（high-angle annular detector dark-field STEM, HAADF-STEM）像と呼ぶ。

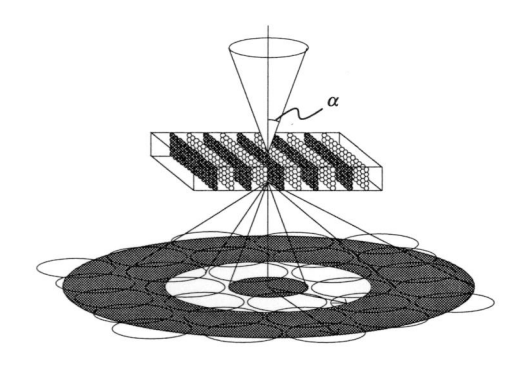

図 13.46 二つの電子線検出器の配置の概念図

さて原子が一つしかない場合、原子散乱因子を $f(\theta)$ として円環状検出器に飛び込む電子線の強度を求めるには、散乱波の強度を円環状検出器全体にわたって積分すればよく、

$$I \propto 2\pi \int_{\theta_{\rm in}}^{\theta_{\rm out}} (f(\theta))^2 \theta d\theta \tag{13.76}$$

と書ける。このことから 1 個の原子のコントラストは、原子番号を Z とすれば Z^2 を反映したものとなることがわかる。しかし原子が複数個あるときは散乱波間の干渉の効果を考えなくてはならないのではないだろうか。たとえば第 6 章でも学んだように、n 個の原子からの散乱波間に干渉があれば散乱波の強度は n^2 に従って増えるが、非干渉であれば n に依存する形をとるだろう。しかし一方で、高角になるに従って非干渉性の熱散漫散乱（TDS）が大きな強度を持つことも我々はすでに 8.4 節で学んでいる（図 8.31）。デバイ・ウォラー因子の値にも依存するが、一般に我々の高角円環状検出器が置かれている位置では TDS の寄与が大きい。

今、試料が結晶質でビームが適当な晶帯軸に沿って入射しているとすると、原子間の干渉効果を (i) 晶帯軸に沿って一列に並ぶ原子によって構成された原子カラム間の（横方向の）干渉と (ii) 一つのカラム内の原子間の（縦方向の）干渉とにわけて考えることができる。高角円環状検出器がもたらすコントラストに関して先駆的な研究をした Jesson と Pennycook によれば [13-12]、検出器の内側端の角度を大きくすることにより、カラム間の干渉が HAADF-STEM 像に及ぼす効果は極めて少なくなることがわかっている。おおざっぱな言い方をすれば図 13.46 からもわかるように、一つひとつの回折波を考えるときは干渉性散乱を考えるべきであるが、高角円環状検出器ではそのようにして高角側に散乱された強度を広い領域にわたってすべて足しあわせたものをアウトプットしているので干渉の効果が現れないからだと言える。しかし同時に回折波の強度計算の結果、一つのカラム内の原子による散乱波の干渉は無視できない場合があることもわかっている。

ここで比較的低倍の BF-STEM 像と HAADF-STEM 像を比べながら、後者をどのように解釈したらよいか考えてみたい。図 13.47(a) と (b) はそれぞれ Al-Ag 合金を [$\bar{1}$10] 方向から見た BF-STEM および HAADF-STEM 像だ。まず、BF-STEM では矢印で示した試料端付近に等厚干渉縞が観察される。これはこの試料の厚さが消衰距離以上であり、収束されたビームが動力学的効果を受けながら試料中を通過していることを物語っている。一方、対応する領域の HAADF-STEM 像ではそのような干渉縞は見られず、厚さが厚くなるにつれ、散乱体の量の増加を反映した単調に明るいコントラストを呈する。この現象は通常の明視野・暗視野像と大きく異なり（図 11.15）、

高角側に向けての散乱波は透過波との相互作用が比較的小さく、さらに高角円環型検出器に飛び込んだそのような散乱波の強度をすべて平均化してしまうと、動力学的効果が像には反映されないことを示唆している。

またこの試料には Al の {111} 面に沿って板上に Ag が析出している（γ 相と呼ばれる）。[$\bar{1}$10] 方向から見ると四つのバリアントがあることになるが、HAADF-STEM 像には Al と Ag との原子量の差を反映して、この板上析出物を真横から見た像が強い白い棒状のコントラストとして現れ、また ($\bar{1}$11) および (1$\bar{1}$1) 面に析出している γ 相も斜め上から見た面状の少し明るいコントラストを呈している（一方、BF-STEM 像にはこれらの析出物は暗いコントラストとして現れている）。さらに BF-STEM 像にはこれらの析出物を結んでいる転位と思われるコントラストが現れているが、HAADF-STEM 像にはそのようなコントラストはほとんど現れていない（注意して観察すると非常に弱くコントラストが存在することが認められる）。これは、収束角の範囲内に分布して入射した電子線に対しては様々な動力学的条件が同時に満たされ

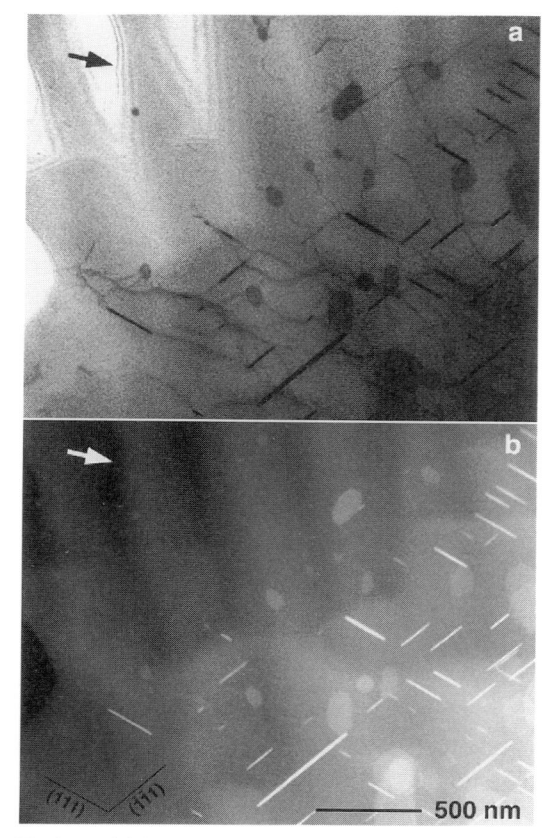

図 13.47 時効処理した Al-Ag 合金の (a) BF-STEM 像と (b) HAADF-STEM 像（[110] 入射）（日本電子(株) 奥西栄治博士のご協力による）

11.3.3 節で見たように転位の近傍で透過波の強度が弱くなるのに対し、高角側に向かう回折波にはそのような干渉性成分が少なく、TDS 成分のほうが勝っているからと解釈できる。

以上のように BF-STEM 像が呈する動力学的効果は HAADF-STEM 像にはほとんど現れず、その像は散乱体の量（厚さ）や原子量を反映したものとなっている。

次にビームを結晶の原子間隔程度に絞って得られた HAADF-STEM 像を見てみよう。ここで紹介するのは Al-Cu 系合金の時効析出相として知られている {100}$_{Al}$ 上に析出した 1 層の Cu 原子の集まり、すなわち GP ゾーンだ [13-13]。GP ゾーンはこれまでもゾーン周辺の歪みがダイナミカルな効果によってコントラストに現れることを利用した明視野像（図 10.23）、多波の干渉による位相コントラスト像（図 12.38）として見てきた。原子レベルでの観察という点からは位相コントラスト法が通常用いられるが、この方法は試料の厚さと結像条件に敏感に依存し、さらに GP ゾーンのように大きさの異なる析出帯が同一視野に存在する場合、すべてのゾーンが同じコントラストを持って結像される条件を満たすことは現実的に不可能であることを 12.5.5 節ですでに述べた。しかし、HAADF-STEM 像は主に非干渉性散乱を受けた電子によって結ばれるので、試料内の厚さの相違や結像系における光路差の相違に起因するコントラストの反転がない。図 13.48 は 001 方向から見た Al-Cu 合金の HAADF-STEM 像だが、まずマトリックスの fcc 構造が明瞭に分解されていることがわかる。fcc Al の格子定数はほぼ 0.4nm だから、ビームは 0.2nm 以下に収束されている。また、図において {100} 面に沿って観察される白いコントラストは原子量の大きな Cu からの散乱によるものであり、数 nm の微細な GP ゾーン

第13章 その他のトピックス

が密集して析出していることがシミュレーションなどの手続きを経ないで容易に読み取れる。さらに図の中央下付近には2層のCuからなる析出帯が存在していることもわかる。このようにHAADF-STEM像の解釈はHREM像の解釈に比べ直観的である。PennycookとJessonはこのHAADF-STEMの特長を次のように指摘した。"No structures are excluded, so that unexpected interfacial arrangements, ordering, new interfacial phases, or transition zones will be immediately apparent and can be later confirmed by image simulation in the usual manner."(*Acta metall. mater.* 40 S149 (1992)) HAADFに限らずビームが原子カラム程度にまで絞れるようになり、この分野の今後の発展が期待される。

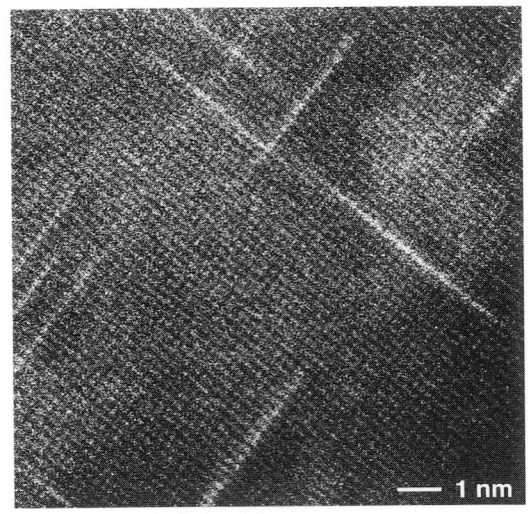

図 13.48 Al-Cu合金中のGPゾーンのHAADF-STEM像

13.7* 電子線ホログラフィー

ホログラフィーの原理については 4.4 節で述べた。要約すると、散乱体からの散乱波と位相の変化のない参照波との干渉模様がホログラムであり、そのホログラムに再び波をあてホログラム上の干渉模様からの回折像に基づき、元の散乱体の情報を復元しようとするものだ。この技術はレーザーの発展により 1960 年代に進歩を遂げ、さらに干渉性に優れた電子線源や高強度のX線源の出現によって現在は電子線やX線でも可能となっている。本節では、電子線を用いたホログラフィーにおいて最も一般的に用いられる光学系およびホログラムの解釈の極く基礎的なことを述べるにとどめる(詳細は巻末の文献 (Völklら (1998)) を参照されたい)。

13.7.1 off-axis 電子線ホログラフィーの光学系と干渉縞

第4章で参照波と物体からの回折波の干渉模様を記録する方法の例として、通常の光学系を用いたサイドバンド ホログラムの形成法を述べた。off-axis 電子線ホログラフィーと呼ばれる方法でも基本は同様だ。まず図 13.49 にプリズムを用いたホログラムの形成法と電子線プリズムを用いた同様の方法の概念図を示した。

電子線ホログラフィーは当初、単結晶をプリズムに利用した"電子線干渉計"の形で登場した。しかし単結晶の寿命や非弾性散乱による干渉性の低下はこの方法を現実的には困難なものにした。現在、もっともよく用いられている方法では、まず明るさが許す範囲で、できるだけ平行照射に近い条件で試料に電子線を照射し、電場を利用したプリズムを用いて参照波と物体波とを干渉させるものだ。図 13.49(a) に示した対になったプリズムをバイプリズム

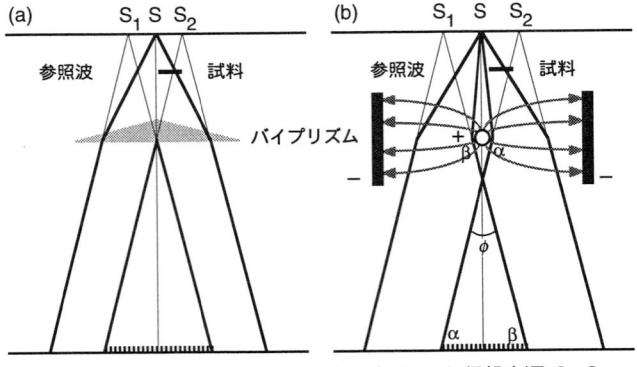

図 13.49 バイプリズムの効果:真の光源 S と仮想光源 S_1, S_2
(a) 通常の光学系、(b) 電子線の光学系

(biprism) と呼ぶが、電子線の干渉性がよければ、電子線バイプリズムにより重なった領域には干渉模様が形成される（この電子線バイプリズムのアイデアは G.Möllenstedt による）。

バイプリズムは細く延ばした太さ 1μm 以下のガラス線に金などの金属を蒸着したものや金属細線が用いられる。図 13.50(a) にガラス線を引き伸ばして作成した自家製のバイプリズムを、(b) にはそのバイプリズムに電圧 $V_p =$ 75(volt) をかけたときの状況を示す。電圧がゼロのときはただの影しか映らないが、適当な電圧を印加することにより、バイプリズムの両側を通過した二つのビームが曲げられて重なり、図 13.50(b) の中央に見られるように明るい領域が形成される（バイプリズムをなす細線の両端の領域が（その領域に存在するフレネルフリンジを含んで）逆転する）。

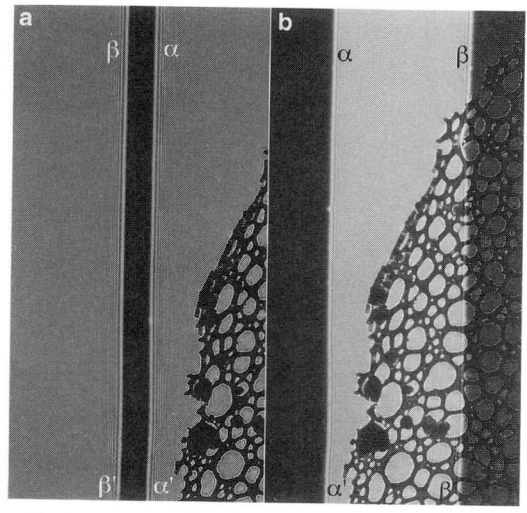

図 13.50 電子線バイプリズム (a) V_p=0; (b) V_p=75V

次に二つの波が重なった領域をもう少し詳しく見てみよう。図 13.51 にはバイプリズムに印加した電圧を $V_p =$ 10, 20, 30 (volt) と変化させた場合に干渉縞が変化する様子を示した。図 13.50 に示したように遠くから見るとフレネルフリンジが逆転しているのがまず目につくが、それに重畳して細かな干渉模様が観察される。この干渉稿こそが電子の波動性の現れに他ならない。

干渉縞の間隔 d は電子線の波長を λ、参照波と物体を通過してくる電子線のなす角を ϕ とすれば（図13.48(b)）、ほぼ $\lambda/\sin\phi$ に比例するから、印加電圧を上げ ϕ を大きくすれば干渉縞の間隔は小さくなる。

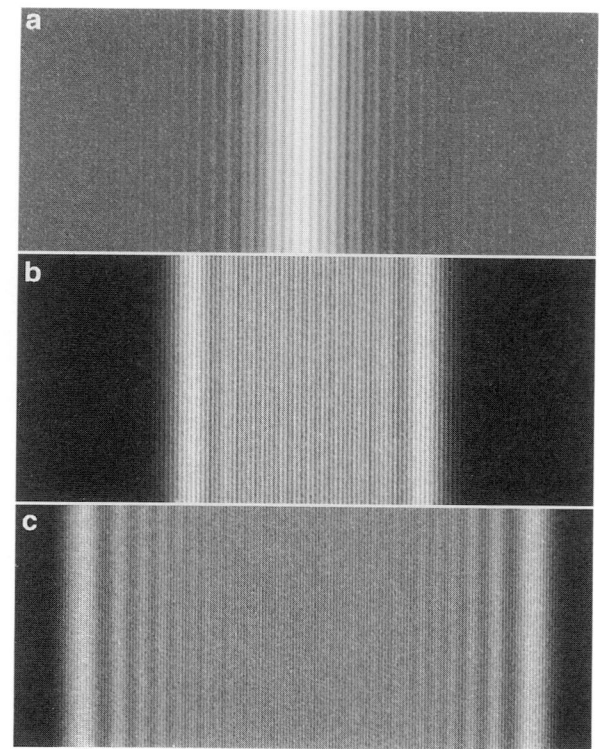

図 13.51 干渉模様 (a) V_p=10; (b) 20V; (b) 30V

13.7.2 電場と磁場がもたらす位相の変化

要するに、この干渉縞の中のそれぞれの縞の間では片方の波を基準にして、もう一つの経路をたどった波の位相が 2π の整数倍だけずれているわけだが、もし物体あるいは電場や磁場をもたらすポテンシャルを通過することにより、物体側を通過する波の位相が参照波の位相より進んだり遅れたりすれば、干渉縞の間隔も短くなったり長くなるだろう。そして、この位相のずれはこ

第１３章　その他のトピックス

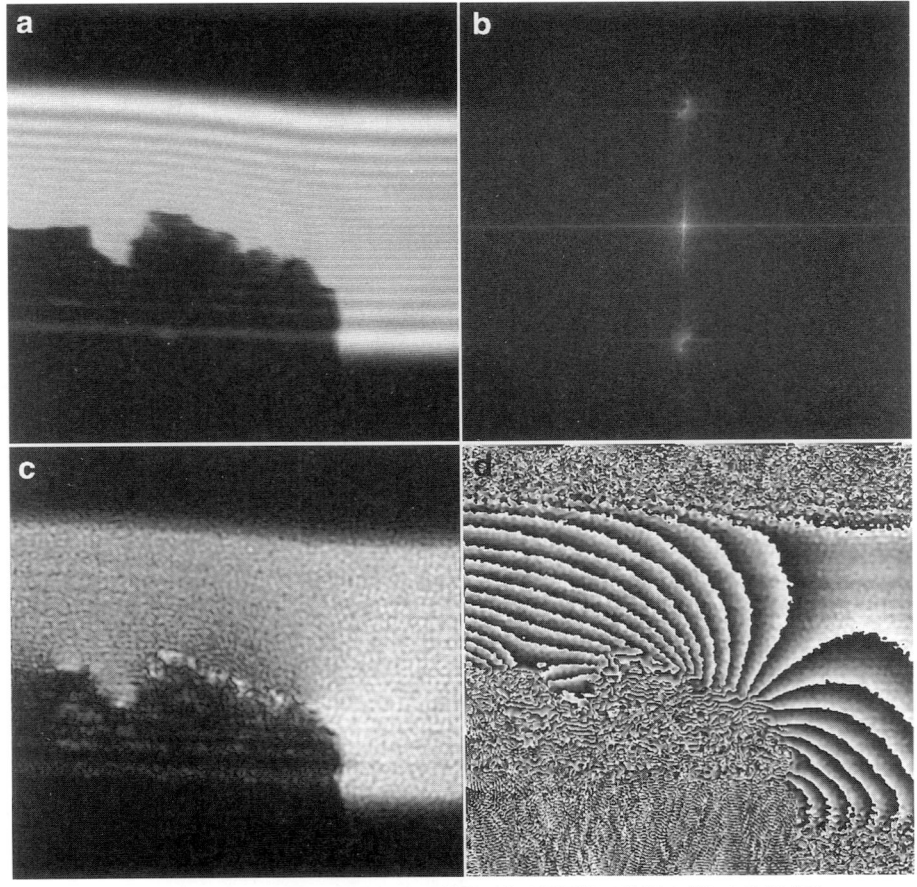

図 13.52 磁石の端部から発生する磁界による電子線の位相のずれを検出する
(a) ホログラム、(b) フーリエ変換像、(c) 振幅像、(d) 位相像（4倍）

の干渉縞を解析することにより検出できるに違いない。

電気的なポテンシャル V、および磁場 $\vec{B}(=\vec{\nabla}\times\vec{A})$ を与えるベクトルポテンシャル $\vec{A}$ が存在している空間をエネルギー E の電子が通過すると、位相は次の量だけずれることが知られている。

$$\varphi = \frac{\pi}{\lambda E}\int_l V(z)dz - \frac{e}{\hbar}\int_l A_z(z)dz \tag{13.77}$$

ここで e は電子の電荷の絶対値だ。

ここでは詳しい議論は抜きにして実例を示すにとどめたい[13-14]。図 13.52 に示したのは Fe-Nd-B 系の磁石の端部から発生する磁場による電子線の位相のずれを見た例だ。まず (a) がホログラムだが、強い磁場により干渉縞が大きくゆがんでいるのがわかる。このホログラムを再構築するために、光学的には再構築波をホログラムに入射させ実像と虚像を得ることは 4.4 節で述べたが、最近では多くの場合、コンピュータによるフーリエ変換を用いて処理する。(b) がホログラムのフーリエ変換像で、上下に現れた強いスポットの領域が実像および虚像を与えるという関係にある（同じ情報を持っていると考えてよい）。これをサイドバンドと呼ぶが、どちらかのサイドバンドを選び、その領域のみフーリエ逆変換をほどこす。(c) はこうして得られた振幅項を図示したもので、振幅像と呼ばれる。一方 (d) は位相項を図示したもので位相像と呼ばれる。そして、ここに示した等高線は $2\pi/4$ の位相のずれに対応しており 4 倍位相像などと呼ばれる。

一方、図 13.53 に示したのは直径 1.1 μm のラテックス粒子をカーボン膜にのせた領域から得たホロ

グラムとその 4 倍位相像だ。ラテックス粒子に電子線を照射すると帯電し、その結果、電場が周囲に生じる。そしてその領域を通過した電子は電場（(13.77)に基づく表現で言えばスカラーポテンシャル）の存在により位相が変化し、それが干渉縞の変化となって現れる。

　ここで述べたのは電子線の干渉性を利用したホログラフィーのほんの一端にすぎないが、実際には他の手法もそうであるように、いくつもの実験的な注意と理論が存在する。たとえば、レンズの磁界や収差の影響などで仮に試料がなくとも、二つの電子波が常に同じ条件でスクリーン上に到達するとは限らない。そのため試料がない条件で得られる参照ホログラムが定量的な議論には必須となる。またフーリエ変換像は周波数空間であるからサイドバンドの中心を正しく選ばないと間違った位相像が容易に得られてしまう。詳細は巻末の参考書を参照されたい。

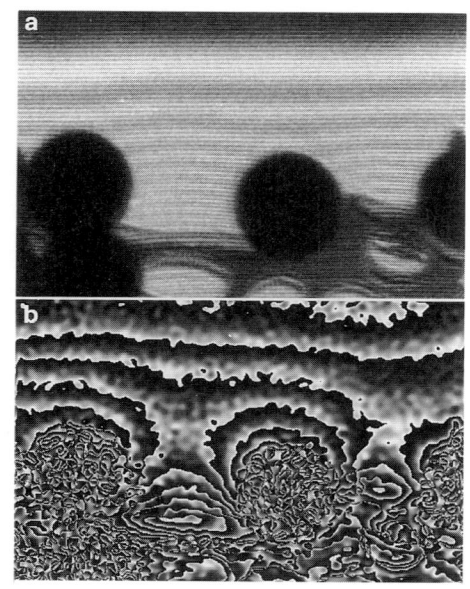

図 13.53 ラテックス粒子の周囲の電場
(a) ホログラム、(b) 位相像（4倍）

13.8* その場観察法

　これまで述べたすべての手法の共通点は試料が観察中に変化しないことであった。しかし我々の身の回りにある材料はすべて何らかの反応を通して得られており、機械的であれ化学的であれその反応を直接観察できれば多くの情報が得られる。ここでは電子顕微鏡中の試料を加熱して反応過程を直接ビデオテープなどに記録する方法を紹介する。

　図 13.54 にその場観察を行うときの基本的なセットアップを示した。要するにフィルムの代わりに電子線に対する撮像管があり、それをビデオレコーダーで録画するだけだ。最近の高分解能電子顕微鏡ではモニターの存在が当たり前となってきたから、このセットアップ自体は特に目新しいものではないだろう。日本やアメリカでのビデオ録画の規格は NTSC と呼ばれる毎秒30フレームのものだが、特別に時間分解能を高めた方式のものもある。

　その場観察のかなめとなるのは試料ホルダーで、加熱ホルダー、冷却ホルダー、あるいは試料に応力をかけることのできるホルダーなど様々な種類がある（特殊なホ

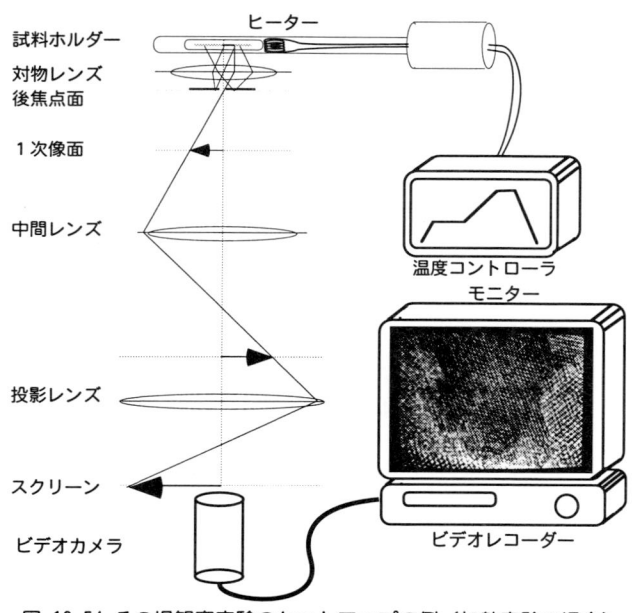

図 13.54 その場観察実験のセットアップの例（加熱実験の場合）

第13章　その他のトピックス

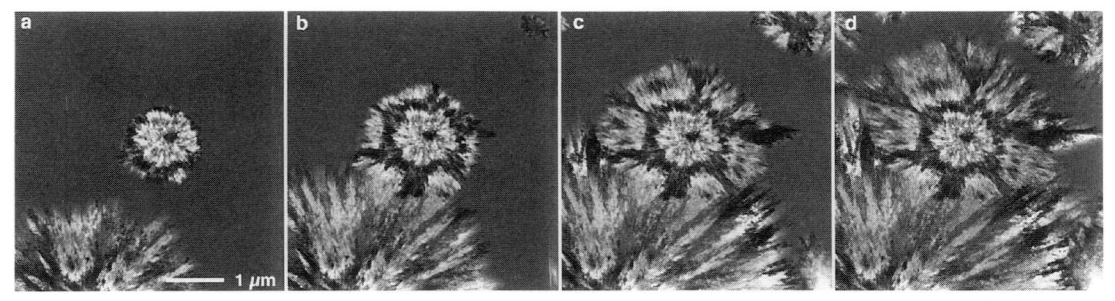

図13.55 Co-Cアモルファス薄膜の結晶化過程で出現した準安定 Co₂C相スフェルライトの成長の様子（約3分間隔）

ルダーを用いず、電子線の高いエネルギーによってもたらされた放射損傷や誘起された反応の進行の観察が目的の場合もある）。

実例としてスパッタリング法により Co と C を共蒸着して得たアモルファス薄膜を電顕内で加熱したときの結晶化過程を記録した明視野像を図 13.55 に示す[13-14]。一連の写真は同じ試料を熱分析した結果得られる最初の発熱ピークに対応する。また Co-C 系は共晶状態図を呈するが、いくつかの準安定相の存在が知られており、この場合、直方晶（斜方晶）に属する準安定相 Co₂C と hcp Co が最初に現れる。一般に図のような円上（あるいは球状）の形態をスフェルライト (spherulite) と呼ぶが、図のスフェルライトの明視野像が呈する 6 回対称性はスフェルライトを構成する微細な準安定 Co₂C 結晶粒の方位が互いに関連を持ちつつ結晶化していることを示している。

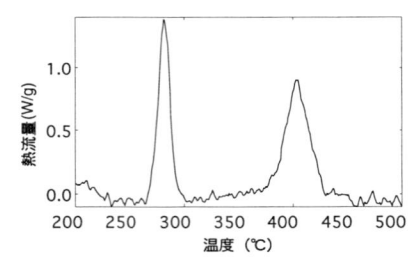

図 13.56 Co-Cアモルファス薄膜（Co₇₅C₂₅）の示差熱分析カーブ（昇温速度：10℃/min）

このような一連の写真から直接、結晶化した領域の成長速度を求めることができ、さらに温度を変えて同様の実験を行い、反応（この場合は粒成長）の活性化エネルギーを求めることも可能だ。電顕外部で加熱した試料の観察では一つの結晶粒に着目することが困難であるのに対し、この例のようにその場実験では反応のキネティクスに関する情報を短時間で与えてくれるという大きな特徴がある。

しかし、メリットばかりではない。実験の種類にもよるが、通常の巨視的な試料（多層膜のような薄い素材であっても電顕試料として何らかの加工処理を施していなければバルク試料と呼ばれることが多い）から薄片状の試料を電顕内で加熱し、何らかの反応の進行を観察する場合、電顕中の薄片状の試料内で起こっていることが、バルク試料中でも実際に起こっているかという点に細心の注意を払わなくてはならない。一般に、電顕で観察することに起因する偽の結果を artefact と呼ぶ。artefact には試料が薄片であることに起因するもの、電子線の照射によるダメージや温度の上昇に起因するもの、など様々な真でない観察結果が含まれる。

電子顕微鏡という薄い試料がどのような環境にあるのかを実感するための例としてここでは Ge/Ag

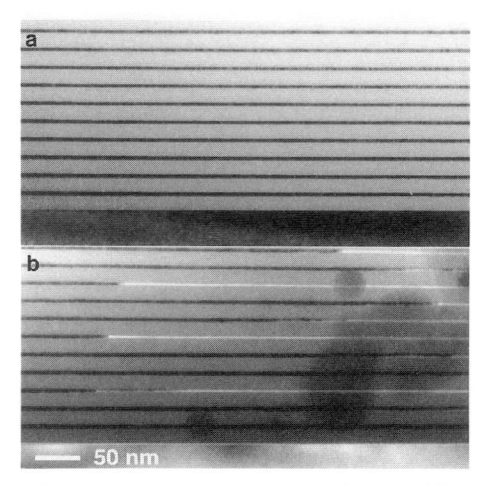

図 13.57 Ge(18nm)/Ag(4nm)多層膜の断面試料
(a) 試料作成直後、(b) 48時間後

13.8 その場観察法

多層膜の断面写真を見てみよう（薄片化はディンプリングとイオンミルを用いた）。図 13.57(a) は試料を準備した直後の明視野像、(b) は 48 時間後に同様の領域を撮影した像だ。試料ができた直後では期待した通りの Ge/Ag 多層膜像が得られている。ところが、48 時間空気中に放置したあとでは写真右側の試料の薄い領域で銀が試料内から「しみだし」てしまい薄片試料の上下に円く広がった吸収コントラストを与えている。このような「しみだし」は常に起こるわけではないが（たとえば Si/Al であれば数年間は変化ない）、データの解釈に際しては電顕試料表面の拡散の効果などに対し常に注意を払う必要ことの必要性を喚起している。

実際に薄片で起こっている変化が電顕試料作成前のバルク材での変化を代表しているかをチェックするための良い方法は、バルクと電顕試料と同じ変化が起きているかを確認しておくことだ。熱の出入りを伴う反応であれば熱分析で確認できるし、構造の変化であればX線回折を用いることもできる。また磁性などの物性の変化を追っている場合でも同様だ。特に構成元素の拡散が律速となる反応を見ている場合、反応が起こっている温度だけではなく、できれば何らかの形で見掛け上の活性化エネルギーを求め、電顕での観察結果が表面拡散などの artefact でないことを確認しておくことが望ましい。

一例として Ge(94nm)/Ag(8nm)/Ge(94nm) 3層膜を電顕中で加熱した結果を紹介して本書を終えたい [13-15]。アモルファスゲルマニウム (a-Ge) は通常は 550℃ 程度で結晶化するが、銀などの金属の存在下ではより低温で結晶化する。図 13.58 に示したのは電顕中で 260℃ に加熱した試料の (a) 暗視野像と (b) 高分解能像だ。これらの写真の右側には未反応の a-Ge にサンドイッチされた Ag 層が存在しているが、左側では a-Ge は結晶化し、それに伴い Ag が固相中を移動している。この反応をビデオでとらえたのが図 10.59 だ。銀が移動している様子が実時間でわかる。このような実験をいくつか

図 13.58 電顕中で 260℃に加熱された Ge/Ag/Ge 3層膜：(a)暗視野像(Ag)、(b)高分解能像

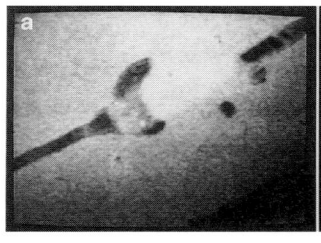

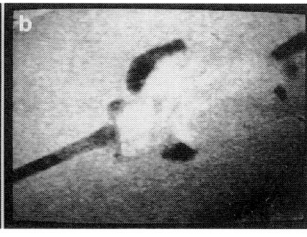

第13章 その他のトピックス

図 13.59 Ge/Ag/Ge 3層膜の結晶化のその場観察（明視野像）

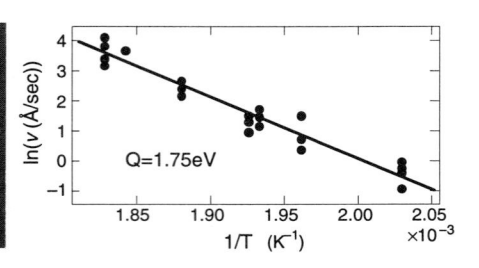

図 13.60 成長速度のアレニウスプロット

の温度で行い、移動速度を温度の関数として求め、アレニウスプロットした結果を図13.60に示した。これから得られる活性化エネルギーは 1.75 eV であり、これは Ag 中の Ge の拡散に要する活性化エネルギー 1.58 eV および Ag の自己拡散の活性化エネルギー 1.91 eV の間であり、この反応が表面拡散によるものではないことを強く示唆する。

さらに反応のメカニズムを調べるためには高分解能による観察が必要だ（図 13.61）。結晶化した Ge が画面の左側から成長している。また Ag には数多くの積層欠陥が導入されていることがわかる。(a-Ge は画面のずっと右側にあり、ここでは見えない。）この実験において積層欠陥は一種のマーカーとしても機能しており、Ag 結晶粒全体は画面の右に動いているのに積層欠陥の位置は不動であることから、結晶粒の移動は Ag の（画面右側への）自己拡散と Ge の（画面左側への）拡散によって引き起こされていることが直接判明する。

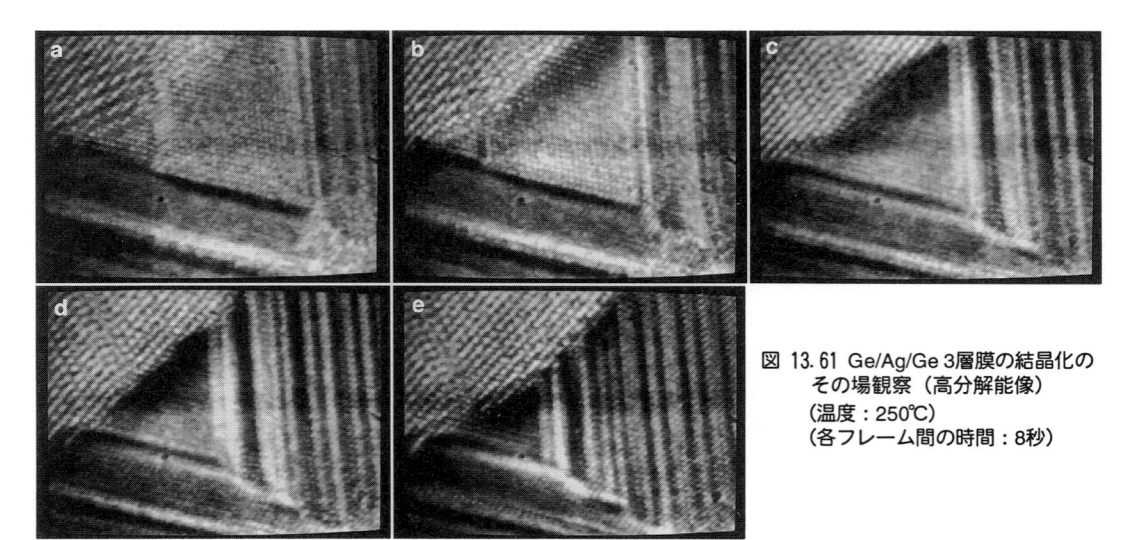

図 13.61 Ge/Ag/Ge 3層膜の結晶化の
その場観察（高分解能像）
（温度：250℃）
（各フレーム間の時間：8秒）

この章のまとめ

- 小角散乱：散乱体の大きさ、形状、界面などに関する情報を与える。ギニエプロット、ポロッド領域、相関長、密度ゆらぎなど
- 長範囲規則構造、自己相似性、変調構造、準結晶と黄金比
- 特性X線の検出原理と誤差をもたらす様々な要因
- ウィークビーム法
- プローブの形成と HAADF-STEM 法、干渉性と電子線ホログラフィー、その場観察法

問題解答

1.1: 図 A1.1 参照
1.2: 75 m（したがって蛍光板とフィルム位置の差は問題とならない。）
1.3: 図 A1.2 参照
1.4: 1 次像面を結像するときの方が大きい（実際に中間～投映レンズに流れる電流を確認するとよい）。

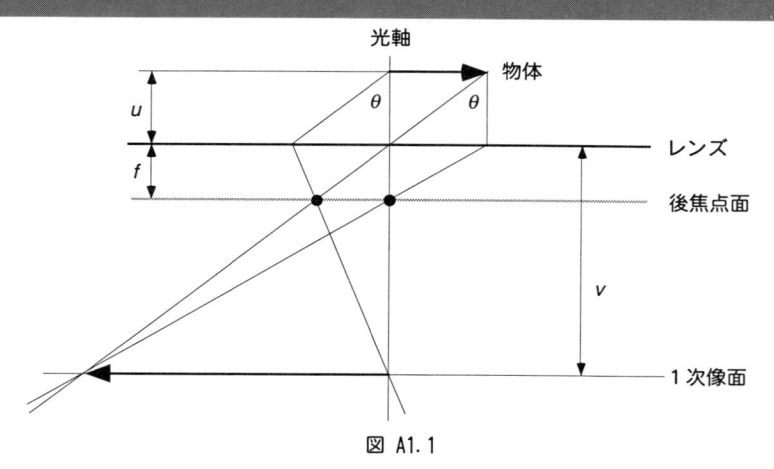

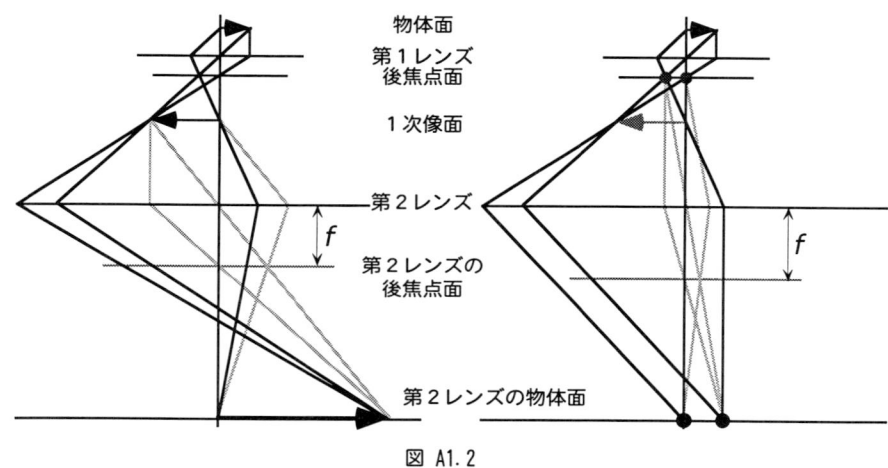

図 A1.1

図 A1.2

1.5: 図 A1.3 参照
ナポレオンに従軍していた数学者モンジュがこの現象を調べたので、モンジュ現象とも呼ばれる。これと反対の逆転層ができると蜃気楼が起こる。

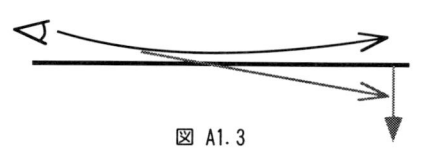

図 A1.3

1.6: $\dfrac{\partial L_{\mathrm{OPL}}}{\partial \varphi} = \dfrac{n_o}{l_o} 2R(s_o + R)\sin\varphi - \dfrac{n_i}{l_i} 2R(s_i - R)\sin\varphi \longrightarrow \dfrac{n_o}{l_o}(s_o + R) - \dfrac{n_i}{l_i}(s_i - R) = 0$

2.1: 反対方向（多くの電子顕微鏡では中間、投映レンズが像の回転を相殺するように設計された二つのレンズの組合せからなっている。）
2.2: $\boldsymbol{a} = \ddot{r}\boldsymbol{e}_r + \dot{r}\dot{\boldsymbol{e}}_r + \dot{r}\dot{\varphi}\boldsymbol{e}_\varphi + r\ddot{\varphi}\boldsymbol{e}_\varphi + r\dot{\varphi}\dot{\boldsymbol{e}}_\varphi = \ddot{r}\boldsymbol{e}_r + \dot{r}(\dot{\varphi}\boldsymbol{e}_\varphi) + \dot{r}\dot{\varphi}\boldsymbol{e}_\varphi + r\ddot{\varphi}\boldsymbol{e}_\varphi + r\dot{\varphi}(-\dot{\varphi}\boldsymbol{e}_r)$
2.3: 図 A2.1 に模式的に示した。
2.4: $j \cdot \Delta S_A = \Omega B_r \cdot \Delta S_B / M^2 = \Omega' M^2 B_r \cdot \Delta S_B / M^2$
$= \Omega' B_r \cdot \Delta S_B = j' \cdot \Delta S_B$

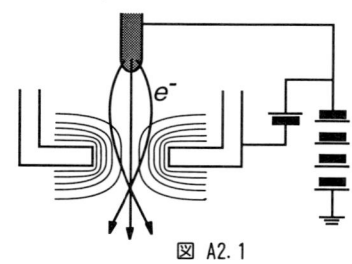

図 A2.1

問題解答

2.5: 図 A2.2 参照

3.1: $\lambda_{\min} = \dfrac{12.4}{V(\mathrm{kV})}$ (Å)

3.2: (3.4) より

$$|E_n| = \frac{m}{2\hbar^2}\left(\frac{e^2}{4\pi\varepsilon_0}\right)^2 \frac{Z^2}{n^2} = 13.6\frac{Z^2}{n^2} \quad (\mathrm{eV})$$

$Z=n=1$ であれば水素原子から電子を奪うのに必要なエネルギーとなる。Cu の K 殻励起に必要なおおよそのエネルギーを見積もるには、$Z=29$, $n=1$ と置いて、11kV 程度が必要であることがわかる。

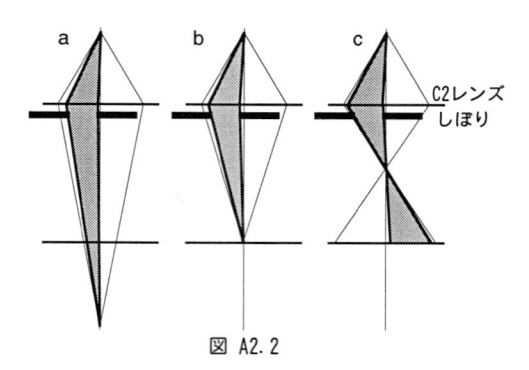

図 A2.2

4.1: $\int_{-d}^{d} e^{-2\pi iqx}dx = \frac{1}{2\pi iq}\left(e^{-2\pi iqd} - e^{2\pi iqd}\right) = \frac{-1}{\pi q}\sin 2\pi qd = -2d\dfrac{\sin 2\pi qd}{2\pi qd}$

5.1: 散乱の前後でのエネルギーを考えて

$$\frac{hc}{\lambda} = \frac{hc}{\lambda + d\lambda} + \tfrac{1}{2}mv^2 \approx \frac{hc}{\lambda}\left(1 - \frac{d\lambda}{\lambda}\right) + \tfrac{1}{2}mv^2 \;\rightarrow\; \frac{hc}{\lambda^2}d\lambda = \tfrac{1}{2}mv^2$$

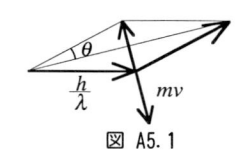

一方、電子に与えた運動量はX線の運動量の変化に等しいから図A5.1を参照して、

$$mv = 2\frac{h}{\lambda}\sin\theta \;\rightarrow\; v^2 = \left(\frac{2h}{m\lambda}\sin\theta\right)^2 \quad \text{を得るが、これから} \; d\lambda = \frac{h}{mc}(1 - \cos 2\theta) \; \text{を得る。}$$

図 A5.1

6.1: 図 A6.1 参照。（二つのベクトル間の角度を ∧ で表した。）

6.2: $G(\vec{q}) = e^{-2\pi i\vec{q}\cdot\vec{R}}f(\vec{q})\cdot 2\cos(\tfrac{\pi}{2}qd)$ となる。このうち最後の項を図 A6.2 に示した。

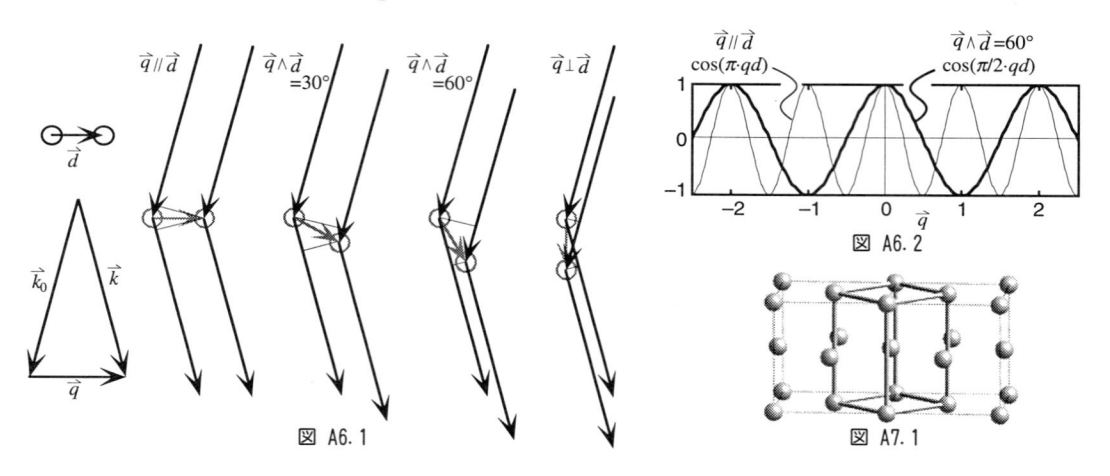

図 A6.1

図 A6.2

図 A7.1

6.3: $\int_0^{\pi}\cos^2(\pi qd\cos\theta)\sin\theta d\theta = \int_{-1}^{1}\cos^2(\pi qdt)dt = 2\int_0^1 \tfrac{1}{2}\{1 + \cos(2\pi qdt)\}dt = \{1 + \dfrac{\sin(2\pi qd)}{2\pi qd}\}$

6.4: $\left\langle \cos(2\pi\vec{q}\cdot\vec{d})\right\rangle = \dfrac{1}{4\pi d_0^2}\int_0^{2\pi}d_0 d\phi \int_0^{\pi}\cos(2\pi qd\cos\theta)\cdot d_0\sin\theta d\theta = \tfrac{1}{2}\int_{-1}^{1}\cos(2\pi qdt)dt = \dfrac{\sin(2\pi qd)}{2\pi qd}$

7.1: 4　7.2: 図 A7.1 参照。　7.3: 一つの格子点上の原子に対し八面体位置が一つ、四面体位置が二つ。

	第 1 隣接の原子	第 2 隣接の原子
八面体位置	$a/2$; 6	$\sqrt{3}a/2$; 8
四面体位置	$\sqrt{3}a/4$; 4	$\sqrt{11}a/4$; 12

7.5: 図 A7.2 参照（八面体位置の場合、格子点を囲む八面体と八面体位置を囲む八面体がまったく同じであるのに対し、四面体位置の場合、互いに 90°回転した関係にあることに注意）。

7.6: $c/a = \sqrt{8/3} \cong 1.633$

7.7: 原子　　　　：2, (2/3, 1/3, 0) ; (2/3, 1/3, 1/2)
　　　　八面体位置：2, (1/3, 2/3, 1/4); (1/3, 2/3, 3/4)
　　　　四面体位置：4, (1/3, 2/3, 1/4); (1/3, 2/3, 3/4)
　　　　　　　　　　　(0, 0, 3/8) ; (0, 0, 5/8)

7.8: 図 A7.3 参照。

7.9: $r(\text{octa}) = (2-\sqrt{2})/4 \cdot a \approx 0.146a$
　　　$r(\text{tetra}) = (\sqrt{5}-\sqrt{2})/4 \cdot a \approx 0.205a$
　　　$r(\text{tetra}) > r(\text{octa})$ であることに注意。
　　　（fcc 構造の場合はどうか？）

7.10: Na(0 0 0) + Cl(0.5 0 0)

7.11: 図 A7.4 参照。

7.12: 図 A7.5 参照。　7.13: 図 A7.6 参照。

図 A7.2

図 A7.3　　　図 A7.4

7.14: 図 A7.7 参照（(100) と ($\bar{1}$10) とが 120°の回転により等価な面となることに注意）。

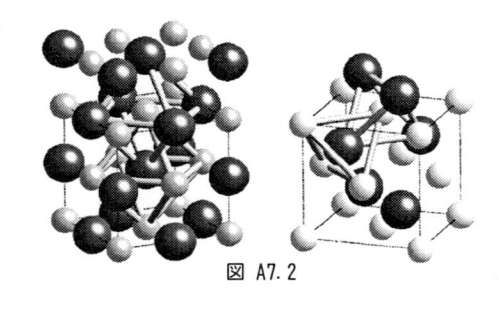

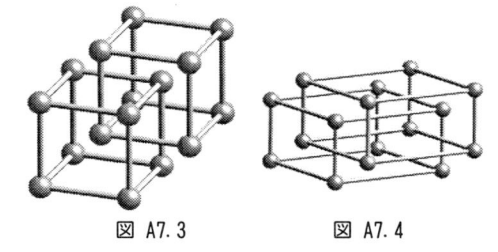

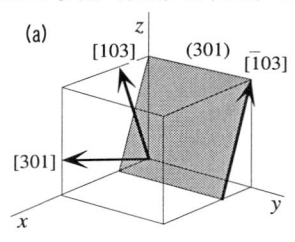

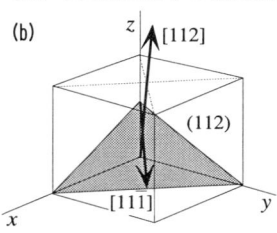

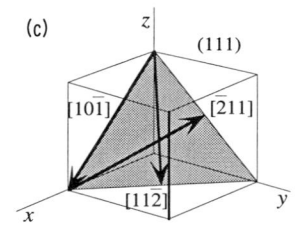

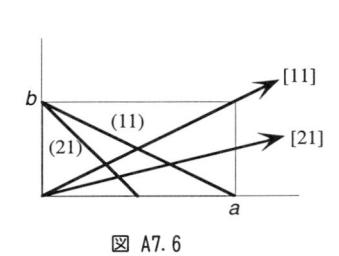

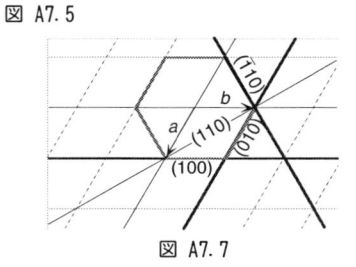

(a) [103], (301), [$\bar{1}$03], [301]
(b) [112], (112), [111]
(c) (111), [$\bar{1}$01], [$\bar{2}$11], [112]

図 A7.5

図 A7.6　　　図 A7.7

7.15: 付録 B などで確認のこと。

7.16: 約 7850 km（正しくは約 8210 km）、約 55°。

7.17: たとえば晶帯軸を [$\bar{1}\bar{1}$1] とする晶帯には (3$\bar{1}$2), ($\bar{1}$21), ($\bar{1}$10) などの極が存在することを確認。

7.18: $VV^* = V \cdot \frac{1}{V^3}\{(\vec{b}\times\vec{c})\cdot(\vec{c}\times\vec{a})\times(\vec{a}\times\vec{b})\}$

$= \frac{1}{V^2}(\vec{b}\times\vec{c})\cdot\{\vec{a}((\vec{c}\times\vec{a})\cdot\vec{b})-\vec{b}((\vec{a}\times\vec{b})\cdot\vec{a})\}$

$= \frac{1}{V^2}(\vec{b}\times\vec{c})\cdot\{\vec{a}V-\vec{b}\cdot 0\} = 1$

7.19: $\frac{1}{V^*}\vec{b}^*\times\vec{c}^* = \frac{1}{V^*}\cdot\frac{1}{V^2}(\vec{c}\times\vec{a})\times(\vec{a}\times\vec{b}) = \vec{a}$

7.20: 図 A7.8 参照。

図 A7.8

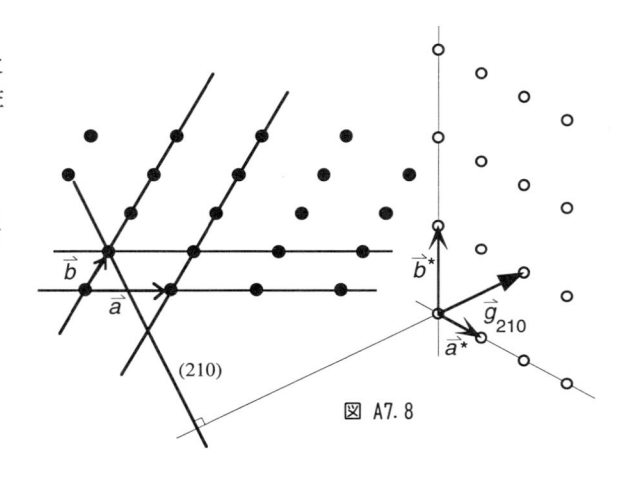

7.21: 単位胞の取り方に関係なく $[uvw]$ と $[UVW]$ は物理的には同じだから、
$$u\vec{a} + v\vec{b} + w\vec{c} = U\vec{A} + V\vec{B} + W\vec{C}$$
これと $\vec{A}^*$ との内積をとると、$\vec{A}^* \cdot (u\vec{a} + v\vec{b} + w\vec{c}) = U$ となる。一方、$\vec{a}, \vec{b}, \vec{c}$ は次式で表せる。
$$\vec{a} = q_{11}\vec{A} + q_{12}\vec{B} + q_{13}\vec{C}; \quad \vec{b} = q_{21}\vec{A} + q_{22}\vec{B} + q_{23}\vec{C}; \quad \vec{c} = q_{31}\vec{A} + q_{32}\vec{B} + q_{33}\vec{C}$$
つまり、$uq_{11} + vq_{21} + wq_{31} = U$ と書ける。同様のことを V および W にも行い、(7.14) を得る。
$$\begin{pmatrix} U \\ V \\ W \end{pmatrix} = \begin{pmatrix} q_{11} & q_{21} & q_{31} \\ q_{12} & q_{22} & q_{32} \\ q_{13} & q_{23} & q_{33} \end{pmatrix} \begin{pmatrix} u \\ v \\ w \end{pmatrix} = \tilde{Q}^t \begin{pmatrix} u \\ v \\ w \end{pmatrix}$$

8.1: 図 A8.1 参照。図から散乱角 2θ は約30°と求まる。

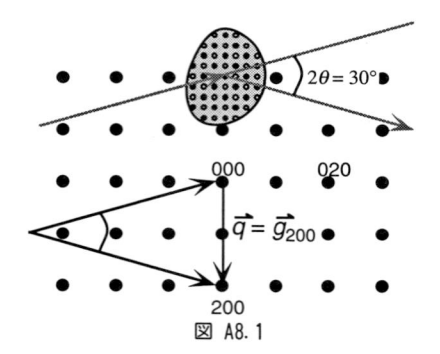

8.2: 図 7.46(a) に示したプリミティブ単位胞の基本ベクトルを $\vec{a}, \vec{b}, \vec{c}$ 通常の bcc 構造に対してとられる単位胞の基本ベクトルを $\vec{A}, \vec{B}, \vec{C}$ とすると両者には次の関係がある。
$$\vec{A} = \vec{a} + \vec{b}; \quad \vec{B} = \vec{b} + \vec{c}; \quad \vec{C} = \vec{c} + \vec{a}$$
これをマトリックスで表し、プリミティブ単位胞の hkl 指数と通常の単位胞の HKL 指数を関係づける次式を得る ((7.13))。
$$\begin{pmatrix} H \\ K \\ L \end{pmatrix} = \begin{pmatrix} 1 & 1 & 0 \\ 0 & 1 & 1 \\ 1 & 0 & 1 \end{pmatrix} \begin{pmatrix} h \\ k \\ l \end{pmatrix}$$

これから右の表のように HKL 指数が求まる。（同様のことを fcc 構造について行うとよい。）

プリミティブ単位胞	通常の bcc 単位胞	$H+K+L$
100	101	2
110	211	4
111	222	6
112	233	8

図 A8.1

8.3: NaCl 型の基本構造は次のように書ける。

A : (0,0,0); (0,1/2,1/2); (1/2,0,1/2); (1/2,1/2,0);   B : (1/2,0,0); (1/2,1/2,1/2); (0,0,1/2); (0,1/2,0)

B 原子の座標は A 原子の座標に対し、$(1/2,0,0)$ の並進をさせたものだから、fcc 構造の構造因子から、次の構造因子を得る。
$$F_{hkl} = (1 + e^{-\pi i(k+l)} + e^{-\pi i(h+l)} + e^{-\pi i(h+k)}) \cdot (f_A + f_B e^{-\pi i h})$$
$$|F_{hkl}|^2 = \begin{cases} 0 & (h,k,l : \text{mixed}) \\ 16|f_A + f_B|^2 & (h,k,l : \text{all even}) \\ 16|f_A - f_B|^2 & (h,k,l : \text{all odd}) \end{cases}$$

8.4: ZnS 構造において $f_A = f_B$ と置けばよい。したがって、hkl 反射は次の強度を持つ。非混合指数で新しい消滅則が生まれたが（$h+k+l=4n\pm2$）、これは基本構造の存在によるものだ。
$$|F_{hkl}|^2 = \begin{cases} 0 & (h,k,l : \text{mixed, unmixed}, h+k+l = 4n \pm 2) \\ 64|f|^2 & (h,k,l : \text{unmixed}, h+k+l = 4n) \\ 32|f|^2 & (h,k,l : \text{unmixed}, h+k+l = 4n \pm 1) \end{cases}$$

9.1: 図 A9.1 において線分 AB を $\Delta\theta$ および x の関数として表す。
$$AB = (2r\sin\theta)\sin\Delta\theta = x\cos(\theta + \Delta\theta)$$
$\cos(\theta+\Delta\theta)$ を加法定理により展開し、$\Delta\theta \ll 1$ を考慮すると
$$(2r\sin\theta)\Delta\theta = x\{\cos\theta - \sin\theta \cdot \Delta\theta\}$$
これを整理して、次式を得る。
$$\Delta\theta = \frac{x}{2r+x}\cot\theta$$

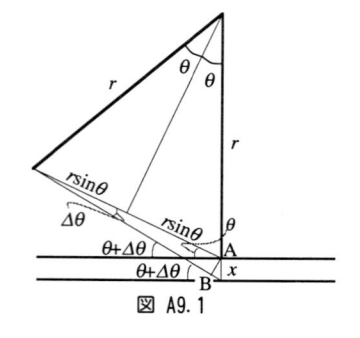

図 A9.1

9.2: $(0ki0):6, (hhi0):6, (hki0):12$

10.1: 与えられた回折像は $\langle 110 \rangle$ 入射のもので、等価な方向が六つあるから指数付けには任意性がある。$[\bar{1}10]$ 入射として指数をつけた例を図 A10.1 に示した。この場合、図 10.6(b) および (c) で励起されているスポットは、それぞれ 002 および $\bar{1}\bar{1}1$ となる。また、格子定数は 3.65Å。

10.2: 図 A10.2 参照。レンズの中心を通る光線は曲げられないことを用いて補助線を描く。つまり、後焦点面上の像 A は中間レンズの中心を通る直線上（補助線 1）にしか存在できず、また、スクリーン上に結像するためには物体は投映レンズの中心を通る直線上（補助線 2）にしか存在しえない。このことから解（回折像の 1 次像が得られる面 Σ）が一義に作図的に定まる。さらにそれぞれのレンズの焦点距離は幾何光学の基本原理に従って求める（補助線 3 および 4）この結果、中間レンズの励磁を弱め、投映レンズ（実際には、第 2 中間レンズがこの役目を果たす）の励磁を大きくしなくてはならないことがわかる。

10.3: 図 A10.3 参照。

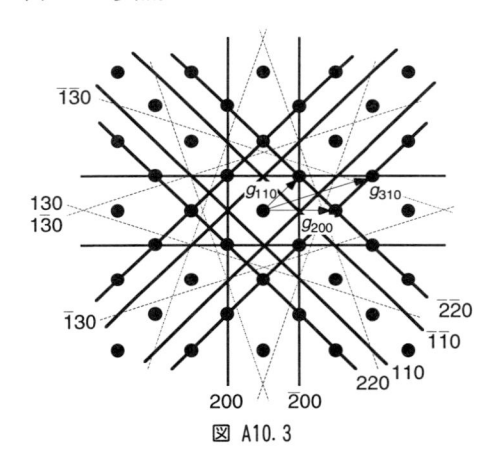

図 A10.1

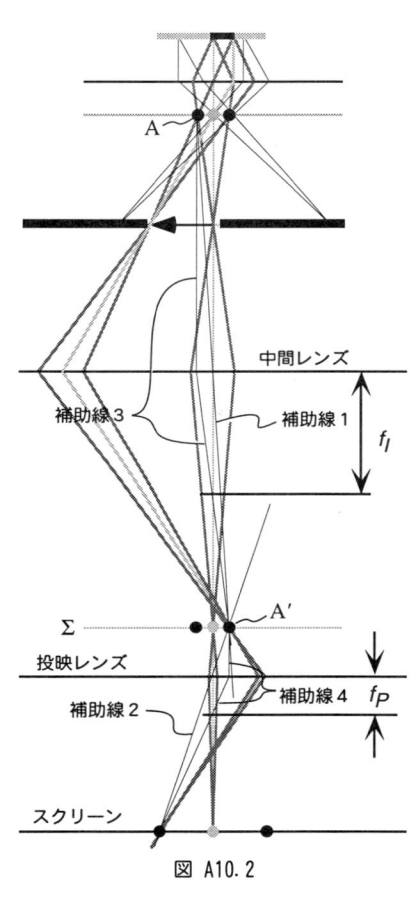

図 A10.2

図 A10.3

11.1: 外側にずらす（図 A11.1 参照）。

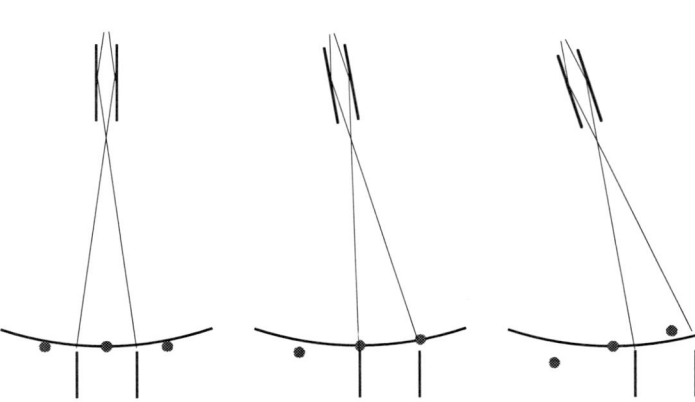

図 A11.1

付録 A　ウルフネット

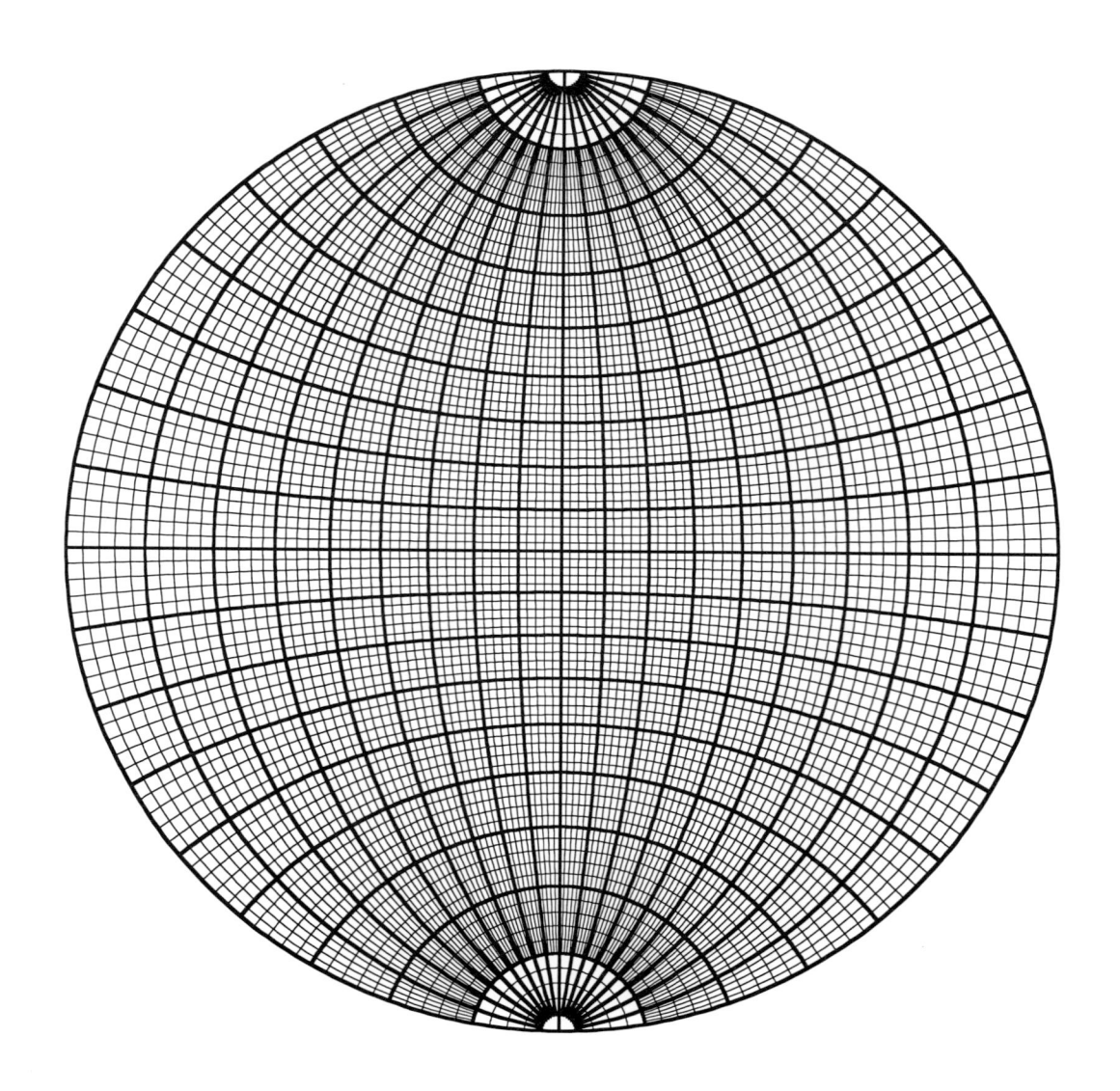

付録 B　実習プラン

実習 1　明視野・暗視野と電子線回折の基本

目的：　1. 照射系（第 1・第 2 コンデンサーレンズおよび C2 しぼりの位置）の基本的理解。
　　　　　2. 対物レンズと中間および投映レンズを一つのレンズとみなした 2 レンズ系の理解。
試料：　金蒸着膜

1-A: 照射系の簡単なアラインメント　［アパチャーをすべてはずし、フィラメントを所定の明るさにし、試料も入れない。スポットサイズ≈2、倍率 10000 (10k) 倍程度でスタートする。］

step1: 電顕の表示パネルを各レンズの電流値に設定し、Spot Size ノブおよび Condenser (Brightness) ノブを回すことにより、C1 および C2 レンズの電流値が変化することを確認。

step2: Condenser および Trans ノブを用い、C2 レンズと照射系の偏向コイルの機能を復習する（図 2.13）。

step3: Spot Size (C1) を 1⇔4 とふり、Condenser ノブでビームを絞る。Spot Size=4 にするとビームは絞れるが暗くなることを確認［C1 レンズによるビームの広がりと C2 レンズの関係を理解（図 2.25）］。

step4: C2 しぼりを左右に動かしながら、Condenser レンズの強さを変えることにより、試料上のスポットが移動することを確認。スポットが同心円状になるように C2 絞りの位置を決める（問題 2.5）。

1-B: 試料の高さの調整、回折モードでの中間〜投映系の調整、明視野像、回折像、そして暗視野像

　　　［以下の実験は金蒸着膜試料を用い、Spot Size≈2 で行う。倍率 5000〜10000 でスタートする。］

step1: Focus ノブをまわすことにより対物レンズの強さが変わることを電流値を見て確認し、用いている電顕の最適の電流値に合わせる。適当な明るさにし、試料の高さ z を変えることにより、焦点がジャストに近づくとコントラストが弱くなることを確認する。（z が合っていれば、ビームを試料上に絞っても回折図形が現れない。さらに理想的には試料を傾斜しても試料の像が動かない。この位置を eucentric position と呼ぶ。）

step2: 適当な試料位置を選び、制限視野（SAD）しぼりを入れる。

step3: DIFF mode（回折モード, SAD mode）ボタンを押すことにより、後焦点面上の像がスクリーンに投映されることを確認。適当な対物しぼりを挿入 Diffraction Focus を用いて、しぼりのエッジがシャープとなるように中間〜投映系の励磁電流を合わせる。次に Condenser レンズにより試料への照射角を変え（理想的には平行ビーム）、シャープな回折パターンを得る。（したがって理想的には対物しぼりと回折スポットとが同時にシャープになっていなくてはならない。）

step4: 適当な対物しぼりを挿入、透過波のみを選択する。

step5: IMAGE mode（イメージモード, TEM mode, MAG mode）に戻り、明視野（BF）像を得る。

step6: 明視野像を見ながら、倍率を上げる。中間・投映レンズの組合せが変わるとき、像が回転することを確認する。試料にもよるが、倍率を ×150k 程度まで上げる。［実際はすべての条件で像が回転してるのだが、普通は反対方向へ回転するレンズの組合せにより補償されている。］

step7: 金の結晶粒を確認、フォーカスを合わせる。［この段階ではフォーカスはフレネルフリンジで合わせるだけで十分（図 10.13）。わずかにアンダー側にもってくると人間の目には強いコントラストを持って映る。］

step8: DIFF Mode に戻る。対物しぼりを {111} および {200} リング上に置き、再度、IMAGE mode に戻る。これが最も簡単な暗視野（DF）像。さらに、暗視野像を見ながら、対物しぼりを適当にずらし、回折条件を満たした結晶粒のみが明るくなることを確認する。
以上の BF→SAD→DF を慣れるまで繰り返す。

step9: 以上をマスターしたら (i) L≈80cm で回折像、(ii) 倍率 100k 程度で BF および DF 像を撮影する。

step10: 暗室の利用法：現像 5 分、定着 10 分、水洗 30 分程度。
　　　　　　［暗室使用後は必ず、テーブルをきれいにすることを徹底する。］

step11: 回折リングの半径から真のカメラ長を計算する。

付録 B: 実習プラン

実習2　フレネルフリンジおよび単結晶からの電子線回折

目的：　1. 照射系の基本的なアラインメントの復習および照射系の非点補正。
　　　　2. フレネルフリンジによる対物レンズの焦点あわせと対物レンズの非点補正。
　　　　3. 単結晶からの回折像を用いた実像と回折像の回転補正。
試料：　モリブデン酸化物（MoO_3粒子）

2-A:　照射系の簡単なアラインメント2（基本的には電顕の操作マニュアルに従う）
step1:　[以下は経験者とともに行う] 倍率を 80000 倍程度とし、フィラメントの電流を飽和値からやや落とし、フィラメントの像を見る。Gun Tilt ノブを操作することにより、最大の明るさを得る。このとき、理想的には対称的なフィラメント像が得られる。再度フィラメントを飽和させる。
step2:　C2 しぼり位置を実習 1-A の要領で決めた後、左右・上下に伸びた楕円上のスポットが真円になるように修正する（図 2.14）。これが照射系の非点補正であり、Condenser（C2）の強さを変えながら同時に Condenser Stigmator を調整することにより達成される。

2-B:　試料高さ、および回折像を撮影する条件のチェック。明視野、暗視野像を撮るための準備。
step1:　対物レンズの励磁が最適値となっていることを電流値で確認した後、試料高さ z をコロディオン膜のコントラストがほとんど現れない状態に持ってくることで調整する。また、DIFF mode で対物しぼりを挿入、Diffraction Focus を調整する（ここまでは 1-B の復習）。必要であれば projector lens の shift ノブを用いて透過波をスクリーンの中心に持ってくる。
step2:　（試料がない場所で）通常の IMAGE mode で、BF/DF ボタンを押してもスクリーン上の同じ位置が照らし出されていることを確認。そうなっていなければ trans ノブを用いて調整。次に DIFF Mode で BF/DF ボタンを押し、DF mode で極端にビームが tilt されていないことを確認。

2-C:　フレネルフリンジによる焦点あわせ［アパチャーをすべてはずし、コロディオン膜のみを選択。スポットサイズ≈2、倍率 10k 程度でスタートする。］
step1:　適当な位置を選び、制限視野しぼりを入れる。DIFF Mode にする。
step2:　適当な対物しぼりを挿入、透過波のみを選択する。
step3:　［まず、スクリーン上のごみなどを用いて、双眼鏡のレンズの強さ（焦点距離）を自分の目に合わせた後、］IMAGE mode に移り、20000 倍程度にし、SAD しぼりを外す。双眼鏡で見られる程度の小さな穴をみつける。
step4:　明視野像を見ながら、Focus ノブ（medium）ふり、フレネルフリンジが物体の外側（underfocus）から内側（overfocus）へ遷移することを確認。さらに余裕があれば非点補正の練習をする（図 10.13）。

2-D:　MoO_3 粒子からの回折像と回転補正［試料が破壊される可能性があるので、以下の実験は Spot Size=3 できれば 4 で行う。］
step1:　低倍の明視野で、横に寝ている棒状の MoO_3 粒子を探しだす。
step2:　試料の端の比較的薄い適当な位置を選び、SAD しぼりを入れる。
step3:　DIFF mode にし、対物しぼりを外す。試料を傾斜し、単結晶の（適当な晶帯軸入射の）回折像を確認する。1-B の要領でシャープな回折像を得る。撮影。［MoO_3 は c 軸方向に成長するので、棒状の粒子は長手方向が c 軸である確率が大きく、わずかな傾斜で b 軸入射の回折像が得られやすい。また低倍の明視野像と二重露光すると回転補正の作業が楽になる。］
step4:　小さな対物しぼりで透過波を選択、粒子の全体像、あるいは粒子の端の薄いところの像（×20k 程度）をとる。［ジャストからややアンダー側で撮影する。］
step5:　明視野像から得られた c 軸方向と、回折像から得られた c 軸方向との間のずれを求める。

参考データ　　MoO_3: orthorhombic: a=3.962Å, b=13.858Å, c=3.697Å

付録 B: 実習プラン

実習 3 菊池バンド、収束電子線回折および試料の傾斜

目的：　1. 菊池バンドの発生原理と回折パターンとの関係の理解。
　　　　2. ステレオ極点図あるいは菊池マップを用いた試料の方位だしの習得。
　　　　3. 結晶の対称性と ZOLZ および HOLZ に現れる回折パターンの対称性の検討。
　　　　4. C2 しぼりによる試料上へのビーム入射角度の制限の幾何光学的理解。

試料：　Si(111)単結晶（その他、結晶粒が大きく方位を出しやすいサンプル）

3-A：照射系のアラインメントと試料高さ z の調整（復習）

step1:　対物および制限視野しぼりを外す。スポットサイズ=2、C2 しぼり=#2 でスタート。前回行った、しぼりのアラインメントと照射系の非点補正を行う。

step2:　用いる電顕の最適な対物レンズの電流値にした後、×2000 程度の倍率で、試料の薄い場所を探す。試料エッジを見ながら、コントラストがなくなるように試料の z 位置を調整する。IMAGE mode でビームを試料上に完全に絞って（図 13.40）、回折パターンが現れないことを確認。

3-B：菊池パターンを用いた試料方位の調整

step1:　IMAGE mode に戻り、ビームを試料上に絞る。

step2:　DIFF mode で菊池パターンを確認。このとき、回折図形は点ではなくディスクとなっている。

step3:　サンプルを tilt し、回折パターンの中心（逆格子空間の中心）と菊池バンドがなす 6 回対称パターン（Si[111]軸入射の場合）の中心を完全に一致させる。（これが晶帯軸入射）

step4:　IMAGE mode に戻り、ビームを拡げ、適当な SAD しぼりを挿入した後、DIFF mode へ。試料の厚いところでは菊池パターンが生じるが薄いところでは通常の回折像のみが得られる。一方、ビームを絞ると試料の厚さにかかわらず、菊池パターン（コッセルパターン（10.5.3.4 節））が現れることを確認。（非弾性散乱電子のみで得られる菊池パターンと、ビームを収束した状態との相違が理解できれば、以下の実験はビームを絞って行ってかまわない。）

step5:　カメラ長を比較的低倍にし、ZOLZ と FOLZ との対称性の相違を見る（図 10.44）。

3-C：収束電子線回折の初歩（暗ホルツ線、明ホルツ線の観察）

step1:　IMAGE mode に戻り、C2 しぼりを最大にした後、試料上にビームを絞る。

step2:　再び、DIFF mode で回折パターンおよび菊池パターンの観察を行う。前項で見たディスクが大きくなっていることに注意。また、このとき大きなカメラ長で観察できるディスクの中の模様はダイナミカルな効果によるもので、試料の厚さを反映している（11.2.4.節）。

step3:　この状態で、C2 しぼりの大きさを変え、C2 しぼりの位置と（対物レンズの）後焦点面 が一対一の関係（共役の関係）にあることを納得する（図 10.39）。

step4:　可能であればカメラ長を上げ、ディスク内の暗ホルツ線を観察、また、動力学的効果を見る。できない場合、カメラ長を下げ、FOLZ 上の明ホルツ線の対称性を確認する。

3-D：菊池バンドに沿った試料の回転

step1:　IMAGE mode に戻り SAD しぼりを外し、ビームを試料上に絞る。再び、DIFF mode に。

step2:　220 菊池バンドに沿って試料をいずれかの方向に回転する。［菊池パターンは "サンプルに密着して" どんどん動くが、回折像はスクリーンの中央（逆空間の原点）を中心に回転する。］

step3:　100 もしくは 110 極に到達したら、IMAGE mode に戻る。試料高さが変わっているので、高さを調整し直す（110, 100 極に届くかどうかは電顕の傾斜がどの程度許されるかに依存する）。

step4:　再び、DIFF mode で完全に晶帯軸入射となるまで試料角度を微調整し、回折像を撮る。

step5:　再び、ビームをしぼり、110 もしくは 100 極を目差して試料を回転、前項の要領で高さを調整し、回折像を撮る。（いったん、111 に戻ってもよい。）二重回折によって現れるスポットはどれか？

付録 B: 実習プラン

実習 4　動力学的効果：転位の観察

目的：　1. 等厚縞の観察。動力学的効果の基本的な理解。
　　　　2. 菊池バンドを利用し、2 波条件を実現。また、コントラストの特徴を理解する。
　　　　3. 入射ビームを傾けた暗視野撮影(c-DF)。エバルド球の傾きと回折スポットの正しい選び方。
　　　　4. 2 波条件下での転位の観察。(a) 明視野、暗視野像、(b) ウィークビーム（g-$3g$）像。
試料：　Al-3%Cu、ステンレス鋼など。

4-A: 照射系および試料の基本的調整とビーム傾斜の練習。

step1:　照射系のアライメントを行った後、適当な倍率で、試料の薄い場所を探す。ビームを収束させ、DIFF mode にて菊池バンドを得る。⟨110⟩方位を出す。試料の z 位置を調整する。

step2:　適当なカメラ長で、Projector shift、Diffraction focus をおおよそ調整。また、さらにすべての DF Mode でビームの傾きをリセットし、また、試料上の同じ領域が照射されているように調整しておく。

step3:　110 回折パターンを見ながら、DF mode ボタンを押す。ビーム tilt を用いて、適当なスポットをスクリーンの中心にもっていく。BF⇔DF の切替えにより、スクリーンの中心に透過波⇔回折波が選択されることを確認した後、適当に小さな対物しぼりを挿入、IMAGE mode へ。

4-B: 2 波条件の実現と等厚縞およびベンドコントゥアーの観察

step1:　IMAGE mode で試料上にビームを絞った後、DIFF mode へ。回折ディスク、菊池パターンを出す。

step2:　[ここでは hkl=111 を励起することを例にとる] 111 バンドに沿って（g_{111} 方向を軸に）試料を傾けた後、透過波とバンドと垂直方向に存在する（二つのうち）一つの 111 スポットの間に、その 111 バンドがちょうど横たわるように試料を傾斜する（図 10.35(b)）。うまく 111 回折波が励起されると透過波と 111 回折波（ディスク）のみが強くなる。これが 2 波条件！（図 10.6 や図 13.42 参照）。

step3:　DIFF mode で適当な対物しぼりを挿入、IMAGE mode（×15k 程度、明視野）で試料の端付近の等厚縞を観察。再度 DIFF mode に戻り、対物しぼりを励起されたスポットにずらし、ふたたび IMAGE mode にて等厚縞を観察。コントラストが逆転していることを確認。

step4:　対物しぼりで再び、透過波を選択し IMAGE mode に戻る（明視野）。試料を適当に傾斜し、ベンドコントゥアーが試料上を"走る"ことを見る。また、明視野像⇔暗視野像を比較する。試料の薄いところでは図 11.18 に示した模様が観察される。

step5:　step2 で C2 しぼりを適当に大きくすると、試料厚さを反映した K-S フリンジが観察される（11.2.4 節）。（ただし、試料厚さの正確な測定には、(Al の場合) 200 以上の高次の反射を励起して行う。）

4-C: ビームの傾斜（c-DF とウィークビーム法）、および転位の観察

step1:　IMAGE mode に戻り、ビームを拡げ、z 位置を再調整する。×50k 程度で BF, DF(1)（以下、Dark Tilt で選択された番号をこのように示す）、DF(2)でも同じ領域が照射されていることを確認。2 波条件が満たされている領域内の適当な位置を選び、制限視野しぼりを挿入。再度、DIFF mode へ。111 スポットのみが励起されていることを確認する。

step2:　入射ビームの傾斜（ここが最大のポイント）。励起されている111スポットと反対側の111スポットがスクリーンの中心に来るように DF(1)を tilt する（これが c-DF。図 10.12(a)(c)）。次に 111 スポットそのものがスクリーンの中心になるように DF(2)を tilt する（図 10.12(b)、g-$3g$ と呼ばれるウィークビーム法）。対物しぼりを入れ、ビームが正しく選択されていることを確認（図 13.42）。

step3:　IMAGE mode に戻る。倍率はスクリーン上で見るのなら ×100k、ルーペなら ×75k 程度。BF/DF(1)（通常の明視野/暗視野像）でコントラストがほぼ逆転、2 波条件が満たされている領域付近で、BF/DF(1)とも明るくも暗くもない "銀色" のコントラストとなるはず。転位を探そう。

step4:　転位を見いだしたら、BF/DF(1)で観察。次に DF(2) mode に移る。先に見えた転位がより細く見えるはずだ。これが g-$3g$ のウィークビーム法。以上の観察を繰り返し、露出時間に注意して撮影。

step5:　観察を終えたら、もう一度、低倍に戻り（×25k）、BF で試料全体を観察。試料を大きく傾斜することにより、転位等の欠陥は 2 波条件が満たされている領域のみに観察されることを確認する。

付録 B: 実習プラン

実習5　位相コントラスト

目的：　1. 高分解能電子顕微鏡の実際を体験する。
　　　　2. アモルファス状の領域（構造のない領域）を利用した焦点合わせと非点補正。
　　　　3. 多波による結像。
　　　　4. 晶帯軸入射と弱位相物体近似。
試料：　Si(110)単結晶

5-A：電顕および試料の基本的調整。

step1:　対物および制限視野しぼりを外す。スポットサイズ≈2、C2 しぼり≈2 でスタート。しぼりのアラインメントと照射系の非点補正を行う。また対物レンズの電流を最適値にする。

step2:　適当な倍率（×5000 程度）でまず、試料の薄い場所を探す。ビームを収束させ、DIFF mode にて菊池バンドを得る。⟨110⟩方位を出し、z 位置を調整する。

step3:　対物しぼりを挿入、IMAGE mode に。試料の比較的薄いところを探す。

5-B：非点補正（試料エッジのアモルファスカーボンあるいはコロディオン膜を用いる）

step1:　非点収差が非常に大きい場合はまず、明視野（せいぜい ×100k 程度まで）でフレネルフリンジを利用して非点補正をする（2-C 参照、coarse ノブを用いる）。その後、対物しぼりをはずし、Focus ノブを振ることにより、やはりフレネルフリンジがアンダー側からオーバー側へ移動することを確認。

step2:　上記の操作終了後、倍率を ×200k 倍程度にする。モニターを利用できる場合、モニターで観察してよい。試料エッジを見ながらフォーカスをほぼジャストにする。

step3:　アモルファスのコントラストが、フォーカスをアンダー⇔オーバーと振ってもほぼ対称的に逆転するように、非点 ノブの *x* と *y* を調整する(図 12.22-23 参照)。むやみに高い倍率で行わない。難しいと感じたら、低い倍率に戻してやり直すこと。
　　　　（ここが最も重要で熟練を要するところ。経験者に指導を仰ぐ。）

step5:　慣れるにしたがって、倍率を ×500k 程度に上げ、上のプロセスを行う。

5-C：高分解能観察

step1:　観察したい領域に戻り、DIFF mode で方位を再確認する。また観察場所を大きく変える場合、モニターからいったん、スクリーンに戻った方が早い場合が多い。場所を変えるとほとんどの場合、高さがずれる。対物レンズの励磁（フォーカスノブ）を大幅に変えないと just に届かない場合、z 位置そのものを調整する。

step2:　非点補正が十分できていることを確認して、高分解能観察。フォーカスノブ（Fine）を前後に振り、コントラストが反転する状況を観察。また、コントラストは試料の厚さにも大きく依存する。

step3:　電顕の包絡関数が許すより大きな散乱ベクトルを持つ回折波は位相コントラストに寄与しない。あらかじめ使用している電顕の分解能に相当する散乱ベクトルの大きさを把握しておき、DIFF mode で、その散乱ベクトルの前後の大きさのしぼりを入れ、像に与える効果を見る。

step4:　使用するしぼりを決めたら（しぼりなしで撮影することも多い）、シェルツァーディフォーカスで撮影する。シェルツァーディフォーカスかどうかは試料の像そのものからは判断できない場合が多く（アンダー側で撮影しがち）、試料の像そのものではなく、試料端のフレネルフリンジを見ながら、数枚写真を撮っておく。また、試料のドリフトに注意を払い、ドリフトに比べ露出時間が無視できていることを確認する。むやみに高い倍率で撮影しない。

step5:　試料のドリフトやコンタミネーションの度合い、さらにビームによる試料のダメージを判断しながら観察を続ける。必要であればスポットサイズを小さくし、電子線の量を減らす（同時にビームの平行度を高めることになる）。

付録C　結晶構造の記述

C.1 対称操作

我々は物体（原子群や大きな結晶そのもの）を移動したり、回転したり、あるいは鏡に映し出したり、様々な操作を施すことができる。このうち、「操作」を施した後でまったく同じ物体が得られる操作を*対称操作*（symmetry operation）と呼ぶ。たとえば図 C.1 に示した物体（正三角形）で z 軸を中心に 120°あるいは 240° 回転する操作は対称操作だが、90°回転する操作はこの物体にとって対称操作ではない。また x 軸の周りに 180°回転する操作は対称操作だが、y 軸に関してはそれは成り立たない。一般に 360°/n 回転する操作を *n 回回転操作*（n-fold rotation）と呼ぶ。

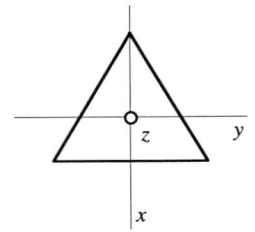

図 C.1 正三角形を回転する

一方、ある点を中心にすべての点を裏返す操作 $(x, y, z) \to (-x, -y, -z)$ を*反転操作*（inversion）という。正八面体（図 7.4）はその中心に関して反転操作を行っても、元と同じ形が得られるので反転操作は対称操作だが、正四面体を中心に関して反転すると全体が 90°回転した状態となるので、反転操作は正四面体にとって対称操作ではない。さらに、鏡のように与えられた物体をある面に関して映し出す操作（たとえば $(x, y, z) \to (-x, y, z)$）を*鏡映操作*（mirror operation）と呼ぶ。

一般に回転や反転など、操作後も不変（invariant）の一点が存在する操作を*点対称操作*（point symmetry operation）と呼ぶ（回転や鏡映の場合、不変の軸や面が存在するがこれらも点対称操作と呼ばれる）。そして、これらの対称操作において、回転軸や鏡映面（鏡となる面）を*対称要素*（symmetry element）と呼ぶ。

また、横にずらす操作を*並進操作*（translation）という。もし単位胞が等間隔で無限に並んでいれば単位胞の分だけだけずらした後も、元と同じ状態が得られる。すなわち無限に大きな結晶にとって並進操作は対称操作だ。

C.2 基本構造と点群

次に格子点の周りの原子のとりうるモチーフ、すなわち基本構造を考える。ここで格子点とは数学的な点であり、したがって、最も簡単な基本構造とは一つの格子点に原子が一つしか付随しない場合をさす。結晶構造の分類という立場から基本構造の対称性を考える場合、格子自体が並進対称性により制約を受けているので、考慮の対象となる対称操作は並進対称性と両立するものに限られる。たとえば 5 回回転操作は分子では成立するが、格子では成立しえない。したがって 5 回対称性を持つ基本構造が各格子点の周囲に存在しても 5 回回転操作は結晶構造全体には反映されず、高々、格子と 5 回対称性を持つ基本構造が有することのできる鏡映面や 2 回回転軸などが、対称操作として生き残る可能性を持っている。

C.2.1 対称操作と群の考え方

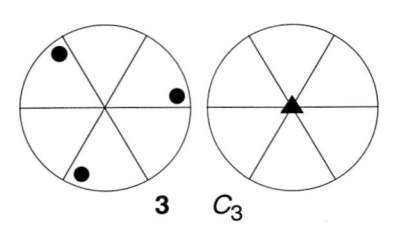

ここでは 3 回回転操作を例にとって考える。図 C.2 に示した円の中心が不変の点であり、この点の周りに ● で示した一般的な点が回転操作によって再現される（このような点を*一般点*（general position, 一般位置）と呼ぶ）。ここで 120°回転する操作を C_3^1、240°回転する操作を C_3^2 と表そう。また、何もしない操作を恒等操作と呼び E で表す。そしてこれらの記号をオペレータと考え、● を 120°回転する操作は $C_3^1 \bullet$ という一般点に対する演算で表す約束にする。さらに以上の操作を連続して行ってもかまわない。たとえば $C_3^2 \bullet = C_3^1 C_3^1 \bullet$ と書くことができる。また $E \bullet = C_3^2 C_3^1 \bullet$ でもある。

図 C.2 点群 3 における一般点の配置と 3 回回転軸を表す記号

結晶系を特徴づける回転軸を主軸と呼ぶが、数学的に重要なことは、この 3 回回転軸の周囲に存在する対称要素の集合 $\{E, C_3^1, C_3^2\}$ は、いずれの要素の組合せでもこの集合内の他の要素を作ることが可能であるということ、さらに C_3^1 と C_3^2 との組合せで恒等操作を作ることができる（互いに逆要素になっていると言う）ということだ。少々粗っぽい表現だが、このような要素の集合は*群*（group）をなすという。ま

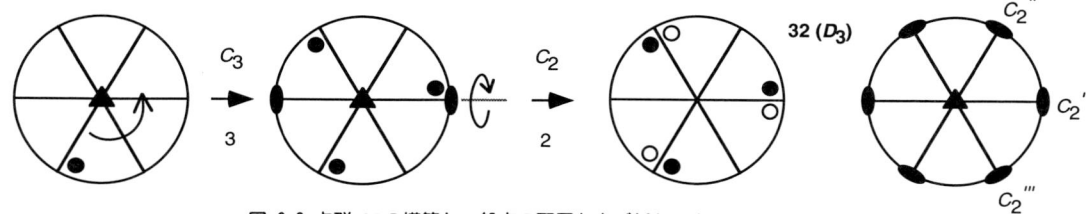

figure C.3 点群 32の構築と一般点の配置および新たに生れた2回転操作

た、要素の数とその要素によってもたらされた一般点の数とは同じであることにも注意しよう。この数を群のオーダー (order, 位数) と呼ぶ。

並進対称操作と両立する回転操作は 1, 2, 3, 4, 6 回のものがあるが、それぞれが閉じた集合であり、群をなしている。また、これらの操作は不変な一点の周囲に存在しているが、このような群は点群 (point group) と呼ばれる。さらに我々の住んでいる空間は 3 次元空間であり、主軸に直交する 2 回転軸や鏡映操作があってもいい。一例として図 C.3 に 3 回転軸に直交して 2 回転軸が存在する場合の一般点の配置を示した (点群 32 あるいは D_3 と呼ばれる)。● 印が北半球上の点をステレオ投影したもの、○ 印は南半球上の点と考えればよい。六つの一般点が生まれるが、対応する対称要素も $\{E, C_3^1, C_3^2, C_2', C_2'', C_2'''\}$、すなわち六つ存在することに注意したい。

C.2.2 点群とその表記

以上のような操作を並進対称性と両立するすべての点対称操作について行うと 32 種類の異なった点対称操作の集合、すなわち点群、が得られる。たとえば図 C.4(a) に点群 3 に加えて主軸を含む鏡映面が存在することによって生成した点群 $3m$、(b) に正四面体の対称性を持つ立方晶系に属する点群 $\bar{4}3m$ の一般点の配置と対称要素を示した (鏡映面は太い線で示す)。

国際表記 (international notation) と呼ばれている点群の表記法では基本的に主軸とそれと交差する回転軸の対称性でもって点群を表記する。たとえば 2 回転軸が 3 本存在する直方晶が属する点群は 222 と表され、4 回転軸とその軸を含む鏡映面が 45°ずれて二つある場合、$4mm$ と表される。通常 $4mm$ などの記号の最初には主軸に関する対称性が示されるが、立方晶に限って [100]-[111]-[110] 方向の順で対称要素が示される。したがって、点群の情報には表 7.1 にまとめられた結晶系の情報が陰に含まれている。

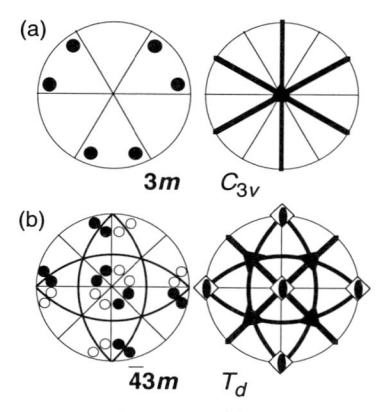

図 C.4 点群 $3m$ と $\bar{4}3m$ における一般点の配置と対称要素

C.3 結晶構造と空間群

格子と基本構造の組合せにより結晶構造がもたらされることはこれまで繰り返し述べた。これを対称操作の立場から言うと並進対称操作と点対称操作との組合せによる対称操作の新しい閉じた集合の生成を意味する。このようにして生れた群を空間群 (space group) と呼ぶ。現実には並進対称性の存在により、さらにグライド操作やらせん操作と呼ばれる部分的並進操作が群の要素となり得るので、結局、230 の空間群が生まれる。

空間群の表記法について触れると、先に述べたように結晶系の情報は点群の情報に含まれているから、ブラベー格子を指定するには格子のセンタリングに関する情報さえ明示すればよい (表 C.1)。したがって国際表記と呼ばれる方法ではこのセンタリングに関する情報を大文字で示したあとで、各軸方向の対称操作に関する情報 (点群、必要であれば部分的並進操作に関する情報) が示される。一例として空間群 $P4mm$ におけ

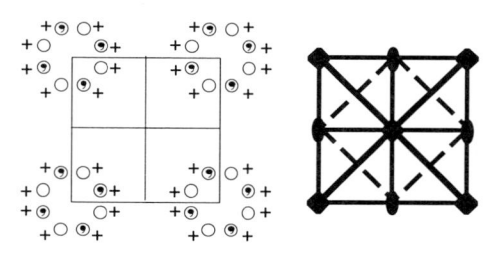

図 C.5 空間群 $P4mm$

付録 C: 結晶構造の記述

る一般点の配置と対称要素を図 C.5 に示す。ここで ⊙ という記号は鏡映操作により一般点が右手系から左手系に移ったことを表す。また + は一般点の座標 z が任意であることを示す（(x, y) も任意だ）。

C.5 特殊点と多重度

一般点の座標 (x, y, z) は任意であり、たとえば x-y 面に位置する鏡映面によりこの点は $(x, y, -z)$ と変換される。このとき、一般点の数は 2 でこれはこの系に存在する対称要素 $\{E, m\}$ の数と一致する。この数が群のオーダーと呼ばれることは先に述べたが、この一般点に原子があるとすれば、対称性から同一の原子が存在しなくてはならない。すなわち原子の数と点群のオーダーとは一致する。この数を多重度 (multiplicity) と呼ぶ。言い換えると、恒等操作と鏡映操作しかない点群の一般点の多重度は 2 だ。

ところが、$(x, y, 0)$ に置かれた点はどうだろう。鏡映操作を行っても $(x, y, 0)$ であり、この点に置かれた原子の数は 1、言い換えると、この点に限って多重度は 1 である。このように対称要素上に点があると、群のオーダーより多重度が少なくなる。このような点を特殊点（special point, 特殊位置）と呼ぶ。図 C.6 には鏡映面上に存在する特殊点を示した。

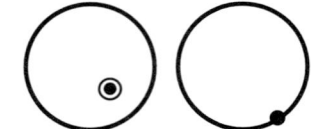

図 C.6 鏡映操作に関する一般点と特殊点

空間群の場合も同様のことが起こるが、我々は基本構造を構成する原子の数を考えるので、一般点の多重度は点群の多重度に単位胞内の格子点の数をかけたものとなる。容易にわかるように対称性が高い位置に存在する点ほど多重度が低い。*International Tables for Crystallography vol.A* にはそれぞれの空間群に関して特殊点が $1a$, $2b$, $2c$, ... などのように記載されている。最初の数字は特殊（一般）点の多重度であり、次の $a, b, c, ...$ はワイコフレター（Wyckoff letter）と呼ばれる対称性の高い位置から順からつけられた記号だ。したがって最も対称性の低い一般点の多重度が、その群のオーダーと単位胞中の格子点の数との積に一致する。たとえば本文中図 7.6(a) に示した CaF_2 構造（空間群 $Fm\bar{3}m$）では Ca は $4a$、F は $8c$ という特殊点上に位置する。

C.6 表記法について

結晶を記述する方法には実践的なものから対称性に準拠した厳密なものまでいくつかの流儀がある。たとえば純銅の構造を言うのに空間群 $Fm\bar{3}m$ に属し、$4a$ サイトを 100% の確率で Cu 原子が占有する構造というのも一案であるが、一辺の長さが 0.36nm の立方体の $(0\ 0\ 0)$, $(1/2\ 1/2\ 0)$, $(0\ 1/2\ 1/2)$, $(1/2\ 0\ 1/2)$ の位置に Cu 原子が存在するといっても十分であろう。一方、構造が複雑になると等価な位置の原子の座標をすべてあらわに記述するのは煩雑で、対称性という観点から非等価な点の座標を一つ示し、あとは対称操作で自動的に他の等価な点の位置を導くというやり方がスマートだ。このようなことも踏まえて、現在用いられている結晶構造の表記法を簡単にまとめたい。

C.6.1 プロトタイプによる表記

その構造を有するよく知られている単体や化合物をそのままその構造のプロトタイプ（prototype, 原型）とし、その単体や化合物名により構造を代表する方法だ。たとえば fcc 構造は Cu 型、bcc 構造は W 型、hcp 構造は Mg 型に始まり C (diamond) 型、NaCl 型、CsCl 型、NiAs 型など、様々なものがある。

C.6.2 Structurbericht 表記

戦前のドイツで編集された結晶構造の報告書に用いられた表記法で、現在でも慣習的に頻繁に用いられる。アルファベットの記号と番号で結晶構造を表す。用いられるアルファベットの代表的なものは：A:単体、B: XY 型の化合物、C: XY_2 型の化合物、L: 合金などだ。1939 年以降、"structure report" として引き継がれたが、1943 年に打ちきられた。一例として $D0_3$ として知られている構造を図 C.7 に示す（小さな灰色と黒の球の位置に同種の原子が位置する）。この構造は BiF_3 構造として図 7.6(b) に示したものと同一であるが、通常とられる原点の位置が異なる。

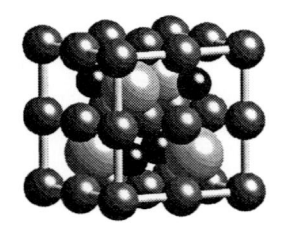

図 C.7 異なった単位胞の取り方 BiF_3 構造=$D0_3$ 構造

C.6.3 空間群による表記

本節で説明した物質を構成する原子位置の対称性に着目して、結晶を分類する方法だ。先にも述べたようにブラベー格子のセンタリングに関する情報と点群（あるいは部分的並進操作（らせん操作やグライド操作）を伴う群）に関する情報さえわかれば結晶構造はユニークに定まる。たとえば Mg に代表される hcp 構造は六方晶系に属し、ブラベー格子も六方格子であり、空間群は $P6_3/m\,2/m\,2/c$、ショートシンボルと呼ばれる略記法では $P6_3/mmc$ と書かれる。しかし、これは空間群の明示に過ぎず、該当する空間群のどのサイトをどの原子がどれくらいの確率で占有するかを指定することによって初めて結晶構造を指定できる。たとえば hcp 構造をとる Mg では Mg 原子が $2c$ サイトを 100% の占有確率で占有する。

C.6.4 Pearson 表記

この表記法では結晶系を小文字で表し、次に単位胞内の格子点のセンタリングに関する情報を大文字で（表 C.1）、そして単位胞の原子の数の総数を数字で表す。このやり方だと hcp 構造は $hP2$ と表される。表 C.2 に Pearson 表記で用いられる結晶系の記号をまとめた。

表 C.1 格子のセンタリングを表す記号

単位胞の取り方	記号
プリミティブ	P
A 面心, B 面心, C 面心	A, B, C
面心	F
体心	I
ロンボヘドラル	R

表 C.2 Pearson 表記で用いられる結晶系の記号

結晶系	記号
三斜晶 (triclinic, anorthic)	a
単斜晶 (monoclinic)	m
直方(斜方)晶 (orthorhombic)	o
正方晶 (tetragonal)	t
六方晶 (hexagonal)、三方晶 (trigonal)	h
立方晶 (cubic)	c

以上の表記法によって表されたいくつかの結晶構造を表 C.3 にまとめた。また、ここに述べられなかった構造に関しては巻末の文献を参照されたい（岩崎博 (1969)、北野 (1994)）。

表 C.3 いくつかの結晶構造を表す記号の比較

prototype	Structurbericht	Pearson	International	占有サイト	例
Cu 型	$A1$	$cF4$	$Fm\bar{3}m$	$4a$	Au, Al, β-Co, γ-Fe, Ni
W 型	$A2$	$cI2$	$Im\bar{3}m$	$2a$	Ba, Cr, Na, α-Fe, Mo, Ta
Mg 型	$A3$	$hP2$	$P6_3/mmc$	$2c$	α-Be, Cd, α-Co, α-Ti, Zn
C (ダイアモンド) 型	$A4$	$cF8$	$Fd\bar{3}m$	$8a$	Ge, Si, α-Sn
W_3O 型 (注)	$A15$	$cF8$	$Pm\bar{3}n$	$2a, 6c$	$AlV_3, Cr_3O, Mo_3O, V_3Si$
NaCl 型	$B1$	$cF8$	$Fm\bar{3}m$	$4a, 4b$	CdS, CrN, HfC, NiO, PbSe
CsCl 型	$B2$	$cP2$	$Pm\bar{3}m$	$1a, 1b$	CoTi, FeAl, FeV, β-NiAl
ZnS (ジンクブレンド) 型	$B3$	$cF8$	$F\bar{4}3m$	$4a, 4c$	CdS, GaAs, InP, β-SiC
ZnS (ウルツァイト) 型	$B4$	$hP4$	$P6_3mc$	$2b, 2b$	AlN, BeO, CdS, ZnO
NiAs 型	$B8_1$	$hP4$	$P6_3/mmc$	$2a, 2c$	CoSb, CrSe, MnSb, TiS
CaF_2 型	$C1$	$cF12$	$Fm\bar{3}m$	$4a, 8c$	$CoSi_2, Be_2C, LaH_2, Mg_2Pb$
FeS_2 (パイライト) 型	$C2$	$cP12$	$Pa\bar{3}$	$4a, 8c$	$CoSe_2, MnS_2, NiS_2$
TiO_2 (ルチル) 型	$C4$	$tP6$	$P4_2/mnm$	$2a, 4f$	$CrO_2, PbO_2, TaO_2, WO_2$
$MgZn_2$ 型	$C14$	$hP12$	$P6_3/mmc$	$2a, 4f, 6h$	$Al_2Zr, Be_2Mo, Fe_2Ti, CaMg_2$
$MgCu_2$ 型	$C15$	$cF24$	$Fd\bar{3}m$	$8a, 16d$	$Al_2Ca, Co_2Zr, Cr_2Ti, V_2Ta$
BiF_3 型	$D0_3$	$cF16$	$Fm\bar{3}m$	$4a, 4b, 8c$	Fe_3Al, α-Fe_3Si, Mn_3Si
Fe_3C 型	$D0_{11}$	$oP16$	$Pnma$	$4c, 4c, 8d$	Co_3B, Ni_3C, Pd_3P
Ni_3Ti 型	$D0_{24}$	$hP16$	$P6_3/mmc$	$2a, 2c, 6g, 6h$	Co_3Ti, Ni_3Ti, Pd_3Zr
α-Al_2O_3 型	$D5_1$	$hR10$	$R\bar{3}c$	$4c, 6e$	α-$Fe_2O_3, Ti_2O_3, Rh_2O_3$
$CaTiO_3$ (ペロブスカイト) 型	$E2_1$	$cP5$	$Pm\bar{3}m$	$1a, 1b, 3c$	$AlCFe_3, Fe_3NNi$
AuCu-I 型	$L1_0$	$tP4$	$P4/mmm$	$1a, 1c, 2e$	AgTi, AlTi, FePd, FePt
$AuCu_3$ 型	$L1_2$	$cP4$	$Pm\bar{3}m$	$1a, 3c$	$AlZr_3, CoPt_3, Ni_3Fe$
Cu_2MnAl 型	$L2_1$	$cF16$	$Fm\bar{3}m$	$4a, 4b, 8c$	Ni_2TiAl, Co_2MnSn

(注) Cr_3Si 型とも呼ばれる。A15 はもともとは β-W に対して与えられたが、その後 W_3O であることが判明した。

付録D　フーリエ変換とその周辺

D.1　ディラックのデルタ関数

ある関数が次の性質を持つとき、それをディラックのデルタ関数（Dirac's δ function）と呼ぶ。

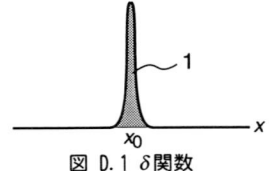

$$\begin{cases} \delta(x-x_0) = 0 & (x \neq x_0) \\ \delta(x-x_0) \to \infty & (x \to x_0) \\ \int_{x_0-\varepsilon}^{x_0+\varepsilon} \delta(x-x_0)dx = 1 & (\varepsilon > 0) \end{cases} \quad \text{(D.1)}$$

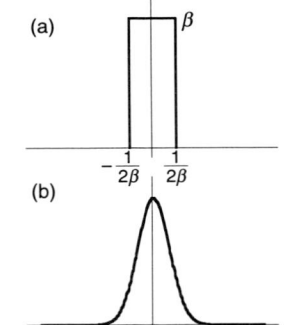

図 D.1　δ 関数

このように δ 関数とは厳密な意味での関数ではなく、与えられた関数の極限における振舞いによって定義される呼び名だ。具体的な形としては、次にあげる矩形関数やガウス関数などがあげられる。

$$\delta(x) = \begin{cases} \beta & -\frac{1}{2\beta} < x < \frac{1}{2\beta} \\ 0 & x < -\frac{1}{2\beta}\,;\ \frac{1}{2\beta} < x \end{cases} \quad (\beta \to \infty) \quad \text{(D.2)}$$

$$\delta(x) = \sqrt{\frac{\alpha}{\pi}} \exp(-\alpha x^2) \quad (\alpha \to \infty) \quad \text{(D.3)}$$

図 D.2　δ 関数の具体例

次に積分で定義される δ 関数を考えてみよう。

$$f(x) = \int_{-\infty}^{\infty} e^{2\pi i q \cdot x} dq \quad \left(= \lim_{n \to \infty} \int_{-n}^{n} e^{2\pi i q \cdot x} dq = \lim_{n \to \infty} \frac{\sin 2\pi n x}{\pi x} \right) \quad \text{(D.4)}$$

この積分を評価するために 1 より極めて小さい正の数 γ を導入する。

$$f(x) = \int_{-\infty}^{\infty} e^{2\pi i q \cdot x - 2\pi \gamma |q|} dq \quad (0 < \gamma \ll 1) \quad \text{(D.5)}$$

すると次のように $\gamma \to 0$ の極限で $f(x)$ の振舞いが評価できる。

$$f(x) = \int_{-\infty}^{0} e^{2\pi(ix+\gamma)q} dq + \int_{0}^{\infty} e^{2\pi(ix-\gamma)q} dq = \frac{1}{\pi} \frac{\gamma}{x^2+\gamma^2} \xrightarrow{\gamma \to 0} \begin{cases} 0 & (x \neq 0) \\ \infty & (x = 0) \end{cases} \quad \text{(D.6)}$$

さらに、$f(x)$ そのものの積分は次のように計算できる。

$$\int_{-\infty}^{\infty} f(x) dx = \int_{-\infty}^{\infty} \frac{1}{\pi} \frac{\gamma}{x^2+\gamma^2} dx = \int_{-\pi/2}^{\pi/2} \frac{1}{\pi} \frac{\gamma}{\gamma^2(\tan^2\theta+1)} \cdot \frac{\gamma}{\cos^2\theta} d\theta = \frac{1}{\pi}\left[\frac{\pi}{2} - \left(-\frac{\pi}{2}\right)\right] = 1 \quad \text{(D.7)}$$

すなわち、(D.4) で与えられた積分は δ 関数である。

$$\delta(x) = \int_{-\infty}^{\infty} e^{2\pi i q \cdot x} dq \quad \text{(D.8)}$$

また、同等に (D.4) の右側の関数も $n \to \infty$ の極限で δ 関数として振る舞う。

$$\delta(x) = \frac{\sin 2\pi n x}{\pi x} \quad (n \to \infty) \quad \text{(D.9)}$$

D.2　フーリエ変換

滑らかな関数 $f(x)$ は次のフーリエ級数で展開できる。

$$\begin{aligned} f(x) &= \sum_{n=-\infty}^{\infty} c_n \exp\left\{2\pi i \frac{n}{a} x\right\} \\ c_n &= \frac{1}{a} \int_{-a/2}^{a/2} f(x) \exp\left\{-2\pi i \frac{n}{a} x\right\} dx \end{aligned} \quad \text{(D.10)}$$

ここで c_n は展開係数だ。上の表現で $q=n/a$ と置き、$F(q)=a \cdot c_n$ と置いてみよう。すなわち、

$$f(x) = \frac{1}{a} \sum_{n=-\infty}^{\infty} F(q)\exp\{2\pi iqx\}$$
$$F(q) = \int_{-a/2}^{a/2} f(x)\exp\{-2\pi iqx\}dx$$
(D.11)

を得るが、ここで $a\to\infty$ の極限（q の間隔を非常に小さくとる）を考えると次の表現を得る。

$$f(x) = \int_{-\infty}^{\infty} F(q)\exp\{2\pi iqx\}dq$$
$$F(q) = \int_{-\infty}^{\infty} f(x)\exp\{-2\pi iqx\}dx$$
(D.12)

$F(q)$ を $f(x)$ のフーリエ変換、$f(x)$ を $F(q)$ の逆フーリエ変換と呼び、それぞれ $\tilde{F}\{f(x)\}, \tilde{F}^{-1}\{F(q)\}$ などで表す。

ここで一つの性質として、ある関数 $f(x)$ を $x=ky$ と変数変換し、さらに k をかけて得られる関数 $g(y)=kf(ky)$ を考える。この積分は次のように変換後も同じ値を持つ（すなわち面積は同じ）。

$$\int_{-\infty}^{\infty} f(x)dx = \int_{-\infty}^{\infty} kf(ky)dy$$
(D.13)

このような関係を持つ二つの関数 $f(x)$ と $kf(kx)$ のフーリエ変換はどうなるだろう。

$$F(q) = \int_{-\infty}^{\infty} f(x)e^{-2\pi iqx}dx = \int_{-\infty}^{\infty} kf(kx)e^{-2\pi iqx}dx = \int_{-\infty}^{\infty} f(t)e^{-2\pi iq(t/k)}dt = F\left(\frac{q}{k}\right)$$
(D.14)

結局、変数が q/k と変換される。すなわち、もともとの関数の幅を狭めると、そのフーリエ変換のピークの幅は逆に広がってしまうという性質がある。

D.2.1 1次元フーリエ変換の例

最初に矩形関数を考える。

$$f(x) = \begin{cases} 1 & -\frac{a}{2} < x < \frac{a}{2} \\ 0 & x < -\frac{a}{2}; \quad \frac{a}{2} < x \end{cases}$$
(D.15)

このフーリエ変換は次のようになる。

$$F(q) = \int_{-a/2}^{a/2} e^{-2\pi iqx}dx = \frac{\sin \pi qa}{\pi q}$$
(D.16)

図 D.3(a) と (b) に $f(x)$ と $F(q)$ を示した。また、同図 (c) と (d) は (D.13) において $k=2$ の場合をこの矩形関数にあてはめた場合だ。

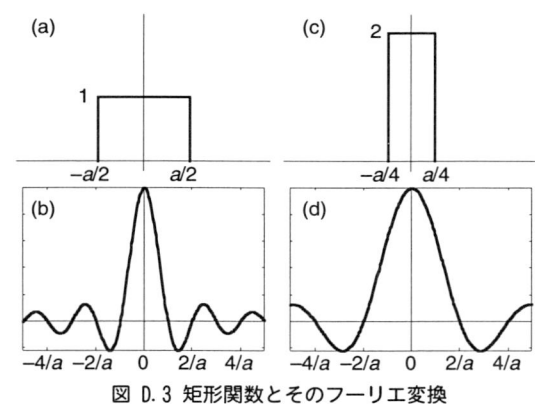

次にガウス関数のフーリエ変換を考えてみよう。

$$f(x) = \sqrt{\frac{\alpha}{\pi}}\exp\{-\alpha x^2\}$$
(D.17)

$$\begin{aligned} F(q) &= \int_{-\infty}^{\infty} \sqrt{\frac{\alpha}{\pi}} e^{-\alpha x^2} e^{-2\pi iqx}dx \\ &= \int_{-\infty}^{\infty} \sqrt{\frac{\alpha}{\pi}} e^{-\alpha[(x+\pi iq/\alpha)^2 - \pi^2 q^2/\alpha^2]}dx \\ &= \exp\left\{-\frac{\pi^2 q^2}{\alpha}\right\} \end{aligned}$$
(D.18)

2種類の α の値について $f(x)$ と $F(q)$ を図 D.4 にプロットした。

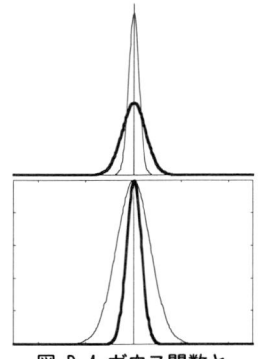

図 D.3 矩形関数とそのフーリエ変換

図 D.4 ガウス関数とそのフーリエ変換

次は δ 関数のフーリエ変換を考える。まず、$x=0$ にピークを持つ $\delta(x)$ の場合、具体的に積分を評価する必要があるので、$\delta(x)$ の形として先に求めたガウス関数の $\alpha \to \infty$ の場合 (D.3) を用いることとしよう。

$$F(q) = \int_{-\infty}^{\infty} \delta(x) e^{-2\pi i q x} dx = \lim_{\alpha \to \infty} \int_{-\infty}^{\infty} \sqrt{\frac{\alpha}{\pi}} e^{-\alpha x^2} e^{-2\pi i q x} dx = \lim_{\alpha \to \infty} e^{-\pi^2 q^2/\alpha} = 1 \quad \text{(D.19)}$$

このように $\delta(x)$ のフーリエ変換は 1 となる。散乱でいうと、散乱体の空間に占める体積が無限に小さいと散乱波の振幅は等方的に分布するということになる(原子核による中性子の散乱が比較的これに近い)。

一方、$\delta(x-a)$ の場合は次の表式を得る。

$$F(q) = \int_{-\infty}^{\infty} \delta(x-a) e^{-2\pi i q x} dx = \int_{-\infty}^{\infty} \delta(y) e^{-2\pi i q(y+a)} dy = e^{-2\pi i q a} \cdot 1 = e^{-2\pi i q a} \quad \text{(D.20)}$$

D.2.2 偶関数や奇関数の場合

$F(q)$ と $f(x)$ は次のように展開できる。

$$\begin{aligned} F(q) &= \int_{-\infty}^{\infty} f(x) e^{-2\pi i q x} dx = \int_{-\infty}^{\infty} f(x) \{\cos(2\pi i q x) - i \sin(2\pi i q x)\} dx \\ f(x) &= \int_{-\infty}^{\infty} F(q) e^{2\pi i q x} dq = \int_{-\infty}^{\infty} F(q) \{\cos(2\pi i q x) + i \sin(2\pi i q x)\} dq \end{aligned} \quad \text{(D.21)}$$

$f(x)$ が偶関数の場合、これから直ちに次のフーリエ余弦変換 (cosine transform) を得る。

$$\begin{cases} F(q) = 2\int_0^{\infty} f(x)\cos(2\pi i q x) dx \\ f(x) = 2\int_0^{\infty} F(q)\cos(2\pi i q x) dx \end{cases} \xrightarrow{g(x)=2f(x)} \begin{cases} F(q) = \int_0^{\infty} g(x)\cos(2\pi i q x) dx \\ g(x) = 4\int_0^{\infty} F(q)\cos(2\pi i q x) dx \end{cases} \quad \text{(D.22)}$$

同様に、$f(x)$ が奇関数の場合、フーリエ正弦変換 (sine transform) を得る ((6.34))。

$$\begin{cases} F(q) = -2i\int_0^{\infty} f(x)\sin(2\pi i q x) dx \\ f(x) = 2i\int_0^{\infty} F(q)\sin(2\pi i q x) dx \end{cases} \xrightarrow{g(x)=-2if(x)} \begin{cases} F(q) = \int_0^{\infty} g(x)\sin(2\pi i q x) dx \\ g(x) = 4\int_0^{\infty} F(q)\sin(2\pi i q x) dx \end{cases} \quad \text{(D.23)}$$

D.2.3 高次元の場合

2 次元や 3 次元の場合でも、直交座標系が適用でき、x, y, z 成分に分解できる場合はそれぞれの成分に関する 1 次元のフーリエ変換に帰着する。しかし問題の性質から極座標 (r, θ) や球座標 (r, ϕ, θ) でフーリエ変換が表される場合はそうはいかない。たとえば 4.1.5 節で述べた円形アパチャーの場合だ。本節では本文中でも触れた 3 次元的に広がる等方的な関数の場合の例にとる。

一般に関数 $f(\vec{r})$ のフーリエ変換、および逆変換は次の形で書ける。

$$\begin{aligned} F(\vec{q}) &= \int f(\vec{r}) \exp\{-2\pi i \vec{q} \cdot \vec{r}\} dv \\ f(\vec{r}) &= \int F(\vec{q}) \exp\{2\pi i \vec{q} \cdot \vec{r}\} dv^* \end{aligned} \quad \text{(D.24)}$$

ここで $\vec{q}$ および v^* は逆空間内のベクトルと体積だ。$f(\vec{r})$ が等方的で r のみに依存する場合、角度に関する積分は独立に実行できるから、次の一般的な表式を得る (5.3 節 (5.27) 参照)。

$$F(\vec{q}) = F(q) = 4\pi \int_{r=0}^{\infty} f(r) r^2 \frac{\sin 2\pi q r}{2\pi q r} dr \quad \text{(D.25)}$$

たとえば半径 R の一様な球の場合 ($f(r)=1; r<R$)、次の表現を得る (13.1.2 節)。

$$F(q) = 4\pi \int_0^R 1 \cdot r^2 \frac{\sin 2\pi q r}{2\pi q r} dr = \frac{\sin 2\pi q R - 2\pi q R \cdot \cos 2\pi q R}{2\pi^2 q^3} \quad \text{(D.26)}$$

次に 1s 軌道の電子密度を表す表式として規格化された次の関数を考えよう（5.3 節（5.32）参照）。

$$f(r) = \frac{1}{\pi}\left(\frac{1}{a}\right)^3 \exp\left\{-\frac{2r}{a}\right\} \qquad \left(\frac{1}{a} = \frac{Z}{a_0}\right) \tag{D.27}$$

この関数のフーリエ変換は

$$F(q) = 4\pi \int_0^\infty \frac{1}{\pi}\left(\frac{1}{a}\right)^3 \exp\left\{-\frac{2r}{a}\right\} r^2 \frac{\sin 2\pi qr}{2\pi qr} dr = \frac{2}{\pi a^3 q} \int_0^\infty e^{-2r/a} r \sin 2\pi qr \, dr \tag{D.28}$$

となる。結局、一般に次の形で表される積分を評価する必要がある。

$$J_1 = \int_0^\infty e^{-\alpha x} x \sin \beta x \, dx \qquad (\alpha = 2/a,\ \beta = 2\pi q) \tag{D.29}$$

この場合、sin 関数を指数関数でいったん表し、部分積分を行ってから虚数部をとってももちろん差し支えないが、x の次数が増える場合に備えて、あらかじめ次の積分 J_0 を評価しておくとやりやすい。

$$J_0 = \int_0^\infty e^{-\alpha x} \sin \beta x \, dx = \mathrm{Im}\left[\int_0^\infty e^{-(\alpha - \beta i)x} dx\right] = \mathrm{Im}\left[\frac{\alpha + \beta i}{\alpha^2 + \beta^2}\right] = \frac{\beta}{\alpha^2 + \beta^2} \tag{D.30}$$

次に、J_0 と J_1 を比較すれば、次の結果を得る。

$$J_1 = \int_0^\infty e^{-\alpha x} x \sin \beta x \, dx = -\frac{d}{d\alpha} J_0 = -\frac{d}{d\alpha} \frac{\beta}{\alpha^2 + \beta^2} = \frac{2\alpha\beta}{(\alpha^2 + \beta^2)^2} \tag{D.31}$$

すなわち、1s 軌道の電子密度（D.27）のフーリエ変換として次の表現を得る。

$$F(q) = \frac{2}{\pi a^3 q} \frac{2 \cdot 2/a \cdot 2\pi q}{((2/a)^2 + (2\pi q)^2)^2} = \frac{1/a^4}{((1/a)^2 + (\pi q)^2)^2} \tag{D.32}$$

2s 軌道の場合、x^2 を含む形が必要になるが、そのためには J_1 を再度 α で微分すればよい。

D.3 コンボリューション

関数 $f(x)$ と $g(x)$ に対して与えられる次の積分をコンボリューション（convolution）と呼び、$f(x) * g(x)$ で表す。

$$c(x) = f(x) * g(x) = \int_{-\infty}^\infty f(\xi) g(x - \xi) d\xi \tag{D.33}$$

この意味を理解するためには具体例を考えるのが一番手っ取り早い。今、簡単な例として $f(x)$ と $g(x)$ に対して次の形を考えよう（図 D.5(a), (b)）。

$$f(x) = \begin{cases} 1 & -10 \leq x \leq 10 \\ 0 & x \leq -10;\ 10 \leq x \end{cases} \tag{D.34}$$

$$g(x) = \begin{cases} 0.5x + 1 & -2 \leq x \leq 0 \\ -0.2x + 1 & 0 \leq x \leq 5 \end{cases} \tag{D.35}$$

積分変数として ξ（グサイと読む。x に対するギリシャ文字）をとったが、ここで $g(x-\xi)$ とは $g(\xi)$ を x だけ平行移動し、x を中心に反転させたものだ。この状況を図 D.5(c)に示した。そしてコンボリューションとして定義された積分は、x を固定したときの二つの関数 $f(\xi)$ と $g(x-\xi)$ の重なった領域の面積の積にほかならない。与えられた積分値を x の値に対してプロットすることは $g(x-\xi)$ を ξ 軸上で逐次移動しながら重なった面積を計算するということだ。

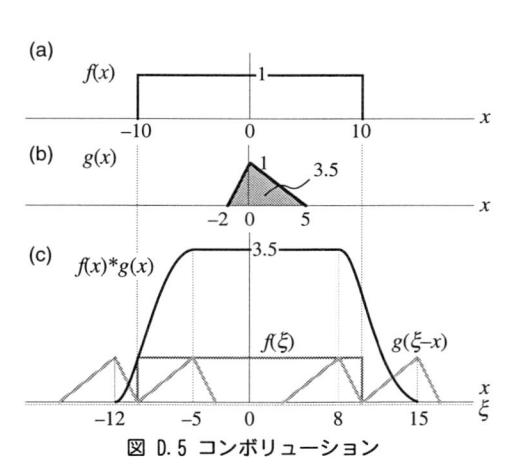

図 D.5 コンボリューション

D.4 コンボリューションの性質

まず $\xi = x-\zeta$ （ζ:ツェータ）と変数変換することによって次の結果（交換則）を得る。

$$f(x)*g(x) = \int_{-\infty}^{\infty} f(\xi)g(x-\xi)d\xi = \int_{-\infty}^{\infty} g(\zeta)f(x-\zeta)d\xi = g(x)*f(x) \tag{D.36}$$

ここで、コンボリューションのフーリエ変換を考えよう。

$$\begin{aligned}
\tilde{F}\{f(x)*g(x)\} &= \int_{-\infty}^{\infty}\int_{-\infty}^{\infty} f(\xi)g(x-\xi)d\xi \cdot e^{-2\pi iqx}dx \\
&= \int_{-\infty}^{\infty}\int_{-\infty}^{\infty} f(\xi)g(y)d\xi \cdot e^{-2\pi iq(y+\xi)}dy \quad (y = x-\xi) \\
&= \int_{-\infty}^{\infty} f(\xi) \cdot e^{-2\pi iq\xi}d\xi \cdot \int_{-\infty}^{\infty} g(y) \cdot e^{-2\pi iqy}dy \\
&= F(q)G(q)
\end{aligned} \tag{D.37}$$

すなわち、$f(x)$ と $g(x)$ のコンボリューションのフーリエ変換は、それぞれの関数のフーリエ変換の積となる。これをコンボリューション定理（convolution theorem）と呼ぶ。

次に $f(x)$ をデルタ関数でコンボリュートしてみよう。図 D.6 より直観的にも明らかなとおり、

$$f(x)*\delta(x) = \int_{-\infty}^{\infty} f(\xi)\delta(x-\xi)d\xi = f(x) \tag{D.38}$$

となる。一方、$\delta(x-a)$ に対しては

$$f(x)*\delta(x-a) = \int_{-\infty}^{\infty} f(\xi)\delta(x-a-\xi)d\xi = f(x-a) \tag{D.39}$$

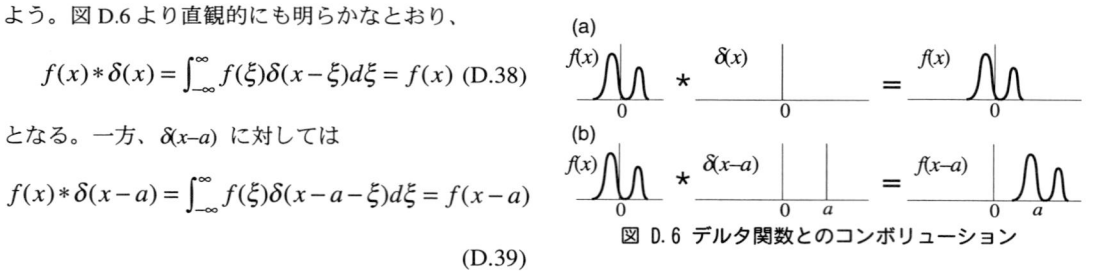

図 D.6 デルタ関数とのコンボリューション

となる。さらに a の周期でデルタ関数が繰り返されている場合、次のように書ける。

$$f(x)*\sum_{n=-\infty}^{\infty} \delta(x-na) = \sum_{n=-\infty}^{\infty} f(x-na) \tag{D.40}$$

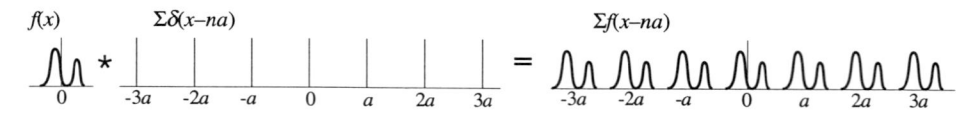

図 D.7 離散的に繰り返されるデルタ関数とのコンボリューション

最後に図 D.7 で $f(x)$ が N 回繰り返されたものの、フーリエ変換を考えよう。

$$\tilde{F}\left\{f(x)*\sum_{n=0}^{N-1}\delta(x-na)\right\} = F(q)\cdot\tilde{F}\left\{\sum_{n=0}^{N-1}\delta(x-na)\right\} = \int_{-\infty}^{\infty} f(x)e^{-2\pi iqx}dx \cdot \int_{-\infty}^{\infty}\sum_{n=0}^{N-1}\delta(x-na)e^{-2\pi iqx}dx \tag{D.41}$$

$f(x)$ を単位胞中の電子密度分布と考えると $F(q)$ は基本構造の干渉関数 (8.23) となる。
（要するに基本構造として原子が 1 個しかない場合は原子散乱因子 (5.24)、複数ある場合は $q \to g$ の極限で構造因子 (8.28) となる。）

一方、第 2 項のデルタ関数が周期的に並んだもののフーリエ変換は次のように表される。

$$\tilde{F}\left\{\sum_{n=0}^{N-1}\delta(x-na)\right\} = \int_{-\infty}^{\infty}\sum_{n=0}^{N-1}\delta(x-na)e^{-2\pi iqx}dx = \sum_{n=0}^{N-1} e^{-2\pi iqa} = e^{-2\pi iq(N-1)a}\frac{\sin\pi qNa}{\sin\pi qa} \tag{D.42}$$

これはすなわち、(8.16) で求めた有限格子の干渉関数にほかならない。

付録 E　面間隔と面間角度

E.1　面間隔 d_{hkl}

hkl 面の面間隔は (7.29) より、対応する逆格子ベクトル $\vec{g}_{hkl}$ の大きさの逆数だから、$\vec{g}_{hkl}$ の絶対値をあらわに求めればよい。

$$\begin{aligned}
|\vec{g}_{hkl}|^2 &= (h\vec{a}^* + k\vec{b}^* + l\vec{c}^*)\cdot(h\vec{a}^* + k\vec{b}^* + l\vec{c}^*) \\
&= h^2\vec{a}^{*2} + k^2\vec{b}^{*2} + l^2\vec{c}^{*2} + 2(hk\vec{a}^*\cdot\vec{b}^* + kl\vec{b}^*\cdot\vec{c}^* + lh\vec{c}^*\cdot\vec{a}^*) \\
&= h^2 a^{*2} + k^2 b^{*2} + l^2 c^{*2} + 2(hka^*b^*\cos\gamma^* + klb^*c^*\cos\alpha^* + lhc^*a^*\cos\beta^*)
\end{aligned} \quad (E.1)$$

ここで、逆格子の基本ベクトル間の角度は次のように与えられる。

$$\cos\alpha^* = \frac{\cos\beta\cos\gamma - \cos\alpha}{\sin\beta\sin\gamma}; \quad \cos\beta^* = \frac{\cos\gamma\cos\alpha - \cos\beta}{\sin\gamma\sin\alpha}; \quad \cos\gamma^* = \frac{\cos\alpha\cos\beta - \cos\gamma}{\sin\alpha\sin\beta} \quad (E.2)$$

E.2　面間の角度 ϕ

二つの面 $h_1 k_1 l_1$ と $h_2 k_2 l_2$ 間の角度 ϕ は対応する逆格子ベクトル間の角度であり、次のように求まる。

$$\begin{aligned}
\cos\phi = d_{h_1 k_1 l_1} d_{h_2 k_2 l_2} \{ & h_1 h_2 a^{*2} + k_1 k_2 b^{*2} + l_1 l_2 c^{*2} \\
& + (h_1 k_2 + k_1 h_2) a^* b^* \cos\gamma^* + (k_1 l_2 + l_1 k_2) b^* c^* \cos\alpha^* + (l_1 h_2 + h_1 l_2) c^* a^* \cos\beta^* \}
\end{aligned} \quad (E.3)$$

E.3　立方晶系

$$\frac{1}{d^2} = \frac{1}{a^2}(h^2 + k^2 + l^2), \quad \cos\phi = \frac{h_1 h_2 + k_1 k_2 + l_1 l_2}{\left\{(h_1^2 + k_1^2 + l_1^2)(h_2^2 + k_2^2 + l_2^2)\right\}^{1/2}} \quad (E.4)$$

E.4　正方晶系

$$\frac{1}{d^2} = \frac{1}{a^2}(h^2 + k^2) + \frac{1}{c^2}l^2, \quad \cos\phi = \frac{\dfrac{1}{a^2}(h_1 h_2 + k_1 k_2) + \dfrac{1}{c^2}l_1 l_2}{\left[\left\{\dfrac{1}{a^2}(h_1^2 + k_1^2) + \dfrac{1}{c^2}l_1^2\right\}\left\{\dfrac{1}{a^2}(h_2^2 + k_2^2) + \dfrac{1}{c^2}l_2^2\right\}\right]^{1/2}} \quad (E.5)$$

E.6　直方(斜方)晶系

$$\frac{1}{d^2} = \frac{1}{a^2}h^2 + \frac{1}{b^2}k^2 + \frac{1}{c^2}l^2, \quad \cos\phi = \frac{\dfrac{1}{a^2}h_1 h_2 + \dfrac{1}{b^2}k_1 k_2 + \dfrac{1}{c^2}l_1 l_2}{\left[\left\{\dfrac{1}{a^2}h_1^2 + \dfrac{1}{b^2}k_1^2 + \dfrac{1}{c^2}l_1^2\right\}\left\{\dfrac{1}{a^2}h_2^2 + \dfrac{1}{b^2}k_2^2 + \dfrac{1}{c^2}l_2^2\right\}\right]^{1/2}} \quad (E.6)$$

E.7　六方晶系

$$\frac{1}{d^2} = \frac{4}{3a^2}(h^2 + hk + k^2) + \frac{1}{c^2}l^2,$$

$$\cos\phi = \frac{h_1 h_2 + k_1 k_2 + \dfrac{1}{2}(h_1 k_2 + k_1 h_2) + \dfrac{3}{4}\dfrac{a^2}{c^2}l_1 l_2}{\left[\left\{h_1^2 + h_1 k_1 + k_1^2 + \dfrac{3}{4}\dfrac{a^2}{c^2}l_1^2\right\}\left\{h_2^2 + h_2 k_2 + k_2^2 + \dfrac{3}{4}\dfrac{a^2}{c^2}l_2^2\right\}\right]^{1/2}} \quad (E.7)$$

他の結晶系については巻末の参考書（たとえば Eddington (1976)など）を参照されたい。

付録 F　いくつかの回折パターン

F-1　fcc構造

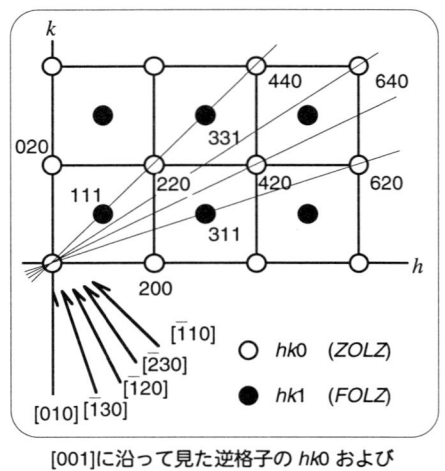

[001]に沿って見た逆格子の $hk0$ および $hk1$ 断面(FOLZ)と[001]に垂直な入射方向

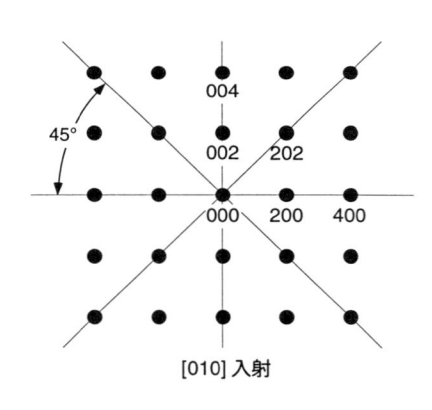

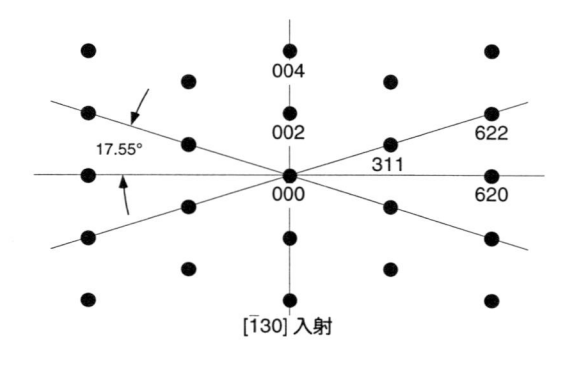

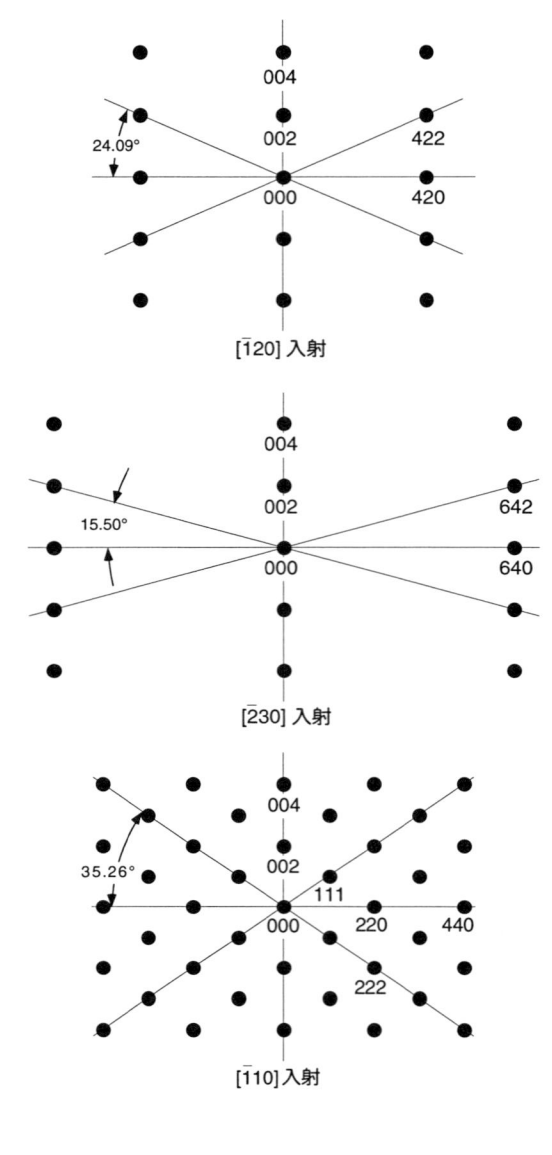

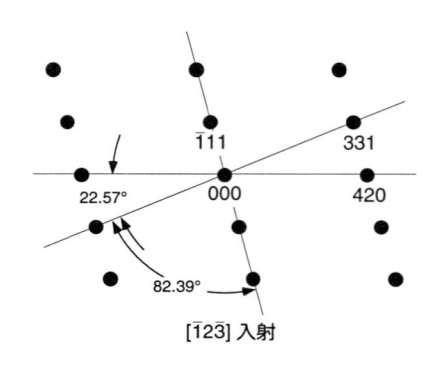

○ $hk0$ (ZOLZ)
● $hk1$ (FOLZ)

[$\bar{1}$20] 入射

[$\bar{2}$30] 入射

[010] 入射

[$\bar{1}$10] 入射

[$\bar{1}$30] 入射

[$\bar{1}$2$\bar{3}$] 入射

付録 F: いくつかの回折パターン

[1̄10]に沿って見た逆格子の hhl 断面およびその一つ上の層の断面 (FOLZ) と[1̄10]に垂直な入射方向

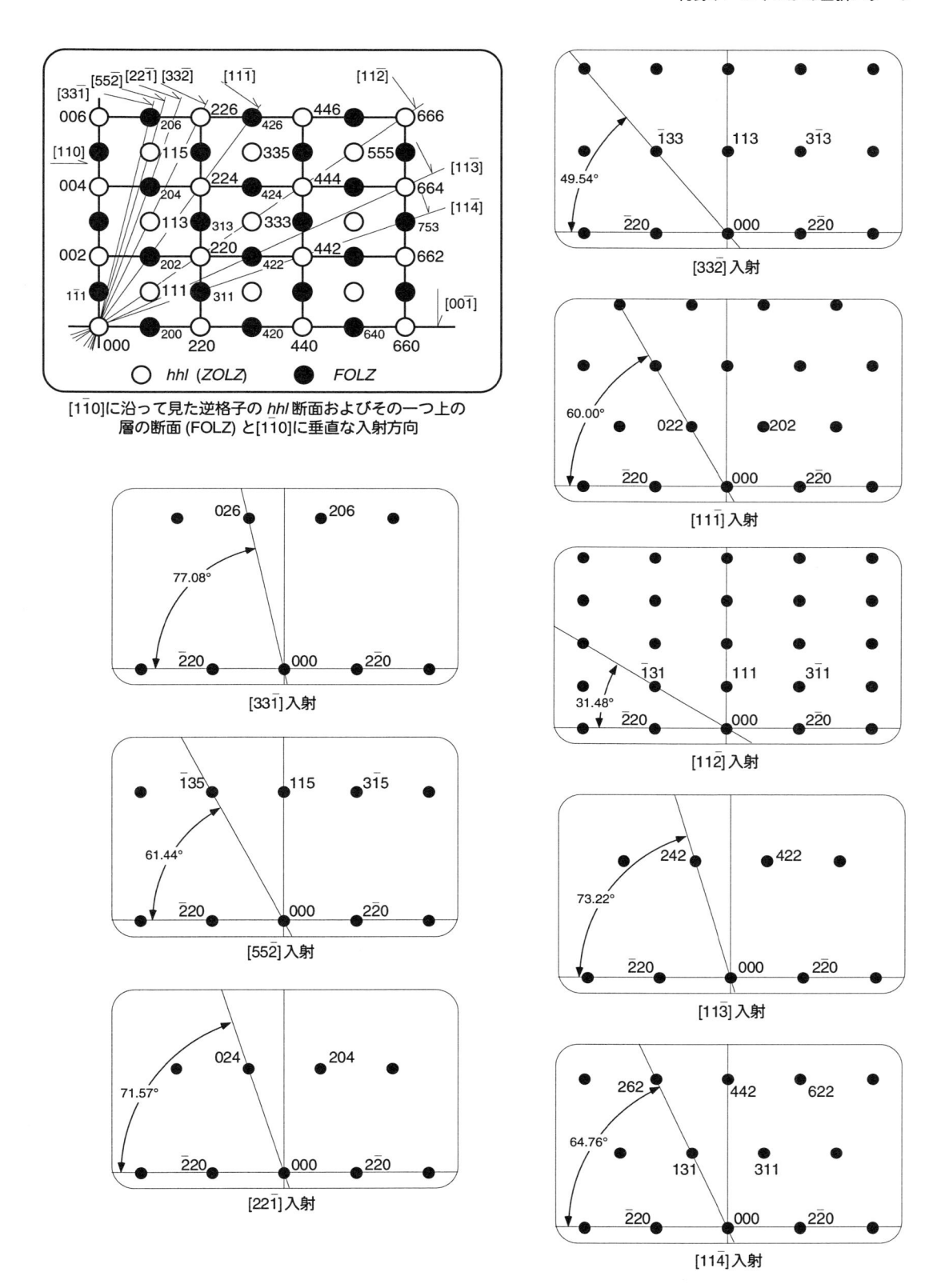

[331̄]入射

[552̄]入射

[221̄]入射

[332̄]入射

[111̄]入射

[112̄]入射

[113̄]入射

[114̄]入射

311

付録F: いくつかの回折パターン

F-2 bcc構造

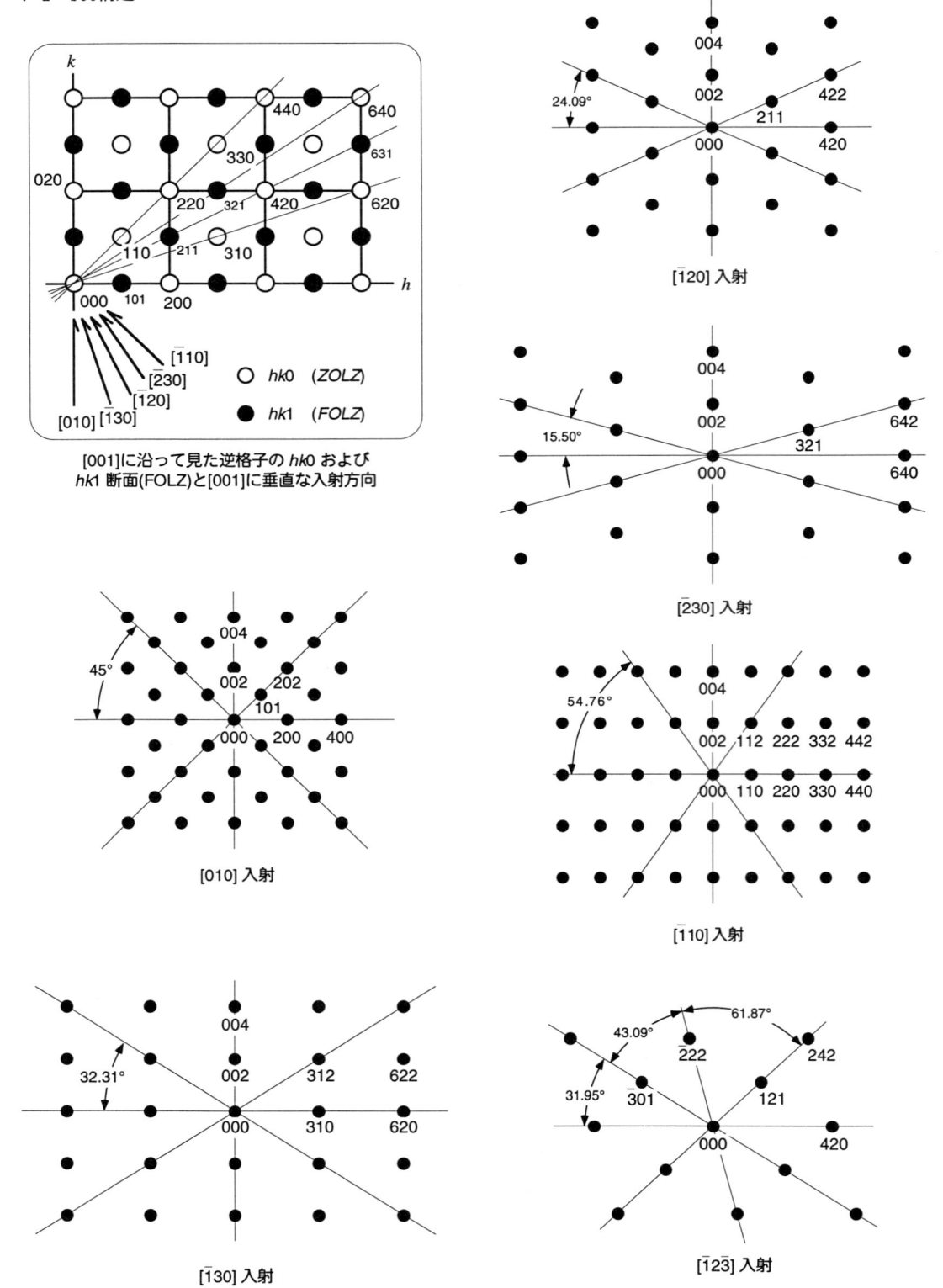

[001]に沿って見た逆格子の hk0 および hk1 断面(FOLZ)と[001]に垂直な入射方向

○ hk0 (ZOLZ)
● hk1 (FOLZ)

[010] 入射

[1̄30] 入射

[1̄20] 入射

[2̄30] 入射

[1̄10] 入射

[1̄23̄] 入射

付録 F: いくつかの回折パターン

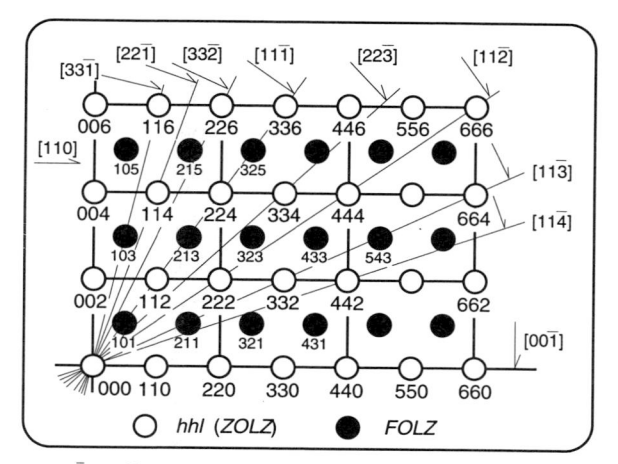

[1̄10]に沿って見た逆格子の *hhl* 断面およびその一つ上の層の断面 (FOLZ) と[1̄10]に垂直な入射方向

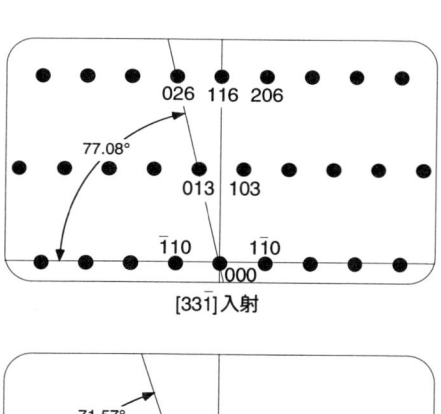

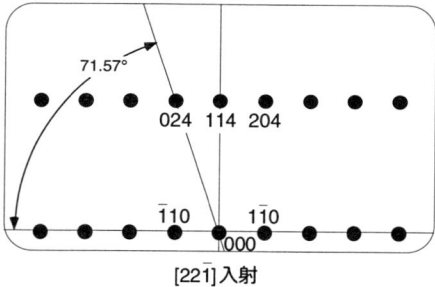

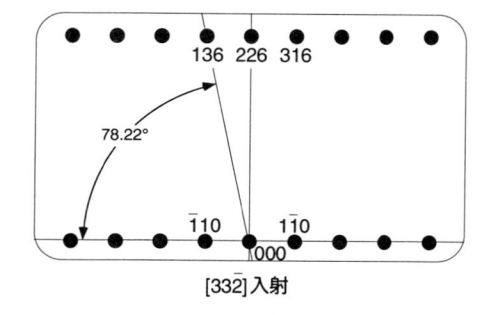

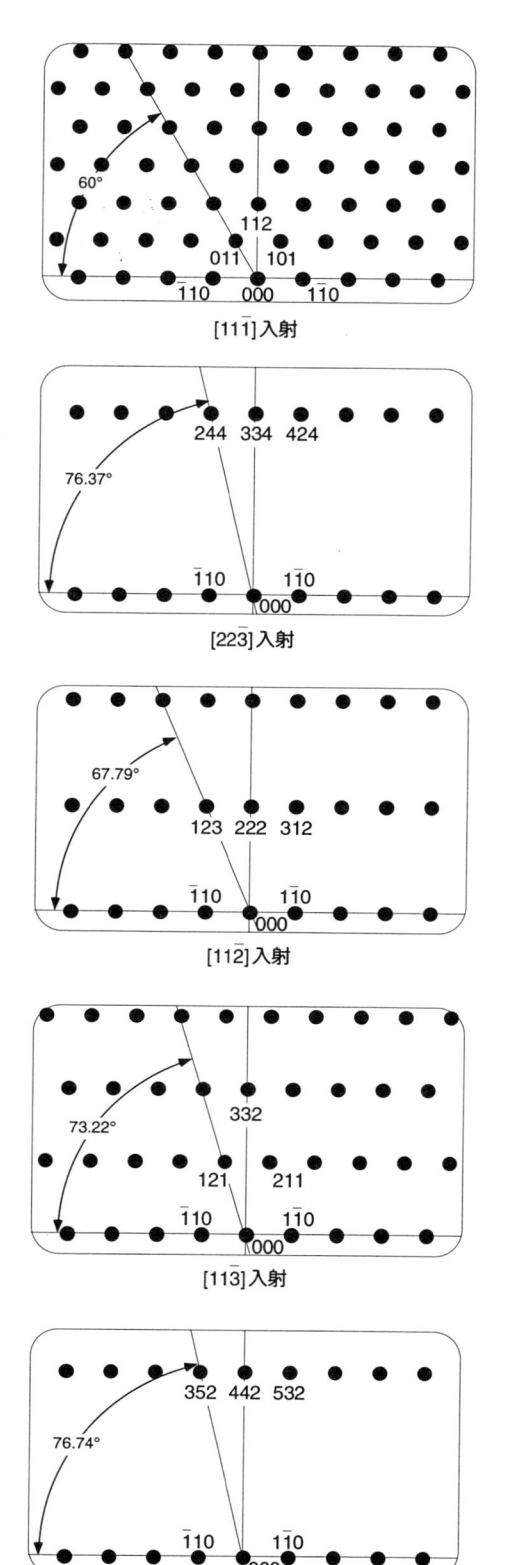

[111]入射

[331̄]入射

[223̄]入射

[221̄]入射

[112̄]入射

[332̄]入射

[113̄]入射

[114̄]入射

313

付録F: いくつかの回折パターン

F-3　hcp構造

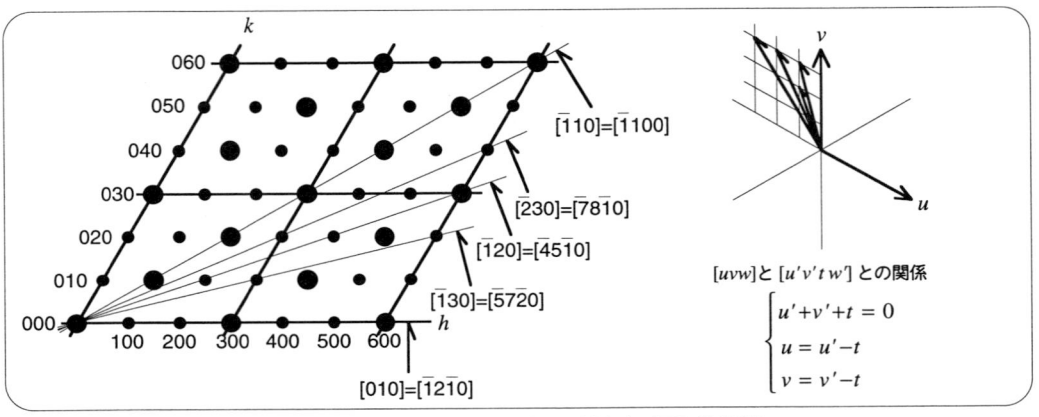

逆格子の $hk0$ 断面と c 軸に垂直な入射方向（図8.29参照）

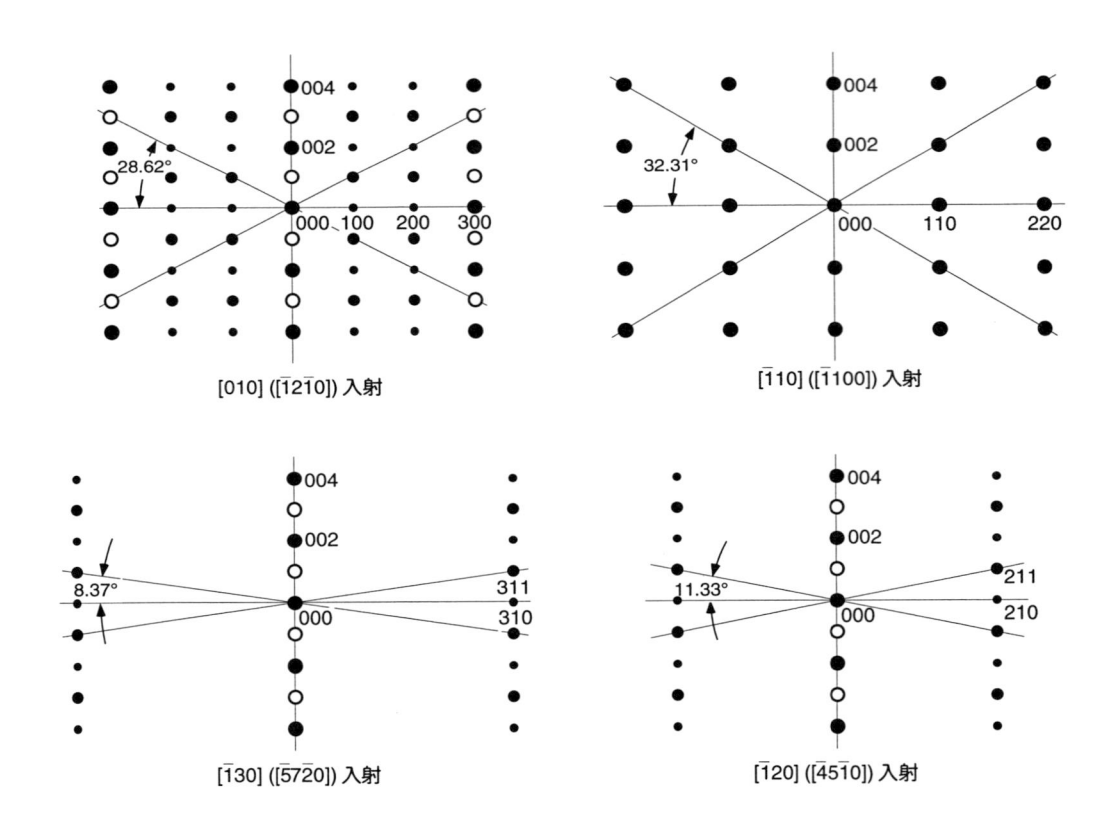

$[uvw]$ と $[u'v't w']$ との関係

$$\begin{cases} u'+v'+t = 0 \\ u = u'-t \\ v = v'-t \end{cases}$$

[010] ([$\bar{1}2\bar{1}0$]) 入射

[$\bar{1}$10] ([$\bar{1}100$]) 入射

[$\bar{1}$30] ([$\bar{5}7\bar{2}0$]) 入射

[$\bar{1}$20] ([$\bar{4}5\bar{1}0$]) 入射

○ は二重回折による回折点

付録F: いくつかの回折パターン

[33$\bar{1}$] =[11$\bar{2}$1] [22$\bar{1}$] =[22$\bar{4}$3] [11$\bar{1}$] =[11$\bar{2}$3]
[110] =[11$\bar{2}$0]
[11$\bar{2}$] =[11$\bar{2}\bar{6}$]
004
002
[00$\bar{1}$] =[000$\bar{1}$]
000 100 110 210 220
FOLZ
ZOLZ
(○は禁制反射)

[$\bar{1}$10] ([$\bar{1}$100])に沿って見た逆格子の hhl 断面(ZOLZ)と
その一つ上の層(FOLZ)およびいくつかの入射方向

74.57°
013 103 213
$\bar{1}$10 000 1$\bar{1}$0

[33$\bar{1}$] ([11$\bar{2}\bar{1}$]) 入射

69.94°
114
012 102
$\bar{1}$10 000 1$\bar{1}$0

[22$\bar{1}$] ([22$\bar{4}\bar{3}$]) 入射

63.79°
112 202
011 101 2$\bar{1}$1
$\bar{1}$10 000 1$\bar{1}$0

[11$\bar{1}$] ([11$\bar{2}\bar{3}$]) 入射

○ は二重回折による回折点

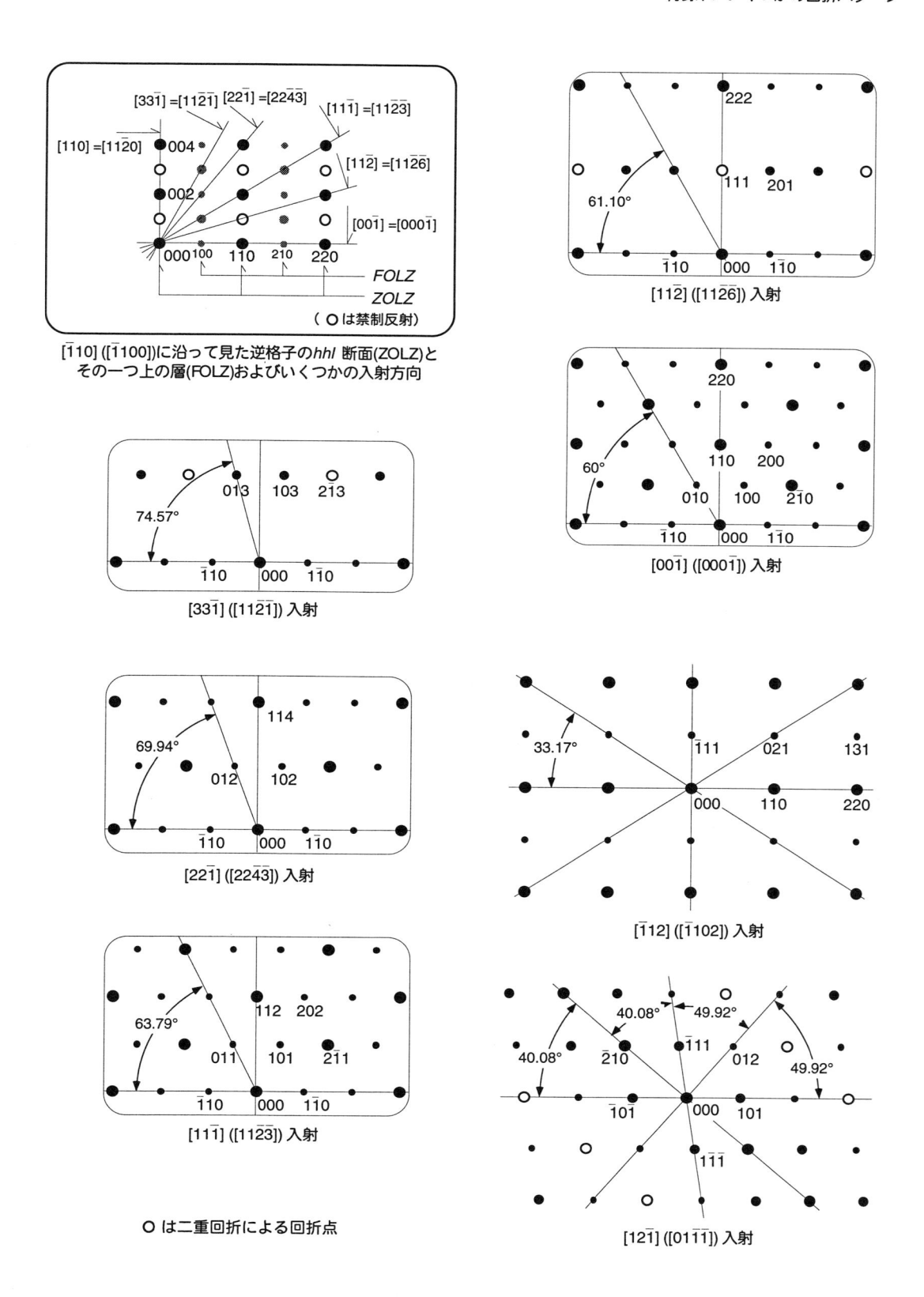

222
61.10°
111 201
$\bar{1}$10 000 1$\bar{1}$0

[11$\bar{2}$] ([11$\bar{2}\bar{6}$]) 入射

220
60°
110 200
010 100 2$\bar{1}$0
$\bar{1}$10 000 1$\bar{1}$0

[00$\bar{1}$] ([000$\bar{1}$]) 入射

33.17°
$\bar{1}$11 021 131
000 110 220

[$\bar{1}$12] ([$\bar{1}$102]) 入射

40.08° 49.92°
$\bar{2}$10 $\bar{1}$11 012
40.08° 49.92°
$\bar{1}$01 000 101
11$\bar{1}$

[12$\bar{1}$] ([01$\bar{1}\bar{1}$]) 入射

315

参考文献

光学全般

E. Hecht, *Optics, 2nd ed.*, Addison Wesley, Reading 1987.

三宅和夫、『幾何光学』、共立出版、1979.

透過電子顕微鏡

P. Hirsch, A. Howie, R. Nicholson, D.W. Pashley, M.J. Whelan, *Electron Microscopy of Thin Crystals, 2nd ed.*, Krieger, Malabar 1977.

J.W. Edington, *Practical Electron Microscopy in Materials Science*, TechBooks, Herndon 1976.

G. Thomas & M.J. Goringe, *Transmission Electron Microscopy of Materials*, John Wiley & Sons, New York 1979.

L. Reimer, *Transmission Electron Microscopy, 3rd ed.*, Springer-Verlag, Berlin 1993.

J.C.H. Spence, *Experimental High-Resolution Electron Microscopy, 2nd ed.*, Oxford University Press, Oxford 1988.

D.B. Williams & C.B. Carter, *Transmission Electron Microscopy*, Plenum, New York 1999.

A.J.F. Metherell, *Electron Microscopy in Materials Science*, Commission of the European Communities, 397-552, Brussels 1975.

上田良二編、『電子顕微鏡』、共立出版、1982.

『電子顕微鏡要論』、日本電子株式会社、1982.

堀内繁雄、『高分解能電子顕微鏡』、共立出版、1988.

進藤大輔、平賀賢二、『材料評価のための高分解能電子顕微鏡法』、共立出版、1996.

坂公恭、『結晶電子顕微鏡学』、内田老鶴圃、1997.

奥健夫、『ナノ構造解析』、三恵社、2001.

X線回折法、回折物理

L.V. Azároff, *Elements of X-ray Crystallography*, McGraw-Hill, New York, 1968.(『X線結晶学の基礎』、平林真、岩崎博訳、丸善、1973).

B.E. Warren, *X-ray Diffraction*, Dover, New York, 1969.

M.M. Woolsfson, *An Introduction to X-ray Crystallography*, Cambridge University Press, Cambridge, 1970.

B.D. Cullity, *Elements of X-ray Diffraction, 2nd ed.*, Addison-Wesley, Reading, 1978.

桜井敏雄、『X線結晶解析の手引き』、裳華房、1983.

早稲田嘉夫、松原英一郎、『X線構造解析』、内田老鶴圃、1998.

『X線回折ハンドブック』、理学電機株式会社、1999.

J.M. Cowley, *Diffraction Physics, 2nd ed.*, North-Holland, Amsterdam, 1984.

結晶学全般

C. Giacovazzo, H.L. Monaco, D. Viterbo, F. Scordari, G. Gilli, G. Zanotti, M. Catti, *Fundamentals of Crystallography*, Oxford University Press, Oxford 1992.

『日本の結晶学』、日本結晶学会、1988.

F.S. Galasso, *Structure and Properties of Inorganic Solids*, Pergamon, Oxford, 1970.

International Tables for Crystallography, Volume A, Ed. T. Hahn, D. Reidel, Kluwer Publishing Company, 1983.

庄野安彦、床次正安、『入門結晶化学』、内田老鶴圃、2002.

岩崎博、日本金属学会報、**8**, 178-185, 1969.

北野保行、電子顕微鏡、**29**, 118-123, 1994.

今野豊彦、『物質の対称性と群論』、共立出版、2001.

結晶中の欠陥、転位論

A. Kelly, G.W. Groves & P. Kidd, *Crystallography and Crystal Defects*, revised edition, Johy Wiley & Sons, New York, 2000.

D. Hull and D.J. Bacon, *Introduction to Dislocations, 3rd. ed.*, Butterworth-Heinemann, Oxford, 1984.

収束電子線回折

田中通義、寺内正巳、津田健治、『やさしい電子回折と初等結晶学』、共立出版、1997.

M. Tanaka & M. Terauchi, *Convergent-Beam Electron Diffraction*, JEOL Ltd., 1985.

M. Tanaka, M. Terauchi & T. Kaneyama, *Convergent-Beam Electron Diffraction II*, JEOL Ltd., 1988.

M. Tanaka, M. Terauchi & K. Tsuda, *Convergent-Beam Electron Diffraction III*, JEOL Ltd., 1994.

小角散乱

A. Guinier, *X-ray Diffraction in Crystals, Imperfect Crystals and Amorphous Bodies*, Dover, New York, 1963.

神山智明、まてりあ、**36**, 248-253, 1997.

松岡秀樹、日本結晶学会誌、**41**, 213-226, 1999; **41**, 269-282, 1999.

猪子洋二、日本結晶学会誌、**41**, 227-235, 1999;　奥田浩司、日本結晶学会誌、**41**, 327-334, 1999.

今井正幸、日本結晶学会誌、**42**, 129-138, 2000;　西川恵子、日本結晶学会誌、**42**, 339-345, 2000.

H.E. Stanley, *Introduction to Phase Transitions and Critical Phenomena*, Clarendon Press, Oxford, 1971. (『相転移と臨界現象』、松野孝一郎訳、東京図書、1974).

長範囲規則構造、アモルファス、準結晶とその周辺

平林真、岩崎博、『規則格子と規則−不規則変態』、日本金属学会、1967.

小川研究室成果刊行会編、『回折結晶学と材料科学』、アグネ技術センター、1993.

増本健、鈴木謙爾、藤森啓安、橋本功二、『アモルファス金属の基礎』、オーム社、1982.

S.R. Elliott, *Physics of Amorphous Materials*, Longman, London, 1983.

弘津禎彦、穴澤一則、日本電子顕微鏡学会誌 **25**, 138-144, 1991.

H.E. Huntley, *The Divine Proportion*, Dover, New York, 1970.

B. Grünbaum & G.C. Shephard, *Tilings and Patterns*, W.H. Freeman & Company, New York, 1986.

M.V. Jaric (ed.), *Introduction to Quasicrystals*, Academic Press, Boston, 1988.

M.V. Jaric (ed.), *Introduction to the Mathematics of Quasicrystals*, Academic Press, Boston, 1989.

C. Janot, *Quasicrystals*, Clarendon Press, Oxford, 1992.

R.A. Dunlap, *The Golden Ratio and Fibonacci Numbers*, World Scientific, Singapore, 1997.

M. Livio, *The Golden Ratio*, Broadway Books, New York, 2002.

平賀賢二、『準結晶の不思議な構造』、アグネ技術センター、2003.

分析電子顕微鏡、HAADF-STEM、ホログラフィー

D.C. Joy, A.D. Romig, Jr. & J.I. Goldstein (eds.), *Principles of Analytical Electron Microscopy*, North-Holland, Amsterdam, 1984.

進藤大輔、及川哲夫、『材料評価のための分析電子顕微鏡法』、共立出版、1999.

Energy-Dispersive X-ray Microanalysis, Kevex Instruments, Inc., San Carlos, 1989.

R.F. Egerton, *Electron Energy-Loss Spectroscopy in the Electron Microscope*, Plenum Press, New York 1986.

田中信夫、弘津禎彦、日本電子顕微鏡学会誌、**34**, 135-140, 1999.

田中信夫、日本電子顕微鏡学会誌、**34**, 211-216, 1999.

外村彰、『電子波で見る世界』、丸善、1985.

E. Völkl, L.F. Allard & D.C. Joy, *Introduction to Electron Holography*, Kluwer Publishing Company, New York 1998.

参考文献

引用論文

6-1: P. Debye & H. Menke, *Physik. Zeitschr.*, **31**, 797-798, 1930.
6-2: K. Suzuki, T. Fukunaga, M. Misawa and T. Masumoto, *Mater. Sci. Eng.*, **23**, 215-218, 1976.
6-3: K. Suzuki, *Ber. Bunsen-Gesellschaft*, **23**, 215-218, 1976.
6-4: Y. Waseda & T. Masumoto, *phys. stat. sol. (a)*, **31**, 477-482, 1975.
9-1: A.Asano & M.Hirabayashi, *Z.Phys.Chem.N.F.* **114** S1 1979.
9-2: T.Konno, MS Thesis, Imperial College, University of London, 1981.
10-1: T.J. Konno & R. Sinclair, *Mater. Chem. Phys.*, **35**, 99-113, 1993.
10-2: D.L. Peng, T.J. Konno, K. Sumiyama & K. Suzuki, *J. Magn. Magn. Mater.*, **172**, 41-52, 1997.
10-3: D.L. Peng, K. Sumiyama, T.J. Konno & K. Suzuki, *Jpn. J. Appl. Phys.*, **36**, L479-L481, 1997.
10-4: R. Yoshimura, T.J. Konno, E. Abe & K. Hiraga, *Acta. Mater.*, **51**, 2891-2903, 2003.
10-5: T.J. Konno, M. Kawasaki & K. Hiraga, *Phil. Mag. B*, **81**, 1713-1724, 2001.
10-6: T.J. Konno & R. Sinclair, *Phil. Mag. B*, **71**, 163-178, 1995.
10-7: R. Yoshimura, T.J. Konno, E. Abe & K. Hiraga, *Acta. Mater.*, **51**, 4251-4266, 2003.
11-1: H. Hashimoto, A. Howie & M.J. Whelan, *Phil. Mag.*, **5**, 967-974, 1960.
11-2: P.M. Kelly, A. Jostsons, R.G. Blake & J.G. Napier, *phys. stat. sol. (a)*, **31**, 771-780, 1975.
11-3: S.M. Allen, *Phil. Mag. A*, **43**, 325-335, 1981.
11-4: R. Gevers, A. Art & S. Amelinckx, *phys. stat. sol.*, **3**, 1563-1593, 1963.
11-5: H. Hashimoto, A. Howie & M.J. Whelan, *Proc. Roy. Soc. A*, **269**, 80-103, 1962.
12-1: O.Scherzer, *J. Appl. Phys.*, **20**, 20-29, 1949.
12-2: M. Audier, J. Pannetier, M. Leblanc, C. Janot, J.-M. Lang & B. Dubost, *Physica B*, **158**, 136-142, 1988.
12-3: T.J. Konno, T. Ohsuna & K. Hiraga, *J. Alloys. Compd.*, **342**, 120-125, 2002.
12-4: T. Nakayama, H. Satoh, T.J. Konno, B.M. Clemens, D.A. Stevenson R. Sinclair & S.B. Hagstrom, *J. Magn. Magn. Mater.*, **126**, 105-107, 1993.
12-5: K. Yamamoto, T. Nakayama, H. Satoh, T.J. Konno & R. Sinclair, *J. Magn. Magn. Mater.*, **126**, 128-130, 1993.
12-6: T.J. Konno & R. Sinclair, *Phil. Mag. B*, **66**, 749-765, 1992.
12-7: S. Yamamuro, K. Sumiyama, T.J. Konno & K. Suzuki, *Mater. Trans. JIM*, **40**, 1450-1455, 1999.
12-8: D.L. Peng, T.J. Konno, K. Wakoh, T. Hihara & K. Sumiyama, *Appl. Phys. Lett.*, **78**, 1535-1537, 2001.
13-1: P. Debye & A.M. Bueche, *J. Appl. Phys.*, **20**, 518-525, 1949.
13-2: T.J. Konno, D. Li, T. Otomo, K. Sumiyama & K. Suzuki, *J. Phys. Soc. Jpn.*, **67**, 1498-1499, 1998.
13-3: D. Watanabe & S. Ogawa, *J. Phys. Soc. Jpn.*, **11**, 226-239, 1956.
13-4: T.J. Konno, M. Uehara, S. Hirosawa, K. Sumiyama & K. Suzuki, *Phil. Mag. A*, **79**, 2413-2436, 1999.
13-5: D. Shechtman, I. Blech, D. Gratias and J.W. Cahn, *Phys. Rev. Lett.*, **53**, 1951-1953, 1984.
13-6: D.S. Rokhsar, N.D. Mermin and D.C. Wright, *Phys. Rev. B*, **35**, 5487-5495, 1987.
13-7: R. Penrose, "Tilings and Quasi-Crystals; a Non-Local Growth Problem?" in *Introduction to the Mathematics of Quasicrystals* (M.V. Jaric (ed.)), Academic Press, Boston, 1989.
13-8: A.L. Mackay, *Physica*, **114A**, 609-613, 1982.
13-9: T.J. Konno, M. Uehara, S. Hirosawa, K. Sumiyama & K. Suzuki, *J. Alloys. Compd.*, **268**, 278-284, 1998.
13-10: V.E. Cosslett, *Optik*, **36**, 85-92, 1972.
13-11: A. Howie, *J. Micros.*, **117**, 11-23, 1979.
13-12: D.E. Jesson & S.J. Pennycook, *Proc. R. Soc. Lond. A*, **441**, 261-281, 1993; **449**, 273-293, 1995.
13-13: T.J. Konno, M. Kawasaki & K. Hiraga, *J. Elec. Microsc.*, **50**, 105-111, 2001.
13-14: 今野豊彦、彭棟梁、隅山兼治、バウンダリー、**15**, 2-6, 1999.
13-15: T.J. Konno & R. Sinclair, *Acta metall. mater.*, **42**, 1231-1247, 1994.
13-16: T.J. Konno & R. Sinclair, *Phil. Mag. B*, **71**, 179-199, 1995.

なお、上記以外で本書で用いた写真はすべて著者の撮影による。

索引

あ
アッベの結像理論（Abbe's theory of image formation）、223
アノード（anode）、34
アパチャー、しぼり（aperture）、51
アバランシュー（avalanche）、47, 273
アモルファス（amorphous）、93
　　−の構造因子（structure factor of −）、95
アラインメントコイル（alignment coil）、32
　　ガン−（gun −）、35
暗視野像（dark field image）、163
　　軸上暗視野（centered-DF）、164

い
異常分散（anomalous dispersion）、79
位相因子（phase factor）、196
位相格子（phase grating）、241
位相コントラスト（phase contrast）、222
位相コントラスト伝達関数（phase contrast transfer function, CTF）、231
位相物体（phase object）、226
1次像面（first image plane）、9
一般点（general position）、300
色収差係数（chromatic aberration constant）、233
インコメンシュレート（incommensurate）、263

う
ウィークビーム（weak-beam）、165, 276
ウェーネルトカップ（Wehnelt cup）、34
薄レンズ（thin lens）、9
薄レンズの近似（thin lens approximation）、17
薄レンズの公式（thin lens formula, Gaussian lens formula）、8, 17
ウルフネット（Wulff net）、114
運動学的理論（kinematical theory）、186

え
エアリーディスク（Airy disc）、57
エスケープピーク（escape peak）、273
エネルギー分散型X線スペクトロスコピー（energy-dispersive x-ray spectroscopy）、270
エバルド球（Ewald sphere）、127
エバルドの作図（Ewald's construction）、126

お
黄金級数（golden series）、264
黄金三角形（golden triangle, golden gnomon）、264
黄金比（golden ratio, golden section）、264
黄金菱面体（golden rhombohedra）、269
オーダー（order）、301

か
回折（diffraction）
　　−コントラスト（− contrast）
　　　→ 振幅コントラスト（amplitude contrast）
　　−収差（− aberration）、57, 279
　　菊池−（Kikuchi-）、176
　　収束電子線−（convergent electron −）、178
　　フラウンホーファー−（Fraunhofer −）、51
　　フレネル−（Fresnel −）、59
　　マイクロディフラクション（micro −）、179
回転操作（rotation operation）、300
ガウス光学（Gaussian optics）、19
カメラ長（camera length）、159
カメラ定数（camera constant）、159
火面（caustic）、20
カラム近似（column approximation）、185
干渉関数（interference function）
　　アモルファスの−（− of amorphous）$S(q)$、95
　　基本構造の−（− of basis）$F(q)$、135
　　分子の−（− of molecule）、91
　　有限格子の−（− of finite lattice）$L(q)$、131, 260
関数（function）
　　位相コントラスト伝達−（phase contrast transfer −）、231
　　ガウス−（Gaussian −）、91, 274, 279
　　干渉−（interference −）、91, 95, 131, 135, 260
　　矩形−（rectangular −）、304
　　グリーン−（Green −）、82
　　収差−（aberration −）、13, 230
　　相関−（correlation −）、254
　　デルタ−（delta −）、81, 304
　　伝搬−（propagation −）、242
　　透過−（transmission −）、226
　　動径分布−（radial distribution −）、95
　　包絡−（envelope −）、233

319

索引

密度－（density －）、94
sinc－（sinc －）、54
慣性半径（gyration radius）、251

き

菊池回折（Kikuchi diffraction）、175
  暗菊池線（defect Kikuchi line）、175
  菊池バンド（Kikuchi band）、175
  菊池マップ（Kikuchi map）、176
  明菊池線（excess Kikuchi line）、175
擬集光、擬焦点（para-focusing）、48
規則構造（ordered structure）、168
輝度（brightness）、36
ギニエプロット（Guinier plot）、251
基本構造（basis）、104
  －の干渉関数（interference function of basis）、135
基本反射（fundamental reflection）、118
基本ベクトル（basis vector）、104
逆位相境界（anti-phase boundary, APB）、201
逆空間（reciprocal space）、117
逆格子（reciprocal lattice）、117
  －基本ベクトル（－ basis vector）、117, 152
  －単位ベクトル（－ unit vector）、131
  －ベクトル（－ vector）、117
吸収（absorption）、45, 153, 271
吸収端（absorption edge）、46
球面収差係数（spherical aberration coefficient）、19, 228, 279
球面レンズ（spherical lens）、13
鏡映操作（mirror operation）、300
鏡映面（mirror plane）、301
強度（intensity, irradiance）、53
強度コントラスト　→　振幅コントラスト
共役（conjugate）、9
極（pole）、113
近似（approximation）
  高エネルギーの－（high energy －）、214
  小角－（small angle －）、242
  薄膜－（thin film criterion）、275
近軸理論（paraxial theory）、16

く

空間群（space group）、301
空格子（empty lattice）、215
クリフ-ロリマー比（Cliff-Lorimer ratio）、276
グリーン関数（Green function）、82

クロスオーバー（cross-over）、34, 278
群（group）、300

け

蛍光収量（fluorescent yield）、271
傾斜（ビームの）（tilt）、32
形状因子（shape factor）、32, 308
系統反射（systematic row）、276
結晶系（crystal system）、108
  三斜晶（triclinic －）、108
  三方晶（trigonal －）、108
  斜方晶　→　直方晶
  正方晶（cubic －）、108
  単斜晶（monoclinic －）、108
  直方晶（orthorhombic －）、108
  立方晶（cubic －）、108
  六方晶（hexagonal －）、108
結晶構造（structure）、98
  －の表記（notation －）
    国際－（international －）、301
    プロトタイプによる－、302
    Pearson－、302
    Structurbericht－、302
限界球（limiting sphere）、128
原子散乱因子（atomic scattering factor）、74
原子フォームファクター（atomic form factor）、75, 84

こ

高エネルギーの近似（high energy approximation）、214
高角円環状検出器（high-angle annular detector）、280
光源の振幅（source strength）、52
格子（lattice）、99
  位相－（phase grating）、241
  逆－（reciprocal －）、117
  空－（empty －）、215
  準－（quasi-－）、256
  2次元－（ネット）、105
  3次元－（ブラベー格子）、106
光軸（optical axis）、9
格子定数（lattice constant）　→　単位胞定数
格子点（lattice point）、99
後焦点面（back-focal plane）、9, 31
光線図（ray diagram）、8
構造因子（structure factor）、
  アモルファスの－（－of amorphous）$S(q)$、95
  結晶の－（－of crystal）F_{hkl}、136, 219, 308

高分解能電子顕微鏡（high-resolution TEM）、221
光路長（optical path length）、15, 229
国際表記（international notation）、301
コッセルパターン（Kossel pattern）、181
コマ収差（coma）、21
　　　　正の－（positive －）、21
コメンシュレート（commensurate）、263
コンデンサ-対物レンズ（condenser-objective lens）、31
コンデンサレンズ（condenser lens）、35
コントラスト伝達関数（contrast transfer function, CTF）
　　　　→　位相コントラスト伝達関数
コンプトン散乱（Compton scattering）、77
コンボリューション（convolution）、307
　　　　－定理（－ theorem）、308

さ

再帰的関係（recursion）、254
最小錯乱円（disc of least confusion）、19, 22
ザイデルの 5 収差（Seidel aberrations）、21
最密充填構造（close-packed structure）、101
錯乱円（disc of confusion）、19
サジッタル面（sagittal plane）、20
参照球（reference sphere）、113
散漫散乱電子（diffusely scattered electron）、113
散乱（scattering）
　　　　コンプトン－（Compoton －）、77
　　　　電子線の－（－ of electron）、80
　　　　トムソン－（Thomson －）、71
散乱振幅（scattering amplitude）、74, 81
散乱能（scattering power）、71
散乱波の振幅の分布（amplitude distribution of scattered waves）$G(q)$、53
　　　　基本構造がある場合の－、134
　　　　多原子からの－、87
　　　　有限サイズの結晶からの－、130
散乱ベクトル（scattering vector）、70, 124, 182
散乱マトリックス（scattering matrix）、198

し

シェラーの式（Scherrer's formula）、147
シェルツァーディフォーカス（Scherzer defocus）、232
シェルツァー分解能（Scherzer resolution）、232
自己相似性（self-similarity）、262
自然幅（natural line breadth）、65

実空間（real space）、65
しぼり（aperture）、9
　　　　コンデンサー、C2－（condenser －; C2 －）、38
　　　　制限視野回折－（selected area diffraction (SAD) －）、9, 162
　　　　対物－（objective －）、9, 162
ジーマン-ボーリン擬集光配置（Seeman-Bohlin para-focusing geometry）、48
四面体位置（tetrahedral site）、100, 148
弱位相物体（week phase object）、226
集光円（focusing circle）、48, 149
集合組織（texture）、146, 166
収差（aberration）、13
　　　　色－（chromatic －）、233
　　　　回折－（diffraction －）、57, 279
　　　　球面－（spherical －）、18
　　　　コマ－（coma）、21
　　　　非点－（astigmatism）、22, 238
収差関数（aberration function）、13, 230
収束角（convergence angle）、10
収束電子線回折（convergent electron diffraction）、178
集中円　→　集光円
主点（principal point）、20
主面（principal plane）、20
シュレディンガー方程式（Schrödinger equation）、80, 212
準結晶（quasi-crystal）、269
準格子（quasi-lattice）、266
準周期（quasi-periodicity）、266
小角近似（small angle approximation）、242
小角散乱（small angle scattering）、86, 249
照射角（illumination angle）、36
照射系（illumination system）、34
消衰距離（extinction distance）、184, 219
　　　　有効－、（effective －）、190
晶帯（zone）、113
　　　　－軸（－ axis）、113, 120
　　　　－パターン（－ axis pattern, ZAP）、193
焦点（focal point）、8
　　　　－距離（focal length）、9, 19, 31, 228
　　　　－深度（depth of focus）、9
消滅則（extinction rule）、137
　　　　空間格子による－、137
　　　　基本構造による－、139
ショットキー効果（Schottky effect）、38
振幅コントラスト（amplitude contrast）、221

す

スタッキング（stacking）、101
ステレオ投影（stereographic projection）、114
スネルの法則（Snell's law）、14
すべり面（slip plane）、205
スポットサイズ（spot size）、35
スリット（slit）、29
  散乱—（scattering —）、50, 144
  受光—（receiving —）、50, 144
  ソーラー—（solar —）、49
  発散—（divergence —）、49, 144

せ

制限視野回折（selected area diffraction, SAD）、162
制動輻射（Bremsstrahlung）、43, 271
正20面体（icosahedron）、268
積層欠陥（stacking fault）、171
  イントリンシックな—（intrinsic —）、197
  エクストリンシックな—（extrinsic —）、197
積分強度（integrated intensity）、150
前焦点面（front-focal plane）、9, 31
選択則（selection rule）、44
センタリング（centering）、105, 120

そ

相関（correlation）、86
  —関数（— function）、254, 255
  —長（— length）、254, 255
相互作用係数（interaction constant）、225
操作（operation）、300
  回転—（rotation —）、300
  恒等—（identity —）、300
  鏡映—（reflection —）、300
  反転—（inversion —）、300
  並進—（translation —）、300
双晶（twin）、170
像面の曲り（field curvature）、22

た

対称性（symmetry）
  点—（point —）、300
  並進—（translational —）、98
対称操作（symmetry operation）、300
  点—（point —）、300
  並進—（translational —）、300
対称要素（symmetry element）、300

体心立方格子（body-centered cubic lattice）、103
体心立方構造（body-centered cubic structure）、103
対数らせん（logarithmic spiral）、262
対物しぼり（objective aperture）、9, 162
対物レンズ（objective lens）、9, 31, 278
タイリング（tiling）、267
多結晶試料（polycrystalline sample）、153
多重度（multiplicity）、302
  —因子（— factor）、153
単位胞（unit cell）、99
  —定数（— constant）、99
  プリミティブ—（primitive —）、99
単色（monochromatic）、65
  —X線（— X-ray）、46

ち

超格子反射（super-lattice reflection）、168
長範囲規則（long range order, LRO）、256

て

デッドタイム（dead time）、273
デバイ-ウォーラー因子（Debye-Waller factor）、141
デバイの式（Debye formula）、91
デルタ関数（delta function）、81
テレフォーカス条件（telefocus condition）、31
転位（dislocation）
  —線（— line）、204
  —のセンスベクトル（sense vector of —）、204
  部分—（partial —）、197
  刃状—（edge —）、202
電界放出（field emission）、39
点群（point group）、301
電子なだれ → アバランシュ—、47, 273
電子のコンプトン波長（electron Compton wavelength）、85
電子半径、古典的な（classical electron radius）、73
点対称操作（point symmetry operation）、300
転置マトリックス（transposed matrix）、112
伝搬関数（propagation function）、242

と

等厚縞（thickness contour）、192
投影法
  オーソグラフィック投影（orthographic projection）、114
  ステレオ投影（stereographic projection）、114

ノモニック投影（gnomonic projection）、114
透過関数（transmission function）、226
動径分布関数（radial distribution function）、95
ドゥブロイの関係（de Broglie relation）、40
動力学的理論（dynamical theory）、186
特殊点（special position）、302
トムソン散乱（Thomson scattering）、71
ドメイン（domain）、201

に

2次元格子　→　ネット、10
二重回折（double diffraction）、169, 171
2波条件（two-beam condition）、192

ね

熱散漫散乱（thermal diffuse scattering）、141, 280
熱電界放出（temperature and field emission）、39
熱電子型電子銃（thermionic gun）、34
ネット（net、2次元格子）、105
　　オブリーク−（oblique −）、105
　　正方形−（square −）、105
　　長方形−（rectangular −）、105
　　菱形−（rhombic −）、105
　　六方−（hexagonal −）、105

は

バイプリズム（biprism）、283
バーガースサーキット（Burgers circuit）、204
　　FS/RH(完全結晶)方式、204
　　SF/RH(不完全結晶)方式、204
バーガースベクトル（Burgers vector）、204
薄膜近似（thin film criterion）、275
波高分析器（pulse height analyzer）、47
波数（wave number）、52
波数ベクトル（wave vector）、70
波束（wave packet）、65
八面体位置（octahedral site）、100, 148
発散角（divergence angle）、10
ハミルトニアン、80, 210
バルジング（bulging）、205
反射（reflection）
　　基本−（fundamental −）、168
　　超格子−（superlattice −）、168
反転操作（inversion operation）、300

ひ

非干渉性散乱（incoherent scattering）、77
非周期（aperiodic）、256
歪み（distortion）、23
非点収差（astigmatism）、22, 238
　　非点補正コイル、32
標準試料なしの方法（standardless technique）、276
標準ステレオ投影（standard stereographic projection）、116

ふ

フィボナッチ数列（Fibonacci sequence）、265
フェルマの原理（Fermat's principle）、14
フォーカス（focus）、35, 165, 236
不可視の条件（invisibility criterion）、209
物体面（object plane）、9
不変（invariant）、37
フラウンホーファー回折（Fraunhofer diffraction）、51
ブラッグの法則（Bragg law）、126
ブラッグ-ブレンターノ擬集光配置（Bragg-Brentano para-focusing geometry）、48, 145
ブラベー格子（Bravais lattice, lattice）、106
　　三斜格子（triclinic lattice）、106
　　正方格子（tetragonal −）
　　　体心−（body-centered −）、107
　　　単純−（primitive −）、107
　　　面心−　→　体心正方格子
　　単斜格子（monoclinic −）
　　　側心−（side-centered −）、107
　　　単純−（primitive −）、107
　　直方格子（斜方）（orthorhombic −）
　　　側心−（side-centered −）、107
　　　体心−（body-centered −）、107
　　　単純−（primitive −）、107
　　　底心−　→　側心直方格子
　　　面心−（face-centered −）、107
　　立方格子（cubic −）
　　　体心−（body-centered −）、107
　　　単純−（primitive −）、107
　　　面心−（face-centered −）、107
　　六方格子（hexagonal −）、107
　　ロンボヘドラル格子（rhombohedral −）、107
フーリエ変換（Fourier transform）、58, 226, 304
　　高次元の場合、06
　　フーリエ正弦変換、95, 306
　　フーリエ余弦変換、306

プリミティブ単位胞（primitive unit cell）、99, 105, 120
プリルワーンゾーン境界（Brillouin zone boundary）、215
フレネル回折（Fresnel diffraction）、51, 59
フレネル積分（Fresnel integral）、62
フレネルゾーン（Fresnel zone）、60, 184
ブロッホ波（Bloch wave）、212
分解（resolve）、57
分解能（resolution）、57
  シェルツァー—（Scherzer —）、232
  レイリーの—、57
分散面（dispersion surface）、214
粉末試料（powder sample）、153

へ

並進操作（translation）、300
並進対称性（translational symmetry）、98
ベッセル関数（Bessel function）、56
変位ベクトル（displacement vector）
  逆位相境界の—（— of anti-phase boundary）、201
  積層欠陥の—（— of stacking fault）、197
  第1種—（— of the first kind）、257
  第2種—（— of the second kind）、257
  長範囲規則構造の—（— of long range ordered structure）、256
偏向因子（polarization factor）、73
変調構造（modulated structure）、263
ベンドコントゥアー（bend contour）、193

ほ

ボーア半径（Bohr radius）、76
ホイヘンスの原理（Huygens-Fresnel principle）、51
方向依存因子（obliquity factor）、59
放物面（parabola）、13
包絡関数（envelope function）、233
ホルツ → ラウエゾーン、174, 179
ホルツ線（HOLZ line）
  暗—（defect —）、180
  明—（excess —）、180
ホールの方法（Hall's method）、147
ポールピース（pole piece）、24
ボルン近似（Born approximation）、83
ボルン展開（Born expansion）、83
ホログラフィー（holography）、66

ま

マイクロディフラクション（micro-diffraction）、179
マッチングルール（matching rule）、267
マルチスライス法（multislice method）、239

み

密度関数（density function）、94
ミラー指数（Miller indices）、109
ミラー–ブラベー指数（Miller-Bravais indices）、111

め

明視野像（bright field image）、163
メリジオナル面（meridional plane）、20
面間隔（interplanar spacing）、111, 309
面間角度（interplanar angle）、113, 309
面心立方格子（face-centered cubic lattice）、99
面心立方構造（face-centered cubic structure）、99

も

モアレ（moiré）
  回転—（rotation —）、170
  平行—（parallel —）、170

ゆ

有限格子の干渉関数（interference function of finite lattice）$L(q)$、131, 183, 260
ゆらぎ（fluctuation）、255

ら

ラウエゾーン（Laue zone）、174, 179
  高次—（higher order —, HOLZ）、174
  0次—（zeroth order —, ZOLZ）、174
  1次—（first order —, FOLZ）、174
  2次—（second order —, SOLZ）、174
ラウエの式（Laue equations）、125
らせん転位（screw dislocation）、204
ラーマー周波数（Larmor frequency）、28

れ

励起誤差（deviation parameter, excitation error）、182, 215
レイリー条件（Rayleigh's criterion）、57
レンズ（lens）、8
  薄—（thin —）、9
  球面—（spherical —）、13

磁界－（magnetic －）、24
　　　電界－（electric －）、32
レンズ定数（lens parameter）、30

ろ

ロッド構造（rod structure）、133
六方最密充填構造（hexagonal close-packed structure）、101
ローレンツ因子（Lorentz factor）
　　　単結晶の－（－ of single crystal）、151
ローレンツ偏光因子（Lorentz polarization factor）
　　　単結晶の－（－ of single crystal）、152
　　　粉末試料の－（－ of powder sample）、155

わ

ワイコフレター（Wyckoff letter）、302
ワイスの晶帯則（Weiss zone law）、113, 120
湾曲縞 → ベンドコントゥアー

N

Nelson-Riley 外挿関数、149

P

Porod 領域、252

R

Richardson-Dushman の式、35

S

SAD しぼり → 制限視野回折しぼり

Z

ZAF 補正（ZAF correction）、275

A

artefact、286

C

Cornu のらせん、62

D

Darwin-Howie-Whelan の式、188

E

electron energy loss spectroscopy、271

F

Fowler-Nordheim の式、38

G

golden gnomon、265
GP ゾーン、170, 247, 281

K

Kossel-Möllenstedt フリンジ、194

ギリシャ文字の読み方

A	α	alpha	アルファ
B	β	beta	ベータ
Γ	γ	gamma	ガンマ
Δ	δ	delta	デルタ
E	ε	epsilon	イプシロン
Z	ζ	zeta	ツェータ（ゼータ）
H	η	eta	イータ
Θ	θ	theta	スィータ（シータ）
I	ι	iota	イオタ
K	κ	kappa	カッパ
Λ	λ	lambda	ラムダ
M	μ	mu	ミュー
N	ν	nu	ニュー
Ξ	ξ	xi	グサイ（グザイ）
O	o	omicron	オミクロン
Π	π	pi	パイ
P	ρ	rho	ロー
Σ	σ	sigma	スィグマ（シグマ）
T	τ	tau	タウ
Y	υ	upsilon	ユプシロン
Φ	ϕ	phi	ファイ
X	χ	chi	カイ
Ψ	ψ	psi	プサイ
Ω	ω	omega	オメガ

〈著者略歴〉

今野 豊彦（こんの　とよひこ）

所属：東北大学金属材料研究所　教授・Ph.D.

学歴・職歴：
- 1975年3月　宮城県仙台第一高等学校 卒業
- 1979年3月　東北大学工学部 原子核工学科 卒業
- 1980年10月　ロンドン大学インペリアルカレッジ大学院 卒業（MSc）
- 1981年3月　東北大学工学部大学院 原子核工学専攻 前期課程 終了
- 1981年4月　新日本製鐵株式会社 入社 中央研究本部 電磁鋼研究センター
- 1990年8月　新日本製鐵株式会社 退社
- 1993年9月　スタンフォード大学大学院 材料工学科 卒業（Ph.D.）
- 1993年10月　東北大学金属材料研究所　ランダム構造物質学研究部門　助手
- 1999年4月　東北大学金属材料研究所　不定比化合物物性学研究部門　助教授
- 2002年4月　大阪府立大学大学院　工学研究科　教授
- 2006年4月　東北大学金属材料研究所　材料プロセス・評価研究部,
　　　　　　先端分析研究部　教授

専門分野：電子顕微鏡による構造組織解析

著　書：『物質の対称性と群論』（共立出版，2001年）

物質からの回折と結像
—透過電子顕微鏡法の基礎

2003 年 12 月 25 日　初版 1 刷発行
2022 年 9 月 5 日　初版 10 刷発行

著　者　今野豊彦　Ⓒ 2003
発行者　南條光章
発　行　共立出版株式会社
　　　　東京都文京区小日向 4 丁目 6 番 19 号
　　　　電話 東京（03）3947-2511 番（代表）
　　　　〒112-0006/振替口座 00110-2-57035 番
　　　　URL　www.kyoritsu-pub.co.jp
印　刷　星野精版印刷
製　本　協栄製本

一般社団法人
自然科学書協会
会員

検印廃止
NDC 501.4, 549.97
ISBN 978-4-320-03426-6　Printed in Japan

JCOPY ＜出版者著作権管理機構委託出版物＞
本書の無断複製は著作権法上での例外を除き禁じられています．複製される場合は，そのつど事前に，出版者著作権管理機構（TEL：03-5244-5088，FAX：03-5244-5089，e-mail：info@jcopy.or.jp）の許諾を得てください．

■物理学関連書

www.kyoritsu-pub.co.jp　共立出版

カラー図解 物理学事典	杉原 亮他訳
ケンブリッジ 物理公式ハンドブック	堤 正義訳
現代物理学が描く宇宙論	真貝寿明著
シンプルな物理学 身近な疑問を数理的に考える23講	河辺哲次訳
大学新入生のための物理入門 第2版	廣岡秀明著
楽しみながら学ぶ物理入門	山﨑耕造著
これならわかる物理学	大塚徳勝著
薬学生のための物理入門 薬学準備教育ガイドライン準拠	廣岡秀明著
看護と医療技術者のためのぶつり学 第2版	横田俊昭著
詳解 物理学演習 上・下	後藤憲一他共編
物理学基礎実験 第2版新訂	宇田川眞行他著
独習独解 物理で使う数学 完全版	井川俊彦訳
物理数学講義 複素関数とその応用	近藤慶一著
物理数学 量子力学のためのフーリエ解析・特殊関数	柴田尚和他著
理工系のための関数論	上江洌達也他著
工学系学生のための数学物理学演習 増補版	橋爪秀利著
詳解 物理応用数学演習	後藤憲一他共編
演習形式で学ぶ 特殊関数・積分変換入門	蓬田 清著
解析力学講義 古典力学を越えて	近藤慶一著
力学 (物理の第一歩)	下村 裕著
大学新入生のための力学	西浦宏幸他著
ファンダメンタル物理学 力学	笠松健一他著
演習で理解する基礎物理学 力学	御法川幸雄他著
工科系の物理学基礎 質点・剛体・連続体の力学	佐々木一夫他著
基礎から学べる工系の力学	廣岡秀明著
基礎と演習 理工系の力学	高橋正雄著
講義と演習 理工系基礎力学	高橋正雄著
詳解 力学演習	後藤憲一他共編
力学 講義ノート	岡田静雄他著
振動・波動 講義ノート	岡田静雄他著
電磁気学 講義ノート	高木 淳他著
大学生のための電磁気学演習	沼居貴陽著
プログレッシブ電磁気学 マクスウェル方程式からの展開	水田智史著
ファンダメンタル物理学 電磁気・熱・波動 第2版	新居毅人他著
演習で理解する基礎物理学 電磁気学	御法川幸雄他著
基礎と演習 理工系の電磁気学	高橋正雄著
楽しみながら学ぶ電磁気学入門	山﨑耕造著
入門 工系の電磁気学	西浦宏幸他著
詳解 電磁気学演習	後藤憲一他共編
熱の理論 お熱いのはお好き	太田浩一著
英語と日本語で学ぶ熱力学	R.Micheletto他著
熱力学入門 (物理学入門S)	佐々真一著
現代の熱力学	白井光雲著
生体分子の統計力学入門 タンパク質の動きを理解するために	藤崎弘士他訳
新装版 統計力学	久保亮五著
複雑系フォトニクス レーザカオスの同期と光情報通信への応用	内田淳史著
光学入門 (物理学入門S)	青木貞雄著
復刊 レンズ設計法	松居吉哉著
量子論の果てなき境界 ミクロとマクロの世界にひそむシュレディンガーの猫たち	河辺哲次訳
量子コンピュータによる機械学習	大関真之監訳
大学生のための量子力学演習	沼居貴陽著
量子力学基礎	松居哲生著
量子力学の基礎	北野正雄著
復刊 量子統計力学	伏見康治編
量子統計力学の数理	新井朝雄著
詳解 理論応用量子力学演習	後藤憲一他共編
復刊 相対論 第2版	平川浩正著
原子物理学 量子テクノロジーへの基本概念 原著第2版	清水康弘訳
Q&A放射線物理 改訂2版	大塚徳勝他著
量子散乱理論への招待 フェムトの世界を見る物理	緒方一介著
大学生の固体物理入門	小泉義晴監修
固体物性の基礎	沼居貴陽著
材料物性の基礎	沼居貴陽著
やさしい電子回折と初等結晶学 改訂新版	田中通義他著
物質からの回折と結像 透過電子顕微鏡法の基礎	今野豊彦著
物質の対称性と群論	今野豊彦著
超音波工学	荻 博次著